微算機基本原理與應用－MCS-51 嵌入式微算機系統軟體與硬體

林銘波、林姝廷　編著

全華圖書股份有限公司　印行

序言

　　本書的主要目的，為提供讀者一個健全的微算機(或是微控制器)基本原理，並且能夠設計實際的微算機系統。為了方便讀者閱讀及熟悉實際的微算機(或是微控制器)的軟體與硬體，本書中使用 MCS-51 為例，並且介紹一般微處理器的相關原理，使讀者除了能夠精通 MCS-51 之外，也能觸類旁通，應用所學的原理於其它類型的微控制器或是微處理器上。

　　為使讀者於讀完本書之後能達到本書期望的目標，即能應用所學的基本原理與知識於其它系列的微控制器或是微處理器，例如微處理器 ARM、x86/x64、或是其它微控制器，本書分成下列四大部分：微算機基本原理、CPU 軟體模式與程式設計、CPU 硬體模式與系統設計、I/O 界面與與應用，以循序漸進的介紹微控制器的動作、組合語言與 C 語言程式設計與 I/O 界面上的一些相關知識。微算機基本原理部分包括第 1 章與第 2 章，綜合性地介紹微算機基本原理及其應用；CPU 軟體模式與程式設計包括第 3 章到第 8 章，介紹 CPU 軟體模式、定址方式、指令組、組合語言程式設計、C 語言程式設計；CPU 硬體模式與系統設計包括第 9 章到第 11 章，主要介紹 CPU 硬體模式、記憶器元件與微算機的界接使用，以及中斷、系統重置、電源管理；I/O 界面與應用包括第 12 章到第 16 章，處理基本 I/O 觀念、並列 I/O 與界面、定時器原理與應用、鍵盤與顯示器電路、及串列 I/O 與界面。下列依序介紹每一章的主題。

第 1 章簡單的介紹計算機系統的基本硬體與軟體結構、微處理器與微控制器的基本結構、MCS-51 系列微控制器的基本結構與特性。此外,亦簡要地討論在計算機中,常用的幾種數目系統及其彼此之間的互換方法、定點數的算術運算、浮點數的算術運算及 IEEE-754 浮點數標準。

第 2 章首先使用 RTL 硬體模型,介紹 MCS-51 的基本動作原理、組合語言指令的動作。其次,介紹組合語言程式的產生與執行,及如何排除一個組合語言程式邏輯設計上的錯誤。

第 3 章開始進入本書的主題。在這一章中,我們首先介紹 MCS-51 的軟體模式,即由程式設計者的觀點探討一個微處理器/微算機的功能與使用者界面。MCS-51 的程式設計者界面,包括規劃模式、資料類型、記憶器組織、定址方式、指令格式與指令的機器碼編碼方式。其次,介紹組譯程式的假指令,與組譯程式的動作原理與實例。

第 4 章介紹 MCS-51 的基本組合語言指令與程式設計。這一章的主要內容包括定址方式與指令使用,資料轉移指令、算術運算指令、分岐與跳躍指令、迴路指令與相關的程式設計。此外,也詳細地介紹兩種基本的迴路結構:計數迴路與旗號迴路,及其相關的應用程式設計方法。

第 5 章繼續討論 MCS-51 的其它指令動作與程式設計。這一章的主要內容包括邏輯運算指令、位元運算指令、移位與循環指令、CPU 控制與旗號位元指令、與相關的程式設計。

第 6 章以模組化程式設計為主題。在這一章中,我們首先介紹一些與組合語言程式設計較相關的軟體工程觀念。接著,詳細地探討副程式、巢路副程式、遞回副程式、副程式的參數傳遞、巨集指令的定義、呼叫與展開等。

第 7 章介紹 MCS-51 的表格轉換指令、BCD 與二進制數目之間的互換、排序與搜尋演算法的程式設計、Booth 2 補數乘法、多精確制乘法,及恢復式與非恢復式除法程式的設計。這一章中列舉的程式,除了供讀者練習組合 MCS-51 的指令,以撰寫較複雜的程式之外,也可以當作實務上的範例。

第 8 章介紹與 MCS-51 相關的 C 語言程式設計，包括基本程式設計、函式與指標、C 語言程式與組合語言副程式的相互呼叫方法。

第 9 章以 MCS-51 族系微控制器的硬體模式為主題，介紹標準的 MCS-51 (8051/AT89S52)微控制器的內部結構、功能、特性，並詳細地介紹標準 MCS-51 (8051/AT89S52)的基本時序及系統模組結構。

第 10 章介紹各種普遍使用於微處理器或是微控制器系統中的記憶器元件：SRAM 與快閃記憶器。在這一章中，除了介紹它們的接腳、功能、特性及基本時序之外，也討論如何與 MCS-51 模組界接使用。此外，本章也詳細地討論記憶器的基本類型、記憶器容量與語句寬度的擴充方法及記憶器位址解碼原理與解碼電路設計方法。

第 11 章首先討論一般微處理器的中斷與處理及處理多重中斷的相關問題與解決方法：中斷優先權、輪呼、鍵結優先權及中斷優先權仲裁器。其次介紹 MCS-51 的中斷結構與中斷服務程式設計，並介紹巢路中斷。最後，則討論 MCS-51 系列微控制器的系統重置動作與功率控制模式。

第 12 章首先介紹輸入埠、輸出埠、與雙向埠的觀念，微處理器的兩種基本 I/O 結構：記憶器映成 I/O 與獨立式 I/O。接著，介紹 I/O 的三種基本的資料轉移方法：輪呼式 I/O、中斷 I/O、及 DMA。其次，討論數位對類比的轉換及類比對數位的轉換等電路原理及相關的應用。

第 13 章討論並列 I/O 與界面。首先，介紹並列 I/O 的資料轉移控制方法：閃脈控制及交握式控制。其次，介紹 MCS-51 的 I/O 埠結構與應用。最後，介紹可規劃並列周邊界面(82C55A)的結構，及其與 MCS-51 界接使用時的界面問題及時序考慮。

第 14 章討論 MCS-51 系列微控制器的定時器/計數器及可規劃定時器的結構、功能與應用程式設計，及步進馬達的原理與推動程式設計。

第 15 章詳細地介紹鍵盤與顯示器電路設計：輪呼式與中斷式鍵盤的電路及推動程式設計，LED 與 LCD 顯示器的原理及其相關的電路模組與推動程式設計。

第 16 章詳細地介紹串列資料轉移與控制方式、資料錯誤檢查方法、數據通信原理、串列介面標準 EIA-232 (RS-232)、EIA-422 (RS-422)、EIA-423 (RS-423)、EIA-485 (RS-485)、MCS-51的串列通信埠，SPI與I2C匯流排的結構、特性、及應用。

在附錄中，提供一些頗有價值的參考資料，這些包括：MCS-51/52 特殊功能暫存器(SFR)一覽表，MCS-51 指令分類表，MCS-51 指令碼、執行週期及長度，與 MCS-51 每一個指令的詳細動作。希望這些資料不但能夠在MCS-51 的系統設計的學習，與組合語言程式的設計及應用上幫助讀者之外，也能夠作為實務上的有用資訊。

本書的內容可以當作下列三種課程的教科書：組合語言程式設計、微算機原理與應用(使用組合語言)、微算機原理與應用(使用 C 語言)等。此外，也可以當作自我進修或工作實務上的參考書。當作一個學期的組合語言程式設計課程的教科書時，可以教授下列章節：

第 1.3 節到 1.5 節、第 2 章到第 6 章、第 7 章部分章節。

當作一個學期的微算機基本原理(使用組合語言或是 C 語言)課程的教科書時，可以教授下列章節：

第 1.1 節到 1.2 節，第 2 章，第 3.1 節到第 3.3 節，第 9.1 與 9.3 節，第 10.1、10.2、10.5 節，第 11.2 節與第 11.3 至 11.5 節，第 12.1 節與第 12.2 節，第 13.1 節與第 13.2 節，第 14.1 節與第 14.2 節，第 15 章，及第 16.1 節至第 16.4 節。

當然上述課程建議的份量，遠超過了一個學期的範圍，但教師在授課之時，可以依據學生的程度與吸收能力，做一個適當的取捨，以達到學生最大的學習效果。

為增進讀者的學習效果，本書中每一小節後皆提供豐富的複習問題，以幫助讀者自我評量對該小節內容了解的程度，並且提供教師當作隨堂測驗的參考題目。

　　本書在編寫期間，承蒙國立台灣科技大學電子工程系暨研究所，提供一個良好的教學與研究環境，使本書的編寫能夠順利完成，本人在此致上衷心的感激。此外，也衷心的感激那些曾經關心過我與幫助過我的人，由於他們有形與無形的資助或鼓勵，使本人無論在人生的旅程或者求學的過程中，時時都得到無比的溫馨及鼓舞。最後，將本書獻給家人及心中最愛的人。

林銘波(M. B. Lin) 於

國立台灣科技大學

電子工程研究所研究室

作者：**林銘波**(Ming-Bo Lin)

學歷：

> 國立台灣大學電機工程學研究所碩士
>
> 美國馬里蘭大學電機工程研究所博士
>
> 主修計算機科學與計算機工程

研究興趣與專長：

> VLSI (ASIC/SOC)系統設計、數位系統設計、計算機演算法
>
> 平行計算機結構與演算法

現職：

> 國立台灣科技大學電子工程系暨研究所教授

著作：

英文教科書(國外出版，全球發行)：

1. **Ming-Bo Lin**, *Digital System Designs and Practices: Using Verilog HDL and FPGAs*, John Wiley & Sons, 2008.
2. **Ming-Bo Lin**, *Introduction to VLSI Systems: A Logic, Circuit, and System Perspective*, CRC Press, 2012.
3. **Ming-Bo Lin**, *Principles and Applications of Microcomputers: 8051 Microcontroller Software, Hardware, and Interfacing*, (本書之英文版，TBP 2014)

中文教科書：

1. 微算機原理與應用：x86/x64 系列軟體、硬體、界面、系統，第五版，全華圖書股份有限公司，2012。
2. 微算機基本原理與應用：8051 嵌入式微算機系統軟體與硬體，第三版，全華圖書股份有限公司，2013。
3. 數位系統設計：原理、實務與應用，第四版，全華圖書股份有限公司，2010。
4. 數位邏輯設計，第四版，全華圖書股份有限公司，2011。
5. 8051 微算機原理與應用，全華圖書股份有限公司，2012。

編輯部序

　　「系統編輯」是我們的編輯方針，我們所提供給您的，絕不只是一本書，而是關於這門學問的所有知識，它們由淺入深，循序漸進。

　　微算機基本原理與應用一書，使用目前在工業應用系統中最受歡迎的 MCS-51 族系微控制器爲例，詳細介紹微算機的基本原理與應用。本書內容包含微算機系統結構與應用、MCS-51/52 微控制器、數系轉換、組譯程式與組合語言程式、MCS-51 軟體模式、定址方式與指令格式、基本組合語言程式設計、資料轉移、算術運算、分歧指令、邏輯運算、位元運算、移位與循環移位、CPU 控制與旗號位元指令、 模組化程式設計、MCS-51 硬體模式內部功能、記憶器元件與應用、 基本 I/O 觀念與界面、C 語言程式設計等，讀者讀完此書，將有能力設計各種微處理器或是微控制器的應用系統。本書可當教科書也可當作自我進修及實務上的參考用書。

　　同時，爲了使您能有系統且循序漸進研習相關方面的叢書，我們以流程圖方式，列出各有關圖書的閱讀順序，以減少您研習此門學問的摸索時間，並能對這門學問有完整的知識。若您在這方面有任何問題，歡迎來函連繫，我們將竭誠爲您服務。

相關叢書介紹

書號：0321701
書名：數位系統設計(修訂版)
編著：許榮睦
20K/584 頁/420 元

書號：061847
書名：8051 微算機原理與應用
　　　(精裝本)
編著：林銘波.林姝廷
18K/512 頁/600 元

書號：06128017
書名：PIC 18F4520 微控制器
　　　(第二版)(附範例光碟)
編著：林偉政
16K/488 頁/550 元

書號：03675037
書名：CPLD 數位電路設計－使用
　　　MAX+Plus II 入門篇(含乙級
　　　數位電子術科解析)(第四版)
　　　(附範例系統光碟)
編著：廖裕評.陸瑞強
16K/448 頁/450 元

書號：05204017
書名：EM78447 理論與實務寶典
　　　(附軟體光碟片)
編著：鍾啓仁
16K/520 頁/350 元

書號：06028017
書名：單晶片微電腦 8051/8951 原
　　　理與應用(C 語言)(第二版)
　　　(附範例、系統光碟)
編著：蔡朝洋.蔡承佑
16K/736 頁/580 元

書號：06131020
書名：PIC Easy Go－簡單使用 PIC
　　　(第三版)(附範例光碟、
　　　16F883、PCB)
編著：黃嘉輝
16K/320 頁/500 元

◎上列書價若有變動，請
　以最新定價為準。

流程圖

```
書號：0516871                書號：061847                書號：06131020
書名：數位系統設計─原        書名：8051 微算機原理        書名：PIC Easy Go －簡
      理、實務與應用                與應用(精裝本)              單使用 PIC(第三
      (第四版)(精裝本)      編著：林銘波.林姝廷              版)(附範例光碟、
編著：林銘波                                                  16F883、PCB)
                                                        編著：黃嘉輝

書號：0528874                書號：0546872                書號：06128017
書名：數位邏輯設計            書名：微算機基本原理與應用－  書名：PIC 18F4520 微控
      (第五版)(精裝本)            MCS-51 嵌入式微算機系統        制器(第二版)(附範
編著：林銘波                      軟體與硬體(第三版)              例光碟)
                                  (精裝本)                編著：林偉政
                            編著：林銘波.林姝廷

書號：0529202                書號：05212067
書名：最新數位邏輯電路        書名：單晶片微電腦 8051
      設計(第三版)                /8951原理與應用(附
編著：劉紹漢                      超值光碟)(第七版)
                            編著：蔡朝洋
```

目錄

第 10 章 記憶器元件與應用   373

1 簡介

由於積體電路製造技術的成熟與精進，目前幾乎所有計算機(通俗名稱為電腦)系統(computer system)均使用微電子電路設計與製造，因此計算機系統也常稱為微算機(microcomputer ，μC)系統。由於微算機系統的價格低廉，它幾乎已經成為個人生活中必備之基本配備，因此又稱為個人電腦(personal computer，PC)。另外一方面，微算機系統也常用於工業電子系統的設計之中，因此常整合必需的記憶器、輸出/輸入界面電路於同一個晶片中，當作一個可規劃的數位系統控制元件。使用於此應用中的微算機系統，通常稱為單晶片微控制器(microcontroller，μC)或是嵌入式微算機系統(embedded microcomputer system)，簡稱為嵌入式系統(embedded system)。

本章中，首先介紹微計算機系統的基本功能及其組成要素，接著介紹 MCS-51 (8051 族系)微控制器的發展與演進過程及其主要特性。最後，討論在計算機中常用的碼(code)、數目(number)在微算機中的表示方法、不同基底(base)之間的互換、微算機對數目的運算方法。

1.1 微算機系統結構與應用

由於 VLSI 相關技術的進步，微算機已經由早期的 4 位元(bit)、8 位元、16 位元，發展到目前功能強大的 32/64 位元系統。本節中，首先介紹微處理器(microprocessor，μP)與微算機(μC)的主要區別。然後依序介紹微算機系統的兩種主要的應用類型：個人電腦與嵌入式系統。

1.1.1 微處理器與微算機

任何一個微算機系統中，均至少包含下列電子元件：中央處理器(central processing unit，CPU)、記憶器(RAM 及 ROM)、I/O 界面(input/output interface)。中央處理器主宰著整個微算機系統的動作，舉凡資料輸入、資料輸出、磁碟機的動作等都必須由它發號施令，因此稱為中央處理器。由於 CPU 均由微電子電路組成，因此也常稱為微處理器(microprocessor)。微處理器通常必須與記憶器(memory，例如 RAM 及 ROM)、定時器(timer)、I/O 界面等結合，方能完成需要的微算機系統。因此，微處理器與微算機的主要差別為前者未包含記憶器(ROM 與 RAM)或是 I/O 界面於同一個晶片中，而後者則是一個完整的系統，它不但包含了微處理器，同時也包含記憶器(ROM 與 RAM)，以及 I/O 界面於同一個晶片中。

雖然微處理器或是微算機的功能及資料寬度一代比一代強大，但是這並不表示前一代的微處理器或是微算機將完全由市場上消失，畢竟"萬物皆有其用途"，除了個人電腦系統之外，尚有許多地方(例如冷氣機控制電路、兒童用的玩具、家用電器的功能控制等)並不需要功能如此強大的微處理器或是微算機，在這些用途上又何必"殺雞用牛刀"。

微處理器或微算機的主要分類方法是依據它們每一次最多能夠處理的位元數目，即它們的資料寬度(data width)。到目前為止，微處理器或微算機一共有下列五種資料寬度：4、8、16、32、64 位元。

微處理器或微算機的主要應用領域，可以分成下列三大類：家用產品、辦公室產品、自動化產品等。最主要的家用產品中有電話、傳真機、電視、有線電視調諧器、電視遊樂器、錄放影機、家用攝影機、遙控器、照相機、數位照相機、縫衣機、運動器材、微波爐、音響等。最主要的辦公室產品中有電話、計算機、保全系統、傳真機、影印機、雷射印表機、彩色噴墨印表機等。最主要的自動化產品中有導航系統、引擎控制、汽車煞車系統、儀器、保全系統、行動電話、門禁系統等。

📖複習問題

1.1. 中央處理器的主要功能為何？

1.2. 微處理器與微算機的主要區別為何？

1.3. 微處理器或微算機的主要分類方法是依據那一個準則？

1.4. 微處理器或微算機的主要應用領域，可以分成那三大類？

1.5. 在典型的微算機架構中，主要包括那些重要電路？

1.1.2 個人電腦

　　微算機的兩個主要應用類型之一為個人電腦系統。在這種系統中，依據各種不同的應用需求，配備不同容量的記憶器與 I/O 裝置，例如在多媒體電腦中即是整合了聲音、影像及電腦固有的計算能力。

　　典型的 I/O 裝置如 DVD-ROM、顯示器、滑鼠、鍵盤、磁碟機(包括SSD，solid-state disk)、音效卡、影像加速卡等；記憶器容量則由早期的 64k 位元組(一個位元組等於 8 個位元)擴充到目前的 4/8G 位元組(byte)，甚至 16G 位元組或更大，依據不同的需求而定。注意：在計算機術語中，當用以表示記憶器容量時，k 表示 2^{10} = 1,024 而不是 1,000；M 表示 2^{20} = 1,048,576 而非 1,000,000；G 表示 2^{30} = 1,073,741,824 而非 1,000,000,000。

硬體部分

　　一般而言，任何個人電腦系統的硬體架構均可以表示為如圖 1.1-1 所示的方塊圖，它主要由時序電路(或稱時脈產生器)、CPU、I/O 界面、記憶器、系統匯流排(system bus)、I/O 裝置等組成。CPU 控制整個系統的動作，目前最常用的 CPU 為 Intel 公司的 x86/x64 等系列的微處理器。較著名的例子為 Core i3、Core i5、與 Core i7。時序電路產生系統運作時，需要的時序脈波(clock)；I/O 界面連接各個 I/O 裝置(例如：鍵盤、滑鼠、磁碟機、印表機、CD-ROM、DVD ROM、顯示器、音效卡、網路卡等)到 CPU。這些 I/O 裝置,通常皆擁有各自不同的電氣特性,因此必須使用不同的電路,轉換成可以與 CPU 相匹配的特性。換言之,I/O 界面電路的功能,即是 CPU 與 I/O 裝置之間溝通的橋樑。

圖 1.1-1　個人電腦系統的硬體架構

為了使整個系統能夠依據我們的意思做事,我們必須儲存指揮系統動作的命令(或稱指令)於系統中,而後由 CPU 自行依照某一個預先設定好的順序去讀取這些命令並且執行它,因此系統中必須有一個儲存這些命令的場所,這個場所稱為記憶器。記憶器的容量依據電腦系統的用途不同而有所差異,典型的容量由 2/4G 位元組到 16G 位元組不等。

系統匯流排是由一些導線組成,以傳遞信號,它連接中央處理器、記憶器、I/O 界面電路。一般而言,系統匯流排可以分成三大部分:

1. 資料匯流排(data bus):傳送資料用。

2. 位址匯流排(address bus):決定資料該自何處取得或傳送至何處。

3. 控制匯流排(control bus):控制(或裁決)資料匯流排與位址匯流排的動作。

📖複習問題

1.6. 試定義 I/O 界面電路的功能。

1.7. 在個人電腦系統中,記憶器的主要功能為何?

1.8. 當表示記憶器容量時,k 與 M 分別表示多少?

1.9. 試定義匯流排。一般而言,系統匯流排可以分成那三大部分?

軟體部分

在個人電腦中，單有硬體設備仍然無法發揮其應有的功能，必須配以適當的系統軟體及應用軟體，才能夠水火相濟，發揮它的最大功能。

個人電腦系統的軟體大致上可以分成兩大類：系統軟體(system software)與應用軟體(application software)(即使用者軟體)。系統軟體主要是撰寫(即發展)其它系統軟體或應用軟體的程式，目前最通行的個人電腦系統中幾乎都有此類的系統軟體。系統軟體主要包括作業系統(operating system)、編輯程式(editor)、組譯程式(assembler)、編譯程式(compiler)、連結程式(linker)、載入程式(loader)與系統程式庫(system library)等。應用軟體則是指該個人電腦系統的使用者，藉著系統軟體的幫助而寫成的程式，這些程式通常用來解決使用者的一些特定問題，例如記帳系統、成績計算及登錄系統等。

作業系統由一些系統程式組成，如圖 1.1-2 所示，它提供了使用者與機器(即硬體設備與系統軟體)之間的界面(即溝通橋樑)，讓使用者能以最有效的方式使用系統資源(硬體設備及系統軟體)。這些系統程式主要由檔案管理、網路通信程式、I/O 驅動程式、GUI 程式、命令解譯程式等組成。為了節省記憶器空間，作業系統中的系統程式通常分成兩部分：一部分在系統運作期間必須永遠居留在系統的主記憶體中，稱為核心程式(core program)；另一部分則在需要時，再由輔助記憶體(例如磁碟機或光碟機)搬至主記憶體中執行，稱為暫駐程式(transient program)。

圖 1.1-2 中的 I/O 驅動程式的主要功能為幫助使用者，能輕易的使用系統的 I/O 裝置(例如：磁碟機、滑鼠、鍵盤、光碟機、印表機、音效卡、MODEM 卡、網路卡等)。將 I/O 驅動程式歸屬為作業系統中的系統程式之目的，為讓系統較能掌握整個個人電腦系統的資源，與減輕使用者自己撰寫I/O 驅動程式的負擔。

圖 1.1-2 中的另外一個重要的系統軟體稱 GUI (graphical user interface)系統。GUI 系統的功能為以圖形的方式提供個人電腦或工作站的一個容易使用的使用者介面，這個介面通常以視窗環境(window environment)呈現。

圖 1.1-2　個人電腦系統軟體架構

　　圖 1.1-2 中的網路通信程式包括執行網路通信時，需要的所有網路卡驅動程式及 TCP/IP 驅動程式，以提供使用者一個容易使用的網路環境(network environment)，它通常結合 GUI 系統，成為一個視窗的網路操作環境。

　　命令解譯程式(command interpreter)提供作業系統與使用者之間的一個介面，它接收使用者由鍵盤輸入的命令，並且呼叫相關的作業系統中的系統程式或應用程式，完成使用者要求的工作。典型的命令解譯程式例如 DOS 或是 Windows XP/7/8 中的 command.com 或 Unix/Linux 中的 shell 程式(Bash shell、C shell、Bourne shell、Korn shell 或 Posix shell 等)。

📖 複習問題

1.10. 個人電腦系統的軟體大致上可以分成那兩大類？

1.11. 常用的 I/O 界面主要有那幾種？

1.12. 試定義系統軟體與應用軟體。

1.13. 在個人電腦系統中，作業系統主要由那些系統程式組成？

1.14. 為了節省記憶器空間，作業系統中的系統程式通常分成那兩部分？

1.15. I/O 驅動程式的主要功能為何？命令解譯程式的主要功能為何？

1.1.3 嵌入式系統

　　微算機的另外一個重要應用類型為嵌入式系統。在這種系統中，除了基本的中央處理器外，也整合記憶器(RAM 及 ROM)、定時器、時脈產生器(clock generator)、中斷控制器(interrupt controller)、I/O 界面於同一個晶片中。常用的 I/O 界面可以分成串列通信界面(serial communication interface，SCI)、ADC(analog-to-digital converter)、DAC(digital-to-analog converter)、通用 I/O(general-purpose input/output，GPIO)界面等電路，如圖 1.1-3 所示。

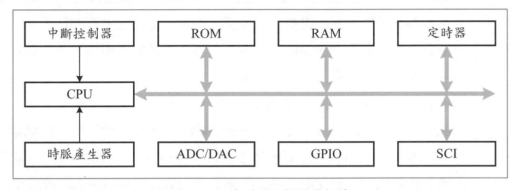

圖 1.1-3　典型的微控制器架構

　　由於用於數位控制系統或是數位電子產品中的微算機，通常為一個完整的單晶片系統，因此常稱為微控制器。本書中，微算機與微控制器兩詞將互相轉用。

　　如前所述，微控制器因為整合了一個完整計算機系統中，需要的記憶器與周邊裝置界面元件於一身，因此其中央處理器的功能或是記憶器容量，遠不及一個由微處理器建構而成的系統，例如個人電腦。在某些較高階的應用中，例如雷射列表機、儲存式示波器、邏輯分析儀等，使用現有的微控制器將不敷實際所需。因此，於此類應用中，通常使用功能強大的微處理器，當作中央處理器，再配合適當的記憶器與周邊裝置界面，完成需要的系統。使用於此種特定系統中的微處理器，稱為嵌入式微處理器(embedded microprocessor)，因為在這類系統中的微處理器，只執行某些預先設定好的工作，例如在列表機中的微處理器,只執行與列表機相關的工作:自計算機接收資料,經適當處理後,列印出來。由於嵌入式微處理器在應用系統中的作用與使用微控制器時相同,只當作一個可規劃的數位系統使用,而非一個通用型的計算機,因此嵌入式微處理器一詞通常也與微控制器互相轉用。

為了因應諸多較高階的控制系統應用市場需求,以及積體電路製程的急速進步,目前及未來的趨勢將逐漸整合較低階的個人電腦系統(例如 x86/x64 系統)於單一晶片之中,成為一個功能較強的微控制器系統(microcontroller system)。這一類系統的主要特性是其本身即是一部完整的個人電腦主機,只需要再加入顯示器、鍵盤、磁碟機,即為一部功能完整的個人電腦,因此可以直接取代個人電腦系統而應用於較高階的控制應用中,例如儲存式示波器、邏輯分析儀、網路協定分析儀等。

除了 x86/x64 系列微處理器之外,其它目前常用的嵌入式微處理器為 Atmel AVR、ARM 系列(包括 StrongArm 系列),這一類微處理器通常與記憶器、USB 模組或是網路界面元件(例如 10/100/1000 Mb/s Ethernet)、顯示器界面等,建構成為一個完整的系統,稱為嵌入式系統(embedded system),因為此種系統通常使用於特定的系統中而非當作通用型的計算機使用。由於記憶器(SRAM 及快閃記憶器,Flash memory)容量的急速增加,上述嵌入式系統通常直接執行 Windows XP/7、Unix/Linux 等高階的作業系統。

雖然目前的嵌入式系統與通用型電腦(或是個人電腦)可能使用相同的微處理器與作業系統,但是它們有一個主要的區別:前者使用於特定的系統中,其功能由儲存於快閃記憶器中的程式決定;後者的功能則由載入 RAM 中的應用程式決定,因此使用者可以依據當時的需要,決定計算機的功能為何,例如當作文書處理(執行 word)、播放 DVD、玩電動玩具、上網瀏覽資料等。

📖 複習問題

1.16. 試定義嵌入式微處理器與嵌入式系統。

1.17. 為何嵌入式微處理器與微控制器一詞通常互用?

1.18. 嵌入式系統與通用型計算機的主要區別為何？

1.19. 在目前的嵌入式系統中，主要的作業系統為何？

1.20. 目前常用的嵌入式微處理器主要有那幾種？

1.2 MCS-51/52 微控制器

目前最常用的幾種 8 位元微控制器系列為：Intel 公司的 MCS-51 系列、Freescale 公司的 HS08 系列、Microchip Technology 公司的 PIC 系列，這些微控制器各有其特性與專有的指令組，因此本質上並不相容。然而在應用領域上卻是相互重疊的，即對於相同的應用而言，可能同時有多種微控制器均可以滿足該應用需要的功能。

本節中，首先介紹 MCS-51 系列的發展過程與基本特性，然後介紹選用微控制器的一般準則。

1.2.1 MCS-51/52 微控制器

Intel 公司在 1981 年首先推出第一個 8 位元的微控制器：8051，它包括 128 位元組的 RAM、4k 位元組的 ROM、兩個定時器、一個串列通信埠、四個 8 位元的通用並列 I/O 埠，如圖 1.2-1 所示。一般在工業界中，將具有上述特性(除了 ROM 之外)的 8051 微控制器稱為標準的 MCS-51 微控制器。8051 微控制器實際上為一個單一晶片的系統，以目前的術語稱為系統晶片 (system on a chip，SOC)。注意：目前通常使用 B 代表位元組，例如 4 kB 表示 4k 個位元組；使用 b 代表位元，例如 4 kb 表示 4k 個位元。

繼 8051 之後，Intel 公司又推出 8052 與 8031 兩個特性幾乎相同的微控制器，以應不同應用之需要，其特性比較如表 1.2-1 所示。8031 除了沒有 ROM 之外，其特性與 8051 相同；8052 則在 8051 的基本特性上加入了一些額外的特性：擴充內部的 ROM 大小為 8 kB、RAM 大小為 256 B、增加一個定時器及一個中斷來源。

圖 1.2-1　MCS-51/52 微控制器系統架構

表 1.2-1　MCS-51/52 系列特性比較

特性	MCS-51	MCS-52	AT89C51/S51	AT89C52/S52	P89V51Rx2
內含 RAM 大小	128 B	256 B	128 B	256 B	256 B + 768B
定時器個數	2	3	3	3	3
I/O 埠位元個數	32	32	32	32	32
串列通信埠	1	1	1	1	1
中斷來源個數	5	6	6	8	8
PCA	0	0	0	0	1
SPI	0	0	0/1	1	1
看門狗定時器	0	0	0/1	0/1	1
DPTR 個數	1	1	1/2	1/2	2
功率控制模式	2	2	2	2	2

　　由表 1.2-1 所示的特性比較可以得知：8051 與 8031 兩個微控制器的特性均為 8052 的一個子集合，因此任何在 8051 或是 8031 微控制器上發展的軟體程式，均可以直接在 8052 微控制器上執行，但是反之則不然。一般在工業界中，將具有上述特性(除了 ROM 之外)的 8052 微控制器稱為標準的 MCS-52 微控制器。

　　由於 MCS-51/52 的輝煌成功，在歷經 30 年之後，目前 MCS-51 相關的產品不下百種，而且其數目仍然在持續增加之中。此外，由於 ASIC (application specific integrated circuit)市場的大量需求，8051 相關的 IP (intellectual property)或是硬體元件庫單元(hardware macro cell)也廣泛流通於市場中，ASIC 設計者可以直接將它整合於 FPGA (field programmable gate array，現場可規劃邏輯閘陣列)或是半訂製(semicustom)IC 中。

AT89C51/S51/S52/S55 系列(Atmel 公司)

大部分 MCS-51/52 微控制器使用快閃記憶器當作程式記憶器，其理由為快閃記憶器具有 ISP (in-system programming)的特性。AT89C51 為一個具有 4 kB 的快閃記憶器的 MCS-51 相容微算機。晶片內含(on chip)的快閃記憶器允許程式記憶器可以在系統上直接規劃或是使用標準的 EEPROM/快閃記憶器規劃器規劃。AT89C51/S51/S52/S55 系列的重要特性歸納如表 1.2-2。

表 1.2-2　Atmel 8051 特性比較

元件	快閃記憶器	RAM	I/O 位元數目	定時器個數	中斷來源數目	V$_{CC}$	包裝
AT89C51	4 kB	128 B	32	2	5	5 V	40
AT89S51	4 kB	128 B	32	2	6	5 V	40
AT89S52	8 kB	256 B	32	3	8	5V	40
AT89S55	20 kB	256 B	32	3	8	5 V	40

P89V51Rx2 系列(NXP 公司)

P89V51Rx2 元件為 MCS-52 的衍生產品，它具有 ISP (in-system programming)與 IAP (in-application programming)的能力。ISP 允許使用者在該微控制器仍在應用系統中的情況下，下載新的程式碼到程式記憶器中，而 IAP 則是該微控制器可以在應用系統中，直接下載新的程式碼，並且寫入程式記憶器中。ISP 的功能由一個內含於晶片 ROM 中的串列式裝載程式(boot loader)透過 UART 完成，無須使用快閃記憶器中的裝載程式。至於 IAP 的功能則由使用者程式利用內含於晶片 ROM 中的標準常式(standard routine)，完成清除與重新規劃的動作。P89V51Rx2 系列的重要特性歸納如表 1.2-3。

表 1.2-3　NXP (Philips) P89V51Rx2 系列特性比較

元件	RAM	I/O 位元數目	定時器個數	中斷來源數目	V_{CC}	包裝
P89V51RB2	1 kB	32	3	8	5 V	40
P89V51RC2	1 kB	32	3	8	5 V	40
P89V51RD2	1 kB	32	3	8	5 V	40

📖 複習問題

1.21. 試定義 MCS-51 的標準特性。

1.22. 試定義 MCS-52 的標準特性。

1.23. Atmel 公司的 AT89S51 系列微控制器的主要特性為何？

1.24. NXP (Philips) 半導體公司的 P89V51RD2 微控制器的主要特性為何？

1.2.2 微控制器選用準則

如前所述，微控制器或是嵌入式微處理器的種類繁多，系統設計者可以依據下列準則，選用一個適當的微控制器或是嵌入式微處理器：(1). 在最經濟的情況下，能符合需要的計算功能；(2). 需要的軟體發展工具，例如組譯程式、C 語言編譯程式、除錯程式，是否容易取得？(3). 微控制器或是嵌入式微處理器的供貨來源是否充足？

基本選用準則

在使用微控制器設計一個數位系統時，首先必須考慮使用的微控制器是否能滿足所需，其常用的準則為：

1. 操作速度：微控制器的最高操作速率為何？在此速率下，是否滿足需要的計算能力？

2. 包裝：標的微控制器的包裝類型為何，例如 40-腳的 DIP(dual inline package)、QFP(quad flat package)或其它包裝方式，可用的包裝類型將影響標的產品的 PCB 板空間、組裝時間、成本。

3. 功率消耗：微控制器的最高功率消耗為何，此功率消耗是否超出預算值。功率消耗的考量在可攜帶式系統中相當重要。

4 內含記憶器容量：微控制器的內含記憶器容量是否符合實際上的需要，若不符合，則必須使用外加的記憶器，因此增加了 PCB 空間與系統成本。

5. I/O 埠位元數目：微控制器的 I/O 埠位元數目是否符合實際上的需要，若不符合，則必須使用外加的並列 I/O 界面元件(例如 8255)，因此增加了 PCB 空間與系統成本。

6. 內含定時器數目：微控制器內含的定時器數目是否符合實際上的需要，若不符合，則必須使用外加的定時器元件(例如 8254)，因此增加了 PCB 空間與系統成本。

7. ADC 與 DAC：微控制器中是否內含需要的 ADC 或是 DAC 周邊元件。在某些工業控制的應用中，ADC 與 DAC 元件為必需的電路，若選用的微控制器本身已經含有此種電路，則不需要使用外加的 ADC 與 DAC 元件，因此不但可以縮小標的系統的 PCB 面積而且降低系統成本。

8. 更新容易度：選用的微控制器是否易於更新為性能較優越或是功率消耗較低的版本。

9. 元件成本：微控制器的元件成本為何，此成本將影響標的產品的最後銷售價格，因而影響該產品在市場上的競爭力。

發展工具

設計一個微控制器或是嵌入式微處理器系統時，不可或缺的工具分成硬體與軟體兩大類。在硬體方面，主要為一個標的系統的硬體模擬器(emulator)或稱為線上模擬器(in-circuit emulator，ICE)，可以實際執行或是模擬與測試最後的標的系統。在軟體方面，則主要由交互組譯程式(cross assembler)、除錯程式(debugger)、一個效率好而且價格適當的 C 語言交互編譯程式(cross compiler)、以及軟體模擬程式(simulator)組成。交互組譯程式為一個組譯程式，它接受一個與執行該組譯程式相異的標的系統(例如 MCS-51)之組合語言程式，組譯成該標的系統(例如 MCS-51)的機器語言程式輸出。由於其輸出只能在該標的系統中執行，所以稱為交互組譯程式；交互編譯程式為一個編譯程式，它接受一個與執行該編譯程式相異的標的系統(例如 MCS-51)的高階語言(例如 C 語言)程式，編譯成標的系統(例如 MCS-51)的機器語言程式輸出。由於其輸出只能在標的系統中執行，所以稱為交互編譯程式。

一個組合語言程式或是 C 語言程式，經由交互組譯程式或是交互編譯程式，組譯或是編譯成機器語言程式之後，必須下載至標的系統的硬體模擬器或是模擬程式中，執行、測試、除錯、驗證該程式的正確性與功能。目前許多軟體廠商也針對常用的微控制器，提供純軟體的模擬程式，模擬一個與實際硬體系統類似的環境，供給系統設計者在不需要有標的系統的硬體模擬器的情況下，也能測試其設計的程式。

供貨來源

選用微控制器元件的另外一個重要考量為該元件在目前及未來的供貨來源是否充足，對某些設計者而言，此項考量甚至超越前兩項。在 8 位元的微控制器市場中，MCS-51 為一個最大的族系，相當多的廠商均支援各式各樣的 MCS-51 元件。

📖複習問題

1.25. 針對一個特定應用，如何選用一個適當的微控制器？

1.26. 試定義硬體模擬器(即線上模擬器)。

1.27. 試定義軟體模擬程式。

1.28. 試定義交互組譯程式與交互編譯程式。

1.29. 設計一個微控制器系統時，所不可或缺的工具主要分成那兩大類？

1.3 文數字碼與數碼

在計算機中常用的碼可以分成兩大類：一種為表示非數字性資料的碼(code)稱為文數字碼(alphanumeric code)，例如 ASCII 碼(American Standard Code for Information Interchange)；另一種則為表示數字性資料的碼稱為數碼

(numeric code)，例如二進碼(binary code)與 BCD (binary coded decimal)碼。本節中將依序討論這幾種在計算機中常用的文數字碼與數碼。這裡所稱的碼為一種轉換資訊(information)為另一種表示方式的規則。

表 1.3-1　ASCII 碼

LSD \ MSD		0 000	1 001	2 010	3 011	4 100	5 101	6 110	7 111
0	0000	NUL	DLE	SP	0	@	P	`	p
1	0001	SOH	DC1	!	1	A	Q	a	q
2	0010	STX	DC2	"	2	B	R	b	r
3	0011	ETX	DC3	#	3	C	S	c	s
4	0100	EOT	DC4	$	4	D	T	d	t
5	0101	ENQ	NAK	%	5	E	U	e	u
6	0110	ACK	SYN	&	6	F	V	f	v
7	0111	BEL	ETB	`	7	G	W	g	w
8	1000	BS	CAN	(	8	H	X	h	x
9	1001	HT	EM	)	9	I	Y	i	y
A	1010	LF	SUB	*	:	J	Z	j	z
B	1011	VT	ESC	+	;	K	[	k	{
C	1100	FF	FS	,	<	L	\	l	|
D	1101	CR	GS	-	=	M	]	m	}
E	1110	SO	RS	.	>	N	^	n	~
F	1111	SI	US	/	?	O	_	o	DEL

1.3.1 文數字碼

在計算機中最常用的文數字碼為一種由美國國家標準協會(American National Standards Institute)訂定的，稱為 ASCII 碼，如表 1.3-1 所示。這種 ASCII 碼使用 7 個位元代表 128 個字元(character，或稱符號，symbol)。例如：1001001B 代表英文字母"I"；而 0111100B 則代表符號"<"。

ASCII 碼與 CCITT(International Telegraph and Telephone Consultative Committee)訂立的 IA5(International Alphabet Number 5)相同，並且也由 ISO (International Standards Organization)採用而稱為 ISO 645。

大致上 ASCII 碼可以分成可列印字元(printable character)與不可列印字元 (non-printable character)兩種。可列印字元為那些可以直接顯示在螢幕上或直接由列表機列印的字元；不可列印字元又稱為控制字元(control character)，其中每一個字元均有各自的特殊定義。這些控制字元的定義列於表 1.3-2 中。

表 1.3-2 ASCII 碼功能字元定義

功能字元	意義
ACK(acknowledge)	做為各種詢問的回答。
BEL(bell)	產生鈴聲、哨音或其它聲響警報。
BS(back space)	使游標或機頭倒退一格。
CAN(cancel)	放棄先前的資料。
CR(carriage return)	移動游標或機頭到一行的開頭。
DC1-DC4(device control)	給予使用者終端機或類似裝置控制用。
DEL(delete)	刪除一個字元。
DLE(data link escape)	產生一個特殊類型的的 ESC 序列，以控制資料線及傳輸設備。
EM(end of medium)	表示紙帶或介質材料的結束。
ENQ(enquiry)	要求辨認或要求狀態資訊。
EOT(end of transmission)	於一個或多個訊息後標示傳送結束。
ESC(escape)	表示一個 ESC 序列的開始。
ETB(end of transmission block)	分隔每一個資料區。
ETX(end of text)	標示電文的結束，也稱為 EOM(end of message)。
FF(form feed)	前進至次頁開頭。
FS, GS, RS, US (file,group, record, and until separator)	提供分割資訊鍵的一組資訊分離器。
HT(horizontal tab)	水平定位。
LF(line feed)	使游標或機頭移到下一行。
NAK(negative acknowledge)	做為各種詢問的回答"NO"。
NUL(null)	主要使用為空格填空用。
SI(shift in)	用於 SO 後，指示該數碼轉回正常的 ASCII 意義。
SO(shift out)	指示其次的數碼並非正常的 ASCII 意義，直到 SI 為止。
SOH(start of heading)	SOH 標示開頭的起始點。
STX(start of text)	標示正文的開始及開頭的結束。
SUB(substitute)	取代一個已知錯誤的字元之字元。
SYN(synchronous idle)	提供傳送端與接收端的同步之用。
VT(vertical tab)	垂直定位。

常用的幾種控制字元類型為：

格式控制字元(format control character)：BS、LF、CR、SP、DEL、ESC、FF。

資訊分離字元(information separator)：FS、GS、RS、US。

傳輸控制字元(transmission control character)：SOH、STX、ETX、ACK、NAK、SYN。

📖 **複習問題**

1.30. ASCII 碼為那些英文字的縮寫？

1.31. 在 ASCII 碼中，使用多少位元定義字元與符號？

1.32. 大致上 ASCII 碼可以分成那兩種？

1.33. 何謂可列印字元與不可列印字元？

1.34. 何謂控制字元？

1.3.2 數碼

　　代表數字的數碼一般均由一組固定數目的位元組成，這些位元合稱為一個碼語(code word)。依據碼語中每一個位元(一個二進制的數字稱為一個位元)所在的位置是否賦有固定的權重(weight)，即該位置的比重值，數碼又可以分成權位式數碼(weighted code)與非權位式數碼(non-weighted code)兩種。在權位式數碼中的每一個位元的位置均賦有一個固定的比重(或稱權重)；在非權位式數碼中則無。

　　在權位式數碼中，若設 w_{n-1}、… w_2、w_1、w_0 分別為碼語中每一個數字的權重，而假設 x_{n-1}、…、x_2、x_1、x_0 分別為碼語中的每一個數字，則其相當的十進制數目值 $= x_{n-1}w_{n-1} + \cdots + x_0 w_0$。當 x_i 的值 $\in \{0,1\}$ 時，該數碼的基底為 2，此種數碼稱為二進制數碼(binary code)；當 x_i 的值 $\in \{0, 1, 2, 3, 4, 5, 6, 7, 8, 9\}$ 時，該數碼的基底為 10，此種數碼稱為十進制數碼(decimal code)；當 x_i 的值 $\in \{0, 1, 2, 3, 4, 5, 6, 7, 8, 9, A, B, C, D, E, F\}$ 時，該數碼的基底為 16，此種數碼稱為十六進制數碼(hexadecimal code)。

　　常用的二進制權位式數碼如表 1.3-3 所示。(8 4 2 1)碼為最常用的一種，它即為計算機中所謂的二進制數目或二進碼，此種數碼的碼語寬度(即 n 的值)可以為任何位元數目。BCD 碼的意義為自 4 位元的二進碼之 16 個碼語中任取 10 個，以表示十進制中的十個數字，因此一共有 C(16,10) = 8,008 種組合。在這些組合中，大部分均為非權位式數碼，然而有一種組合不但具有權重特性而且其權重恰為(8, 4, 2, 1)，這一種 BCD 碼即是我們所慣用的(8 4 2 1)BCD 碼或簡稱 BCD 碼。

表 1.3-3　計算機中常用的數碼

十進制數字	權位式數碼		非權位式數碼	
	8 4 2 1	BCD	加三碼	格雷碼
0	0000	0000	0011	0000
1	0001	0001	0100	0001
2	0010	0010	0101	0011
3	0011	0011	0110	0010
4	0100	0100	0111	0110
5	0101	0101	1000	0111
6	0110	0110	1001	0101
7	0111	0111	1010	0100
8	1000	1000	1011	1100
9	1001	1001	1100	1101
10	1010	0001 0000	0100 0011	1111
11	1011	0001 0001	0100 0100	1110
12	1100	0001 0010	0100 0101	1010
13	1101	0001 0011	0100 0110	1011
14	1110	0001 0100	0100 0111	1001
15	1111	0001 0101	0100 1000	1000

在任何一個非權位式數碼中，其十進制值並無法直接由碼語中的位元值計算出來，因為每一個位元並沒有對應到一個固定的權重。常用的非權位式數碼，例如加三碼(excess-3 code)與格雷碼(Gray code)，如表 1.3-3 所示。由於加三碼是將 BCD 碼中的每一個碼語加上 3(0011)，因而得名。加三碼使用 4 個位元，代表數字 0 到 9，當表示兩個以上數字時，必須如同 BCD 碼一樣，每一個數字使用代表該數字的 4 個位元，例如 14 必須以 0100 0111 表示。格雷碼的主要特性是其任何兩個相鄰的碼語之間，均只有一個位元不同，例如：1000(15)與 1001(14)、0000(0)與 0001(1)、1000(15)與 0000(0)。格雷碼使用 n 個位元，代表數目 0 到 2^n-1，如表 1.3-3 所示。

📖 複習問題

1.35. 何謂數碼？

1.36 何謂權重？

1.37. 試定義權位式數碼與非權位式數碼。

1.38. 何謂二進制數碼、十進制數碼、十六進制數碼？

1.39. 試定義 BCD 碼與(8 4 2 1)BCD 碼。

1.40. 試定義加三碼與格雷碼。

1.4 數系轉換

　　在計算機中，最常用的數目系統為二進制、十進制、十六進制。因此，本節中將依序介紹這些數目系統，與一個數目在這些不同基底的系統中的表示方法。

1.4.1 二進制數目系統

　　在數目系統中，當基底為 2 時，稱為二進制數目系統。在此數目系統中，每一個正數均可以表示為下列多項式：

$$N_2 = a_{q-1}2^{q-1} + \cdots\cdots + a_0 2^0 + a_{-1}2^{-1} + \cdots\cdots + a_{-p}2^{-p}$$
$$= \sum_{i=-p}^{q-1} a_i 2^i$$

或使用數字串表示為：

$$(a_{q-1}a_{q-2}\cdots\cdots a_0.a_{-1}a_{-2}\cdots\cdots a_{-p})_2$$

其中 a_{q-1} 稱為最大有效位元(most significant bit，MSB)；a_{-p} 稱為最小有效位元(least significant bit，LSB)。這裡所謂的位元(bit)實際上是指二進制的數字(0 和 1)。位元的英文字(bit)其實即為二進制數字(binary digit)的縮寫。注意：上述多項式或數字串中的係數 a_i 之值，只有 0 和 1 兩種。

例題 1.4-1 (二進制數目表示法)

    (a) $1101_2 = 1 \times 2^3 + 1 \times 2^2 + 1 \times 2^0$

    (b) $1011.101_2 = 1 \times 2^3 + 1 \times 2^1 + 1 \times 2^0 + 1 \times 2^{-1} + 1 \times 2^{-3}$

轉換二進制為十進制

    轉換一個二進制數目為十進制的程序相當簡單,只需要將係數(只有 0 和 1)為 1 的位元對應的權重(2^i),以十進制的算數運算相加即可。

例題 1.4-2 (轉換二進制為十進制)

    轉換110101.01101_2為十進制。

解: 如前所述,以十進制的算數運算一一將係數為 1 的位元對應的權重(2^i)相加即可,其結果如下:

$$
\begin{aligned}
11010.01101_2 &= 1 \times 2^5 + 1 \times 2^4 + 1 \times 2^2 + 1 \times 2^0 + 1 \times 2^{-2} + 1 \times 2^{-3} + 1 \times 2^{-5} \\
&= 32 + 16 + 4 + 1 + 0.25 + 0.125 + 0.03125 \\
&= 53.40625_{10}
\end{aligned}
$$

轉換十進制為二進制

    當數目較小時,可以依上述例題的相反次序為之。例如下列例題。

例題 1.4-3 (轉換十進制為二進制)

    轉換 13 為二進制。

解: $13_{10} = 8 + 4 + 1 = 2^3 + 2^2 + 0 + 2^0 = 1101_2$

例題 1.4-4 (轉換十進制為二進制)

    轉換 25.375 為二進制。

解: 結果如下:

$$
\begin{aligned}
25.375_{10} &= 16 + 8 + 1 + 0.25 + 0.125 = 2^4 + 2^3 + 2^0 + 2^{-2} + 2^{-3} \\
&= 11001.011_2
\end{aligned}
$$

    但是當數目較大時,上述方法將顯得笨拙而不實用,因而需要一個較有

系統的方法。一般在轉換一個十進制數目為二進制時，整數部分與小數部分均分開處理：整數部分以 2 連除後，取其餘數；小數部分則以 2 連乘後，取其整數。整數部分的轉換規則如下：

1. 以 2 連除該整數，取其餘數。

2. 以最後得到的餘數為最大有效位元(MSB)，並且依照餘數取得的相反次序，寫下餘數，即為所求。

下列例題說明此種轉換程序。

例題 1.4-5　(轉換十進制為二進制)

轉換 109 為二進制。

解：利用上述轉換規則計算如下：

$$
\begin{aligned}
109 \div 2 &= 54 \quad \cdots\cdots 1 \quad &\longleftarrow \text{LSB} \\
54 \div 2 &= 27 \quad \cdots\cdots 0 \\
27 \div 2 &= 13 \quad \cdots\cdots 1 \\
13 \div 2 &= 6 \quad \cdots\cdots 1 \\
6 \div 2 &= 3 \quad \cdots\cdots 0 \\
3 \div 2 &= 1 \quad \cdots\cdots 1 \\
1 \div 2 &= 0 \quad \cdots\cdots 1 \quad &\longleftarrow \text{MSB}
\end{aligned}
$$

所以 $109_{10} = 1101101_2$。

在上述的轉換過程中，首次得到的餘數為 LSB，而最後得到的餘數為 MSB。

小數部分的轉換規則如下：

1. 以 2 連乘該數的小數部分，取其乘積的整數部分。

2. 以第一次得到的整數為第一位小數，並且依照整數取得的次序，寫下整數，即為所求。

下列例題說明此種轉換程序。

例題 1.4-6　(轉換十進制為二進制)

轉換 0.78125 為二進制。

解：利用上述轉換規則計算如下：

$$0.78125 \times 2 = 1.56250 = 1 + 0.56250$$
$$0.56250 \times 2 = 1.1250 = 1 + 0.1250$$
$$0.1250 \times 2 = 0.250 = 0 + 0.250$$
$$0.250 \times 2 = 0.500 = 0 + 0.500$$
$$0.500 \times 2 = 1.000 = 1 + 0.000$$

整數

所以　$0.78125_{10} = 0.11001_2$。

小數部分的轉換有時候是個無窮盡的程序，這時候可以依據需要的精確值在適當的位元處終止即可。

例題 1.4-7　(轉換十進制為二進制)

轉換 0.43 為二進制。

解：利用上述轉換規則計算如下：

整數

$$0.43 \times 2 = 0.86 = 0 + 0.86$$
$$0.86 \times 2 = 1.72 = 1 + 0.72$$
$$0.72 \times 2 = 1.44 = 1 + 0.44$$
$$0.44 \times 2 = 0.88 = 0 + 0.88$$

整數

$$0.88 \times 2 = 1.76 = 1 + 0.76$$
$$0.76 \times 2 = 1.52 = 1 + 0.52$$
$$0.52 \times 2 = 1.04 = 1 + 0.04$$

由於轉換的程序是個無窮盡的過程，所以終止而得

$$0.43_{10} = 0.0110111_2$$

📖 複習問題

1.41. 試定義 LSB 與 MSB。

1.42. 何謂位元、數字、字元？

1.43. 簡述在轉換一個十進制數目為二進制時，整數部分的轉換規則。

1.44. 簡述在轉換一個十進制數目為二進制時，小數部分的轉換規則。

1.45. 在轉換一個十進制數目為二進制時，當小數部分的轉換是個無窮盡的程序時，該如何處理？

1.4.2 十六進制數目系統

在數目系統中,當基底為 16 時,稱為十六進制系統。在此數目系統中,每一個正數均可以表示為下列多項式:

$$N_{16} = a_{q-1}16^{q-1} + \cdots\cdots + a_0 16^0 + a_{-1}16^{-1} + \cdots\cdots + a_{-p}16^{-p}$$

$$= \sum_{i=-p}^{q-1} a_i 16^i$$

或使用數字串表示為:

$$(a_{q-1}a_{q-2}\cdots\cdots a_0.a_{-1}a_{-2}\cdots\cdots a_{-p})_{16}$$

其中 a_{q-1} 稱為最大有效數字(most significant digit,MSD);a_{-p} 稱為最小有效數字(least significant digit,LSD)。a_i 的值可以為 {0, 1, 2, 3, 4, 5, 6, 7, 8, 9, A, B, C, D, E, F} 中的任何一個,其中 A~F 也可以使用小寫的英文字母 a~f 取代。

例題 1.4-8 (十六進制數目表示法)

(a) $ABCD_{16} = A \times 16^3 + B \times 16^2 + C \times 16^1 + D \times 16^0$

(b) $123F.E3_{16} = 1 \times 16^3 + 2 \times 16^2 + 3 \times 16^1 + F \times 16^0 + E \times 16^{-1} + 3 \times 16^{-2}$

在十六進制系統中,代表數目的符號一共有十六個,除了十進制中的十個符號之外,又添加了六個,它們為 A、B、C、D、E、F。表 1.4-1 列出了十進制、二進制、十六進制之間的關係。

表 1.4-1 十進制、二進制、十六進制之間的關係

十進制	二進制	十六進制	十進制	二進制	十六進制
0	0000	0	8	1000	8
1	0001	1	9	1001	9
2	0010	2	10	1010	A(a)
3	0011	3	11	1011	B(b)
4	0100	4	12	1100	C(c)
5	0101	5	13	1101	D(d)
6	0110	6	14	1110	E(e)
7	0111	7	15	1111	F(f)

十六進制為計算機中常用的數目系統之一，其數目的表示容量最大。例如同樣使用二位數而言，十六進制能夠表示的數目範圍為 0 到 255 (即 00_{16} 到 FF_{16})；十進制為 0 到 99；二進制則只有 0 到 3 (即 00_2 到 11_2)。

二進制轉換為十六進制

轉換一個二進制數目為十六進制的程序相當簡單，只需要以小數點為基準，分別向左(整數部分)及向右(小數部分)每四個位元集合成為一組後，參照表 1.4-1，求取對應的十六進制數字，即可以求得結果的十六進制數目。例如下列例題。

例題 1.4-9　(轉換二進制數目為十六進制)

轉換二進制數目 10111011001.10110100111 為十六進制。

解：以小數點分開該二進制數目後，分別向左(整數部分)及向右(小數部分)每四個位元集合成為一組後，參照表 1.4-1，求取對應的十六進制數字，其結果如下：

$$0101\quad 1101\quad 1001.1011\quad 0100\quad 1110$$
$$\downarrow\qquad \downarrow\qquad \downarrow\quad\ \ \downarrow\qquad \downarrow\qquad \downarrow$$
$$5\qquad D\qquad 9\ .\ B\qquad 4\qquad E$$

所以 $10111011001.10110100111_2 = 5D9.B4E_{16}$。

轉換十六進制為二進制

轉換一個十六進制數目為二進制的過程相當簡單，只需要以表 1.4-1 中對應的 4 個二進制位元，取代該十六進制數目中的每一個數字即可。例如下列例題。

例題 1.4-10　(轉換十六進制數目為二進制)

轉換十六進制數目 9BD 為二進制。

解：分別使用對應的二進制數目，一一取代十六進制數目中的每一個數字即可，其詳細的動作如下：

$$\begin{array}{ccc} 9 & B & D \\ \downarrow & \downarrow & \downarrow \\ \overline{1001} & \overline{1011} & \overline{1101} \end{array}$$

所以 $9BD_{16} = 100110111101_2$。

例題 1.4-11　(轉換十六進制數目為二進制)

轉換十六進制數目 37C.B86 為二進制。

解：分別使用對應的二進制數目，一一取代十六進制數目中的每一個數字即可，其詳細的動作如下：

$$\begin{array}{ccccccc} 3 & 7 & C & . & B & 8 & 6 \\ \downarrow & \downarrow & \downarrow & & \downarrow & \downarrow & \downarrow \\ \overline{0011} & \overline{0111} & \overline{1100}. & & \overline{1011} & \overline{1000} & \overline{0110} \end{array}$$

所以 $37C.B86_{16} = 001101111100.10111000011_2$。

轉換十六進制為十進制

與轉換一個二進制數目為十進制的程序類似，只需要將十六進制數目中的每一個數字乘上其對應的權重(16^i)，然後以十進制的算數運算相加即可，例如下列例題。

例題 1.4-12　(轉換十六進制數目為十進制)

轉換 $AED.BF_{16}$ 為十進制。

解：如前所述，將係數乘上其所對應的權重(16^i)，並且以十進制的算數運算求其總合，結果如下：

$$\begin{aligned} AED.BF_{16} &= A \times 16^2 + E \times 16^1 + D \times 16^0 + B \times 16^{-1} + F \times 16^{-2} \\ &= 10 \times 256 + 14 \times 16 + 13 \times 1 + 11 \times 0.0625 + 15 \times 0.00390625 \\ &= 2797.74609375_{10} \end{aligned}$$

轉換十進制為十六進制

與轉換一個十進制數目為二進制的程序類似，只是現在的除數(或乘數)為 16 而不是 2。例如下列例題。

例題 1.4-13 (轉換十進制數目為十六進制)

轉換 167.45_{10} 為十六進制。

解：詳細的計算過程如下：

整數部分 ── 餘數

$$167 \div 16 = 10 \cdots\cdots 7 \leftarrow \text{LSD}$$
$$10 \div 16 = 0 \cdots\cdots 10 \leftarrow \text{MSD}$$

$$167_{10} = A7_{16}$$

小數部分 ── 整數

$$0.45 \times 16 = 7.2 = 7 + 0.2$$
$$0.2 \times 16 = 3.2 = 3 + 0.2$$
$$0.2 \times 16 = 3.2 = 3 + 0.2$$

$$0.45_{10} = 0.7\overline{3}_{16}$$

所以 $167.45_{10} = A7.7\overline{3}_{16}$

有時為了方便，在轉換一個十進制數目為十六進制時，常先轉換為二進制數目，然後由二進制數目轉換為十六進制。這種方式雖然較為複雜，但是使用較熟悉的以 2 為除數或是乘數的簡單運算，取代了在上述過程中的以 16 為除數或是乘數的繁雜運算。

📖 複習問題

1.46. 試定義 LSD 與 MSD。

1.47. 在十六進制系統中，使用那些符號代表各別的數字？

1.48. 簡述在轉換一個十六進制數目為十進制時，整數部分的轉換規則。

1.49. 簡述在轉換一個十六進制數目為十進制時，小數部分的轉換規則。

1.50. 在二進制、十進制、十六進制等數目系統中，那一種數目系統的數目表示容量最大？那一種數目系統的數目表示容量最小？

1.5 二進制算術

在微算機系統中，數目的表示方法可以分成兩種：未帶號數(unsigned number)及帶號數(signed number)。未帶號數沒有正數與負數的區別，全部當作正數；帶號數則有正數與負數的區別。在微算機系統中，常用的帶號數表示方法有符號大小表示法(sign-magnitude representation)與 2 補數表示法(two's complement representation)兩種。

1.5.1　二進制的四則運算

　　所謂的四則運算是指算術中的四個基本運算：加、減、乘、除。基本上，二進制的算術運算和十進制是相同的，唯一的差別是在二進制中，若為加法運算，則逢 2 即需要進位；若為減法運算，則由左邊相鄰的數字借位時，所借的值為 2 而不是 10。下列例題分別說明二進制的加法與減法運算過程。

例題 1.5-1　(二進制加法運算)

　　將 1010_2 與 1110_2 相加。

解：詳細的計算過程如下：

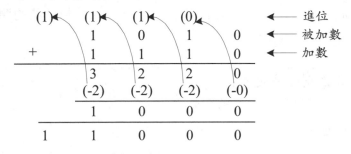

　　如同十進制一樣，二進制的乘法運算可以視為二進制加法的連續運算。下列例題說明二進制的乘法運算過程。

例題 1.5-2　(二進制減法運算)

　　將 1010_2 減去 1110_2。

解：詳細的計算過程如下：

　　如同十進制一樣，二進制的乘法運算可以視為二進制加法的連續運算。下列例題說明二進制的乘法運算過程。

例題 1.5-3 (二進制乘法運算)

試求 1101_2 與 1001_2 的乘積。

解：詳細的計算過程如下：

```
            1   1   0   1    ← 乘數
          × 1   0   0   1    ← 被乘數
            1   1   0   1
        0   0   0   0
      0   0   0   0
  +  1   1   0   1
  ─────────────────────────
    1   1   1   0   1   0   1  ← 乘積
```

所以乘積為 1110101。

如同十進制一樣，二進制的除法運算可以視為二進制減法的連續運算。下列例題說明此種運算過程。

例題 1.5-4 (二進制除法運算)

試求 10001111_2 除以 1011_2 後的商數。

解：詳細的計算過程如下：

```
                    1 1 0 1   ← 商數
除數 → 1 0 1 1 ) 1 0 0 0 1 1 1 1  ← 被除數
             - 1 0 1 1
               1 1 0 1
             - 1 0 1 1
                 1 0 1 1
               - 1 0 1 1
                       0   ← 餘數
```

所以商數為 1101 而餘數為 0。

📖 複習問題

1.51. 在微算機系統中，數目的表示方法可以分成那兩種？

1.52. 試定義未帶號數與帶號數。

1.53. 在微算機系統中，常用的帶號數的表示方法可以分成那幾種？

1.5.2 數目表示法

在微算機系統中,一般表示帶號數的方法是保留最左端的位元做為正數或負數的指示之用,這個位元稱為符號位元(sign bit)。對於正的定點數(fixed-point number)而言,符號位元設定為 0,而其它位元則表示該數的真正大小。

若設 N_2 表示在二進制中的一個具有 n 個位元(包括符號位元)整數與 m 個位元小數的數目,則正數的 N_2 可以表示為下列字元串:

$$N_2 = (0a_{n-2}\cdots\cdots a_1 a_0 . a_{-1} a_{-2} \cdots\cdots a_{-m})_2$$

而 N_2 的大小等於

$$|N_2| = \sum_{i=-m}^{n-2} a_i \times 2^i$$

對於負的定點數而言,其符號位元設定為 1,而其它位元是否直接表示該數之大小與否,則由所用的數目表示法,是符號大小表示法,或是 2 補數表示法決定。在符號大小表示法中,當符號位元為 1 時,其它位元則表示該數的真正大小,因此 N_2 的大小和上式相同;在 2 補數表示法中,當符號位元為 1 時,其它位元並不直接表示該數的真正大小,而必須將它取 2 補數之後,才是數目的值。

2 補數的取法相當簡單,若設 $\overline{N_2}$ 表示 N_2 的 2 補數,則

$$\overline{N_2} = 2^n - N_2$$

例題 1.5-5 (2 補數運算)

(a) 試求 $+1011.011_2$ 的 2 補數。

(b) 試求 -1011.011_2 的 2 補數。

解: (a) 因原來的數目為正數,所以 1011.011 = **0**1011.011。

(b) 依據上述規則,得 2^5 - 01011.011 = **1**0100.101。

另外一種 2 補數的取法為:將數目中的每一個位元取其補數(即將 0 位元變為 1 位元而 1 位元變為 0 位元)後,將 1 加到最小有效位元(LSB)上。下列

例題說明此一方法。

例題 1.5-6 　(2 補數運算)

(a) 試求 $+1011.011_2$ 的 2 補數。

(b) 試求 -1011.011_2 的 2 補數。

解：解：(a) 因為原來的數目為正數，所以 $1011.011 = \textbf{0}1011.011$。

(b) 依據上述規則，得其 1 補數為 **1**0100.100，將 1 加到 LSB 後，得到最後的結果：10100.101。

---

2 補數表示法的特性如下：

1. 只有一個 0(即 $000...0_2$)。

2. MSB 為符號位元，若數目為正，則 MSB 為 0，否則 MSB 為 1。

3. n 位元的 2 補數表示法之表示範圍為 -2^{n-1} 到 $2^{n-1}-1$。

4. 一數取 2 補數後再取 2 補數，將恢復為原來的數。

📖複習問題

1.54. 試簡述如何轉換一數為相當的 2 補數。

1.55. 試定義符號位元與定點數。

1.56. 試簡述 2 補數表示法的特性。

1.5.3　2 補數算術運算

由於負數可以使用 2 補數表示法表示，因此加法與減法可以合併成為一個相同的運算，稱為 2 補數加法運算。其規則如下：

兩數均為正數

當兩數均為正數時，將兩數相加(包括符號位元及大小)，若結果的符號位元為 1，表示溢位(overflow)發生，結果錯誤；否則，若結果的符號位元為 0，表示沒有溢位發生，結果正確。

例題 1.5-7 　(2 補數加法運算)

試以 2 補數的加法運算，計算下列各式：

(a) 0011 + 0010   (b) 0110 + 0100

解：詳細的計算過程如下：

(a)
```
    0011        +3
  + 0010      + +2
    0101        +5
    ↑
```
沒有溢位，結果正確

(b)
```
    0110        +6
  + 0100      + +4
    1010       +10
    ↑
```
溢位發生，結果錯誤

兩數均為負數

當兩數均為負數時，將兩數相加(包括符號位元及大小)並捨去進位(由符號位元相加而得)，若結果的符號位元為 1，表示沒有溢位發生，結果正確；否則，若結果的符號位元為 0，表示溢位發生，結果錯誤。

例題 1.5-8 (2 補數加法運算)

試以 2 補數的加法運算，計算下列各式：

(a) 1101 + 1100   (b) 1100 + 1001

解：詳細的計算過程如下：

(a)
```
    1101        -3
  + 1100      + -4
   11001        -7
   ↑↑
```
捨除 符號位元為1，結果正確

(b)
```
    1100        -4
  + 1001      + -7
   10101       -11
   ↑↑
```
捨除 符號位元為0，表示溢位，結果錯誤

兩數中一個為正數另一個為負數

當兩數中一個數為正數，另一個數為負數時，將兩數相加(包括符號位元及大小)，若正數的絕對值較大時，有進位產生；否則，若負數的絕對值較大時，沒有進位產生。產生的進位必須捨去，而且在這種情形之下不會有溢位發生。

例題 1.5-9 (2 補數加法運算)

試以 2 補數的加法運算，計算下列各式：

(a) 0111 + 1100   (b) 0110 + 1001

解：詳細的計算過程如下：

(a)　　0111　　　　+7
　　　+1100　　　 + -4
　　　10011　　　　+3

↑↑ 符號位元為0，
摒除　　結果正確

(b)　　0110　　　　+6
　　　+1001　　　 + -7
　　　 1111　　　　-1

↑↑ 符號位元為1，結
沒有進位　果正確

　　歸納整理上述規則後，可以得到下列兩項較簡捷的規則：

1. 將兩數相加；
2. 觀察符號位元的進位輸入與進位輸出狀況，若符號位元同時有(或沒有)進位
　輸入與輸出，則結果正確；否則，有溢位發生，結果錯誤。

📖 複習問題

1.57. 試簡述兩數均為正數的 2 補數加法運算規則。

1.58. 試簡述兩數均為負數的 2 補數加法運算規則。

1.59. 試簡述兩數中一個為正數另一個為負數的 2 補數加法運算規則。

1.6 浮點數算術

　　在定點數的算術運算中，均假設小數點固定在某一個特定的位置上，通常為 LSB 的右邊。這種定點數數目的最大缺點為其能表示的數目範圍：在 n 位元的 2 補數表示法中，只能表示 -2^{n-1} 到 $2^{n-1}-1$；在 n 位元的符號大小表示法中，只能表示 $-(2^{n-1}-1)$ 到 $2^{n-1}-1$。

　　若希望表示更大範圍的數目，則必須使用較多的位元，或使用浮點數格式(floating point format)，分割 n 位元的語句為：指數(exponent，e)與假數(mantissa，m)兩部分，而使用 $m\times2^e$ 的格式，表示一個數目。假設只考慮未帶號的情形，若 n 為 32 位元而 e 為 10 位元時，則 m 為 20 位元，它能夠表示的數目範圍為 $m\times2^{1024}\approx m\times10^{308}$，遠超過定點數的未帶號數目的 2^{32} ($\approx4.29\times10^9$)。浮點數格式也稱為科學記法(scientific notation)。

　　在本節中，我們將依序考慮浮點數的表示方法、IEEE 754 標準、浮點

數的四則運算。

1.6.1 浮點數表示方法

如前所述，浮點數表示方法為分割一個 n 位元的語句為：指數與假數兩部分，並且表示一個數目為 $m \times 2^e$ 的格式，如圖 1.6-1 所示。一般為了方便，浮點數表示的假數均標準化為 $0.1... \times 2^e$ 的格式。例如若運算後的結果為 $0.001...$，則在標準化之後為 $0.1... \times 2^{e-2}$；同樣的，若運算後的結果為 $10.01... \times 2^e$，則在標準化之後為 $0.1001... \times 2^{e+2}$。

$$m \times 2^e$$

圖 1.6-1　使用指數與假數的方法儲存一個浮點數目

標準化假數的最大理由為能獲取最大的有用精確值，例如未標準化的 8 位元假數 0.0001011 只有 4 個有效位元，而標準化的 8 位元假數 0.10110101 則有 8 個有效位元。如同定點數表示法，在浮點數表示法中，除了正數之外，也希望能表示負數。在浮點數表示法中，總共有兩個不同的量：指數與假數，它們都有可能為正數或負數，因此必須有適當的方法表示它們。

如前所述，在假數的表示方法中，常用的有符號大小及 2 補數等兩種方法。在 2 補數的表示方法中，一個正的浮點數 x 在標準化後的格式如下：

$$x = 0.100...0 \text{ 到 } 0.111...11$$

即 $1/2 \le x < 1$。一個負的浮點數 x 在標準化後的 2 補數格式如下：

$$x = 1.011...1 \text{ 到 } 1.000...00$$

即 $-1 \le x < -1/2$。

在符號大小的表示法中，一個正的浮點數 x 在標準化後的格式如下：

$$x = 1.000...0 \text{ 到 } 1.111...11$$

即 $1 \le x < 2$。一個負的浮點數 x 在標準化後的格式如下：

$$x = -1.000...0 \text{ 到 } -1.111...11$$

即$-2 < x \le -1$。

在微算機中，常用的指數表示方法為一種稱為偏移指數(biased exponent)的方法。所謂的偏移指數即是：若指數部分一共有 m 個位元，則它總共有 2^m個組合，即它可以表示未帶號數的 0 到$2^m - 1$，現在若重新指定每一種組合所代表的意義，則即有可能同時表示正或負的指數，最常用的方法為將每一個指數值均減去一個固定的偏移量(bias)，例如2^{m-1}，因而其範圍變為-2^{m-1}到$2^{m-1} - 1$。例如下列例題。

例題 1.6-1　(偏移指數)

假設指數部分為 4 個位元$(m = 4)$，因此它可以表示未帶號數的 0 到 15，若使用偏移量為$2^{m-1} = 2^3$的偏移指數表示方法，則可以表示的指數範圍為-8, -7, -6, -5, -4, -3, -2, -1, 0, 1, 2, 3, 4, 5, 6, 7。真實指數及偏移指數的對應關係如下：

真實指數	-8	-7	-6	-5	-4	-3	-2	-1	0	1	2	3	4	5	6	7
偏移格式	0	1	2	3	4	5	6	7	8	9	10	11	12	13	14	15

IEEE 754 浮點數標準格式

IEEE 754 浮點數標準格式為一種標準化的浮點數表示方法，其假數(m)範圍為$1 \le m < 2$，即其假數的整數部分永遠為 1。一個 IEEE 754 的數目 x 定義為：

$$x = (-1)^s \times 2^{e-bias} \times 1.m$$

其中

　　s 為符號位元：0 為正數；1 為負數

　　e 為指數；bias 為偏移量

　　m 為假數

IEEE 754 的標準總共定義了單精確制(single precision)、雙精確制(double precision)、四倍精確制(quad precision)等三種，這些格式的指數位元數目、假數位元數目、指數偏移量等如表 1.6-1 所示。

表 1.6-1　IEEE 754 標準格式

類型	單精確制	雙精確制	四倍精確制
符號位元(s)	1	1	1
指數(e)位元數目	8	11	15
假數(m)位元數目	23	52	112
語句全部長度	32	64	128
指數偏移量(bias)	127	1023	16383
最大指數值	255	2047	32767
最小指數值	0	0	0

圖 1.6-2 所示為 IEEE 754 的單精確制(即 32 位元)格式，與圖 1.6-1 不同的地方是在此圖中多了符號位元(s)一欄(只有 1 個位元)。注意在 IEEE 754 單精確制格式中，1.m 的整數 1 實際上並未儲存，因此假數部分的實際有效數字為 24 位元而不是 23 位元。下列各舉一例分別說明如何轉換一個實數為 IEEE 754 的單精確制格式，及如何恢復一個 IEEE 754 的單精確制格式為實數。

圖 1.6-2　IEEE 754 的單精確制格式

例題 1.6-2　(實數與 IEEE 754 單精確制格式的互換)

(a) 轉換 21.375 為 IEEE 754 單精確制格式。

(b) 轉換 IEEE 754 單精確制格式 43A4C000$_{16}$ 為實數。

解：(a) $21.375_{10} = 10101.011_2$

標準化後為：1.0101011×2^4

指數部分加上偏移值 127 得: $127 + 4 = 131$

所以其單精確制格式為：

0 10000011 010101100.....0　　(41AB0000$_{16}$)

↑ 偏移指數　　　小數
符號

(b)　43A4C000$_{16}$

　　= 0　10000111　01001001100000000000000

　　　↑　偏移指數　　　　　小數

　　符號

　　實際指數 ＝ 偏移指數-127 = 135-127 = 8

　　小數部分 ＝ 010010011

　　所以假數 ＝ 1.010010011

　　數目值為：1.010010011 × 2^8 = 101001001.1 ＝ 329.5$_{10}$

　　IEEE 754的單精確制(即32位元)格式中的各種指數與假數的組合意義如表 1.6-2 所示。在此格式中，指數總共有 8 位元，因此其二進制值為 0 到 255，其中 1 到 126 表示負的指數-126 到 0，而 127 到 255 則表示正的指數 1 到 127，即使用 127 的偏移量。指數值 0 則保留當作 0 與去標準化數目 (denormal)的編碼指示之用。這裡所謂的去標準化數目是指一個因為它的指數太小，而無法以浮點數的標準格式編入時的數目，即它必須適當的調整假數中的小數點之後的 0 之個數，才能夠表示時之數目。

表 1.6-2　IEEE 754 單精確制格式的指數意義

偏移指數	數目符號	真實指數	假數	類別
0000 0000	+	----	00…00	正 0
	−	----	00…00	負 0
			11…11 到 00…01	去標準化的數
0000 0001 到 0111 1111	---	−126 到 0	00…00 到 11…11	標準化的數
1000 0000 到 1111 1110	---	1 到 127	00…00 到 11…11	標準化的數
1111 1111	+	----	00…00	正∞
	−	----	00…00	負∞
	−	----	10…00	未定值
	−	----	00…01 到 11…11	不成立的數

📖複習問題

1.60. 試簡述在任何浮點數格式中，指數與假數兩部分的意義。

1.61. 為何在浮點數格式中，一般均標準化假數。

1.62. 在假數的表示方法中，常用的有那兩種方法？

1.63. 何謂偏移指數，為何它使用於浮點數格式中？

1.64. 在 IEEE 754 的標準中，一共定義了那些標準浮點數格式？

1.6.2 浮點數的四則運算

浮點數的加法與減法運算遠較定點數複雜，因為這些運算必須在指數相同時，才可以執行，若欲做加法與減法運算的兩個數目，其指數的大小不相同時，必須先調整假數中小數點的位置，使指數相等，再進行運算。乘法與除法運算則較加法與減法運算簡單，只需要將兩個數目的假數分別相乘與相除；指數分別相加與相減即可。

浮點數的基本四則運算規則如下：若假設 x 與 y 分別為兩個浮點數目而且 $x = (-1)^{x_s} m_x 2^{x_e}$ 與 $y = (-1)^{y_s} m_y 2^{y_e}$，則加法與減法運算可以分別表示為

$$x + y = \left((-1)^{x_s} m_x 2^{x_e - y_e} + (-1)^{y_s} m_y\right)2^{y_e}$$

與

$$x - y = \left((-1)^{x_s} m_x 2^{x_e - y_e} - (-1)^{y_s} m_y\right)2^{y_e}$$

其中 $x_e \leq y_e$；同樣的，乘法與除法運算可以分別表示為

$$x \times y = \left((-1)^{x_s} m_x \times (-1)^{y_s} m_y\right)2^{x_e + y_e}$$

與

$$x \div y = \left((-1)^{x_s} m_x \div (-1)^{y_s} m_y\right)2^{x_e - y_e}$$

在浮點數的四則運算過程中，不管是假數或指數均有可能超出其所用以運算的精確制範圍，這種情形稱為溢位。為了方便起見，在浮點數的運算過程中的溢位可以分成下列四種情形：

1. 指數上限溢位(exponent overflow)：正的指數超出其最大可以表示的範圍。

2. 指數下限溢位(exponent underflow)：負的指數超出其最大可以表示的範圍。

3. 假數上限溢位(mantissa overflow)：當兩個相同符號的假數相加時，其結果可能超出最大有效位元(MSB)。

4. 假數下限溢位(mantissa underflow)：在假數的標準化過程中，有部分的位元流出假數的最右端。

假設欲做相加或相減的兩數分別為 x 與 y，則浮點數的加法$(x + y \to z)$與減法$(x - y \to z)$運算規則如下：

1. 調整指數較小的數目之假數使其指數相等。
2. 執行假數相加或相減。
3. 執行結果假數的標準化，並調整其指數。

例題 1.6-3 (浮點數的加法運算)

假設只有 4 位有效數字，並且使用例題1.6-1的偏移指數方法，試計算下列各小題：

(a) $1.235 \times 10^5 + 3.456 \times 10^6$

(b) $1.235 \times 10^4 + 2.876 \times 10^6$

解：(a) $1.235 \times 10^5 = 0.123 \times 10^6$

$\therefore \ 0.123 \times 10^6 + 3.456 \times 10^6 = 3.579 \times 10^6$

(b) $1.235 \times 10^4 = 0.012 \times 10^6$

$\therefore \ 0.012 \times 10^6 + 2.876 \times 10^6 = 2.888 \times 10^6$

假設欲做相乘的兩數分別為 x 與 y，則浮點數的乘法$(x \times y \to z)$運算規則如下：

1. 假數相乘。
2. 指數相加，並減去偏移量。
3. 執行結果假數的標準化，並調整其指數。

例題 1.6-4 (浮點數的乘法運算)

假設只有 4 位有效數字，並且使用例題 1.6-1 的偏移指數方法(即偏移量為 8)，試計算下列各小題：

(a) $1.235 \times 10^5 \times 3.456 \times 10^6$

(b) $1.235 \times 10^{10} \times 2.876 \times 10^6$

解：(a) $1.235 \times 10^5 \times 3.456 \times 10^6 = 4.268 \times 10^3$ (實際值 $= 4.268 \times 10^{-5}$)

(b)　$1.235 \times 10^{10} \times 2.876 \times 10^{6} = 3.551 \times 10^{8}$　　(實際值 $= 3.551 \times 10^{0}$)

假設欲做相除的兩數分別為 x 與 y，則浮點數的除法($x \div y \to z$)運算規則如下：

1. 假數相除。

2. 指數相減，並加上偏移量。

3. 執行結果假數的標準化，並調整其指數。

例題 1.6-5　(浮點數的除法運算)

假設只有 4 位有效數字，並且使用例題 1.6-1 的偏移指數方法(即偏移量為 8)，試計算下列各小題：

(a)　$1.235 \times 10^{5} \div 3.456 \times 10^{6}$

(b)　$1.235 \times 10^{10} \div 2.876 \times 10^{6}$

解：(a)　$1.235 \times 10^{5} \div 3.456 \times 10^{6} = 3.573 \times 10^{7}$　　(實際值 $= 3.573 \times 10^{-1}$)

(b)　$1.235 \times 10^{10} \div 2.876 \times 10^{6} = 4.294 \times 10^{11}$　　(實際值 $= 3.573 \times 10^{3}$)

一般為了減小假數下限溢位的發生，微算機內部在做浮點數運算時，通常以較多的有效位元為之，這些多出的額外位元稱之為保衛位元(guard bit)。

浮點數運算的另外一個問題為：在儲存內部運算後的結果，於預定的精確制格式過程中，必須捨去超出 LSB 的位元。最簡單的方法為直接將超出的位元捨去，而不做任何額外的動作，這一種方法稱為截尾(truncation)，其所造成的誤差較大，但是需要的動作較簡單；另外一種常用的方法為當額外的位元中之 MSB 為 1 時，則將 1 加於假數的 LSB 上，否則，將 0 加於假數的 LSB 上，這種方法稱為捨入法(rounding)，其所造成的誤差較小，但是因為必須執行一個額外的加法運算，因此需要的動作較為複雜。

📖複習問題

1.65. 試定義指數上限溢位與指數下限溢位。

1.66. 試定義假數上限溢位與假數下限溢位。

1.67. 何謂截尾，為何它使用於浮點數格式中？

1.68. 何謂保衛位元，為何它使用於浮點數格式中？

1.69. 何謂捨入法，為何它使用於浮點數格式中？

1.70. 比較截尾與捨入兩種方法的優缺點。

1.7 參考資料

1. Atmel, *AT89C51: 8-Bit Microcontroller with 4 kBytes Flash*, Data Sheet, 2001. (http://www.atmel.com)

2. Atmel, *AT89C52: 8-Bit Microcontroller with 8 kBytes Flash*, Data Sheet, 2001. (http://www.atmel.com)

3. Atmel Corporation, *AT89S51: 8-bit Microcontroller with 4K Bytes In-System Programmable Flash*, Data Sheet, 2008.

4. Atmel Corporation, *AT89S52: 8-bit Microcontroller with 8K Bytes In-System Programmable Flash*, Data Sheet, 2008.

5. Intel, *MCS-51 Microcontroller Family User's Manual,* Santa Clara, Intel Co., 1994. (http://developer.intel.com/design/mcs51/hsf_51.htm)

6. Intel, *87C51FA/87C51FB/87C51FC/87C51FC-20 CHMOS Single-Chip 8-Bit Microcontroller*, Data Sheet, Santa Clara, Calif: Intel Corporation, 1993.

7. Atmel, *AT89C51: 8-Bit Microcontroller with 4 k Bytes Flash*, Data Sheet, 2001. (http://www.atmel.com)

8. I. Scott MacKenzie, *The 8051 Microcontroller*, 4th ed., Upper Saddle River, New Jersey: Pearson Education, 2007.

9. NXP Semiconductors (Philip Corporation), *P89V51RB2/RC2/RD2: 8-bit 80C51 5-V low power 16/32/64 kB flash microcontroller with 1 kB RAM*, 2009.

10. William Stallings, *Computer Organization and Architecture: Designing for Performance*, 5th ed., New York: Macmillan, 2000.

1.8　習題

1.1 轉換下列各二進制數目為十進制：

(1)　10111.101_2 (2)　1001.1101_2

(3)　11011.1001_2 (4)　111011.101101_2

1.2 轉換下列各十進制數目為二進制：

(1) 4765   (2) 365.425

(3) 3421   (4) 1234

1.3 轉換下列各二進制數目為十六進制：

(1)　1011001111.101_2 (2)1001001101.1101011_2

(3)　1110010101100011_2 (4)　11101110111111101_2

1.4　轉換下列各十六進制數目為二進制：

(1) 47ABC65   (2) 36ED5.425

(3) 3421   (4) 1234

1.5　分別求出下列各二進制數目的 2 補數：

(1)　10110011.101_2 (2)　10010001.1101011_2

(3)　11101011100011_2 (4)　11101101110101_2

1.6 使用 2 補數的算術運算分別計算下列各小題(假設 8 位元)：

(1) 37 + 45   (2) 75 + 95

(3) 34 + 74   (4) 12 + 34

1.7 使用 2 補數的算術運算分別計算下列各小題(假設 8 位元)：

(1) 37 - 25   (2) 75 - 75

(3) 34 - 21   (4) 12 - 34

1.8 使用 2 補數的算術運算分別計算下列各小題(假設 8 位元)：

(1) 37 - (-25)   (2) 75 + (-75)

(3) (-34) - 21   (4) (-12) - (-34)

1.9 轉換下列各數碼為 BCD 碼：

(1) 10110011.101_2 (2) BED_{16}

(3) 1996_{10} (4) 11101101110101_2

1.10 轉換下列各實數為 IEEE 754 單精確制格式：

(1) 1996 (2) 15.59

(3) 234.56 (4) 57.32

1.11 轉換下列各 IEEE 754 單精確制格式為實數：

(1) $88768ABC_{16}$ (2) 78768000_{16}

(3) $F8008ABC_{16}$ (4) $C0768980_{16}$

1.12 解釋在 2 補數中，進位與溢位兩個名詞的意義有何不同。

1.13 為何在使用偏移指數的浮點數乘法運算中，在兩數的指數相加之後，必須減去偏移指數的偏移量？

1.14 為何在使用偏移指數的浮點數除法運算中，在兩數的指數相減之後，必須加上偏移指數的偏移量？

1.15 使用例題 1.6-1 的偏移指數系統，計算下列各式：

(1) $3.456 \times 10^8 + 1.765 \times 10^9$ (2) $3.456 \times 10^5 + 5.732 \times 10^4$

(3) $5.672 \times 10^8 - 4.755 \times 10^{10}$ (4) $5.237 \times 10^4 - 2.332 \times 10^3$

1.16 使用例題 1.6-1 的偏移指數系統，計算下列各式：

(1) $2.876 \times 10^8 \times 1.765 \times 10^9$ (2) $3.456 \times 10^5 \times 4.123 \times 10^4$

(3) $5.672 \times 10^8 \times 8.234 \times 10^{10}$ (4) $1.234 \times 10^4 \times 8.276 \times 10^3$

1.17 使用例題 1.6-1 的偏移指數系統，計算下列各式：

(1) $2.876 \times 10^8 \div 1.765 \times 10^9$ (2) $3.456 \times 10^5 \div 4.123 \times 10^4$

(3) $5.672 \times 10^8 \div 8.234 \times 10^{10}$ (4) $1.234 \times 10^4 \div 8.276 \times 10^3$

2 微算機 基本工作原理

組 合語言(assembly language)為計算機硬體提供給使用者的一種最低層次的，也是最基本與最接近硬體的界面，透過它使用者可以如意的使用與控制計算機的功能。然而為了瞭解組合語言指令的詳細動作，我們必須深入探討微處理器的基本結構，及其如何執行組合語言指令。為了方便解說，在本章中，我們將使用暫存器轉移層次(register-transfer level，RTL)表示法，描述與解釋微處理器的基本構造原理及其組合語言的指令動作。

在本章中，我們將依序討論計算機的基本架構、計算機如何執行指令、程式設計觀念、組合語言程式的執行與除錯。

2.1 計算機基本功能與原理

計算機(computer)的通俗名稱為電腦(electronic brain)。由於目前大部分的計算機系統都是由微電子電路(microelectronic circuits)組成，因此常稱為微算機(microcomputer)。計算機的基本用處在於它能幫忙我們做事，例如記帳程式能幫忙人們管理帳目、文書編輯系統編排輸入的文字為美觀的報表輸出，或製作統計圖表等等，然而這一些程式皆由人們設計，即計算機的動作仍然由人們經由程式操作及控制。因此，本節中將討論基本的程式設計觀念、計算機的原理及如何執行指令。

2.1.1 基本程式設計觀念

程式設計(或稱程式規劃)的目的是讓使用者能有效地使用系統資源解決問題。一般而言,程式設計的層次依使用語言的不同可以分為下列四等:自然語言、高階語言、組合語言、機器語言,如圖 2.1-1 所示。

人 → 自然語言(中文、英文、...)
高階語言(C、C++、Java)
組合語言(8051或是x86/x64)
機器語言(8051或是x86/x64) → 機器

圖 2.1-1　語言階層觀念圖

對於人們而言,使用自然語言(natural language)是最自然不過的,但是計算機卻不太容易了解自然語言,因此特別設計出一種介於人們與機器之間的程式語言,這種語言稱為高階語言(high-level language)。雖然高階語言對於人們而言是相當方便的,但是計算機只能執行由 1 與 0 等數字組成的機器語言(machine language),因此高階語言必須由一個系統程式稱為編譯程式(compiler)轉譯為機器語言後,才可以由計算機執行。例如我們欲將 1、2、3、4、......、10 等 10 個數目相加時,可以用自然語言寫成:

$$S = 1 + 2 + 3 + 4 + 5 + 6 + 7 + 8 + 9 + 10$$
$$= 55$$

若希望使用計算機解決上述問題時,必須以類似圖 2.1-2 的方式,寫成一種高階語言程式(例如 C/C++語言),經由編譯程式轉譯為機器語言之後,執行它,得到結果 55。當然也可以直接寫成機器語言而後執行它,由圖 2.1-2 可知機器語言都是一些由 0 與 1 等數字組成的二進制數目。這對於人們而言,是件相當困難而且極易出錯的事,因此相當於機器語言的另一種程式語言,稱為組合語言(assembly language)應運而生。事實上,組合語言只是以符號表示機器語言中的二進制數目(英文字母與其它符號),讓人們較容易撰寫程式而已。

```c
#include "stdio.h"
void main()
{
    int s,i;
    s = 0;
    for (i=1;i <= 10; i++)
        s = s + i;
    printf("%d\n",s);
}
```

(a)

```
0000 E4                       CLR     A
0001 FF                       MOV     R7,A
0002 FE                       MOV     R6,A
0003 7D01                     MOV     R5,#01H
0005 FC                       MOV     R4,A
0006 ED          ?C0001:      MOV     A,R5
0007 2F                       ADD     A,R7
0008 FF                       MOV     R7,A
0009 EC                       MOV     A,R4
000A 3E                       ADDC    A,R6
000B FE                       MOV     R6,A
000C 0D                       INC     R5
000D BD0001                   CJNE    R5,#00H,?C0005
0010 0C                       INC     R4
0011 ED          ?C0005:      MOV     A,R5
0012 640B                     XRL     A,#0BH
0014 4C                       ORL     A,R4
0015 70EF                     JNZ     ?C0001
0017 7BFF        ?C0002:      MOV     R3,#0FFH
0019 7A00    F                MOV     R2,#HIGH (?SC_0)
001B 7900    F                MOV     R1,#LOW (?SC_0)
001D 8E00    F                MOV     ?_printf?BYTE+03H,R6
001F 8F00    F                MOV     ?_printf?BYTE+04H,R7
0021 120000  F                LCALL   _printf
0024 22                       RET
                              END
```

(b)　　　　　　　　　　　　(c)

圖 2.1-2　程式設計層次關係：(a) C 語言程式；(b) 機器語言程式；(c) 組合語言程式

　　如圖 2.1-2(c) 所示，每一行稱為一個命令 (command) 或是指令 (instruction)。一個指令可以完成一個獨立的動作，組合多個指令可以完成一個完整的工作，因此，這種語言稱為組合語言。組合語言可以使用較正式的文字定義為：一種直接控制或運算計算機中的二進制資料之基本動作的語言。利用組合語言撰寫的程式和高階語言程式有一個共通的特點，就是都必須經過轉譯為機器語言之後，才可以執行。如前所述，轉譯組合語言為機器語言的系統程式稱為組譯程式(assembler)，而轉譯高階語言為機器語言的系統程式稱為編譯程式。

在撰寫高階語言或組合語言程式時，必須使用編輯程式(editor)的幫助，才能順利完成。撰寫組合語言(或高階)程式用的編輯程式與文書處理用的編輯程式通常不同，前者不具有排版功能而後者則有。具有排版功能的文書處理程式(word processor)通常會在原始檔案中加入一些排版用的版面控制字元，而這一些字元並無法直接由螢幕上看到，因此若使用此類的編輯程式撰寫組合語言(或高階)程式，將造成組譯時的(或編譯程式)錯誤。

圖 2.1-3 說明一般計算機的階層式結構，其最底層為硬體，它為任何計算機的基本構成要素，與此硬體相關的程式語言即為組合語言，在此語言之上則可以架構任何高階程式語言，例如 C/C++、Java、Visual Basic、Visual C++、Lisp、等。在高階語言之上，則可以架構任何使用者需要的應用程式，典型的應用程式例如成績登錄系統、戶政電腦化系統、電腦語音掛號系統、電腦語音售票系統等。

圖 2.1-3　計算機的階層式結構

📖複習問題

2.1. 何謂自然語言、高階語言、機器語言？

2.2. 試定義組合語言。

2.3. 編輯程式與文書處理程式有何不同？

2.4. 試簡述程式設計的目的。

2.5. 為何在計算機中，不直接使用自然語言？

2.1.2 微算機原理

　　雖然實際上的計算機內部結構相當複雜，其邏輯結構與動作原理卻相當簡單，如圖 2.1-4(a)所示，任何計算機的邏輯結構均可以表示為兩大方塊：CPU 與記憶器(memory)，前者專司指令之執行，而後者則做為指令與資料儲存之場所。

　　在邏輯上，任何記憶器的結構均可以視為一連串的連續儲存空間之集合，而每一個儲存空間均有一個唯一的位址，換句話說，記憶器為一個一維的資料陣列(data array)，其中每一個資料項(item)均有一個唯一的指標(index，或稱為索引)以存取該資料項，而此指標即是上述中的位址，如圖 2.1-4(b)所示。

(a)　　　　　　　　　　　　　　(b)

圖 2.1-4　計算機的階層式結構：(a)微算機系統；(b)記憶器邏輯結構

　　除了位址與資料輸入端及資料輸出端之外，為了區別外部對記憶器的動作為讀取或寫入(一般以存取(access)一詞代稱這兩種動作)，記憶器的硬體通常提供兩個控制信號：讀取(read)及寫入(write)，以控制其動作。

CPU 的動作其實很簡單，只有指令讀取(instruction fetch)與指令執行(instruction execution)兩種，即它不斷的從記憶器中讀取指令，然後執行該指令，其動作大致上可以描述如下：

CPU 的動作

Begin

　　PC ← 0；

　　重複執行下列動作

　　自記憶器位址為 PC 的位置中摘取指令；

　　執行該指令；

　　PC ← PC + 1

End

一般稱這種工作模式的微算機為 von Neumann 機(von Neumann machine)，以紀念 von Neumann 在 1940 年代提出這種操作模式，建立了當代計算機的理論模型。von Neumann machine(或是 von Neumann architecture)的特性為指令與資料均儲存於相同的記憶器中，如圖 2.1-4(a)所示。另外一種計算機架構為將指令與資料分別儲存於各自的記憶器中，這種架構稱為哈佛(Harvard)架構。無論是何種架構，資料及指令均儲存於記憶器中，因此它們均稱為儲存程式計算機(stored program computer)。

2.1.3　更詳細的微算機基本動作

由前一小節的介紹可以得知：微算機(儲存程式計算機)的動作是重複的自記憶器中讀取指令，然後執行它。一般在微算機中，均設計大量的指令以供給各種不同用途的應用程式使用。為了區別不同的指令，指令通常分成兩個部分：運算碼(operation code，簡稱 op code)與運算元(operand)或運算元位址(operand address)。前者定義指令的動作；後者則提供指令運算時的運算元或獲取運算元的相關資訊，這些資訊包括指明一個指令的運算元是在那一個暫存器內或是在那一個記憶器位置中。

　　在 CPU 中，由於每一個指令均代表不同的動作，因此自記憶器中讀取一個指令之後，必須識別該指令而執行對應的動作，這種由指令的運算碼找出其對應動作的程序稱為指令解碼(instruction decode)。細分指令的執行動作之後，CPU 的動作可以描述如下：

CPU 的動作

Begin

　　PC ← 0；

　　重複執行下列動作

　　自記憶器位址為 PC 的位置中摘取指令；

　　執行指令解碼；

　　若該指令執行時需要資料，則自記憶器中讀取運算元；

　　執行指令的動作；

　　若該指令需要儲存結果，則存回結果於記憶器中；

　　PC ← PC + 1

End

📖 複習問題

2.6. 微算機的主要邏輯結構為何？

2.7. 由邏輯觀點，定義記憶器組織。

2.8. 以記憶器的動作，定義"存取"一詞。

2.9. 試簡述微算機的的基本動作。

2.10. 何謂 von Neumann 與 Harvard 結構？

2.11. 何謂儲存程式計算機？

2.2 CPU 基本組織與動作

　　在瞭解微算機基本原理與 CPU 的基本動作之後，我們將更進一步探討

CPU 的動作。為達到此目的,我們首先引入數位系統的 RTL 模型,並定義一些基本的 RTL 動作,然後使用一個簡化的 MCS-51 RTL 模型,說明微算機如何執行指令,最後描述一些最常用的 MCS-51 指令,以讓讀者提早熟悉組合語言程式設計的領域與微算機的硬體架構。

2.2.1 暫存器轉移層次

理論上,任何數位系統均可以視為由一組交互連接的暫存器所構成的系統,並於兩個暫存器之間安插適當的組合邏輯,系統的動作則是以步進的方式轉移一組暫存器的內容到另外一組之中。在資料轉移的過程中,資料的性質則由介於兩個暫存器之間的組合邏輯所改變。

一種可以描述此種模型的簡單而功能完整的暫存器轉移層次 (register-transfer level,RTL)表示法因而產生。RTL 表示法為一個描述數位系統中的暫存器之間微動作次序的一種符號表示系統。由於並未有標準定義,在其次的討論中,我們將先定義一些基本的 RTL 表示符號與其相關之意義。

RTL 指述

在 RTL 表示法中的一個指述(statement)通常由一個控制指述(control statement)與運算指述(operation statement)組成。控制指述與運算指述以冒號 ":"分開。運算指述執行下列 RTL 運算:資料轉移、算術運算、邏輯運算、移位等。RTL 指述的一般格式如下:

控制指述:運算指述　　　　　　　　(條件性指述格式)

其中控制指述可以是任何成立的交換表式;運算指述則可以是簡單的指述或是複合指述。一個複合指述由許多個簡單的指述組成,兩個簡單指述則以半分號";"分開。每一個簡單的指述必須為一個成立的 RTL 指述。當一個 RTL 指述沒有控制指述時稱為無條件性指述(unconditional statement);否則為條件性指述(conditional statement)。

在 RTL 表示法中,大寫字母表示暫存器。如同 C 語言變數一樣,一個變數在表示式的右邊時表示內容，在左邊時代表位址。暫存器的部分位元可以使用[a:b]表示，例如 A[3:0]表示暫存器 A 的位元 3 到 0 等四個位元。RTL 的運算的動作包括：

- 資料轉移：使用←表示資料轉移的方向。。
- 算術運算：四個基本的算術運算為加(+)、減(-)、乘(×)、除(/)。
- 邏輯運算：最常用的邏輯運算包括：AND($\wedge$)、OR($\vee$)、NOT($'$)、XOR($\oplus$)、XNOR($\overline{\oplus}$)。
- 移位運算：移位運算包括向左(<<)或是向右(>>)移位。

D 型正反器與暫存器

在描述暫存器資料轉移之前，我們首先介紹 D 型正反器如何取樣輸入資料。考慮圖 2.2-1 所示的 D 型正反器。當一個 D 型正反器欲正確地取樣其輸入資料時，輸入資料必須在取樣之前，先行穩定一段時間，稱為設定時間(setup time，t_{setup})，於取樣之後，仍然必須穩定一段時間，稱為持住時間(hold time，t_{hold})。一旦資料被 D 型正反器取樣(閘入)後，該資料將於一段傳播延遲之後出現於輸出端，這一段時間稱為 clock-to-Q 延遲(t_q)。

圖2.2-1 D 型正反器：(a)邏輯符號；(b)時序

D 型正反器的一個重要特性為其在輸入時脈的每一個正緣均取樣其輸入端信號值。因此，時脈信號只能在需要取樣輸入信號時才能加入。然而，在大多數實用系統中，以這種方式控制時脈信號相當不方便。相反地，一般均將時脈信號持續加於 *D* 型正反器中，而令該正反器在外加信號移除時重新取樣其輸出端的值，因此維持輸出端的值不變。一個說明例如圖 2.2-2 所示，為一個由四個 *D* 型正反器構成的 4 位元暫存器。

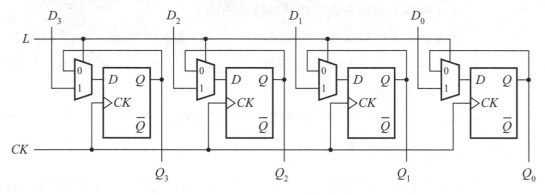

圖2.2-2　4 位元暫存器

在每一個 *D* 型正反器的輸入端，均有一個由載入信號 *L* 控制的 2 對 1 多工器。若 *L* 為 1 時，*D* 型正反器取樣資料輸入端的信號值，若 *L* 為 0 時，*D* 型正反器取樣其輸出端的信號值。因此，這一個 4 位元暫存器可以載入輸入端的資料，並且保持此資料直到輸入另一個資料為止。值得注意的是在圖 2.2-2 中，每一個正反器均詳細地繪出其電路，然而在大多數的數位系統中，並不需要詳細地繪出每一個 *D* 型正反器的電路。相反地，將整個邏輯電路表示為一個簡單地邏輯符號將更為方便，例如在圖 2.2-3(a)或是(b)中的 A 與 B。

📖複習問題

2.12. 說明 RTL 模型的原理。

2.13. 一個 RTL 指述由哪兩部分組成？

2.14. 在 RTL 表示法中，如何表示一個暫存器的部分位元？

2.15. 試定義設定時間、持住時間、clock-to-*Q* 時間。

暫存器資料轉移

在瞭解一個 *D* 型正反器如何取樣與保持取樣後的資料，以及 *D* 型正反器

如何構成一個 n 位元暫存器後，現在介紹兩個暫存器之間的資料轉移。暫存器之間的資料轉移方式可以分為串列轉移(serial transfer)與並列轉移(parallel transfer)兩種。在串列轉移方式中，每一個時脈期間只轉移一個位元的資料；在並列轉移方式中，每一個時脈期間即將所有的資料轉移完畢。無論是何種方式，資料轉移均可以是條件式或是無條件式。

在條件式的資料轉移中，資料的移動由一個條件或一個條件表式控制。只在條件滿足的情況下，資料的移動才發生。一個說明例如圖 2.2-3 所示。圖 2.2-3(a)為邏輯電路，而圖 2.2-3(b)為 RTL 符號。相關的 RTL 指述為：

$$t_1 : B[3{:}0] \leftarrow A[3{:}0]$$

簡記為：

$$t_1 : B \leftarrow A$$

即在 t_1 交換表式控制下，暫存器 A 的內容並列地轉移到暫存器 B 中。當然，時脈信號隱含地加於兩個暫存器。

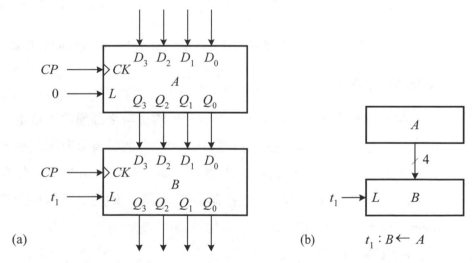

圖2.2-3　條件性並列資料轉移：(a)邏輯電路；(b) RTL 符號

在無條件的資料轉移中，資料的移動只需要有時脈信號(CP)的推動即可以執行，如圖 2.2-4 所示。圖 2.2-4(a)為邏輯電路，而圖 2.2-4(b)為 RTL 符號。相關的 RTL 指述為：

$$B[3:0] \leftarrow A[3:0]$$

簡記為：

$$B \leftarrow A$$

即暫存器 A 的內容無條件地以並列方式轉移到暫存器 B 中。

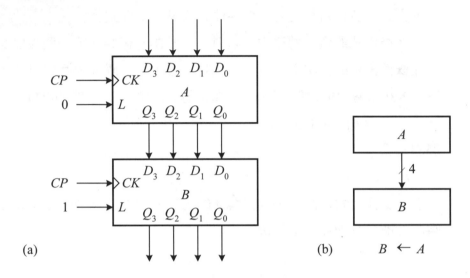

圖2.2-4　無條件性並列資料轉移：(a)邏輯電路；(b) RTL 符號

多源資料轉移

在大多數的數位系統中，一個暫存器的資料來源通常不是單一的。由於在數位電路中，一條信號線並不能由兩個或多個信號來源所驅動，必須使用一個特殊的電路自多個信號源中選取一個。例如將兩個來源暫存器(source register) A 與 B 的內容分別在控制信號 t_3 與 t_5 的控制下轉移到標的暫存器(destination register) C 中時，RTL 指述為：

$$t_3 : C \leftarrow A$$

$$t_5 : C \leftarrow B$$

在 $t_3 = 1$ 時，暫存器 A 的內容轉移到暫存器 C 中，在 $t_5 = 1$ 時，暫存器 B 的內容轉移到暫存器 C 中。由於來源暫存器 A 與 B 共用標的暫存器 C，控制信號 t_3 與 t_5 不能同時為 1，否則在標的暫存器 C 的輸入端將產生信號衝突的現象。一個解決這種問題的技術稱為分時多工(time-division multiplexing)，其執行方式一般有兩種：多工器結構(multiplexer-based structure)與匯流排結構(bus –based structure)。

典型的多工器結構的暫存器資料轉移電路如圖 2.2-5(a)所示，其中暫存器 A 與 B 均可以使用分時多工的方式轉移其資料到標的暫存器 D。標的暫存器 D 在 2 對 1 多工器的來源選擇輸入 S 為 0 時，接收暫存器 A 的輸出資料，而在 S 為 1 時，接收暫存器 B 的輸出資料。在圖 2.2-5(b)中，兩個 n 位元暫存器 C 與 D 均各自有兩個資料來源，即暫存器 A 與 B，因此必須各自有一個 n 位元的 2 對 1 多工器，以選取需要的資料來源，例如暫存器 C，在 t_3 時，選取暫存器 A 當作資料來源，在 t_5 時，則選取與載入暫存器 B 的資料。

圖2.2-5　多工器結構的多源暫存器資料轉移：(a)兩個來源暫存器；(b)兩個來源暫存器與兩個標的暫存器

多工器結構的最大缺點為當標的暫存器的來源暫存器數目增加時，需要的多工器電路將變得龐大、複雜而且昂貴，因此在數位系統中通常採用另一種執行方式，即匯流排結構。

所謂的匯流排為一組當作暫存器資料轉移時共同通路的導線。典型的匯流排資料轉移電路如圖 2.2-6(a)所示，其中暫存器 A 與 B 的輸出均經由三態緩衝器接往匯流排，暫存器 D 的輸入也接往匯流排。

為了避免匯流排上的信號衝突，暫存器 A 與 B 的輸出資料並不能同時送到匯流排。任何時刻,最多僅能有一個輸出端連接到匯流排。為達到此目的,暫存器 A 與 B 的輸出端均必須有一個三態緩衝器以在不輸出資料到匯流排時,能將其輸出端置於高阻抗狀態,以有效地自匯流排中移除。例如在圖 2.2-6(a)中,暫存器 D 在輸出致能(output enable,OE)為 0 時,接收暫存器 A 的輸出資料,而在 OE 為 1 時,接收暫存器 B 的輸出資料。另一個例子如圖 2.2-6(b)所示。在 t_3 時,暫存器 C 的資料來源為暫存器 A,在 t_5 時,則為暫存器 B。控制信號 t_3 與 t_5 並不能同時為 1。

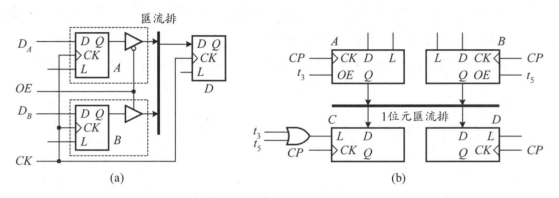

圖2.2-6 多工器結構的多源暫存器資料轉移:(a)兩個來源暫存器;(b)兩個來源暫存器與兩個標的暫存器

　　圖 2.2-6(a)中的暫存器 A 或 B 與其輸出三態緩衝器可以擴充為 n 位元,成為一個三態輸出的 n 位元暫存器,如圖 2.2-7 所示。圖 2.2-7(a)為邏輯電路而圖 2.2-7(b)為邏輯符號。

　　在使用匯流排結構的系統中,一個暫存器通常必須接收與傳送資料到相同的匯流排上。為達到此目的,D 型正反器輸入端的 2 對 1 多工器的資料輸入端通常也如同其資料輸出端一樣連接到相同的匯流排上,如圖 2.2-8(a)所示。在系統方塊圖中,通常使用圖 2.2-8(b)所示的邏輯符號。當載入控制 L 致能時,暫存器自匯流排中載入資料,當 OE 啟動時,暫存器輸出資料於匯流排中。

圖2.2-7　具有三態輸出級的 4 位元暫存器：(a)邏輯電路；(b)邏輯符號

圖2.2-8　具有三態輸出級的 4 位元暫存器：(a)邏輯電路；(b)邏輯符號

📖 複習問題

2.16. 兩個暫存器之間的資料轉移方式可以分成那兩種？

2.17. 何謂條件與無條件 RTL 指述？

2.18. 在多來源資料轉移中，有哪兩結構可以實現分時多工的技術？

2.19. 多工器結構的主要缺點為何？

2.20. 使用匯流排電路時，每一個連接在匯流排上的元件，其輸出端必須是何種類型的電路？

記憶器資料轉移

在 RTL 表示法中，如圖 2.2-9 所示，記憶器可以抽象地表示為 *MAR* (memory address register)與 *MBR* (memory buffer register)兩個暫存器的組合，其中 *MAR* 為記憶器位址暫存器，持有目前欲讀取(read，*RD*)或是寫入

(write，*WR*)資料的位址；*MBR* 為記憶器緩衝暫存器，當作記憶器讀取資料與寫入資料時，與外界電路之間的緩衝器。

圖2.2-9 記憶器的 RTL 模型

讀取動作的 RTL 指述可以表示為：

RD：*MBR* ← Mem[*MAR*]

即在讀取控制信號 *RD* 的控制下，將記憶器中由 *MAR* 所指定的記憶器位置之內容轉移到 *MBR* 中。在大多數場合，都不是只將資料讀到 *MBR* 中，而是將它讀到外部暫存器(例如 *A*)中，因此

RD：*MBR* ← Mem[*MAR*]，*A* ← *MBR*

必須注意的是上述 RTL 指述需要兩個時脈週期，因為 MBR 與 A 均為暫存器。若 MBR 是一個緩衝器，則上述 RTL 指述僅需要一個時脈週期。實際上，*MBR* 只是臨時性暫存器並非標的暫存器，所以上式可以簡化為：

RD：*A* ← Mem[*MAR*]

當然，它依然需要兩個時脈週期。

同樣地，寫入資料於記憶器的動作可以表示為：

WR：*MBR* ← *A*，Mem[*MAR*] ← *MBR*

即在寫入控制信號 *WR* 的控制下，將暫存器 *A* 的內容寫入 *MBR* 中，然後轉移到由 *MAR* 所指定的記憶器位置中。上式也可以簡化為：

WR：Mem[*MAR*] ← *A*

即在寫入控制信號 *WR* 的控制下，將暫存器 *A* 之內容寫入由 *MAR* 所指定的記憶器位置中。它如同讀取動做，它需要兩個時脈週期。

　　若 address 已知為一個記憶器位置的位址，則上述讀取與寫入動作可以更進一步簡化如下：

　　RD：$A \leftarrow$ (address)

　　WR：(address) $\leftarrow A$

在 MCS-51 中，此位址稱為"直接位址"(direct address)。

📖 複習問題

2.21. 在 RTL 模式中，記憶器使用那兩個暫存器與外界溝通？

2.22. 試描述記憶器讀取動作的 RTL 指述？

2.23. 試描述記憶器寫入動作的 RTL 指述？

算術運算

　　算術運算是由一群算術運算子：+、-、×、/等組成。例如：

　　t_1：$A \leftarrow A + B$　　；將暫存器 B 的內容加到暫存器 A 內

　　t_2：$A \leftarrow A - B$　　；將暫存器 A 的內容減去暫存器 B 的內容

　　t_3：$A \leftarrow A \times B$　　；將暫存器 B 的內容乘到暫存器 A 內

　　t_4：$A \leftarrow A / B$　　；將暫存器 A 的內容除以暫存器 B 的內容

在上述各指述中，均在左邊的控制指述成立下，將暫存器 A 與 B 的內容分別執行各種不同的算術運算。

　　在微算機中減法運算通常使用 2 補數算數完成。意即先將減數(subtrahend)取 2 補數然後與被減數(minuend)相加，形成差(difference)。由第 1.5-2 節得知：一數的 2 補數可以先將該數的所有位元取補數(即改變 1 位元為 0 位元與 0 位元為 1 位元)後，再將 1 加到 LSB 而獲得。據此，減法運算可以將減數取補數後與被減數相加，並設定進位輸入 C_0 為 1。為了讓加法與減法使用相同的電路，必須設計一個真值／補數產生器(true/complement generator)，並且連結進位輸入 C_0，產生在加法運算中被加數(summand)的真值，或是在減法運算減數的 2 補數值。

　　由於兩輸入端的 XOR 閘具有一個特性：若其中一個輸入端為 0，則輸出值為另外一個輸入端的真值；若其中一個輸入端為 1，則輸出值為另外一個輸入端的補數值。因此，XOR 閘可以當作真值/補數產生器。為說明此項特性，考慮圖2.2-10所示的2補數加法器/減法器。當設定C_0為1時，配合XOR閘的補數輸出形成減數的2補數值，因此可以執行減法；當設定C_0為0時，XOR閘的輸出為被加數的真值，因此可以執行加法。

圖2.2-10　4 位元 2 補數加法/減法電路

邏輯運算

　　邏輯運算包括 AND、OR、NOT、XOR。邏輯運算用來選擇性地設定、清除或是改變(取補數)某些位元值。AND 運算則選擇性地清除某些位元；NOT 運算將所有位元取補數。OR 運算通常用來選擇性地設定一個暫存器內的某些位元；XOR 運算則選擇性地將某些位元取補數。更詳細的邏輯運算可以參閱 5.1.1 節。

　　依據 RTL 定義，邏輯運算是由一群邏輯運算子′、∧、∨、⊕所組成。例如：

　　t_5：$A \leftarrow A'$　　；將暫存器 A 內容取補數

$t_6: A \leftarrow A \wedge B$　；AND 暫存器 B 的內容到暫存器 A 內

$t_7: A \leftarrow A \vee B$　；OR 暫存器 B 的內容到暫存器 A 內

$t_8: A \leftarrow A \oplus B$　；XOR 暫存器 B 的內容到暫存器 A 內

在上述各指述中，均在左邊的控制指述成立下，將暫存器 A 與 B 的內容分別執行各種不同的邏輯運算。

與算數運算不同的是邏輯運算均以位元為單位，每一個位元均獨立的執行運算。邏輯運算的實現電路如圖 2.2-11 所示。圖 2.2-11(a)執行雙運算元邏輯運算，包括 AND、OR、XOR，而圖 2.2-11(b)執行單運算元邏輯運算，即 NOT。

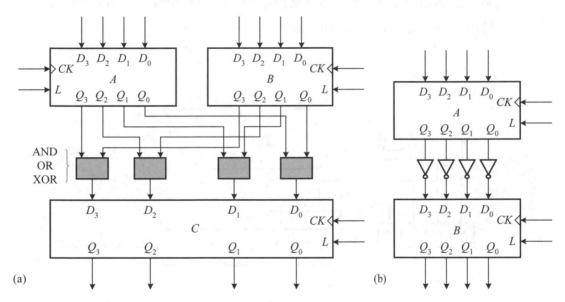

圖2.2-11　邏輯運算電路：(a) AND、OR、XOR 運算；(b) NOT 運算

移位運算

移位運算將一個暫存器內容左移或是右移一個指定數目的位元位置。依據空缺位元的填補方式，移位運算可以分成邏輯移位與算數移位。較詳細的移位動作，可以參閱 5.2.1 節。

下列為一些移位運算的 RTL 指述例：

t_9：$A[n\text{-}1:1] \leftarrow A[n\text{-}2:0]$, $A[0] \leftarrow 0$ ；邏輯左移位

t_{10}：$A[n\text{-}2:0] \leftarrow A[n\text{-}1:1]$, $A[n\text{-}1] \leftarrow 0$ ；邏輯右移位

t_{11}：$A[n\text{-}2:0] \leftarrow A[n\text{-}1:1]$, $A[n\text{-}1] \leftarrow A[n\text{-}1]$ ；算數右移位

算數與邏輯單元

在微算機中，算數運算係由一個算數單元(arithmetic unit)的邏輯電路完成，它也常結合執行邏輯運算的邏輯單元(logic unit)成為一個算數邏輯單元(arithmetic and logic unit，ALU)。一個典型的 ALU 如圖 2.2-12 所示，其中 ALU 的功能由 ALU_mode 選取而移位電路的功能則由 Shifter_mode 決定。由於連接於 ALU 的輸出端，移位電路必須包含一個沒有移位的模式，讓 ALU 的輸出可以直接抵達 Sum 輸出端。

圖2.2-12　一個 ALU 電路與相關的四個旗號：N、Z、V、C

因為 ALU 的計算結果相當重要，為決定程式中下一個指令的依據，ALU 計算的結果記錄於四個旗號：N (negative)、Z (zero) 、V (overflow) 、C (carry out)。詳細的定義請參閱 4.3.1 節。

除了加法與減法運算，ALU 通常也包括乘法與除法運算。兩者又有帶號數與未帶號數兩種。因為這兩個運算太過於複雜，本書中將不予討論。有

興趣的讀者可以參考[6,7]或是其它教科書。

📖 複習問題

2.24. 算數運算中包含哪些運算？

2.25. 邏輯運算中包含哪些運算？

2.26. ALU 在微算機中的角色為何？

2.27. 一般 ALU 包含哪些旗號位元？

2.28. 在加法運算之後，如何決定是否發生溢位？

2.2.2　一個簡化的 MCS-51 RTL 架構

　　為了更深入了解微算機的動作原理，我們必須更進一步的細分微算機的結構。典型而且足夠描述組合語言動作的微算機硬體模型稱為 RTL 模型，如圖 2.2-13 所示。在其次的討論中，我們將使用此種模型解釋 CPU 的動作原理。

　　一個簡化的 MCS-51 (8051)微算機的 RTL 模型如圖 2.2-13 所示，其中最主要的部分包括：

　　記憶器位址暫存器(memory address register，MAR)：儲存下一個希望讀取的記憶器位置的位址。

　　記憶器緩衝暫存器(memory buffer register，MBR)：儲存剛剛由記憶器讀取的資料或下一個欲寫入記憶器的資料，即所有進出記憶器的資料都必須經過記憶器緩衝暫存器。

　　程式計數器(program counter，PC)：指到下一個將執行的指令。

　　指令暫存器(instruction register，IR)：儲存剛剛由記憶器讀取的指令。

　　指令解碼器(instruction decoder，ID)：解譯儲存於指令暫存器中的指令，產生執行該指令需要的所有控制信號。

　　資料指示暫存器(data pointer register，DPTR)：當 CPU 欲存取外部資料記憶器時，該資料記憶器的位址資訊，先儲存於此暫存器中。

圖2.2-13　一個簡化的 MCS-51 微算機 RTL 模型

算術邏輯單元(arithmetic and logic unit，ALU)：為 CPU 的心臟，執行所有的算術及邏輯運算。這些運算大致上可以分成單運算元動作(monadic)及雙運算元動作(dyadic)兩種。

資料暫存器(data register)：在圖 2.2-13 中有 R0 到 R7 等八個，為通用的暫存器，儲存欲由 ALU 運算的資料或者 ALU 產生的結果。

累積器(accumulator)：當 ALU 執行算術及邏輯運算時，提供其中一個運算元，及儲存運算後的結果。

內部資料暫存器(internal data memory)：提供一個快速的資料暫存場所，以加速指令的執行。事實上，資料暫存器 R0 到 R7，也是此資料暫存器的一部分。

時序控制邏輯單元(timing and control logic unit，TCL)：解釋存於指令暫存器(IR)中的指令，並產生執行該指令對應的動作時，需要的所有相關控制信號。

為了簡單起見，在圖 2.2-13 中的 RTL 模型中，假設每一個指令均由運算碼與運算元位址組成，其中運算碼除了決定指令的動作之外，也選擇資料暫存器 R0 到 R7 或累積器(ACC)，運算元位址則只選取記憶器中的運算元。

📖複習問題

2.29. 計算機中的指令，一般分成那兩個部分？

2.30. 試簡述指令中的運算碼與運算元的基本意義。

2.31. 何謂指令解碼，其目的為何？

2.32. 為何 ALU 號稱為 CPU 的心臟？

2.2.3 指令的執行

在了解 RTL 模型、基本的 RTL 動作與一個簡化的 MCS-51 RTL 模型之後，本節中將更進一步的介紹微算機如何自記憶器中讀取指令、解釋指令及執行指令。

指令讀取動作

為了解釋 CPU 的動作，每一個指令的動作均分成讀取及執行兩大階段，然後每一個階段再細分成許多個 RTL 指述能夠表達的小步驟，並且配合圖 2.2-13 的微算機結構圖說明。

由前面的介紹中得知：MCS-51 的下一個欲執行的指令，在記憶器中的位置是由程式計數器(PC)決定的，因此指令讀取階段中的第一步即是轉移程式計數器(PC)的內容於記憶器位址暫存器(MAR)內：

$$T1: MAR \leftarrow PC$$

如圖 2.2-14 中的 T1 所示。

CPU 接著將程式計數器的內容加 1，指到下一個指令(在記憶器中的)位址上，即執行下列 RTL 指述：

$$T2：PC \leftarrow PC + 1$$

此指述的執行如圖 2.2-14 中的 T2 所示。由於記憶器存取需要較長的時間，讀取/寫入控制信號可以在此步驟中送出。

圖2.2-14　指令讀取的步驟

記憶器在接到 CPU 送來的位址信號及讀取控制信號(由控制單元產生)之後，其內部立即讀取由記憶器位址暫存器(MAR)指定的位置之內容，並存入記憶器緩衝暫存器(MBR)內，即執行下列 RTL 指述：

　　　　T3：MBR ← Mem[MAR]

詳細的指述動作如圖 2.2-14 中的 T3 所示。

指令讀取階段的最後一個步驟為轉移記憶器緩衝暫存器(MBR)的內容到指令暫存器(IR)內，並由指令解碼器解碼之後，由時序控制邏輯單元，產生該指令執行階段時，需要的所有控制信號，即執行下列 RTL 指述：

　　　　T4：IR ← MBR

詳細的指述動作如圖 2.2-14 中的 T4 所示。

上述的指令讀取階段的四個基本動作可以歸納如下：

　　　　T1：MAR ← PC

T2：PC ← PC + 1

T3：MBR ← Mem[MAR]

T4：IR ← MBR

指令執行動作

指令讀取的四個動作為所有指令共有的，CPU 在指令解碼步驟(即 T4)後，即進入指令執行階段，在此階段中，每一個指令均執行不同的 RTL 指述，如圖 2.2-15 所示，例如指令 MOVX　A,@DPTR(其動作為自記憶器位址為 DPTR 的位置中，讀取一個 8 位元的資料，並存入累積器 A 內)的 RTL 指述為：

T5：MAR ← DPTR

T6：MBR ← Mem[MAR]

T7：A ← MBR

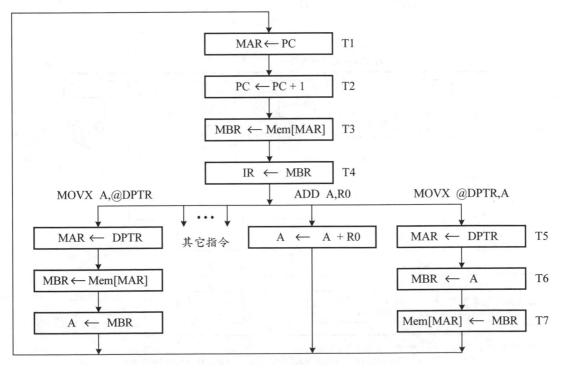

圖2.2-15　指令的讀取與執行動作時序圖

而指令 ADD　A,R0 的 RTL 指述為：

T5：A ← A + R0

所有指令在執行它的最後一個步驟之後，均回到指令讀取的第一個步驟，因此可以持續地執行指令，如圖 2.2-15 所示。

圖 2.2-16 中的 T5 說明 MOVX　A,@DPTR 指令執行時的第一個動作，即執行下列 RTL 指述：

T5：MAR ← DPTR

首先轉移欲讀取的資料(即運算元)的位址 DPTR 於記憶器位址暫存器(MAR)內，指定欲讀取的記憶器位置。在此步驟中，讀取/寫入控制信號也送出到記憶器模組。

MOVX　A,@DPTR 指令執行時的第二個動作為自記憶器中讀取資料，即執行下列 RTL 指述：

T6：MBR ← Mem[MAR]

圖2.2-16　指令 MOVX　A,@DPTR 的執行步驟

這個動作與指令讀取時的第三個動作相同，因此不再贅述。

　　MOVX　A,@DPTR 指令執行時的最後一個動作為轉移自記憶器中讀取的資料到累積器 A 內，此資料在上一個步驟時已經儲存在 MBR 內，因此只需要由 MBR 轉移至累積器 A 中即可，即執行下列 RTL 指述：

　　　　T7：A ← MBR

詳細的動作如圖 2.1-16 中的 T7 所示。

📖 複習問題

2.33. 試簡述 CPU 的指令讀取動作。

2.34. 試以 MOVX　@DPTR,A 指令為例，簡述 CPU 的指令執行動作。

2.35. 在 MCS-51 中，程式計數器有何功用？

2.2.4 基本的 MCS-51 組合語言指令

　　最基本的 MCS-51 組合語言指令包括：資料轉移指令、算術運算指令、邏輯運算指令、迴路控制指令等。這一些指令的格式、RTL 動作及指令的意義分別說明如下。

資料轉移指令

　　資料轉移指令為任何微處理器或是微算機中，使用最為頻繁的一組指令，因此任何微處理器均提供一組功能完整，而且有效率的資料轉移指令，以幫助使用者在使用該微處理器時，能有效的在內部暫存器之間互相轉移資料，或是在內部暫存器與外部記憶器之間互相轉移資料。典型而且最常用的 MCS-51 資料轉移指令如表 2.2-1 所示。

算術運算指令

　　任何微處理器至少均會提供一組基本的算術運算指令：加法與減法運算。最常用的 MCS-51 算術運算指令如表 2.2-2 所示。加法運算指令有兩種格式：未連結進位旗號位元(ADD)與連結進位旗號位元(ADC)；減法運算指令則只有連結借位旗號位元(SUBB)一種。其原因為 MCS-51 的設計目標為當作工業控制系統中的微處理器,不是當作一般用途的中央處理器,因此為了節省運算碼,以提供予其它較有用的動作之指令使用,減法運算指令只提供 SUBB 一種格式。

表 2.2-1　MCS-51 最常用的資料轉移指令

指令	RTL 描述	說明
MOV　A,Rn	ACC ← Rn	轉移暫存器 Rn 的內容到累積器 A
MOV　A,#data	ACC ← data	轉移 8 位元的立即資料到累積器 A
MOV　Rn,A	Rn ← A	轉移累積器 A 的內容到暫存器 Rn
MOV　Rn,#data	Rn ← data	轉移 8 位元的立即資料到暫存器 Rn
MOV　DPTR,#data16	DPTR ← data16	轉移 16 位元的立即資料到 DPTR 中
MOVX　A,@DPTR	A ← Mem[DPTR]	讀取記憶器中由 DPTR 指定的位置內容後,儲存於累積器 A 中

表 2.2-2　MCS-51 最常用的算術運算指令

指令	RTL 描述	說明
ADD　A,Rn	A ← A + Rn	累積器 A 與 Rn 相加後,存回 A
ADD　A,#data	A ← A + data	累積器 A 與 data 相加後,存回 A
ADDC　A,Rn	A ← A + Rn+C	累積器 A 與 Rn 及進位相加後,存回 A
ADDC　A,#data	A ← A + data+C	累積器 A 與 data 及進位相加後,存回 A
SUBB　A,Rn	A ← A – Rn - C	累積器 A 減去 Rn 與 C 後,存回 A
SUBB　A,#data	A ← A – data – C	累積器 A 減去 data 與 C 後,存回 A

邏輯運算指令

與算術運算指令相同,邏輯運算指令也是任何微處理器均會提供的一組基本運算指令。MCS-51 的邏輯運算指令有三種:ANL、ORL、XRL 等,分別執行邏輯運算中的 AND、OR、XOR 等運算。CPL 指令執行 NOT 的邏輯運算。最常用的 MCS-51 邏輯運算指令如表 2.2-3 所示。

分歧與跳躍指令

任何微處理器都必須提供一組無條件性與條件性分歧(或是跳躍)指令,以改變程式執行的順序,或是據以設計程式執行迴圈,重複執行某一個特定之動作。MCS-51 最常用的條件性分歧與無條件性跳躍指令如表 2.2-4 所示。

JC/JNC 與 JZ/JNZ 兩個指令為條件性分歧指令，前者以進位旗號位元的值為條件，後者則以累積器(A)的內容是否為 0 為條件。AJMP 指令為無條件性跳躍指令，其動作相當於高階語言(例如 C 語言)中的 goto 指述，直接跳躍至指定的位置處，繼續執行指令。

表 2.2-3　MCS-51 最常用的邏輯運算指令

指令	RTL 描述	說明
ANL　A,Rn	$A \leftarrow A \wedge Rn$	累積器 A 與 Rn AND 後，存回 A
ANL　A,#data	$A \leftarrow A \wedge data$	累積器 A 與 data AND 後，存回 A
ORL　A,Rn	$A \leftarrow A \vee Rn$	累積器 A 與 Rn OR 後，存回 A
ORL　A,#data	$A \leftarrow A \vee data$	累積器 A 與 data OR 後，存回 A
XRL　A,Rn	$A \leftarrow A \oplus Rn$	累積器 A 與 Rn XOR 後，存回 A
XRL　A,#data	$A \leftarrow A \oplus data$	累積器 A 與 data XOR 後，存回 A
CPL　A	$A \leftarrow \overline{A}$	累積器 A 內容取 1 補數

表 2.2-4　MCS-51 最常用的分歧與跳躍指令

指令	RTL 描述	說明
JC　disp	$C : PC \leftarrow PC + disp$(2 補數)	當進位旗號為 1 時，分歧到標的位址
JNC　disp	$\overline{C} : PC \leftarrow PC + disp$(2 補數)	當進位旗號為 0 時，分歧到標的位址
JZ　disp	$A=0 : PC \leftarrow PC + disp$(2 補數)	當 A 為 0 時，分歧到標的位址
JNZ　disp	$A\neq0 : PC \leftarrow PC + disp$(2 補數)	當 A 為 1 時，分歧到標的位址
AJMP　addr11	$PC \leftarrow addr11$	載入 11 位元的絕對位址於 PC 中

📖 複習問題

2.36. 在微處理器中，資料轉移指令的主要功能為何？

2.37. 在微處理器中，通常均會提供那兩種算術運算指令？

2.38. 在微處理器中，通常均會提供那三種邏輯運算指令？

2.39. 在微處理器中，那些指令可以改變程式執行的順序？

2.40. 在 MCS-51 中，那一個指令的動作，相當於高階語言(例如 C 語言)中的 goto 指述？

2.3 組譯程式與組合語言程式

在了解單獨的組合語言指令的動作之後，接著在這一節中，介紹如何組合各別的指令為一個完整的程式。

2.3.1 基本組合語言程式例

組合語言為微算機中的機器語言的另一種表示方式,它由一序列的指述組成,以指揮微算機執行需要的動作。在這種表示方式中,使用英文字母的助憶碼(mnemonic)代替二進制的機器碼;使用英文字母(或與數字混合)組成的符號(類似在高階語言中的變數)代表二進制的常數與位址。程式 2.3-1 所示為一個典型的組合語言的程式列表。最左邊一欄為該程式載入記憶器中時的相對位址;第二欄為機器碼(表為十六進制);右邊的英文字母部分則為使用者撰寫的組合語言(即原始程式)程式。

典型的組合語言程式由組譯程式假指令(assembler directive)、組合語言指令、註解(comment)等四部分組成。例如在程式 2.3-1 中的 DSEG 與 DS 等為組譯程式假指令,MOV 與 RET 為組合語言指令,在";"之後的英文字則為註解。任何組合語言程式的最後一行通常為 END 組譯程式假指令,以告知組譯程式,該組合語言程式至此為止。

程式 2.3-1　典型的組合語言程式列表

```
                    1        ;ex4.2-2.a51
----                2                  DSEG   AT 30H
0030                3        OPR1:     DS     1
0031                4        OPR2:     DS     1
                    5        ;Exchange two words in memory
                    6        ;using the direct addressing mode
----                7                  CSEG   AT 0000H
0000 A830           8        SWAPBYTE: MOV    R0,LOW OPR1 ;get opr1
0002 A931           9                  MOV    R1,LOW OPR2 ;get opr2
0004 8831          10                  MOV    LOW OPR2,R0 ;save opr1
0006 8930          11                  MOV    LOW OPR1,R1 ;save opr2
0008 22            12                  RET
                   13                  END
```

📖複習問題

2.41. 組合語言與機器語言的關係如何?

2.42. 典型的組合語言程式由那四部分組成?

2.43. 為何在任何組合語言程式中,最後一行通常為 END 假指令?

2.3.2 基本組合語言程式結構

在組合語言程式中的符號(symbol)又稱為識別語(identifier)，通常由使用者定義以表示程式中的記憶器位置或是組合語言程式模組的資料儲存區，即符號通常表示程式或是資料節區、暫存器、數目、位址。當一個符號用以表示記憶器位置時稱為標記(label)。

符號的一般組成規則為：

1. 符號通常使用一些有意義的英文字母(A-Z 與 a-z)、數字(0-9)、一些特殊符號($、？、@)組成，以增加程式的可讀性。

2. 大部分的組譯程式均不區別英文字母的大、小寫，但是符號的第一個字元通常不能是數字，必須是英文字母或是特殊符號。

3. 符號的長度有些組譯程式限制為 6 個字元，有些則為任意長度，但是只區別前面 31 個字元，有些則只有區別最前面 6 個字元而已。

4. 表示記憶器位置的符號(即標記)，其後必須加上":"，不是表示記憶器位置的符號則不必。

5. 在常用的 MCS-51 組譯程式中，特殊符號"_"(底線)也可以當作識別語的一個字元。

6. 每一行最多只能定義一個符號。

一般的組譯程式在組譯一個組合語言程式時，均以一個單行為單位，即它只分析每一個單行的指述格式是否正確，及該行是否可以正確組譯成機器碼。若在組譯過程中，遭遇到錯誤的指述而無法處理時，則忽略該行其次的部分，在列出錯誤訊息之後，繼續處理其次的一行。

在組合語言程式中，每一行通常由下列各欄組成：

Label:　mnemonic　　operand, operand ;comments

↑　　　↑　　　　　　↑　　　　↑

標記　指令助憶碼　　　　運算元　　註解(說明)

START:　MOV　　A,#LOW MESSAGE ; 載入資料於 ACC 內

如前所述，因為標記 START 指定一個程式記憶器的位置，因此在其後必須

加上"："。註解(說明)欄以"；"開始，而一直延續到該行結束為止。在"；"後的文字皆被組譯程式視為註解(說明)而與程式無關。指令助憶碼與運算元之間必須加上(至少)一個空白(space)字元，避免產生組譯錯誤。

📖 複習問題

2.44. 在組合語言程式中的標記或符號的功能為何？

2.45. 在組合語言程式中，每一行通常由那些欄位組成？

2.46. 在組合語言程式中，如何表示註解(即說明)？

2.3.3 組合語言常數與運算子

在組合語言程式中，當需要定義一些常數資料時，通常必須指定使用的數系基底。一般常用的基底為 2、10、8、16。表示基底的方法為在該常數之後，加上下列字元：

B————————————二進制(binary)

D————————————十進制(decimal)

O(或 Q) ——————八進制(octal)

H————————————十六進制(hexadecimal)

一般的組譯程式之預設基底均為 10，因為我們最習慣的數目系統為十進制。使用十六進制時，第一個字元必須是 0～9 等數字，因此若最大有效數字為 A ~ F 時，它的前面必須再加上一個數字 0，以避免與識別語混淆不清。例如：

10111001B

0AB10H

223D＝223　　　(未註明基底時，為十進制)

其中 AB10H 若未冠以數字"0"時，將與符號 AB10H 相混，因為 AB10H 為一個成立的符號。

字元常數必須以單引號(')括住該常數，例如：'ABCD'。算術運算子包括+、-、×、/與 mod(取餘數)等五個；邏輯運算子則有 AND、OR、NOT、XOR

等四個；關係運算子有 EQ (=) (相等)、NE (<>) (不相等)、LT (<) (小於)、LE (<=) (小於或是等於)、GT (>) (大於)、GE (>=) (大於或是等於)等六個；特殊運算子則有SHR(右移一個位元位置)、SHL(左移一個位元位置)、HIGH(取出高序位元組)、LOW(取出低序位元組)、()(優先計算)等五個。除了 HIGH 與 LOW 兩個運算子較常用之外，其餘的運算子均甚少使用，因此不再贅述。上述運算子歸納如表 2.3-1 所示。

表 2.3-1　A51 運算表示式中的運算子

算數	邏輯	關係	特殊
+ : 加	AND : 邏輯 AND	EQ (=) : 相等	SHR : 右移
- : 減	NOT : 邏輯 NOT	NE (<>) : 不相等	SHL : 左移
* : 乘	OR : 邏輯 OR	LT(<) : 小於	HIGH : 高序位元組
/ : 除	XOR : 邏輯 XOR	LE(<=) : 小於或等於	LOW : 低序位元組
MOD : 餘數		GT(>) : 大於	() : 優先計算
		GE(>=) : 大於或等於	

上述運算子的優先順序如下：

()

HIGH LOW

* / MOD SHL SHR

+ -

EQ (=) NE (<>) LT (<) LE (<=) GT (>) GE (>=)

NOT

AND

OR XOR

📖 複習問題

2.47. 在組合語言程式中，如何表示常數資料的基底？

2.48. 在組合語言程式中，當常數資料的最大有效數字為 A 到 F 時，為何其前面必須再加上一個數字 0？

2.49. 在組合語言程式中，如何表示字元常數資料？

2.50. 在組合語言程式中，如何取出一個 16 位元常數資料的高序位元組？

2.51. 在組合語言程式中，如何取出一個 16 位元常數資料的低序位元組？

2.3.4 基本組譯程式假指令

通常一個組合語言程式是由兩種不同性質的指述(statement)組成，其中一種為可執行的指述，稱為組合語言指令；另一種為不可以執行的指述，稱為組譯程式假指令。組合語言指令為微處理器的指令，並且可以由組譯程式轉譯為對應的機器碼；假指令則是告訴組譯程式，在組譯一個組合語言程式的過程中，該做或是不該做什麼事而已，它並不能被組譯成機器碼。在程式中，使用假指令的目的，只是方便組合語言程式的撰寫，或是讓程式較具可讀性。

每一個組譯程式通常都會提供一組豐富的假指令供使用者使用。然而，對於初學者而言，只需要了解下列幾種基本的假指令，也就足夠寫出一個可讀性高，而且功能完整的組合語言程式了。這些基本的假指令為：定義程式與資料節區(BSEG、DSEG、CSEG)、定義程式起始點(ORG)、定義一個符號的值(EQU)、表示程式結束(END)、定義常數資料(DB 與 DW)、保留儲存空間(DBIT 與 DS)等，如表 2.3-2 所示。

BSEG、CSEG、DSEG 等三個假指令，分別定義絕對位址的位元(BIT)節區(bit segment)、程式(CODE)節區、資料(DATA)節區。這些假指令通常使用 AT　exp 指定節區的啟始位址。

定義常數資料的假指令一共有 DB(定義位元組，define byte)與 DW(定義語句，define　word)等兩個。這些假指令除了保留儲存位置之外，也在該位置上設立了初值。它們只能使用在 CSEG 節區中。例如：

        DATA1:   DB   0AH,07H,05H

為在由 DATA1 開始的連續三個位元組內，依序填入 0AH、07H、05H 的資料，因此 DATA1 總共佔用了三個位元組。

DW 假指令定義語句(即雙位元組)資料，其用法與 DB 相似，只是現在是以 16 位元的方式儲存資料而已。例如：

　　　　　DATA1:　DW　0AH,01H

DATA1 佔用兩個 16 位元，第一個 16 位元儲存 0AH，而第二個 16 位元儲存 01H。

表 2.3-2　最常用的 MCS-51 組譯程式假指令

假指令	意義	例子
BSEG　AT　exp CSEG　AT　exp DSEG　AT　exp	定義絕對的位元節區 定義絕對的程式節區 定義絕對的資料節區	BSEG　AT　20H CSEG　AT　0000H DSEG　AT　30H
[標記:]　DB　<exp>[,<exp>] [標記:]　DW　<exp>[,<exp>]	定義位元組資料 定義語句(2 位元組)資料	MESSAGE: DB　0EFH DW　07,0E23FH
[標記:]　DBIT　<exp> [標記:]　DS　<exp>	保留位元儲存空間 保留位元組儲存空間	KBFLAG:　DBIT　1 DS　50
ORG　<exp>	定義機器碼起始位址	ORG　0100H
<name>　EQU　<exp>	指定 name 的值為 exp	THREE　EQU　3
END	表程式到此結束	END

　　保留儲存空間的假指令有 DS (define space)與 DBIT (define bit)兩個，前者以位元組為單位保留儲存空間；後者則以位元為單位保留儲存空間。DS 與 DBIT 兩個假指令的功能，只是保留儲存空間，並未設定初值。

　　DS 假指令定義在除了 BIT 節區之外的其它節區中的位元資料儲存空間，例如：

　　　　　DATA1:　　DS　　100

表示在 DATA1 開始的區域中，保留了 100 個連續位元組的儲存空間。

　　DBIT 定義在 BIT 節區中的位元資料儲存空間，其用法與 DS 相似，但是以位元方式儲存資料。例如：

　　　　　　　　　　BSEG　　　AT　　20H
　　　　　KBSTATUS:　　DBIT　　　1
　　　　　PRTFLAG:　　DBIT　　　1

分別在 BSEG 節區中，保留一個位元予標記 KBSTATUS 與 PRTFLAG。

　　ORG (origin)假指令告訴組譯程式，程式中機器語言指令的起始位址是由 ORG 後面指定的位址開始。未使用 ORG 假指令指定位址時，組譯程式則假設起始位址為 0。

　　EQU (equate)假指令設定一個符號(即名稱)為其後面的 exp 值。經過 EQU 假指令定義後的符號,每次在程式中被使用時,都相當於直接使用該 EQU 假指令的表式(exp)值。例如:

　　　　EIGHT　　EQU　　8
　　　　　　　　．

　　　　MOV　　R0,#EIGHT　　　;相當於 MOV　　R0,#8
　　　　　　　　．

　　　　ADD　　A,#EIGHT　　　;相當於 ADD　　A,#8

　　END 假指令是一個組合語言程式的最後一個指令,它告訴組譯程式,該程式中所有組合語言指令到此結束。因此,組譯程式在遇到 END 假指令之後,即使 END 後面還有一些指令,也不再做組譯的工作了。大部分的 MCS-51 組譯程式中的 END 假指令之後均沒有標記,但是因為組譯程式忽略 END 假指令之後的所有文字,因此即使在 END 假指令之後加上標記,依然不會影響該程式的組譯工作。

📖 複習問題

2.52. 通常一個組合語言程式,是由那兩個不同性質的指述組成?

2.53. 在撰寫組合語言程式時,最基本的組譯程式假指令有那些?

2.54. BSEG、CSEG、DSEG 等三個假指令的功能為何?

2.55. 假指令 ORG 與 EQU 的功用,有何不同?

2.56. 在 MCS-51 的組合語言程式中,如何定義常數資料?

2.4 組合語言程式的建立與執行

　　在介紹組譯程式的基本假指令與組合語言程式的基本結構之後,本節中將介紹欲測試與執行一個組合語言程式時,必須歷經那些步驟,即有那些工具可以幫助排除程式設計上的錯誤。

2.4.1 組合語言程式的建立

　　一般在計算機系統上撰寫、組譯、連結、裝載、執行一個組合語言程式的流程，如圖 2.4-1 所示。當程式設計者使用簡單的編輯程式輸入組合語言指令於計算機中後，產生一個檔案，稱為原始程式(source program)，接著使用組譯程式組譯該原始程式為機器碼(或稱機器語言程式)，產生一個檔案，稱為目的程式(object program)，然後由連結程式(linker)將它與其它目的程式或系統程式庫中的目的程式，連結成一個可以執行的目的程式，最後程式設計者或使用者可以藉著作業系統中的載入程式(loader)之幫助，將它載入系統的主記憶器中執行。

圖 2.4-1　產生與執行一個組合語言程式的過程

　　對於大多數的微控制器而言，其應用程式的研發與設計通常在 PC 系統中而非於標的系統中完成。因此，必須使用交互組譯程式與交互編譯程式。目前大部分的 MCS-51 的程式發展與系統設計，均使用 PC 上執行的 MCS-51 相關的 IDE (integrated developing environment)。此 IDE 為一個軟體平台，它結合了開發一個組合語言或是 C 語言程式時需要的所有工具鏈(tool chain)，包括編輯、組譯、編譯、連結、除錯，以及下載到硬體模擬器(emulator)中執行。MCS-51 的 IDE 通常可直接在 Windows XP 與 Windows 7 中執行。在此種 IDE 環境下，有兩種方式可以除錯一個組合語言或是 C 語言程式。第一種方式為使用 IDE 中的模擬程式(simulator)，第二種方式為透過 IDE 將目的程式下載到硬體模擬器中以真實的速度執行。模擬程式為一個用來模擬標的微處理器的行為的軟體程式，它通常在異於標的系統的平台中執行；硬體模擬器則為一個以標的微處理器為核心的硬體系統，因此可以全速地在真實環境中執行目的程式。

📖 複習問題

2.57. 何謂原始程式與目的程式？

2.58. 定義交互組譯程式與互組編譯程式。

2.59. 何謂連結程式與載入程式？

2.60. 定義模擬程式與硬體模擬器。

2.4.2 MCS-51 程式發展工具

在 WindowsXP/7 環境中的命令行(或稱 DOS)模式(開始→執行→cmd)下，設計、發展、模擬執行一個 MCS-51 的組合語言程式時，需要下列相關的軟體：

1. 組譯程式(assembler)：任何 MCS-51 組譯程式，例如 A51.exe，其一般的命令格式為：

   C:>A51 test.a51 [XREF]

   執行後，A51 產生目的程式模組(test.obj)與列表檔(test.lst)兩個檔案，若使用 XREF(或在原始程式中使用$xref)，則組譯程式 A51 除了在列表檔中產生一個符號表之外，也增加一個交互參考表，若未使用 XREF 時，A51 只在列表檔中產生符號表。

2. 連結程式 (linker)：通常必須與組譯程式的版本互相配合，例如 BL51.exe，它連結多個目的模組，或是連結 A51 產生的目的模組與程式庫中的目的模組，成為一個可以執行的目的模組。

3. 除錯程式(debugger)：由於組合語言程式的執行，通常需要觀察暫存器或記憶器的內容，因此必須使用有此種功能的程式，幫助程式設計者，執行與尋找程式設計上的錯誤。目前有許多相關的軟體模擬程式，可以擔負此項功能，這一些軟體模擬程式可以直接在 Windows 系統中執行，而且可以直接由網路中取得。

　　除了上述三個程式之外，在建立組合語言的原始程式時，必須使用編輯程式。在命令行模式中，常用的編輯程式有：EDIT (MS-DOS)、HE (漢書)、PE2 (personal editor)；在 Windows 中，則可以使用 Notepad、Notepad++、WordPad 等軟體。

📖 複習問題

2.61. 在 Windows 系統中，常用的編輯程式有那些？
2.62. 模擬程式的功能為何？

2.4.3 組合語言程式的建立實例

　　使用命令行模式執行組合語言程式時，必須執行一連串的步驟，如圖 2.4-1 所示。每一個程式最後都會產生兩個磁碟檔案。例如以程式名稱 TEST 為例，在開始經由編輯程式建立的原始檔案稱為 TEST.A51(或 test.a51)，這檔案經由組譯程式組譯後，產生另外一個磁碟檔案稱為 TEST.OBJ (或 test.obj)。TEST.OBJ 再經由連結程式連結後，產生可以執行的目的程式 TEST (或 test)。此目的程式經由一個轉換程式(OH51.exe)轉換為 Intel HEX 格式後，即可以直接送往 Flash 燒錄器，燒錄需要的 Flash 記器器，或是送往硬體模擬器、模擬程式中，執行與驗證。

　　在命令行模式中，當一個組合語言的原始程式，由編輯程式建立完成之後，即可以依據下列步驟，產生可執行的目的程式，與執行該程式。假設原始程式為 TEST.A51，如程式 2.4-1 所示。

程式 2.4-1　TEST.A51

```
;program 2.4-1 (file_name test.a51)
```

```
            DSEG  AT  30H
OPR1:       DS  1
OPR2:       DS  1
;exchange two words in memory
;using register indirect addressing mode
            CSEG  AT  0000H
SWAPBYTE:  MOV  R0,#LOW OPR1;point to opr1
           MOV  R1,#LOW OPR2;point to opr2
           MOV  A,@R0 ;get opr1
           MOV  B,@R1 ;get opr2
           MOV  @R1,A ;save opr1
           MOV  @R0,B ;save opr2
           RET
           END
```

步驟 1

使用 A51(或其它組譯程式)組譯已經編輯好的組合語言原始程式。假設 A51.exe 與 BL51.exe 等系統程式儲存在於 C 磁碟中；而工作檔(TEST.A51)也儲存在 C 磁碟中。

```
C:>A51 test.a51
A51 MACRO ASSEMBLER V8.02 - SN: Eval Version
COPYRIGHT KEIL ELEKTRONIK GmbH 1987 - 2008
       ASSEMBLY COMPLETE. 0 WARNING(S), 0 ERROR(S)
```

執行A51.exe 後，產生三個磁碟檔：目的程式檔(.OBJ)與列表輸出檔(.LST)，其中目的程式檔係作為連結程式的輸入檔。列表輸出檔則安插指令機器碼於每一個指令前，典型的列表檔輸出(TEST.LST)如圖 2.4-2 所示。

```
A51 MACRO ASSEMBLER TEST 12/22/2010 20:44:13 PAGE 1
MACRO ASSEMBLER A51 V8.02
OBJECT MODULE PLACED IN test.OBJ
ASSEMBLER INVOKED BY: C:\MCS51\A51.EXE test.a51
LOC OBJ            LINE      SOURCE
                     1         ;ex4.2-3.a51
----                 2                   DSEG  AT 30H
0030                 3         OPR1:     DS    1
0031                 4         OPR2:     DS    1
                     5         ;Exchange two words in memory
                     6         ;using DIRECT addressing mode
```

圖 2.4-2 典型的 MCS-51(a51.exe)組譯程式產生的程式列表(TEST.LST)

```
----                    7              CSEG   AT 0000H
0000 7830               8    SWAPBYTE: MOV    R0,#LOW OPR1 ;set ptr for opr1
0002 7931               9              MOV    R1,#LOW OPR2 ;set ptr for opr2
0004 E6                10              MOV    A,@R0  ;get opr1
0005 87F0              11              MOV    B,@R1  ;get opr2
0007 F7               12              MOV    @R1,A ;save opr1
0008 A6F0             13              MOV    @R0,B ;save opr2
000A 22              14              RET
                     15              END
```

A51 MACRO ASSEMBLER   TEST   12/22/2010 20:44:13 PAGE   2

SYMBOL TABLE LISTING
------ ----- -------

N A M E   T Y P E   V A L U E   ATTRIBUTES

B. . . . . D ADDR   00F0H   A
OPR1 . . . .   D ADDR   0030H   A
OPR2 . . . .   D ADDR   0031H   A
SWAPBYTE . . . . .   C ADDR   0000H   A

REGISTER BANK(S) USED: 0
ASSEMBLY COMPLETE.   0 WARNING(S), 0 ERROR(S)

圖 2.4-2(續)　典型的 MCS-51(a51.exe)組譯程式產生的程式列表(TEST.LST)

在組譯過程中若有錯誤，則記錄這些錯誤訊息，利用編輯程式回到原始程式中，進行修改，然後重複執行上述步驟，直到沒有錯誤發生為止。

步驟 2

當組譯成功(即沒有錯誤發生)後，即可以進行下述連結步驟：

```
C:>BL51 test.obj
BL51 BANKED LINKER/LOCATER V6.22 - SN: Eval Version
COPYRIGHT KEIL ELEKTRONIK GmbH 1987 - 2009
*****************************************
* RESTRICTED VERSION WITH 0800H BYTE CODE ....
*****************************************
Program Size: data=18.0 xdata=0 code=16
LINK/LOCATE RUN COMPLETE. 0 WARNING(S), 0 ERROR(S)
```

在連結步驟中若沒有錯誤，則產生 TEST.m51 與 TEST 的兩個磁碟檔。

步驟 3

在連結步驟中若沒有錯誤，則產生一個 TEST 的磁碟檔。這個磁碟檔就可以由程式 OH51.exe 轉換為 Intel 的十六進制格式(HEX)。程式 OH51.exe 除了轉換 L51.exe 產生的目的程式檔之外，也可以直接轉換組譯程式 A51.exe 產生的目的程式檔為 Intel 的 HEX 格式。

```
C:>OH51 test
OBJECT TO HEX FILE CONVERTER OH51 V2.6
COPYRIGHT KEIL ELEKTRONIK GmbH 1991 - 2001
GENERATING INTEL HEX FILE: test.hex
```

OBJECT TO HEX CONVERSION COMPLETED.

在產生 Intel HEX 格式後，該檔即可以直接輸入任何一個 MCS-51 的模擬程式或是硬體模擬系統中執行。

Intel 的 HEX 格式

Intel 公司的 HEX 格式為一個工業界標準，目前所有 EEPROM 燒錄器及 MCS-51 模擬器均能接受此標準格式。在此格式中，每一行為一個記錄(record)，而且以十六進制表示，其格式為：

　　:長度 啟始位址 類型 實際機器碼 檢查和

其中長度為一個位元組，啟始位址為兩個位元組，類型為一個位元組(00 表示絕對碼；01 表示該記錄為檔案結束，end-of-file)，實際機器碼儲存實際的機器碼，它最多可以為 16 個位元組，檢查和(checksum)為一個位元組，它使用 2 補數的方式，將記錄中的長度、啟始位址、類型、實際機器碼的位元組以 8 位元(即模 256)的方式相加之後，忽略進位，並將結果取 2 補數後，即為檢查和。使用 2 補數的好處是在做檢查和檢查時，只需要將記錄中的所有長度、啟始位址、類型、實際機器碼的位元組及檢查和以 8 位元(即模 256)的方式相加，並忽略進位，若其結果為 00，表示沒有錯誤，否則，有錯誤。

例題2.4-1　(Hex 格式)

考慮下列由 OH51.exe 產生的 HEX 格式：

:0B00000078307931E687F0F7A6F02297

:00000001FF

第一行的 0B 為實際機器碼(78307931E687F0F7A6F022)的長度，一共為 11(0BH)
個位元組，啟始位址為 0000H，類型為 00(絕對碼)，實際機器碼為 78 30 79 31
E6 87 F0 F7 A6 F0 22 等 11 個位元組，檢查和為 97。第二行為檔案結束記錄，
其長度為 00，啟始位址為 0000H，類型為 01(檔案結束)，沒有實際機器碼，檢
查和為 FF。

📖複習問題

2.63. Intel HEX 格式的主要功能為何？
2.64. 簡述 Intel HEX 格式的組成要素？

2.4.4 組合語言程式的執行

在了解MCS-51的組合語言程式的編輯、組譯、連結、產生Intel HEX格
式等程序之後，其次的工作是載入 Intel HEX 格式的目的程式(test.hex)於
MCS-51 的模擬程式中執行。

圖 2.4-3 所示為 ARM 公司的 Keil μVision IDE，在此整合環境下，可以
開發、編輯、組譯/編譯、連結、模擬執行、除錯一個組合語言與 C 語言程
式。與一般的除錯軟體一樣，它可以設定段點、單步執行、顯示程式執行後
的結果，並以各別的視窗顯示暫存器、內部資料記憶器、外部資料記憶器、
程式記憶器、特殊功能暫存器的內容。當然，也允許改變任意暫存器或是指
定記憶器位置之內容。

📖複習問題

2.65. 一般的除錯程式通常必須具備那些功能？
2.66. 發展(或設計)一個組合語言程式時，通常必須歷經那些種要步驟？

圖 2.4-3　Keil μVision IDE

2.5 參考資料

1. Keil Software, *Macro Assembler and Utilities for 8051 and Variants*, 2000.

2. Han-Way Huang, *Using MCS-51 Microcontroller*, New York: Oxford University Press, 2000.

3. Intel, *MCS-51 Microcontroller Family User's Manual,* Santa Clara, Intel Co., 1994. (http://developer.intel.com/design/mcs51/hsf_51.htm)

4. I. Scott MacKenzie, *The 8051 Microcontroller*, New York: Macmillan Publishing Company, 1992.

5. Ming-Bo Lin, *Digital System Designs and Practices: Using Verilog HDL and FPGAs*, John Wiley & Sons, 2008.

6. Ming-Bo Lin, *An Introduction to VLSI Systems: A Logic, Circuit, and System Perspective*, CRC Press, 2011.

7. Muhammad Ali Mazidi and Janice Gillispie Mazidi, *The 8051 Microcontroller*

and Embedded Systems, Upper Saddle River, New Jersey: Prentice-Hall, 2000.

2.6 習題

2.1 定義下列各名詞：

(1) 機器語言　　　　(2) 組合語言

(3) 組譯程式　　　　(4) 假指令

2.2 在下列組合語言指令中：

　　　　AGAIN:　MOV　A,#00H　;Clear accumulator ACC

(1) 何者為標記？

(2) 何者為指令？

(3) 何者為註解？

2.3 使用第 2.1.5 節中的組合語言指令，設計一個程式，計算下列各式：

(1) $1+2+3+4+5$　　　　(2) 01101110_2 AND 10110110_2

(3) 01101110_2 OR 10010111_2　(4) $50-2+3-4+5$

將程式組譯及連結之後，使用除錯程式(debug.exe)執行，並且觀察程式
中每一個指令的動作與結果。

2.4 使用圖 2.2-13 所示的 MCS-51 簡化的 RTL 模型，定義下列各組合語言指
令的動作與它們的 RTL 指述，並繪圖說明這些指述的動作：

(1) ADD　A,R0　　　　　　(2) ADDC　A,R0

(3) SUBB　A,R0

2.5 使用圖 2.2-13 所示的 MCS-51 簡化的 RTL 模型，定義下列各組合語言指
令的動作與它們的 RTL 指述，並繪圖說明這些指述的動作：

(1) XRL　A,R0　　　　　　(2) ANL　A,R0

(3) ORL　A,R0　　　　　　(4) CPL　A

2.6 使用圖 2.2-13 所示的 MCS-51 簡化的 RTL 模型，定義下列各組合語言指
令的動作與它們的 RTL 指述，並繪圖說明這些指述的動作：

(1) MOV　A,Rn　　　　　　(2) MOV　A,#data

(3) MOVX　@DPTR,A　　　　　　　(4) ADD　A,#data

2.7 下列為一個使用 HEX 格式表示的 MCS-51 程式，試回答下列問題：

　　　　:108100007A087837793FC3E637D4F70809DAF822D6

　　　　:00000001FF

(1) 程式的啟始位址為何？

(2) 程式的長度為多少位元組？

(3) 程式的最後一個位址為何？

2.8 下列為一個使用 HEX 格式表示的 MCS-51 程式，試回答下列問題：

　　　　:0300000002001EDD

　　　　:03000B00B290327E

　　　　:10001B00B29132758922758C06D28C758DCED28EAB

　　　　:06002B0075A88A80FE2288

　　　　:00000001FF

(1) 程式的啟始位址為何？

(2) 程式的長度為多少位元組？

(3) 程式的最後一個位址為何？

3 MCS-51軟體模式

微處理器本身為一個可規劃的(programmable)數位系統，欲了解與能有效地使用此種可規劃的數位系統，設計一個需要的標的系統(target system)的應用軟體時，必須先認識其軟體模式(software model)。一般而言，任何微處理器的軟體模式均包括：規劃模式(programming model)、資料格式(data format)、資料類型(data type)、定址方式(addressing mode)、指令編碼方式(instruction encoding)與指令組(instruction set)。其中指令組將在其後各章中介紹；其餘的部分則在本章中依序介紹。本章的最後一節，則詳細介紹 MCS-51 組譯程式的假指令及組譯程式的動作原理。

3.1 規劃模式

所謂的規劃模式即是指一個微處理器中能讓使用者利用其提供的指令組存取的內部暫存器之集合。典型的微處理器的內部暫存器可以分成三類：資料暫存器、位址暫存器、特殊用途暫存器。

由一般組合語言程式設計者的觀點而言，MCS-51 CPU 的規劃模式如圖 3.1-1 所示。資料暫存器包括通用暫存器(general purpose register，GPR)(R0 ~ R7)、累積器 A 與暫存器 B；位址暫存器包括通用暫存器 R0 與 R1、累積器 A、程式計數器(PC)、堆疊指示暫存器(stack pointer，SP)與資料指示暫存器

(data pointer register，DPTR)；特殊用途暫存器包括中斷優先權控制暫存器(interrupt priority，IP)、中斷致能控制暫存器(interrupt enable，IE)與程式狀態語句(program status word，PSW)。下列分別介紹這一些暫存器的功能。

圖3.1-1 MCS-51 CPU 的規劃模式：(a)內部 RAM；(b)特殊用途暫存器(SFR)

注意：在本章中，只介紹包括在 MCS-51 CPU 中的特殊用途暫存器(special function register，SFR)，至於 I/O 周邊界面相關的控制與狀態暫存器，將於其次各章中適宜之處，再予提出。

3.1.1 資料暫存器

基本上 MCS-51 為一個累積器型的微處理器，因其主要運算必須在累積器 A 中完成。然而為了加速運算的執行，MCS-51 提供了大量的通用暫存器與可以直接存取的內部 RAM(簡稱內部 RAM)。

MCS-51 的通用暫存器共有 32 個，分成四組，稱為暫存器庫(register bank) 0 到暫存器庫 3。每一個暫存器庫有 8 個暫存器，稱為 R0 到 R7。由於四個暫存器庫中的暫存器均使用相同的名稱 R0 到 R7，因此任何時候，只能使用其中一組，若欲改變目前啟動的暫存器庫，則必須改變在程式狀態語句(PSW)中的兩個暫存器庫選取位元 RS1 與 RS0 的值。在 MCS-51 CPU 啟動之後，RS1 與 RS0 的預設值為 00，因此選取暫存器庫 0。詳細的暫存器庫如圖 3.1-2 所示。

圖3.1-2　MCS-51 CPU 的規劃模式

MCS-51 的八個 8 位元通用暫存器 R0 到 R7 通常與累積器 A 結合，以執行大部分的資料運算動作。雖然每次只啟動一個暫存器庫，然而其它暫存器庫中的暫存器值，依然可以使用直接定址方式存取。在 MCS-51 組譯程式中，使用假指令 USING 與通用暫存器名稱 AR0 到 AR7 結合，以方便組合語言程式存取任意暫存器庫中的暫存器。假設目前啟動暫存器庫 0，則：

USING　0　　;using register bank 0

MOV　A,AR0　;AR0 is at location 00H

其功能與指令MOV　A,R0 (指令碼為 E8H)相同，但是上述 MOV 指令使用直接定址方式編碼，因而得到(E5 00H)。下列兩個指述：

USING　3　　;using register bank 3

       MOV   A,AR0   ;AR0 is at location 18H

組譯之後，得到指令碼 E5 18H，因為此時的 AR0 表示暫存器庫 3 的 R0。

    為了讓 MCS-51 在指令的編碼上較有效率，MCS-51 保留了某些暫存器予某些指令使用，即在執行這些指令時，只能使用某些特定的暫存器而不能指定任意的暫存器。這些指令如下所示：

- 乘法與除法(使用累積器 A 與暫存器 B)

    MUL   AB   ;machine code = A4H

    DIV   AB   ;machine code = 84H

- 表格轉換(使用累積器 A 與暫存器 DPTR 或 PC)

    MOVC A,@A+DPTR ;machine code = 93H

    MOVC A,@A+PC   ;machine code = 83H

- 表格跳躍(使用累積器 A 與暫存器 DPTR 或 PC)

    JMP A,@A+DPTR   ;machine code = 73H

- 堆疊運算(使用暫存器 SP)

    RET   ;machine code = 22H

    RETI   ;machine code = 32H

📖 複習問題

3.1. 資料暫存器包括那些？

3.2. 位址暫存器包括那些？

3.3. 特殊用途(只考慮 CPU 相關的)暫存器包括那些？

3.4. 為何 MCS-51 為一個累積器型的微處理器？

3.5. MCS-51 的那些指令只能使用特定的暫存器？

3.1.2 位址暫存器

    在 MCS-51 的 CPU 中，可以當作位址暫存器使用的暫存器有累積器 (A)、R0 與 R1、資料指示暫存器(DPTR)、程式計數器(PC)與堆疊指示暫存器 (SP)。

累積器(A)在表格轉換與表格跳躍指令中,當作指標暫存器使用。R0 與 R1 為通用的位址暫存器,它們使用在(暫存器)間接定址方式中,以存取內部或是外部 RAM 的最低序 0 到 255 的位元組。資料指示暫存器(DPTR)用來存取外部 RAM,它可以存取的範圍為 0 到 64 kB。它的另外一個用途為在表格轉換與表格跳躍指令中,當作基底暫存器使用。程式計數器(PC)除了自程式記憶器中讀取指令之外,在表格轉換與表格跳躍指令中,也當作基底暫存器使用。

資料指示暫存器(DPTR)分成高序(DPH)與低序(DPL)兩個位元組,可以直接使用直接定址方式存取,其位址分別為 83H 與 82H,如圖 3.1-1 所示。

堆疊指示暫存器(SP)在內部 RAM 中建立一個堆疊,提供副程式呼叫與返回之用。此外,在進入中斷服務程式時,亦使用堆疊儲存歸回位址。在系統重置之後,堆疊指示暫存器(SP)預設成 07H。

📖 複習問題

3.6. 累積器(A)在表格轉換與表格跳躍指令中,當作何種暫存器使用?

3.7. 位址暫存器 R0 與 R1 通常使用在何種定址方式中?其功能為何?

3.8. 試簡述資料指示暫存器(DPTR)的兩種功能。

3.9. 試簡述程式計數器(PC)的兩種功能。

3.10. 如何存取資料指示暫存器(DPTR)的內容?

3.1.3 特殊用途暫存器

MCS-51 CPU 的特殊用途暫存器如圖 3.1-1 所示,一共有 IP (interrupt priority)、IE (interrupt enable)、PSW 等三個。其中 IP 與 IE 分別為中斷優先權控制與中斷致能控制暫存器,它們的功能將於中斷、系統重置與功率控制一章(第 11 章)中再予討論。

MCS-51 CPU 的程式狀態語句如圖 3.1-3 所示。它一共有 7 個位元,其中 CY (carry flag)、AC (auxiliary carry flag)、OV (overflow flag)與 P (parity flag) 等四個旗號為狀態旗號(status flag);RS1 與 RS0 (register bank select 1 與 0)兩

個位元選取欲使用的暫存器庫。

PSW		位址：D0H		重置值：00H		位元可存取	
PSW.7	PSW.6	PSW.5	PSW.4	PSW.3	PSW.2	PSW.1	PSW.0
D7H	D6H	D5H	D4H	D3H	D2H	D1H	D0H
CY	AC	F0	RS1	RS0	OV	-	P

圖3.1-3　MCS-51 程式狀態語句(PSW)

狀態旗號指示一個指令執行後的結果之狀態，這些旗號的意義如下：

CY (進位旗號)：在執行一個指令時，若結果(累積器 A)的 MSB (最大有效位元)有進位輸出或借位輸入時，設定 CY 為 1；否則，清除 CY 為 0。

P (同位旗號)：當一個指令執行之後的結果(累積器 A)中，1 位元的個數為奇數時，設定 P 為 1；否則，清除 P 為 0。因此，累積器與同位旗號形成偶同位(even parity)。

AC (輔助進位旗號)：當一個指令執行後的結果(累積器 A)中的位元 3 有進位輸出或借位輸入時，設定 AC 為 1；否則，清除 AC 為 0。

OV (溢位旗號)：當一個指令執行之後的結果(累積器 A)中，MSB的進位輸入與進位輸出數目不相等時，設定 OV 為 1；否則，清除 OV 為 0。所謂的進位輸入(出)數目定義為當進位為 0 時為 0；當進位為 1 時為 1。OV 旗號指示在 2 補數算術運算中，有無溢位發生。

F0(旗號 0)：由使用者自行定義與使用。

控制旗號控制指令的執行動作或執行次序。這些旗號的動作如下：

RS1 ~ RS0 (暫存器庫選取位元)：選取欲使用的暫存器庫，當其值為 00 時，選取暫存器庫 0；值為 01 時，選取暫存器庫 1；值為 10 時，選取暫存器庫 2；值為 11 時，選取暫存器庫 3。在 CPU 重置(reset)之後，RS1 與 RS0 均清除為 0，因此預設暫存器庫 0 為啟動的暫存器庫。

📖複習問題

3.11. 試簡述 CY (進位旗號)的功能。

3.12. 試簡述 P (同位旗號)的功能。

3.13. 試簡述 AC (輔助進位旗號)的功能。

3.14. 試簡述 OV (溢位旗號)的功能。

3.15. 試簡述 RS1~RS0 (暫存器庫選取位元)的功能。

3.2 資料類型與記憶器組織

本節中，將討論 MCS-51 的記憶器組織(memory organization)與資料類型 (data type)。記憶器組織是指由程式設計者的觀點而言，CPU 的記憶器空間的配置情形；資料類型則為一個微處理器內部指令能夠處理的資料型式，例如：位元、字元、整數、BCD 數字、浮點數等。在 MCS-51 中，記憶器(內部 RAM、外部 RAM、程式記憶器)為一個由許多位元組組成的一維陣列，如圖 2.1-4 所示。

3.2.1 記憶器組織

目前微處理器中資料的儲存方式分成：大頭順序(big endian)(或稱順語句，forward word)與小頭順序(little endian)(或稱反語句，backward word)兩種方式。在大頭順序方式中，語句(word = 16 位元)資料中的高序位元組儲存於低序位址，而低序位元組則儲存於高序位址的記憶器中。在 MCS-51 系列的程式記憶器中使用此種方式儲存 16 位元資料(圖 3.3-9(e))。在小頭順序方式中，語句資料中的高序位元組儲存於高序位址，而低序位元組儲存於低序位址的記憶器中，即與順語句的儲存方式恰好相反。

圖 3.2-1 所示為 MCS-51 的記憶器組織圖，在 MCS-51 中，記憶器空間分成資料記憶器與程式記憶器兩種。資料記憶器空間又分成內部 RAM 與外部 RAM 兩種，內部 RAM 為 128 個位元組(在 MCS-52 中為 256 個位元組)，另外特殊用途暫存器佔用 80H 到 0FFH 等 128 個位元組的空間；外部 RAM 佔用 64k 個位元組。

程式記憶器的空間為 64k 個位元組，它包括位於 MCS-51 內部的程式記憶器(ROM、EEPROM 或是快閃記憶器)及外部的的程式記憶器，即內部與外部的程式記憶器空間不能重疊。當 $\overline{EA}$ 輸入信號線接地時，MCS-51 只使用外部的程式記憶器，若也希望使用內部程式記憶器時，$\overline{EA}$ 輸入信號線必須連接到高電位(V_{CC})。

圖3.2-1　MCS-51 記憶器組織

MCS-51 的內部 RAM 又分成三大部分：暫存器庫區(位址 00 到 1FH，共計 32 位元組)、位元可存取區(位址 20 到 2FH，共計 16 位元組)、一般用途資料區。除了暫存器庫區中的最前面 8 個位元組(位址 00 到 07H)為預設的暫存器 R0 到 R7 之外，其餘的暫存器庫區與位元可存取區，也可以當作一般用途的資料記憶器區，而以位元組為單位存取。

在 MCS-52 中，內部 RAM 擴充為 256 個位元組，如圖 3.2-1 所示。由於位址由 80H 到 0FFH 的 128 個位元組的位址空間與特殊用途暫存器(SFR)的位址空間重疊，因此，在 MCS-52 中，擴充的 128 個位元組之資料記憶器，只能使用(暫存器)間接定址方式(即以@R0 與@R1)存取，因為特殊用途暫存器(SFR)係以直接定址方式存取。

由於 MCS-51 在工業控制的應用市場上相當成功，由其衍生的微控制器版本相當多，這一些微控制器除了保留原先的 MCS-51 的所有特性以能與之相容之外，它們通常擴充內部的程式記憶器容量，以因應各種不同應用之需求。目前在市場上的 MCS-51 之內部程式記憶器的容量有許多不同的版本，由 2k 到 64k 位元組不等。

📖 複習問題

3.16. 試定義資料類型與記憶器組織。

3.17. 試定義大頭順序與小頭順序的記憶器資料儲存方式。

3.18. 試簡述 MCS-51 的記憶器空間分佈情形。

3.19. MCS-51 的內部 RAM 又分成那三大部分？

3.20. 如何存取 MCS-52 中擴充的 128 個位元組之資料記憶器

3.21. 試問 SFR 可否使用位址暫存器 R0 與 R1 存取？

3.2.2 位元可存取區

　　由於 MCS-51 的設計目的是為了滿足工業控制上的應用，因此其 CPU 除了提供一組位元運算指令之外，內部 RAM 也分配出一塊 16 個位元組的區域，作為位元運算指令執行時，需要的變數儲存區域。

　　MCS-51 的位元可存取區總共佔用 16 個位元組，相當於 128 (= 16 × 8)個位元，如圖 3.2-2 所示，其中每一個位元均有其固定的存取位址。在位元運算指令中，可以使用直接定址方式，存取這一些位元。位元可存取區，若不使用其特殊的位元存取功能時，依然可以當作一般用途的資料記憶器使用，而以位元組的方式存取。

　　在 MCS-51 組譯程式中，可以使用 BSEG 假指令在位元可存取區中，定義一個適當大小的位元可存取節區，並以 DBIT 假指令保留與定義位元符號變數。

　　除了位元可存取區外，大部分的 MCS-51 特殊功能暫存器，也是位元可存取的，如圖 3.2-2 所示。注意：這一些位元的位址位於 80H 到 0FFH 之間。在這一些可以使用位元方式存取的特殊功能暫存器(位址都為 x0H 或是 x8H)中，每一個位元均依其功能定義一個適當的符號，並且預設存取該位元的直接位址，因此在組合語言程式中有三種方式可以存取這些位元：(1) 使用位元的符號名稱；(2) 在暫存器名稱後加上".位元位址"；(3) 直接使用位元位址。例如欲存取進位旗號位元時，可以使用 CY、PSW.7 或是 0D7H，請參考圖 3.1-2，組譯程式在組譯過程中，將以直接位址 0D7H 取代 CY 或是 PSW.7。

圖3.2-2　MCS-51 位元可存取記憶器組織：(a)內部 RAM；(b) 特殊功能暫存器(SFR)

📖 複習問題

3.22. MCS-51 的位元可存取區共佔用多少個位元組？

3.23. 在 MCS-51 中，如何存取位元可存取區中的資料？

3.24. ACC.3 對應的直接位址為何？

3.25. TMOD.5 對應的直接位址為何？

3.26. B.4 對應的直接位址為何？

3.2.3　資料類型

　　MCS-51 的基本資料類型有位元(bit)、整數(integer)、ASCII 字元、BCD 等四種。

　　在 MCS-51 的位元資料類型中，每一個變數佔用一個位元，它通常儲存邏輯變數或是常數。

　　MCS-51 的整數資料類型有未帶號整數(unsigned integer)與帶號整數(signed integer)兩種。圖 3.2-3 所示為未帶號整數的兩種格式：位元組與語句。

圖3.2-3　MCS-51 未帶號整數：(a)位元組；(b)語句

例題 3.2-1　(未帶號整數)

　　未帶號位元組整數 01101101B 之值為何？

解：01101101B = 109。

　　MCS-51 的帶號整數都為 2 補數型式，而且只有位元組一種長度，如圖 3.2-4 所示。

圖3.2-4　MCS-51 帶號整數

例題 3.2-2　(帶號整數)

帶號位元組整數 11101101B 之值為何？

解：因位 MSB＝1，所以為負數，取其 2 補數後，得到 00010011＝19，因此

　　　11101101B＝-19

MCS-51 的 BCD 資料類型，如圖 3.2-5 所示。在這種資料類型中，每一個位元組可以儲存兩個 BCD 數字，每一個數字佔用 4 個位元。

圖3.2-5　MCS-51 BCD 資料類型

例題 3.2-3　(BCD 資料類型)

假設一個 BCD 位元組為 10010111B，其十進制值為何？

解：$10010111B = 1001_{BCD} \, 0111_{BCD}$

　　　　　$= 97$

MCS-51 的字元串資料類型，是由一連串的 ASCII 字元組成，每一個 ASCII 字元佔用 7 個位元，因此總共有 128 個字元，如表 1.3-1 所示。一般在計算機中，均使用一個位元組，儲存一個 ASCII 字元，而設定 MSB 為 0。

例題 3.2-4　(字元串資料類型)

由表 1.3-1 所示的 ASCII 字元，找出代表下列字元串的 ASCII 字元："MCS-51 Assembly Language"。

解：以十六進制表示 ASCII 字元，則該字元串與 ASCII 字元的對應關係如下：

M	C	S	-	5	1		A	s	s	e	m	b	l	y
4D	43	53	2D	35	31	20	41	73	73	65	6D	62	6C	79	20
L	a	n	g	u	a	g	e
4C	61	6E	67	75	61	67	65

📖 **複習問題**

3.27. MCS-51 的整數資料有那兩種類型？

3.28. 試簡述 MCS-51 的 BCD 資料類型。

3.29. 試簡述 MCS-51 的帶號整數資料類型。

3.30. 試簡述 MCS-51 的未帶號整數資料的兩種類型。

3.31. 試簡述 MCS-51 的位元資料類型。

3.3 定址方式與指令格式

　　一個組合語言指令通常分成兩大部分：運算碼(operation code，opcode)與運算元(operand)，前者告知或是指揮CPU中的控制單元，產生適當的控制信號，以完成該指令需要的動作；後者則是提供獲取運算元需要的相關訊息，以提供完成該指令動作時，需要的運算元相關資訊。在 MCS-51 中，運算元的來源有三種：位於指令(立即資料)、暫存器、記憶器(包括內部與外部)中。

　　當然一個指令可能需要兩個運算元(例如 ADD/ADDC 指令)，這時候指令需要耗費更多的時間獲取運算元。為了使指令在應用上較有彈性，微處理器通常在運算元的取得方式(稱為定址方式)上提供了多樣性的變化，以滿足下列需求：

1. 使用一個數目較少的位元(因而指令長度較短)，指定全區位址(即整個記憶器區空間)。

2. 允許一個指令存取記憶器時，其記憶器位址可以在程式執行期間才決定，以有效地存取陣列資料。

3. 允許運算元的記憶器位址相對於指令位置，因此程式能夠置於記憶器中的任何位置,均能正確地執行。

4. 能有效地使用堆疊(stack,將於第 6.3 節討論)的特性。

3.3.1 MCS-51 定址方式

MCS-51 的定址方式有立即資料(immediate)、暫存器(register)、直接定址(direct addressing)、絕對定址(absolute addressing)、長程定址(long addressing)、間接定址(indirect addressing)、相對定址(relative addressing)、指標定址(index addressing)等方式,下列依序介紹這一些定址方式的動作與相關的應用。

立即資料定址

在立即資料定址中,指令本身即包含了運算元,即實際的常數運算元直接置於指令運算碼之後的位元組中。在 MCS-51 的組合語言語法中,使用一個"#"冠於運算元之前,表示立即資料定址方式,例如:

    ADD   A,#56H

    MOV   DPTR,#1200H

分別表示將常數資料 56H 加到累積器(A)中,如圖 3.3-1 所示,與載入常數資料 1200H 於指示暫存器(DPTR)內。

圖3.3-1　立即資料定址

暫存器定址

在暫存器定址方式中，運算元位於一個指定的暫存器 Rn 內，Rn 由運算碼位元組的低序三個位元指定。例如 ADD　A,Rn 指令，其運算碼為 00101rrr (n = rrr)。暫存器定址方式的使用例如下：

ADD　A,R0　　；

MOV　R2,#12H

分別表示將通用暫存器 R0 的內容加入累積器(A)中，如圖 3.3-2 所示，與載入常數資料(12H)於通用暫存器 R2 內。

圖3.3-2　暫存器定址

在 MCS-51 中，當使用到下列暫存器：累積器(A)、位元累積器(C)、資料指示暫存器(DPTR)、程式狀態語句(PSW)、堆疊指示器(SP)、程式計數器(PC)時，並不需要使用暫存器識別碼，因為使用的暫存器直接隱含於指令的運算碼中，這種定址方式稱為隱含定址(implied addressing)。注意：在 MCS-51 組合語言中，當指令以隱含定址方式使用累積器(位元累積器)時，以符號 A (C)表示；以直接定址方式使用時，則以符號 ACC (CY)表示。

📖複習問題

3.32. 在 MCS-51 中，運算元的來源有那三種可能？

3.33. 定義下列名詞：運算碼、運算元、定址方式。

3.34. MCS-51 的定址方式有那些？

3.35. 在 MCS-51 的組合語言程式中，如何表示立即資料？

3.36. 定義下列名詞：隱含定址與暫存器隱含定址。

直接定址

在直接定址方式中，運算元在記憶器中的位址直接置於指令的運算碼之後的位元組內，以提供該指令存取與運算一個位於記憶器中的運算元。

在 MCS-51 中的直接定址方式，只能存取內部 RAM 而不能存取外部 RAM。直接定址方式可以存取位元組或是位元運算元，由指令的運算元類型決定。由於只使用一個位元組當作運算元的位址，其資料存取的範圍最多只有 0 到 255 個位元組。例如：

    ADD   A,34H
    MOV   20H,#12H

分別表示將內部 RAM 中位址為 34H 的內容加入累積器(A)中，如圖 3.3-3 所示，與載入常數資料(12H)於內部 RAM 中位址為 20H 的位置內。

圖3.3-3　直接定址

下列為使用直接定址方式的位元運算指令例：

    ANL   C,34H
    MOV   20H,C

分別表示將內部 RAM 中的位元可存取位置 34H 的內容 AND 到位元累積器(C)中，與儲存位元累積器(C)內容於位元可存取位置為 20H 的位置內。

在 MCS-52 中，內部 RAM 的高序 128 個位元組的存取位址與特殊功能暫存器(SFR)相同，均位於 80H 到 0FFH 之間，為了能夠區隔使用，前者使用間接定址方式存取，而後者使用直接定址方式存取。為了增加程式的可讀性及改善程式的維護性，所有 MCS-51 的組譯程式均提供具有代表意義的符號名稱予特殊功能暫存器使用。例如：

    MOV　　0A0H,#34H

    MOV　　P2,#34H

為相同的指令，即載入常數資料 34H 於 I/O 埠 2 中，然而後者較具可讀性，因為 P2 可以直接解讀為 I/O 埠 2 而 0A0H 則否。

絕對定址

在 MCS-51 中的絕對定址方式，只使用於 ACALL 與 AJMP 兩個指令，它們都是兩個位元組指令，標的指令的低序 11 個位元之絕對位址，分成高序 3 個位元(A10 到 A8)與低序 8 個位元(A7 到 A0)兩部分，分別填入運算碼位元組中的高序 3 個位元位置與緊接於運算碼位元組之後的位元組中。ACALL 與 AJMP 指令的動作說明分別如圖 3.3-4(a)與(b)所示。

圖3.3-4　絕對定址：(a) ACALL 指令；(b) AJMP 指令

長程定址

長程定址方式只使用於 LCALL 與 LJMP 兩個指令中，它們都是三個位元組指令，第一個位元組為運算碼，其次的兩個位元組分別為標的指令的 16 個位元絕對位址的高序與低序位元組。注意高序位元組在前，而低序位元組在後。LCALL 與 LJMP 指令的動作說明分別如圖 3.3-5(a)與(b)所示。

在撰寫 MCS-51 的組合語言程式時，標的位址通常使用標記表示，而由組譯程式依據該標記自動產生需要的絕對位址。注意：絕對定址與長程定址其實都是直接定址，因其運算元(即標的指令的位址)直接由指令中的記憶器位址指定。

圖3.3-5　長程定址

間接定址

為了提供一個有效的陣列資料存取方式，目前所有微處理器均提供一個暫存器間接定址方式。在 MCS-51 的(暫存器)間接定址方式中，可以使用的暫存器包括 R0、R1、DPTR 等三個，其中暫存器 R0 與 R1 可以存取內部或是外部 RAM 中的最前面 256 個位元組中的任何一個，而 DPTR 只能存取外部 RAM，但是可以存取至 64k 個位元組的範圍。

在間接定址方式中，運算元在記憶器中的實際位址儲存於指定的暫存器內，因此 MCS-51 在執行該指令時，必須使用指定的暫存器內容為記憶器之位址，由指定的記憶器位置中讀取實際的運算元，然後加以運算。在組合語言中，以"@"冠於暫存器之前，表示此種定址方式，例如：

　　MOV　　R0,#32H

　　ADD　　A,@R0

第一個指令先使用立即資料定址方式，設定暫存器 R0 為 32H，使其指於內部 RAM 的第 32H 的位置上；第二個指令則使用間接定址方式，將內部 RAM 的第 32H 的位置中的資料加到累積器(A)中。詳細的 ADD　A,@R0 指令之動作如圖 3.3-6 所示。

圖3.3-6　間接定址

📖複習問題

3.37. 定義下列名詞：直接定址、絕對定址、(暫存器)間接定址。

3.38. 在 MCS-51 中，直接定址的使用場合為何？

3.39. 在 MCS-51 中，絕對定址只使用在那兩個指令中？

3.40. 在 MCS-51 中，長程絕對定址只使用在那兩個指令中？

3.41. 在 MCS-51 中，(暫存器)間接定址可以使用那三個暫存器？

相對定址

　　相對定址為一個合成定址(composite addressing)模式，它組合兩個位址成分成為運算元的有效位址。其中之一為包含於指令中的 8 位元位移位址(displacement)，另外一個則是程式計數器(PC)的內容。有效位址的形成係先將 8 位元的位移位址做符號擴展為 16 位元後與 PC 相加而得。相對定址一般又稱為 PC 相對定址。當其它位址暫存器也可以提供基底位址時,也稱為暫存器相對定址(register relative addressing)。

在 MCS-51 中,相對定址方式只使用於條件性分歧與迴路指令中。在雙位元組指令中,第一個位元組為運算碼,第二個位元組為一個 8 位元的 2 補數位移位址。

JC   CY_SET

JNZ   NOT_EQUAL

其中第一個指令在進位旗號(CY)為 1 時,分歧至 CE_SET,而第二個指令則在 A != 0 時,分歧至 NOT_EQUAL。使用 JC CY_SET 指令為例的相對定址說明如圖 3.3-7 所示。

圖3.3-7　相對定址

在三位元組的指令中,指令的第一個位元組為運算碼,第二個位元組為指定當作條件的資料或是運算元(位元或是位元組)的直接位址,第三個位元組為一個 8 位元的 2 補數位移位址。使用的 PC 值為緊接於目前指令後的位元組之位址。例如:

CJNE   A,#69H,NOT_EQ

CJNE   A,32H,NOT_EQ

其中第一個指令在累積器不等於 69H 時,分歧至 NOT_EQ,而第二個指令則在當累積器不等於記憶器位置為 32H 的內容時，分歧至 NOT_EQ。

由於位移位址只為 8 個位元，因此分歧的範圍只為+127 到-128，即往回分歧時，最多只能有 128 個位元組位置，而往前分歧時，最多只能有 127 個位元組位置。

指標定址

指標定址又稱為基底指標定址(based-indexed addressing)為一個合成定址方式，它由兩個位址成分組成：指標(index)與基底位址(base address)。運算元的有效位址則直接由指標與基底位址相加而得。指標可以是一個常數或是由一個暫存器指定，基底位址則由一個位址暫存器提供。

在 MCS-51 中，只有 JMP 與 MOVC 指令可以使用指標定址方式。在這兩個指令中，指標由累積器提供，而基底位址可以是 DPTR 或是 PC，有效位址由累積器(A)內容與基底位址暫存器(DPTR 或是 PC)內容相加而得。例如：

JMP　@A+DPTR

其中累積器(A)的內容與 DPTR 內容相加後，直接載入 PC 內，即直接跳躍至程式記憶器位置為 A+DPTR 的地方執行。詳細的動作如圖 3.3-8(a)所示。

圖3.3-8　指標定址：(a) JMP　@A+DPTR 指令；(b) MOVC　A,@A+PC 指令

MOVC 指令使用例如下：

MOVC　A,@A+DPTR

MOVC　A,@A+PC

兩者均使用累積器(A)提供的值當作指標值，而各別使用 DPTR 與 PC 當作基底暫存器，提供基底位址，以自程式記憶器中由基底位址與指標值共同指定的位置中，讀取一個位元組後，再存回累積器(A)中。詳細的 MOVC A,@A+PC 指令的動作如圖 3.3-8(b)所示。

📖複習問題

3.42. 在 MCS-51 中，相對定址只能使用在那種指令中？

3.43. 在 MCS-51 中，相對定址只能使用那種暫存器？

3.44. 在相對定址方式中，標的位址如何產生？

3.45. 在指標定址方式中，只能使用那兩種暫存器當作基底暫存器？

3.46. 在指標定址方式中，只能使用那一個暫存器當作指標暫存器？

3.3.2 指令格式與編碼

在了解 MCS-51 的各種定址方式後，本節中進一步探討 MCS-51 的各種指令格式及其編碼規則，即它們如何產生指令碼。雖然指令的指令碼可以由組譯程式自動產生，但是熟悉編碼規則有助於更進一步了解 CPU 的動作原理，及幫助組合語言程式的撰寫，因此，本節中將詳細探討 MCS-51 的指令編碼方法與各種定址方式之間的關係。

MCS-51 的基本指令格式如圖 3.3-9 所示，在 MCS-51 中，指令的長度由 1 到 3 個位元組不等，其第一個位元組為運算碼，其餘位元組則為運算元。在圖 3.3-9 所示的各種指令格式中，暫存器定址、間接定址、指標定址等方式都是單位元組。在暫存器定址方式中，運算碼位元組的低序三個位元指定欲使用的暫存器(R0 到 R7)；在間接定址方式中，運算碼位元組的最低序位元(LSB)指定欲使用的暫存器(R0 或 R1)，因為只有 R0 與 R1 兩個暫存器可以使用在這種定址方式中。

　　立即資料、直接定址、絕對定址、相對定址(雙位元組)等方式，均佔用兩個位元組，其第一個位元組為運算碼，而第二個位元組為立即資料、直接位址或是位移位址。在絕對定址方式中，由於標的位址為 11 個位元，因此其高序 3 個位元置於運算碼位元組中的高序 3 個位元中，低序的 8 個位元則置於運算碼後的位元組中。

　　長程定址與三位元組的相對定址(使用於 CJNE 指令中)等兩種方式，佔用三個位元組，其第一個位元組為運算碼。在長程定址方式中，第二個與第三個位元組分別為標的位址的高序與低序位元組；在三位元組的相對定址方式中，第二個為直接位址或是立即資料，而第三個位元組則是位移位址。

圖3.3-9　MCS-51 基本指令格式：(a)立即資料定址(MOV A, #12H)；(b)暫存器定址 (MOV A, R3)；(c)直接定址(MOV A, 12H)；(d) 絕對定址(ACALL HOTLINE)；(e)長程定址(LJMP DONE)；(f)間接定址(MOV A,@R1)；(g)相對定址(雙位元組)(SJMP DONE)；(h) 相對定址(三位元組)(CJNE A,#12H,DONE)；(i)指標定址(MOV A,@A+DPTR)

📖 複習問題

3.47. 在 MCS-51 中,指令的第一個位元組都是什麼?

3.48. 在 MCS-51 中,有那些定址方式的指令長度都是單位元組?

3.49. 在 MCS-51 中,有那些定址方式的指令長度都是雙位元組?

3.50. 在暫存器定址方式中,如何指定欲使用的暫存器(R0 到 R7)?

3.51. 在間接定址方式中,如何指定欲使用的暫存器(R0 或 R1)?

3.4 組譯程式假指令

在前面數節中,已經先後討論過MCS-51組譯程式(A51)的一些較常用的假指令和運算子。這一小節中,將完整的介紹 A51 組譯程式的假指令。為了方便討論,A51 組譯程式的假指令分成下列幾類:

1. 資料定義與儲存區域保留假指令:DB、DBIT、DS 與 DW。請參閱第 2.3.4 節。

2. 節區定義假指令:SEGMENT、RSEG、CSEG、DSEG、BSEG、ISEG 與 XSEG。

3. 符號定義假指令:EQU(第 2.3.4 節)、SET、BIT、CODE、DATA、IDATA 與 XDATA。

4. 程式連繫假指令:PUBLIC、EXTRN 與 NAME。

5. 組譯程式狀態控制假指令:END、ORG 與 USING,其中 END 與 ORG 兩個假指令,請參閱第 2.3.4 節。

6. 巨集指令定義假指令:ENDM、LOCAL 與 MACRO (第 6.4.1 到 6.4.3 節)。

3.4.1 節區定義假指令

在 MCS-51 中,由於程式記憶器與資料記憶器各別使用一個位址區,而且各自又分為內部與外部兩個區域,此外內部 RAM 也有一個以位元為單位的位元可存取區。因此為了配合此種特殊的記憶器結構,一個 MCS-51 的組合語言程式模組通常是由許多個節區組成。由程式設計的觀點，一個節區為一個由組譯程式依據組合語言程式中的指令碼(code)(包括運算碼與運算元)或是資料(data)產生的一個指令碼或是資料區塊。

在 MCS-51 的組合語言程式模組中的節區分為兩種類型：一般(generic)節區與絕對(absolute)節區。前者由 SEGMENT 假指令產生，定義一個較具有彈性的節區，即其特性將由其後的參數及其它假指令(RSEG)決定；後者則定義一個固定記憶器位址的節區，可以使用的假指令有 BSEG、CSEG、DSEG、ISEG 與 XSEG 等五個，這一些假指令之後均使用 AT 位址假指令，定義該節區的(絕對)啟始位址。

SEGMENT 假指令

如前所述，SEGMENT 假指令定義一個較具有彈性的節區，其一般格式如下：

節區名字　SEGMENT　節區類型　[可重置位類型]

其中節區名字為一個成立的符號，辨別該節區；節區類型指定該節區的記憶器空間，可以使用的五種節區類型為

1. BIT：位元可存取(位置 20H 到 2FH)
2. CODE：程式記憶器空間
3. DATA：內部 RAM 空間
4. IDATA：間接定址之內部 RAM 空間(在 MCS-51 中為 0 到 7FH；在 MCS-52 中為 0 到 0FFH)
5. XDATA：外部 RAM 空間

可重置位類型告知連結程式/位置配置程式(linker/locator) (L51.exe)，該節區在記憶器中的實際位置之重新配置方式。可以使用的可重置位類型有：

1. BITADDRESSABLE：指定一個希望被配置於內部 RAM 的位元可存取區(在 DATA 空間中的位址為 20H 到 2FH)的節區，它只允許與長度不超過 16 位元組的 DATA 類型之節區使用。

2. INBLOCK：指定一個必須被配置在 2048 位元組區塊內的節區，它只允許與 CODE 類型之節區使用。

3. INPAGE：指定一個必須被配置在 256 位元組區塊內的節區，它只允許與 CODE 與 XDATA 類型之節區使用。

4. OVERLAYABLE：指定一個可以與其它節區共用記憶器空間的節區，它允許與其它相同可重置位類型節區，重疊使用記憶器空間。

5. PAGE：指定一個節區的啟始位址必須是 256 位元組頁區的整數倍，它只允許與 CODE 與 XDATA 類型之節區使用。

6. UNIT：為預設的可重置位類型，它指定一個節區的啟始位址為任意的一個單位位址。在 CODE、DATA、IDATA 與 XDATA 等節區中的單位為位元組；在 BIT 節區中則為位元。

例如：

mydata　　SEGMENT　　DATA

定義一個節區名字為 mydata 而記憶器類型為 DATA 的可重置位節區；

myprogram　　SEGMENT　　CODE

定義一個節區名字為 myprogram 而記憶器類型為 CODE 的可重置位節區。

節區選取假指令

組譯程式在組譯一個組合語言程式時，每次均必須啟動一個節區，啟動的節區由節區選取假指令決定。一旦組譯程式遇到一個節區選取假指令之後，它即組譯該節區中的指令碼或是資料，直到遇到另外一個節區選取假指令為止。節區選取假指令可以選取先前以 SEGMENT 假指令定義的可重置位節區，或是直接產生與定義一個新的絕對節區。前者為 RSEG (relocatable segment)假指令；後者則有 BSEG、CSEG、DSEG、ISEG 與 XSEG 等五個假指令。注意 BSEG、CSEG、DSEG、ISEG 與 XSEG 等五個假指令可以視為節區定義假指令或是節區選取假指令。

一個使用 SEGMENT 假指令定義的節區為一個可重置位的節區，它必須使用節區選取假指令 RSEG 啟動。絕對節區則必須使用 BSEG、CSEG、DSEG、ISEG 與 XSEG 等五個假指令定義與啟動一個適當的節區，這一些假指令的格式為：

BSEG	AT	位址；定義一個絕對 BIT 節區
CSEG	AT	位址；定義一個絕對 CODE 節區
DSEG	AT	位址；定義一個絕對 DATA 節區
ISEG	AT	位址；定義一個絕對 IDATA 節區
XSEG	AT	位址；定義一個絕對 XDATA 節區

其中位址必須在組譯程式處理到該指述時，立即可以計算出數值的成立位址，即它不能包含有任何前向參考的符號。

注意：有些組譯程式在節區選取假指令 BSEG、CSEG、DSEG、ISEG 與 XSEG 等之後，不能使用 AT　位址，定義該節區的啟始位址，必須使用 ORG 假指令定義啟始位址。

例題 3.4-1　(節區選取假指令之使用例)

程式 3.4-1 的第 3 與 5 兩行分別定義 ONCHIP 與 EEPROM 兩個一般節區，其節區類型分別為 DATA 與 CODE；第 7 行定義一個位址由 30H 開始的絕對資料節區，標記 OPR1 與 OPR2 分別定義兩個位元組的儲存位置，並分別佔用內部記憶器的 30H 與 31H 兩個位置。

第 11 與 15 兩行分別使用 RSEG 假指令，選取 ONCHIP 與 EEPROM 兩個節區，由於這兩個節區都為可重置位節區，因此節區內的標記 TOTAL、COUNT、BEGIN 等之實際位置，必須在連結時間裡由連結程式(L51.exe)決定。例如若指定 ONCHIP 為 40H 而 EEPROM 為 2000H，則上述三個標記的實際位址將分別為 40H、42H、2000H。

程式 3.4-1　節區選取假指令使用例

```
1       ;ex3.4-1.a51
2       ;a relocatable DATA segment
3       ONCHIP      SEGMENT  DATA
4       ;a relocatable CODE segment
5       EEPROM      SEGMENT  CODE
6
```

```
----                          7              DSEG   AT 30H
0030                          8    OPR1:     DS     1
0031                          9    OPR2:     DS     1
                             10    ;begin relocatable DATA segment
----                         11              RSEG   ONCHIP
0000                         12    TOTAL:    DS     2
0002                         13    COUNT:    DS     1
                             14    ;begin relocatable EEPROM segment
----                         15              RSEG   EEPROM
0000 7830                    16    BEGIN:    MOV    R0,#LOW OPR1
0002 7931                    17              MOV    R1,#LOW OPR2
                             18    ;
                             19    ;
0004 E500          F         20              MOV    A,LOW TOTAL
0006 AB00          F         21              MOV    R3,LOW COUNT
0008 22                      22              RET
                             23              END
```

📖 複習問題

3.52. 試定義節區與可重置位節區。

3.53. 在 MCS-51 的組合語言程式模組中的節區分為那兩種類型？

3.54. 試定義一般節區與絕對節區。

3.55. 簡述 SEGMENT 假指令的功能。

3.56. 簡述節區選取假指令的功能。

3.4.2 符號定義假指令

　　符號定義假指令允許使用者定義一些有意義的符號，以方便表示暫存器、數目及記憶器位址。除了假指令 SET 之外，所有使用符號定義假指令定義的符號均不得重新定義。在程式中使用符號的好處除了增加程式的可讀性之外，也方便程式的日後維護。因為當需要更改某一個符號代表的常數資料時，只需要更改該符號定義的表式，即可以完成整個程式中所有與該符號相關的更新動作。

　　符號定義假指令總共有 EQU、SET、BIT、CODE、DATA、IDATA 與 XDATA 等七個，其中 EQU 假指令已經在第 2.3.4 節中介紹過，因此不再贅述。

SET 假指令與 EQU 假指令相同,也定義一個數值或是指定一個暫存器予一個符號,然而由 EQU 假指令定義的符號不能重複定義,但是由 SET 假指令定義的符號,則可以使用另外一個SET 假指令重新定義。SET 假指令與 EQU 假指令的一般格式如下:

符號　EQU　表式

符號　SET　表式

其中符號為任何一個成立的符號,而表式則可以是一個數值、記憶器位址或是暫存器名稱。

BIT、CODE、DATA、IDATA 與 XDATA 等五個假指令定義一個符號為一個指定的記憶器位址。由它們定義的符號均不能重複定義,即在整個程式中必須是唯一的符號,包括其它希望由連結程式(L51.exe)連結成為一個目的程式的所有程式模組。這一些假指令的格式為:

符號　BIT　　　位元位址(0 到 255 之間)

符號　CODE　　指令碼位址(0000H 到 0FFFFH 之間)

符號　DATA　　資料位址(0 到 255 之間)

符號　IDATA　　間接資料位址(0 到 255 之間)

符號　XDATA　　外部資料位址(0000H 到 0FFFFH 之間)

DATA 與 IDATA 均定義一個符號為內部 RAM 的位置,然而由 DATA 假指令定義的必須使用直接定址存取,而由 IDATA 假指令定義的必須使用間接定址存取。

例題 3.4-2 (符號定義假指令之使用例)

程式 3.4-2 說明本小節中介紹的各個符號定義假指令的使用方法。

程式 3.4-2 符號定義假指令使用例

```
              1        ;ex3.4-2.a51
              2        ;symbol definition assembler directives
0003          3        THREE      EQU     03H
0080          4        CNTR_PORT  SET     P0
```

0005	5	END_FLAG	BIT	05H
0000	6	RESTART	CODE	0000H
0091	7	PORT2	DATA	91H
0045	8	BUFFER	IDATA	45H
1200	9	DATE	XDATA	1200H
00A0	10	CNTR_PORT	SET	P2
	11		END	

📖 複習問題

3.57. 在程式中，使用符號表示暫存器、數目及記憶器位址有何好處？

3.58. 符號定義假指令一共有那七個？

3.59. SET 假指令與 EQU 假指令有何相同處與相異處？

3.60. 定義一個符號為一個指定的記憶器位址的假指令有那些？

3.4.3 程式連繫假指令

程式連繫假指令提供多個組合語言程式模組彼此之間交互參考的一種方式，在一個較大的程式中，通常為了方便程式的撰寫與維護，該程式皆由許多個較小的程式模組組成，其中某些程式模組或是符號將由其它的程式模組共用，為了方便此項公用特性的執行，大部分的組譯程式均提供有這種交互參考連繫用的假指令。

程式連繫假指令有 PUBLIC、EXTRN 與 NAME 等三個。PUBLIC 假指令宣告在此程式模組中定義，但是可以由其它目的模組使用的符號或是標記。PUBLIC 假指令的格式為：

PUBLIC　符號或是標記[,符號或是標記]

EXTRN 假指令宣告在此程式模組中參考使用的符號或是標記，是在其它模組中定義的。EXTRN 假指令的格式為：

EXTRN　節區類型(符號[,符號])

其中節區類型指定符號的使用方式，它可以是下列中的任何一種：BIT、CODE、DATA、IDATA、XDATA 或是 NUMBER；符號為外部符號名稱。NUMBER 定義無類型符號。例如：

EXTRN CODE(PUT_CRLF), DATA(BUFFER)

EXTRN CODE(BCD_ADD, ASCII_IN)

EXTRN NUMBER(TABLE_SIZE)

NAME 假指令指定目前程式的目的程式模組的名稱，其格式為：

NAME　　模組名稱

當未使用 NAME 假指令，提供任何模組名稱時，組譯程式自動使用檔案名稱，或是在組譯時，由使用者提供的目的模組名稱，當作該目的模組的名稱，在此情況下，每一個檔案只有一個模組。

📖 複習問題

3.61. 簡述程式連繫假指令的功能。

3.62. 程式連繫假指令一共有那幾個？

3.63. 程式連繫假指令 PUBLIC 的功能為何？

3.64. 程式連繫假指令 EXTRN 的功能為何？

3.65. 程式連繫假指令 NAME 的功能為何？

3.4.4　其它假指令

組譯程式的其它假指令有 END、ORG 與 USING 等三個，其中 END 與 ORG 兩個假指令，已經在第 2.3.4 節中介紹過，因此本小節中只介紹 USING 假指令。

USING 假指令告知組譯程式(A51.exe)目前啟動的暫存器庫為何(0、1、2 或是 3)？其次使用通用資料暫存器名稱(AR0 到 AR7)存取的通用資料暫存器，將直接轉換為啟動暫存器庫中對應於該暫存器的直接位址。USING 假指令的格式為：

USING　　表式

注意 USING 假指令實際上並未轉換預設的暫存器庫，它只告知組譯程式目前希望啟動的暫存器庫為何而已，若欲真正轉換預設的暫存器庫，則必須執行指令 MOV　　PSW,#data (請參閱第 3.1.3 節)。

例題 3.4-3　(USING 假指令的使用例)

　　程式 3.4-3 說明 USING 假指令的使用方法。程式中，假指令 USING　2 告知組譯程式，在其次的組譯過程中，ARn (n = 0 到 7)使用第 2 個暫存器庫的直接位址，因此第 6 行中的 AR0 位址為 10H。指令 MOV　PSW,#08H，實際上改變目前的預設暫存器庫為暫存器庫 1，因此在第 8 行中的 R0 之直接位址為 08H。第 9 行中的假指令 USING 0 告知組譯程式，在其次的組譯過程中，ARn (n = 0 到 7)使用第 0 個暫存器庫的直接位址，因此第 10 行中的 AR0 位址為 00H。指令 MOV PSW,#18H，實際上改變目前的預設暫存器庫為暫存器庫 3，因此在第 12 行中的 R0 之直接位址為 18H。

程式 3.4-3　USING 假指令使用例

```
                           1        ;ex3.4-3.a51
                           2        ;The use of USING directive
                           3        ;
----                       4                CSEG   AT 0000H
                           5                USING  2        ;using Bank 2
0000 E510                  6                MOV    A,AR0 ;AR0 is location 10H
0002 75D008                7                MOV    PSW,#08H;switch to Bank 1
0005 F8                    8                MOV    R0,A
                           9                USING  0        ;using Bank 0
0006 E500                 10                MOV    A,AR0 ;AR0 is location 00H
0008 75D018              11                MOV    PSW,#18H;switch to Bank 3
000B F8                   12                MOV    R0,A
000C 22                   13                RET
                         14                END
```

📖複習問題

3.66. 假指令 USING 的功能為何？

3.67. 假指令 USING　4 是否成立？

3.5*　組譯程式與組譯程序

　　為使讀者對組合語言程式結構有一個較清楚而完整的概念，這一節中，我們將討論組譯程式的動作，並且以實例說明如何組譯一個組合語言程式為機器語言程式。

3.5.1　組譯程式

　　由於大部分組譯程式在組譯一個組合語言程式為機器語言程式時，均掃瞄原始程式兩次，因此它們常稱為兩回合組譯程式(two-pass assembler)。第一個回合(pass)的主要功能為從原始程式中找出所有的變數與標記，並計算其相對位置，然後儲存於符號表(symbol table，ST)中。第二個回合則依據第一個回合建立的符號表、組譯程式的假指令表(assembler directive table，ADT)、機器語言指令表(machine language opcode，MCT)，產生機器語言程式。

　　組譯程式相關的資料結構如圖 3.5-1 所示。在第一個回合中，使用位置計數器(location counter，LC)、機器語言指令表(MCT)、假指令表(ADT)，產生了符號表(ST)；第二個回合則使用符號表(ST)、位置計數器(LC)、機器語言指令表(MCT)、假指令表(ADT)產生目的程式。

圖3.5-1　組譯程式與其相關的資料結構

第一回合

　　為了能夠計算變數或標記的相對位置，組譯程式使用位置計數器(LC)，記錄到目前為止，已經使用的記憶器位元組數目，LC 值隨著指令或假指令需要的位元組數目而增加。當遇到一個變數或標記時，組譯程式即依據符號表上的資料，決定變數或標記是新定義的，或是已定義的。若是新定義的，則連同目前的 LC 值存入 ST 中，若是已經定義的，則決定是否有重新定義的情形，若有，則產生一個錯誤訊息。

　　組譯程式中第一個回合的詳細動作如圖 3.5-2 所示。組譯程式首先清除 LC 為 0,然後依序讀入等待組譯的組合語言程式,若遇到一個新的標記時,它即儲存該標記與相關的位置計數器(LC)值於符號表(ST)內,否則,找尋假指令表(ADT)。若找到,則決定是否為 END,若是,則結束第一回合的組譯工作,若不是,則決定該假指令的類型(例如 DB、DW、DS、DBIT),並計算需要的長度,然後更新位置計數器(LC)的內容,繼續處理下一行指令。

　　當在假指令表(ADT)中,未找到該符號時,則找尋機器語言指令表(MCT),若找到,則計算指令的長度,並且處理相關的表式,然後更新位置計數器(LC)內容,繼續處理下一行指令;若未找到,則為錯誤的符號,產生錯誤訊息,繼續處理下一行指令。

圖3.5-2　組譯程式第一個回合概觀:建立 ST 表

第二回合

　　組譯程式中第二個回合的詳細動作如圖 3.5-3 所示。程式首先清除位置計數器(LC)為 0,然後依序讀入等待組譯的組合語言程式,當遇到一個標記時,即找尋假指令表(ADT)。若找到,則決定是否為 END,若是,則結束第二回合的組譯工作，若不是，則依據該假指令的類型，計算需要的長度(定義資料假指令)，或轉換與輸出常數(保留空間假指令)，然後更新位置計數器(LC)的內容，繼續處理下一行指令。

　　當在假指令表(ADT)中，未找到該符號時，則找尋機器語言指令表(MCT)，若找到，則給予指令的長度、格式及二進碼，並且計算運算元表式，及產生組合語言指令的各個部分，然後更新位置計數器(LC)內容，繼續處理下一行指令；若未找到，則為錯誤的符號，產生錯誤訊息，繼續處理下一行指令。

圖3.5-3　組譯程式第二個回合概觀：計值與產生目的程式

📖複習問題

3.68. 簡述組譯程式第一回合的主要動作。

3.69. 簡述組譯程式第二回合的主要動作。

3.70. 試定義位置計數器、假指令表、機器語言指令表。

3.5.2 組譯程序與實例

　　在MCS-51組譯程式(A51.exe)中，除了ORG會設定位置計數器(LC)的值外，每次遇到節區選取假指令(RSEG、BSEG、CSEG、DSEG、ISEG與XSEG)均會重新設定位置計數器(LC)的值。在圖 3.5-4 中，節區選取假指令DSEG 設定 DATA 節區位址由 30H 開始，因此位置計數器(LC)的值即設定為30H。在此節區中的 SRCA 與 DSTA 為定義資料儲存區的標記，所以連同其位置計數器(LC)的值建立在 ST 表中，其類型(TYPE)為資料節區位址，所以在類型一欄中填入 D ADDR，數值(VALUE)一欄中，則填入它們的實際位址30H 與 38H，而屬性(ATTRIBUTES) 一欄中則填入 A，表示該符號實際上為代表記憶器位址的符號。

　　節區選取假指令 CSEG 設定 CODE 節區位址由 0000H 開始，因此位置計數器(LC)的值即設定為 0000H。在此節區中的 BLKMOV、MLOOP、SAVE與 DONE 等為定義記憶器位置的標記，所以連同其位置計數器(LC)的值建立在 ST 表中，其類型(TYPE)為程式節區位址，所以在類型一欄中填入 C ADDR，數值(VALUE)一欄中則填入它們的實際位址 0000H、0004H、000AH 與 000FH，而屬性(ATTRIBUTES)一欄中則填入 A，表示該符號實際上為代表記憶器位址的符號。位置計數器(LC)值的計算是依據每一個指令或假指令需要的長度而遞增的，如圖 3.5-4 所示。第一個回合的組譯工作在遇到 END 假指令之後結束。

　　在第二個回合中，則依符號表(ST)與機器語言指令表(MOT)產生指令碼。指令 MOV　R0,#LOW SRCA 與 MOV R1,#LOW DSTA 兩個指令的 op code 分別由 MOT 表中查到為 78H 與 79H，並由符號表(ST)中，查到 SRCA與 DSTA 兩個標記的位址的低序位元組分別為 30H 與 38H，它們分別填入上述兩個指令的第二個位元組後，得到 7830H 與 7938H。其次的指令 MOV A,@R0 直接由機器語言指令表(MOT)中查得 op code 為 0E6H，第 12 到 14 行的指令也是直接由機器語言指令表(MOT)即可以查到需要的 op code，因為這一些指令並未用到符號或是標記，因此並不需要使用符號表(ST)。

```
                              1          ;ex4.4-4.a51
----                          2                   DSEG   AT   30H
0030                          3          SRCA:    DS     8 ;source array
0038                          4          DSTA:    DS     8 ;destination array
                              5          ;block data move with general exit
----                          6                   CSEG   AT   0000H
0000 7830                     7          BLKMOV:  MOV    R0,#LOW SRCA ;set source pointer
0002 7938                     8                   MOV    R1,#LOW DSTA ;set dest. pointer
0004 E6                       9          MLOOP:   MOV    A,@R0    ;transfer them
0005 B4FF02                  10                   CJNE   A,#0FFH,SAVE ;end ?
0008 010F                    11                   AJMP   DONE     ;yes, done
000A F7                      12          SAVE:    MOV    @R1,A    ;save into destination
000B 08                      13                   INC    R0       ;point to next
000C 09                      14                   INC    R1       ;entry
000D 0104                    15                   AJMP   MLOOP    ;continue
000F 22                      16          DONE:    RET
                             17                   END    BLKMOV
```

ST 表(Symbol Table)

NAME	TYPE	VALUE	ATTRIBUTES
BLKMOV . . .	C ADDR	0000H	A
DONE	C ADDR	000FH	A
DSTA . . .	D ADDR	0038H	A
MLOOP. . . .	C ADDR	0004H	A
SAVE	C ADDR	000AH	A
SRCA	D ADDR	0030H	A

圖 3.5-4　組譯程序例(第一個回合與第二個回合)

　　第 10 行中的 CJNE　A,#0FFH,SAVE 指令的 op code 由機器語言指令表 (MOT)得知為 0B4H，其資料值為 0FFH，而其位移值的計算是由標的位址 (SAVE)的位置計數器(LC)值(000AH)減去緊臨該指令後的指令(即 AJMP DONE)的位置計數器(LC)值(為 0008H)，因此位移 = 000A - 0008 = 0002(取 一個位元組)，所以儲存 02 於指令碼中，得到完整的指令碼為 B4 FF 02H。

　　第 11 行中的 AJMP DONE 指令，其 op code 由機器語言指令表(MOT)得 知為 xxx00001B，其中 xxx 為標的位址的高序 3 位元絕對位址，而其第二個位元組為標的位址的低序 8 位元絕對位址,因此直接儲存標的位址(000FH)的低序 12 個位元於上述兩個位置中即可,結果的指令碼為 01 0FH。

第 15 行中的 AJMP MLOOP 指令的指令碼取得方式與第 11 行的指令相同,其結果的指令碼為 01 04H。第二個回合的組譯工作也是在遇到 END 假指令之後結束。

📖 複習問題

3.71. 為何 SRCA 與 DSTA 兩個標記,當其位置計數器(LC)值建立在符號表(ST)中時,其類型(TYPE)一欄中填入 D　ADDR?

3.72. 為何標記 DONE,當其位置計數器(LC)值建立在符號表(ST)中時,其類型(TYPE)一欄中填入 C　ADDR?

3.6 參考資料

1. Han-Way Huang, *Using MCS-51 Microcontroller*, New York: Oxford University Press, 2000.

2. Intel, MCS-51 *Microcontroller Family User's Manual*, Santa Clara, Intel Co., 1994. (http://developer.intel.com/design/mcs51/hsf_51.htm)

3. I. Scott MacKenzie, *The 8051 Microcontroller*, 2nd ed., New York: Macmillan Publishing Company, 1995.

4. Franklin Software, Inc., *A51: 8051 Macro Assembler Version 4.86 User's Guide & Reference Manual*, 1993.

3.7 習題

3.1 何謂微處理器的規劃模式?在 MCS-51 CPU 的規劃模式中,一共有三個主要類型的暫存器,試說明這些暫存器的主要功能與用途?

3.2 MCS-51 的記憶器位址空間有多少個位元組?

3.3 假設記憶器位址為 0CH、0DH、0EH、0FH、10H 等位置的內容分別為

15H、16H、17H、20H、11H，則

(1) 位址為 0DH 的資料語句為多少？

(2) 位址為 0EH 的資料語句為多少？

3.4 求出下列各帶號整數(2 補數)的值：

(1) 00111011B (8 位元)　　(2) 11011011B(8 位元)

3.5 儲存下列各資料於位址為 0A01H 開始的記憶器位置中：

(1) 1234H　　　　　　　(2) 764AH

(3) 072AH　　　　　　　(4) 6142H

3.6 由表 1.3-1 所示的 ASCII 碼，找出下列各字元串的 ASCII 碼：

(1) MCS-51　　　　　　(2) 2012

(3) study hard　　　　　(4) 8052

3.7 表示下列各數為 BCD 位元組：

(1) 8751　　　　　　　(2) 4728

(3) 2012　　　　　　　(4) 8951

3.8 目前部分 MCS-51 擴充版本，提供多於 256 位元組的內部 RAM，例如 Philips 公司的 P89V51RD2，其 RAM 容量為 1024 位元組，試問在與 MCS-51 相容的架構之下，如何存取大於 256 的資料記憶器位址。

3.9 某一個公司希望設計一個新的 MCS-51 擴充版本，擴充原先的 128 個位元可存取區為 256 個位元，即保留內部 RAM 區的 20 到 3FH 的 32 個位元組。試問這一個想法是否可行？為何？

3.10 下列指令是否相同？為何？

　(1) MOV　C,CY　　　　　　　(2) CLR　CY

　　　MOV　C,PSW.7　　　　　　　CLR　PSW.7

　　　MOV　C,0D7H　　　　　　　CLR　0D7H

3.11 MCS-52 擴充原先 MCS-51 中的 128 個位元組的內部 RAM 為 256 個位元組。試問這樣擴充之後，其指令組是否依然可以與 MCS-51 相容？

3.12 轉換下列組合語言指令為指令碼：

    (1) ANL   C,CY   (2) CPL   CY

        ANLC,PSW.7   CPL   PSW.7

        ANLC,0D7H   CPL   0D7H

3.13 轉換下列組合語言指令為指令碼：

    (1) MOV   A,#12H   (2) MOV   51H,A

        MOV   A,R6   MOV   @R0,A

        MOV   A,@R1   MOV   32H,#12H

3.14 轉換下列組合語言指令為指令碼：

    (1) MOV   R1,#12H   (2) JMP   @A+DPTR

        DEC   R1   ORL   A,32H

        XRL   21H,#35H   ORL   12H,A

3.15 轉換下列組合語言指令為指令碼：

    (1) MOVC A,@A+PC   (2) MOVX @R0,A

        MOVC A,@A+DPTR   MOVX @DPTR,A

        MOVX A,@R1   SUBB A,12H

3.16 轉換下列機器語言程式片段為組合語言程式片段：

    (1) 79 45 E4 7A 10 27 DA FD 22

    (2) 79 30 7A 10 E4 F7 DA FD 22

4　基本組合語言程式設計

在了解 MCS-51 CPU 的規劃模式後，接著便是學習如何使用其提供的組合語言指令，撰寫組合語言程式，指揮 CPU 的動作，完成標的系統(target system)需求的工作。因此，在本章中，我們以由淺入深、循序漸進的方式，依序介紹 MCS-51 的組合語言指令中，最常用的資料轉移指令組、算術運算指令組與分歧(跳躍)指令組中的各個指令之動作，與相關的組合語言程式設計。

4.1 定址方式與指令使用

在第 3.3.1 節中，已經討論過各種定址方式，即指令獲取運算元的方法。這一節中，我們將考慮各種定址方式在組合語言中的表示方法，與使用組合語言指令設計程式時的一些基本觀念。

4.1.1 定址方式格式

MCS-51 一共有 8 種不同的定址方式，其組合語言的表示方法如表 4.1-1 所示。依據運算元所在的位置區分，表中的定址方式可以分成三類：立即資料定址、暫存器定址、記憶器定址等，其中記憶器定址方式包括表 4.1-1 中除了立即資料定址與暫存器定址之外的其它六種定址方式，因為它們均指定一個位於記憶器中的運算元。各種定指方式的詳細動作，已經在第 3.3.1 節中介紹過,所以不再贅述。

表 4.1-1　MCS-51 各種定址方式的格式

定址方式	格式	有效位址
立即資料定址	#data8	
暫存器定址	Rn (R0 ~ R7)	
直接定址	addr8	addr8
絕對定址	addr11	addr11
長程定址	addr16	addr16
間接定址	@Ri (@R0、　@R1)或@DPTR	R0、R1 或 DPTR
相對定址	disp8	PC+符號擴展之 disp8
指標定址	@A+PC 或@A+DPTR	A+PC 或 A+DPTR

　　表 4.1-1 中的立即資料定址、暫存器定址、直接定址(包括絕對定址與長程定址)、間接定址等四個定址方式,為任何計算機或微處理器均具有的基本定址方式。這些定址方式也稱為單位址定址方式(single-component addressing),因為它們的運算元只使用一個位址成分即可以獲得;其它的兩個定址方式(即(暫存器相對定址與指標定址),其運算元都必須組合兩個位址成分之後才可以獲得,因此稱為合成定址方式(composite addressing)。

　　MCS-51 的各種定址方式之使用例,如例題 4.1-1 所示。

例題 4.1-1　(定址方式)

　　程式 4.1-1 所示為 MCS-51 的各種定址方式之典型的組合語言表示方法。

程式 4.1-1　各種定址方式的使用例

```
              1      ;ex4.1-1.asm
              2      ;Some examples of the notations of
              3      ;addressing modes
----          4              DSEG   AT 30H
0040          5              ORG    40H
0040          6      OPR1:   DS     1
0041          7      OPR2:   DS     1
----          8              CSEG   AT 0000H
0000          9              ORG    0000H
0000 7825    10      TEST0:  MOV    R0,#25H ;immediate
0002 E8      11              MOV    A,R0     ;register
0003 E540    12              MOV    A,LOW OPR1 ;direct
0005 E6      13              MOV    A,@R0    ;indirect
```

```
0006 7612        14    TEST1:    MOV    @R0,#12H;
0008 80F6        15              SJMP   TEST0    ;relative
000A 0106        16              AJMP   TEST1    ;absolute
000C 020000      17              LJMP   TEST0    ;long
000F 83          18              MOVC   A,@A+PC     ;index
0010 93          19              MOVC   A,@A+DPTR ;index
                 20              END
```

📖複習問題

4.1. 那四個定址方式為任何微處理器均具有的基本定址方式？

4.2. 定義單位址定址方式。

4.3. 定義合成定址方式。

4.4. 在 MCS-51 中，記憶器定址方式包括那些？

4.5. 依據運算元所在的位置區分，MCS-51 的定址方式可以分成那三類？

4.1.2 使用指令的基本概念

在使用一個指令時，通常必須把握下列幾項原則：

1. 瞭解該指令的動作；

2. 注意該指令與旗號位元的關係；

3. 比較該指令使用各種定址方式時的執行速度(即需要的時脈週期數目)與佔用的記憶器空間。

當然，對一個初學者而言，第一項與第二項原則是最重要的，因為它們能夠確保一個程式正確的執行，程式能正確執行需要的動作後，再考慮程式的效率才有意義。第三項原則為考慮程式的效率，一個較有效率的程式應該是佔用的記憶器空間少(指令部分)而執行速度快(即需要的時脈週期數少)。然而，由於 MCS-51 的族系相當繁雜，不同的製造商生產的晶片之操作速度不盡相同。因此，本書中在討論指令時，只列出指令的格式、動作與對旗號位元的影響，至於指令在各種定址方式下的長度(佔用的記憶空間)與執行時，需要的時脈週期數，請參閱附錄 C.2。

在 MCS-51 中，最常用的指令格式為單位址與雙位址指令。位址的目的主要在獲取運算元，所以單位址指令稱為單運算元(single operand)指令；雙位址指令稱為雙運算元(double operands)指令。

　　單運算元指令的一般組合語言格式如下：

　　　　運算碼　　　　運算元　　　　　說　明

　　　　OP　　　　　　dst　　　　　　dst←F(dst)

這種指令的動作通常為讀取標的運算元(destination operand，dst)的值，執行某些函數(F)運算後，再儲存其結果於標的運算元(dst)中。標的運算元(dst)為一個允許的定址方式所指定的暫存器或記憶器位置，例如 INC　B 指令，其動作為讀取暫存器 B 的內容，並將其值加 1 後，儲存結果於暫存器 B 中。

　　雙運算元指令的一般組合語言格式為：

　　　　OP　dst,src　　　　　dst←F(src,dst)

這種指令通常讀取標的運算元(dst)與來源運算元(source operand，src)的值，執行某種函數(F)的組合後，再儲存其結果於標的運算元(dst)中。例如 ANL 12H,A 指令，其動作為讀取內部 RAM 位址為 12H 的位置與累積器 A 的內容，執行 AND 後，再儲存其結果於內部 RAM 位址為 12H 的位置中。

　　當標的運算元(dst)為累積器 A，而來源運算元(src)為暫存器或由一個定址方式指定的記憶器位置時，組合語言的一般格式為：

　　　　OP　A,src　　　A←F(A,src)

例如 ADD　A,R0 指令，其動作為讀取累積器 A 與暫存器 R0 的內容，將暫存器 R0 的內容與累積器 A 的內容相加之後，再儲存其結果於累積器 A 內。

　　在 MCS-51 中，也有一個指令(CJNE)使用三個運算元，其格式如下：

　　　　CJNE　src1,src2,disp8

指令的動作為比較 src1 與 src2 的值，若不相等，則分歧至標的位址處，繼續執行指令；否則，繼續執行其次的指令。例如 CJNE　R0,#20H,NOT_EQ 指令，其動作為比較暫存器 R0 的值與常數值#20H。若不相等，則分歧至 NOT_EQ 處執行；否則，繼續執行下一個指令。

📖 複習問題

4.6. 使用一個指令時，通常必須把握那幾項原則？

4.7. 何謂單運算元指令與雙單運算元指令？

4.8. 試簡述單運算元指令的基本組合語言格式。

4.9. 試簡述雙運算元指令的基本組合語言格式。

4.10. 在 MCS-51 中，那一個指令使用三個運算元？

4.2 資料轉移指令

資料轉移指令可以說是微處理器中最常用的指令，這類型指令的功用是轉移(實際上為複製)一個位置(暫存器或記憶器)中的資料到另外一個位置(暫存器或記憶器)內。

4.2.1 基本資料轉移指令

在 MCS-51 中，因為儲存資料(包括常數資料)的記憶器可以分成：內部資料記憶器(內部 RAM)、外部資料記憶器(外部 RAM)、程式記憶器(CODE)等三種，而其資料轉移動作的執行時間也不同，以內部 RAM 最為快速。因此，MCS-51 分別提供與這三種記憶器相關的資料轉移指令，如表 4.2-1 所示。除了標的運算元為累積器 A 時，會影響同位旗號 P 之外，其它旗號位元均不受影響。注意：SWAP　A 指令並不影響任何旗號位元。

內部 RAM

在 MCS-51 中，執行內部 RAM 與暫存器中的資料轉移的指令為 MOV，其動作有下列數項：

1. 儲存常數資料於指定的暫存器(包括累積器 A)或是內部 RAM 位置中；

2. 轉移指定的暫存器中的資料到指定的內部 RAM 位置中；

3. 轉移指定的內部 RAM 位置中的資料到指定的暫存器中；

4. 轉移指定的內部 RAM 位置中的資料到指定的內部 RAM 位置中；

5. 轉移指定的暫存器中的資料到指定的暫存器中。

表 4.2-1　MCS-51 資料轉移指令

指令	動作	CY	AC	OV	P
內部 RAM 及暫存器					
MOV　A,src-byte	A ← src-byte src-byte = Rn, direct, @Ri, #data8	-	-	-	*
MOV　Rn, src-byte	Rn ← src-byte src-byte = A, direct, #data8	-	-	-	-
MOV　direct, src-byte	(direct) ← src-byte src-byte = A, Rn, direct, @Ri, #data8	-	-	-	-
MOV　@Ri, src-byte	(Ri) ← src-byte src-byte = A, direct, #data8	-	-	-	-
CLR　A	A ← 0	-	-	-	*
XCH　A,src-byte	A ↔ src-byte src-byte = Rn, direct, @Ri	-	-	-	*
XCHD　A,@Ri	A[3:0] ↔ (Ri)[3:0]	-	-	-	*
SWAP　A	A[3:0] ↔ A[7:4]	-	-	-	-
外部 RAM					
MOV　DPTR,#data16	DPTR ← #data16	-	-	-	-
MOVX　A,src-byte	A ← src-byte src-byte = @Ri, @DPTR	-	-	-	*
MOVX　dest-byte,A	dest-byte ← A dest-byte = @Ri, @DPTR	-	-	-	-
程式記憶器(中之表格)					
MOVC　A,@A+PC	A ← (A+PC)	-	-	-	*
MOVC　A,@A+DPTR	A ← (A+DPTR)	-	-	-	*

其執行時間為一個或是兩個機器週期，每一個機器週期為 12 個系統時脈信號週期。MOV 指令的一般格式如下：

　　　　MOV　dest-byte,src-byte

它允許任何兩個內部 RAM 位置之內容互相轉移資料而不需要經過累積器。詳細的指令格式如表 4.2-1 所示。依據 dest-byte 的不同，MOV 指令一共可以區分為四種。

　　MOV 指令的第一種格式為使用累積器 A(注意：累積器 A 當使用在隱含定址方式的指令中時，必須使用 A 表示；當使用在直接定址方式的指令中時，必須使用 ACC 表示)為標的運算元(dest-byte)，其格式為：

        MOV   A,src-byte

其動作為轉移 src-byte 到累積器 A 中，src-byte 可以是暫存器 Rn (R0 到 R7 中的任何一個)、任何一個內部 RAM 的位置(使用直接定址方式或是使用@Ri (@R0 或是@R1)的間接定址方式)或是一個 8 位元的立即資料(#data8)。

        MOV 指令的第二種格式為使用暫存器 Rn 為標的運算元(dest-byte)，其格式為：

        MOV   Rn,src-byte

其動作為轉移 src-byte 到暫存器 Rn (R0 到 R7 中的任何一個)中，src-byte 可以是累積器 A、任何一個內部 RAM 的位置(使用直接定址方式)或是一個 8 位元的立即資料(#data8)。

        MOV 指令的第三種格式為使用以直接定址(direct)方式指定的內部 RAM 位置為標的運算元(dest-byte)，其格式為：

        MOV   direct,src-byte

其動作為轉移 src-byte 到指定的內部 RAM 位置中，src-byte 可以是累積器 A、任何一個暫存器 Rn (R0 到 R7 中的任何一個)、任何一個內部 RAM 的位置(使用直接定址方式或是使用@Ri 的間接定址方式)或是一個 8 位元的立即資料。

        MOV 指令的第四種格式為使用間接定址方式(@Ri)指定的內部 RAM 位置為標的運算元(@Ri)，其格式為：

        MOV   @Ri,src-byte

其動作為轉移 src-byte 到指定的內部 RAM(由 R0 或是 R1 指定的)位置中，src-byte 可以是累積器 A、任何一個內部 RAM 的位置(使用直接定址方式)或是一個 8 位元的立即資料(#data8)。

例題 4.2-1 (MOV 指令的動作)

    假設 OPR1 與 OPR2 為兩個內部 RAM 位址，則下列指令片段可以交換由 OPR1 與 OPR2 指定的內部 RAM 位置中之內容：

    MOV   R0,LOW OPR1

```
        MOV    R1, LOW OPR2
        MOV    LOW OPR1,R1
        MOV    LOW OPR2,R0
```

第一個指令轉移 OPR1 內容到暫存器 R0 內，因此 R0 與 OPR1 位置有相同的內容；第二個指令轉移 OPR2 內容到暫存器 R1 中，因此 R1 與 OPR2 位置存有相同的內容；第三個指令與第四個指令則分別儲存 R0 與 R1 的內容於由 OPR2 與 OPR1 指定的內部 RAM 位置中，而完成 OPR1 與 OPR2 內容交換的動作。

　　下列例題將上述指令片段，寫成一個完整的程式。第 2.4 節已經介紹過如何在 PC 中編輯、組譯、執行或除錯一個 MCS-51 的組合語言程式。

例題 4.2-2　（MOV 指令與直接定址）

　　使用 MOV 指令寫一個程式，交換內部 RAM 中兩個位置的內容。

解：使用直接定址方式的程式如程式 4.2-1 所示。程式中使用暫存器 R0 與 R1 做為 OPR1 與 OPR2 的暫時儲存位置。注意：程式中使用 DSEG 與 CSEG 兩個假指令，分別定義絕對的內部資料節區與程式節區，而且分別設定啟始位址為 30H 與 0000H。

程式 4.2-1　MOV 指令與直接定址

```
              1          ;ex4.2-2.a51
----          2                  DSEG  AT 30H
0030          3          OPR1:   DS    1
0031          4          OPR2:   DS    1
              5          ;exchange two words in memory
              6          ;using direct addressing
----          7                  CSEG  AT 0000H
0000 A830     8          SWAPBYTE: MOV  R0,LOW OPR1 ;get opr1
0002 A931     9                  MOV   R1,LOW OPR2 ;get opr2
0004 8831    10                  MOV   LOW OPR2,R0 ;save opr1
0006 8930    11                  MOV   LOW OPR1,R1 ;save opr2
0008 22      12                  RET
             13                  END
```

　　讀者可以使用除錯程式，依照第 2.4.3 節介紹的方法，將程式 4.2-1 指令輸入 PC 中執行，並且觀察每一個指令的動作與結果。

　　位於內部 RAM 的運算元，除了可以利用直接定址方式存取之外，亦可以使用間接定址方式存取。當然這個時候，必須先載入運算元的位址於適當的位址暫存器(R0 與 R1)中。

例題 4.2-3　(MOV 指令與間接定址方式)

使用 MOV 指令與間接定址方式，寫一個程式，交換內部 RAM 中的兩個位置的內容。

解：程式如程式 4.2-2 所示。程式中第一個與第二個指令

MOV　R0,#LOW OPR1

MOV　R1,#LOW OPR2

分別載入運算元 OPR1 與 OPR2 的有效位址於暫存器 R0 與 R1 中，因此在這兩個指令執行之後，暫存器 R0 與 R1 分別持有運算元 OPR1 與 OPR2 的位址，其次的四個指令利用間接定址方式，分別讀入運算元 OPR1 與 OPR2 於累積器 A 與暫存器 B 中，然後存入 OPR2 與 OPR1 內，完成交換的動作。

程式 4.2-2　MOV 指令與暫存器間接定址

```
                    1       ;ex4.2-3.a51
----                2               DSEG    AT 30H
0030                3       OPR1:   DS    1
0031                4       OPR2:   DS    1
                    5       ;exchange two words in memory
                    6       ;using indirect addressing
----                7               CSEG    AT 0000H
0000 7830           8       SWAPBYTE: MOV  R0,#LOW OPR1 ;set pointer for opr1
0002 7931           9               MOV   R1,#LOW OPR2 ;set pointer for opr2
0004 E6             10              MOV   A,@R0 ;get opr1
0005 87F0           11              MOV   B,@R1 ;get opr2
0007 F7             12              MOV   @R1,A ;save opr1
0008 A6F0           13              MOV   @R0,B ;save opr2
000A 22             14              RET
                    15              END
```

表 4.2-1 中其它與內部 RAM 相關的指令為 CLR、XCH、XCHD 及 SWAP。CLR　A 指令清除累積器 A 為 0，它與指令 MOV　A,#00 相同，但是前者為單一位元組指令，而後者為雙位元組指令。

XCH 指令的動作為交換累積器 A 的內容與任何一個通用暫存器(Rn)或內部 RAM 位置的內容。例如：若設 A = 64H 而 R0 = 89H，則在指令：

　　　　　　　　　　XCH　　A,R0

執行後，A = 89H 而 R0 = 64H。

　　下列例題使用 XCH 指令，改寫上述例題的程式。

例題 4.2-4　(XCH 指令)

　　使用 XCH 指令，寫一個程式，交換內部 RAM 中的兩個位置 OPR1 與 OPR2 的內容。

解：完整的程式如程式 4.2-3 所示。由於 XCH 指令不能直接交換兩個內部 RAM 位置的內容，但是它可以直接交換累積器 A 與指定的內部 RAM 位置之內容，因此在程式中首先載入運算元 OPR1 於累積器 A 中，接著直接使用指令 XCH A,LOW OPR2，儲存 OPR1 於 OPR2 內，並轉移 OPR2 至累積器 A 中，最後儲存累積器 A 的內容(OPR2)於 OPR1 中，完成交換的動作。

程式 4.2-3　XCH 指令的使用

```
                         1        ;ex4.2-4.a51
----                     2                DSEG   AT 30H
0030                     3        OPR1:   DS     1
0031                     4        OPR2:   DS     1
                         5        ;exchange two words in memory
                         6        ;using direct addressing
----                     7                CSEG   AT 0000H
0000 E530                8        SWAPBYTE: MOV  A,LOW OPR1 ;get opr1
0002 C531                9                XCH    A,LOW OPR2 ;swap opr1 and opr2
0004 F530               10                MOV    LOW OPR1,A ;save opr2
0006 22                 11                RET
                        12                END
```

　　XCHD 指令為交換累積器 A 中的低序 4 個位元(即位元 3 到 0)與使用間接定址方式(@R0 或@R1)指定的內部 RAM 位置中的低序 4 個位元，累積器 A 中的高序 4 個位元(即位元 7 到 4)與指定的內部 RAM 位置中的高序 4 個位元，則保持不變。

　　SWAP 指令為交換累積器 A 中的高序 4 個位元(即位元 7 到 4)與低序 4 個位元(即位元 3 到 0)。

📖**複習問題**

4.11. 試簡述 MOV 指令的功能。

4.12. 試簡述 CLR　A 指令的功能。

4.13. 試簡述 XCH 指令的功能。

4.14. 試簡述 XCHD 指令的功能。

4.15. 試簡述 SWAP　A 指令的功能。

外部 RAM

在 MCS-51 中，外部 RAM 的存取只能使用 MOVX 指令，如表 4.2-1 所示。外部 RAM 的存取位址，可以使用暫存器 R0、R1 或是資料指示暫存器 DPTR 指定，但是不論是資料的讀取或是寫入，都必須使用累積器 A 作為媒介。使用暫存器 R0 與 R1 的優點為只使用了 8 位元的記憶器位址(但是其存取範圍只為 256 個位元組)；使用資料指示暫存器DPTR 的好處，則是可以存取較大的記憶器空間(最大可以達到 64k 位元組)。

由外部 RAM 中讀取資料的指令為 MOVX，其格式如下：

```
MOVX    A,@Ri
MOVX    A,@DPTR
```

寫入資料於外部 RAM 的指令也是 MOVX，其格式如下：

```
MOVX    @Ri,A
MOVX    @DPTR,A
```

在使用 MOVX 指令時，必須先設定位址暫存器(R0、R1)或是資料指示暫存器DPTR 的內容，指定欲存取的記憶器位置。前者的設定方式已如例題 4.2-3 所示；後者則使用專用的指令 MOV DPTR,#data16，寫入一個 16 位元的常數資料於資料指示暫存器(DPTR)中。

程式記憶器

在 MCS-51 中的程式記憶器，基本上只是儲存程式用的，即它只能讀取而不能寫入。但是 MCS-51 為了提供讀取程式記憶器中的常數資料或是表格上的方便，設計了一個專用的常數資料轉移指令 MOVC，其指令格式如下：

> MOVC A,@A+PC
>
> MOVC A,@A+DPTR

第一個指令使用程式計數器 PC 當作表格的基底位址，而第二個指令則使用資料指示暫存器 DPTR 當作表格的基底位址，兩個指令均使用累積器 A，當作表格資料項的指標，自表格中讀取資料後，回存到累積器 A 中。

📖 複習問題

4.16. 試簡述 MOVX 指令的功能。

4.17. 試簡述 MOVC 指令的功能。

4.18. 試簡述如何自程式記憶器中，讀取一個表格中的資料。

4.19. 使用 MOVX 指令時，必須先設定那(些)個暫存器的內容？

4.20. 使用 MOVC 指令時，必須先設定那(些)個暫存器的內容？

4.2.2* 雙資料指示暫存器

許多 MCS-51 的衍生微控制器都提供兩個資料指示暫存器(DPTR)，以有效地轉移外部 RAM 中的區塊資料。請記得標準的資料指示暫存器(DPTR)位於 SFR 的位址 82H (DPL)與 83H (DPH)。為了區別在 MOVX 指令中使用的是標準的 DPTR 或是新加入的 DPTR1，使用了一個 DPTR 選取位元(DPS)。當 DPS 位元值為 0 時，選取標準的 DPTR；當 DPS 位元值為 1 時，選取第二個 DPTR1。

由於 DPTR1 並非是標準 MCS-51 的特性，DPS 位元的位址在不同的衍生微控制器中可能不同。再者，DPTR1 的執行方式也不盡相同。為了瞭解這一點，考慮下列實例：

1. AT89S52：DPTR1 使用 SFR 中的位址 84H (DPL1)與 85H (DPH1)兩個位元組，DPS 位於 SFR 中的位址 0A2H 中的 LSB。

2. DS87C5x0：DPTR1 使用 SFR 中的位址 84H (DPL1)與 85H (DPH1)兩個位元組，DPS 位於 SFR 中的位址 86H 中的 LSB。

3. P89V51Rx2：DPTR1 使用與 DPTR 相同的 SFR 位址，即 82H (DPL1) 與 83H (DPH1)兩個位元組。DPS 位於 SFR 中的位址 0A2H 中的 LSB。

對於只使用標準資料指示暫存器(DPTR)的程式而言，當它由標準的 MCS-51 系統中移植到具有雙 DPTR 的衍生微控制器時，並不需要做任何改變，可以直接相容。

使用雙資料指示暫存器的好處是當需要在外部 RAM 中做區塊資料轉移時，兩個資料指示暫存器可以分別當作來源資料區塊與標的資料區塊的位址暫存器，如圖 4.2-1 所示。因此程式較簡單而且有效率。其應用例請參考例題 4.4-8。

圖4.2-1　雙 DPTR 的使用例

4.3 算術運算指令

算術運算為任何微處理器或是微控制器中，一項必備的功能。在大部分的微處理器中，算術運算指令通常可以分成下列兩類：

1. 二進制算術運算指令

2. BCD (binary-coded decimal)算術運算指令

在 8 位元的微處理器中，二進制算術運算通常只有加法與減法兩種；在 16/32 位元的微處理器中，除了加法與減法外，則又包括乘法與除法等運算。雖然 MCS-51 也是一個 8 位元的微處理器，但是為了工業應用上的方便，它也提供未帶號數的 8 位元乘法與除法運算指令。

BCD 算術通常都為位元組運算，它在一個位元組中含有兩個 BCD 數字，這類型的算術運算通常有加法和減法兩種。但是在 MCS-51 中，只提供 BCD 的加法運算，而無減法運算。

4.3.1 二進制算術運算

二進制算術運算指令中的加法和減法指令一般均分成兩種：未連結進位與連結進位，而且這些指令均會影響旗號位元。

加法

未連結進位的加法指令的一般格式為：

ADD   dst,src   ;dst←dst + src

這指令以 n 位元的二進位加法，將兩個 n 位元的運算元相加後，結果存在 dst 內，同時設定相關的旗號位元(SF、ZF、OV、CY)，旗號位元的意義如下：

SF (sign flag)：為累積器 A 的位元 7。

ZF (zero flag)：表示累積器 A 的結果是否為 0。若是，則設定 ZF 為 1；否則，清除 ZF 為 0。

OV (overflow flag)：表示在 2 補數運算中有無溢位發生。若有，則設定 OV 為 1；否則，清除 OV 為 0。請參閱第 3.1.3 節。

CY (carry flag)：為累積器 A 的位元 7 之進位輸出。請參閱第 3.1.3 節。

表 4.3-1 列舉數例說明兩數相加時，對旗號位元的設定情形。注意：ALU 執行加法(或減法)運算時，並未分辨兩個運算元代表的數是帶號數或未帶號數，而一律視為未帶號數處理。事實上，帶號數與未帶號數是我們代表資料時，才加以區分的。另外值得一提的是在 MCS-51 中，並未設計 SF 與 ZF 兩個旗號位元，但是提供相關的指令(JB/JNB   ACC.7,disp8 與 JZ/JNZ disp8)，以判斷這兩個旗號位元的狀態。

表 4.3-1 加法運算與旗號位元的關係

運算	N	Z	V	C	帶號數	未帶號數
0100 0000					+64	64
+ 0010 1110	0	0	0	0	+ +46	+ 46
0110 1100					+110	110
0100 0110					+70	70
+ 0101 0000	1	0	1	0	+ +80	+ 80
1001 0110					-106 (OV=1)	150
0100 1110					+78	78
+ 1011 0010	0	1	0	1	+ -78	+ 178
10000 0000					+0	0 (C=1)
1011 0010					-78	178
+ 1010 0000	0	0	1	1	+ -96	+ 160
10101 0010					+82 (OV=1)	82 (C=1)

MCS-51 的二進制加法與減法指令,如表 4.3-2 所示。加法指令分成兩種:未連結進位(ADD 指令)與連結進位(add with carry,ADDC);減法指令只有連結借位一種 SUBB (subtraction with borrow)指令。加法指令與減法指令均會影響旗號位元(CY、AC、OV 與 P)。

表 4.3-2 MCS-51 二進制加法與減法指令

指令	動作	CY	AC	OV	P
ADD A,src-byte	A ← A + src-byte src-byte = Rn, direct, @Ri, #data8	*	*	*	*
ADDC A,src-byte	A ← A + src-byte + C src-byte = Rn, direct, @Ri, #data8	*	*	*	*
SUBB A,src-byte	A ← A - src-byte - C src-byte = Rn, direct, @Ri, #data8	*	*	*	*

表中所列的指令均為雙運算元指令,而且必須使用累積器 A 當作被加數或是被減數,及儲存運算後的結果;另外一個運算元(加數或是減數)則可以由暫存器(Rn)、直接定址、間接定址、立即資料等定址方式指定。

下列例題說明 ADD 指令的簡單應用。

例題 4.3-1 (單精確制加法)

寫一個程式，將內部 RAM 中的兩個位元組相加後，結果再存回內部 RAM 中的另一個位元組內。

解：完整的程式如程式 4.3-1 所示。程式中第一個指令載入加數(addend)於累積器 A 中；第二個指令則將累積器 A 中的加數與被加數(augend)相加後，結果再存回累積器 A 內；第三個指令則儲存累積器 A 中的結果於內部 RAM 的 RESULT 內。若設 ADDEND = 47H 而 AUGEND = 23H，則最後的結果 RESULT = 6AH。

程式 4.3-1 單精確制(8 位元)加法運算程式

```
                    1        ;ex4.3-1.a51
----                2                DSEG   AT 30H
0030                3        ADDEND:  DS    1       ;addend
0031                4        AUGEND:  DS    1       ;augend
0032                5        RESULT:  DS    1       ;result
                    6        ;single-precision addition
----                7                CSEG   AT  0000H
0000 E530           8        ADD8:    MOV   A,LOW ADDEND  ;get addend
0002 2531           9                 ADD   A,LOW AUGEND  ;add them
0004 F532          10                 MOV   LOW RESULT,A  ;store result
0006 22            11                 RET
                   12                 END
```

上述例題的加法動作稱為單精確制(single precision)加法。一般而言，在 n 位元的微控制器或是微處理器中，當一個算術運算只涉及 n 位元長度時，稱為單精確制；若該算術運算涉及 $2n$ 個位元長度時，稱為雙精確制(double precision)；多於 $2n$ 個位元長度以上的算術運算，則稱為多精確制(multiple precision)。注意：在這裡所說的 n 位元長度，係指一個微處理器在該算術運算下，每次能夠處理的最大資料長度。在 MCS-51 中為 8 位元；在 16 位元的微處理器中為 16 位元；在 32 位元的微處理器中為 32 位元。

連結進位的加法指令格式為：

ADDC dst, src ;dst←dst + src + C

這個指令通常使用在多精確制的加法運算中。

在 MCS-51 系統中，算術運算指令(加法與減法)只能執行 8 位元的運算。若欲執行 16 位元的加法或減法時，必須分兩次執行，第一次先對低序位元組運算，第二次使用連結進(借)位指令對高序位元組運算，即執行雙精確制的算術運算。

下列例題說明如何利用 ADD 與 ADDC 指令，執行雙精確制的加法運算。

例題 4.3-2　(雙精確制加法)

寫一個程式，將內部 RAM 中的兩個 16 位元數目相加，結果再存回內部 RAM 中的另一個 16 位元位置中。

解：完整的程式如程式 4.3-2 所示；雙精確制加法動作如圖 4.3-1 所示。低序位元組(ADDEND+1 與 AUGEND+1)部分的加法需要採用未連結進位加法指令(ADD)，因為此時並未有任何進位輸入；高序位元組(ADDEND)與(AUGEND)部分的加法則需要採用連結進位的加法指令 ADDC，因為此時可能有低序位元組部分結果的進位輸入。程式中的加法動作由兩個部分組成：第一個到第三個指令組成低序位元組部分的加法；第四個到第六個指令組成高序位元組部分的加法。

程式 4.3-2　雙精確制(16 位元)加法

```
                    1       ;ex4.3-2.a51
----                2               DSEG    AT 30H
0030                3       ADDEND:  DS      2       ;addend
0032                4       AUGEND:  DS      2       ;augend
0034                5       RESULT:  DS      2       ;result
                    6       ;double-precision addition
----                7               CSEG    AT  0000H
0000 E531           8       ADD16:  MOV     A,LOW ADDEND+1  ;perform
0002 2533           9               ADD     A,LOW AUGEND+1  ;low-byte
0004 F535          10               MOV     LOW RESULT+1,A  ;addition
0006 E530          11               MOV     A,LOW ADDEND ;perform
0008 3532          12               ADDC    A,LOW AUGEND ;high-byte
000A F534          13               MOV     LOW RESULT,A ;addition
000C 22            14               RET
                   15               END
```

圖 4.3-1　雙精確制加法動作

上述例題的主要目的在說明如何使用 ADD 與 ADDC 等兩個指令，完成多精確制加法。有些微處理器只提供 ADDC 指令，而沒有 ADD 指令，在此情況下，每次欲執行單精確制加法(即 ADD 指令的動作)時，必須先清除進位旗號位元 CY 為 0。

減法

未連結借位(有時也含混地稱為進位，因它和加法指令共用一個旗號位元)的減法指令格式為：

SUB　dst,src　　　;dst←dst - src

在微處理器的 ALU 中，減法運算的執行通常是先將減數取 2 補數後，再加到被減數。進位位元在加法運算中，最初均假設為 0；借位位元在減法運算中，則假設為 1，其理由為在減法運算中，當將減數取 1 補數後，加上借位位元(=1)即形成 2 補數。執行減法運算指令後，若借位位元值為 1，則相當於沒有借位一樣；否則，若借位位元值為 0，則有借位，所以借位位元相當於進位位元的補數。表 4.3-3 列舉一些例子說明減法運算後，旗號位元的設定情形。

表 4.3-3　減法運算與旗號位元的關係

運算	N	Z	V	C	帶號數	未帶號數
0100 0000					+64	64
− 0010 1110	0	0	0	0	− +46	− 46
10001 0010					+18	18
0100 0110					+70	70
− 0101 0000	1	0	0	1	− +80	− 80
01111 0110					-10	246 (B=1)
0100 1110					+78	78
− 1011 0010	1	0	1	1	− -78	− 178
01001 1100					-100 (OV=1)	156
1011 0010					-78	178
− 1010 0000	0	0	0	0	− -96	− 160
10001 0010					+18	18
1011 0010					-78	178
− 1100 0100	1	0	0	1	− -60	− 196
01110 1110					-18	238 (B=1)
0110 0000					+96	96
− 1011 0010	1	0	1	1	− -78	− 178
01010 1110					-82 (OV=1)	238 (B=1)
1011 0010					-78	178
− 0111 1111	0	0	1	0	− +127	− 127
10011 0011					+51 (OV=1)	51

　　在 MCS-51 中，只提供連結借位的減法指令 SUBB (subtraction with borrow)，而無上述的未連結借位減法指令 SUB。連結借位的減法指令 SUBB 的格式為：

　　　　　SUBB　dst,src　　　;dst←dst - src - C

使用此指令執行單精確制的減法運算時，必須先清除進位旗號位元 CY 為 0。在多精確制的減法運算中，除了執行最低序的位元組運算前，必須清除進位旗號位元 CY 為 0 外，其餘位元組的運算，則直接使用 SUBB 指令即可。

下列例題說明 SUBB 指令，在單精確制的簡單應用。

例題 4.3-3 (單精確制減法)

寫一個程式，將內部 RAM 中的兩個位元組相減，結果再存回內部 RAM 的另一個位元組(RESULT)內。

解：完整的程式如程式 4.3-3 所示。程式中的第一個指令載入被減數(MINUEND)於累積器 A 內；第二個指令清除進位旗號位元 CY 為 0；第三個指令將累積器 A 中的被減數值減去減數(SUBEND)後，結果再存回累積器 A 中；第四個指令則儲存累積器 A 中的結果於內部 RAM 的 RESULT 內。若設 MINUEND = 6AH 而 SUBEND = 21H，則結果 RESULT = 49H。

程式 4.3-3　單精確制(8 位元)減法

```
                        1       ;ex4.3-3.a51
----                    2               DSEG    AT 30H
0030                    3       MINUEND:  DS      1       ;minuend
0031                    4       SUBEND:   DS      1       ;subend
0032                    5       RESULT:   DS      1       ;result
                        6       ;single-precision subtraction
----                    7               CSEG    AT 0000H
0000 E530               8       SUB8:   MOV     A,LOW MINUEND ;get minuend
0002 C3                 9               CLR     C             ;clear carry
0003 9531              10               SUBB    A,LOW SUBEND  ;subtract them
0005 F532              11               MOV     LOW RESULT,A  ;store result
0007 22                12               RET
                       13               END
```

下列例題說明如何利用 SUBB 指令執行雙精確制的減法運算。

例題 4.3-4 (雙精確制減法)

寫一個程式，將內部 RAM 中的兩個 16 位元數目相減，結果再存回內部 RAM 中的另一個 16 位元位置中。

解：完整的程式如程式 4.3-4 所示，雙精確制減法動作如圖 4.3-2 所示。執行低序位元組(MINUEND+1 與 SUBEND+1)部分的減法運算之前，必須先使用 CLR C 指令清除進位旗號位元 CY，因為 SUBB 為連結借位的減法指令，而且此時並未有任何借位輸入；高序位元組(MINUEND 與 SUBEND)部分的減法則直接使用連結借位的減法指令 SUBB 即可，因為此時可能有低序位元組部分結果的借位輸入。程式中的減法動作由兩個部分組成：第一個到第四個指令組成低序位元組部分的減法；第五個到第七個指令組成高序位元組部分的減法。

程式 4.3-4　雙精確制(16 位元)減法

```
                         1              ;ex4.3-4.a51
----                     2                      DSEG    AT   30H
0030                     3      MINUEND:  DS      2         ;minuend
0032                     4      SUBEND:   DS      2         ;subtrahend
0034                     5      RESULT:   DS      2         ;result
                         6      ;double-precision subtraction (16 bits)
----                     7                      CSEG    AT   0000H
0000 C3                  8      SUB16:    CLR     C ;clear carry flag
0001 E531                9                MOV     A,LOW MINUEND+1;get minuend(lo)
0003 9533               10                SUBB    A,LOW SUBEND+1 ;subtract them
0005 F535               11                MOV     LOW RESULT+1,A ;store result(lo)
0007 E530               12                MOV     A,LOW MINUEND  ;get minuend(hi)
0009 9532               13                SUBB    A,LOW SUBEND   ;subtract them
000B F534               14                MOV     LOW RESULT,A   ;save result(hi)
000D 22                 15                RET
                        16                END
```

圖 4.3-2　雙精確制減法動作

📖 複習問題

4.21. MCS-51 是否有乘法與除法運算指令？

4.22. SF 旗號位元的值，其實是累積器 A 的那一個位元的值？

4.23. 在 MCS-51 的加法與減法運算指令中，標的運算元必須使用那一個暫存器？來源運算元則可以使用那些定址方式？

4.24. 定義單精確制、雙精確制、多精確制。

4.25. 當 SUB 與 SUBB 兩個指令只能有一個時，為何必須選擇 SUBB 指令？

4.3.2 單運算元指令

在一般微處理器中，單運算元指令其實也是算術運算指令的一部分，這類指令主要包括將一個指定的運算元加 1 與減 1、將累積器內容取 1 補數與取 2 補數等指令。

MCS-51 的單運算元指令如表 4.3-4 所示，這些指令一共有四個：

INC　　dst　　(將指定的內部 RAM 位置或暫存器內容加 1)

INC　　DPTR　(將資料指示暫存器內容加 1)

DEC　　dst　　(將指定的內部 RAM 位置或暫存器內容減 1)

CPL　　A　　　(將累積器 A 內容取 1 補數)

這些指令均為標準的單運算元指令，除了運算元為累積器 A 時，會影響同位旗號 P 之外，其它旗號位元均不受影響。此外，只有 INC　DPTR 指令而無 DEC　DPTR 指令，即 DPTR 只能增加不能減少。

表 4.3-4　MCS-51 單運算元指令

指令	動作	CY	AC	OV	P
INC　A	A ← A + 1	-	-	-	*
INC　dst-byte	(dst-byte) ← (dst-byte) + 1 dst-byte = Rn, direct, @Ri	-	-	-	-
INC　DPTR	DPTR ← DPTR + 1	-	-	-	-
DEC　A	A ← A - 1	-	-	-	*
DEC　dst-byte	(dst-byte) ← (dst-byte) - 1 dst-byte = Rn, direct, @Ri	-	-	-	-
CPL　A	A ← $\overline{A}$	-	-	-	*

INC 與 DEC 兩個指令分別將指定的暫存器 Rn、直接定址方式指定的內部 RAM 位置、間接定址方式指定的內部 RAM 位置或是累積器 A 的內容加 1 與減 1。INC 與 DEC 兩個指令除了使用直接定址方式為兩個位元組之外，均

為單位元組指令。CPL 指令將累積器 A 內容取 1 補數，即清除累積器 A 中位
元值為 1 的位元為 0；設定位元值為 0 的位元為 1。

📖 複習問題

4.26. 在 MCS-51 中，只有 INC　DPTR 指令而無 DEC　DPTR 指令，試問若需
要將 DPTR 內容減 1 時，該如何完成？

4.27. 在 MCS-51 中，如何將內部 RAM 的一個位元組內容加 1？

4.28. 在 MCS-51 中，如何將內部 RAM 的一個位元組內容減 1？

4.29. 在 MCS-51 中，是否可以將外部 RAM 的一個位元組內容加 1？

4.30. 試簡述 CPL　A 指令的動作。

4.31. 如何將累積器(A)取 2 補數？

4.3.3　乘法與除法運算

　　一般而言，只有 16/32 位元的微處理器才提供乘法與除法指令，但是
MCS-51 為了使用上的方便，也提供了未帶號數的乘法指令 MUL 與除法指令
DIV，如表 4.3-5 所示。MUL 指令的動作為將累積器 A 與暫存器 B 的內容相
乘之後，乘積的低序位元組儲存於累積器 A，而高序位元組儲存於暫存器 B
中，即：

$$8 \text{ 位元}(A) \times 8 \text{ 位元}(B) \rightarrow 16 \text{ 位元結果}(B{:}A)$$

　　MUL 指令動作完成之後，若乘積大於 255，則溢位旗號位元 OV 設定為
1，否則清除為 0。因此，可以經由溢位旗號位元的狀態得知乘積是否佔用
兩個位元組。

表 4.3-5　MCS-51 乘法與除法運算指令

指令	動作	CY	AC	OV	P
MUL　AB	B:A ← A × B B ← 乘積高序位元組；　A ← 乘積低序位元組	0	-	*	*
DIV　AB	A ← A/B 的商數 B ← A/B 的餘數	0	-	*	*

　　下列例題說明 MUL 指令的簡單應用。

例題 4.3-5　(8 位元乘法)

設計一個程式，將內部 RAM 中的兩個 8 位元的數目相乘，並儲存 16 位元的結果於內部 RAM 中。

解：設乘數 MULTER 與被乘數 MULTAND 皆佔用一個位元組；由於 8 位元 × 8 位元可能得到 16 位元的乘積，因此結果 RESULT 使用兩個位元組，完整的程式如程式 4.3-5 所示。由於 MUL 指令是將累積器 A 與暫存器 B 中的內容相乘，在 MUL 指令之前必須先使用 MOV 指令載入乘數(MULTER)於累積器 A 內，而載入被乘數(MULTAND)於暫存器 B 中。在 MUL 指令執行後，乘積(16 位元)儲存在暫存器對 B：A 中，使用兩個 MOV 指令分別儲存累積器 B 與暫存器 A 內的乘積於內部 RAM 的 RESULT 與 RESULT+1 內。

程式 4.3-5　單精確制(8 位元)乘法程式

```
                    1          ;ex4.3-5.a51
----                2                   DSEG  AT   30H
0030                3   MULTER:  DS    1         ;multiplier
0031                4   MULTAND: DS    1         ;multiplicand
0032                5   RESULT:  DS    2         ;result
                    6   ;single-precision multiplication
----                7                   CSEG  AT   0000H
0000 E530           8   MUL8:    MOV   A,LOW MULTER   ;get multiplier
0002 8531F0         9            MOV   B,LOW MULTAND  ;get multiplicand
0005 A4            10            MUL   AB            ;multiply them
0006 85F032        11            MOV   LOW RESULT,B  ;save high byte
0009 F533          12            MOV   LOW RESULT+1,A;save low byte
000B 22            13            RET
                   14            END
```

除法運算指令 DIV 將累積器 A 中的 8 位元未帶號數除以暫存器 B 中的 8 位元未帶號數之後，商數的整數部分存入累積器 A 中，而餘數的整數部分存入暫存器 B 內，即：

8 位元(累積器 A)/8 位元(暫存器 B)→8 位元餘數(B)；8 位元商數(A)

在除法指令 DIV 執行之後，若沒有溢位發生，則進位旗號位元 CY 與溢位旗號位元 OV 均清除為 0；否則，當有除以 0 的情形發生時，則溢位旗號位元 OV 設定為 1，而進位旗號位元 CY 依然清除為 0。

下列例題說明 DIV 指令的簡單應用。

例題 4.3-6　(8 位元除法)

設計一個 8 位元除法程式，將內部 RAM 中的一個位元組(被除數)除以一個位元組(除數)後，分別儲存結果的商數與餘數於內部 RAM 中。

解：假設被除數(DIVIDEND)、除數(DIVISOR)均為 8 位元，結果的商數(QUOTIENT)與餘數(REMAINDER)各為 8 位元，完整的程式如程式 4.3-6 所示。程式中首先利用 MOV 指令分別載入被除數與除數的兩個位元組於累積器 A 與暫存器 B 內，然後執行 DIV 指令，最後分別儲存結果的商數(累積器 A)與餘數(暫存器 B)於內部 RAM 的 QUOTIENT 與 REMAINDER 位元組中。

程式 4.3-6　單精確制(8 位元)除法程式

```
              1        ;ex4.3-6.a51
----          2                 DSEG   AT   30H
0030          3     DIVIDEND: DS     1    ;dividend
0031          4     DIVISOR:  DS     1    ;divisor
0032          5     QUOTIENT: DS     1    ;quotient
0033          6     REMAINDER: DS    1    ;remainder
              7        ;single-precision division
----          8                 CSEG   AT   0000H
0000 E530     9     DIV8:     MOV    A,LOW DIVIDEND ;get dividend
0002 8531F0  10               MOV    B,LOW DIVISOR  ;get divisor
0005 84      11               DIV    AB             ;divide
0006 F532    12               MOV    LOW QUOTIENT,A ;save quotient
0008 85F033  13               MOV    LOW REMAINDER,B;save remainder
000B 22      14               RET
             15               END
```

📖 複習問題

4.32. 試簡述 MUL 指令的動作。

4.33. 試簡述 DIV 指令的動作。

4.34. 如何經由溢位旗號位元的狀態，得知乘積是否佔用兩個位元組？

4.35. 在除法指令 DIV 執行後，如何得知有無溢位發生？

4.3.4 BCD 算術

大部分的微處理器均提供 BCD 的加法與減法算術運算指令。如前所述，在表示 BCD 數目時，每一個位元組都包含兩個 BCD 數字，而且每一個

BCD 數字的最大值只為 9。此外，BCD 算數亦使用二進制算數執行，然後加上適當的調整程序，調整結果為正確的 BCD 數目。

加法

在執行 BCD 加法運算時，我們首先使用二進制加法將 BCD 數目相加，然後執行下列調整程序：

當兩個 BCD 數字相加後，若得到的總和數字在 1010 與 1111 之間或有進位傳播到下一個 BCD 數字時，則該總和數字必須加上 0110。

例題 4.3-7　(BCD 加法的調整程序)

試以 49 (0100 1001) + 58 (0101 1000)為例，說明 BCD 加法運算的調整程序。

解：詳細的動作如下所示：

```
                         AC = 1
        49        0 1 0 0   1 0 0 1
      + 58      + 0 1 0 1   1 0 0 0
      -----      ------------------
       107        1 0 1 0   0 0 0 1

因1010大於      + 0 1 1 0   0 1 1 0  ← 因AC = 1所
1001所以加0110  →1 0 0 0 0  0 1 1 1    以加0110

       進位      1   0        7     ← 總和(有進位)
```

減法

在執行 BCD 減法運算時，我們首先使用二進制減法將 BCD 數目相減，然後執行下列調整程序：

當兩個 BCD 數字相減後，若得到的差數字在 1010 與 1111 之間或有借位發生時，必須將差數字減去 0110。

下列例題說明 BCD 減法的調整程序。

例題 4.3-8　(BCD 減法的調整程序)

試以 51 (0101 0001) - 69 (0110 1001)為例，說明 BCD 減法運算的調整程

序。

解：詳細的動作如下所示：

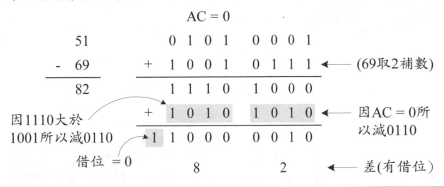

在微處理器中，一般在執行 BCD 算術時，通常也是先利用二進制的加法或減法指令執行運算，然後使用十進制調整指令，調整結果為正確的 BCD 數目。如前所述，由於加法與減法運算的調整程序並不相同，在微處理器中必須使用各別的指令來調整，例如在 x86/x64 中的 DAA (加法)與 DAS (減法)。注意：這些調整指令通常都只能做位元組運算而已。

MCS-51 的 BCD 加法指令

在 MCS-51 中，只有一個 DA 指令，以在加法運算後，調整累積器中的值為正確的十進制，如表 4.3-6 所示。因此，MCS-51 無法執行 BCD 減法運算。下列例題說明如何使用 DA 指令，執行單一位元組的 BCD 加法運算。

表 4.3-6　MCS-51 BCD 調整指令

指令	動作	CY	AC	OV	P
DA　A	A ← 調整累積器 A 的內容為成立的 BCD 數字	*	-	-	*

例題 4.3-9　(單精確制 BCD 加法)

設計一個程式，執行單一位元組的 BCD 加法運算。

解：完整的程式如程式 4.3-7 所示。程式中被加數(ADDEND)與加數(AUGEND)各佔用一個位元組；結果(RESULT)則使用兩個位元組。由於一個 BCD 位元組可以儲存的數目為 00 到 99，因此兩個 BCD 位元組相加後，結果可能大於 99 (例如：99 + 99 = 198)，結果的 1 必須儲存在另外一個位元組中。在運算中，此

"1"是儲存在進位旗號位元CY中，所以程式中使用指令ADDC　A,#00H，檢出此"1"後，儲存在高序位元組(RESULT)內。

程式 4.3-7　單精確制 BCD 加法程式

```
                      1        ;ex4.3-9.a51
----                  2                DSEG  AT   30H
0030                  3        ADDEND:  DS    1          ;addend
0031                  4        AUGEND:  DS    1          ;augend
0032                  5        RESULT:  DS    2          ;result
                      6        ;single-precision BCD addition
----                  7                CSEG  AT   0000H
0000 E530             8        BCDADD:  MOV   A,LOW ADDEND ;get addend
0002 2531             9                ADD   A,LOW AUGEND ;add them
0004 D4              10                DA    A            ;decimal adjust
0005 F533            11                MOV   LOW RESULT+1,A ;save result(lo)
0007 7400            12                MOV   A,#00        ;clear A
0009 3400            13                ADDC  A,#00H       ;get carry
000B F532            14                MOV   LOW RESULT,A ;save result(hi)
000D 22             15                RET
                    16                END
```

📖複習問題

4.36. 試簡述 BCD 加法運算的調整程序。

4.37. 試簡述 BCD 減法運算的調整程序。

4.38. 試簡述指令 DA 執行後，對旗號位元的影響。

4.4 分歧(跳躍)指令

在任何程式中，分歧(branch)或稱跳躍(jump)指令相當的重要，因為它們允許組合(機器)語言程式改變其執行順序，或是條件性的重覆執行某一段程式。分歧(跳躍)指令一般分成條件性分歧(跳躍)與無條件分歧(跳躍)兩種。前者依據某些條件的狀態決定分歧與否；後者則直接分歧至指定的位置上。

4.4.1 條件性分歧(跳躍)指令

條件性分歧(跳躍)指令一般都是以某些旗號位元的狀態做為分歧(或跳躍)

的測試條件，當指定的測試條件成立時，則做分歧(或跳躍)的動作；否則繼續執行下一個指令。

　　一般而言，使用 PC 相對定址方式的跳躍指令稱為分歧指令；採用直接定址方式的跳躍指令則稱為跳躍指令。分歧指令與跳躍指令通常不會影響旗號位元。

　　條件性分歧指令的一般格式為：

　　　　　　Jcc　　disp　　　　　　　;cc: PC←PC + disp (2 補數位移位址)

或　　　　　JR　　cc,disp　　　　　　;cc: PC←PC + disp (2 補數位移位址)

而條件性跳躍指令格式為：

　　　　　　JMP　　cc,addr　　　　　　;cc: PC←addr

cc 為希望測試的條件，在 8 位元的微處理器中，通常為單一位元的旗號位元(SF、$\overline{SF}$、ZF、$\overline{ZF}$、CY、$\overline{CY}$、…，)狀態。在 16 位元的微處理器中，則再加上帶號數與未帶號數的六種關係條件($>$、$\geq$、$<$、$\leq$、$=$、$\neq$)測試。注意：往前分歧時，位移值為正數；往回分歧時，位移值為負。

MCS-51 條件性分歧指令

　　在 MCS-51 中，三個條件性分歧指令為 JZ/JNZ、JC/JNC 與 CJNE 指令，其動作如表 4.4-1 所示。JZ 與 JNZ 指令的測試條件分別為累積器 A 的值為 0 與不為 0。指令 JZ 在累積器 A 的值為 0 時，分歧至標的位址處執行，否則，繼續執行下一個指令；指令 JNZ 在累積器 A 的值不為 0 時，分歧至標的位址處執行，否則，繼續執行下一個指令。這兩個指令均為兩個位元組，其中第一個位元組為運算碼，而第二個位元組為 8 位元的 2 補數位移位址(disp8)。8 位元的位移位址以符號擴展為 16 位元後，加到 PC (PC 指於下一個指令)上形成標的位址，因此有效的分歧範圍由-128 到+127。

　　JC/JNC 指令的動作與 JZ/JNZ 指令類似，唯一不同的是在此指令中的測試條件分別為進位旗號位元(CY)的值為 0 與不為 0。指令 JC 在進位旗號位元(CY)的值為 1 時，分歧至標的位址處執行，否則，繼續執行下一個指令；指令 JNC 在進位旗號位元(CY)的值為 0 時,分歧至標的位址處執行,否則,繼續執行下一個指令。

表 4.4-1　MCS-51 條件性分歧指令

指令	動作	CY	AC	OV	P
JZ　　disp8	PC ← PC + 2; If A = 0 then PC ← PC + disp8	-	-	-	-
JNZ　disp8	PC ← PC + 2; If A != 0 then PC ← PC + disp8	-	-	-	-
JC　　disp8	PC ← PC + 2; If C = 1 then PC ← PC + disp8	-	-	-	-
JNC　disp8	PC ← PC + 2; If C = 0 then PC ← PC + disp8	-	-	-	-
CJNE　A,direct,disp8	PC ← PC + 3; If A != (direct) then PC ← PC + disp8 If A < (direct) then C ← 1 else C ← 0	*	-	-	-
CJNE　dest-byte, 　　#data8, disp8 dest-byte = A, Rn, @Ri	PC ← PC + 3; If dest-byte != #data8 then PC ← PC + disp8 If dest-byte < #data8 then C ← 1 else C ← 0	*	-	-	-

另外一個條件性分歧指令 CJNE (compare and jump if not equal),為一個三個運算元的指令,它比較前面兩個運算元的內容。若不相等,則分歧至標的位址處執行;否則,繼續執行下一個指令。CJNE 指令為一個三位元組的指令,其中第一個位元組為運算碼,並指定一個運算元(A、Rn、@Ri);第二個位元組為欲做比較的位元組之直接位址或是立即資料;第三個位元組為 8 位元的 2 補數位移位址。CJNE 指令的有效位址的計算方式與 JZ/JNZ 指令相同。

CJNE 指令一共有兩種格式,第一種格式如下:

CJNE　　A,direct,disp8

比較累積器 A 與一個指定的內部 RAM 位置的值。若不相等,則分歧至標的位址執行;否則,繼續執行下一個指令。比較的結果,無論分歧與否,若累積器 A 小於該指定位元組的值,則設定進位旗號位元 CY 為 1;否則,清除進位旗號位元 CY 為 0。

CJNE 指令的另一種格式如下：

CJNE   A,#data8,disp8

CJNE   Rn,#data8,disp8

CJNE   @Ri,#data8,disp8

這一些指令分別比較累積器 A、暫存器 Rn 或是間接定址(@Ri)指定的內部 RAM 位置之值是否等於一個常數(#data8)。若不相等，則分歧至標的位址執行；否則，繼續執行下一個指令。比較的結果，無論分歧與否，若第一個運算元小於第二個運算元的值，則設定進位旗號位元 CY 為 1；否則，清除進位旗號位元 CY 為 0。

迴路觀念

條件性分歧指令通常與 DEC 指令合用，形成一個程式迴路，重覆執行某一段程式一個指定的次數。程式迴路的一般形式如下：

```
              MOV     Rn,#length
MainLoop:     …
              …
              DEC     Rn
              CJNE    Rn,#0,MainLoop
```

注意：DEC 指令除了當其運算元為累積器 A 時，會影響同位旗號 P 之外，並不影響其它旗號位元。因此，必須使用 CJNE 指令來判斷迴路計數器的狀態而據以分歧至標的位址。

在介紹使用 CJNE 與 DEC 指令形成一個程式迴路之前，讓我們先考慮一個簡單的問題：將一個內部 RAM 中的資料區塊由一個位置移動到另一個位置。

例題 4.4-1 （陣列資料搬移）

設計一個程式，搬移內部 RAM 中以 SRCA 開始的 8 個位元組資料到以 DSTA 開始的區域內。

解：利用簡單的資料轉移指令，以一個位元組一個位元組的方式，一一地搬移

SRCA 中的資料到 DSTA 內，如程式 4.4-1 所示。這種方法的缺點是當欲搬移的資料量很大時，程式變得冗長而且笨拙；另一方面，若資料區段大小不固定時，則每當資料區段大小改變時，程式必須重寫，因此相當沒有彈性。

程式 4.4-1　只使用 MOV 指令的陣列資料搬移程式

```
                        1      ;ex4.4-1.a51
----                    2              DSEG  AT  30H
0030                    3      SRCA:   DS    8 ;source array
0038                    4      DSTA:   DS    8 ;destination array
                        5      ;block data move using one-byte-by-one-byte
                        6      ;transfer
----                    7              CSEG  AT  0000H
0000 E530               8      BLKMOV: MOV   A,LOW SRCA ;transfer 1st byte
0002 F538               9              MOV   LOW DSTA,A
0004 E531              10              MOV   A,LOW SRCA+1;transfer 2nd byte
0006 F539              11              MOV   LOW DSTA+1,A
0008 E532              12              MOV   A,LOW SRCA+2;transfer 3rd byte
000A F53A              13              MOV   LOW DSTA+2,A
000C E533              14              MOV   A,LOW SRCA+3;transfer 4th byte
000E F53B              15              MOV   LOW DSTA+3,A
0010 E534              16              MOV   A,LOW SRCA+4;transfer 5th byte
0012 F53C              17              MOV   LOW DSTA+4,A
0014 E535              18              MOV   A,LOW SRCA+5;transfer 6th byte
0016 F53D              19              MOV   LOW DSTA+5,A
0018 E536              20              MOV   A,LOW SRCA+6;transfer 7th byte
001A F53E              21              MOV   LOW DSTA+6,A
001C E537              22              MOV   A,LOW SRCA+7;transfer 8th byte
001E F53F              23              MOV   LOW DSTA+7,A
0020 22                24              RET
                       25              END
```

上述例題的一個主要缺點為程式中連續使用了 8 組 MOV　A,LOW SRC 與 MOV　LOW DST,A 指令，唯一不同的是 SRC 與 DST 位址均持續地增加 1。一個可以縮短程式長度的方法為使用三位元組的 MOV 指令：

MOV　direct, direct

結果的程式之指令數目將由 16 個減少為 8 個。然而，這種方式依然使用靜態位址。

一個解決上述問題的較佳方法為使用間接定址方式，而非使用直接定址方式存取運算元。即使用兩個位址暫存器分別儲存來源資料區段與標的資料區段的位址，然後以間接定址方式存取該資料。之後位址暫存器內容加一，以指到下一個位置。此外，為了重複執行這一些指令，程式中必須使用一個計數器(稱為迴路計數器，loop counter)，以形成一個迴路結構，控制需要執行的次數。結合了迴路計數器、條件性分歧指令與間接定址方式，上述例題可以改寫為下列例題。

例題 4.4-2　(利用迴路的陣列資料搬移)

利用迴路方式，設計一個程式，搬移內部 RAM 中以 SRCA 開始的 8 個位元組資料到以 DSTA 開始的區域內。

解：由於 8 個位元組的搬移動作是相同的，因此可以使用一個迴路重覆執行 8 次，完成需要的動作，如程式 4.4-2 所示。程式一開始首先分別載入 SRCA 與 DSTA 等位址於 R0 與 R1 位址暫存器中，然後利用間接定址方式，自 R0 指定的位置中讀取資料，並儲存到 R1 指定的位置中，並使用 INC 指令將位址暫存器 R0 與 R1 內容各加 1，指到下一個位置上，接著將迴路計數器 R2 內容減 1，並使用 CJNE　MLOOP 指令檢查 R2 是否為 0，若不為 0，則回到 MLOOP 繼續執行，直到 R2 等於 0 為止。

程式 4.4-2　利用迴路的陣列資料搬移程式

```
              1     ;ex4.4-2.a51
----          2            DSEG   AT   30H
   0008       3     LENTH   EQU   08H  ;bytes of array
0030          4     SRCA:   DS    8    ;source array
0038          5     DSTA:   DS    8    ;destination array
              6     ;block data move with counter
----          7            CSEG   AT   0000H
0000 7A08     8     BLKMOV: MOV   R2,#LENTH;set count
0002 7830     9            MOV   R0,#LOW SRCA ;set source pointer
0004 7938    10            MOV   R1,#LOW DSTA ;set dest. pointer
0006 E6      11     MLOOP:  MOV   A,@R0    ;transfer them
0007 F7      12            MOV   @R1,A
0008 08      13            INC   R0       ;point to next
0009 09      14            INC   R1       ;entry
000A 1A      15            DEC   R2
000B BA00F8  16            CJNE  R2,#0,MLOOP;repeat count times
000E 22      17            RET
```

```
            18              END
```

迴路結構

大致上，迴路結構可以分成兩種：計數迴路(counting loop)與旗標迴路(sentinel loop)。計數迴路意即迴路主體的重複次數在進入迴路時即已經知道，因此可以使用一個迴路計數器紀錄截至目前為止已經執行的次數。前述例題屬於此種迴路。

設置一個計數迴路的程式結構時，通常遵行下列基本步驟：

1. 設定位址暫存器使其指於需要做運算的第一個資料上；
2. 設定迴路計數器的值(即需要執行的次數)；
3. 執行需要的運算；
4. 增加位址暫存器的值使其指於下一個資料上；
5. 迴路計數器減 1，若該計數器值為 0，則結束此迴路；否則，回到 3.繼續執行。

步驟 1 與 2 為迴路運算的初值設定程序；而步驟 3 到 5 則為迴路的主體。

下列例題使用簡單的迴路技巧，完成多精確制的 BCD 加法運算。

例題 4.4-3 （多精確制 BCD 加法）

設計一個多精確制 BCD 加法程式，所有運算元與結果均存於內部 RAM 中。

解：由於 BCD 加法運算只能對一個位元組做運算，因此在多精確制中最好是以一個程式迴路執行，如程式 4.4-3 所示。加數、被加數、結果均存於內部 RAM 中，然後使用間接定址方式，存取這些運算元。程式迴路由 BEGIN 開始，直到 CJNE 指令為止。迴路終止條件由將迴路計數器 R2 內容減 1(DEC R2) 後，判別其值是否為 0 構成，若尚未為 0，則分歧到 BEGIN 繼續執行，直到 R2 值等於 0 為止。在程式中，由於使用 ADDC 指令而不是 ADD 指令，因此在進入迴路之前，必須先清除進位旗號位元(CY)為 0。清除進位旗號位元 CY 的指令有很多，但是最簡單的為 CLR C (第 5.3.2 節)指令。

程式 4.4-3 多精確制 BCD 加法程式

```
            1       ;ex4.4-3.a51
```

```
----                    2                   DSEG    AT  30H
   0004                 3       COUNT        EQU     04H  ;repeat times
0030                    4       ADDEND:      DS      4    ;addend
0034                    5       AUGEND:      DS      4    ;augend/result
                        6       ;multi-precision BCD addition
----                    7                    CSEG    AT  0000H
0000 7A04               8       MBCDADD:     MOV     R2,#COUNT   ;put count in CX
0002 7833               9                    MOV     R0,#LOW ADDEND+3 ;point to addend
0004 7937              10                    MOV     R1,#LOW AUGEND+3 ;point to augend
0006 C3                11                    CLR     C    ;clear carry flag
0007 E6                12       BEGIN:       MOV     A,@R0   ;add them
0008 37                13                    ADDC    A,@R1   ;
0009 D4                14                    DA      A       ;decimal adjust
000A F7                15                    MOV     @R1,A   ;save the result
000B 18                16                    DEC     R0      ;point to the next item
000C 19                17                    DEC     R1
000D 1A                18                    DEC     R2      ;repeat count times
000E BA00F6            19                    CJNE    R2,#00,BEGIN
0011 22                20                    RET
                       21                    END
```

　　旗號迴路則是指一個程式迴路，其欲重複執行的次數在進入該迴路之前，尚無法得知，因此無法使用計數器計數已經執行或尚未執行的次數。欲使旗號迴路正確地執行，必須使用一個特殊(與正常資料相異)的資料項當作程式迴路結束的旗號(sentinel)。而在程式迴路中，若發現此旗號，則跳出迴路，否則，繼續執行該程式迴路。

　　旗號迴路的一般形式如下：

```
              ...                 ;set up address registers
MainLoop:     ...                 ;the loop body
              MOV    A,@R0         ;or any legal addressing
              CJNE   A,#Sentinel,Continue
              AJMP   Done          ;find sentinel
Continue:     ...
              ...
              INC    R0
              AJMP   MainLoop
Done:         ...                  ;done
```

下列例題說明如何使用簡單的旗號迴路技巧，完成內部 RAM 中的資料區段搬移。

例題 4.4-4　(旗號迴路)

設計一個程式，搬移內部 RAM 中以 SRCA 位址開始的位元組資料區段到以 DSTA 位址開始的區域內。欲搬移的資料區段中的最後一個位元組為旗號位元組而且值為 0FFH。

解：完整的程式如程式 4.4-4 所示。由於事先並未知道資料區段中總共有多少個位元組欲做搬移，只知道該資料區段的結束旗號位元組為 0FFH，因此在程式中，每次讀取一個位元組後，均需檢查該位元組是否為旗號位元組(即 0FFH)。若是，則資料搬移動作已經完成；否則，搬移該位元組到標的區段中，並且繼續執行程式。讀者請與例題 4.4-2 做比較。注意：欲搬移的資料位元組均假設其值不為 0FFH。

程式 4.4-4　利用旗號迴路的陣列資料搬移程式

```
                    1        ;ex4.4-4.a51
----                2                DSEG   AT   30H
0030                3        SRCA:   DS     8 ;source array
0038                4        DSTA:   DS     8 ;destination array
                    5        ;data block move with a sentinel loop
----                6                CSEG   AT   0000H
0000 7830           7        BLKMOV: MOV    R0,#LOW SRCA;R0 points to SRCA
0002 7938           8                MOV    R1,#LOW DSTA;R1 points to DSTA
0004 E6             9        MLOOP:  MOV    A,@R0 ;transfer them
0005 B4FF02        10                CJNE   A,#0FFH,SAVE ;end ?
0008 010F          11                AJMP   DONE ;yes, done
000A F7            12        SAVE:   MOV    @R1,A ;save in the destination
000B 08            13                INC    R0    ;point to the next
000C 09            14                INC    R1    ;entry
000D 0104          15                AJMP   MLOOP ;continue
000F 22            16        DONE:   RET
                   17                END
```

📖 複習問題

4.39. 定義分歧指令與跳躍指令。

4.40. 試簡述條件性分歧指令的動作。

4.41. 條件性分歧指令通常與那一個指令合用，以形成程式迴路？

4.42. 試簡述 JZ/JNZ 指令的動作。

4.43. 試簡述兩種程式迴路的重要特性。

4.44. DEC 指令在執行後，若會影響 CY 旗號位元時，可能發生什麼結果？

4.45. 試簡述 CJNE 指令的動作。

4.4.2　無條件分歧(跳躍)指令

無條件性分歧(或跳躍)指令，並不需要測試某一個條件，再決定分歧(跳躍)與否，相反地，它直接產生分歧或跳躍。無條件性分歧(或跳躍)指令相當於 C 語言中的 goto 指述。

無條件性分歧指令的一般格式為：

　　　　JR　　　disp　　　；PC←PC +disp

而無條件性跳躍指令一般格式為：

　　　　JP　　　addr　　　；PC←addr

或

　　　　JMP　　addr　　　；PC←addr

MCS-51 分歧與跳躍指令

MCS-51 的無條件跳躍(分歧)指令，如表 4.4-2 所示，這些指令均不會影響旗號位元。分歧指令與跳躍指令皆採用相同的助憶碼(JMP)，而前面冠以 S(short)、A(absolute)及 L(long)分別表示標的位址的使用方法與長度。表中第一個指令 SJMP(short jump)為分歧指令；其它三個指令：AJMP(absolute jump)、LJMP(long jump)與 JMP @A+DPTR 為跳躍指令。分歧指令 SJMP 的有效位址的計算方式與 JZ 或是 JNZ 指令相同，由於位移位址只有 8 位元，因此有效的分歧範圍由-128 到+127。

跳躍指令(AJMP 與 LJMP)使用直接定址方式，即直接載入其運算元(即標的位址)於程式計數器 PC 中，因此由標的位址處繼續執行指令。在 MCS-51 的組合語言程式中，可以使用 JMP 指令代替上述三種無條件性分歧與跳躍指令(SJMP、AJMP 及 LJMP)，而由組譯程式自行判斷應該組譯成何種指令較為適當。

表 4.4-2　MCS-51 無條件分歧與跳躍指令

指令	動作	CY	AC	OV	P
SJMP　disp8	PC ← PC + 2; PC ← PC + disp8	-	-	-	-
AJMP　addr11	PC[10:0] ← addr11	-	-	-	-
LJMP　addr16	PC ← addr16	-	-	-	-
JMP　@A+DPTR	PC ← A + DPTR	-	-	-	-

下列以一個有趣的程式例題：求一個數目的整數平方根，說明 SJMP 與 JC 兩個指令的使用方法。

例題 4.4-5　(整數平方根)

利用連減法，求一個整數的近似整數平方根。在這方法中，將該數以連續的奇整數(由 1 開始)去減，直到結果為 0 或不夠減為止。在運算過程中，執行的減法運算次數，即為該數的近似整數平方根。兩個數值例如圖 4.4-1 所示。

解：完整的程式如程式 4.4-5 所示。程式中使用暫存器 R0 儲存連續的奇數，而暫存器 R1 儲存減法運算的次數。在進入迴路 AGAIN 之前，先清除暫存器 R1 為 0，迴路 AGAIN 為旗號迴路，其結束的條件為 A < R0。在迴路中，若 A - R0 > 0，則暫存器 R1 加 1，並且暫存器 R0 加 2(下一個奇數)而重複執行該迴路，直到 A < R0 為止，此時的暫存器 R1 內容即為所求的整數平方根。

程式 4.4-5　整數平方根程式

```
                     1        ;ex4.4-5.a51
----                 2                DSEG    AT   30H
0030                 3        TESTNUM: DS     1    ;test number
0031                 4        SQRT:    DS     1    ;square root value
                     5        ;program to find the approximate square
                     6        ;root of a given number by successive
                     7        ;subtraction
----                 8                CSEG    AT   0000H
0000 E530            9        SQRT_FD: MOV    A,LOW TESTNUM;get test number
0002 7801           10                MOV     R0,#01H ;start value
0004 7900           11                MOV     R1,#00H ;clear count
0006 C3             12        AGAIN:  CLR     C       ;clear carry flag
0007 98             13                SUBB    A,R0    ;we have done it
0008 4005           14                JC      DONE    ;when A < R0
000A 09             15                INC     R1      ;increase count
```

```
000B 08        16              INC    R0        ;get next odd number
000C 08        17              INC    R0
000D 80F7      18              JMP    AGAIN    ;continue
000F 8931      19    DONE:      MOV    LOW SQRT,R1;save result
0011 22        20              RET
               21              END
```

```
      25                            35
   -   1        1              -   1        1
   ─────                       ─────
      24                            34
   -   3        2              -   3        2
   ─────                       ─────
      21                            31
   -   5        3              -   5        3
   ─────                       ─────
      16                            26
   -   7        4              -   7        4
   ─────                       ─────
       9                            19
   -   9        5 ← 結果        -   9        5 ← 結果
   ─────                       ─────
       0                            10
                              -  11
                              ─────
                              -   1
```

圖 4.4-1 例題 4.4-5 的數值例

在表 4.4-2 中的最後一個指令為 JMP @A + DPTR 指令，它使用指標定址，即它將累積器 A 的內容與資料指示暫存器 DPTR 相加之後的結果，直接載入程式計數器 PC 中，做為下一個指令的執行位址。此種指令通常用來執行具有多重選擇的跳躍表格。例如：

```
            MOV    DPTR,#JMP_TABLE
            JMP    @A+DPTR
JMP_TABLE:  LJMP   LABEL0 ; occupy 3 bytes
            LJMP   LABEL1
            LJMP   LABEL3
```

若欲跳躍到 LABEL1，則累積器(A)必須包含一個值 3，因為每一個 LJMP 指令佔用 3 個位元組。因此，經由載入適當的值到累積器中，上述程式片段可以用來執行一個多重選擇的程式結構。

📖 複習問題

4.46. 在 MCS-51 的組合語言程式中,可以使用那一個助憶碼代替指令 SJMP、AJMP 及 LJMP?

4.47. 指令 JMP @A+DPTR 通常使用在那種場合?

4.48. 指令 SJMP 的有效分歧範圍為多少?

4.49. 試簡述指令 JMP @A+DPTR 指令的動作。

4.50. 為何在 MCS-51 中,同時具有 AJMP 與 LJMP 兩個指令?

4.4.3 迴路指令

在計數迴路中,必須將計數器值減 1,然後測試計數器值,若其值尚未為 0,則分歧至迴路主體。為了簡化與加速這些運算,許多微處理器中均設有各式各樣的迴路指令(loop instruction),這些迴路指令均使用(PC)相對定址 (8 位元位移)方式,並且不影響任何旗號位元。

MCS-51 提供了一個迴路指令 DJNZ,如表 4.4-3 所示。在 DJNZ 指令中,除了通用暫存器 R0 到 R7 之外,所有可以使用直接定指方式指定的內部 RAM 之任何位置,均可以當作迴路計數器使用。在實際應用上,應盡量使用通用暫存器 R0 到 R7 為迴路計數器,以減少指令長度。注意表 4.4-3 中的兩個 DJNZ 指令的執行時間均為兩個機器週期而且均不影響旗號位元,但是第一個指令為兩個位元組而第二個指令為三個位元組。

表 4.4-3 MCS-51 迴路指令

指令	動作	CY	AC	OV	P
DJNZ Rn,disp8	PC ← PC + 2; Rn ← Rn - 1; If Rn != 0 then PC ← PC + disp8	-	-	-	-
DJNZ direct,disp8	PC ← PC + 2; (direct) ← (direct) - 1; If (direct) != 0 then PC ← PC + disp8	-	-	-	-

下列例題說明如何使用 DJNZ 指令取代 DEC 與 CJNE 兩個指令。

例題 4.4-6 (DJNZ 指令的使用例)

使用 DJNZ 指令重寫例題 4.4-2 中的程式。

解：使用 DJNZ　R2,MLOOP 指令取代程式中的 DEC　R2 與 CJNE R2,#0,MLOOP 兩個指令即可。完整的程式如程式 4.4-6 所示。

程式 4.4-6　DJNZ 指令的使用例

```
                      1      ;ex4.4-6.a51
----                  2              DSEG   AT   30H
  0008                3      LENTH   EQU    08H  ;bytes of array
0030                  4      SRCA:   DS     8    ;source array
0038                  5      DSTA:   DS     8    ;destination array
                      6      ;block data move with a counting loop
----                  7              CSEG   AT   0000H
0000 7A08             8      BLKMOV: MOV    R2,#LENTH;set count
0002 7830             9              MOV    R0,#LOW SRCA ;set source pointer
0004 7938            10              MOV    R1,#LOW DSTA ;set dest. pointer
0006 E6              11      MLOOP:  MOV    A,@R0 ;transfer them
0007 F7              12              MOV    @R1,A
0008 08              13              INC    R0       ;point to next
0009 09              14              INC    R1       ;entry
000A DAFA            15              DJNZ   R2,MLOOP;repeat count times
000C 22              16              RET
                     17              END
```

在實際應用中，常常需要從一個未排序的表格中搜尋一個資料項。在搜尋過程中，輸入的資料項逐一地與表格中的每一個資料項比較，直到找到或是整個表格搜尋過為止。若找到，則傳回該資料項在表格中的指標值；若未找到，則傳回-1 的指標值。

下列例題說明如何利用 CJNE 與 DJNZ 指令，完成資料表格的資料搜尋動作。在此例題中，也提供了資料指示暫存器 DPTR 及其相關指令的使用。

例題 4.4-7　(CJNE 與 DJNZ 指令的使用例)

利用 CJNE 與 DJNZ 指令，設計一個程式，自一個表格中尋找一個位元組資料。

解：完整的程式如程式 4.4-7 所示。由於只有 MOVC 指令可以存取程式記憶器，存取表格時需要使用 DPTR 與相關的運算指令 INC DPTR 與 MOV DPTR,#TABLE-1。表格搜尋的終止情形，找到或是未找到，可以使用 CJNE 與 DJNZ 兩個指令適當的配合完成。因此程式開始時，先設定暫存器 R1 為表格長

度，接著在 MLOOP 中，以 CJNE 與 DJNZ 兩個指令完成資料尋找的動作。由
於 CJNE 指令可以確定是否找到該資料項，若找到，則由緊接於 CJNE 後的指
令調整正確的指標值INDEX；若未找到，則由 DJNZ 指令確定是否整個表格均
已搜尋過，若是，則設定 INDEX 的值為-1。

程式 4.4-7　CJNE 與 DJNZ 指令使用例

```
                    1       ;ex4.4-7.a51
----                2               DSEG    AT    30H
  0008              3       LENTH   EQU     08H       ;bytes of array
  0000              4       REG0    SET     00H       ;R0 = 00H
0030                5       KEY:    DS      1         ;test data
0031                6       INDEX:  DS      1         ;data index
                    7       ;linear search using the CJNE instruction
----                8               CSEG    AT    0000H
0000 7908           9               MOV     R1,#LENTH ;set count
0002 90001F         10              MOV     DPTR,#TABLE-1;set table pointer
0005 75F0FF         11              MOV     B,#-1     ;assume not find
0008 A830           12              MOV     R0,LOW KEY ;get test data
000A A3             13      MLOOP:  INC     DPTR           ;point to next entry
000B 7400           14              MOV     A,#00H         ;zero accumulator
000D 93             15              MOVC    A,@A+DPTR
000E B50009         16              CJNE    A,REG0,NEXTLP;search the table
0011 7407           17      FOUND:  MOV     A,#LENTH-1;if found then
0013 C3             18              CLR     C         ;evalute the index
0014 99             19              SUBB    A,R1      ;and return
0015 F5F0           20              MOV     B,A       ;else set index=-1
0017 02001C         21              JMP     RETURN    ;found
001A D9EE           22      NEXTLP: DJNZ    R1,MLOOP  ;not found yet
001C 85F031         23      RETURN: MOV     LOW INDEX,B;save index
001F 22             24              RET
0020 12232467       25      TABLE:  DB      12H,23H,24H,67H ;data table
0024 76982345       26              DB      76H,98H,23H,45H
                    27              END
```

例題 4.4-8*　(雙資料指示暫存器使用例---請參閱 4.2.2 節說明)

使用 DJNZ 指令與雙資料指示暫存器，設計一個程式，搬移外部 RAM 中
以 SRCA 開始的 8 個位元組資料到以 DSTA 開始的區域內。

解：完整的程式如程式 4.4-8 所示，第 11 行到第 13 行，分別設定標準的資料指
示暫存器(DPTR)與資料指示暫存器(DPTR1)的初值為標的位址(DSTA)及來源

位址(SRCA)。第 14 行到第 17 行，使用資料指示暫存器(DPTR1)自來源資料區塊中讀取一個位元組後，將 DPTR1 內容加 1，使其指於下一個待讀取的位元組，並改變 DPS 的值，以交換啟動的資料指示暫存器為 DPTR。第 18 行到第 20 行，使用標準的資料指示暫存器(DPTR)儲存讀取的位元組於標的資料區塊中後，將 DPTR 內容加 1，使其指於下一個待存入的位元組，並改變 DPS 的值，以交換啟動的資料指示暫存器為 DPTR1。程式一共執行 8 次後結束。

程式 4.4-8　雙資料指示暫存器使用例

```
                     1      ;ex4.4-8.a51
                     2      ;the target is Dallas DS87C530
 0086                3      DPS     EQU   086H ;define DPTR Select (LSB)
                     4      ;define external data memory
 ----                5              XSEG  AT  0000H
 0008                6      LENTH   EQU   08H ;bytes of array
 0000                7      SRCA:   DS    8    ;source array
 0008                8      DSTA:   DS    8    ;destination array
                     9      ;data block move with a loop and dual DPTRs
 ----               10              CSEG  AT  0000H
 0000 7A08          11      BLKMOV: MOV   R2,#LENTH;set count
 0002 0586          12              INC   DPS
 0004 900008        13              MOV   DPTR,#DSTA ;set dest. pointer
 0007 0586          14              INC   DPS ;switch active DPTR
 0009 900000        15              MOV   DPTR,#SRCA ;set source pointer
 000C E0            16      MLOOP:  MOVX  A,@DPTR ;read data from source
 000D A3            17              INC   DPTR ;point to next byte
 000E 0586          18              INC   DPS  ;switch active DPTR
 0010 F0            19              MOVX  @DPTR,A ;store data to dest.
 0011 A3            20              INC   DPTR ;point to next byte
 0012 0586          21              INC   DPS  ;switch active DPTR
 0014 DAF6          22              DJNZ  R2,MLOOP;repeat count times
 0016 22            23              RET
                    24              END
```

📖 複習問題

4.51. 試簡述迴路指令的共同特性。

4.52. 試簡述迴路指令 DJNZ 的動作。

4.53. 在 MCS-5 中，可以當作 DJNZ 指令的計數器有多少個？

4.54. 指令 DJNZ　direct,disp8 為幾個位元組？執行時需要多少個機器週期？

4.55. 為何 DEC 指令通常無法配合 JNZ 指令，形成迴路控制動作？

4.5 參考資料

1. Han-Way Huang, *Using MCS-51 Microcontroller*, New York: Oxford University Press, 2000.

2. Intel, *MCS-51 Microcontroller Family User's Manual,* Santa Clara, Intel Co., 1994. (http://developer.intel.com/design/mcs51/hsf_51.htm)

3. I. Scott MacKenzie, *The 8051 Microcontroller*, 4th ed., Upper Saddle River, NJ: Pearson Education, 2007.

4. Muhammad Ali Mazidi and Janice Gillispie Mazidi, *The 8051 Microcontroller and Embedded Systems*, Upper Saddle River, New Jersey: Prentice-Hall, 2000.

4.6 習題

4.1 設計一個程式片段，依相反的次序儲存 ARRAY 到 ARRAY+3 等 4 個位元組的內容。

4.2 設計一個程式片段，執行下列各表式的運算：

(1) $X \leftarrow W + Y + Z$

(2) $X \leftarrow W + Y - Z$

(3) $Y \leftarrow (W + 5) - (Z + 3)$

(4) $Z \leftarrow (W \times 5)/(Z + 6)$

其中 W、X、Y 與 Z 均為內部 RAM 的位元組運算元。

4.3 何謂符號擴展，試舉例說明當一個單一位元組的帶號數(2 補數)擴展為一個語句(雙位元組)時的情形(正數與負數分別舉例)。

4.4 在 BCD 算術運算中，加法與減法的調整程序有何不同？試舉例討論。

4.5 試寫出三個(至少)可以將一個內部 RAM 位元組內容加 1 的方法。假設位元組位址為 X。

4.6 試寫出三個(至少)可以將一個內部 RAM 位元組內容清除為 0 的方法。假設位元組位址為 X。

4.7 設計一個程式，將一個帶號數(2 補數)取其絕對值。假設該數儲存於內部 RAM 位元組 X 中。

4.8　設計一個程式，清除一段以位址 ARRAY 開始的內部 RAM 位元組區段。區段的長度存於 LENGTH 位元組中。

4.9　設計一個程式，計算 N 個未帶號數的和。假設每一個數均佔用一個位元組，這些數分別儲存於內部 RAM 中以 NUMBER+3 位址開始的區域，NUMBER 存放 N 值，而 NUMBER+1 與 NUMBER+2 則存放結果。

4.10　設計一個多精確制 BCD 加法程式，其 BCD 數字位元組數目儲存於 LENGTH，而加數與被加數分別存於由 ADDEND 與 AUGEND 開始的位置中，結果則存回被加數 AUGEND 中。

4.11　設計一個程式，將 ARRAY 到 ARRAY+N-1 等 N 個位元組內容依相反的次序儲存。

4.12　設計一個程式，將外部 RAM 中由 20H 開始的 20 個位元組資料區段搬移到外部 RAM 中 60H 的位置。

4.13　設計一個程式，將外部 RAM 中由 40H 開始的 20 個位元組資料區段搬移到外部 RAM 中 1000H 的位置。

4.14　設計一個程式，將外部 RAM 中由 2000H 開始的 20 個位元組資料區段搬移到外部 RAM 中 00H 的位置。

4.15　設計一個程式，計算由 ARRAY 開始的 N 個帶號數(2 補數)中，共有幾個負數。假設每一個數均佔用一個位元組，而 N 儲存於 LENGTH 中。

4.16　利用迴路的程式設計技巧，計算下列各式：

(1) S = 1 + 3 + 5 + 7 + …… + 99

(2) S = 2 + 4 + 6 + 8 + … + 100

(3) S = 7 + 14 + 21 + 28 + … + 98

(4) S = 5 + 10 + 15 + 20 + … + 100

4.17　依據下列指定的數目類型，設計一個程式，由 N 個未帶號數中，找出最大值：假設每一個數均佔用一個位元組，數目由內部 RAM 位置 NUMBER 開始，數目長度 N 則存於 LENGTH 中。

4.18 依據下列指定的數目類型，設計一個程式，由 *N* 個未帶號數中，找出最小值：假設每一個數均佔用一個位元組，數目由內部 RAM 位置 NUMBER 開始，數目長度 *N* 則存於 LENGTH 中。

4.19 設計一個程式，分別計算由 ARRAY 位置開始的 *N* 個位元組的未帶號數中，奇數與偶數數目的和，然後分別儲存結果於 ODD 與 EVEN 內。假設 *N* 存於 LENGTH，而 ODD 與 EVEN 分別佔用兩個位元組。

4.20 寫一個程式片段，執行圖 P4.1 所示的流程圖。

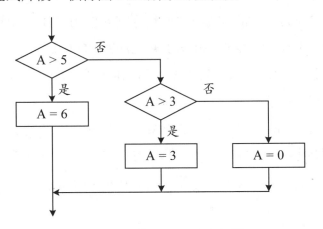

圖 P4.1　習題 4.20 的流程圖

4.21 寫一個程式片段，執行下列 CASE i 指述：

CASE i

1：GO TO 3010H

2：GO TO 3020H

3：GO TO 3030H

4：GO TO 3040H

4.22 為何在具有兩個資料指示暫存器的 MCS-51 中，其兩個資料指示暫存器不能同時使用？

4.23 將資料指示暫存器內容加 1 的方法相當簡單，只需要使用 INC　DPTR 指令即可。試問：

(1) 若不使用 INC　DPTR 指令，有無其它方法可以完成相同的動作？

(2) 若希望將 DPTR 的值減 1，則有無方法可以完成此動作？

4.24 在 MCS-51 中的 INC 指令，可以直接將一個指定的內部 RAM 位置的內容加 1，試問提供這項功能有何重要應用？

4.25 回答下列問題：

(1) 指出下列兩個指令的差異：INC A 與 INC ACC。

(2) 指出下列兩個指令的差異：CLR A 與 MOV A,#00H。

4.26 下列為一個簡單的 MCS-51 組合語言程式：

```
SUB1:    MOV    R1,#20H
AGAIN:   MOV    @R1,#00H
         INC    R1
         CJNE   R1,#30H,AGAIN
         RET
```

(1) 此副程式的功能為何？

(2) 副程式中每一個指令執行時需要多少個機器週期？

(3) 副程式中每一個指令的長度為多少個位元組？

(4) 轉換此副程式中為機器語言程式？

(5) 完成此副程式的執行，一共需要多少個機器週期？

4.27 設計一個組合語言程式，清除內部 RAM 的位置 30H 到 7FH 的內容為 00H。

4.28 指令 MOVC A,@A+PC 的動作為讀取程式記憶器中的表格資料，試問有無其它方法(指令片段)可以完成相同的動作？

4.29 設計一個組合語言程式，搬移程式記憶器中以 TABLE 開始的 20H 個位元組資料到內部 RAM 的位置 30H 到 4FH 內。

4.30 設計一個組合語言程式，清除內部 RAM 的可位元存取區(即位置 20H 到 2FH)的內容為 00H。

4.31 下列為一個簡單的 MCS-51 組合語言程式片段：

```
         MOV    R2,#50H
LOOP:    MOV    R3,#32H
AGAIN:   DJNZ   R3,AGAIN
```

DJNZ   R2,LOOP

RET

(1) 此程式片段的功能為何？

(2) 程式片段中的每一個指令執行時，需要多少個機器週期？

(3) 程式片段中的每一個指令的長度為多少個位元組？

(4) 完成此程式片段的執行，一共需要多少個機器週期？

4.32 假設 16 個 BCD 數字儲存在一個 8 位元組的記憶器區段中，每一個位元組含有兩個 BCD 數字。記憶器區段的啟始位址為 BCDDIGITS。寫一程式轉換這 16 個 BCD 數字為 ASCII 字元，然後儲存於記憶器區段 ASCIICODES 中。假設兩個記憶器區段均位於內部 RAM 中。

4.33 假設 16 個 ASCII 字元儲存在一個 16 位元組的記憶器區段中，其啟始位址為 ASCIICODES。寫一程式轉換這 16 個 ASCII 字元為 BCD 數字，然後儲存於一個 8 位元組的記憶器區段 BCDDIGITS 中。假設兩個記憶器區段均位於內部 RAM 中。

5 組合語言程式設計

在 了解基本組合語言指令與程式設計方法之後，本章將繼續介紹一些較深入的組合語言指令：邏輯運算指令、位元運算指令、移位與循環移位指令及 CPU 控制與旗號位元指令，並且結合前一章中介紹的指令，完成一些較為複雜的程式，以說明它們的動作及用途。

5.1 邏輯與位元運算指令

邏輯運算指令(logic manipulation instruction)是以位元對位元(bitwise)的方式處理整個資料位元組，其動作是針對每一個位元做獨立的處理。位元運算指令(bit manipulation instruction)又稱為布林指令(Boolean instruction)。基本上，位元運算指令與邏輯運算指令類似，為一種以位元的方式處理資料的指令，而且此種指令的功能，都可以使用邏輯運算指令模擬或取代。兩者的重大差異為在邏輯運算指令中，每次都以位元並列方式處理整個資料位元組，其中每一個位元的值都可能被改變；在位元運算指令中，則只有指定的位元(單一個位元)的值可能被改變，因此使用上較邏輯運算指令方便而且簡單。

5.1.1 MCS-51 邏輯運算指令

MCS-51 的邏輯運算指令如表 5.5-1 所示，三個標準的邏輯運算指令分別為 ANL (logical AND)、ORL (logical OR)與 XRL (logical exclusive OR)，這三個指令皆為兩個運算元指令，同時依據標的運算元的不同，可以區分為兩種指令格式。當標的運算元為累積器 A 時，來源運算元可以使用暫存器定址、直接定址、間接定址或立即資料等方式指定；當標的運算元為直接定址方式時，來源運算元可以是累積器 A 或是立即資料(#data8)。

表 5.1-1 MCS-51 邏輯運算指令

指令		動作	CY	AC	OV	P
ANL	A,src-byte	$A \leftarrow A \wedge$ src-byte src-byte = Rn, direct, @Ri, #data8	-	-	-	*
ANL	direct,A	(direct) $\leftarrow$ (direct) $\wedge$ A	-	-	-	-
ANL	direct,#data8	(direct) $\leftarrow$ (direct) $\wedge$ #data8	-	-	-	-
ORL	A,src-byte	$A \leftarrow A \vee$ src-byte src-byte = Rn, direct, @Ri, #data8	-	-	-	*
ORL	direct,A	(direct) $\leftarrow$ (direct) $\vee$ A	-	-	-	-
ORL	direct,#data8	(direct) $\leftarrow$ (direct) $\vee$ #data8	-	-	-	-
XRL	A,src-byte	$A \leftarrow A \oplus$ src-byte src-byte = Rn, direct, @Ri, #data8	-	-	-	*
XRL	direct,A	(direct) $\leftarrow$ (direct) $\oplus$ A	-	-	-	-
XRL	direct,#data8	(direct) $\leftarrow$ (direct) $\oplus$ #data8	-	-	-	-

與一般微處理器不同的是，MCS-51 的邏輯運算指令只在當標的運算元為累積器 A 時，才會影響同位旗號位元 P 外，其餘情形均不會影響任何旗號位元。因此，在使用上與一般的微處理器稍有不同，必須加以注意。

邏輯運算指令的應用相當廣泛，但是歸納起來不外乎是依據來源運算元(src)給定的位元圖案(bit pattern)選擇性的設定、清除、改變或測試標的運算元(dst)中的位元。ANL 指令選擇性的清除標的運算元(dst)中的某些位元；ORL 運算指令通常選擇性的設定標的運算元(dst)中的某些位元；XRL 則選擇性的將標的運算元(dst)中的位元取補數，或測試兩個運算元的位元圖案是否完全相同。

圖 5.1-1　邏輯運算指令的動作說明例

　　若希望清除標的位元組 10111001 的第 0 個、第 1 個、第 4 個及第 6 個位元為 0，則可以使用一個罩網位元組 10101100，與標的位元組執行 ANL 運算即可，如圖 5.1-1(a)所示。

　　例如若希望設定標的位元組 10111001 的第 0 個、第 1 個、第 4 個及第 6 個位元為 1，則可以使用另外一個位元組 01010011，稱為罩網(mask)，與標的位元組執行 ORL 運算即可，如圖 5.1-1(b)所示。

　　若希望將標的位元組 10111001 的第 0 個、第 1 個、第 4 個及第 6 個位元取補數，則可以使用一個罩網位元組 01010011，與標的位元組執行 XRL 運算即可，如圖 5.1-1(c)所示。

　　下列例題說明典型的三個邏輯運算指令：ANL、ORL 與 XRL 的使用方法。

例題 5.1-1　(布林表式)

　　設計一個程式，計算下列布林表示式：

$$F = \overline{A}B \oplus (C + D)$$

其中每一個變數均為一個位元，但是為了方便，八組測試資料置於同一個位元組中，因此在程式執行完後，結果為八組資料的結果。

解：完整的程式如程式 5.1-1 所示。程式的指令安排方式，完全依照上述布林表示式，由左而右的計算次序。

程式 5.1-1　計算布林表式：$F = \overline{AB} \oplus (C + D)$

```
              1        ;ex5.1-1.a51
----          2                DSEG  AT  30H
0030          3        INPUT_A:  DS  1   ;input a
0031          4        INPUT_B:  DS  1   ;input b
0032          5        INPUT_C:  DS  1   ;input c
0033          6        INPUT_D:  DS  1   ;input d
0034          7        RESULT_F: DS  1   ;result f
              8        ;program to evalute the boolean
              9        ;
             10        ;expression -->F = AB ⊕ (C+D)
             11        ;
----         12                CSEG  AT  0000H
0000 E530    13        LGSML:  MOV   A,LOW INPUT_A;get INPUT_A
0002 F4      14                CPL   A          ;complement it
0003 5531    15                ANL   A,LOW INPUT_B;AND INPUT_B
0005 F8      16                MOV   R0,A       ;save A temporarily
0006 E532    17                MOV   A,LOW INPUT_C;get INPUT_C
0008 4533    18                ORL   A,LOW INPUT_D;OR INPUT_D
000A 68      19                XRL   A,R0    ;XOR A with R0
000B F534    20                MOV   LOW RESULT_F,A ;save result
000D 22      21                RET
             22                END
```

下列例題說明如何利用 ANL 與 CJNE 兩個指令測試一個位元的值，ANL 指令的選擇性清除位元值，與 ORL 指令的選擇性設定位元值等三個指令的功能，設定一個位元組(BYTE1)的位元 3 為另一個位元組(BYTE2)的位元 5 之值。

例題 5.1-2　(邏輯運算指令)

使用邏輯運算指令，設定一個位元組(BYTE1)的位元 3 為另一個位元組(BYTE2)的位元 5 之值。

解：完整的程式如程式 5.1-2 所示。程式首先使用 ANL 指令與 CJNE 測試 BYTE2 位元 5 的值，若為 1，則利用 ORL 指令，設定 BYTE1 位元 3 為 1；否則，使用 ANL 指令，清除 BYTE1 位元 3 為 0。

程式 5.1-2 邏輯運算指令的使用例

```
              1        ;ex5.1-2.a51
----          2              DSEG   AT   30H
0030          3    BYTE1:    DS     1        ;bit number
0031          4    BYTE2:    DS     1        ;bit value
              5    ;program to set the value of the bit 3 of
              6    ;BYTE1 with the value of the bit 5 of BYTE2
              7    ;using logical instructions
----          8              CSEG   AT   0000H
0000 E531     9    SETBYTV:  MOV    A,LOW BYTE2 ;get byte2
0002 5420    10              ANL    A,#20H   ;extract the bit 5
0004 B42005  11              CJNE   A,#20H,CLRBIT ;test the bit 5
0007 433008  12    SETBIT:   ORL    LOW BYTE1,#08H;set the bite 3
000A 8003    13              JMP    RETURN        ;of byte1
000C 5330F7  14    CLRBIT:   ANL    LOW BYTE1,#0F7H;clear
000F 22      15    RETURN:   RET            ;the bit 3 of byte1
             16              END
```

欲取出一個運算元中的各別位元，執行需要的運算，而不影響該位元組中的其它位元時，需要使用罩網位元組與 ANL 指令。同樣地，適當的罩網位元組與 ANL 與 ORL 指令配合後，可以清除或是設定運算元中的某些特定位元。下列例題探討此項技術，同時亦說明 MOVC 指令的使用方法。

例題 5.1-3 (邏輯運算指令)

假設欲被改變位元值的位元組(MEMORY)與指定該位元的位元數(BITNO)均為變數，即只能在程式執行時，才可以獲得其值時，設計一個程式，設定 MEMORY 位元組中的位元數 BITNO 為指定的值 VALUE(這個程式為 CRT 繪圖模式推動程式中的基本程式)

解：完整的程式如程式 5.1-3 所示。在這程式中，首先定義一個罩網(BMASK)，它一共有八個位元組(01H、02H、04H、08H、10H、20H、40H、80H)，利用此罩網，即可以各別取出一個位元組中的任何一個位元，執行需要的運算。欲做運算的位元位址(存於 BITNO 內)，可以當作此罩網陣列的指標，而取出對應的罩網位元組，此位元組與標的位元組執行 ORL 運算後，即設定該標的位元組中的 BITNO 位元為 1；此位元組取 1 補數(NOT)後與標的位元組執行 ANL 運算後，即清除該標的位元組的 BITNO 位元為 0。

　　程式中首先分別載入 BITNO 與 VALUE 於累積器 A 與暫存器 R0 內，接著使用指令 MOVC　A,@A+DPTR 取得罩網位元組，並存入累積器 A 內。其次，使用 CJNE 指令，判別 VALUE(在暫存器 R0 內)為 1 或為 0，因而設定 MEMORY 中，由 BITNO 指定的位元為 1 或 0。

程式 5.1-3　邏輯運算指令的使用例

```
              1    ;ex5.1-3.a51
----          2              DSEG   AT   30H
0030          3    BITNO:    DS     1        ;bit number
0031          4    VALUE:    DS     1        ;bit value
0032          5    MEMORY:   DS     1        ;memory location
              6    ;program to set a given bit of the MEMORY
              7    ;byte with VALUE
----          8              CSEG   AT   0000H
0000 E530     9    SETMBIT:  MOV    A,LOW BITNO ;get the bit number
0002 A831    10              MOV    R0,LOW VALUE;get the value
0004 900013  11              MOV    DPTR,#BMASK ;get the mask
0007 93      12              MOVC   A,@A+DPTR    ;entry
0008 B80104  13              CJNE   R0,#01H,CLRBIT;test the value
000B 4232    14    SETBIT:   ORL    LOW MEMORY,A ;set the MEMORY
000D 8003    15              SJMP   RETURN       ;bit
000F F4      16    CLRBIT:   CPL    A            ;clear the MEMORY
0010 5232    17              ANL    LOW MEMORY,A ;bit
0012 22      18    RETURN:   RET
0013 01020408 19   BMASK:    DB     01H,02H,04H,08H
0017 10204080 20             DB     10H,20H,40H,80H
             21              END
```

　　利用罩網位元組，可以取出一個位元組中的各別位元，執行需要的運算，而不影響該位元組中的其它位元。下列的例題再度說明這個方法的另外一種應用：利用罩網位元組，檢出欲測試的位元組中的各別位元狀態之後，計數一個位元組中，含有"1"位元的個數。在移位與循環移位指令一小節中，將討論如何避免使用罩網位元組，而可以完成相同的動作。

例題 5.1-4　(計數一個位元組中"1"的個數)

　　設計一個程式，計數一個位元組中，含有"1"位元的個數。

解：完整的程式如程式 5.1-4 所示。程式中使用暫存器 R1 為 1 位元數目計數器，R2 為迴路計數器，DPTR 為單網位元組的基底暫存器。在進入迴路 BEGIN 之前的五個指令為初值設定指令，分別設定暫存器 R2、R1、R0、B 與 DPTR 等之初值。由於每一個單網位元組可以測試一個位元值，若依序使用八個單網位元組，測試欲計數的資料位元組(TDATA)的位元值，而記錄其不為 0 的數目，即為所求。迴路 BEGIN 中的指令即是做這些動作。在每次執行迴路時，總是需要重新存回 R0 於 TDATA 中，以還原其值，因為 ANL　LOW TDAT,A 指令會破壞 TDATA 中，其它未經測試的位元值。使用 TDATA 為標的位元組的目的，為方便其次 CJNE 指令的使用。

程式 5.1-4　計數一個位元組中"1"的個數

```
                  1       ;ex5.1-4.a51
----              2               DSEG    AT   30H
   0008           3       BCOUNT  EQU     08H      ;bit bumber
0030              4       TDATA:  DS      1        ;test data
0031              5       COUNT:  DS      1        ;result
                  6       ;count the number of 1 bits in a given byte
                  7       ;using a MASK array and an AND instruction.
----              8               CSEG    AT   0000H
0000 7A08         9       B1CNTS: MOV     R2,#BCOUNT ;set a loop counter
0002 75F000      10               MOV     B,#00H      ;zero the index
0005 A9F0        11               MOV     R1,B        ;zero the bit count
0007 90001E      12               MOV     DPTR,#EMASK;the bit mask
000A A830        13               MOV     R0,LOW TDATA;save and restore
000C 8830        14       BEGIN:  MOV     LOW TDATA,R0;the test data
000E E5F0        15               MOV     A,B          ;set the emask index
0010 93          16               MOVC    A,@A+DPTR ;get the test bit mask
0011 5230        17               ANL     LOW TDATA,A;test the bit value
0013 B53001      18               CJNE    A,LOW TDATA,NEXT ;if not zero
0016 09          19               INC     R1           ;increase the count
0017 05F0        20       NEXT:   INC     B            ;increase the index
0019 DAF1        21               DJNZ    R2,BEGIN     ;repeat until
001B 8931        22               MOV     LOW COUNT,R1 ;store the result
001D 22          23               RET
001E 01020408    24       EMASK:  DB      01H,02H,04H,08H ;mask
0022 10204080    25               DB      10H,20H,40H,80H
                 26               END
```

📖 複習問題

5.1. 在 MCS-51 中，基本的邏輯運算指令有那些？

5.2. 試簡述 ANL 指令的基本動作與對旗號位元的影響。

5.3. 試簡述 ORL 指令的基本動作與對旗號位元的影響。

5.4. 試簡述 XRL 指令的基本動作與對旗號位元的影響。

5.5. 何謂罩網位元組？其功能為何？

5.1.2 MCS-51 位元運算指令

MCS-51的位元運算指令如表5.1-2所示，這些指令可以分成兩組：雙運算元指令與單運算元指令。它們使用進位旗號位元 CY，當作位元運算指令的累積器，稱為位元累積器(bit accumulator，C)，而且只當標的運算元為位元累積器 C 時，才會影響進位旗號位元 CY，其它旗號位元則不受影響。

由於進位旗號位元 CY 為位元運算指令的累積器，因此在位元運算指令中，當使用隱含定址方式時，必須使用符號 C 表示；當使用直接定址方式時，則必須使用符號 CY 表示，例如 MOV   C,CY。

表 5.1-2　MCS-51 位元運算指令

指令	動作	CY	AC	OV	P
MOV C,bit	C ← (bit)	*	-	-	-
MOV bit,C	(bit) ← C	-	-	-	-
ANL C,bit	C ← (bit) ∧ C	*	-	-	-
ANL C,/bit	C ← $\overline{(bit)}$ ∧ C	*	-	-	-
ORL C,bit	C ← (bit) ∨ C	*	-	-	-
ORL C,/bit	C ← $\overline{(bit)}$ ∨ C	*	-	-	-
CLR C	C ← 0	*	-	-	-
CLR bit	(bit) ← 0	-	-	-	-
SETB C	C ← 1	*	-	-	-
SETB bit	(bit) ← 1	-	-	-	-
CPL C	C ← $\overline{C}$	*	-	-	-
CPL bit	(bit) ← $\overline{(bit)}$	-	-	-	-

雙運算元指令包括MOV、ANL與ORL等三個，這些指令均使用位元累

積器 C 為一個運算元，另外一個運算元則是使用直接定址方式指定的位元資料。如圖 3.2-2 所示，可以當作位元運算元的位元資料，包括在內部 RAM 中的位元可存取區(20H 到 2FH)，與位元可存取的特殊功能暫存器(位址為 x0H 或是 x8H)中的位元。

MOV (move bit)為位元資料轉移指令，它可以任意轉移位元資料至位元累積器 C 內，或是儲存位元累積器 C 的值至任意指定的位元位置中。另外兩個指令為位元的邏輯運算指令 ANL 與 ORL，它們以位元累積器 C 為標的運算元，與一個指定的位元值或是位元值的補數做 AND 或是 OR 運算後，結果再存回位元累積器 C 中。

單運算元指令包括 CLR、SETB 與 CPL 等三個，這些指令的運算元可以是位元累積器 C 或是使用直接定址方式指定的位元資料。CLR (bit clear)指令的動作為清除指定的位元值為 0；SETB (bit set)指令的動作為設定指定的位元為 1；CPL (bit complement)指令的動作為將指定的位元取補數(NOT)。

由於 MCS-51 的主要設計目的是在工業控制上的應用，並且力求硬體電路的簡單，因此位元運算指令的動作只有靜態一種類型，而無動態的類型。此外，它也沒有 XOR 運算的位元運算指令，但是提供了兩個較強的位元邏輯運算指令 ANL　C,/bit 與 ORL　C,/bit。注意：在 MCS-51 的組合語言中，使用/bit 表示 NOT bit。

下列例題說明典型的三個位元運算指令：ANL、MOV 與 ORL 等的使用方法。

例題 5.1-5　(布林表式)

設計一個程式，計算下列布林表示式：

$$F = \overline{AB} \oplus (C + D)$$

其中每一個變數均為一個位元。

解：完整的程式如程式 5.1-5 所示。由於 MCS-51 的位元運算指令組中，沒有 XOR 的指令，但是有一個 ANL　C,/bit 指令，因此程式先算出/AB 與(C+D)兩項的值，分別儲存於 BITF0 與 BITF1 中，接著再利用 $x \oplus y = /xy + x/y$ 的等式，使用上述 ANL 指令，計算出最後的結果。

程式 5.1-5　計算布林表式：$F = \overline{AB} \oplus (C + D)$

```
                    1          ;ex5.1-5.a51
----                2                  BSEG   AT   20H
0020                3    BITA:   DBIT   1    ;define input A
0021                4    BITB:   DBIT   1    ;define input B
0022                5    BITC:   DBIT   1    ;define input C
0023                6    BITD:   DBIT   1    ;define input D
0024                7    BITF0:  DBIT   1    ;define result F0
0025                8    BITF1:  DBIT   1    ;define result F1
0026                9    BITF:   DBIT   1    ;define result F
                   10    ;program to evaluate the boolean
                   11    ;
                   12    ;expression -->F = A'B ⊕ (C+D)
                   13    ;
----               14                  CSEG   AT   0000H
0000 A221          15    LGSML:  MOV    C,LOW BITB  ;get INPUT B
0002 B020          16            ANL    C,/LOW BITA ;AND INPUT A
0004 9224          17            MOV    LOW BITF0,C ;the first item
0006 A222          18            MOV    C,LOW BITC  ;get INPUT C
0008 7223          19            ORL    C,LOW BITD  ;OR INPUT D
000A 9225          20            MOV    LOW BITF1,C ;the second item
000C B024          21            ANL    C,/LOW BITF0 ;XOR
000E 9226          22            MOV    LOW BITF,C   ;with BITF1/BITF0
0010 A224          23            MOV    C,LOW BITF0  ;+ BITF0/BITF1
0012 B025          24            ANL    C,/LOW BITF1
0014 7226          25            ORL    C,LOW BITF
0016 9226          26            MOV    LOW BITF,C   ;save the result
0018 22            27            RET
                   28            END
```

📖複習問題

5.6. 在 MCS-51 中，基本的位元運算指令有那些？

5.7. 試簡述 MOV 位元運算指令的基本動作與對旗號位元的影響。

5.8. 試簡述 ANL 位元運算指令的基本動作與對旗號位元的影響。

5.9. 試簡述 ORL 位元運算指令的基本動作與對旗號位元的影響。

5.10. 試簡述 CLR 位元運算指令的基本動作與對旗號位元的影響。

5.11. 試簡述 SETB 位元運算指令的基本動作與對旗號位元的影響。

5.12. 試簡述 CPL 位元運算指令的基本動作與對旗號位元的影響。

5.1.3 MCS-51 位元測試指令

位元測試指令的動作為測試指定位元的值,並據以執行相關的動作,測試的位元可以是位元累積器 C 或是使用直接定址方式指定的位元。MCS-51 的位元測試指令如表 5.1-3 所示,總共有兩個指令:針對位元累積器 C 的 JC/JNC 指令,及針對使用直接定址方式指定的任意位元的 JB/JNB/JBC 指令,這些指令均不會影響任何旗號位元的值。

JC 指令的測試條件為位元累積器 C 的值是否為 1,而 JNC 指令的測試條件為位元累積器 C 的值是否為 0。當它們的測試條件成立時,即分歧至指定的位址執行指令;否則,繼續執行下一個指令。JC 與 JNC 兩個指令的長度均為兩個位元組,第一個位元組為運算碼,而第二個位元組為 8 位元的 2 補數位移位址。8 位元的位移位址以符號擴展方式擴充為 16 位元後,加到 PC (PC 指於下一個指令)上形成有效位址,因此有效的分歧範圍由-128 到+127。

表 5.1-3　MCS-51 位元測試指令

指令		動作	CY	AC	OV	P
JC	disp8	PC ← PC + 2; If C = 1 then PC ← PC + disp8	-	-	-	-
JNC	disp8	PC ← PC + 2; If C = 0 then PC ← PC + disp8	-	-	-	-
JB	bit,disp8	PC ← PC + 3; If (bit) = 1 then PC ← PC + disp8	-	-	-	-
JBC	bit,disp8	PC ← PC + 3;	-	-	-	-
		If (bit) = 1 then (bit) ← 0 and PC ← PC + disp8				
JNB	bit,disp8	PC ← PC + 3; If (bit) = 0 then PC ← PC + disp8	-	-	-	-

MCS-51 的另外一個位元測試指令 JB/JBC/JNB,如表 5.1-3 中的第二組指令所示。這三個指令均為三位元組指令,其中第一個位元組為運算碼,第二個位元組為欲測試位元的直接(定址方式之直接)位址,而第三個位元組為 8 位元的 2 補數位移位址。指令 JB/JBC/JNB 的有效位址的計算方式與 JC/JNC 指令相同。

指令 JB 與 JNB 為單純的位元測試指令,JB 指令測試一個指定的位元值是否為 1。若是,則分歧至標的位址執行;否則,繼續執行下一個指令。JNB 指令除了測試的位元值是否為 0 外,其動作與 JB 指令相同。JBC 指令的動作與 JB 指令大致相同，但是它當測試的條件成立(即位元值為 1)時，在分歧至標的位址之前，先清除該位元值為 0；否則，不影響該位元的值，並繼續執行下一個指令。

下列例題說明如何使用位元測試指令：JNB、CLR 與 SETB 等取代例題 5.1-2 中的 ANL 與 ORL 等指令，設定一個位元組(BYTE1)的位元 3 為另一個位元組(BYTE2)的位元 5 之值。

例題 5.1-6 (位元測試指令使用例)

使用位元測試指令，重新設計例題 5.1-2 的程式。

解： 完整的程式如程式 5.1-6 所示。程式中的第一個指令 JNB 測試 BYTE2 位元組中的第 5 個位元的值是否為 0，若是，則分歧到 CLRBIT，執行指令 CLR，清除 BYTE1 語句中的第 3 位元；否則，執行指令 SETB，設定 BYTE1 位元組中的第 3 個位元為 1。程式中使用 SJMP RETURN，而不直接使用指令 RET 的目的，為維持程式只有一個入口與一個出口的特性，以使程式較具可讀性。這種設計方式屬於結構化的程式設計。有關結構化程式設計的基本方法，請參閱第 6 章。

程式 5.1-6　靜態位元測試指令使用例

```
                     1        ;ex5.1-6.a51
----                 2                BSEG    AT   20H
0020                 3        BYTE1:  DBIT  8   ;control word 1
0028                 4        BYTE2:  DBIT  8   ;control word 2
                     5        ;program to set the value of the bit 3 of
                     6        ;BYTE1 with the value of the bit 5 of BYTE2
                     7        ;using bit manipulation instructions
----                 8                CSEG    AT   0000H
0000 304504          9                JNB    LOW BYTE2.5,CLRBIT;test bit 5
0003 D203           10                SETB   LOW BYTE1.3 ;set the bit 3
0005 8002           11                SJMP   RETURN       ;of byte1
0007 C203           12        CLRBIT: CLR    LOW BYTE1.3 ;clear the bit 3
0009 22             13        RETURN: RET                 ;of byte1
                    14                END
```

設計程式時，若能嘗試不同的思考方式，則常常有意想不到的效果，下列例題說明了例題 5.1-6 程式的另外一種使用較少指令的設計方法。

例題 5.1-7　(位元測試指令使用例)

例題 5.1-6 程式的另外一種程式設計方法。

解：在前述例題中，由於BYTE1 位元組中的第3個位元不是設定為1就是清除為0，因此先假設它應該為1，然後判別BYTE2語句中的第5個位元。若為1，則不需要再做任何事，但是若為 0，則原先的假設是錯的，此時必須清除BYTE1 位元組中的第3個位元，完整的程式如程式5.1-7所示。與例題5.1-6的程式設計方法比較之下，可以節省一個 SJMP 指令。

程式 5.1-7　靜態位元測試指令使用例

```
                       1        ;ex5.1-7.a51
----                   2                BSEG  AT  20H
0020                   3        BYTE1:  DBIT  8   ;control word 1
0028                   4        BYTE2:  DBIT  8   ;control word 2
                       5        ;program to set the value of the bit 3 of
                       6        ;BYTE1 with the value of the bit 5 of BYTE2
                       7        ;using bit manipulation instructions
----                   8                CSEG  AT  0000H
0000 D203              9                SETB  LOW BYTE1.3;set the bit 3
0002 204502           10                JB    LOW BYTE2.5,RETURN;the bit 5
0005 C203             11        CLRBIT: CLR   LOW BYTE1.3;clear the bit 3
0007 22               12        RETURN: RET
                      13                END
```

📖 複習問題

5.13. 在 MCS-51 中，基本的位元測試指令有那些？

5.14. 試簡述 JC 指令的基本動作。

5.15. 試簡述 JNC 指令的基本動作。

5.16. 試簡述 JB 指令的基本動作。

5.17. 試簡述 JNB 指令的基本動作。

5.18. 試簡述 JBC 指令的基本動作。

5.19. 在 MCS-51 中，位元測試指令是否會影響旗號位元？

5.2 移位與循環移位指令

移位(shift)與循環移位(rotate)運算指令組為任何微處理器都具有的基本

指令組之一,這一些指令的基本功能為幫助程式設計者達成資料的位元位置移動,或是達成某些算術的運算(例如乘2與除2)。移位運算指令只向左或是向右移動運算元一個指定的位元數目,其空缺的部分則適當的補0或是補上符號位元值;循環移位運算指令也是向左或是向右移動運算元一個指定的位元數目,但是其空缺的部分則依序填入被移出的位元。

在本節中,我們將介紹這一類的組合語言指令,並且列舉一些實例,比較在實際應用上,它們與前述的邏輯運算指令上的差異。

5.2.1 基本移位與循環移位指令

基本上,微處理器的移位運算可以分成兩大類:單純的移位指令與循環移位指令。前者又分成算術移位運算與邏輯移位運算兩種,而且它們各自有向左移位與向右移位兩種,因此一共可以組合成四種不同的指令:

1. 算術左移位(arithmetic shift left)
2. 算術右移位(arithmetic shift right)
3. 邏輯左移位(logical shift left)
4. 邏輯右移位(logical shift right)

邏輯移位與算術移位的動作均是向左或是向右移動運算元一個指定的位元數目,如圖 5.2-1 所示,其主要差異是:在邏輯移位中,其空缺的位元位置(MSB 或 LSB)均填入 0;在算術移位中,其空缺的位元位置在左移時(為LSB)必須填入 0,在右移時(為 MSB)必須填入移位前的符號位元值。因為算術移位通常是以帶號 2 補數的資料表示方式處理其運算元,所以,向右移位時,必須做符號擴展(sign extension),即擴展符號位元值至其次的位元,以維持除 2 的特性;向左移位時,只需要在最低有效位元(LSB)處填入 0,即可以維持乘以 2 的特性。

由上述討論可以得知:算術左移位與邏輯左移位兩種指令的動作完全相同,所以在一般微處理器中,這兩個指令其實是一個指令,但是在多數微處理器中,仍然使用各別的指令助憶碼,以幫助使用者在使用上較不易產生混淆。移位指令通常與加法或是減法算術指令組合使用，完成多精確制的乘法與除法運算(第 7.3 與 7.4 節)。

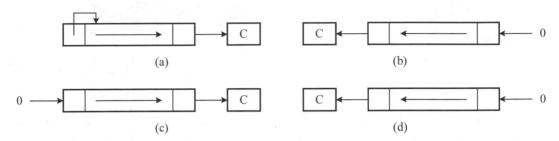

圖 5.2-1　算術與邏輯移位：(a)算數右移位；(b)算數左移位；(c)邏輯右移位；(d)邏輯左移位

循環移位也可以分成左循環移位與右循環移位兩種，並且它們可以與進位旗號位元 CY 連結使用或不連結使用，因此可以組合成四種不同的指令：

1. 左循環移位(rotate left)
2. 右循環移位(rotate right)
3. 連結進位左循環移位(rotate left with carry)
4. 連結進位右循環移位(rotate right with carry)

邏輯移位與循環移位的動作均是向左或是向右移動運算元一個指定的位元數目，如圖 5.2-2 所示，它們的主要差異是：在邏輯移位中，其空缺的位元位置(MSB 或 LSB)依序填入 0；在循環移位中，其空缺的位元位置(MSB 或 LSB)則依序填入被移出的位元。

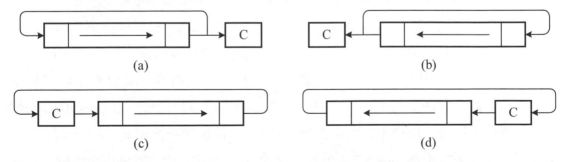

圖 5.2-2　循環移位與連結進位循環移位：(a)右循環移位；(b)左循環移位；(c)連結進位右循環移位；(d)連結進位左循環移位

連結進位的循環移位的動作通常用於處理多精確制的循環移位，其動作依然是先向左或是向右移動運算元一個指定的位元數目，被移出的位元則填入進位旗號位元(C)，而 MSB 或 LSB 則是填入未移位前的進位旗號位元(C)的值。

在移位與循環移位指令中，若每次移動的位元數目都是固定為 1 或常數時，稱為靜態指令，因為移動的位元數目在程式執行前已經確定；否則，若每次移動的位元數目可以由暫存器指定時，則稱為動態指令，因為移動的位元數必須等到程式執行時，才能決定。

📖 複習問題

5.20. 試簡述算術移位與邏輯移位的基本動作與差異。

5.21. 試簡述邏輯移位與循環移位的基本動作與差異。

5.22. 試簡述連結進位的循環移位的動作與應用。

5.23. 何謂靜態的移位與循環移位指令？

5.24. 何謂動態的移位與循環移位指令？

5.2.2 MCS-51 移位與循環移位指令

在 MCS-51 中，為了節省運算碼的編碼空間(只使用一個位元組)，它只提供了四個靜態的循環移位指令，如表 5.2-1 所示，即它只有前面所述的八個標準的移位與循環移位指令中的四個。這四個循環移位指令都必須使用累積器 A 為運算元，其中 RL (rotate left)與 RR (rotate right)兩個指令分別為左循環移位與右循環移位指令；RLC (rotate left with carry)與 RRC (rotate right with carry)兩個指令分別為連結進位左循環移位與連結進位右循環移位指令。RL 與 RR 兩個指令執行後，不會影響任何旗號位元；RLC 與 RRC 兩個指令執行後，均會影響進位旗號位元 CY 與同位旗號位元 P。

詳細的動作如圖 5.2-3 所示，圖 5.2-3(a)為 RL 指令的動作示意圖，它依序由右向左移動累積器 A 的內容一個位元位置，並由位元 0 移入由位元 7 移出的位元，構成一個左循環的移位動作。RR 指令的動作恰與 RL 指令相反，

它依序由左向右移動累積器 A 的內容一個位元位置，並由位元 7 移入由位元
0 移出的位元，構成一個右循環的移位動作，如圖 5.2-3(b)所示。

表 5.2-1　MCS-51 移位與循環移位指令

指令	動作	CY	AC	OV	P
RL　A	左循環移位累積器 A 的內容一個位元位置	-	-	-	-
RLC　A	連結進位左循環移位累積器 A 的內容一個位元位置	*	-	-	*
RR　A	右循環移位累積器 A 的內容一個位元位置	-	-	-	-
RRC　A	連結進位右循環移位累積器 A 的內容一個位元位置	*	-	-	*

　　圖 5.2-3(c)為 RLC 指令的動作示意圖，它依序由右向左移動累積器 A 的
內容一個位元位置，並由位元 0 移入進位旗號位元 CY，由位元 7 移出的位
元，則移入進位旗號位元 CY 內，構成一個連結進位的左循環的移位動作。
RRC 指令的動作恰與 RLC 指令相反，它依序由左向右移動累積器 A 的內容
一個位元位置，並由位元 7 移入進位旗號位元 CY，由位元 0 移出的位元，
則移入進位旗號位元 CY 內，構成一個連結進位的右循環的移位動作，如圖
5.2-3(d)所示。

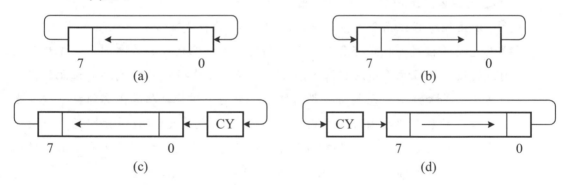

圖 5.2-3　MCS-51 的移位與循環移位指令的動作：(a) RL A 指令；(b) RR A 指令；(c) RLC A
指令；(d) RRC A 指令

　　下列例題說明 RL 左循環移位指令的使用方法。

例題 5.2-1　(RL 指令)

　　設計一個程式，交換累積器 A 的高序與低序 4 個位元(即 nible)。

解：利用左循環移位指令 RL　A，連續執行 4 次，完成需要的動作。完整的程式如程式 5.2-1 所示。注意在 MCS-51 中，本例題的動作可以直接使用 SWAP A 指令完成。

程式 5.2-1　RL 指令的使用例

```
                        1       ;ex5.2-1.a51
                        2       ;swap two nibbles in the accumulator A
                        3       ;using the RL A instruction
----                    4               CSEG  AT  0000H
0000 23                 5       SWAP4B: RL    A     ;rotate the accumulator
0001 23                 6               RL    A     ;A left 4 bits
0002 23                 7               RL    A
0003 23                 8               RL    A
0004 22                 9               RET
                        10              END
```

下列例題說明如何使用連結進位右循環移位指令(RRC)與計數器，計數一個位元組中"1"位元的個數。與使用邏輯運算指令的程式(程式 5.1-4)比較下，在此程式中並不需要使用罩網位元組。

例題 5.2-2　(循環移位指令使用例)

使用循環移位指令，重新設計例題 5.1-4 的程式。

解：完整的程式如程式 5.2-2 所示。利用循環移位指令的基本觀念，先移入欲測試的位元於位元累積器 C 內，然後利用條件分歧指令 JNC 判別該位元的值。若為 1，則增加 1 位元數目計數器的值；否則，該計數器的內容維持不變。上述動作與計數迴路技術合併之後，依序由最小(或最大)有效位元開始，一次一個移入位元累積器 C 內，然後判別其值以做為 1 位元計數器加 1 或不加 1 的依據，則在執行 8(BCOUNT)次迴路之後，即完成了需要的運算。

程式 5.2-2 循環移位指令使用例

```
                        1       ;ex5.2-2.a51
----                    2               DSEG  AT  30H
  0008                  3       BCOUNT  EQU   08H       ;bit number
0030                    4       TDATA:  DS    1         ;test data
0031                    5       COUNT:  DS    1         ;result
                        6       ;count the number of 1-bit in a given byte
                        7       ;using the rotation instruction
----                    8               CSEG  AT  0000H
```

```
0000 7908          9    B1CNTS:  MOV    R1,#BCOUNT ;set a loop counter
0002 75F000       10             MOV    B,#00        ;zero the 1's counter
0005 E530         11             MOV    A,LOW TDATA ;get the test data
0007 13           12    AGAIN:   RRC    A            ;test the bit value
0008 5002         13             JNC    NEXT     ;if not zero
000A 05F0         14             INC    B            ;increase the 1's count
000C D9F9         15    NEXT:    DJNZ   R1,AGAIN     ;loop BCOUNT times
000E 85F031       16             MOV    LOW COUNT,B;store the result
0011 22           17             RET
                  18             END
```

📖複習問題

5.25. 在 MCS-51 中，基本的移位與循環移位指令有那些？

5.26. 試簡述 RL 指令的基本動作與對旗號位元的影響。

5.27. 試簡述 RR 指令的基本動作與對旗號位元的影響。

5.28. 試簡述 RLC 指令的基本動作與對旗號位元的影響。

5.29. 試簡述 RRC 指令的基本動作與對旗號位元的影響。

5.3 CPU 控制與旗號位元指令

在大部分的微處理器中，均設計有一組 CPU 控制指令，以控制 CPU 的動作，典型的指令為 NOP (no operation)。此外，也都提供一組設定與清除旗號位元的指令，以方便設定或是清除某一個特定的旗號位元，例如進位旗號位元 CY 或是中斷致能旗號位元 EA (enable all)。雖然在大部分的情形下，都不會使用到這些指令，但是它們控制了 CPU 的重要動作，因此讀者仍然有必要了解這些指令的動作與用法。

5.3.1 MCS-51 CPU 控制指令

MCS-51 CPU 的控制指令只有 NOP 一個，如表 5.3-1 所示。NOP 指令並未命令 CPU 做任何運算，相反地，它只消耗 CPU 的時間而已。一般這個指令用來保留某些記憶器位置，以方便其次加入指令之用，或是用在延遲迴路中，以增加迴路的延遲。

表 5.3-1　MCS-51 CPU 控制指令

指令	動作	CY	AC	OV	P
NOP	沒有動作	-	-	-	-

　　下列例題說明如何利用 NOP 指令與迴路技術，完成一個軟體延遲程式的設計。

例題 5.3-1　(NOP 指令)

　　設計一個軟體延遲程式。

解： 一個簡單而可行的軟體延遲程式，如程式 5.3-1 所示，其延遲機器週期數目的計算方式如下：

$$1 + \underbrace{(1+1+1+1+1+2)}_{前面(N-1)次}N + \underset{最後一次}{2} = 7N + 3$$

若 MCS-51 操作於標準的 12 MHz 的系統時脈之下，每一個機器週期恰為 1 μs，因此程式的延遲為 $7N + 3$ μs。若欲產生 1 ms 的延遲，則程式 5.3-1 中的 N 必須設定為 143。

程式 5.3-1　軟體延遲程式

```
                         1        ;ex5.3-1.a51
  00C8                   2        COUNT    EQU   200
  ----                   3                 CSEG  AT  0000H
0000 7AC8                4        DELAY1MS: MOV  R2,#COUNT ;1 cycle
0002 00                  5        KTIME:    NOP        ;1 cycle
0003 00                  6                  NOP        ;1 cycle
0004 00                  7                  NOP        ;1 cycle
0005 00                  8                  NOP        ;1 cycle
0006 00                  9                  NOP        ;1 cycle
0007 DAF9               10                  DJNZ  R2,KTIME ;2 cycles
0009 22                 11                  RET        ;2 cycles
                        12                  END
```

　　若需要更長的延遲，可以使用多層迴路的方式(習題 5.16)。

5.3.2　旗號位元指令

　　大多數的算術運算指令都會影響(設定或清除)旗號位元，但是，有時候必須直接控制這些旗號位元的狀態，例如：清除或設定進位旗號 CY。因此大多數微處理器都提供一組旗號位元運算指令。

由於在MCS-51中，有一組位元運算指令，而且PSW暫存器中的每一個位元均可以單獨存取其值，因此使用兩個位元運算指令 CLR 與 SETB，即可以清除或是設定此暫存器中的任何一個位元，如表 5.3-2 所示。CLR 位元運算指令清除指定的旗號位元值為 0；SETB 位元運算指令設定指定的旗號位元值為 1。

表 5.3-2　MCS-51 旗號位元運算指令

指令	動作	CY	EA	OV	P
CLR　EA	抑制所有中斷輸入(清除 EA 為 0)。	-	0	-	-
SETB　EA	致能所有中斷輸入(設定 EA 為 1)。	-	1	-	-
CLR　P	清除同位旗號位元為 0。	-	-	-	0
SETB　P	設定同位旗號位元為 1。	-	-	-	1
CLR　C	清除進位旗號位元為 0。	0	-	-	-
CPL　C	將進位旗號位元取補數。	$\overline{C}$	-	-	-
SETB　C	設定進位旗號位元為 1。	1	-	-	-

中斷致能旗號位元(EA)(將在第 11 章中討論)的清除與設定，可以分別使用位元運算指令CLR與SETB指令完成。同樣地，同位旗號位元(P)的清除與設定，也可以分別使用位元運算指令 CLR 與 SETB 指令完成。

📖 複習問題

5.30. 在 MCS-51 中，CLR　C 與 CLR　CY 兩個指令有何不同？

5.31. 試簡述 CLR 指令的基本動作。

5.32. 試簡述 SETB 指令的基本動作。

5.4　參考資料

1. Intel, *MCS-51 Microcontroller Family User's Manual,* Santa Clara, Intel Co., 1994. (http://developer.intel.com/design/mcs51/hsf_51.htm)

2. I. Scott MacKenzie, *The 8051 Microcontroller*, 4th ed., Upper Saddle River,

NJ: Pearson Education, 2007.

5.5 習題

5.1 設計一個程式，計算下列布林表示式：

(1) $F = A(B + \overline{CD}) + \overline{AB}$

(2) $F = (A + \overline{B})C \oplus D$

(3) $F = \overline{A}B + A\overline{B}C + \overline{BC}$

5.2 設計一個程式，檢查 BYTE 位元組中，有那些位元值為 0，當檢查到一個位元為 0 時，即儲存該位元數目在 BITNO 開始的區域內。例如當 BYTE 值為 11101101 時，BITNO 開始的八個位元組依序儲存：

01H、04H、0FFH、0FFH、0FFH、0FFH、0FFH、0FFH。

5.3 寫出三個可以清除進位旗號 CY 為 0 的方法。每一種方法只能使用一個指令。

5.4 設計一個程式，將儲存在 ASCII 位元組的 ASCII 字元加上奇同位。奇同位位元為該位元組的位元 7。

5.5 設計一個程式，轉換一個十六進制位元組的數目為兩個 ASCII 字元。假設該位元組儲存在 HEXDEC 中；而 ASCII 碼則依序(先低序後高序)儲存在 ASCII 開始的兩個連續位元組中。

5.6 設計一個程式，轉換兩個代表十六進制數字的 ASCII 字元為一個十六進制位元組。結果的十六進制位元組儲存在 HEXDEC 中；輸入的兩個 ASCII 字元，依序(先低序後高序)儲存在 ASCII 開始的兩個連續位元組中。

5.7 設計一個組合語言程式，搬移以 ARRAY 位址開始的 N 個位元組資料到以 ARRAY+N/2 位址開始的區域內。假設 ARRAY 位於內部 RAM。

5.8 設計一個組合語言程式，搬移以 ARRAY 位址開始的 N 個位元組資料到以 ARRAY-N/2 位址開始的區域內。假設 ARRAY 位於內部 RAM。

5.9 設計一個組合語言程式，自一個資料陣列(位址存於暫存器 R1 中)中，

尋找一個位元組資料，欲找尋的資料存於累積器 A 內，資料陣列的長度
存於暫存器 R2 內。若欲找尋的資料出現在資料陣列中，則設定位元組
FOUND 為 0FFH；否則清除 FOUND 為 0。

5.10 試寫出兩種方法，以清除一個位於內部 RAM 中的位元組運算元
(TDATA)中的第四個位元為 0。

5.11 試寫出兩種方法，以設定一個位於內部 RAM 中的位元組運算元
(TDATA)中的第四個位元為 1。

5.12 試寫出兩種方法，以將一個位於內部 RAM 中的位元組運算元(TDATA)
中的第四個位元取補數。

5.13 試寫出兩種方法，以測試一個位於內部 RAM 中的位元組運算元
(TDATA)中的第四個位元是否為 0。

5.14 在 MCS-51 中，是否可以使用位元運算指令與迴路指令(DJNZ)的方
式，清除內部 RAM 中的位元可存取區的所有位元為 0？為什麼？

5.15 若系統時脈信號頻率為 12 MHz，則下列延遲程式的延遲為多少秒？

```
DELAY:     MOV    R2,#50H
LOOP:      NOP
           NOP
           NOP
           DJNZ   R2,LOOP
```

5.16 若系統時脈信號頻率為 12 MHz，則下列延遲程式的延遲為多少秒？

```
DELAY:     MOV    R2,#50
LOOP:      MOV    R3,#200
AGAIN:     NOP
           NOP
           DJNZE  R3,AGAIN
           DJNZ   R2,LOOP
```

5.17 在 MCS-51 中的位元運算指令稱為靜態位元運算指令，試問為何無法
使用這些指令完成例題 5.1-4 的計數一個位元組中的"1"位元個數？

5.18 在例題 5.1-3 中的程式，若使用 JMP 假指令取代 SJMP 指令時，組譯程

式將使用 LJMP 指令取代 JMP 假指令。

(1) 試由第 3.5.1 節中的組譯程式動作，說明其原因。

(2) 在何種情形下，當程式中使用 JMP 假指令時，組譯程式才能依據程式的實際意義，使用最有效的 SJMP、AJMP 或是 LJMP 指令取代 JMP 假指令？

5.19 簡答下列問題：

(1) 比較 JC/JNC disp8 與 JB/JNB CY,disp8 兩個指令的異同。

(2) 比較 MOV   R0,A 與 MOV   R0,ACC 兩個指令的異同。

5.20 在算術移位中，其空缺的位元位置在左移時(為 LSB)必須填入 0，在右移時(為 MSB)必須填入移位前的符號位元值。試解釋其理由。

5.21 簡答下列問題：

(1) 使用 RR 指令，寫一個程式片段執行 SWAP 指令的動作。

(2) 使用 RL 指令，寫一個程式片段執行 SWAP 指令的動作。

(3) 使用 RLC 或是 RRC 指令時，有無可能取代 SWAP 指令的動作？

5.22 設計一個程式，由 MSB 到 LSB 依序掃描 TDATA 位元組，找出為最左邊為 1 的位元，儲存結果的位元位址(0 到 7)於 BITNO 位元組中。

5.23 設計一個程式，由 LSB 到 MSB 依序掃描 TDATA 位元組，找出為最右邊為 1 的位元，儲存結果的位元位址(0 到 7)於 BITNO 位元組中。

5.24 設計一個程式，執行雙精確制左循環移位。假設欲移位的 16 位元運算元位於內部 RAM 的 TDATA 與 TDATA+1 兩個位元組中。

5.25 設計一個程式，執行雙精確制右循環移位。假設欲移位的 16 位元運算元位於內部 RAM 的 TDATA 與 TDATA+1 兩個位元組中。

5.26 設計一個程式，執行多精確制左循環移位。假設欲移位的 N 個位元組運算元位於內部 RAM 由 TDATA 開始的位置中。

5.27 設計一個程式，執行多精確制右循環移位。假設欲移位的 N 個位元組運算元位於內部 RAM 由 TDATA 開始的位置中。

6　模組化程式設計

前面兩章所討論的程式皆只限於單一模組(module)，每一個模組都能完成一個獨立的小工作。但是在實際的應用中，一個程式的長度通常都在數百行以上，這時就很難再以單一模組的方式處理了。對於一個大而複雜的程式，一般均以"各個擊破"(divide and conquer)的方法，將它分成數個較小的模組處理，這種方式稱為模組化程式設計(modular programming)。

在組合語言中的模組化程式設計的觀念和高階語言是相同的。組合語言的模組化程式設計，通常由下列幾個層次輔助完成：

1. 副程式(subroutine)：由 CPU 的機器語言/組合語言提供。

2. 組譯程式假指令：由組譯程式提供一些假指令，以輔助完成模組化的程式設計。這類假指令通常可以將程式定義成數個獨立的模組，而這些模組可以各別建立、組譯，然後連結成一個完整而可以執行的程式模組(第 3.4 節)。

3. 巨集指令(macro)：由組譯程式提供的一種類似於副程式的機構。經由它，也可以達到某些程度的模組化架構。

4. 中斷結構(interrupt structure)：由 CPU 機器語言/組合語言與硬體直接提供。

本章中，依序討論程式設計技巧、副程式的結構與使用、巨集指令的定義與使用；至於中斷結構則留待中斷、系統重置與功率控制一章(第 11 章)中，再予討論。

6.1 程式設計基本技巧

基本的程式設計可以分成模組化程式設計(modular programming)與結構化程式設計(structured programming)。在本節中，我們將簡潔地介紹這兩種方法。

6.1.1 模組化程式設計

所謂的模組化程式設計，即是分割一個大計劃為數個可以自身處理的獨立小模組，而這些模組彼此之間只有資料的轉移而無程式控制的轉移。在這種設計方式中，設計者常常面臨的問題是如何分割一個大的程式(即計劃)為許多小程式模組，及如何結合小程式模組為一個大程式模組。典型的模組如圖 6.1-1 所示。模組化程式設計的優點：

1. 單獨的模組較一個完整的程式易於編寫、除錯與測試；
2. 可以標準化模組程式，而建立模組庫；
3. 需要修改時，這些修改只是加於模組中，而非加於整個程式；
4. 錯誤較易分離，並易於決定發生在那一個模組中。

模組化程式設計方法，雖然也有些缺點，例如：如何結合各個模組，在模組化一個程式時，往往發生分離上的困難，等等，但是這些並不構成實際應用上的致命傷。模組化程式設計方法是當前許多大系統中，最典型且常用的方法之一。

圖 6.1-1　典型的模組層次圖

📖 複習問題

6.1. 常用的程式設計方法有有那兩種？

6.2. 試定義模組化程式設計方法。

6.3. 試簡述模組化程式設計方法的優點。

6.4. 試簡述模組化程式設計方法的缺點

6.5. 組合語言的模組化程式設計，通常可以由那幾個層次輔助完成？

6.1.2 結構化程式設計

在結構化程式設計的方法中，程式內的每一個部分都只由一個結構集之內的幾個基本的結構組成，這些結構的基本特性是它們都只有一個入口(entry)與一個出口(exit)。基本的結構只有下列三種：循序結構(sequential structure)、選擇性(條件性)結構(selection (conditional) structure)、重複(迴路)結構(iteration (loop) structure)。

循序結構

循序結構是一種線性的結構，在此種結構下，指述或指令是依序執行的。例如：

P1

P2

P3

計算機首先執行 P1，其次 P2，接著才為 P3。P1、P2 與 P3，可以是單獨的指令，或是整個程式。

選擇性(條件性)結構

選擇性(條件性)結構用來依據一個指定的條件改變程式的執行順序。它有兩種形式：兩路(two way)與多路(multiple way)。如圖 6.1-2 所示，兩路的選擇性結構具有一個測試條件與兩個分支。它使用在當必須依據一個條件由兩個指述中選取一個的場合。兩路的選擇性指述的語法如下：

IF (condition) THEN P1 ELSE P2

若 condition 成立，則執行 P1；否則，執行 P2。P1 與 P2 可以是簡單的指述或是複合指述。

(a)   (b)

圖 6.1-2　IF-THEN-ELSE 結構流程圖：(a)兩路選擇；(b)多路選擇

下列例題說明如何執行 IF-THEN-ELSE 的基本結構。

例題6.1-1　(IF-THEN-ELSE 結構)

試寫一個 MCS-51 的程式片段執行圖 6.1-2 的 IF-THEN-ELSE 結構。

解：程式片段如程式 6.1-1 所示。

程式6.1-1　IF-THEN-ELSE 結構的程式片段(MCS-51)

```
;ex6.1-1

        CJNE  A,#condition,P2
P1:     .     ; true statement
        .
        .
        SJMP  CONT
P2:     .     ;false statement
        .
        .
CONT:   ....

        END
```

多路選擇性結構為巢路的兩路選擇性結構，如圖 6.1-2(b)所示。它使用在必須由多個選擇中選取一個的場合。多路選擇性指述的語法如下：

CASE (expression) {

  condition1: P1

  condition2 : P2

  ...

  [DEFAULT: Pdefault]

其中 P1、P2、Pdefault 可以是簡單的指述或是複合指述。當 condition1 與 expression 匹配時，執行指述 P1，當 condition2 與 expression 匹配時，執行指述 P2，等等。Pdefault 指述為可以選用的，它用來處理當沒有任何 condition 與 expression 匹配的情形。

例題6.1-2　(CASE 結構)

CASE 結構可以使用 CJNE 與 SJMP 指令的組合實現。如程式 6.1-2 所示，第一個 CJNE 指令測試累積器(A)的值，若與 condition1 匹配，則執行指述 P1，否則測試 condition2。其餘條件依此方式測試。值得注意的是在每一個事例項目的最後必須使用一個 SJMP 指令，以確保只有一個事例項目被執行。

程式6.1-2　CASE 結構的程式片段(MCS-51)

```
;ex6.1-2
;CASE structure
        CJNE A,#condition1,TESTC2
P1:             ;P1 statement
...
        SJMP CONT
TESTC2: CJNE A,#condition2,TESTC3
P2:             ;P2 statement
        ...
        SJMP CONT
TESTC3: CJNE A,#condition3,DEFAULT
P3:             ;P3 statement
...
        SJMP CONT
DEFAULT:        ;DEFAULT statement
...
CONT:   ...
END
```

重複(迴路)結構

重複結構允許重複執行一段指令,即形成一個迴路。在結構化程式設計中的兩種基本的重複(迴路)結構為:REPEAT-UNTIL 結構與 WHILE-DO 結構。

REPEAT-UNTIL 結構的動作如圖 6.1-3(a)所示,其指述的語法如下:

REPEAT P UNTIL condition

其中指述 P 可以是簡單的指述或是複合指述。REPEAT-UNTIL 結構先執行指述 P,然後測試 condition。若 condition 成立,則終止指述 P 的執行;否則,繼續執行指述 P,直到條件 condition 滿足為止。因此,指述 P 至少執行一次。

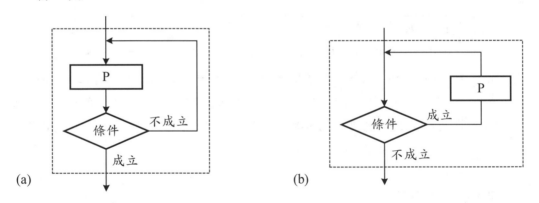

圖 6.1-3　兩種基本的重複結構:(a) REPEAT-UNTIL 結構;(b) WHILE-DO 結構

例題6.1-3　(REPEAT-UNTIL 結構)

圖 6.1-3(a)所示的 REPEAT-UNTIL 結構可以使用 CJNE 指令實現,如程式 6.1-3 所示。

程式6.1-3　REPEAT-UNTIL 結構的程式片段(MCS-51)

```
;ex6.1-3
        ...
        ...     ;initialization
        ...
BEGIN:          ;P statement
        ...
        CJNE  A,#CONDITION,BEGIN
```

```
EXIT:    …
         …
         END
```

WHILE-DO 結構的動作如圖 6.1-3(b)所示，其指述語法如下：

　　WHILE　condition　DO　P

其中指述 P 可以是簡單的指述或是複合指述。在 WHILE-DO 結構中，先測試 condition。若該 condition 成立，則執行指述 P；否則，終止指述 P 的執行。注意在 WHILE-DO 結構中，若一開始時，condition 即不成立，則指述 P 將不被執行。

例題6.1-4　(WHILE-DO 結構)

　　圖 6.1-3(b)所示的 WHILE-DO 結構可以使用 CJNE 指令實現，如程式 6.1-4 所示。

程式6.1-4　WHILE-DO 結構的程式片段(MCS-51)

```
;ex6.1-4
         …
         …              ;initialization
         …

BEGIN:   CJNE  A,#CONDITION,EXIT
         …              ;P statement
         …
         …
         SJMP   BEGIN
EXIT:
```

　　值得一提的是在上述三種結構中，均只具有一個入口與一個出口。結構化程式設計的一些基本特性如下：

1. 只允許三種基本結構(即前述三種)；
2. 結構可以構成巢狀(nested loop)的結構，而其巢數沒有限制；
3. 每一種結構僅有一個入口與一個出口。

理論證實，結構化程式設計中的三種基本結構具有完全的功能(functionally complete)，因此，任何程式都可以使用這三種結構完成。

📖複習問題

6.6. 試定義結構化程式設計方法。

6.7. 結構化程式設計方法中，有那三種基本模組結構？

6.8. 結構化程式設計方法中的三種基本模組結構的共同特性是什麼？

6.9. 試簡述選擇性結構的功能與其結構流程圖。

6.10. 試簡述重複結構的功能？重複結構的基本結構有那兩種？

6.11. 試比較 REPEAT-UNTIL 與 WHILE-DO 兩種重複結構的異同。

6.2 程式的連結與模組宣告

　　一個組合語言或是 C 語言程式設計完成之後，必須歷經許多步驟的共同處理之後，才能成為一個可以載入實際記憶器中執行的目的程式。本節中，將依序討論程式執行前的處理過程與外部變數的宣告及使用。

6.2.1 程式的連結與重置位

　　通常一個原始程式(source program，即使用者使用編輯程式寫成的程式)必須經過數個步驟後，才能夠成為可以載入實際記憶器中執行的目的程式。如圖 6.2-1 所示，組譯/編譯程式首先將原始程式組譯為目的程式，其中標記與變數依序被換成可重置位(relocatable)位址。其次由連結程式(linker)將數個目的程式模組連結成一個模組，這時每一個目的程式中的標記與變數位址皆重新計算過。最後，由載入程式(loader)將連結過的目的程式載入記憶器中準備執行。載入程式的一項重要工作是將標記與變數的可重置位址轉換為絕對位址(absolute address)。

　　因此，標記位址(事實上包括程式中其它可重置位位址)的計算(或稱轉換)分成三個階段：在組譯/編譯時間裡，由組譯程式轉換符號位址為可重置位位址；在連結時間裡，由連結程式重新計算多個模組中的可重置位位址，並且產生不相衝突的的可重置位位址；在載入時間裡，由載入程式轉換可重置位位址為絕對位址。

圖 6.2-1　使用者程式執行的處理過程

　　注意：上述絕對位址的計算是在程式執行前完成，因此稱為靜態可重置位；若絕對位址的計算必須等到執行時，才能決定，則稱為動態可重置位。絕對位址是指該程式實際在記憶器中執行時的位址。

📖 複習問題

6.12. 試簡述組譯程式、連結程式與載入程式的主要功能。

6.13. 何謂靜態可重置位？何謂動態可重置位？

6.14. 在一個組合語言程式中，標記位址的轉換分成那三個階段？

6.2.2 外部變數

　　由前面討論可以得知：一個目的程式必須先經過連結程序與其它模組連結之後，才能成為一個可以執行的目的程式。因為在組合語言程式或是高階語言(例如 C)程式中，為了方便程式設計者，通常允許一個模組中，使用的變數，可以是在另外一個模組中定義。若一個變數定義在本身的模組中，則該變數對本身的模組而言稱為局部變數(local variable)；否則，當一個變數是定義在其它模組中時，則稱為外部變數(external variable)。

　　對於單一模組而言，所有該模組使用的變數都必須加以定義，否則即產生組譯錯誤；對於多重模組的程式，在組譯其中的任一個模組時，必須告訴組譯程式，有那些變數是在其它模組中定義的，有那些變數是在這一個模組中定義的，但是允許其它模組使用。在大多數的組譯程式(例如 80x86 的 masm 與大多數的 MCS-51 組譯程式，例如 A51)中，這兩種工作分別由 EXTRN 與 PUBLIC 兩個假指令完成。

$$\text{EXTRN} \quad \text{<name>[,<name>....]}$$

宣告<name>是在其它模組中定義，而

$$\text{PUBLIC} \quad \text{<name>[,<name>....]}$$

則宣告<name>是在這模組中定義的，但是允許其它模組使用。

在連結程序中，連結程式依據 EXTRN 假指令宣告的每一個變數，到其它模組中的 PUBLIC 敘述中尋找，然後使用可重置位位址一一取代找到的變數，若有變數未能找到，則產生連結錯誤的訊息。

例題 6.2-1　外部變數使用例

如程式 6.2-1 所示，VAR1 是在 MODULE 2 中定義的，而在 MODULE 1 中使用到此變數，所以在 MODULE1 中以 EXTRN 宣告，而在 MODULE2 中使用 PUBLIC，宣告 VAR1 給外部模組使用。

程式6.2-1 外部變數使用例

```
;ex6.2-1
        --MODULE 1--                      --MODULE 2--

EXTRN    VAR1                    PUBLIC    VAR1
;
BCOUNT   EQU   08H               VAR1:    DB    00H
         .                                 .
         END                               END
```

📖複習問題

6.15. 為何一個目的程式必須先經過連結程序與其它模組連結之後，才能成為一個可以執行的目的程式？

6.16. 試定義局部變數與外部變數。

6.17. 試簡述 EXTRN 與 PUBLIC 兩個假指令的意義。

6.3 副程式

如同高階計算機程式語言，例如(C/C++)一樣，在組合語言程式中，通常也需要執行一段重複的程式片段。為了方便程式的設計與增加程式可讀性，對於這種重複執行的程式片段，通常使用一種稱為副程式的結構完成。與副程式息息相關的一個資料結構，稱為堆疊(stack)，它不但幫助解決主程式與副程式之間的控制流程聯繫問題，也提供一種傳遞參數的方法。

本節將依序介紹堆疊的結構與相關的操作指令，副程式呼叫與歸回指令，巢路副程式，副程式參數傳遞方式，與可重入與遞回副程式。

6.3.1 堆疊

目前幾乎所有微處理器，均提供副程式的呼叫與歸回功能，因此都必須提供一個適當大小的堆疊結構，解決主程式與副程式之間的呼叫與歸回的連繫問題。堆疊是一個先入後出(first-in-last-out，FILO)的資料結構，在微處理器中，它通常是資料記憶器的一部分，而使用一個特殊的暫存器稱為堆疊指示器(stack pointer，SP)指示堆疊的出入口，提供資料的存取之用。

堆疊基本動作

堆疊的動作有兩種：一種是儲存資料於堆疊的動作，稱為 PUSH；另一種則自堆疊中取出資料的動作，稱為 POP。使用資料記憶器與堆疊指示器(SP)設計堆疊時，堆疊的增長方式有兩種：由高位址向低位址方向及由低位址向高位址方向。前者使用於大部分的微處理器中，例如 80x86/Pentium 系列微處理器；後者使用於 MCS-51 中。

由高位址向低位址方向增長的堆疊，其 PUSH 與 POP 的動作可以使用 RTL 指述描述如下：

1. PUSH 指令的動作為

$$SP \leftarrow SP - 1 \qquad ;以位元組為單位$$

$$[SP] \leftarrow reg \qquad ;reg 為 8 位元暫存器$$

2. POP 指令的動作則為：

　　　　reg ← [SP]；

　　　　SP ← SP + 1

事實上，PUSH 與 POP 兩個動作均執行：(1) 經由 SP 存取資料記憶器；(2) 更新 SP 的值。

　　如前所述，在 MCS-51 中的堆疊結構是由低位址向高位址方向增長的，因此 PUSH 與 POP 的動作與上述稍有差異，此時的 PUSH 的動作可以使用 RTL 指述描述如下：

　　　　SP ← SP + 1　　；以位元組為單位

　　　　[SP] ← reg　　　；reg 為 8 位元暫存器

而 POP 指令的動作則為：

　　　　reg ← [SP]　　　；reg 為 8 位元暫存器

　　　　SP ← SP - 1　　；以位元組為單位

MCS-51 堆疊操作指令組

　　MCS-51 的堆疊操作指令組，只有 PUSH 與 POP 兩個指令，如表 6.3-1 所示，這兩個指令的運算元均為 8 位元，並且只能使用直接定址方式。除了 POP　PSW 指令外，PUSH 與 POP 兩個指令的動作均不會影響旗號位元。

表 6.3-1　MCS-51 堆疊運算指令

指令	動作	CY	AC	OV	P
PUSH　direct	儲存(direct)於堆疊：SP ← SP + 1; (SP) ← (direct)	-	-	-	-
POP　direct	自堆疊取回(direct)：(direct) ← (SP);　SP ← SP -1	-	-	-	-

例題 6.3-1　試繪圖描述下列 PUSH 與 POP 的動作：

(a) PUSH　ACC

(b) POP　ACC

解：如圖 6.3-1 所示。

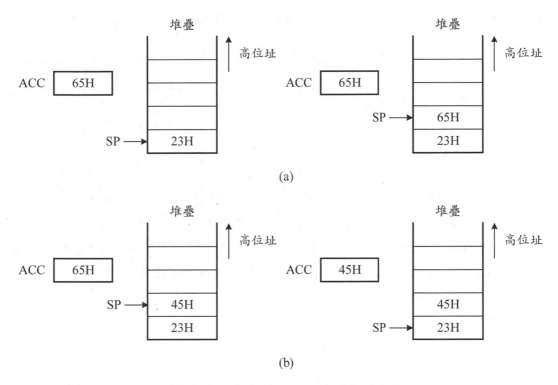

圖 6.3-1　PUSH 與 POP 兩個指令的動作

　　一般而言，在使用堆疊之前，必須先由軟體設定一個堆疊區，然後才可以使用。在 MCS-51 中，由於 SP 在系統重置(開機時)後，已經設定為07H，因此若未重新設定其初值，在使用 PUSH 與 POP 指令後，將影響到暫存器庫 1 到 3 的內容。當然若未使用暫存器庫 1 到 3，則這些內部 RAM 位置並不需要保留。

例題 6.3-2　(堆疊區宣告)

　　設計一個 MCS-51 的程式片段，設定一個 20 個位元組的堆疊區。

解：如程式 6.3-1 所示。

程式 6.3-1　堆疊區宣告例

```
                1       ;ex6.3-2.a51
----            2               DSEG  AT  30H
0030            3       STACK:  DS    20   ;reserve 20 bytes
                4       ;
----            5               CSEG  AT  0000H
```

```
0000 75812F          6    START:   MOV   SP,#STACK-1 ;initialize the SP
                      7             ...
                      8             END
```

例題 6.3-3 (堆疊運算例)

寫一個 MCS-51 的程式片段,儲存下列暫存器到堆疊與自堆疊取回(須保持原來的內容不變):ACC、B、R1 與 R2。

解: 在執行四個 PUSH 指令後,堆疊的內容如圖 6.3-2 所示,所以自堆疊取回暫存器內容時,其 POP 的次序恰與先前 PUSH 進去者相反,程式片段如程式 6.3-2 所示。注意由於 PUSH 與 POP 指令只能使用直接定指方式,因此不能使用 PUSH A 指令,而必須使用 PUSH ACC 指令,此外 R1 與 R2 也必須使用 AR1 與 AR2 取代,並配合 USING 假指令,以指定運算的 R1 與 R2 是屬於那一個暫存器庫。

程式 6.3-2　堆疊使用例

1   ;ex6.3-3.a51

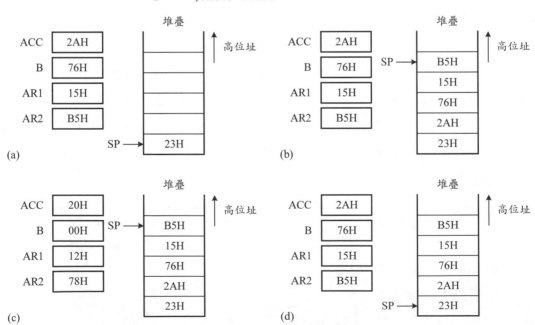

圖 6.3-2　堆疊內容的變化:(a)四個 PUSH 指令執行前;(b)四個 PUSH 指令執行後;(c) 四個 POP 指令執行前;(d) 四個 POP 指令執行後

----	2	CSEG AT 0000H	
	3	USING 0	
0000 C0E0	4	PUSH ACC	;push A
0002 C0F0	5	PUSH B	;push B
0004 C001	6	PUSH AR1	;push R1
0006 C002	7	PUSH AR2	;push R2
	8	;　　　　.	
	9	;　　　　.	
	10	;　　　　.	
0008 D002	11	POP AR2	;restore R2
000A D001	12	POP AR1	;restore R1
000C D0F0	13	POP B	;restore B
000E D0E0	14	POP ACC	;restore A
0010 22	15	RET	
	16	END	

　　在一般的微處理器中，使用堆疊儲存資料通常比一般記憶器有效率，因為 PUSH 與 POP 指令皆隱含地使用了 SP 暫存器，並且在指令執行後都自動指到新的位址上，因此需要的指令數目較少而且指令長度也較短，所以執行速度亦較快。然而在 MCS-51 微處理器中，上述觀點卻不正確，例如下列例題。

例題 6.3-4　(堆疊資料結構)

　　試比較下列指令片段，佔用的記憶器空間與執行時間。

(a)　MOV　@R1,A　　　　(b)　PUSH　ACC
　　　INC　R1　　　　　　　　PUSH　B
　　　MOV　@R1,B

解：下列數值係以 MCS-51 微處理器為基準：

(a)　MOV　@R1,A　　1 位元組　　12 時脈週期
　　　INC　R1　　　　1 位元組　　12 時脈週期
　　　MOV　@R1,B　　2 位元組　　24 時脈週期
　　　所以佔用 4 個位元組，花費 12＋12＋24＝48 個時脈週期。

(b)　PUSH　ACC　　　2 位元組　　24 時脈週期
　　　PUSH　B　　　　2 位元組　　24 時脈週期
　　　所以共佔用 4 個位元組，花費 24＋24＝48 個時脈週期。

兩種方法皆佔用 4 個位元組，花費 48 個時脈週期。

📖 複習問題

6.18. 由一個程式中分歧到副程式與自副程式回到分歧點的動作分別稱為什麼？

6.19. 試定義由高位址向低位址方向增長的堆疊結構及其兩個相關的存取動作。

6.20. 試簡述 MCS-51 的 PUSH 與 POP 兩個指令的動作。

6.3.2 副程式呼叫與歸回指令

一個副程式是由一組具有可以完成某一個特定功能的指令序列組成，並且能夠以某種方式使一個程式分歧到此副程式中執行，然後返回原程式中，繼續執行該程式。當程式分歧到副程式時，就好像此副程式是插在分歧點一樣。由一個程式中分歧到副程式的動作稱為呼叫(call)或稱為副程式呼叫，而自副程式回到分歧點的動作則稱為歸回(return)或稱返回。無論副程式呼叫的位置在什麼地方，當自副程式歸回時，必定回到分歧點的下一個指令上。

在處理上述程式與副程式之間的呼叫與歸回的連繫問題時，通常使用堆疊完成。每當副程式被呼叫時，目前的 PC 值即存入堆疊中，程式計數器(PC)則載入該副程式的第一個指令位址，因此，由該副程式繼續執行下一個指令，直到副程式執行完畢後，才自堆疊中取回原先存入的 PC 值(即歸回位址)，而回到原來的程式繼續執行。

副程式呼叫與歸回

為了方便副程式的使用，一般微處理器均設有副程式呼叫與歸回兩個指令。副程式呼叫指令(CALL)的動作為：

```
SP ← SP - 2
(SP) ← PC          ；儲存歸回位址於堆疊中
PC ← sub_addr      ；載入副程式位址於 PC 中
```

　　在 8 位元的微處理器中，由於記憶器的資料寬度只為 8 位元而 PC 一般為 16 位元，因此上述的兩個動作必須各分成兩個動作完成，即：

　　　　SP ← SP - 1　；儲存歸回位址的高序位元組於堆疊中

　　　　(SP) ← PC[15:8]

　　　　SP ← SP - 1　；儲存歸回位址的低序位元組於堆疊中

　　　　(SP) ← PC[7:0]

　　　　PC[15:8] ← 高序位元組；載入副程式位址於 PC 中

　　　　PC[7:0] ← 低序位元組

而歸回指令(RET)的動作：

　　　　PC ← (SP)　　　　；自堆疊取回歸回位址

　　　　SP ← SP + 2

其中歸回位址即為分歧點下一個指令的位址。在 8 位元的微處理器中，上述動作也必須分成兩個動作完成，即：

　　　　PC[7:0] ← (SP)；自堆疊中取回歸回位址的低序位元組

　　　　SP ← SP + 1

　　　　PC[15:8] ← (SP)；自堆疊中取回歸回位址的高序位元組

　　　　SP ← SP + 1

MCS-51 副程式呼叫與歸回指令

　　MCS-51 的副程式呼叫與歸回指令如表 6.3-2 所示，這三個指令均不會影響旗號位元。ACALL 指令使用絕對位址(即 11 位元的位址)的定址方式，因此可以呼叫副程式的範圍為 2k 位元組空間；LCALL 指令使用長程位址(即 16 位元的位址)的定址方式，因此可以呼叫副程式的範圍為 64k 位元組空間；RET 指令為自副程式中回到主程式的指令。

　　ACALL 指令執行時，首先存入 PC 值(即 ACALL 指令的下一個指令的程式記憶器位址，稱為歸回位址，return address)於堆疊中，然後載入副程式中的第一個指令之記憶器位址(稱為啟始位址)的 11 位元的絕對位址於程式計數器 PC 中，因此其次的指令將自副程式的第一個指令的地方繼續執行。

表 6.3-2　MCS-51 副程式呼叫與歸回指令

指令	動作	CY	AC	OV	P
ACALL　addr11	使用絕對位址的副程式呼叫指令。	-	-	-	-
LCALL　addr16	使用長程位址的副程式呼叫指令。	-	-	-	-
RET	自副程式中歸回主程式。	-	-	-	-

LCALL 指令的動作，除了存入 PC 的副程式位址為 16 位元的長程位址之外，其餘動作與 ACALL 指令相同。

RET 指令執行時，自堆疊中取回兩個位元組，分別存入程式計數器的低、高序位元組中，因此回到主程式中繼續執行指令。

例題 6.3-5　(副程式的使用例)

使用副程式的方式，設計一個程式，計算一個位元組中含有多少個 1 位元。

解：假設主程式由累積器 A 傳遞等待計算的位元組資料予副程式，而副程式亦由累積器 A 傳回計算後的結果。完整的程式如程式 6.3-3 所示。由於使用副程式的呼叫與歸回指令，因此在主程式中必須宣告一個堆疊，並且設定堆疊指示器 SP 的初值。副程式 B1CNTS 的動作請參閱例題 5.2-2。

程式 6.3-3　利用副程式的方式計算一個位元組中含有 1 位元的個數

```
              1       ;ex6.3-5.a51
----          2               DSEG    AT   30H
  0008        3       BCOUNT  EQU     08H        ;bit number
0030          4       TDATA:  DS      1          ;test data
0031          5       COUNT:  DS      1          ;result
0040          6               ORG     40H
0040          7       STACK:  DS      10H        ;define a stack
              8       ;
              9       ;main program starts here
             10       ;
----         11               CSEG    AT   0000H
0000 75813F  12       MAIN:   MOV     SP,#STACK-1 ;initialize the SP
0003 E530    13               MOV     A,LOW TDATA ;pass a parameter
0005 110A    14               ACALL   B1CNTS      ;to B1CNTS
0007 F531    15               MOV     LOW COUNT,A ;save the result
```

```
0009 22              16              RET
                     17          ;
                     18          ;subroutine starts here
                     19          ;count the number of 1 bits in a given byte
                     20          ;using a rotation instruction
                     21          ;input: A (test data)
                     22          ;output: A (result)
000A 7908            23  B1CNTS:     MOV   R1,#BCOUNT ;set a loop counter
000C 75F000          24              MOV   B,#00;zero the 1's counter
000F 13              25  AGAIN:      RRC   A      ;test the bit value
0010 5002            26              JNC   NEXT ;if not zero
0012 05F0            27              INC   B      ;increase the 1's counter
0014 D9F9            28  NEXT:       DJNZ  R1,AGAIN ;loop BCOUNT times
0016 E5F0            29              MOV   A,B          ;store the result
0018 22              30              RET
                     31              END
```

📖 複習問題

6.21. 試定義副程式呼叫與歸回兩個指令的動作。

6.22. 試比較 ACALL 與 LCALL 兩個副程式呼叫指令的動作。

6.23. 試簡述 RET 指令的動作。

6.3.3 巢路副程式

　　若在一個副程式之中，還包含其它副程式時，稱為巢路副程式(nested subroutine)。現在舉一個實例說明這種觀念。當希望計算一個語句中含有多個 1 的位元時，可以安排程式為：主程式、計算語句中 1 位元數目(W1CNTS)與計算位元組中 1 位元數目(B1CNTS)等三個部分，如圖 6.3-3 所示，其中主程式傳遞待測的語句資料予 W1CNTS，而 W1CNTS 則分割該語句為二個位元組，然後傳遞予 B1CNTS，等 B1CNTS 執行完畢，歸回結果後，再傳遞另外一個位元組予 B1CNTS，如此經過兩次呼叫 B1CNTS 副程式後，即已經分別算出二個位元組中，各含有多少個 1 位元，求出這些結果的總和後，即得到一個語句中的 1 位元總數，然後回到主程式，結束整個計算過程。

　　主程式、W1CNTS 與 B1CNTS 之間的關係圖如圖 6.3-3 所示。在這例子中的巢路稱為二階巢路，因為只有二層的副程式呼叫關係。一般而言，可允許的巢路深度是取決於堆疊的大小。

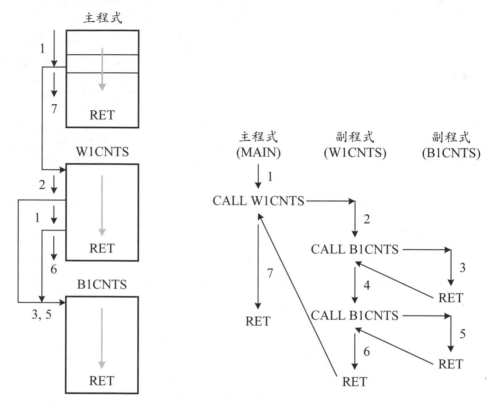

圖 6.3-3　巢路副程式示意圖

例題 6.3-6　(巢路副程式例)

利用巢路副程式方式，設計一個程式計算一個語句(即 16 位元)中，含有多少個 1 位元。

解：動作說明如前所述，完整的程式如程式 6.3-4 所示。

程式 6.3-4　巢路副程式例

```
              1        ;ex6.3-6.a51
----          2                DSEG   AT   30H
   0008       3        BCOUNT   EQU    08H        ;bit number
0030          4        TDATA:   DS     2          ;test data
0032          5        COUNT:   DS     1          ;result
0040          6                 ORG    40H
```

```
0040                    7       STACK:    DS      10H        ;define a stack
                        8       ;
                        9       ;main program starts here
                       10       ;
----                   11                 CSEG    AT   0000H
0000 75813F            12       MAIN:     MOV     SP,#STACK-1 ;initialize the SP
0003 AE31              13                 MOV     R6,LOW TDATA+1;the low byte
0005 AF30              14                 MOV     R7,LOW TDATA  ;the high byte
0007 110C              15                 ACALL   W1CNTS          ;to W1CNTS
0009 F532              16                 MOV     LOW COUNT,A ;save the result
000B 22                17                 RET
                       18       ;
                       19       ;subroutine starts here
                       20       ;input: R6 --- low byte, R7 --- high byte
                       21       ;output: A (result)
000C EE                22       W1CNTS:   MOV     A,R6     ;pass the low byte
000D 1115              23                 ACALL   B1CNTS  ;
000F FE                24                 MOV     R6,A     ;save the result
0010 EF                25                 MOV     A,R7     ;pass the high byte
0011 1115              26                 ACALL   B1CNTS
0013 2E                27                 ADD     A,R6     ;add up the result
0014 22                28                 RET              ;return to main
                       29       ;count the number of 1-bit in a given byte
                       30       ;using rotation instruction
                       31       ;input: A (test data)
                       32       ;output: A (result)
0015 7908              33       B1CNTS:   MOV     R1,#BCOUNT ;set a loop counter
0017 75F000            34                 MOV     B,#00 ;zero the 1's counterer
001A 13                35       AGAIN:    RRC     A       ;test the bit value
001B 5002              36                 JNC     NEXT   ;if not zero
001D 05F0              37                 INC     B       ;increase the 1's counter
001F D9F9              38       NEXT:     DJNZ    R1,AGAIN   ;loop BCOUNT times
0021 E5F0              39                 MOV     A,B      ;store the result
0023 22                40                 RET
                       41                 END
```

　　在 MCS-51 中，由於可以使用為堆疊的內部資料記憶器的容量只有 128 位元組，扣除暫存器庫 0 的 8 個位元組之後，剩下 120 個位元組。若主程式與副程式之間除了歸回位址之外，不儲存任何變數或是常數於堆疊中，則巢路的最大深度為 60，因為每一個歸回位址佔用 2 個位元組。

📖複習問題

6.24. 在 MCS-51 中，最大的巢路副程式深度為多少？

6.25. 試定義巢路副程式。

6.26. 在 MCS-52 中，最大的巢路副程式深度為多少？

6.3.4* 副程式參數傳遞方式

當一個主程式呼叫一個副程式時，通常需要傳遞一些資訊予副程式，以達到呼叫副程式的目的。這些資訊稱為參數(parameter)，在組合語言中，它可以是常數(即資料值)、變數的位址、另外一個副程式的位址。為便於區分，一般稱呼主程式傳給副程式的參數為輸入參數(input parameter)；稱呼副程式傳回主程式的參數為輸出參數(output parameter)(或簡稱輸出、結果等)。

在組合語言中，最常用的參數傳遞方式為：

1. 利用微處理器內部的暫存器；
2. 利用共同的記憶器區域；
3. 內線參數區(in-line parameter area)；
4. 利用堆疊。

暫存器

利用微處理器內部暫存器傳遞的方式最為簡單。主程式可以藉著這些暫存器傳遞參數予副程式，相同的，副程式也可以藉著它們傳遞結果回主程式。前面兩小節中的程式例即是此種方式。當然，程式設計者必須確保主、副程式之間傳遞參數的暫存器能夠一致。分配予參數傳遞的暫存器，通常在程式開頭予以註明。使用暫存器方式傳遞參數的程式例，如例題 6.3-5 與 6.3-6 所示。

參數區

若微處理器沒有足夠的暫存器，可以儲存副程式的所有輸入與輸出參數時，則可以設定一塊專用的參數區(即記憶器區)取代。參數區可以附屬於副程式或主程式。當參數區附屬於副程式時，主程式必須在一些預先排定的位置中，填入參數與取回結果。若參數區是屬於主程式，則該參數區亦可以提供其它副程式使用，只需要參數彼此間不相干擾即可。若主程式使用單一的參數區取代原有各副程式中各自的參數區時，該參數區必須有足夠的空間，以容納任何一個副程式中最多的參數數目。這種附屬於主程式的參數區主要使用在呼叫儲存於 ROM 中的副程式時，因為參數值不能存入 ROM 中。當然，呼叫 ROM 中的副程式時，以暫存器傳遞參數的方式也是一種有效而常用的方式。

例題 6.3-7　(參數區)

更改例題 6.3-5 的參數傳遞方式為參數區方式。

解：如程式 6.3-5 所示。主程式與副程式(B1CNTS)使用參數區(TDATA 與 COUNT)傳遞輸入參數(TDATA)與輸出參數(COUNT)。

程式 6.3-5　使用參數區傳遞參數的程式例

```
                        1       ;ex6.3-7.a51
----                    2               DSEG    AT    30H
  0008                  3       BCOUNT   EQU    08H        ;bit number
0030                    4       TDATA:   DS     1          ;test data
0031                    5       COUNT:   DS     1          ;result
0040                    6                ORG    40H
0040                    7       STACK:   DS     10H        ;define a stack
                        8       ;
                        9       ;main program starts here
                        10      ;
----                    11               CSEG    AT   0000H
0000 75813F             12      MAIN:    MOV    SP,#STACK-1;initialize the SP
0003 7456               13               MOV    A,#56H        ;pass a parameter
0005 F530               14               MOV    LOW TDATA,A;via a common memory
0007 110A               15               ACALL B1CNTS       ;area to B1CNTS
0009 22                 16               RET
                        17      ;
                        18      ;the use of a common area
                        19      ;count the number of 1 bits in a given byte
                        20      ;using a rotation instruction
000A 7908               21      B1CNTS:  MOV    R1,#BCOUNT ;set a loop counter
```

```
000C 75F000        22              MOV    B,#00   ;zero the 1's counter
000F E530          23              MOV    A,LOW TDATA;get parameter
0011 13            24    AGAIN:     RRC    A      ;test the bit value
0012 5002          25              JNC    NEXT ;if not zero
0014 05F0          26              INC    B      ;increase the 1's counter
0016 D9F9          27    NEXT:      DJNZ   R1,AGAIN    ;loop BCOUNT times
0018 85F031        28              MOV    LOW COUNT,B;store the result
001B 22            29              RET
                   30              END
```

內線參數區

　　另外一種較特殊的參數區稱為內線(in-line)參數區。這種方式中，參數區位於副程式呼叫(CALL)指令後的位元組中。由 CALL 指令儲存的歸回位址，實際上即是參數區的起始位址。因此副程式可以經由 POP 此位址而得知參數區所在位址，在歸回之前，副程式必須令其歸回位址越過參數區，即副程式必須正確的知道，該越過多少個記憶器位元組，才能正確地回到主程式中。

例題 6.3-8　(內線參數區)

　　更改例題 6.3-5 的參數傳遞方式為內線參數區方式。

解：如程式 6.3-6 所示。假設主程式由內線參數區傳遞 TDATA 與 COUNT 的有效位址予副程式 B1CNTS。在 B1CNTS 中，首先 POP 歸回位址到資料指示暫存器 DPTR 中，並使用 MOVC　A,@A+DPTR 指令取得參數，然後調整 DPTR(兩個 INC　DPTR 指令)，獲得真正的歸回位址，再存入堆疊中，以備 RET 指令使用。

程式 6.3-6　使用內線參數區傳遞參數的程式例

```
                   1     ;ex6.3-8.a51
----               2              DSEG   AT   30H
 0008              3     BCOUNT     EQU    08H        ;bit number
0030               4     TDATA:     DS     1          ;test data
0031               5     COUNT:     DS     1          ;result
0040               6              ORG    40H
0040               7     STACK:     DS     10H        ;define a stack
                   8     ;
                   9     ;main program starts here
```

```
                             10     ;
----                         11            CSEG   AT   0000H
0000 75813F                  12     MAIN:   MOV    SP,#STACK-1;initialize the SP
0003 1108                    13            ACALL  B1CNTS ;via an in-line memory
0005 30                      14            DB     LOW TDATA ;area to B1CNTS
0006 31                      15            DB     LOW COUNT
0007 22                      16            RET
                             17     ;
                             18     ;;the use of an in-line parameter area
                             19     ;count the number of 1 bits in a given byte
                             20     ;using a rotation instruction
0008 7908                    21     B1CNTS: MOV    R1,#BCOUNT ;set  aloop counter
000A 75F000                  22            MOV    B,#00;zero the 1's counter
000D D083                    23            POP    DPH  ;get the parameter address
000F D082                    24            POP    DPL  ;
0011 E4                      25            CLR    A      ;zero the index
0012 93                      26            MOVC   A,@A+DPTR ;get the parameter
0013 F8                      27            MOV    R0,A
0014 A3                      28            INC    DPTR        ;adjust the
0015 A3                      29            INC    DPTR        ;return address
0016 C082                    30            PUSH   DPL
0018 C083                    31            PUSH   DPH
001A E6                      32            MOV    A,@R0  ;get the test data
001B 13                      33     AGAIN:  RRC    A      ;test the bit value
001C 5002                    34            JNC    NEXT   ;if not zero
001E 05F0                    35            INC    B      ;increase the 1's counter
0020 D9F9                    36     NEXT:   DJNZ   R1,AGAIN   ;loop BCOUNT times
0022 08                      37            INC    R0
0023 A6F0                    38            MOV    @R0,B       ;store the result
0025 22                      39            RET
                             40            END
```

堆疊

　　前面所討論的兩種參數區(即參數區與內線參數區)皆固定的保留一些記憶器位置給某一個特定的副程式或主程式的參數使用，而於其它時間，則閒置不用，這種記憶器的使用方式稱為靜態分配(static allocation)。欲更有效率的使用記憶器，必須使用動態分配(dynamic allocation)的方式。

　　在動態的分配中，參數區是位於堆疊中，而且只當一個副程式被呼叫時，其對應的參數區才產生，此外的其它時間該參數區是不存在的。當副程式執行時，存取的堆疊區域稱為堆疊框(stack frame)。在巢路副程式中，每當一個副程式被呼叫時，即產生一個堆疊框，而自一個副程式歸回時，則消除一個堆疊框，所以參數區依據實際執行的情況做消長。有關堆疊框的說明例將於下一節中討論。使用堆疊傳遞參數可以有效地節省記憶器空間，但是這種方式的使用必須基於微處理器能夠有效地提供堆疊存取(即 SP 相對定址或指標定址)指令時，才能達成，因為必須自堆疊中直接存取參數，而不是經由正常的 POP 與 PUSH 指令。

例題 6.3-9 (堆疊)

更改例題 6.3-5 的參數傳遞方式為堆疊方式。

解：完整的程式如程式 6.3-7 所示。主程式在呼叫副程式 B1CNTS 之前，先以 PUSH 指令，儲存參數於堆疊中，而在由副程式歸回後，再以 POP 指令自堆疊中取回結果。在副程式中，首先儲存 SP 內容於暫存器 R0 內，接著將 R0 減 2，以跨越歸回位址，然後使用 MOV A,@R0 取出參數，副程式計算出結果後，再使用 MOV @R0,B 存入結果。

程式 6.3-7　使用堆疊傳遞參數的程式例

```
                      1         ;ex6.3-9.a51
----                  2              DSEG  AT   30H
  0008                3    BCOUNT    EQU   08H     ;bit number
0030                  4    TDATA:    DS    1       ;test data
0031                  5    COUNT:    DS    1       ;result
0040                  6              ORG   40H
0040                  7    STACK:    DS    10H     ;define a stack
                      8    ;
                      9    ;main program starts here
                     10    ;
----                 11              CSEG  AT  0000H
0000 75813F          12    MAIN:     MOV  SP,#STACK-1;initialize the SP
0003 C030            13              PUSH LOW TDATA ;pass a parameter to
0005 110A            14              ACALL B1CNTS   ;the subroutine
0007 D031            15              POP  LOW COUNT ;get the result
0009 22              16              RET
                     17    ;
                     18    ;the use of the stack to pass parameters
                     19    ;count the number of 1 bits in a given byte
                     20    ;using a rotation instruction
```

```
000A 7908        21   B1CNTS:  MOV   R1,#BCOUNT ;set a loop counter
000C 75F000      22            MOV   B,#00   ;zero the 1's counter
000F A881        23            MOV   R0,SP   ;get the parameter
0011 18          24            DEC   R0      ;address
0012 18          25            DEC   R0      ;
0013 E6          26            MOV   A,@R0   ;get the test data
0014 13          27   AGAIN:   RRC   A       ;test the bit value
0015 5002        28            JNC   NEXT    ;if not zero
0017 05F0        29            INC   B       ;increase the 1's counter
0019 D9F9        30   NEXT:    DJNZ  R1,AGAIN  ;loop BCOUNT times
001B A6F0        31            MOV   @R0,B   ;store the result
001D 22          32            RET
                 33            END
```

　　上述四種參數傳遞方式的特性歸納如表 6.3-3。

表 6.3-3　四種參數傳遞方式

類型	傳遞方法	特性
暫存器	利用微處理器內部暫存器	1. 參數數目受到限制。 2. 動態方式。
共同記憶器區 (參數區)	利用一塊公用的記憶器區域	1. 靜態方式:若該區域在組譯時,即確定時。 2. 動態方式:若該區域的基底位址是由暫存器傳遞時。
內線參數區	參數儲存於 CALL 指令後,副程式再計算出參數的位址。	1. 靜態方式。 2. 歸回位址必須處理。
堆疊	利用堆疊	動態方式。

📖 複習問題

6.27. 何謂參數?在組合語言中常用的參數類型為何?

6.28. 在組合語言中,最常用的參數傳遞方式有那些?

6.29. 試定義內線參數區。在實際使用上,此種方式有何缺點?

6.30. 試定義靜態分配、動態分配與堆疊框。

6.31. 試問微處理器必須能夠提供何種能力,方能使用堆疊傳遞參數?

6.3.5* 可重入與遞迴副程式

　　可重入副程式(reentrant subroutine)也是副程式的一種,但是它與普通副程式不同,一般副程式呼叫後,必須完成它的工作,才可以由其它程式呼叫。若一個副程式在供給另一個程式呼叫之前,並不需要先完成前面一個程式賦予的工作時,稱為可重入副程式。可重入副程式在由許多程式共用時,只需要一份程式複本即可,這和普通副程式不同,普通副程式在由許多程式使用時,每個程式都必須擁有該副程式的一份複本,如圖 6.3-4 所示。

圖 6.3-4 副程式的共用:(a)可重入副程式方法;(b)普通副程式方法

可重入副程式與普通副程式設計上的主要差異是:它只由純碼(pure code)組成,即它只包含指令與常數,程式中並無資料區可供寫入與讀取。因此,成為可重入副程式的條件是它必須是個非自我修飾(self-modifying)的程式,即其內部沒有修正程式的有關指令。

除了必須只由純碼組成之外,可重入副程式通常也必須與位置無關。這也就是說,不論其程式位於記憶器中的任何一個位置上,都可以正確地執行,其理由是這類副程式通常由許多程式共用,因此,在執行時,它們通常是動態地與各程式聯結,若是位址不需要修改,則此項聯結可以降至最小程度。

由以上討論可以得知:可重入副程式必須是純碼並且與位置無關。為了達成這項要求,在程式設計上必須把握下列原則:

1. 參數的傳遞必須使用暫存器或堆疊的方法;
2. 局部跳躍或副程式呼叫必須使用 PC 相對定址或基底定址方式;
3. 局部資料的存取必須使用基底定址或 PC 相對定址方式;

4. 絕對定址方式只能使用在參考該程式外面的絕對位置(例如：呼叫作業系統的庫存副程式等)。

　　可重入副程式的典型應用包括：

1. 共用程式：例如 ASCII 對二進制轉換，與二進制對 ASCII 的轉換程式；
2. 較大而共同性的程式：例如編輯程式(editor)與編譯程式；
3. I/O 推動程式。

當然，這些應用都是屬於大系統中的系統程式部分。

　　另外一種有趣而且有用的副程式稱為遞迴(recursion)或稱自我重入(self reentrancy)副程式。這種副程式因為連續地呼叫自己而形成巢路，因此稱之遞迴副程式，而於呼叫自己時，尚未完成前面的工作，因而也為一種可重入副程式，但是因是自己再呼叫本身，所以稱為自我重入。

　　在設計遞迴副程式時，必須注意的是，每個連續的呼叫不能破壞參數與由前次呼叫產生的結果，並且必須確認不能修飾它本身，即每次呼叫時，必須把它的參數、暫存器以及所有暫時的結果，置放在記憶器中不同的位置。為了保證使用各別的記憶區，通常使用堆疊儲存上述的資料。使用堆疊時，每次呼叫時的參數、歸回位址與局部變數稱為一個堆疊框。在遞迴呼叫時，典型的堆疊框如圖 6.3-5 所示。

圖 6.3-5　遞迴呼叫期間堆疊框的增長

典型的遞迴副程式設計技巧可以用 *N* 階乘(*N* factorial)的數學演算法說

明：

$$N! = N \times (N-1)!$$
$$= N \times (N-1) \times (N-2)!$$
$$= N \times (N-1) \times (N-2) \times \cdots \times 0!$$

而 $0! = 1$。

利用 MCS-51 指令完成的 $N!$ (N 最大值為 5)計算程式，如例題 6.3-10 所示。

例題 6.3-10 (遞迴副程式—$N!$計算程式)

使用堆疊傳遞參數的方式，設計一個計算 $N!$ 的程式，並以 3!為例，畫出計算過程中的堆疊變化情形。

解：堆疊變化情形如圖 6.3-6 所示。完整的程式如程式 6.3-8 所示。主程式中，儲存欲計算的數目(N)FNUMBER 於堆疊後，呼叫副程式(FACTOR)。副程式 FACTOR 首先使用指令 PUSH AR0 與 MOV R0,SP 產生一個堆疊框，然後將 R0 減 3，指到輸入參數位置，並且使用指令 MOV A,@R0 自堆疊中取出輸入參數。若此參數減 1 之後不為 0，則跳到 F_CONT 處執行，否則，分岐到 RETURN 處執行。在 F_CONT 處使用指令 PUSH ACC 再儲存參數於堆疊中，然後遞迴呼叫 FACTOR 副程式，直到自堆疊中取出的參數為 1 時，才停止遞迴呼叫。自此之後，則執行 RETURN 處的 POP AR0 與 RET 等指令，但是由於存於堆疊中的歸回位址為 RET_ADDR1，因此實際上是執行 POP ACC 開始的四個指令，因而實際執行 N 階乘的計算，如圖 6.3-6 所示。在最後一次的歸回時，由於歸回位址為 RET_ADD 不是 RET_ADDR1，因而回到主程式中，結束整個計算過程，並由堆疊中帶回結果到主程式中。

程式 6.3-8　計算 N! (N ≤ 5)的程式例

```
1    ;ex6.3-10.a51
2    ;a recursive and reentrant subroutine example
3    ;----calculates N! (N factorial)
4    ;assumes 0 < N <= 5 (i.e. the length of
5    ;product is less than one byte).
6    ;parameters are passed via the stack
7    ;
```

圖 6.3-6　計算 3!過程中之堆疊：(a)遞回呼叫；(b)反算過程

```
----                8                    DSEG    AT   30H
0030                9       FNUMBER:  DS      1          ;test data
0031               10       RESULT:   DS      1          ;result
0040               11                 ORG     40H
0040               12       STACK:    DS      10H        ;define a stack area
                   13       ;
----               14                 CSEG    AT   0000H
                   15       ;
                   16       ;main program starts here
                   17       ;
0000 75813F        18       MAIN:     MOV     SP,#STACK-1
                   19       ;the parameters are passed to and from
                   20       ;subroutine via the stack
0003 C030          21                 PUSH  LOW FNUMBER;pass the number
0005 110A          22                 ACALL FACTOR
0007 D031          23       RET_ADR:  POP     RESULT      ;get the result
0009 22            24                 RET
                   25       ;
                   26       ;subroutine starts here
                   27       ;use the stack to pass parameters
                   28                 USING 0
000A C000          29       FACTOR:   PUSH  AR0      ;make a stack frame
000C A881          30                 MOV     R0,SP    ;and get the parameter
000E E8            31                 MOV     A,R0     ;from the stack
000F C3            32                 CLR     C
```

```
0010 9403      33                    SUBB   A,#3
0012 F8        34                    MOV    R0,A
0013 E6        35                    MOV    A,@R0
0014 14        36                    DEC    A           ;subtract 1
0015 7002      37                    JNZ    F_CONT      ;if zero than
0017 800A      38                    SJMP   RETURN      ;return
0019 C0E0      39    F_CONT:         PUSH   ACC         ;else call FACTOR
001B 110A      40                    ACALL  FACTOR      ;recursively
001D D0E0      41    RET_ADR1:       POP    ACC
001F 86F0      42                    MOV    B,@R0       ;backwards calculate
0021 A4        43                    MUL    AB          ;N! and save
0022 F6        44                    MOV    @R0,A       ;result onto the stack
0023 D000      45    RETURN:         POP    AR0         ;pop R0 and return
0025 22        46                    RET
               47                    END
```

在了解堆疊框的產生與消除之後，下列例題更進一步的說明堆疊中局部變數區的產生與使用。

例題 6.3-11*　(局部變數產生與使用)(初學者可以省略此例題)

堆疊中局部變數區的產生與使用程式例(8位元帶號數乘法程式)。

解：如程式 6.3-9 所示。主程式經由堆疊傳遞乘數、被乘數與結果等儲存區的位址(位移)到副程式；副程式自堆疊中設置一塊 4 個位元組的局部變數區，做為運算過程中：乘數、被乘數與結果的儲存區，如圖 6.3-7 所示。在副程式中，首先依據主程式傳遞進來的乘數與被乘數儲存區位址，複製一份乘數與被乘數在自己的局部變數區裡，接著檢查乘數與被乘數的符號，記錄結果的符號在 PSW 的 F0 旗號位元內，並將負數的乘數(被乘數)取 2 補數，使成為正數。然後使用 MUL 指令執行 8 位元的未帶號數乘法運算。最後依據先前決定的符號(存於 F0 旗號位元)，調整乘積為正確的帶號數，並由主程式提供的位址，傳回主程式的結果儲存區內。回到主程式後，必須使用三個 DEC SP 指令調整 SP 為正確的值。

程式 6.3-9　帶號數(8位元 ×8位元)乘法程式

```
1      ;ex6.3-11.a51
2      ;An 8-bit signed number multiplication
3      ;parameters are passed via the stack
4      ;
5                DSEG   AT   30H
```

堆疊

圖 6.3-7 例題 6.3-11 的堆疊框

```
0030                    6    MULTEND:  DS    1      ;multiplicand
0031                    7    MULTPLER: DS    1      ;multiplier
0032                    8    PRODUCT:  DS    2      ;product
0040                    9              ORG   40H
0040                   10    STACK:    DS    10H    ;define a stack area
                       11    ;
----                   12              CSEG  AT  0000H
                       13    ;
                       14    ;main program starts here
                       15    ;
0000 75813F            16    MAIN:     MOV   SP,#STACK-1
                       17    ;the parameters are passed to and from
                       18    ;subroutine via the stack
0003 7430              19              MOV   A,#LOW MULTEND;pass
0005 C0E0              20              PUSH  ACC          ;parameters
0007 7431              21              MOV   A,#LOW MULTPLER
0009 C0E0              22              PUSH  ACC
000B 7433              23              MOV   A,#LOW PRODUCT+1
000D C0E0              24              PUSH  ACC
000F 1118              25              ACALL MULTP
0011 1581              26    RETURN:   DEC   SP     ;empty the stack
0013 1581              27              DEC   SP
0015 1581              28              DEC   SP
0017 22                29              RET
```

```
                              30          ;
                              31          ;subroutine starts here
                              32          ;use the stack to pass parameters
                              33                  USING 0
0018 C000                     34          MULTP:    PUSH  AR0       ;make a stack frame
                              35          ;allocate 4 bytes for local variables
                              36          ;using R0 as the stack frame pointer
001A 858100                   37                    MOV   AR0,SP    ;set the frame pointer
001D AF00                     38                    MOV   R7,AR0    ;save for later use
001F E581                     39                    MOV   A,SP      ;allocate a local
0021 2404                     40                    ADD   A,#4      ;variable area
0023 F581                     41                    MOV   SP,A      ;
                              42          ;setup a pointer to the local variables
0025 A900                     43                    MOV   R1,AR0    ;R1 points to the
0027 09                       44                    INC   R1        ;1st local variable
0028 C3                       45                    CLR   C         ;
0029 E8                       46                    MOV   A,R0      ;R0 points to the
002A 9405                     47                    SUBB  A,#05     ;1st one of the
002C F8                       48                    MOV   R0,A      ;incoming parameters
                              49          ;fetch both multiplier and multiplicand
                              50          ;using their addresses passed via the stack
002D C000                     51                    PUSH  AR0       ;save R0
002F 8600                     52                    MOV   AR0,@R0;get the multiplicand and
0031 E6                       53                    MOV   A,@R0     ;save in a local variable
0032 F7                       54                    MOV   @R1,A
0033 D000                     55                    POP   AR0       ;restore R0
0035 08                       56                    INC   R0
0036 09                       57                    INC   R1
0037 C000                     58                    PUSH  AR0       ;save R0
0039 8600                     59                    MOV   AR0,@R0
003B E6                       60                    MOV   A,@R0     ;fetch the multiplier and
003C F7                       61                    MOV   @R1,A     ;save in a local variable
003D D000                     62                    POP   AR0       ;make R0 point to the
003F 08                       63                    INC   R0        ;address of the product
                              64          ;convert it into positive if it is negative
0040 C2D5                     65                    CLR   F0        ;assume to be positive
0042 30E706                   66                    JNB   ACC.7,CHK_NEXT
0045 F4                       67                    CPL   A         ;take 2's complement
0046 2401                     68                    ADD   A,#01H
0048 F7                       69                    MOV   @R1,A
0049 B2D5                     70                    CPL   F0 ;complement the product flag
004B F5F0                     71          CHK_NEXT: MOV   B,A       ;save for later use
004D 19                       72                    DEC   R1
004E E7                       73                    MOV   A,@R1     ;get the multiplicand
004F 30E706                   74                    JNB   ACC.7,MULTIPLY
```

```
0052 F4          75             CPL    A          ;take 2's complement
0053 2401        76             ADD    A,#01H
0055 F7          77             MOV    @R1,A
0056 B2D5        78             CPL    F0 ;complement the product flag
0058 A4          79  MULTIPLY:  MUL    AB
0059 09          80             INC    R1
005A 09          81             INC    R1
005B 09          82             INC    R1
                 83      ;save product into the local variable area
005C F7          84             MOV    @R1,A  ;
005D 19          85             DEC    R1
005E A7F0        86             MOV    @R1,B
0060 09          87             INC    R1
                 88      ;determine the sign of the product
0061 30D50C      89             JNB    F0,POSITIVE
0064 F4          90             CPL    A
0065 2401        91             ADD    A,#01H
0067 F7          92             MOV    @R1,A
0068 E5F0        93             MOV    A,B
006A F4          94             CPL    A
006B 3400        95             ADDC   A,#00H
006D 19          96             DEC    R1
006E F7          97             MOV    @R1,A
006F 09          98             INC    R1
                 99      ;save the product in the local variable
                 100     ;back to the area pointed by the input parameter
0070 8600        101 POSITIVE:  MOV    AR0,@R0
0072 E7          102            MOV    A,@R1
0073 F6          103            MOV    @R0,A
0074 19          104            DEC    R1
0075 18          105            DEC    R0
0076 E7          106            MOV    A,@R1
0077 F6          107            MOV    @R0,A
                 108     ;release the stack frame and return
0078 8F81        109            MOV    SP,R7   ;restore the SP
007A D006        110            POP    AR6     ;pop R0 and return
007C 22          111            RET
                 112            END
```

📖 複習問題

6.32. 試定義可重入副程式。

6.33. 試比較可重入副程式與副程式的差異？

6.34. 欲設計一個副程式為可重入副程式時，在程式設計上必須把握那些原則？

6.35. 試定義遞迴副程式與自我重入副程式。

6.36. 在設計遞迴副程式時，必須注意那一個重要事項？

6.4* 巨集指令

　　使用副程式的優點是能夠節省記憶器空間與程式設計的時間，並且可以分割一個大程式為數個小程式(即副程式)，因此較容易除錯與修改程式，其缺點則是需要與主程式做連繫的動作。若作為副程式與主程式之間連繫用的指令數目幾乎與該副程式執行時的指令一樣多時，使用副程式不但浪費記憶器空間，也加長執行時間，因為使用副程式時，每次均執行 CALL (即 ACALL 或是 LCALL)與 RET 兩個指令。這時解決的方法是使用巨集指令。

6.4.1 巨集指令定義與擴展

　　巨集指令(macro)和副程式一樣也是由許多指令組合而成的，這些指令片段只需要定義一次，但是可以在程式中不同的地方，重複地引用它，而且在每次出現的地方，只需要以一個敘述取代它即可。它與副程式不同的是：副程式是微處理器指令組的一項特性，而巨集指令則不是。事實上，巨集指令是組譯程式的特性，所以巨集指令能力的提供與否，完全由組譯程式的能力而定。目前絕大多數的組譯程式都提供此項能力，唯一的差別是它們在功能上的強弱之分而已。

　　在巨集指令的定義裡，第一個敘述是巨集指令的名稱與虛擬參數(dummy argument)，最後一個敘述則表示巨集指令定義的結束，在這兩個敘述之間的指令(或假指令)稱為雛型碼(prototype code)，如圖 6.4-1 所示。若虛擬參數有許多個時，則以逗點分開，這些虛擬參數在該巨集指令被呼叫時，由呼叫敘述中的真實參數取代。

Macro_name　MACRO　　　　虛擬參數

```
                    雛型碼
```

ENDM

圖 6.4-1　巨集指令定義

例題 6.4-1　(巨集指令定義)

定義一個巨集指令執行下列表式：

X ←X + Y - 3

解： 完整的巨集指令定義，如程式 6.4-1 所示。

程式 6.4-1　定義巨集指令：X ← X + Y - 3

```
                ;ex6.4-1.asm
     CAL_EXP    MACRO X,Y   ;X <- X+Y-3
                MOV    A,X
                ADD    A,Y
                CLR    C
                SUBB   A,3
                MOV    X,A
                ENDM
```

定義好巨集指令後，在程式中需要的地方，即可以使用一個敘述呼叫它，這個敘述稱為巨集指令呼叫(macro call)，它包括巨集指令的名稱與實際的參數。在組譯的過程中，當組譯程式遇到一個巨集指令呼叫時，組譯程式即以該巨集指令的雛型碼取代，並依照排定的順序一一以真實參數取代虛擬參數，這種取代的動作稱為巨集展開(macro expansion)。

例題 6.4-2　(巨集指令使用例)

定義巨集指令 X ←X + Y - 3 並且使用此巨集指令為例，說明如何在程式中呼叫它，及組譯程式如何以真實參數取代虛擬參數，做巨集展開。

解： 如程式 6.4-2 所示。在程式中，首先定義一個巨集指令(CAL_EXP)以計算 X←X+Y-3 表式，其中 X 與 Y 為虛擬參數。程式中間一共有兩個地方呼叫 CAL_EXP。第一次為 CAL_EXP　OPR1,OPR2，其中 OPR1 與 OPR2 為真實參數，並且分別取代虛擬參數 X 與 Y，組譯程式並安插巨集指令定義中的雛型碼於原始程式中。這些雛型碼為如程式 6.4-2 所示的程式中左邊標示有"+1"部分的指令。第二次巨集呼叫為 CAL_EXP OPR3,OPR2，此時使用真實參數 OPR3 與 OPR2 取代虛擬參數 X 與 Y。

程式 6.4-2 巨集指令的使用與展開

```
                            1       ;ex6.4-2.a51
                            2       ;Program to illustrate the use of
                            3       ;MACRO
                            4       ;MACRO definition
                            5       CAL_EXP    MACRO X,Y   ;X <- X+Y-3
                            6                      MOV     A,X
                            7                      ADD     A,Y
                            8                      CLR     C
                            9                      SUBB    A,3
                           10                      MOV     X,A
                           11                      ENDM
                           12       ;define a DATA segment
----                       13                      DSEG  AT  30H
0030                       14       OPR1:      DS      1
0031                       15       OPR2:      DS      1
0032                       16       OPR3:      DS      1
0033                       17       RESULT:    DS      1
                           18       ;define a CODE segment
----                       19                      CSEG  AT 0000H
                           20                      CAL_EXP OPR1,OPR2
0000 E530                  21+1                    MOV     A,OPR1
0002 2531                  22+1                    ADD     A,OPR2
0004 C3                    23+1                    CLR     C
0005 9503                  24+1                    SUBB    A,3
0007 F530                  25+1                    MOV     OPR1,A
0009 E530                  26                      MOV     A,LOW OPR1
                           27                      CAL_EXP OPR3,OPR2
000B E532                  28+1                    MOV     A,OPR3
000D 2531                  29+1                    ADD     A,OPR2
000F C3                    30+1                    CLR     C
0010 9503                  31+1                    SUBB    A,3
0012 F532                  32+1                    MOV     OPR3,A
0014 2532                  33                      ADD     A,LOW OPR3
0016 22                    34                      RET
                           35                      END
```

巨集指令呼叫中，使用的真實參數必須使敘述有效，否則，發生組譯錯誤。

例題 6.4-3　(不當的巨集指令使用)

說明真實參數使巨集指令中敘述無效而產生組譯錯誤的情形。

解：如程式 6.4-3 所示。在第二次巨集呼叫中，因為使用立即資料 42H 取代巨集定義中的 X 參數，而產生組譯錯誤。其理由為 X 參數在巨集指令中，也當作 MOV 指令的標的運算元，所以不能為立即資料定址。

程式 6.4-3　誤用真實參數產生組譯錯誤的情形

```
                    1      ;ex6.4-3.a51
                    2      ;Program to illustrate the use of
                    3      ;MACRO
                    4      ;MACRO definition
                    5      CAL_EXP   MACRO X,Y   ;X <- X+Y-3
                    6                MOV    A,X
                    7                ADD    A,Y
                    8                CLR    C
                    9                SUBB   A,3
                    10               MOV    X,A
                    11               ENDM
                    12     ;define a DATA segment
----                13               DSEG   AT   30H
0030                14     OPR1:     DS     1
0031                15     OPR2:     DS     1
0032                16     OPR3:     DS     1
0033                17     RESULT:   DS     1
                    18     ;define a CODE segment
----                19               CSEG   AT 0000H
                    20               CAL_EXP OPR1,#54H
0000 E530           21+1             MOV    A,OPR1
0002 2454           22+1             ADD    A,#54H
0004 C3             23+1             CLR    C
0005 9503           24+1             SUBB   A,3
0007 F530           25+1             MOV    OPR1,A
0009 E530           26               MOV    A,LOW OPR1
                    27               CAL_EXP #42H,OPR2
000B 7442           28+1             MOV    A,#42H
000D 2531           29+1             ADD    A,OPR2
000F C3             30+1             CLR    C
0010 9503           31+1             SUBB   A,3
0012                32+1             MOV    #42H,A
***  _____   ^
```

*** ERROR #22 IN 32 (EX643.A51, LINE 22): EXPRESSION TYPE DOES NOT MATCH INSTRUCTION

```
0012 2532              33              ADD     A,LOW OPR3
0014 22                34              RET
                       35              END
```

有些情況，在定義巨集指令時，可能不需要任何參數，例如當定義一個巨集指令，儲存微處理器中的暫存器內容於堆疊中時，呼叫此巨集指令的敘述，並不需要任何參數，只需要包括巨集指令的名稱即可。

例題 6.4-4 (不需要參數的巨集指令)

不需要任何參數的巨集指令呼叫。

解：如程式 6.4-4 所示。SAV_REG 與 POP_REG 定義的巨集指令，並不需要任何參數，因此呼叫時只需要列出該巨集指令的名字即可，不需要賦予任何參數。

程式 6.4-4　不需要任何參數的巨集指令呼叫與展開

```
                  1       ;ex6.4-4.a51
                  2               USING 0      ;specify BANK 0
                  3     SAV_REG   MACRO        ;save registers
                  4               PUSH  ACC
                  5               PUSH  B
                  6               PUSH  AR1
                  7               ENDM
                  8     POP_REG   MACRO        ;restore registers
                  9               POP   AR1
                 10               POP   B
                 11               POP   ACC
                 12               ENDM
                 13     ;define a DATA segment
----             14               DSEG  AT 30H
0030             15     OPR:      DS    1
                 16     ;define a CODE segment
----             17               CSEG  AT 0000H
0000             18     START:    SAV_REG      ;macro call
0000 C0E0        19+1             PUSH  ACC
0002 C0F0        20+1             PUSH  B
0004 C001        21+1             PUSH  AR1
0006 2530        22               ADD   A,OPR
                 23               POP_REG
0008 D001        24+1             POP   AR1
```

```
000A D0F0          25+1          POP    B
000C D0E0          26+1          POP    ACC
000E 22            27            RET
                   28            END
```

📖複習問題

6.37. 試定義巨集指令。

6.38. 試比較副程式與巨集指令的特性差異？

6.39. 試定義雛型碼與虛擬參數。

6.40. 試定義巨集指令呼叫與巨集展開。

6.4.2　標記問題與局部標記

定義巨集指令時，常常需要包含標記。但是這標記當該巨集指令重複被呼叫時，將重複地出現於程式中，造成標記重複定義的問題，而產生組譯錯誤。

例題 6.4-5　(標記重複定義問題)

說明標記重複定義的問題。

解：如程式 6.4-5 所示。由於巨集呼叫是在呼叫的地方展開巨集定義中的程式片段，因此於兩次呼叫之後，造成了兩個相同的標記 POSITIVE 而產生標記重複定義的問題。

程式 6.4-5　標記重複定義的問題

```
             1          ;ex6.4-5.a51
             2    ABS_V       MACRO X  ;find absolute value
             3                MOV    A,X
             4                JNB    ACC.7,POSITIVE
             5                CPL    A   ;take 2's complement
             6                INC    A
             7                MOV    X,A
             8    POSITIVE: NOP
             9                ENDM
             10   ;define aDATA segment
----         11                DSEG   AT   30H
0030         12   OPR1:       DS     1
0031         13   OPR2:       DS     1
```

```
0032                      14      RESULT:  DS    1
                          15      ;define a CODE segment
----                      16               CSEG   AT   0000H
                          17               ABS_V OPR1      ;macro call
0000 E530                 18+1             MOV   A,OPR1
0002 30E704               19+1             JNB   ACC.7,POSITIVE
0005 F4                   20+1             CPL   A    ;take 2's complement
0006 04                   21+1             INC   A
0007 F530                 22+1             MOV   OPR1,A
0009 00                   23+1    POSITIVE: NOP
                          24               ABS_V OPR2      ;macro call
000A E531                 25+1             MOV   A,OPR2
000C 30E7FA               26+1             JNB   ACC.7,POSITIVE
000F F4                   27+1             CPL   A    ;take 2's complement
0010 04                   28+1             INC   A
0011 F531                 29+1             MOV   OPR2,A
0013 00                   30+1    POSITIVE: NOP
***      _____          ^
*** ERROR #8 IN 30 (EX645.A51, LINE 18): ATTEMPT TO DEFINE AN ALREADY DEFINED
LABEL
0014 E530                 31               MOV   A,OPR1
0016 2531                 32               ADD   A,OPR2
0018 F532                 33               MOV   RESULT,A
001A 22                   34               RET
                          35               END
```

解決標記重複定義問題的方法，一般可以遵循下列兩種途徑之一解決：

1. 由程式設計者自行解決：即標記也當作一個虛擬參數處理(習題 6.15)

2. 由組譯程式解決：這種方式中，組譯程式允許使用者設計特別的標記，稱為局部標記(local label)。局部標記加上了尾標(suffix)，每當巨集指令被呼叫時，該尾標即自動增加，因而產生不同的標記，消除了標記重複定義的問題。

局部標記的宣告方式是在巨集指令定義後使用 LOCAL 宣告：

LOCAL　　局部標記序列

例題 6.4-6　(局部標記宣告)

以局部標記解決例題 6.4-5 中標記重複定義的問題。

解：如程式 6.4-6 所示。宣告 POSITIVE 為 LOCAL 後，在巨集指令展開時，這些局部標記即依據其巨集指令被呼叫的先後順序,而賦予不同的標記名稱,例如程式中的 POSITIVE,在 ABS_V 第一次被呼叫時,POSITIVE 由??0000 取代,而第二次再被呼叫時,則由??0001 取代,而解決了標記重複定義的問題。

程式 6.4-6　利用局部標記解決標記重複定義的問題

```
                    1        ;ex6.4-6.a51
                    2     ABS_V      MACRO X  ;find absolute value
                    3                LOCAL POSITIVE
                    4                MOV   A,X
                    5                JNB   ACC.7,POSITIVE
                    6                CPL   A   ;take 2's complement
                    7                INC   A
                    8                MOV   X,A
                    9     POSITIVE: NOP
                    10               ENDM
                    11    ;define a DATA segment
----                12               DSEG  AT  30H
0030                13    OPR1:      DS    1
0031                14    OPR2:      DS    1
0032                15    RESULT:    DS    1
                    16    ;define a CODE segment
----                17               CSEG  AT  0000H
                    18               ABS_V OPR1        ;macro call
0000 E530           19+1             MOV   A,OPR1
0002 30E704         20+1             JNB   ACC.7,??0000
0005 F4             21+1             CPL   A   ;take 2's complement
0006 04             22+1             INC   A
0007 F530           23+1             MOV   OPR1,A
0009 00             24+1    ??0000: NOP
                    25               ABS_V OPR2        ;macro call
000A E531           26+1             MOV   A,OPR2
000C 30E704         27+1             JNB   ACC.7,??0001
000F F4             28+1             CPL   A   ;take 2's complement
0010 04             29+1             INC   A
0011 F531           30+1             MOV   OPR2,A
0013 00             31+1    ??0001: NOP
0014 E530           32               MOV   A,OPR1
0016 2531           33               ADD   A,OPR2
0018 F532           34               MOV   RESULT,A
001A 22             35               RET
                    36               END
```

📖 複習問題

6.41. 試定義局部標記。

6.42. 解決標記重複定義問題的方法有那些？

6.4.3 巢路巨集指令

巢路巨集指令(nested macro)和巢路副程式一樣，即在一個巨集指令定義中，尚包含另一個巨集指令定義。

例題 6.4-7　(巢路巨集指令)

巢路巨集指令定義例。

解： 如程式 6.4-7 所示。DIF_SQR 巨集指令定義中，包含了另外兩個巨集指令定義 PSH_REG 與 POP_REG，而構成了巢路巨集指令定義。

程式 6.4-7　巢路巨集指令定義與使用例

```
 1      ;ex6.4-7.a51
 2   PSH_REG   MACRO              ;save registers
 3             PUSH   ACC
 4             PUSH   B
 5             ENDM
 6   ;
 7   POP_REG   MACRO              ;restore registers
 8             POP    B
 9             POP    ACC
10             ENDM
11   ;
12   DIF_SQR   MACRO X,Y,ERR      ;find SQR(X-Y)
13             PSH_REG            ;call macro
14             MOV    A,X
15             CLR    C
16             SUBB   A,Y
17             MOV    B,A
18             MUL    AB
19             MOV    ERR,A
20             MOV    ERR+1,B
21             POP_REG            ;call macro
22             ENDM
23   ;define a DATA segment
24             DSEG   AT   30H
25   OPR1:     DS     1
```

```
0031          26    OPR2:    DS    1
0032          27    RESULT:  DS    1
              28    ;define a CODE segment
----          29             CSEG  AT 0000H
0000          30    START:   DIF_SQR OPR1,OPR2,RESULT
              31+1           PSH_REG          ;call macro
0000 C0E0     32+2           PUSH  ACC
0002 C0F0     33+2           PUSH  B
0004 E530     34+1           MOV   A,OPR1
0006 C3       35+1           CLR   C
0007 9531     36+1           SUBB  A,OPR2
0009 F5F0     37+1           MOV   B,A
000B A4       38+1           MUL   AB
000C F532     39+1           MOV   RESULT,A
000E 85F033   40+1           MOV   RESULT+1,B
              41+1           POP_REG          ;call macro
0011 D0F0     42+2           POP   B
0013 D0E0     43+2           POP   ACC
0015 22       44             RET
              45             END
```

📖 複習問題

6.43. 試定義巢路巨集指令。

6.44. 試比較巢路巨集指令與巢路副程式之異同。

6.5 參考資料

1. Han-Way Huang, *Using MCS-51 Microcontroller*, New York: Oxford University Press, 2000.

2. Intel, *MCS-51 Microcontroller Family User's Manual,* Santa Clara, Intel Co., 1994. (http://developer.intel.com/design/mcs51/hsf_51.htm)

3. I. Scott MacKenzie, *The 8051 Microcontroller*, 4th ed., Upper Saddle River, NJ: Pearson Education, 2007.

4. Muhammad Ali Mazidi and Janice Gillispie Mazidi, *The 8051 Microcontroller and Embedded Systems*, Upper Saddle River, New Jersey: Prentice-Hall, 2000.

5. Keil Software, *Macro Assembler and Utilities for 8051 and Variants*, 2000.

6.6 習題

6.1 CASE *i* 指述實際上為選擇性結構的連續應用，試寫一段程式執行下列 CASE 指述：

CASE *i*

 1: P1

 2,3: P2

 4,7: P3

 6: P4

END

6.2 試說明標記與變數位址在下列三種時間的變化情形：

(1)組譯時間　　　　　　　　　(2)連結時間

(3)載入時間

6.3 試定義堆疊的資料結構。堆疊有那兩種基本運算?這些運算的動作為何?

6.4 假設堆疊的增長方向是由低位址向高位址增長的，則 PUSH 與 POP 兩個動作要如何定義?

6.5 如何可以由堆疊中，取出第 *i* 個資料項，而不會破壞原先的堆疊狀態?

6.6 如何可以交換一個暫存器的資料與堆疊中第 *i* 個位元組資料?

6.7 試定義下列名詞：

(1) 副程式　　　　(2) 可重入副程式

(3) 巢路副程式　　(4) 遞迴副程式

(5) 堆疊框

6.8 在組合語言中，主程式傳遞參數予副程式的方法有那些?各有何特性?

6.9 在設計可重入副程式時，必須注意那些事項?是否每一種微處理器均能提供此種類型的副程式?

6.10 試寫一個程式片段，儲存 X、Y 與 Z 等三個變數的位址於堆疊中。

6.11　使用 MUL 指令，設計一個 8 位元 × 8 位元的 2 補數乘法運算副程式
程式。假設乘數、被乘數與乘積分別儲存於內部 RAM 的 30H、31H
及 32H 與 33H 等位置中。

6.12　設計一個 32 位元的加法運算副程式。假設加數、被加數與總合分別儲
存於內部 RAM 的 30H、34H、38H 等位置開始的四個位元組中，並且
使用大頭順序的儲存方式。

6.13　設計一個 32 位元的減法運算副程式。假設被減數、減數與結果分別儲
存於內部 RAM 的 30H、34H、38H 等位置開始的四個位元組中，並且
使用大頭順序的儲存方式。

6.14　在例題 6.4-5 的程式中，若更改下列指令

　　　　　　JNB　　ACC.7,POSITIVE

為

　　　　　　JNB　　ACC.7, $ +4

是否就可以消除標記重複定義的問題？為什麼？

6.15　解決巨集指令中標記重複定義的方法，除了使用局部標記外，也可以
將標記當作為一個虛擬參數處理，試使用此種方法，解決例題 6.4-5 程
式中的標記重複定義問題。

7 綜合程式設計

前面幾章主要是考慮 MCS-51 組合語言指令的基本動作及用法。在這一章中，將組合前面三章中的指令，並提出一些最基本、最重要，而且常用的程式設計方法。這些包括數碼轉換(其中以 BCD 對二進制的轉換，二進制對 BCD 的轉換為主要探討對象)，與排序及搜尋演算法介紹和程式設計。最後，討論多精確制乘法與除法運算。

雖然在本章中舉例的部分程式，例如乘法與除法，在 MCS-51 微處理器中，只需要單一個指令，即可以解決該程式欲完成的動作，然而我們提出這些程式例題具有下列意義：

1. 提供讀者更多的程式設計的練習機會，了解如何組合前面幾章中所學的指令與簡單的程式，成為一個較複雜而且有用的程式。

2. 並非所有微處理器均有功能強大的乘法與除法指令，例如 MCS-51 只有簡單的乘法與除法運算指令。因此了解這些方法，不但有助於更進一步透析微處理器的原理，而且在那些沒有這種指令的微處理器中，也可以加以應用。

3. 這些演算法為最基本而且最常用者，它們可以應用在各種場合中，尤其在使用 8 位元微控制器(例如 MCS-51 或是 68HC11)設計應用系統時。

7.1 數碼轉換

由於微處理器中周邊裝置提供的數碼是 ASCII、BCD 或是其它數碼，並不是二進制數目。因此,微處理器系統必須轉換這些數碼為二進制數目,做需要的算術處理,再轉換為周邊裝置能夠接受的數碼。

最常用的數碼轉換的方法有下列三種:

1. 專用硬體:例如 BCD 對 7 段顯示解碼器。

2. 查表(lookup table)法:使用在複雜的數碼轉換關係中,這種方法並不需要複雜的程式設計,但是需要耗費較多的記憶器空間,尤其在輸入值的範圍很大時,更是如此。

3. 演算法(algorithm):利用數學或邏輯運算完成需要的轉換工作。這種方式通常使用在輸入與輸出的轉換關係,有一定的規則可以遵循時。

本節中,十六進制對七段 LED 顯示器的轉換是使用查表法,而 BCD 對二進制轉換及二進制對 BCD 的轉換則使用演算法。

7.1.1 轉換十六進制數字為七段顯示碼

使用查表法做數碼轉換的第一件工作,是先找出輸入與輸出資料之間的對應關係,然後建立成一個表格。例如在十六進制對七段 LED 顯示器碼的轉換中,當輸入為 0 時,七段 LED 顯示器必須顯示 0,輸入為 1 時,必須顯示 1,……,等等。因此,若將七段 LED 顯示器的各個段分別標示為 a、b、c、d、e、f 與 g 時,則輸入與輸出之間的資料關係如圖 7.1-1 所示。

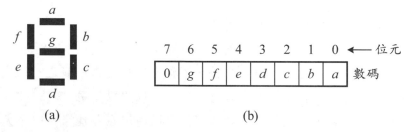

圖 7.1-1　七段 LED 顯示器與數碼:(a)七段 LED 顯示器;(b)顯示器數碼編碼格式

在設計程式時,使用希望顯示的數字當作表格的指標(或稱索引,index),加到表格的基底位址上形成有效位址,然後自表格中取得七段顯示器的數碼。圖 7.1-1(a)的七段 LED 顯示器之輸入數字與對應之數碼，如表 7.1-1 所示。

表 7.1-1　七段 LED 顯示器輸入數字與對應之數碼

輸入	g	f	e	d	c	b	a	十六進制	輸入	g	f	e	d	c	b	a	十六進制
0	0	1	1	1	1	1	1	3F	8	1	1	1	1	1	1	1	7F
1	0	0	0	0	1	1	0	06	9	1	1	0	1	1	1	1	6F
2	1	0	1	1	0	1	1	5B	A	1	1	1	0	1	1	1	77
3	1	0	0	1	1	1	1	4F	B	1	1	1	1	1	0	0	7C
4	1	1	0	0	1	1	0	66	C	0	1	1	1	0	0	1	39
5	1	1	0	1	1	0	1	6D	D	1	0	1	1	1	1	0	5E
6	1	1	1	1	1	0	1	7D	E	1	1	1	1	0	0	1	79
7	0	0	0	0	1	1	1	07	F	1	1	1	0	0	0	1	71

MCS-51 表格轉換指令

為了方便執行表格的資料轉換，MCS-51 系統中，提供一個專為表格運算而設計的指令 MOVC，如表 7.1-2 所示，利用這個指令即可以輕易地完成查表法的數碼轉換。由於 MOVC 指令中使用累積器 A 為指標暫存器，因此最大的表格長度為 256 個位元組。在使用 MOVC 指令時，必須先儲存表格的基底位址於資料指示暫存器 DPTR 內，而載入希望轉換的數碼(相當於表格的指標)於累積器 A 中，在指令執行後，經轉換後的數碼，則存回累積器 A 內。

表 7.1-2　MCS-51 表格轉換指令

指令	動作	CY	AC	OV	P
MOVC　A,@A+DPTR	A ← (A+DPTR)	-	-	-	*
MOVC　A,@A+PC	A ← (A+PC)	-	-	-	*

MOVC 指令也可以使用程式計數器 PC，當作表格的基底位址暫存器，其動作與使用資料指示暫存器為基底位址時相同，然而程式計數器 PC 的內容必須在程式執行期間才能得知，因此使用上必須相當小心。使用此指令的好處是不需要設定基底位址暫存器的初值。

下列例題說明 MOVC 指令的使用及使用此指令時，需要的相關準備工作。

例題 7.1-1 (表格轉換)

利用 MOVC A,@A+DPTR 指令,設計一個程式,轉換一個十六進制數字為對應的七段顯示器數碼。

解:利用 DB 假指令將表 7.1-1 的資料建成表格後,使用 MOVC 指令,即可以轉換累積器 A 內的數字,為相當的七段顯示器數碼,完整的程式如程式 7.1-1 所示。程式中,利用 MOV 指令載入欲轉換的十六進制數字(存於 CDATA 中)於累積器 A 內;資料指示暫存器 DPTR 則經由 MOV 指令,載入轉換表格的基底位址。在執行 MOVC 指令後,累積器 A 內含有轉換後的 7 段顯示器數碼,儲存到 CDATA 內,完成需要的動作。

程式 7.1-1 十六進制數字對七段顯示器數碼轉換程式

```
                       1        ;ex7.1-1.a51
----                   2                DSEG   AT   30H
0030                   3        CDATA:  DS     1     ;data to be converted
                       4        ;table translation
----                   5                CSEG   AT 0000H
0000 E530              6        TBLCVT: MOV    A,LOW CDATA;get the cdata
0002 900009            7                MOV    DPTR,#TABLE ;load the table
0005 93                8                MOVC   A,@A+DPTR   ;base address
0006 F530              9                MOV    LOW CDATA,A ;and convert it
0008 22               10                RET
                      11        ;define conversion table
0009 3F06             12        TABLE:  DB     3FH,06H  ;hexadecimal to
000B 5B4F             13                DB     5BH,4FH  ;seven segment
000D 666D             14                DB     66H,6DH  ;LED display
000F 7D07             15                DB     7DH,07H  ;conversion table
0011 7F6F             16                DB     7FH,6FH
0013 777C             17                DB     77H,7CH
0015 395E             18                DB     39H,5EH
0017 7971             19                DB     79H,71H
                      20                END
```

下列例題說明使用程式計數器 PC 為表格基底位址的 MOVC 指令之使用方法。

例題 7.1-2 (表格轉換)

利用 MOVC A,@A+PC 指令,設計一個程式,轉換一個十六進制數字為對應的七段顯示器數碼。假設表格的指標值由 1 開始。

解：完整的程式如程式 7.1-2 所示。由於使用程式計數器 PC 當作轉換表格的基底位址暫存器，因此使用副程式的方式，並且置放轉換表格於副程式的 RET 指令之後。在執行 MOVC　A,@A+PC 指令時，PC 指於 RET 指令上，即表格的前一個位元組上，因此，在副程式中先使用 INC　A 指令將累積器 A 加 1，越過 RET 指令後，再執行 MOVC　A,@A+PC 指令，即能正確的轉換累積器 A 內的數字為正確的的 7 段顯示器數碼。

程式 7.1-2　十六進制數字對七段顯示器數碼轉換程式

```
                      1        ;ex7.1-2.a51
----                  2                DSEG   AT   30H
0030                  3        CDATA:   DS     1     ;data to be converted
                      4        ;table translation
----                  5                CSEG   AT   0000H
0000 E530             6        TBLCVT:  MOV    A,LOW CDATA ;get the cdata
0002 3100             7                 ACALL  TABLECVT
0004 F530             8                 MOV    LOW CDATA,A ;convert it
0006 22               9                 RET
                      10       ;define convertion table and the associated
                      11       ;subroutine
0100                  12               ORG    0100H
0100 04               13       TABLECVT: INC   A ;bypass the RET instruction
0101 83               14                 MOVC   A,@A+PC
0102 22               15                 RET
0103 3F06             16                 DB     3FH,06H  ;hexadecimal to
0105 5B4F             17                 DB     5BH,4FH  ;seven segment
0107 666D             18                 DB     66H,6DH  ;LED display
0109 7D07             19                 DB     7DH,07H  ;conversion table
010B 7F6F             20                 DB     7FH,6FH
010D 777C             21                 DB     77H,7CH
010F 395E             22                 DB     39H,5EH
0111 7971             23                 DB     79H,71H
                      24                 END
```

📖複習問題

7.1. CS-51 的表格轉換指令有那兩個？

7.2. 試簡述 MOVC　A,@A+DPTR 指令的基本動作。

7.3. 試簡述 MOVC　A,@A+PC 指令的基本動作。

7.1.2 二進制對 BCD 轉換

如第 1.3.2 節所述,轉換一個二進制數目為十進制(BCD)數目的方法,為將二進制數目中的每一個位元分別乘上該位元的加權,然後以十進制(BCD)的加法運算,求其總和即可。對於一個單位元組的二進制數目 BINNO 而言,其相當的十進制(BCD)數目 BCDNO 為:

$$BCDNO = b_7 \times 2^7 + b_6 \times 2^6 + b_5 \times 2^5 + b_4 \times 2^4 + b_3 \times 2^3$$
$$+ b_2 \times 2^2 + b_1 \times 2^1 + b_0 \times 2^0$$
$$= [[[[[[0 + b_7] \times 2 + b_6] \times 2 + b_5] \times 2 + b_4] \times 2 + b_3] \times$$
$$2 + b_2] \times 2 + b_1] \times 2 + b_0$$

當然,上述計算必須以十進制(BCD)的算術運算方式執行。若仔細觀察上式不難發現其計算過程是相當有規則的,即:

$$BCDNO = BCDNO \times 2 + b_i \qquad (i = n - 1, n - 2, ..., 0)$$

所以對於一個 n 位元的二進制數目而言,只需要使用十進制(BCD)算術運算,重覆執行上述運算 n 次即可。

實用上,在執行 $BCDNO = BCDNO \times 2 + b_i$ 運算時,BINNO 中的所有位元一次一個向左移入進位旗號位元 CY 中,然後以二進制加法指令,將進位旗號位元 CY 的值加到 BCDNO 中,再使用 DA　A 指令調整為正確的結果。

若希望轉換為 BCD 數目的二進制數目存於 BINNO 中,轉換後的 BCD 數目存於 BCDNO 內,則詳細的二進制對 BCD 轉換演算法如下:

演算法:二進制對 BCD 轉換

輸入:待轉換的二進制數目 BINNO

輸出:BCD 數目 BCDNO

BEGIN:

　　1. 清除 BCDNO 為 0,並設定 COUNT 為 BINNO 的位元數目;

　　2. **REPEAT**

　　　　2.1 左移 BINNO 一個位元位置,使其 MSB 進入進位旗號位元 CY 內;

2.2 以十進制(BCD)的算術運算計算：

$$BCDNO = BCDNO \times 2 + CY$$

2.3 計數器 COUNT 減 1

UNTIL 　COUNT == 0

END 　{二進制對 BCD 轉換演算法}

二進制對 BCD 轉換的 MCS-51 組合語言程式，如例題 7.1-3 所示。

例題 7.1-3 　(二進制對 BCD 轉換)

利用上述二進制對 BCD 轉換演算法，設計一個程式，轉換一個二進制數目為等值的 BCD 數目。

解：完整的程式如程式 7.1-3 所示。程式中使用：

```
ADDC   A,ACC
DA    A
```

計算 $BCDNO = BCDNO \times 2 + b_i$，其中 b_i 位元由 RLC 指令移位到進位旗號位元 CY 內。程式開始的迴路 CLRBCD 先清除 BCDNO 為 0，因為在 BCDADD 迴路中，直接以多精確制的 BCD 加法，執行 $BCDNO = BCDNO \times 2 + b_i$，若 BCDNO 最初的值不為 0，結果將是錯誤的。LOOPN 迴路首先將 BINNO(二進制數目)的 MSB 移到進位旗號位元 CY 內，由於程式的設計考慮到擴充上的彈性，BINNO 的左移一個位元的動作採用一個迴路完成，以構成多精確制的移位運算。在轉移 BINNO 的 MSB 到 CY 內後，程式使用一個迴路 BCDADD 執行多精確制的 BCD 加法運算。整個 LOOPN 迴路總共執行 COUNT(16)次後結束，結果的 BCD 數目則儲存於 BCDNO 中。注意只需要適當的設定 COUNT 與 NBCD 的初值，即可以改變程式能夠轉換的二進制輸入數目的範圍，例如設定 COUNT 為 8，而 NBCD 設定為 2 (因為 8 位元的二進制數目最大值為 255)，則程式能夠轉換的二進制輸入數目的範圍為 0 到 255。

程式 7.1-3 　二進制對 BCD 轉換程式

```
           1      ;ex7.1-3.a51
----       2              DSEG  AT  30H
0010       3      COUNT   EQU   16 ;# of BINNO bits
0003       4      NBCD    EQU   3  ;# of BCDNO bytes
           5      ;define BCDNO, low byte in high adddress.
```

```
0030                   6    BCDNO:   DS    NBCD  ;BCD number
                       7    ;define BINNO, low byte in high address
0033                   8    BINNO:   DS    COUNT/8 ;binary number
                       9    ;
                      10    ;BINARY to BCD conversion
                      11    ;
----                  12             CSEG  AT  0000H
0000 E4               13    BINBCD:  CLR   A    ;clear A
0001 7832             14             MOV   R0,#LOW BCDNO+NBCD-1
0003 7903             15             MOV   R1,#NBCD ;set a loop count
0005 F6               16    CLRBCD:  MOV   @R0,A     ;clear BCDNO
0006 18               17             DEC   R0
0007 D9FC             18             DJNZ  R1,CLRBCD
                      19    ;
0009 7A10             20             MOV   R2,#COUNT;set a loop count
000B C3               21    LOOPN:   CLR   C        ;clear carry
                      22    ;shift the BINNO MSB into the carry flag
000C 7834             23             MOV   R0,#LOW BINNO+COUNT/8-1
000E 7902             24             MOV   R1,# COUNT/8
0010 E6               25    SFTBIN:  MOV   A,@R0 ;multiple precision
0011 33               26             RLC   A       ;left rotation
0012 F6               27             MOV   @R0,A ;with carry
0013 18               28             DEC   R0      ;the next byte
0014 D9FA             29             DJNZ  R1,SFTBIN
                      30    ;multiprecision BCD addition
0016 7903             31             MOV   R1,#NBCD;get the BCD digit no
0018 7832             32             MOV   R0,#LOW BCDNO+NBCD-1
001A E6               33    BCDADD:  MOV   A,@R0  ;carry out conversion
001B 35E0             34             ADDC  A,ACC  ;a <- a * 2 + C
001D D4               35             DA    A       ;decimal adjust
001E F6               36             MOV   @R0,A ;save the result
001F 18               37             DEC   R0      ;the next byte
0020 D9F8             38             DJNZ  R1,BCDADD
0022 DAE7             39             DJNZ  R2,LOOPN   ;repeat COUNT times
0024 22               40             RET
                      41             END
```

📖複習問題

7.4. 試簡述轉換一個二進制數目為 BCD 數目的方法。

7.5. 如何執行 $BCDNO = BCDNO \times 2 + b_i$。

7.1.3 BCD 對二進制轉換

轉換一個 BCD 數目為等值的二進制數目的程序,與二進制對 BCD 轉換程序類似,只是此時需要執行的運算是除 2 而不是乘 2。這種轉換方法的基本依據為:對於同一個數目而言,若分別以 BCD 及二進制表示時,它們的 LSB 值必定相等。因此,若使用移位的方式,將 BCD 數目的 LSB 一次一個位元,依序移入二進制數目 BINNO 的 MSB 中,則最後的結果即為等值的二進制數目。但是將一個二進制數目右移一個位元時,其值相當於除 2,而 BCD 數目則不然,不過,若將移位後的 BCD 數目中,大於或等於 8 的數字減去 3,則所得的數恰為移位前除 2 的值。

下列例題說明此項規則。

例題 7.1-4　(BCD 數目的右移動作)

使用數目 3876 為例,說明 BCD 數目的右移動作。

解:因此 3876 向右移一個位元後,並將大於或等於 8 的數字減去 3,得到的數為 1938,因此恰為 3876 除 2 的值。詳細的過程如下:

$$
\begin{array}{llll}
3876 \rightarrow & 0011 & 1000 & 0111 & 0110 \\
& 0001 & 1100 & 0011 & 1011 \\
& & -0011 & & -0011 \\
\hline
1938 \rightarrow & 0001 & 1001 & 0011 & 1000
\end{array}
$$

若設希望轉換為二進制數目的 BCD 數目存於 BCDNO 中,轉換後的二進制數目存於 BINNO 內,則詳細的 BCD 對二進制轉換演算法如下:

演算法:BCD 對二進制轉換

輸入:待轉換的 BCD 數目 BCDNO

輸出:二進制數目 BINNO

BEGIN:

   1. 清除 BINNO 為 0,並設定 COUNT 為 BINNO 的位元數目;

   2. **REPEAT**

2.1 右移 BCDNO 一個位元位置，使其 LSB 進入進位旗號位元
CY 內，然後調整 BCDNO 使其維持除以 2 的特性；

2.2 將進位旗號位元 CY 移入 BINNO 的 MSB 內；

2.3 計數器 COUNT 減 1

UNTIL COUNT == 0

END {BCD 對二進制轉換演算法}

BCD 對二進制轉換的 MCS-51 組合語言程式，如例題 7.1-5 所示。

例題 7.1-5 (BCD 對二進制轉換)

利用上述演算法，設計一個程式，轉換一個 BCD 數目為等值的二進制數目。

解：完整的程式如程式 7.1-4 所示。程式判別移位後的 BCD 數字是否大於或等於 8 的動作是以指令：

    JNB   ACC.3,CONT

與   JNB   ACC.7,NEXT

完成。程式中一共有三個迴路：LOOPN、SFTBCD 與 SFTBIN，其中 LOOPN 為外環迴路；SFTBCD 與 SFTBIN 為內環迴路。外環迴路(LOOPN)一共執行 COUNT(= 16)次；內環迴路 SFTBCD 的動作是右移 BCDNO 一個位元位置，並調整其值成為移位前除以 2 的值；內環迴路 SFTBIN 則將 SFTBCD 迴路移出的位元移入 BINNO 中，此位元存於 CY 中而為二進制的一個位元。在 SFTBCD 迴路中，由於執行 SUBB 指令時，必須先清除進位旗號位元 CY 的值為 0，因此使用指令 PUSH PSW 先儲存進位旗號位元 CY 於堆疊中，而於迴路終點 (DJNZ R1,SFTBCD)前，再由 POP PSW 指令取回，如此在 SFTBCD 迴路中可以正確地完成多精確制的 BCD 右移運算。在 SFTBIN 迴路中，則由指令RRC 配合迴路控制指令，完成多精確制的二進制移位運算。

注意只需要適當的設定 COUNT 與 NBCD 的初值，即可以改變程式能夠轉換的 BCD 輸入數目的範圍，例如設定 COUNT 為 8，而 NBCD 設定為 2 (因為 8 位元的二進制數目最大值為 255)，則程式能夠轉換的 BCD 輸入數目的範圍為 0 到 255。

程式 7.1-4 BCD 對二進制轉換程式

```
                       1    ;ex7.1-5.a51
----                   2              DSEG   AT   30H
  0010                 3    COUNT     EQU    16;# of BINNO bits
  0003                 4    NBCD      EQU    3 ;# of BCDNO bytes
                       5    ;define BCDNO, low byte in high address
0030                   6    BCDNO:    DS     NBCD ;BCD number
                       7    ;define BINNO, low byte in high address
0033                   8    BINNO:    DS     COUNT/8 ;binary number
                       9    ;
                      10    ;BCD to BINARY conversion
                      11    ;
----                  12              CSEG   AT   0000H
0000 7A10             13    BINBCD:   MOV    R2,#COUNT;set a loop count
0002 7903             14    LOOPN:    MOV    R1,#NBCD ;get the BCD digit no
0004 C3               15              CLR    C        ;clear the carry falg
                      16    ;point to BCDNO
0005 7830             17              MOV    R0,#BCDNO
0007 E6               18    SFTBCD:   MOV    A,@R0
0008 13               19              RRC    A          ;divide by 2
0009 C0D0             20              PUSH   PSW         ;save the carry flag
000B 30E303           21              JNB    ACC.3,CONT ;adjust
000E C3               22              CLR    C          ;if > 08
000F 9403             23              SUBB   A,#03H     ;subtract 03H
0011 30E703           24    CONT:     JNB    ACC.7,NEXT ;adjust
0014 C3               25              CLR    C          ;if > 80H
0015 9430             26              SUBB   A,#30H     ;subtract 30H
0017 F6               27    NEXT:     MOV    @R0,A
0018 08               28              INC    R0
0019 D0D0             29              POP    PSW         ;restore the carry flag
001B D9EA             30              DJNZ   R1,SFTBCD  ;repeat NBCD times
                      31    ;shift CY into BINNO
001D 7833             32              MOV    R0,#BINNO
001F 7902             33              MOV    R1,#COUNT/8
0021 E6               34    SFTBIN:   MOV    A,@R0    ;shift CY
0022 13               35              RRC    A        ;into BINNO
0023 F6               36              MOV    @R0,A
0024 08               37              INC    R0
0025 D9FA             38              DJNZ   R1,SFTBIN
0027 DAD9             39              DJNZ   R2,LOOPN   ;repeat count times
0029 22               40              RET
                      41              END
```

📖 複習問題

7.6. 轉換一個 BCD 數目為二進制數目的方法之基本依據為何？

7.7. 試簡述轉換一個 BCD 數目為二進制數目的方法。

7.2 資料的排序與搜尋

在微處理器系統中,在處理資料時,常常需要從一個表格資料中,尋找一個資料項,或者將一堆雜亂的資料項建立成一個有次序的表格。使用計算機的術語定義,前者稱為搜尋(searching)而後者稱為排序(sorting)。

在各種排序的方法中,一個簡單而且容易執行的為插入排序(insertion sort)演算法。在搜尋的方法中,則以線性搜尋(linear search)法或稱循序搜尋法(sequential search)與二分搜尋法(binary search)最常用。線性搜尋法通常應用在從一個沒有次序的資料表格中去尋找一個資料項;二分搜尋法則只能應用在已經排序過的表格中。本節中將討論插入排序演算法與二分搜尋演算法。

7.2.1 插入排序演算法

將沒有大小次序的一群資料項依序排列成有大小次序的各種方法中,最簡單者可能為插入排序演算法。一般而言,資料的排列方式有兩種:遞增次序與遞減次序。本節中,將以前者為例,討論插入排序演算法的工作原理及對應的組合語言程式。

假設欲排序的資料陣列為 $a[1], ..., a[n]$。在插入排序演算法中,資料項 $a[i]$,$2 \leq i \leq n$,依序被存取,而置放於正確的位置。為求 $a[i]$的正確位置,假設 $a[i] = key$ 而 $j = i-1$。資料項 key 依序與 $a[j], ..., a[1]$比較,若 $key < a[j]$,則設定 $a[j+1] = a[j]$,然後以下一個指標值,即 $j = j-1$,繼續進行比較動作,直到 key 不再小於 $a[j]$或是 j 不再大於 0 為止。當此情況發生時,key 的正確位置已經找到,而置於 $a[j+1]$。前述動作在重複 $n-1$ 次(每次將 i 加 1)後結束。

下列以一個數值例說明插入排序演算法的動作原理。

例題 7.2-1　(插入排序演算法數值例)

依上述方法將下列資料項排列成遞增次序：

23H，02H，14H，78H，15H，52H，40H，80H

解：(a) 02H，23H，14H，78H，15H，52H，40H，80H

(b) 02H，14H，23H，78H，15H，52H，40H，80H

(c) 02H，14H，23H，78H，15H，52H，40H，80H

(d) 02H，14H，15H，23H，78H，52H，40H，80H

(e) 02H，14H，15H，23H，52H，78H，40H，80H

(f) 02H，14H，15H，23H，40H，52H，78H，80H

(g) 02H，14H，15H，23H，40H，52H，78H，80H

在第七次迴路後資料已經排序完成。

一般而言，插入排序演算法總共需要重複 n-1 次，而每次平均需要 $i/2$ 個比較動作，其中 $2 \leq i \leq n$。因此，總共需要 $(n^2+n-2)/4$ 比較動作。

若設希望排序的資料陣列為 TDATA，則詳細的插入排序演算法如下：

演算法：插入排序

輸入：待排序的資料陣列 TDATA

輸出：排序完成的資料陣列 TDATA

BEGIN：

　1. 設定 i 為 2；

　2. REPEAT

　　　2.1　KEY = TDATA[i]；$j = i - 1$；

　　　2.2　**WHILE (**$j > 0$ and TDATA[j] > KEY **) DO**

　　　　　　TDATA[j+1] = TDATA[j]；

　　　　　　$j = j - 1$；

　　　　　END {of WHILE}

　　　2.3　TDATA[j+1] = KEY；$j = j - 1$；

　　UNTIL ($i == n$)

END　{插入排序演算法}

插入排序演算法的 MCS-51 組合語言程式，如例題 7.2-2 所示。

例題 7.2-2　(插入排序演算法)

使用插入排序演算法，設計一個程式，將資料陣列 TDATA 中的資料項，由小而大排列。

解：完整的程式如程式 7.2-1 所示。程式一共由兩個迴路組成：外環迴路 MLOOP 與內環迴路 CMPNEXT。內環迴路 CMPNEXT 尋找資料項 KEY 的正確位置。在搜尋過程中，大於資料項 KEY 的資料項也一併往較高指標值的方向移動，以騰出位置予資料項 KEY。外環迴路 MLOOP 執行步驟 2 的 REPEAT-UNTIL 指述。值得一提的是在程式中的位址暫存器 R0 與 R1 直接裝載待處理資料項的實際記憶器位址。

程式 7.2-1　浮昇排序演算法程式

```
                          1      ;ex7.2-2.a51
----                      2              DSEG   AT    30H
  0008                    3      DSIZE   EQU    08H          ;array size
0030                      4      TDATA:  DS     DSIZE        ;testing data
                          5      ;
                          6      ;insertion sort algorithm
                          7      ;
----                      8              CSEG   AT    0000H
0000 7A00                 9      INSSORT: MOV    R2,#0
0002 0A                  10      MLOOP:   INC    R2     ;start from the 2nd item
0003 7830                11               MOV    R0,#LOW TDATA;point to TDATA
0005 EA                  12               MOV    A,R2   ;R2 is the index
0006 28                  13               ADD    A,R0   ;
0007 F8                  14               MOV    R0,A   ;initialize j
0008 F9                  15               MOV    R1,A   ;initialize i
0009 E6                  16               MOV    A,@R0  ;key = TDATA(i)
000A F5F0                17               MOV    B,A    ;save key
000C 18                  18      CMPNEXT: DEC    R0     ;j (= i-1)
000D C3                  19               CLR    C      ;clear the carry flag
000E 96                  20               SUBB   A,@R0  ;key > TDATA(j) ?
000F 4004                21               JC     NEXT   ;if <, go to NEXT
0011 A7F0                22               MOV    @R1,B  ;store the key
0013 8009                23               JMP    DONE
0015 E6                  24      NEXT:    MOV    A,@R0  ;move the data right
0016 F7                  25               MOV    @R1,A  ;one item
0017 19                  26               DEC    R1     ;point to the (i-1)th item
0018 E5F0                27               MOV    A,B    ;restore the key
```

```
001A B830EF          28              CJNE   R0,#LOW TDATA,CMPNEXT
001D F7              29              MOV    @R1,A
001E BA07E1          30    DONE:     CJNE   R2,#DSIZE-1,MLOOP
0021 22              31              RET     ;repeat DSIZE-1 times
                     32              END
```

📖 複習問題

7.8. 試定義搜尋與排序。

7.9. 簡述插入排序演算法的基本動作。

7.10. 試簡述兩種最常用的資料搜尋方法。

7.2.2 二分搜尋演算法

　　對於一個有次序的資料項表格之搜尋方法中，較簡單而又有效率者首推二分搜尋演算法。這種方法在運算時，先平均分割表格為兩部分，然後決定那一部分包含欲找尋的資料項，接著在包含欲找尋的資料項這一部分中，再重覆上述動作。當第一個步驟執行後，搜尋的表格範圍已經縮小一半，於第二個步驟後，縮小到 1/4，而在第三個步驟之後，則縮小到 1/8，…，在一連串的步驟之後，搜尋的範圍將縮小到單一個資料項。

　　下列以一個數值例說明二分搜尋演算法的動作原理。

例題 7.2-3　(二分搜尋演算法)

　　使用下列資料項，並以尋找資料項 52H 為例，說明搜尋演算法的動作。

　　　　02H，14H，15H，23H，40H，52H，78H，80H

解：在二分搜尋演算法中，必須計算中間的資料項的指標值，即 mid = (low + high)/2，然後比較資料項 TDATA(mid) 與欲找尋的資料項 KEY，比較的結果有下列三種可能：

1. 若 KEY = TDATA(mid)，則欲找尋的資料項已經找到；

2. 若 KEY > TDATA(mid)，則設定 low←mid + 1(即 KEY 必在表格下半部)；

3. 若 KEY < TDATA(mid)，則設定 high←mid - 1(即 KEY 必在表格上半部)。

依此方式進行，在第二次比較時，TDATA(mid) = 52H(KEY)，因此結束。

假設資料陣列為 TDATA，而欲尋找的資料項為 KEY，則二分搜尋演算法的詳細動作如下：

演算法：二分搜尋

輸入：欲搜尋的資料陣列 TDATA 與資料項 KEY

輸出：資料項 KEY 在資料陣列 TDATA 中的指標(index)

BEGIN：

1. 設定搜尋範圍的下限 low 為 0，上限 high 為 $N - 1$(N 為 TDATA 所包含的資料項數目)，並設定指標 search 為-1(先假設找不到)；

2. **WHILE** (low ≤ high) **DO**

    2.1 計算 mid = (high + low)/2；

    2.2 **IF** KEY = TDATA(mid) **THEN** 設定 search = mid 並結束。

    2.3 **IF** KEY < TDATA(mid) **THEN** 設定 high = mid - 1

        ELSE 設定 low = mid + 1

    END {WHILE}

END {浮昇排序演算法}

二分法搜尋演算法的 MCS-51 組合語言程式，如例題 7.2-4 所示。

例題 7.2-4 (二分法搜尋演算法)

使用二分法搜尋演算法，設計一個程式，自資料陣列 TDATA 中，尋找一個給定的資料項 KEY，若找到，則設定 search 為該資料項在資料陣列中的指標，否則，設定 search 為-1。

解：完整的程式如程式 7.2-2 所示。程式一開始首先設定 LOPTR 與 HIPTR，然後檢查 LOPTR ≤ HIPTR (CONT 開始的四個指令)，若是，則計算 MID = (LOPTR + HIPTR) / 2(指令 MOV A,LOW HIPTR 開始的五個指令)，接著比較 KEY 與 TDATA[MID] (MID 存於暫存器 R1 內)，若相等，則已經找到，暫存器 R1 的值為資料在表格中的指標值；若 KEY < TDATA[MID]，則跳到 BELOW 處執行，設定新的 HIPTR 為 R1 - 1，並回到 CONT 處繼續執行；若 KEY > TDATA[MID]，則設定 R1 + 1 為新的 LOPTR，並且回到 CONT 處繼續執行。CONT 迴路中有兩種情況會結束迴路的執行：一是由指令 JC NOTFOUND 跳出；一則是由指令 JZ　FOUND0 跳出。

程式 7.2-2　二分搜尋演算法程式

```
                          1        ;ex7.2-4.a51
----                      2                  DSEG  AT  30H
  0008                    3        ARRAYS    EQU   08H    ;the size of tdata
0030                      4        KEY:      DS    1      ;the key value
0031                      5        KINDEX:   DS    1      ;the index of key
0032                      6        LOPTR:    DS    1      ;low bound
0033                      7        HIPTR:    DS    1      ;high bound
0034                      8        TDATA:    DS    ARRAYS ;testing data
                          9        ;
                         10        ;BINARY search algorithm
                         11        ;
----                     12                  CSEG  AT  0000H
                         13        ;setup both low and high pointers
0000 753234              14        BSEARCH:  MOV   LOW LOPTR,#TDATA
0003 75333B              15                  MOV   LOW HIPTR,#TDATA+ARRAYS-1
0006 E533                16        CONT:     MOV   A,LOW HIPTR;get the lower bound
0008 C3                  17                  CLR   C           ;clear the carry flag
0009 9532                18                  SUBB  A,LOW LOPTR ;if low <= high
000B 401B                19                  JC    NOTFOUND    ;no, has done
000D E533                20                  MOV   A,LOW HIPTR ;mid=(low +high)/2
000F 2532                21                  ADD   A,LOW LOPTR ;
0011 C3                  22                  CLR   C      ;clear the carry flag
0012 13                  23                  RRC   A      ;divide by two
0013 F9                  24                  MOV   R1,A   ;R1 = mid
0014 C3                  25                  CLR   C      ;clear the carry flag
0015 E530                26                  MOV   A,LOW KEY
0017 97                  27                  SUBB  A,@R1   ;compare the key with
0018 4008                28                  JC    BELOW   ;the middle item
001A 6010                29                  JZ    FOUND0
001C 8932                30                  MOV   LOW LOPTR,R1;if key1>array[R1]
001E 0532                31                  INC   LOW LOPTR ;then low<- mid + 1
0020 80E4                32                  SJMP  CONT
0022 8933                33        BELOW:    MOV   LOW HIPTR,R1;if key1<array[R1]
0024 1533                34                  DEC   LOW HIPTR  ;high <- mid - 1
0026 80DE                35                  SJMP  CONT
0028 74FF                36        NOTFOUND: MOV   A,#-1;if not found, KINDEX=-1
002A 8004                37                  SJMP  FOUND
002C C3                  38        FOUND0:   CLR   C      ;else adjust the KINDEX
002D E9                  39                  MOV   A,R1
002E 9434                40                  SUBB  A,#TDATA
0030 F531                41        FOUND:    MOV   LOW KINDEX,A
0032 22                  42                  RET
```

43	END

📖 複習問題

7.11. 試簡述二分搜尋法的動作。

7.12. 二分搜尋法的基本應用場合為何?

7.3 多精確制乘法運算

在微處理器系統中,乘法運算也是一個相當基本而且重要的功能。對於大多數的 8 位元微處理器而言,都沒有乘法運算指令。雖然在 MCS-51 微處理器中,提供了一個8位元的乘法指令MUL,但是也只能做單一精確制的運算,對於需要多精確制乘法運算的場合中,也只能徒呼無奈。因此,本節中將提出一些簡易而普通的方法滿足這方面的需求。

7.3.1 基本乘法運算方法

在微處理器的應用領域中,通常遇到的乘法問題有未帶號數的乘法與 2 補數的乘法。在前者中,兩個欲相乘的數目均以未帶號數的方式表示;在後者中,兩個欲相乘的數目均表示為 2 補數的方式。

欲執行兩個 n 位元的未帶號數的乘法運算時,通常有下列幾種方法:

1. 連續相加的方式:即選取其中一數當作計數器,另一數則連續加到乘積內,在執行完計數器指定的次數(最多為 2^n-1 次)後,即完成需要的乘法運算。這種方法速度最慢,但是最簡單。

2. 使用乘法指令:對於有乘法指令的微處理器而言,可以使用此種方法。但是在多精確制的乘法運算中,使用乘法指令也是相當複雜的,因為必須分割乘數與被乘數兩個數目為乘法指令能夠處理的大小,接著適當的使用乘法指令,一一求取部分積之後,再適當的組合部分積成為需要的乘積。

3. 移位相加的方式:為最簡單、最直覺的一種乘法運算,並且可以應用在任何精確制的運算中。在這種方法中，兩個數目中的一個當作加數，另一個則每次向右移位一個位元，然後判斷該位元的值是否為 1。若是，則將加數加到部分積中，再右移被移位的數目與部分積一個位元位置；否則，只右移被移位的數目與部分積一個位元位置。重複上述步驟，直到完成整個運算為止。

欲執行兩個 *n* 位元的 2 補數數目的乘法運算時，兩個在微處理器中最常用的簡單方法為：(1) 先由欲作運算的兩個數目決定結果的符號，然後兩數均取為正數，並使用前述的移位相加乘法演算法或使用 MUL 乘法運算指令，完成需要的乘法運算，最後再調整結果為正確的 2 補數表示方式，請參考例題 6.3-11；(2) 使用 Booth 演算法，其詳細動作請參考 7.3.4 節。

7.3.2 使用移位相加的方法

在移位相加的乘法運算中，遵循的規則和我們日常生活中的乘法運算完全相同。對於二進制數目而言，這項規則更為簡單。在一個多位元的數目(乘數)對單位元(被乘數)的乘法運算中，若被乘數為 1，則部分積與乘數相同；否則，部分積為 0。若被乘數也是一個多位元的數目，則依照上述規則，求得對應於每一個位元的部分積後，求出所有部分積的總合後，即為乘積。

下列例題說明如何使用上述程序，計算兩個未帶號整數的乘積。

例題 7.3-1　(計算 1010 與 1101 的乘積)

以 1010 乘以 1101 為例，說明移位相加的乘法運算演算法的動作。

解：由於被乘數為 4 個位元，因此有 4 個部分積，相當於被乘數的 1 個位元與乘數 AND 之後的結果。欲累計這些部分積時，必須適當地將每一個部分積做左移位，使其 LSB 與對應的被乘數位元對齊。詳細的動作如下：

$$1\ 0\ 1\ 0 \quad Y \longleftarrow 乘數$$

$$1\ 1\ 0\ 1 \quad X \longleftarrow 被乘數$$

$$\begin{array}{l} 0\ 0\ 0\ 0\ 0\ 0\ 0\ 0 \quad P_0 = 0\,(部分積) \\ +\ 1\ 0\ 1\ 0 \end{array}$$

$$\begin{array}{l} 0\ 0\ 0\ 0\ 1\ 0\ 1\ 0 \quad P_1 = P_0 + x_0 Y \\ +\ 0\ 0\ 0\ 0 \end{array}$$

$$\begin{array}{l} 0\ 0\ 0\ 0\ 1\ 0\ 1\ 0 \quad P_2 = P_1 + 2x_1 Y \\ +\ 1\ 0\ 1\ 0 \end{array}$$

$$\begin{array}{l} 0\ 0\ 1\ 1\ 0\ 0\ 1\ 0 \quad P_3 = P_2 + 2^2 x_2 Y \\ +\ 1\ 0\ 1\ 0 \end{array}$$

$$1\ 0\ 0\ 0\ 0\ 0\ 1\ 0 \quad P_4 = P_3 + 2^3 x_3 Y = (乘積)$$

所以 $1010(10) \times 1101(13) = 10000010\ (130)$

由例題 7.3-1 可以得知：在步驟 $i + 1$ 的部分積 $P_{i+1} \leftarrow P_i + X_i \times 2^i Y$，其中 $2^i Y$ 相當於左移乘數 i 個位元位置。實用上通常固定 Y，而右移部分積。

由於兩個 n 位元的數目相乘之後，最大的乘積長度為 $2n$ 個位元，因此必須使用雙倍長度的暫存器儲存運算的結果。若假設在執行前暫存器 Q 為被乘數，暫存器 A 為部分積，且在移位過程中暫存器 A 與 Q 連結成為一個雙倍長度的暫存器對，則在動作完成後，乘積儲存於暫存器 $A{:}Q$ 內。利用這種方式，即可以執行任意長度的乘法運算。

移位相加乘法運算演算法的詳細動作如下：

演算法：移位相加乘法運算

輸入：待相乘的兩個 n 位元數目(乘數與被乘數)

輸出：乘積

BEGIN：

1. 載入被乘數於暫存器 Q 內，乘數於暫存器 M 中，清除暫存器 A 為 0，並設定 COUNT 為 n；

2. **REPEAT**

   2.1 右移暫存器 $A{:}Q$ 一個位元位置，使其 LSB 進入進位旗號位元 CY 內；

2.2 IF 進位旗號位元 CY == 1 **THEN** 執行 $A = A + M$；

2.3 計數器 COUNT 減 1

UNTIL COUNT ==0

3. 右移暫存器 $A{:}Q$ 一個位元位置

END ｛移位相加乘法運算演算法｝

移位相加乘法運算演算法的 MCS-51 組合語言程式，如例題 7.3-2 所示。

例題 7.3-2 （移位相加乘法運算演算法）

使用移位相加乘法運算演算法，設計一個程式，計算兩個 n 位元的數目的乘積。

解：完整的程式如程式 7.3-1 所示。記憶器 PRODUCT 組成演算法中的 A：Q，程式一開始，首先清除演算法中的 A 為 0，並複製被乘數(MULTND)到 Q 內，然後右移演算法中的 A：Q 一個位元，使其 LSB 進入進位旗號位元 CY 內，若該位元為 1，則將乘數(MULTER)加於 A 內，否則，跳到 TESTLP (JNC TESTLP)處執行。在完成 BITNO (10H)次的迴路執行後，再右移結果一個位元位置，即為正確的乘積。

注意程式中的清除演算法中的 A 為 0、右移 A：Q 一個位元與將乘數(MULTER)加於 A 內，均使用迴路的方式執行多精確制的運算，以使程式具有完全的可擴充性，即只需要適當的設定 BITNO 初值，即可以改變程式能夠處理的輸入數目的範圍，例如設定 BITNO 為 8 (32)，則程式能執行兩個 8 (32)位元未帶號數的乘法運算。

程式 7.3-1　移位相加乘法程式

```
                    1     ;ex7.3-2.a51
----                2              DSEG    AT   30H
  0010              3     BITNO     EQU    10H ;loop repeat times
                    4     ;define the multiplier, low byte in high addr.
0030                5     MULTER:  DS     BITNO/8 ;multiplier (M)
                    6     ;define the multiplicand,low byte in high addr.
0032                7     MULTND:  DS     BITNO/8 ;multiplicand
                    8     ;define the product, low byte in low addr.
0034                9     PRODUCT: DS     BITNO/8 ;product (register A)
0036               10              DS     BITNO/8 ;product (register Q)
                   11     ;shift-and-add multiplication
```

```
----              12              CSEG   AT  0000H
0000 7A10         13    SFADMUL:  MOV    R2,#BITNO    ;set a loop count
0002 E4           14              CLR    A            ;clear A
0003 7902         15              MOV    R1,#BITNO/8  ;set a loop count
0005 7835         16              MOV    R0,#LOW PRODUCT+BITNO/8-1
0007 F6           17    CLRPRD:   MOV    @R0,A        ;clear the partial
0008 18           18              DEC    R0           ;product
0009 D9FC         19              DJNZ   R1,CLRPRD
                  20    ;copy the multiplicand into the register Q.
000B 7B02         21              MOV    R3,#BITNO/8  ;set a loop count
000D 7833         22              MOV    R0,#LOW MULTND+BITNO/8-1
000F 7937         23              MOV    R1,#LOW PRODUCT+2*BITNO/8-1
0011 E6           24    COPY2Q:   MOV    A,@R0        ;get the multiplicand
0012 F7           25              MOV    @R1,A        ;and save into Q
0013 18           26              DEC    R0           ;point to the next
0014 19           27              DEC    R1           ;item
0015 DBFA         28              DJNZ   R3,COPY2Q
                  29    ;shift rigth the partial product one bit in
                  30    ;a multiple-precision manner
0017 C3           31              CLR    C            ;clear the carry flag
0018 7904         32    NEXT:     MOV    R1,#2*BITNO/8
001A 7834         33              MOV    R0,#LOW PRODUCT
001C E6           34    SFTNEXT:  MOV    A,@R0        ;shift right the partial
001D 13           35              RRC    A            ;product (A:Q) one bit
001E F6           36              MOV    @R0,A
001F 08           37              INC    R0
0020 D9FA         38              DJNZ   R1,SFTNEXT
0022 500E         39              JNC    TESTLP
                  40    ;if the carry is set then add the multiplier to
                  41    ;the partial product in a multiple-precision manner
0024 7B02         42              MOV    R3,#BITNO/8
0026 7831         43              MOV    R0,#LOW MULTER+BITNO/8-1
0028 7935         44              MOV    R1,#LOW PRODUCT+BITNO/8-1
002A C3           45              CLR    C    ;clear the carry flag
002B E6           46    ADDNEXT:  MOV    A,@R0
002C 37           47              ADDC   A,@R1
002D F7           48              MOV    @R1,A
002E 18           49              DEC    R0
002F 19           50              DEC    R1
0030 DBF9         51              DJNZ   R3,ADDNEXT
0032 DAE4         52    TESTLP:   DJNZ   R2,NEXT  ;repeat count times
                  53    ;shift the partial product right one bit in
                  54    ;a multiple-precision manner
0034 7904         55              MOV    R1,#2*BITNO/8
0036 7834         56              MOV    R0,#LOW PRODUCT
```

0038 E6	57	SFTNEXT1: MOV	A,@R0	;shift right the partial
0039 13	58	RRC	A	;product one bit
003A F6	59	MOV	@R0,A	
003B 08	60	INC	R0	
003C D9FA	61	DJNZ	R1,SFTNEXT1	
003E 22	62	RET		
	63	END		

📖 複習問題

7.13. 簡述三種在微處理器中，可以執行兩個未帶號數的乘法運算之方法。

7.14. 試簡述移位相加的乘法演算法。

7.15. 使用移位相加的乘法演算法，是否可以處理帶號數的乘法運算？

7.3.3 使用乘法指令 MUL

　　由於 MCS-51 微處理器具有乘法指令 MUL，在雙精確制的乘法運算(16 位元 × 16 位元→32 位元)中，也可以使用乘法指令 MUL 完成。使用 MUL 指令執行雙精確制的乘法運算時，依據的方法是：當兩數 X $(= a \times 2^8 + b)$ 與 $Y (= c \times 2^8 + d)$ 相乘時：

$$X \times Y = (a \times 2^8 + b) \times (c \times 2^8 + d)$$
$$= ac \times 2^{16} + (ad + bc) \times 2^8 + bd$$

其中 a 與 c 為兩數的高序位元組；而 b 與 d 為低序位元組。利用上述公式，使用 MUL 指令分別計算出 ac、ad、bc、bd 等四個乘積後，再適當的執行加法運算，即可以完成乘法運算。

　　由上述討論可以得知：使用乘法指令的方式，很難擴充為任意精確度的乘法運算。對於未帶號數的任意精確度乘法運算，最簡單而常用的方法之一為使用前一小節介紹的移位相加的方法，其詳細動作請參考例題 7.3-2。

　　下列例題說明如何使用 MUL 指令，完成雙精確制的乘法運算。

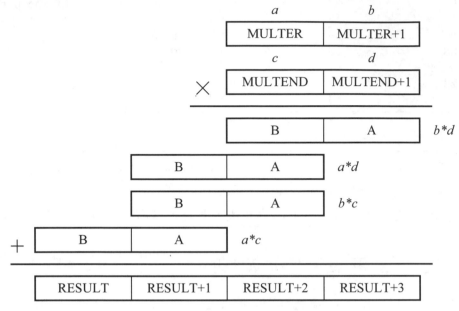

圖 7.3-1 程式 7.3-2 程式的動作圖

例題 7.3-3 (8 位元 MUL 指令與雙精確制乘法)

使用 8 位元 MUL AB 指令，設計一個 16 位元 × 16 位元的未帶號數乘法程式。

解：完整的程式如程式 7.3-2 所示；程式的動作如圖 7.3-1 所示。程式首先清除 RESULT 開始的四個位元組為 0，接著執行 $b \times d$ 部分，結果的 B 與 A 分別存入 RESULT+1 與 RESULT 內；$a \times d$ 部分的結果必須與 RESULT、RESULT+1 及 RESULT+2 等位元組相加；$b \times c$ 部分與 $a \times d$ 部分相同；$a \times c$ 部分則只需要與 RESULT+1 及 RESULT 等位元組相加即可。

程式 7.3-2 使用 8 位元 MUL 指令完成 16 位元×16 位元未帶號數乘法運算

```
                    1      ;ex7.3-3.a51
----                2            DSEG   AT   30H
0030                3   MULTER:  DS     1    ;multipler--a
0031                4            DS     1    ;        --b
0032                5   MULTEND: DS     1    ;multiplicand--c
0033                6            DS     1    ;          --d
0034                7   RESULT:  DS     1    ;result--R0 (highest byte)
0035                8            DS     1    ;       --R1
0036                9            DS     1    ;       --R2
```

```
0037                10                DS    1    ;        --R3 (lowest byte)
                    11        ;multi-pression multiplication using MUL.
----                12                CSEG  AT   0000H
                    13        ;initialize result area
0000 7400           14                MOV   A,#00H
0002 F534           15                MOV   LOW RESULT,A
0004 F535           16                MOV   LOW RESULT+1,A
0006 F536           17                MOV   LOW RESULT+2,A
0008 F537           18                MOV   LOW RESULT+3,A
                    19        ;perform  b * d part
000A E531           20        START:  MOV   A,LOW MULTER+1 ;load A from b
000C 8533F0         21                MOV   B,LOW MULTEND+1;load B from d
000F A4             22                MUL   AB            ;B:A <-- b*d
0010 F537           23                MOV   LOW RESULT+3,A;save result(lo)
0012 85F036         24                MOV   LOW RESULT+2,B;save result(hi)
                    25        ;perform  a * d part
0015 E530           26                MOV   A,LOW MULTER   ;B:A <-- a*d
0017 8533F0         27                MOV   B,LOW MULTEND+1;
001A A4             28                MUL   AB
001B 2536           29                ADD   A,LOW RESULT+2 ;R2 <-- A+R2
001D F536           30                MOV   LOW RESULT+2,A
001F E5F0           31                MOV   A,B
0021 3535           32                ADDC  A,LOW RESULT+1 ;R1 <-- B+R1+C
0023 F535           33                MOV   LOW RESULT+1,A
0025 7400           34                MOV   A,#00H
0027 3534           35                ADDC  A,LOW RESULT    ;save carry
0029 F534           36                MOV   LOW RESULT,A
                    37        ;perform  b * c part
002B E531           38                MOV   A,LOW MULTER+1 ;B:A <-- b*c
002D 8532F0         39                MOV   B,LOW MULTEND
0030 A4             40                MUL   AB            ;
0031 2536           41                ADD   A,LOW RESULT+2 ;R2 <-- A+R2
0033 F536           42                MOV   LOW RESULT+2,A
0035 E535           43                MOV   A,LOW RESULT+1
0037 35F0           44                ADDC  A,B            ;R1 <-- B+R1+C
0039 F535           45                MOV   LOW RESULT+1,A
003B 7400           46                MOV   A,#00H
003D 3534           47                ADDC  A,LOW RESULT    ;save carry
003F F534           48                MOV   LOW RESULT,A
                    49        ;perform  a * c part
0041 E530           50                MOV   A,LOW MULTER   ;B:A <-- a*c
0043 8532F0         51                MOV   B,LOW MULTEND
0046 A4             52                MUL   AB   ;
0047 2535           53                ADD   A,LOW RESULT+1 ;R1 <-- A+R1
0049 F535           54                MOV   LOW RESULT+1,A
```

004B E534	55	MOV	A,LOW RESULT
004D 35F0	56	ADDC	A,B ;R0 <- R0+B+C
004F F534	57	MOV	LOW RESULT,A
0051 22	58	RET	
	59	END	

📖 複習問題

7.16. 使用 MUL 指令，完成 16 位元 × 16 位元的未帶號數乘法運算時，一共需要執行幾次的乘法指令？

7.17. 試簡述 MUL 指令的動作。

7.18. MUL 指令是否可以處理帶號數的乘法運算？

7.3.4 乘法運算---Booth 演算法

Booth 演算法的基本原理為：若設乘數與被乘數分別為 X 與 Y，其中 $X = x_{n-1}x_{n-2}\cdots x_0$ 而 $Y = y_{n-1}y_{n-2}\cdots y_0$，則在第 i 個乘法步驟中，乘數 X 的低序位元為 x_i，則

1. 當 $x_i = 0$ 而 $x_{i-1} = 0$ 時，加 0 到部分積 P；
2. 當 $x_i = 0$ 而 $x_{i-1} = 1$ 時，加被乘數 Y 到部分積 P；
3. 當 $x_i = 1$ 而 $x_{i-1} = 0$ 時，自部分積 P 中減去被乘數 Y；
4. 當 $x_i = 1$ 而 $x_{i-1} = 1$ 時，加 0 到部分積 P；

在第一個步驟(即 $i = 0$ 時)中，假設 $x_{i-1} = 0$。若仔細觀察上述步驟，則可以發現：在第 i 個步驟中，實際上是加 $(x_{i-1} - x_i)Y$ 到部分積 P 中，因此

$$\sum_{i=0}^{n-1} Y(x_{i-1} - x_i)2^i = Y(-x_{n-1}2^{n-1} + x_{n-2}2^{n-2} + \cdots + x_1 2 + x_0)$$

其中括號內的數恰為數目 X 的 2 補數值，所以 Booth 2 補數乘法運算演算法是正確的。其詳細的動作如下：

演算法：Booth 2 補數乘法運算

輸入：待相乘的兩個 n 位元 2 補數數目(乘數與被乘數)

輸出：乘積

BEGIN：

1. 載入被乘數於暫存器 Q 內，乘數於暫存器 M 中，清除暫存器 A 與進位旗號位元 CY 為 0，並設定 COUNT 為 n；

2. **REPEAT**

   2.1　**IF**　$Q(0)$：CY $==$ 01　**THEN**　執行 $A = A + M$；

   2.2　**IF**　$Q(0)$：CY $==$ 10　**THEN**　執行 $A = A - M$；

   2.3　右移暫存器 $A:Q$ 一個位元位置，使其 LSB 進入進位旗號位元 CY 內；

   2.4　計數器 COUNT 減 1

   UNTIL　COUNT $== 0$

END　{ Booth 2 補數乘法運算演算法 }

下列例題為 Booth 2 補數乘法運算演算法的數值例。

例題 7.3-4　(Booth 2 補數乘法運算演算法)

使用 Booth 演算法，計算 47H × 23H。

解： 如圖 7.3-2 所示。其結果為 09B5H。

Booth 2 補數乘法運算演算法的 MCS-51 組合語言程式，如例題 7.3-5 所示。

例題 7.3-5　(Booth 2 補數乘法運算演算法程式例)

使用 Booth 演算法，設計一個程式，計算兩個 16 位元的 2 補數數目的乘積。

解： 完整的程式如程式 7.3-3 所示。程式中使用 PRODUCT 為演算法中的暫存器 A 與 Q。程式一開始先將 BITNO 置於暫存器 R2，執行 CLEARA 迴路，清除 A 為 0，並執行迴路 COPYM2Q，載入 MULTER(乘數)於 Q 中。接著執行 Q(0):CY (第二次以後則是 Q(1):Q(0))的檢查與判斷動作，並跳到適當的地方，執行 A 加或減被乘數(MULTEND)，接著右移演算法中的 A:Q (即 PRODUCT) 一個位元後，回到 TESTQ10 處繼續執行，直到重複 BITNO 次為止。

```
                    A                Q      Q(0) CF    COUNT
Q = 47H      0 0 0 0 0 0 0 0   0 1 0 0 0 1 1 1   0      8     A ← A - M
M = 23H    - 0 0 1 0 0 0 1 1
             ─────────────────
             1 1 0 1 1 1 0 1
             1 1 1 0 1 1 1 0   1 0 1 0 0 0 1 1   1      7     右移A:Q
             1 1 1 1 0 1 1 1   0 1 0 1 0 0 0 1   1      6     右移A:Q
             1 1 1 1 1 0 1 1   1 0 1 0 1 0 0 0   1      5     右移A:Q
           + 0 0 1 0 0 0 1 1                            A ←  A + M
             ─────────────────
             0 0 0 1 1 1 1 0
             0 0 0 0 1 1 1 1   0 1 0 1 0 1 0 0   0      4     右移A:Q
             0 0 0 0 0 1 1 1   1 0 1 0 1 0 1 0   0      3     右移A:Q
             0 0 0 0 0 0 1 1   1 1 0 1 0 1 0 1   0      2     右移A:Q
           - 0 0 1 0 0 0 1 1                            A ←  A - M
             ─────────────────
             1 1 1 0 0 0 0 0
             1 1 1 1 0 0 0 0   0 1 1 0 1 0 1 0   1      1     右移A:Q
           + 0 0 1 0 0 0 1 1                            A ←  A + M
             ─────────────────
             0 0 0 1 0 0 1 1
09B5H →      0 0 0 0 1 0 0 1   1 0 1 1 0 1 0 1   0      0     右移A:Q
```

圖 7.3-2　例題 7.3-4 的計算過程

　　注意程式中的清除演算法中的 A 為 0、右移 A：Q (即 PRODUCT)一個位元與將乘數(MULTER)加或減於 A 內，均使用迴路的方式，執行多精確制的運算，以使程式具有完全的可擴充性，即只需要適當的設定 BITNO 初值，即可以改變程式能夠處理的輸入數目的範圍，例如設定 BITNO 為 8 (32)，則程式能執行兩個 8 (32)位元帶號 2 補數的乘法運算。

　　程式 7.3-3　Booth 乘法運算程式

```
              1       ;ex7.3-5.a51
----          2                DSEG   AT  30H
  0010        3       BITNO     EQU  10H ;number of bits
              4       ;define the multiplier, low byte in high addr.
0030          5       MULTER:   DS   BITNO/8 ;multipler
              6       ;define the multiplicand,low byte in high addr.
0032          7       MULTEND:  DS   BITNO/8 ;multiplicand
              8       ;define the product, low byte in high addr.
0034          9       PRODUCT:  DS   BITNO/8 ;result (A)
0036         10                 DS   BITNO/8 ;result (Q)
             11       ;the Booth's signed-number multiplication
```

```
                          12    ;algorithm
----                      13            CSEG   AT   0000H
0000  7A10                14    BOOTH:   MOV    R2,#BITNO  ;set a loop count
                          15    ;clear the partial product in the result (A)
0002  7902                16            MOV    R1,#BITNO/8;set loop count
0004  7835                17            MOV    R0,#LOW PRODUCT+BITNO/8-1
0006  7600                18    CLEARA:  MOV    @R0,#00
0008  18                  19            DEC    R0
0009  D9FB                20            DJNZ   R1,CLEARA
                          21    ;prepare the multiplier in the low-half
                          22    ;partial product for use in multiplication
000B  7B02                23            MOV    R3,#BITNO/8;set loop count
000D  7830                24            MOV    R0,#LOW MULTER
000F  7936                25            MOV    R1,#LOW PRODUCT+BITNO/8
0011  E6                  26    COPYM2Q: MOV    A,@R0
0012  F7                  27            MOV    @R1,A
0013  08                  28            INC    R0
0014  09                  29            INC    R1
0015  DBFA                30            DJNZ   R3,COPYM2Q
                          31    ;test Q(0):CY in the 1st iteration
0017  C3                  32            CLR    C
0018  33                  33            RLC    A ;A retains PRODUCT
0019  8003                34            SJMP   TESTQ0C
                          35    ;
                          36    ;test Q(1):Q(0) in the rest of iterations
001B  E537                37    TESTQ10: MOV    A,LOW PRODUCT+2*BITNO/8-1
001D  33                  38            RLC    A          ;shift C back into A
001E  5403                39    TESTQ0C: ANL    A,#03H ;extract Q(1):Q(0)
0020  B40102              40            CJNE   A,#01H,NOTADD
0023  8013                41            SJMP   ADDMND ;add the multiplicand
0025  B4021E              42    NOTADD:  CJNE   A,#02H,SFTPROD ;shift only
                          43    ;multiple-precision subtraction of the
                          44    ;multiplicand
0028  C3                  45            CLR    C
0029  7835                46            MOV    R0,#LOW PRODUCT+BITNO/8-1
002B  7933                47            MOV    R1,#LOW MULTEND+BITNO/8-1
002D  7B02                48            MOV    R3,#BITNO/8
002F  E6                  49    SUBNEXT: MOV    A,@R0
0030  97                  50            SUBB   A,@R1
0031  F6                  51            MOV    @R0,A
0032  18                  52            DEC    R0
0033  19                  53            DEC    R1
0034  DBF9                54            DJNZ   R3,SUBNEXT
0036  800E                55            SJMP   SFTPROD
                          56    ;multiple-precision addition of the
```

```
                           57         ;multiplicand
0038 C3                    58  ADDMND:    CLR   C
0039 7835                  59             MOV   R0,#LOW PRODUCT+BITNO/8-1
003B 7933                  60             MOV   R1,#LOW MULTEND+BITNO/8-1
003D 7B02                  61             MOV   R3,#BITNO/8
003F E6                    62  ADDNEXT:   MOV   A,@R0
0040 37                    63             ADDC  A,@R1
0041 F6                    64             MOV   @R0,A
0042 18                    65             DEC   R0
0043 19                    66             DEC   R1
0044 DBF9                  67             DJNZ  R3,ADDNEXT
                           68         ;shift right RESULT  one-bit position
0046 7834                  69  SFTPROD:   MOV   R0,#LOW PRODUCT
0048 7904                  70             MOV   R1,#2*BITNO/8
004A E6                    71             MOV   A,@R0
004B A2E7                  72             MOV   C,ACC.7
004D E6                    73  SFTNEXT:   MOV   A,@R0
004E 13                    74             RRC   A
004F F6                    75             MOV   @R0,A
0050 08                    76             INC   R0
0051 D9FA                  77             DJNZ  R1,SFTNEXT
                           78         ;repeat BITNO times
0053 DAC6                  79             DJNZ  R2,TESTQ10
0055 22                    80             RET
                           81             END
```

📖 複習問題

7.19. 試簡述 Booth 演算法的動作。

7.20. Booth 演算法是否可以處理未帶號數的乘法運算？

7.4 多精確制除法運算

在微處理器系統中，除法也是一個相當基本而且重要的功能。對於大多數的 8 位元微處理器而言，都沒有除法運算指令。在 MCS-51 微處理器中，雖然提供了一個未帶號數的除法運算指令 DIV，但是也只能做單一精確制的運算，即 8 位元除以 8 位元，對於需要多精確制除法運算的場合中也只能徒呼無奈。因此，在本節中將介紹兩種最基本的未帶號數除法演算法：恢復式除法(restoring division)與非恢復式除法(nonrestoring division)。

7.4.1 除法運算－恢復式除法

執行恢復式除法運算時，需要三個暫存器：M、A 與 Q，如圖 7.4-1 所示。其中 M 為除數；A 為累積器在運算前清除為 0，運算後則儲存餘數；Q 在運算前為被除數，運算後為商數。移位時，A 與 Q 連結成雙倍精確制的暫存器。

圖 7.4-1　恢復式除法運算中的三個暫存器

恢復式除法運算演算法的詳細動作如下：

演算法：恢復式除法運算

輸入：待相除的兩個 n 位元數目(除數與被除數)

輸出：商數與餘數

BEGIN：

    1. 載入被除數於暫存器 Q 內，除數於暫存器 M 中，清除暫存器 A 為 0，並設定 COUNT 為 n；

    2. **REPEAT**

        2.1 左移暫存器 $A{:}Q$ 一個位元位置；

        2.2 計算 $A = A - M$；

        2.3 **IF**　$A < 0$　**THEN**　執行 $A = A + M$ 並清除 $Q(0)$ 為 0

             ELSE　設定 $Q(0)$ 為 1；

        2.4 計數器 COUNT 減 1

      UNTIL　COUNT == 0

END　{恢復式除法運算演算法}

下列例題為恢復式除法運算演算法的數值例。

例題 7.4-1 (恢復式除法運算演算法數值例)

使用恢復式除法運算演算法,計算 $38 \div 5$ 的商數與餘數。

解: 如圖 7.4-2 所示。

恢復式除法運算演算法的 MCS-51 組合語言程式,如例題 7.4-2 所示。

例題 7.4-2 (恢復式除法運算演算法程式例)

使用恢復式除法演算法,設計一個程式,計算一個 n 位元正整數除以一個 n 位元正整數後的商數與餘數。

解: 完整的程式如程式 7.4-1 所示。程式中的 REMAIND 相當於演算法中的 A,而 QUOT 則相當於演算法中的 Q。程式一開始先清除 A 為 0 (CLEARA 迴路),並複製被除數(DIVIDEND)到 Q 中(CPDVD2Q 迴路)。SFTAQ 迴路組成多精確制左移(A:Q)的動作。接著 SUBDVR 迴路執行 A - DIVISOR 的動作,若其結果為正,則設定商位元為 1 (即 INC QUOT),否則,恢復 A 的值(ADDDVR 迴路)。在整個 SHIFTAQ 迴路執行完畢後,REMAIND 存著餘數;QUOT 則存放商數。

注意程式中的清除演算法中的 A 為 0、複製被除數(DIVIDEND)到 Q 中、左移 A:Q (即 REMAIND:QUOT)一個位元與將乘數(DIVISOR)加或減於 A 內,均使用迴路的方式執行多精確制的運算,以使程式具有完全的可擴充性,即只需要適當的設定 BITNO 初值,即可以改變程式能夠處理的輸入數目的範圍,例如設定 BITNO 為 8(32),則程式能執行兩個 8(32)位元未帶號數的除法運算。

程式 7.4-1　恢復式除法程式

```
              1      ;ex7.4-2.a51
----          2              DSEG  AT   30H
   0010       3      BITNO    EQU  10H  ;number of bits
              4      ;define the dividend, low byte in high addr.
0030          5      DIVIDEND: DS    BITNO/8 ;dividend
              6      ;define the divisor, low byte in high addr.
0032          7      DIVISOR: DS    BITNO/8 ;divisor
              8      ;define the remainder, low byte in high addr.
0034          9      REMAIND: DS    BITNO/8  ;remainder (A)
             10      ;define the quotient, low byte in high addr.
0036         11      QUOT:    DS    BITNO/8  ;quotient  (Q)
             12      ;
             13      ;restoring division algorithm
```

除數(M)	A	被除數(Q)	COUNT	
00000101	0 0 0 0 0 0 0 0	0 0 1 0 0 1 1 0	8	
	0 0 0 0 0 0 0 0	0 1 0 0 1 1 0 0		左移A:Q
	- 0 0 0 0 0 1 0 1			$A \leftarrow A - M$
	1 1 1 1 1 0 1 1			$A<0$，恢復除數
	+ 0 0 0 0 0 1 0 1			$A \leftarrow A + M$
	0 0 0 0 0 0 0 0	0 1 0 0 1 1 0 0	7	
	0 0 0 0 0 0 0 0	1 0 0 1 1 0 0 0		左移A:Q
	- 0 0 0 0 0 1 0 1			$A \leftarrow A - M$
	1 1 1 1 1 0 1 1			$A<0$，恢復除數
	+ 0 0 0 0 0 1 0 1			$A \leftarrow A + M$
	0 0 0 0 0 0 0 0	1 0 0 1 1 0 0 0	6	
	0 0 0 0 0 0 0 1	0 0 1 1 0 0 0 0		左移A:Q
	- 0 0 0 0 0 1 0 1			$A \leftarrow A - M$
	1 1 1 1 1 1 0 0			$A<0$，恢復除數
	+ 0 0 0 0 0 1 0 1			$A \leftarrow A + M$
	0 0 0 0 0 0 0 1	0 0 1 1 0 0 0 0	5	
	0 0 0 0 0 0 1 0	0 1 1 0 0 0 0 0		左移A:Q
	- 0 0 0 0 0 1 0 1			$A \leftarrow A - M$
	1 1 1 1 1 1 0 1			$A<0$，恢復除數
	+ 0 0 0 0 0 1 0 1			$A \leftarrow A + M$
	0 0 0 0 0 0 1 0	0 1 1 0 0 0 0 0	4	
	0 0 0 0 0 1 0 0	1 1 0 0 0 0 0 0		左移A:Q
	- 0 0 0 0 0 1 0 1			$A \leftarrow A - M$
	1 1 1 1 1 1 1 1			$A<0$，恢復除數
	+ 0 0 0 0 0 1 0 1			$A \leftarrow A + M$
	0 0 0 0 0 1 0 0	1 1 0 0 0 0 0 0	3	
	0 0 0 0 1 0 0 1	1 0 0 0 0 0 0 0		左移A:Q
	- 0 0 0 0 0 1 0 1			$A \leftarrow A - M$
	0 0 0 0 0 1 0 0	1 0 0 0 0 0 0 1	2	$A>0$
	0 0 0 0 1 0 0 1	0 0 0 0 0 0 1 0		左移A:Q
	- 0 0 0 0 0 1 0 1			$A \leftarrow A - M$
	0 0 0 0 0 1 0 0	0 0 0 0 0 0 1 0	1	$A>0$
	0 0 0 0 1 0 0 0	0 0 0 0 0 1 1 0		左移A:Q
	- 0 0 0 0 0 1 0 1			$A \leftarrow A - M$
	0 0 0 0 0 0 1 1	0 0 0 0 0 1 1 0	0	$A>0$
	餘數	商數	1	

圖 7.4-2　恢復式除法數值例

```
                            14        ;
----                        15              CSEG  AT  0000H
                            16        ;clear the remainder (REMAIND)(A)
0000 7902                   17              MOV   R1,#BITNO/8
0002 7835                   18              MOV   R0,#LOW REMAIND+BITNO/8-1
0004 7600                   19  CLEARA:     MOV   @R0,#00H
0006 18                     20              DEC   R0
0007 D9FB                   21              DJNZ  R1,CLEARA
                            22        ;copy DIVIDEND into QUOT
0009 7A02                   23              MOV   R2,#BITNO/8
000B 7831                   24              MOV   R0,#LOW DIVIDEND+BITNO/8-1
000D 7937                   25              MOV   R1,#LOW QUOT+BITNO/8-1
000F E6                     26  CPDVD2Q:    MOV   A,@R0
0010 F7                     27              MOV   @R1,A
0011 18                     28              DEC   R0
0012 19                     29              DEC   R1
0013 DAFA                   30              DJNZ  R2,CPDVD2Q
                            31        ;set up the main loop count
0015 7A10                   32              MOV   R2,#BITNO
                            33        ;shift left A:Q one-bit position
0017 C3                     34  SHIFTAQ:    CLR   C
0018 7837                   35              MOV   R0,#LOW QUOT+BITNO/8-1
001A 7904                   36              MOV   R1,#2*BITNO/8
001C E6                     37  SFTAQ:      MOV   A,@R0
001D 33                     38              RLC   A
001E F6                     39              MOV   @R0,A
001F 18                     40              DEC   R0
0020 D9FA                   41              DJNZ  R1,SFTAQ
                            42        ;subtract the divisor and test whether the
                            43        ;result >= 0 or < 0
0022 C3                     44              CLR   C
0023 7835                   45              MOV   R0,#LOW REMAIND+BITNO/8-1
0025 7933                   46              MOV   R1,#LOW DIVISOR+BITNO/8-1
0027 7B02                   47              MOV   R3,#BITNO/8
0029 E6                     48  SUBDVR:     MOV   A,@R0
002A 97                     49              SUBB  A,@R1
002B F6                     50              MOV   @R0,A
002C 18                     51              DEC   R0
002D 19                     52              DEC   R1
002E DBF9                   53              DJNZ  R3,SUBDVR
                            54        ;test the sign bit of the result
0030 5010                   55              JNC   SETQUOT
                            56        ;restore the dividend by adding the divisor
0032 C3                     57  RESTORE:    CLR   C
0033 7835                   58              MOV   R0,#LOW REMAIND+BITNO/8-1
```

0035 7933	59		MOV	R1,#LOW DIVISOR+BITNO/8-1
0037 7B02	60		MOV	R3,#BITNO/8
0039 E6	61	ADDDVR:	MOV	A,@R0
003A 37	62		ADDC	A,@R1
003B F6	63		MOV	@R0,A
003C 18	64		DEC	R0
003D 19	65		DEC	R1
003E DBF9	66		DJNZ	R3,ADDDVR
0040 8002	67		SJMP	CONT
0042 0536	68	SETQUOT:	INC	LOW QUOT ;set the quotient bit
0044 DAD1	69	CONT:	DJNZ	R2,SHIFTAQ ;repeat BITNO times
0046 22	70		RET	
	71		END	

📖 複習問題

7.21. 使用恢復式除法運算演算法時,一共需要幾個暫存器?

7.22. 試簡述恢復式除法運算演算法的動作。

7.23. 恢復式除法運算演算法是否可以處理帶號數的除法運算?

7.4.2 除法運算－非恢復式除法

　　在恢復式除法運算中,當 $A - M < 0$ 時,必須將 M(除數)加回 A 中,恢復原來的被除數,因此完成 n 個位元除法運算,平均需要 $3n/2$ 個加法與減法動作。另一種較快的除法運算為非恢復式除法,在這種方式中,當 $A - M < 0$ 時,並不將 M 加回 A 中,以恢復原來的被除數,相反的它直接將 $A - M = X$ 的結果左移一個位元後,再與 M 相加。其效果與先將 M 加回 A,再左移一個位元是相同的,因為若設 $X = A - M$,當 $X < 0$ 時,在恢復式除法中,必須將 M 加到 X 中,然後左移一個位元,再減去 M,如此得到:$2(X + M) - M = 2X + M$,實際上即是將 X 先左移一個位元後,再與 M 相加,所以兩種除法動作是相同的,但是在非恢復式除法運算中,加法與減法運算的次數總合只為 n 個,因此速度較快。

　　非恢復式除法運算演算法如下:

演算法：非恢復式除法運算

輸入： 待相除的兩個 n 位元數目(除數與被除數)

輸出： 商數與餘數

BEGIN：

1. 載入被除數於暫存器 Q 內，除數於暫存器 M 中，清除暫存器 A 為 0，並設定 COUNT 為 $n-1$；

2. 左移暫存器 $A{:}Q$ 一個位元位置；

3. 計算 $A = A - M$；

4. **REPEAT**

   4.1 IF $A < 0$ **THEN** 執行下列三個動作：

   　　　清除 $Q(0)$ 為 0；

   　　　左移暫存器 $A{:}Q$ 一個位元位置；

   　　　$A = A + M$；

   　　ELSE 執行下列三個動作：

   　　　設定 $Q(0)$ 為 1；

   　　　左移暫存器 $A{:}Q$ 一個位元位置；

   　　　$A = A - M$；

   4.2 計數器 COUNT 減 1

   UNTIL COUNT ==0

5. **IF** $A < 0$ **THEN** 清除 $Q(0)$ 為 0 並計算 $A = A + M$；

   ELSE 設定 $Q(0)$ 為 1；

END {非恢復式除法運算演算法}

下列例題為非恢復式除法運算演算法的數值例。

例題 7.4-3 (非恢復式除法演算法)

使用非恢復式除法演算法，計算 $38 \div 5$ 的商數與餘數。

解： 如圖 7.4-3 所示。

除數(M)	A	被除數(Q)	COUNT	
00000101	00000000	00100110	8	
	00000000	01001100		左移A:Q
	-00000101			A ← A - M
	11111011	01001100 0	7	A < 0
	11110110	10011000 0		左移A:Q
	+00000101			A ← A+M
	11111011	10011000 0	6	A < 0
	11110111	00110000 0		左移A:Q
	+00000101			A ← A+M
	11111100	00110000 0	5	A < 0
	11111000	01100000 0		左移A:Q
	+00000101			A ← A+M
	11111101	01100000 0	4	A < 0
	11111010	11000000 0		左移A:Q
	+00000101			A ← A+M
	11111111	11000000 0	3	A < 0
	11111111	10000000 0		左移A:Q
	+00000101			A ← A+M
	00000100	10000001	2	A > 0
	00001001	00000010 1		左移A:Q
	-00000101			A ← A - M
	00000100	00000010 0	1	A > 0
	00001000	00000110 1		左移A:Q
	-00000101			A ← A - M
	00000011	00000110 0	0	A > 0
	餘數	商數　　1		

圖 7.4-3　非恢復式除法數值例

非恢復式除法運算演算法的 MCS-51 組合語言程式，如例題 7.4-4 所示。

例題 7.4-4　(非恢復式除法演算法的程式例)

使用非恢復式除法演算法，設計一個程式，計算一個 n 位元正整數除以一個 $n-1$ 位元正整數後的商數與餘數。

解：完整的程式如程式 7.4-2 所示。程式中的 REMAIND 相當於演算法中的 A，而 QUOT 則相當於演算法中的 Q。程式一開始先清除 A 為 0 (CLEARA 迴路)，並複製被除數(DIVIDEND)到 Q 中(CPDVD2Q 迴路)。MLOOP 位置開始的

SHIFT 與 SUBTRACT 相當於演算法中的步驟 2 與 3，NLOOP 迴路則為演算法中的步驟 4。在 RET 指令前的四個指令，相當於演算法中的步驟 5。整個程式執行完畢後，REMAIND 存著餘數；QUOT 則存放商數。

注意程式中的清除演算法中的 A 為 0、複製被除數(DIVIDEND)到 Q 中、SHIFT、ADDITION、SUBTRACT，均使用迴路的方式執行多精確制的運算，以使程式具有完全的可擴充性，即只需要適當的設定 BITNO 初值，即可以改變程式能夠處理的輸入數目的範圍，例如設定 BITNO 為 8 (32)，則程式能執行兩個 8 (32) 位元未帶號數的除法運算。此外，SHIFT、ADDITION、SUBTRACT 等程式片段因為多次使用於演算法中，所以皆定義成獨自的副程式。堆疊指示器 SP 使用預設值 07H。

程式 7.4-2　非恢復式除法程式

```
                         1      ;ex7.4-4.a51
----                     2              DSEG   AT   30H
  0010                   3      BITNO    EQU   10H   ;number of bits
                         4      ;define the dividend, low byte in high addr.
0030                     5      DIVIDEND: DS    BITNO/8 ;dividend
                         6      ;define the divisor, low byte in high addr.
0032                     7      DIVISOR:  DS    BITNO/8 ;divisor
                         8      ;define the remainder, low byte in high addr.
0034                     9      REMAIND:  DS    BITNO/8  ;remainder (A)
                        10      ;define the quotient, low byte in high addr.
0036                    11      QUOT:     DS    BITNO/8  ;quotient  (Q)
----                    12              CSEG   AT   0000H
                        13      ;
                        14      ;restoring division algorithm
                        15      ;
                        16      ;clear the remainder (REMAIND)
0000 7902               17      NRESTOD:  MOV   R1,#BITNO/8
0002 7835               18                MOV   R0,#LOW REMAIND+BITNO/8-1
0004 7600               19      CLEARA:   MOV   @R0,#00H
0006 18                 20                DEC   R0
0007 D9FB               21                DJNZ  R1,CLEARA
                        22      ;copy DIVIDEND into QUOT
0009 7A02               23                MOV   R2,#BITNO/8
000B 7831               24                MOV   R0,#LOW DIVIDEND+BITNO/8-1
000D 7937               25                MOV   R1,#LOW QUOT+BITNO/8-1
000F E6                 26      CPDVD2Q:  MOV   A,@R0
0010 F7                 27                MOV   @R1,A
0011 18                 28                DEC   R0
```

```
0012 19        29              DEC    R1
0013 DAFA      30              DJNZ   R2,CPDVD2Q
               31      ;set up the main loop count
0015 7A0F      32              MOV    R2,#BITNO-1
               33      ;shift left both dividend and remainder one bit
0017 12003D    34      MLOOP:   LCALL SHIFT
               35      ;subtract the divisor and test whether the
               36      ;result >= 0 or < 0
001A 120049    37              LCALL  SUBTRACT
001D 30E708    38      NLOOP:   JNB   ACC.7,SETQUOT  ;>=0
               39      ;shift left one bit and perform the addition of
               40      ;the divisor
0020 12003D    41              LCALL  SHIFT
0023 120058    42              LCALL  ADDITION
0026 8008      43              SJMP   CONT
               44      ;set the quotient bit 1
0028 0536      45      SETQUOT: INC   LOW QUOT
002A 12003D    46              LCALL  SHIFT
002D 120049    47              LCALL  SUBTRACT
0030 DAEB      48      CONT:    DJNZ  R2,NLOOP   ;repeat BITNO times
0032 30E705    49              JNB    ACC.7,DONE
0035 120058    50              LCALL  ADDITION
0038 8002      51              SJMP   DONE1
003A 0536      52      DONE:    INC   LOW QUOT
003C 22        53      DONE1:   RET
               54      ;
               55      ;left shift A:Q (dividend and remainder)
               56      ;one-bit position
003D C3        57      SHIFT:   CLR   C
003E 7837      58              MOV    R0,#LOW QUOT+BITNO/8-1
0040 7904      59              MOV    R1,#2*BITNO/8
0042 E6        60      SFTAQ:   MOV   A,@R0
0043 33        61              RLC    A
0044 F6        62              MOV    @R0,A
0045 18        63              DEC    R0
0046 D9FA      64              DJNZ   R1,SFTAQ
0048 22        65              RET
               66      ;multiple-precision subtraction
               67      ;subtract the divisor and test whether the
               68      ;result > 0 or <=0
0049 C3        69      SUBTRACT: CLR  C
004A 7835      70              MOV    R0,#LOW REMAIND+BITNO/8-1
004C 7933      71              MOV    R1,#LOW DIVISOR+BITNO/8-1
004E 7B02      72              MOV    R3,#BITNO/8
0050 E6        73      SUBDVR:  MOV   A,@R0
```

```
0051 97        74         SUBB   A,@R1
0052 F6        75         MOV    @R0,A
0053 18        76         DEC    R0
0054 19        77         DEC    R1
0055 DBF9      78         DJNZ   R3,SUBDVR
0057 22        79         RET
               80     ;multiple-precision addition
0058 C3        81     ADDITION: CLR  C
0059 7835      82         MOV    R0,#LOW REMAIND+BITNO/8-1
005B 7933      83         MOV    R1,#LOW DIVISOR+BITNO/8-1
005D 7B02      84         MOV    R3,#BITNO/8
005F E6        85     ADDDVR:   MOV  A,@R0
0060 37        86         ADDC   A,@R1
0061 F6        87         MOV    @R0,A
0062 18        88         DEC    R0
0063 19        89         DEC    R1
0064 DBF9      90         DJNZ   R3,ADDDVR
0066 22        91         RET
               92         END
```

📖複習問題

7.24. 使用非恢復式除法運算演算法時，一共需要幾個暫存器？

7.25. 試簡述非恢復式除法運算演算法的動作。

7.26. 非恢復式除法運算演算法是否可以處理帶號數的除法運算？

7.5　參考資料

1. John P. Hayes, *Computer Architecture and Organization*, 3rd ed. New York: McGraw-Hill Book Co., 1998.

2. Ellis Horowitz, Sartaj Sahni, and Susan Anderson-Freed, *Fundamentals of Data Structures in C*, Computer Science Press, 1993.

3. Han-Way Huang, *Using MCS-51 Microcontroller*, New York: Oxford University Press, 2000.

4. Kai Hwang, *Computer Arithmetic: Principles, Architecture, and Design,* New York: John Wiley & Sons, 1979.

5. Intel, *MCS-51 Microcontroller Family User's Manual,* Santa Clara, Intel Co., 1994. (http://developer.intel.com/design/mcs51/hsf_51.htm)

6. M. L. Roginsky and J. A. Tabb, "Microprocessor algorithms make BCD-binary conversions super-fast" *EDN*, Jan. 5, 1977, pp. 46-50.

7.6 習題

7.1 設計一個程式，轉換 BCD 碼為加三碼。

7.2 設計一個程式，執行下列四個變數的布林函數：

$$f_1(A, B, C, D) = \Sigma\,(0, 1, 2, 4, 8, 9, A)$$

$$f_2(A, B, C, D) = \Sigma\,(0, 3, 7, 9, A, C, D)$$

$$f_3(A, B, C, D) = \Sigma\,(0, 4, 7, 8, 9, E, F)$$

$$f_4(A, B, C, D) = \Sigma\,(2, 3, 7, A, B, C, D)$$

7.3 試使用二個計數器的方法，設計一個 BCD 對二進制轉換程式。假設 BCD 值最大為 255。提示：BCD 計數器為倒數計數器，而二進制計數器為正數計數器，兩者同時做減一與加一動作，直到 BCD 計數器為 0 時，二進制計數器的結果即為所求。

7.4 使用和上題類似的方法，設計一個二進制對 BCD 轉換程式。假設二進制計數器長度為 8 位元。提示：二進制計數器為倒數計數；BCD 計數器為正數計數。

7.5 使用計數器的方法，設計一個未帶號數的乘法運算程式。假設兩個欲相乘的數目均為 8 位元。

7.6 由於 MCS-51 具有除法指令，十六進制對 BCD 的轉換工作，也可以有效地使用除法指令完成。假設待轉換的十六進制數目(8 位元)為：H_1H_0，轉換後的 BCD 數目為 BCDNO = $D_2D_1D_0$，則 D_0 為第一次將 H_1H_0 除以 10 後的餘數；D_1 為第一次的商除以 10 後的餘數，D_2 為第二次的商數除以 10 後的餘數，…，依此類推，連續地使用除法指令將 H_1H_0 除 10 後，依序取其餘數即為所求。試設計一個程式，轉換一個 8 位元的十六進制數目為 BCD 數目。

7.7 對於 BCD 數目轉換為十六進制數目而言，若 BCD 數目(BCDNO)為

$D_2 D_1 D_0$ (0 到 255)，則十六進制數目：

$$HEXNO = D_2 \times 10^2 + D_1 \times 10^1 + D_0 \times 10^0$$

$$= [[0 \times 10 + D_2] \times 10 + D_1] \times 10 + D_0$$

因此 HEXNO 即為以十六進制算術連續的執行：

$$HEXNO = HEXNO \times 10 + D_i$$

試設計一個程式，轉換 3 個數字的 BCD 數目為十六進制數目(8 位元)

7.8 (浮昇排序演算法)假設資料項陣列為 $a[0], ..., a[n-1]$。在浮昇排序(bubble sort)演算法中，欲排序的資料項依序存取。第一個資料項與第二個資料項比較，若其順序不對則兩資料項交換，然後第二個資料項與第三個資料項比較，若其順序不對則兩資料項交換，等等。最大項在所有資料項均比較過後必然位於 $a[n-1]$。一般而言，在第 i 個回合後，第$(n-i)$ 大的資料項必然位於其正確的位置。

(1) 使用下列資料為例，討論此一演算法的動作：

　　12H，78H，35H，45H，24H，80H，92H，19H

(2) 寫一程式執行此演算法。

7.9 (選擇排序演算法)在選擇排序(selection sort)演算法中，一共需要 $n - 1$ 個迴路排序 $a[1], ..., a[n]$等 n 個資料項。第一個迴路中，選擇出最小的資料項，並與 $a[1]$交換，因此 $a[1]$為最小的資料項，第二次迴路則由 $a[2]$開始，由 $a[2], ..., a[n]$中，選擇出最小的(即第二小的)資料項，與 $a[2]$交換，因此 $a[2]$為第二小的資料項，依此類推，在第 i 次迴路時，將選出第 i 小的資料項，置於 $a[i]$中，因此 $a[i]$為第 i 小的資料項，經過 $n - 1$ 次迴路後，第 $n - 1$ 小的資料項則位於 $a[n - 1]$中，而最大的資料項則自動在 $a[n]$中，完成需要的排序動作。試設計一個程式，執行此排序演算法。

(1) 使用下列資料為例，討論此一演算法的動作：

　　12H，78H，35H，45H，24H，80H，92H，19H

(2) 寫一程式執行此演算法。

7.10　試以下列資料為例，討論二分搜尋演算法的動作：

　　　　02H，04H，27H，45H，63H，78H，92H，93H，98H

　　欲找尋的資料為：

　　(1) 04H　　　　　　　　　　(2) 63H

　　(3) 92H　　　　　　　　　　(4) 98H

7.11　以線性搜尋演算法，重做上題，並比較兩種方法平均各需要耗費多少
　　次比較，才可完成上述四個資料的搜尋。

7.12　使用 Booth 演算法，計算下列各式：

　　(1) -75 × 32　　　　　　　　(2) 80 × 57

　　(3) 97 × (-39)　　　　　　　(4) (-69) × (-58)

7.13　試分別以恢復式除法與非恢復式除法，計算下列各式：

　　(1) 105 ÷ 31　　　　　　　　(2) 78 ÷ 9

　　(3) 98 ÷ 7　　　　　　　　　(4) 178 ÷ 23

8 C語言 程式設計

C語言在 1970 年代由 D. M. Ritchie 與 B. K. Kernighanm 提出之後，已經成為任何計算機系統的主要高階語言之一。由於它的程式結構簡單、容易學習、可攜帶性相當高，目前已經成為大部分的微控制器系統的一個高階系統發展語言。因此本章中，將介紹 C 語言與在 MCS-51 系統中相關的程式設計。

雖然，使用 C 語言撰寫程式相當方便而且程式產量高，但是經由 C 編譯程式產生的目的程式的長度，通常較直接使用組合語言撰寫的程式為長，執行時間(即需要的機器週期數目)也較長。因此，使用 C 語言設計的程式其消耗的功率也相對的較高，因為需要較多的機器週期完成程式的執行。對於需要低消耗功率操作的系統而言，相當不利。基於上述因素，在設計一個微控制器系統時，若系統的功率消耗為一個主要的考慮因素或是系統程式的執行時間相當重要時，則宜使用組合語言撰寫需要的程式；若系統的功率消耗與系統程式的執行時間並不重要時，則可以使用 C 語言撰寫需要的程式，以簡化程式的撰寫及縮短系統設計的時間。

在本章中，我們使用 Keil 公司的 C51 為例，依序介紹 C 語言的語法、運算子、資料類型，程式流程控制指述、指標(pointer)，及函式(function，或稱函數程式)。最後則以 C 語言程式與組合語言程式的連結作為本書的總結。

8.1 基本 C 語言程式

撰寫一個 C 語言程式與組合語言程式一樣,首先必須研究該語言提供的語法及程式結構、資料類型、運算子、程式流程控制指述。在本節中,我們依序介紹這些組成一個 C 語言程式的基本要素。

8.1.1 基本 C 語言程式例

C 語言為目前設計 MCS-51 系統時,相對於組合語言的另一種軟體發展方式。每一個 C 語言程式均由許多函式組成,而每一個函式均由一序列的指述組成,這些函式可以儲存於不同的檔案中。最簡單的 C 語言程式只包含一個稱為 main 的函式,它為一個 C 語言程式中第一個執行的函式,也是任何一個 C 語言程式中唯一一個必須具備的函式。

一個典型的 C 語言的程式列表如程式 8.1-1 所示。其上半部除了在每一個指述的左邊加上指述行號(line)與指述層次(level)外,與原始程式相同;下半部為該 C 語言程式編譯成的組合語言程式,及其組譯成為機器語言之後的程式列表。所有的 C 語言編譯程式,均可以編譯一個 C 語言程式為組合語言程式,然後使用組譯程式,再組譯成為機器語言程式。

在程式 8.1-1 中的 a 與 b 為變數宣告,main 為函式,第 4 行為局部變數宣告,第 6 到 8 行為單一指述,在/*與*/之間的文字為註解。在//之後直到該行結束之前的文字亦為註解。變數 a 與 b 之前的 unsigned char 為該變數的資料類型。任何變數均必須宣告相關的資料類型,C 語言編譯程式才能適當的保留記憶器空間與使用適當的運算子。

程式 8.1-1　C 語言程式例

```
line level    source
  1            unsigned char a,b;
  2            void main(void)
  3            {
  4    1           unsigned char temp;
  5    1           /* swap a and b */
  6    1           temp = a;
```

```
7   1          a = b;
8   1          b = temp;
9   1      }
```
C51 COMPILER V9.02   SECTION811C   06/09/2011 17:37:27 PAGE 2

ASSEMBLY LISTING OF GENERATED OBJECT CODE

```
                 ; FUNCTION main (BEGIN)
                                              ; SOURCE LINE # 2
                                              ; SOURCE LINE # 3
                                              ; SOURCE LINE # 6
;---- Variable 'temp' assigned to Register 'R7' ----
0000 AF00      R    MOV    R7,a
                                              ; SOURCE LINE # 7
0002 850000    R    MOV    a,b
                                              ; SOURCE LINE # 8
0005 8F00      R    MOV    b,R7
                                              ; SOURCE LINE # 9
0007 22             RET
                 ; FUNCTION main (END)
```

📖 複習問題

8.1. 任何 C 語言程式中，至少必須包含那一個函式？

8.2. 在 C 語言程式中，如何表示註解？

8.3. 在 C 語言程式中，為何在使用一個變數時，必須宣告相關的資料類型？

8.1.2　程式的基本要素

　　C 語言程式的基本要素包括識別語(identifier)、常數(constant)、變數(variable)。識別語唯一的指認變數、常數或是函式的名稱；常數為在程式執行中永遠不變的數值；變數為一個可以隨著程式執行時的需要而改變其值。

識別語

　　在 C 語言中，任何一個(總體)變數與常數，或是函式的名稱在整個 C 語言程式中必須是唯一的(請參閱變數宣告與視野小節)。與組合語言一樣，在 C 語言中的變數、常數、函式的名稱也統稱為識別語。識別語的形成規則相當簡單，除了 C 語言編譯程式保留的保留字(reserved word)或稱為關鍵字

(keyword)之外，所有遵循下列規則組合而成的一個英文字母、符號、數字或是其組合的序列均為成立的識別語：

1. 第一個字元必須是英文字母或是“_”(底線符號)，其後緊接著英文字母或是數字。在 C 語言中，大寫與小寫的英文字母視為兩個不同的字元。
2. 識別語可以超過 31 個字元，但是只區別最前面的 31 個字元，即在同一個 C 語言程式中，最前面的 31 個字元必須能夠唯一的區別。

目前標準的 C 語言稱為 ANSI (American National Standards Institute) C，其保留字如下：

auto	break	case	char	const
continue	default	do	double	else
enum	extern	float	for	goto
if	int	long	register	return
short	signed	sizeof	static	struct
typedef	switch	union	unsigned	void
volatile	while			

C51 為一個配合 MCS-51 的特殊硬體結構，而且可以與 ANSI C 相容的 C 語言，其增加的保留字如下：

alien	_at_	bdata	bit	code
compact	data	idata	interrupt	large
pdata	_priority_	reentrant	sbit	sfr
sfr16	small	_task_	using	xdata

常數

常數為任何程式的一個基本組成要素之一，它在整個程式執行過程中為一個不變的量。在 C 語言中，有整數常數、字元常數、字元串常數、浮點數常數、列舉(enumeration)常數、符號常數等六種。

在整數常數之前，若以 0 (數字)開始時為八進制常數，以 0x 或是 0X 開始時為十六進制常數，未冠以上述字元時為預設的十進制。在整數常數之後也可以使用 u 或是 U 表示該整數為未帶號常數；使用 l 或是 L 表示該整數為長整數常數。

一個字元常數為使用兩個單引號′括住的一個字元，例如 ‵x′ 與 ‵M′。字元常數不包括單引號′與新行(newline)(或稱換行，line feed)，這兩個字元與某些其它字元通常使用下列跳脫序列(escape sequence)表示：

\n	新行	\\	反折線	\t	定位點	\′	單引號
\v	垂直定位點	\″	雙引號	\b	退位鍵	\a	音響警告
\r	回到定位點	\000	八進制	\f	前進一行	\xhh	十六進制

一個字元串常數為使用兩個雙引號″括住的一序列的字元，例如″xyz″與″MCS-51″。雙引號″本身不包括在字元串常數中。一個字元串常數實際上是以一個 null 字元 ‵\0′ 結束的字元陣列表示。

一個浮點數常數為一個十進制數目加上一個使用 e 或是 E 表示的帶號整數的指數形成，例如 3.1416 與 3.25E-34。在浮點數常數之後，也可以使用 f 或是 F，表示該常數為浮點數；使用 l 或是 L，表示該常數為長浮點數。

列舉常數為使用 enum 定義的常數，例如下列指述：

```
enum    boolean {FALSE,TRUE};
```

定義 FALSE 與 TRUE 為列舉常數，其中 FALSE 為 0 而 TRUE 為 1。

符號常數為一個使用#define定義的常數，它由C編譯程式的前置處理程式(preprocesor)預先處理，例如下列指述：

```
#define    MINSIZE    256
```

定義符號 MINSIZE 為 256。在 C 語言中，有一個修飾語(modifier) const 可以使用在任何變數宣告之前，表示該變數為一個常數，在程式執行時，不能更改其值，例如：

```
const    float    pi = 3.1415926
const    float    e = 2.7182859
```

📖 複習問題

8.4. 試定義常數、變數、識別語。

8.5. 在 C 語言中，何謂保留字？

8.6. 在 C 語言中，如何表示一個字元常數？

8.7. 在 C 語言中，如何表示一個字元串常數？

8.8. 在 C 語言中，如何表示一個浮點數常數？

8.1.3 資料類型與變數宣告

C 語言的資料類型可以分成基本資料類型、複合(或稱衍生)資料類型、使用者定義的資料類型等三種。

基本資料類型

基本的資料類型包括：char、int、float、double 等四種；使用者定義的資料類型，則以保留字 typedef 重新指定一個由基本資料類型，或是其衍生的資料類型為一個新的資料類型。其實它是另外指定一個名稱。

在基本的資料類型之前，可以使用 signed (帶號)、unsigned (未帶號)、short (短)、long (長)或其組合等修飾語，選取需要的精確度，如表 8.1-1 所示。表中的最後四個資料類型為配合 MCS-51 的硬體結構擴充的資料類型，其餘的為標準的 ANSI C 的資料類型。在 C51 中為了節省記憶器空間，無論是 float、double、long double 均為單精確制，即與 float 相同，只使用四個位元組儲存。

表 8.1-1 基本資料類型

資料類型	位元數目	位元組數目	值的範圍
signed char	8	1	-128 到+127
unsigned char	8	1	0 到 255
enum	8/16	1/2	-128 到+127 或是-32768 到+32767
signed short	16	2	-32768 到+32767
unsigned short	16	2	0 到 65535
signed int	16	2	-32768 到+32767
unsigned int	16	2	0 到 65535
signed long	32	4	-2147483648 到+2147483647
unsigned long	32	4	0 到 4294967295
float	32	4	±1.175494E-38 到±3.402823E+38
bit	1	-	0 到 1
sbit	1	-	0 到 1
sfr	8	1	0 到 255
sfr16	16	2	0 到 65535

複合資料類型

　　除了基本的資料類型之外，C 語言也提供陣列、列舉、結構(structure)、聯合(union)類型等複合(或稱衍生)資料類型。其中陣列資料中的所有元素(element)均為相同的基本資料類型或是複合資料類型，因為結構類型可以當作是一個陣列的元素，而定義一個結構類型的陣列；結構類型中的每一個元素可以是不同的資料類型；聯合類型則是重疊多個不同的結構類型於相同的記憶器空間中，以節省記憶器空間。

　　在 C 語言中，一個 n 維的陣列可以使用下列指述宣告產生：

　　　資料類型　陣列的名稱　[陣列大小]……

例如欲宣告一個 5×5 的二維整數陣列 table 時，可以寫成：

　　　　int　　table[5][5];

　　列舉資料類型提供 C 語言中，連結一個常數集合到一組識別語的一個方法，其一般指述語法如下：

　　　enum　變數名稱　{欲列舉的識別語};

例如欲宣告 day_of_week 為一個星期中的每一天時，可以寫成：

　　　enum　　day_of_week {Sunday, Monday, Tuesday, Wednesday,
　　　　　　　　　　　　　　　Thursday, Friday, Saturday};

　　在 C 語言中，結構類型提供一個集合不同資料類型的變數成為一個較容易存取的資料類型的方法，其一般指述語法如下：

　　　struct　變數名稱　{欲列舉的識別語與資料類型};

例如當 list 的第一個資料項為一個整數的 count，而第二個資料項為一個一維的未帶號字元陣列時，可以使用下列指述先宣告一個結構類型的標型：

　　　#define　　MAXSIZE　　20
　　　struct　　list_type{
　　　　　int　count;
　　　　　unsigned char　entry[MAXSIZE];
　　　};

接著只用下列指述定義 list 的資料類型為上述結構類型：

struct　list_type　list;

上述結構與類型亦可以使用下列方式同時宣告：

```
#define    MAXSIZE    20
struct    list_type{
    int    count;
        unsigned char    entry[MAXSIZE];
    } list;
```

欲存取 list 結構類型中的元素時，可以使用下列方式：

list.count = 0;

list.entry[0] = 'a';

在 C 語言中，聯合類型提供一個可變的結構類型，以提供一個方法讓它的成員可以共用相同的儲存位置，其一般語法如下：

union　變數名稱　{欲列舉的識別語與資料類型};

例如當一個整數的 x 與另外一個浮點數的 y 欲使用相同的位置時，可以使用下列指述宣告一個聯合類型的標型：

```
union    number{
    int    x;
    float y;
};
```

其中 x 佔用兩個位元組，y 佔用四個位元組，因此 number 保留四個位元組，其中前面兩個位元組由 x 與 y 共用。在設定聯合類型的初值時，只能與第一個成員的資料類型相同，例如：

union   number   value = {35};

為成立的語法，而

union   number   value = {3.5};

則是錯誤的語法。

使用者定義的資料類型

typedef 保留字提供 C 語言的一種為基本資料類型、結構類型、聯合類型等資料類型建立別名的方法，例如：

```
typedef    struct    list_type    list;
```

定義 list 為 struct　list_type 類型的別名。C 語言程式設計者通常直接使用 typedef 定義結構類型，例如：

```
#define    MAXSIZE    20
typedef    struct {
    int    count;
    unsigned char    entry[MAXSIZE];
}list;
```

在使用 typedef 建立好別名後，其次的變數宣告即可以直接使用該別名，代表原先的資料類型，例如：

```
list    x;
```

相當於使用指述：

```
struct    list_type    list;
```

宣告變數 x 為一個 list_type 的結構類型。

變數宣告與視野

在 C 語言中，變數的宣告位置決定該變數的影響範圍，即變數的視野 (scope)，在視野之外的程式指述無法存取該變數。在 C 語言中，變數宣告的位置有下列數種：

1. 在所有函式之外：在這區域中宣告的變數可以由所有函式中的指述使用，這種變數稱為總體變數(global variable)。

2. 在函式內：在這區域中宣告的變數只能由該函式中的指述使用，這種變數稱為局部變數(local variable)。

3. 在區塊指述中：在區塊指述(block statement)中宣告的變數只能由該區塊指述中的指述使用，這種變數稱為區塊變數(block variable)。在 C 語言中的區塊指述為 for、while、do...while 等指述。

4. 在函式的引數中：這種方式宣告的變數稱為形式變數(formal variable)，

用以接受呼叫程式傳遞而來的參數，它們只能由該函式中的指述使用。

📖 複習問題

8.9. 在 C 語言程式中，有那四種基本的資料類型？

8.10. 在 C 語言程式中，有那四種衍生的資料類型？

8.11. 在 C 語言程式中，enum 的一般語法為何？它有何功能？

8.12. 在 C 語言程式中，陣列的一般語法為何？它有何功能？

8.13. 在 C 語言程式中，struct 的一般語法為何？它有何功能？

8.14. 在 C 語言程式中，union 的一般語法為何？它有何功能？

8.15. 在 C 語言中，變數宣告的位置有那幾種？何謂變數的視野？

8.1.4 C51 的記憶器類型

在 MCS-51 中，資料記憶器分成內部 RAM 與外部 RAM 兩個位址空間。內部 RAM 又分成通用暫存器區、位元可存取區、一般用途資料記憶器三種；外部 RAM 依其存取方式可以分成最前面 256 位元組(使用 MOVX @Ri 指令存取)與整個 64k 位元組(使用 MOVX @DPTR 指令存取)兩種。

在 C51 中為了配合 MCS-51 的特殊結構，以善用 MCS-51 的硬體資源，依據資料記憶器的使用方式，劃分資料記憶器為三種模式，以儲存函式的引數、自動變數、未指定記憶器類型的變數宣告。這三種記憶器模式為：

1. SMALL：所有變數均使用內部 RAM。相當於使用 data 記憶器修飾語宣告。

2. COMPACT：所有變數均使用外部 RAM 中的低序 256 個位元組區域，即使用暫存器 R0 與 R1 的間接定址方式存取這些變數。相當於使用 pdata 記憶器修飾語宣告。

3. LARGE：所有變數均使用外部 RAM，即使用資料指示暫存器 DPTR 的間接定址方式存取這些變數。相當於使用 xdata 記憶器修飾語宣告。

在 C51 的變數宣告中，在變數的資料類型之後，可以使用記憶器類型修飾語，宣告該變數所屬的記憶器區域。這些記憶器類型修飾語如下：

1. code：程式記憶器(64k 位元組)；使用 MOVC　A,@A+DPTR 指令存取。

2. data：使用直接定址方式存取的內部 RAM(低序 128 個位元組)；最快的存取方式。

3. idata：使用間接定址方式存取的內部 RAM(整個 256 個位元組)。

4. bdata：位元可存取的內部 RAM 區域(16 個位元組)；可以位元與位元組混合使用。

5. pdata：外部 RAM(低序 256 個位元組)；使用 MOVX　@Ri 指令存取。

6. xdata：外部 RAM(整個 64k 個位元組)；使用 MOVX　@A+DPTR 指令存取。

使用例如下：

```
char data c;
char code text[]="Enter parameter:";
unsigned long xdata array[50];
float idata x,y,z;
```

C51 提供一個_at_保留字，以宣告一個變數於一個指定的記憶器區中的特定位置，例如：

```
unsigned char test_data[10] _at_ 0x30;
```

宣告一個置於絕對位置 0x30 (在 small 記憶器模式中)的未帶號字元陣列 test_data[10]。

📖 複習問題

8.16. 在 C51 語言中，有那些擴充的資料類型？

8.17. 試簡述記憶器類型 bdata 的意義。

8.18. 試簡述記憶器類型 data 與 idata 的區別。

8.19. 試簡述記憶器類型 pdata 與 xdata 的區別。

8.1.5　C51 擴充的資料類型

C51 擴充的資料類型有 bit、sbit、sfr、sfr16 等四個，如表 8.1-1 所示，現在分別說明它們的意義與功能。

bit 用以定義位元的變數，所有使用 bit 定義的變數均儲存在內部 RAM 中的位元可存取區。由於此區域只有 16 個位元組，因此最多只能有 128 個以 bit 宣告的變數。使用 bit 資料類型的限制如下：

1. 只有 data 與 idata 等記憶器類型可以使用在宣告中；

2. 不能宣告為指標或是陣列；

3. 使用 #pragma disable 的函式或是使用 using n 宣告暫存器庫的函式不能傳回位元值。

如前所述，使用 bdata 記憶器類型定義的變數將儲存於內部 RAM 中的位元可存取區中。sbit 則用以定義這些變數中的某些位元為一個新的位元變數，例如：

```
        char bdata c;
        char bdata text[4];
        sbit c_0 = c^0;                /* bit 0 of c */
        sbit text0_1 = text[0] ^ 1;    /* bit 1 of text[0] */
        sbit text3_7 = text[3] ^ 7;    /* bit 7 of text[3] */

        sbit SDA = P0 ^ 0;    /* define SDA as the bit 0 of PORT 0 */
        sbit SCL = P0 ^ 1;    /* define SCL as the bit 1 of PORT 0 */
```
其中 "^" 表示位元的位元位址。

sfr 與 sfr16 分別定義 MCS-51 中的 8 位元與 16 位元的特殊功能暫存器 (SFR)，例如：

```
    sfr P0 = 0x80;       /* PORT 0, address 80H */
    sfr P1 = 0x90;       /* PORT 1, address 90H */
    sfr16 T2 = 0xCC;     /* Timer 2, T2L = 0CCH; T2H = 0CDH */
    sfr16 DPTR = 0x82;   /* DPTR, DPL = 82H; DPH = 83H */
```

📖 複習問題

8.20. C51 擴充的資料類型有那四個？

8.21. 在 C51 語言程式中，如何宣告一個位元變數？

8.22. 在 C51 語言程式中，sbit 的功能為何？

8.23. 在 C51 語言程式中，sfr16 的功能為何？

8.1.6 運算子

　　C 語言的運算子數目與種類相當豐富，如表 8.1-2 所示，它們可以分成下列幾類：

1. 算術運算子包括執行算術的四則運算：+ (加)、- (減)、* (乘)、/ (除)；兩數相除後取其餘數：% (餘數)。例如：

   ```
   int    a, b, c;        /* declare a, b, and c as interger */
   c = a + b;             /* integer addition */
   c = a * b;             /* integer multiplication */
   float    a, b, c;      /* declare a, b, and c as float */
   c = a + b;             /* float addition */
   c = a * b;             /* float multiplication */
   ```

2. 位元邏輯運算子執行位元對位元的邏輯運算：& (AND)、| (OR)、^ (XOR)、~ (NOT)。例如：

   ```
   unsigned char    a, b, c;  /* declare a, b, and c as unsigned char */
   c = a & b;                 /* bitwise AND*/
   c = a ^ b;                 /* bitwise XOR */
   c = a | b;                 /* bitwise OR */
   ```

3. 邏輯運算子使用變數的 TRUE 或是 FALSE 參與運算。在 C 語言中 FALSE 的值定義為 0 而 TRUE 的值定義為除了 0 以外的任何值。邏輯運算子包括：&& (AND)、|| (OR)、! (NOT)等三個。例如：

   ```
   boolean    a, b, c;  /* declare a, b, and c as boolean */
   c = a && b;          /* AND*/
   c = a || b;          /* OR */
   ```

4. 移位運算包括： << (左移)與>> (右移)。例如：

   ```
   c = a >> 3;              /* right shift a 3 bits and assigned to c */
   c = a << 3;              /* left shift a 3 bits and assigned to c */
   ```

表 8.1-2　C 語言運算子

算數 (arithmetic)	位元 (bitwise)	邏輯 (logical)	移位 (shift)
+： 加	~： not (取補數)	&&： AND	<<： 左移
-： 減	&： and	||： OR	>>： 右移
*： 乘	|： or	!： NOT	
/： 除	^： xor		
%： 餘數			

關係 (relational)	指定 (assignment)		各種 (miscellaneous)	
>： 大於	+=	&=	?：： 條件	
<： 小於	-=	^=	++ ： 增量	
>=： 大於或等於	*=	|=	-- ： 減量	
<=： 小於或等於	/=	<<=	= ： 指定	
==： 相等	%=	>>=	& ： 位址	
!= ： 不相等			* ： 間接(內含)	

5. 關係運算子用以比較兩個數的大小，它一共包括六個：> (大於)、< (小於)、>= (大於或等於)、<= (小於或等於)、== (等於)、!= (不等於)。例如：

```
int    a, b, c;              /* declare a, b, and c as integer */
if ( a == b)                 /* equal to */
if ( a <= b)                 /* less than or equal to */
```

6. 指定運算子為一個速記法，所有具有 op= 形式的運算子均稱為指定運算子。具有下列語法：

　　　　變數=變數 op 值;

的表示式可以簡化為下列表示式：

　　　　變數 op= 值;

在 C 語言中的指定運算子有+=、-=、*=、/=、%=、&=、^=、|=、<<=、>>=等十個。例如：

```
unsigned char    a, b, c;  /* declare a, b, and c as unsigned char */
a &= b;                 /* bitwise AND */
a ^= b;                 /* bitwise XOR */
a >>= 3;                /* right shift a 3 bits and stored back to a */
```

7. 各種運算子包含?: (條件，conditional)；將一個變數值加上或是減去一個
   資料類型長度的量：++ (遞加)與--(遞減)；= (指定)、&(位址，address)、
   * (內含，indirection)等。

   條件(或稱三元)運算子(ternary operator)?:提供一個條件性的表示式：

   expression1 ? expression2 : expression3

當 expression1 的值為 TRUE 時，執行 expression2；否則，執行 expression3。
事實上，它為 if (expression1) expression2 else expression3 指述的縮寫方法。

📖 複習問題

8.24. C 語言中的算術運算子有那些？

8.25. C 語言中的位元邏輯運算子有那些？

8.26. C 語言中的邏輯運算子有那些？

8.27. C 語言中的六個關係運算子的符號為何？

8.28. 試簡述三運算元運算子?:的動作。

8.1.7　程式流程控制指述

　　在 C 語言中，程式流程控制指述可以分成選擇性結構與重複結構兩種。
前者包括 if-else 與 switch 兩個指述；後者包括 while、for、do-while 等三個指
述。在 C 語言中，有三種指述：單一指述(single statement)、null 指述、複合
指述(compound statement)。在每一個指述之後使用"；"結束；null 指述為一
個只有"；"的空指述(null statement)；複合指述則由一組包含於"{"與"}"內
的單一指述組成。

選擇性結構

　　在 C 語言中的選擇性結構有兩個相關的指述：if 與 switch 指述。if-else
指述為一個兩方向的選擇性結構，其基本語法如下：

　　　　if (expression) statement

　　　　[else statement]

其中[else statement]為可以選用的部分，視實際上是否需要而定。在巢路的 if-else 指述中，else 指述必定與最接近的 if 指述配對使用。

switch 指述為一個多目標的選擇性結構，其基本語法如下：

```
switch (expression) {
    [case constant_expression: statements]
    [case constant_expression: statements]
    [default: statements]
}
```

其中 expression 必須為整數資料類型。case 子句可以依實際上的需要增加，每一個比較條件使用一個子句，若沒有任何一個 case 子句符合比較的條件，則執行 default 子句。若沒有 default 子句，則結束 switch 指述。case 子句與 default 子句的順序並不重要，但是 case 與 default 子句中的最後一個指述通常為 break，以結束 switch 指述。

重複結構

在 C 語言中，重複結構包括 while、for、do-while 等三個指述。其中 for 指述構成計數迴路而 while 與 do-while 構成旗號迴路。

for 指述的基本語法如下：

```
for (expression1; expression2; expression3)
    statement
```

所有三個 expression 均可以依據實際上的需要而選用，但是其中的";"則不能省略。下列例題說明 for 迴路的使用方法。

例題 8.1-1　(for 迴路使用例)

使用 for 迴路，寫一個 C 程式設定內部 RAM 的記憶器位置 0x30 到 0x4f 之內容為 0xff。

解：程式開始首先使用記憶器類型 data 在記憶器位置為 0x30 處宣告一個未帶號字元陣列。在主程式中，使用一個 for 迴路設定內部 RAM 的記憶器位置 0x30

到 0x4f 之內容為 0xff。

程式 8.1-2　for 迴路使用例

```
line level      source
  1             /* ex8.1-1C --- the use of a for loop */
  2             unsigned char data test[32] _at_ 0x30;
  3             /* main program */
  4             void main(void)
  5             {
  6       1         char i;
  7       1         /* set a memory block from 30H to 4FH
  8       1            to 0FFH */
  9       1
 10       1         for (i = 0; i < 0x20; i++)
 11       1             test[i] = 0xff;
 12       1     }
```

　　在設計 MCS-51 的 C 語言程式時，必須隨時注意每一個變數值的範圍，以使用一個足夠容納所需值的最小長度之變數為目標。例如在 for 迴路中，若迴路的執行次數不會超過 127，則應使用[signed] char 類型的迴路計數器，而不要使用 int 類型的迴路計數器，因為前者為一個位元組(R7)，而後者為兩個位元組(R6:R7)。

　　while 指述的基本動作為進入迴路之前，先測試迴路的條件是否滿足，若滿足，則執行迴路的指述；否則，停止執行迴路指述。其基本語法如下：

　　　　while (expression)

　　　　　　statement

其中 statement 持續執行到 expression 的值為 0 時為止。在 while 指述中的迴路指述，當迴路的條件不滿足時，將完全不會被執行。若希望迴路指述至少被執行一次，可以使用 do-while 指述。

例題 8.1-2　(while 迴路使用例)

　　使用 while 迴路，寫一個 C 程式設定內部 RAM 的記憶器位置 0x30 到 0x4f 之內容為 0xff。

解：程式開始首先使用記憶器類型 data 在記憶器位置為 0x30 處宣告一個未帶

號字元陣列。在主程式中，使用一個 while 迴路設定內部 RAM 的記憶器位置 0x30 到 0x4f 之內容為 0xff。值得注意的是在每一次重複時，變數 i 必須增加 1，以在執行需要的次數之後，可以結束 while 迴路。

程式 8.1-3　while 迴路使用例

```
line level    source
  1           /* ex8.1-2C --- the use of a while loop */
  2           unsigned char data test[32] _at_ 0x30;
  3           /* main program */
  4           void main(void)
  5           {
  6     1         char i;
  7     1         /* set a memory  block from 30H to 4FH
  8     1            to 0FFH */
  9     1
 10     1         i = 0;
 11     1         while (i < 0x20) {
 12     2             test[i] = 0xff;
 13     2             i++;
 14     2         }
 15     1     }
```

do-while 指述與 while 指述類似，同樣提供 C 語言的旗號迴路結構，但是在 do-while 指述中，其迴路條件的測試是在迴路的尾端而不是進入點。do-while 指述的一般語法如下：

> do
>
>   statement
>
> while (expression);

其中 statement 至少被執行一次，而後持續被執行直到 expression 的值為 0 時為止。

在 C 語言中，有三個與上述指述相關的指述：break、continue、goto。break 指述迫使自 for、while、do-while、switch 指述中跳出，繼續執行其後的指述；當 continue 指述在 for、while、do-while 迴路中被執行時，將跳過其它在迴路內尚未執行的指述，而直接進入下一個迴路的動作。goto 指述令程式直接跳到指定的指述繼續執行。

例題 8.1-3　(continue 使用例)

程式 8.1-4 說明 continue 指述的使用。此程式的目的為設定 MCS-51 的內部 RAM 中的一個以位址 0x30 開始的 32 位元組陣列中的位置 0x40 到 0x4F 的內容為 0xff。在 for 迴路中，使用 continue 指述跳過最前面的 16 個資料項。然後在其次每一次遞迴中，將由指標 *i* 指定的位置設定為 0xff。

程式 8.1-4　continue 指述使用例

```
line level    source
  1           /* ex8.1-3C---
  2              the use of the continue statement */
  3           unsigned char data test[32] _at_ 0x30;
  4           /* main program */
  5           void main(void)
  6           {
  7     1         char i;
  8     1         /* set a memory block from 40H to 4FH
  9     1            to 0FFH */
 10     1
 11     1         for (i = 30; i < 0x50; i++){
 12     2             /* skip 0x30 to 0x3f locations */
 13     2             if (i < 0x40) continue;
 14     2             test[i-0x30] = 0xff;
 15     2         }
 16     1     }
```

📖 複習問題

8.29. 在 C 語言程式中，選擇性結構包括那兩個指述？

8.30. 在 C 語言程式中，迴路結構包括那三個指述？

8.31. 試簡述 C 語言中，continue 指述的功用？

8.32. 在 C 語言程式中，那一個指述最常用來執行計數迴路？？

8.33. 使用 while 指述，執行 for 指述的動作？

8.2 函式與指標

在第 6 章中，曾經介紹模組化的程式設計，即分割一個大的工作為許多小的模組，在 C 語言中每一個模組稱為一個函式。在本節中，將介紹函式的定義與使用,指標的定義與使用,及主、副程式之間參數的傳遞方式。

8.2.1 函式

　　一個 C 語言程式通常由許多函式(function)組成,其中 main 函式為第一個開始執行的函式。任何一個 C 語言程式只能有一個而且必須有一個 main 函式。一個函式可以呼叫另外一個函式。在函式的呼叫中,由一個函式傳入被呼叫的函式中的資訊稱為引數(argument);被呼叫的函式接收到的資訊稱為參數(parameter)。函式執行完之後,可以傳回(或稱歸回)一個值,也可以不傳回任何值。在函式名稱之前必須指定欲傳回的值之資料類型;若不傳回任何值時,其函式名稱之前必須加上 void 保留字。

函式定義與呼叫

　　C 語言的函式可以使用下列語法定義:

　　[傳回值的資料類型] 函式名稱([引數])

　　void　函式名稱([引數])

其中第一種格式使用在需要傳回值的場合,而第二種格式則應用在不需要傳回值的場合。當沒有引數時,必須加上 void 保留字。

例題8.2-1　(函式的呼叫與歸回使用例)

　　程式 8.2-1 說明一個簡單的函式呼叫與歸回使用例。在此例中,主程式(main)置於程式檔的最尾端,因此,所有在主程式中使用到的副程式均已事先宣告。程式中亦使用編譯程式假指令 include 包含一個置入檔 reg51.h。

程式8.2-1　函式的呼叫與歸回

```
line level      source
  1             /* ex8.2-1C */
  2             #include <reg51.h>
  3             sbit P1_0 = P1^0;
  4             void DelayX10ms(unsigned int count)
  5             {
  6    1            char i,j;
  7    1
  8    1            while (count-- != 0) {
```

```
9    2              for (i = 0; i < 10; i++)
10   2                  for (j = 0; j < 72; j++);
11   2          }
12   1      }
13
14          /* main program */
15          void main(void)
16          {
17   1          /* blink LED on P1.0 */
18   1          P1_0 = 0;      /* Turn on LED on P1.0 */
19   1          while (1) {
20   2              DelayX10ms(100);
21   2              P1_0 = ~P1_0; /* complement P1.0 */
22   2          }
23   1      }
```

在 C 語言程式中可以使用編譯程式假指令(compiler directive) include 置入一個需要的外加檔。編譯程式假指令 include 的一般格式如下：

#include   <file_name>

其使用例已如前述例題所述，將 reg51.h 置入程式中。

函式雛型

在大多數程式設計中，通常將 main 函式設為第一個函式。然而在 C 語言中，識別語包括函式名稱必須先宣告方能參考使用，因而將造成在 main 函式中使用未定義的函式。為解決此問題，在 main 函式之前，以一個簡潔的函式雛型(function prototype)，定義欲使用的函式名稱與其引數數目、資料類型，及其傳回值的資料類型。

例題8.2-2　(函式的呼叫與歸回使用例)

程式 8.2-2 說明一個簡單的函式呼叫與歸回使用例。在此例中，主程式(main)置於程式檔的最前端，因此，所有在主程式中使用到的副程式必須事先使用函式雛型宣告。

程式8.2-2　函式的呼叫與歸回

```
line level    source
  1           /* ex8.2-2C */
  2           #include <reg51.h>
```

```
 3              /* function prototype */
 4              void DelayX10ms(unsigned int count);
 5              sbit P1_0 = P1^0;
 6              /* main program */
 7              void main(void)
 8              {
 9      1            /* blink LED on P1.0 */
10      1            P1_0 = 0;    /* Turn on LED on P1.0 */
11      1            while (1) {
12      2                DelayX10ms(100);
13      2                P1_0 = ~P1_0; /* complement P1.0 */
14      2            }
15      1        }
16
17              void DelayX10ms(unsigned int count)
18              {
19      1            char i,j;
20      1
21      1            while (count-- != 0) {
22      2                for (i = 0; i < 10; i++)
23      2                    for (j = 0; j < 72; j++);
24      2            }
25      1        }
```

C51 的函式

在 C51 中，函式的宣告如下：

[傳回值的資料類型] 函式名稱([引數])   [{small|compact|large}]

[reentrant] [interrupt n] [using n]

其中傳回值的資料類型指定傳回值的資料類型，未指定時預設為 int 資料類型；[{small|compact|large}]指定記憶器類型；[reentrant]指定該函式為遞回或是自我重入(第 6.3 節)；[interrupt n]指定該函式為使用中斷向量 n 的中斷服務程式；[using n]指定該函式使用暫存器庫 n。

在 C51 的函式中，當主程式呼叫一個副程式時，最前面的三個引數(由左而右依序為第 1、第 2、第 3 個)使用暫存器傳遞，其使用規則如表 8.2-1 所示。副程式在執行完其動作之後，結果的值均使用暫存器傳回主程式中，暫存器的使用規則如表 8.2-2 所示。

表 8.2-1 C51 函式的最前面三個引數傳遞方法

引數數目	char 或單位元組指標	int 或雙位元組指標	long 或 float	一般指標
1	R7	R6 &R7	R4-R7	R1-R3
2	R5	R4&R5	R4-R7	R1-R3
3	R3	R2&R3		R1-R3

表 8.2-2 C51 函式結果的傳遞方法

資料類型	暫存器	說明
bit	CY	
char, unsigned int 或是 1 位元組指標	R7	
int, unsigned int 或是 2 位元組指標	R6&R7	MSB 位於 R6，LSB 位於 R7
long, unsigned long	R4-R7	MSB 位於 R4，LSB 位於 R7
float	R4-R7	單精確制 IEEE-754 格式
一般指標	R1-R3	記憶器類型(R3)；MSB (R2)；LSB (R1)

目前在 C51 的函式中，可以使用的中斷向量 n 由 0 到 31，其中 0 相當於 0003H 的中斷向量，1 相當於 000BH 的中斷向量，2 相當於 0013H 的中斷向量，如表 8.2-3 所示。

表 8.2-3 C51 中斷服務程式函式的中斷向量值

interrupt n	中斷來源	中斷旗號	中斷向量
0	INT0	IE0	0003H
1	定時器 0	TF0	000BH
2	INT1	IE1	0013H
3	定時器 1	TF1	001BH
4	串列通信埠	RI, TI	0023H
5	定時器 2	TF2, EXF2	002BH

📖 複習問題

8.34. 在一個 C 語言程式中，那一個函式為第一個開始執行的函式？

8.35. 試定義引數、參數、函式雛型。

8.36. 在 C 語言程式中，在 main 函式之前定義函式雛型有何特別意義？

8.37. 在 C51 語言中，如何定義一個函式為中斷服務程式？

8.38. 在 C 語言中，如何指定一個函式中所使用的暫存器庫？

8.2.2 指標

如同組合語言一樣，C 語言也可以使用間接定址的方式，存取運算元。在 C 語言中，除了資料類型為暫存器的變數之外，所有變數均有一個位址。一個變數可以宣告為指標(pointer)的資料類型，以儲存另外一個變數的位址。

簡單變數的指標

指標的宣告方式為在識別語之前，加上單運算元運算子"*"而成，例如：

```
char    *x;
unsigned int    *y;
```

分別宣告變數 x 與 y 為字元變數與未帶號整數變數的指標。

當一個指標未作初值設定之前，其內容是無意義的。欲作初值設定時，可以儲存一個常數或是變數的位址或是指定予相同資料類型的指標，例如：

```
char    c = 'x';
unsigned int    temp = 1234;
x = &c;
y = &temp;
```

其中單運算元運算子"&"表示位址，即上述兩個指述分別取出變數 c 與 temp 的位址，然後存入指標 x 與 y 中，如圖 8.2-1 所示。

圖8.2-1 指標概念

陣列指標

指標可以存取陣列中的資料，例如：

　　　unsigned char　　line[50];

若欲分別設定陣列中的 line[0]與 line[1]為 'a' 與 'b'，則可以使用下列指述：

　　　line[0] = 'a';　 line[1] = 'b';

使用指標的方式：

```
unsigned char    *cp;        /* declare a pointer with the same type */
cp = &line[0];               /* set up the starting address */
cp = line;                   /* the same as the above */
*cp = 'a';                   /* perform the assignments */
*(cp+1) = 'b';
```

指標與一般變數一樣可以設立初值、加上或是減去一個整數值。若兩個指標指於相同的陣列，亦可以比較它們的值，以確定是否指於同一個資料項，或是前後的資料項。

例題8.2-3　(簡單的指標使用例)

程式 8.2-3 所示為一個簡單的指標使用例，函式 main 中使用指標 cp，依序設定位於內部 RAM 中由位置 30H 開始的 test_data 陣列中的 10 個資料項為 0xf0，然後再設定為 0x0f。注意在此例中，我們使用 C51 假指令_at_ 將 test_data 陣列固定於內部 RAM 的位置 30H。此外，由於 small 記憶器類型為預定類型，因此不需要再使用記憶器類型修飾語 data。

程式8.2-3　簡單的指標使用例

```
line level     source
  1            /* ex8.2-3C */
  2            /* main program */
  3            unsigned char *cp;
  4            /* define test_data array at location 30H */
  5            unsigned char test_data[10] _at_ 0x30;
  6
  7            void main(void)
  8            {
  9   1            char i;
 10   1
```

```
11   1              cp = &test_data[0]; /* set up pointer */
12   1              for (i = 0;  i < 10;  i++){
13   2                  *cp++ = 0xf0;
14   2              }
15   1              cp = &test_data[0]; /* set up pointer */
16   1              for (i = 0;  i < 10;  i++){
17   2                  *cp++ = 0x0f;
18   2              }
19   1          }
```

結構指標

指標亦可以使用在結構類型中，存取其中的元素。例如下列指述宣告一個結構類型的陣列 test_data，其中每一個資料項均為一個包含兩個基本資料類型的結構類型：

```
struct    example {
    char   c;
    int    i;
};
struct example test_data[10], *cp;
```

若欲存取 test_data[5]中的 c 與 i 時，可以使用下列指述：

```
cp = &test_data[5];
cp->c = 'a';
cp->i = 1234;
```

使用陣列方式的存取指述為：

```
test_data[5].c = 'a';
test_data[5].i = 1234;
```

C51 指標的特殊性質

在 C51 中的指標可以分成兩種：一般指標(generic pointer)與記憶器指定指標(memory-specific pointer)。前者為標準的 ANSI C 的指標，它可以存取任何位置的變數；後者則針對 MCS-51 的特殊硬體結構而設計的，它提供一個較有效的記憶器使用方式。為了方便程式設計，C51 提供了這兩種指標的互換規則，其詳細的說明請參考相關的資料手冊(參考資料 2)。在大部分的

MCS-51 應用程式設計中，程式設計者應該儘可能使用記憶器指定指標，以節省記憶器空間及加快程式的執行速度。

　　在 C51 中，儲存一個一般指標變數需要三個位元組：第一個位元組為記憶器類型；第二與第三個位元組分別為位址的高序與低序位元組。在記憶器指定指標中，每一個指標在宣告時，已經指明了記憶器類型。例如：

```
char    data    *ptr;
int     xdata   *nptr;
long    code    *cptr;
```

在記憶器類型 idata、data、bdata、pdata 中的記憶器指定指標，只需要一個位元組；在記憶器類型 code、xdata 中的記憶器指定指標，則需要兩個位元組(為什麼？)。

例題8.2-4　(C51 的記憶器指定指標使用例)

　　程式 8.2-4 所示為一個簡單的記憶器指定指標使用例。函式 main 中使用記憶器指定指標 cp，依序設定位於內部 RAM 位置 30H 的 test_data 陣列中的 10 個資料項為 0xf0，然後再設定為 0x0f。讀者可以由產生的組合語言程式得知：記憶器指定指標 cp 只佔用一個位元組，而例題 8.2-3 中的 cp 佔用 3 個位元組。

程式8.2-4　C51 的記憶器指定指標使用例

```
line level     source
  1            /* ex8.2-4C */
  2            /* main program */
  3            unsigned char data *cp;
  4            /* define test_data array at location 30H */
  5            unsigned char data test_data[10] _at_ 0x30;
  6
  7            void main(void)
  8            {
  9     1          char i;
 10     1
 11     1          cp = &test_data[0]; /* set up pointer */
 12     1          for (i = 0;i < 10; i++){
 13     2              *cp++ = 0xf0;
 14     2          }
 15     1          cp = &test_data[0]; /* set up pointer */
 16     1          for (i = 0; i < 10; i++){
```

```
17    2                    *cp++ = 0x0f;
18    2              }
19    1        }
```

📖 複習問題

8.39. 何謂指標？它與變數有何不同？

8.40. 在 C 語言中，如何宣告一個指標？

8.41. 為何指標也必須宣告相關的資料類型？

8.42. 在 C 語言中，如何取出一個變數的位址？

8.43. 為何在 C 語言中的指標，相當於組合語言中的間接定址方式？

8.2.3　副程式參數傳遞

在 C 語言中，主程式與副程式之間的參數傳遞方式稱為傳值呼叫(call by value)，即主程式先複製一份欲傳遞到副程式的參數後，再傳遞到副程式中。若副程式更改參數值，該副程式只更改了它自己的那一份副本，結果並不影響到主程式中的原始參數。例如在例題 8.2-1 中，當主程式 main 呼叫副程式 DelayX10ms 時，傳遞 100 到副程式的 count 參數中，當副程式執行完畢時 count 的值已經遞減為 0 了，然而此結果並未傳回主程式中。

例題8.2-5　(傳值呼叫程式例)

程式 8.2-5 中的主程式 main 使用傳值呼叫方式，持續使用三個不同的參數值：50、100、150，呼叫副程式 DelayX10ms，以產生三種不同的時間延遲。在每一次延遲之後，P1.0 接腳被取補數一次，因而讓接於該接腳上的 LED 產生閃爍。副程式 DelayX10ms 每次被呼叫時均產生 10n 的延遲，其中 n 為輸入的參數值。

程式8.2-5　傳值呼叫程式例

```
line level      source
  1             /* ex8.2-5C */
  2             /* function prototype */
  3             #include <reg51.h>
  4             void DelayX10ms(unsigned int count);
  5             sbit P1_0 = P1^0;
```

```
 6              /* main program */
 7              void main(void)
 8              {
 9    1             /* blink LED on P1.0 */
10    1             P1_0 = 0;    /* Turn on LED on P1.0 */
11    1             while (1) {
12    2                 DelayX10ms(50);
13    2                 P1_0 = ~P1_0; /* complement P1.0 */
14    2                 DelayX10ms(100);
15    2                 P1_0 = ~P1_0; /* complement P1.0 */
16    2                 DelayX10ms(150);
17    2                 P1_0 = ~P1_0; /* complement P1.0 */
18    2             }
19    1          }
20
21              void DelayX10ms(unsigned int count)
22              {
23    1             char i,j;
24    1
25    1             while (count-- != 0) {
26    2                 for (i = 0; i < 10; i++)
27    2                     for (j = 0; j < 72; j++);
28    2             }
29    1          }
```

在許多實際的應用中，常常希望副程式中的運算，直接針對主程式傳遞的參數而不是其副本，這種呼叫方式稱為參考呼叫(call by reference)。在參考呼叫中，主程式直接傳遞參數的位址予副程式，因此副程式可以直接針對主程式中的參數而不是副本做運算。

下列例題說明主程式 main 如何使用參考呼叫的方式，傳遞參數的位址予副程式 swap。

例題8.2-6　(簡單的參考呼叫副程式例)

程式 8.2-6 所示為一個簡單的參考呼叫使用例。主程式 main 中使用&a 與 &b 傳遞變數 a 與 b 的位址到副程式 swap 中，副程式 swap 使用指標與間接運算子(*)，交換變數 a 與 b 的內容。

程式8.2-6　簡單的參考呼叫副程式例

line level　　source

```
1              /* ex8.2-6C */
2              /* function prototype */
3              void swap(unsigned char *x,unsigned char *y);
4              /* main program */
5              void main(void)
6              {
7      1           unsigned char a,b;
8      1           a = 0x25;
9      1           b = 0x73;
10     1           swap(&a,&b);
11     1       }
12
13             void swap(unsigned char *x, unsigned char *y)
14             {
15     1           unsigned char temp;
16     1
17     1           temp = *x;
18     1           *x   = *y;
19     1           *y   = temp;
20     1       }
```

下列例題說明使用 C51 的記憶器指定指標以縮短程式碼及增加執行速度。

例題8.2-7 (使用記憶器指定指標的參考呼叫副程式例)

程式 8.2-7 所示為一個使用記憶器指定指標的參考呼叫副程式例。主程式 main 中使用&a 與&b 傳遞變數 a 與 b 的位址到副程式 swap 中,副程式 swap 使用指標,交換變數 a 與 b 的內容。副程式 swap 中的 x 與 y 均宣告為記憶器指定指標,因此只指使用一個位元組。讀者可以由產生的組合語言程式,驗證 x 與 y 確實只使用一個位元組,而例題 8.2-6 中的 x 與 y 均佔用 3 個位元組。

程式8.2-7 使用記憶器指定指標的參考呼叫副程式例

```
line level    source
1              /* ex8.2-7C */
2              /* function prototype */
3              void swap(unsigned char data *x,unsigned char data *y);
4              unsigned char data a,b;
5              /* main program */
6              void main(void)
7              {
8      1           a = 0x25;
```

```
 9   1            b = 0x73;
10   1            swap(&a,&b);
11   1        }
12
13          void swap(unsigned char data *x,unsigned char data  *y)
14          {
15   1            unsigned char temp;
16   1
17   1            temp = *x;
18   1            *x   = *y;
19   1            *y   = temp;
20   1        }
```

📖 複習問題

8.44. 在 C 語言中，副程式的呼叫方式有那兩種？

8.45. 在 C 語言中，如何使用參考呼叫呼叫一個副程式？

8.46. 試比較傳值呼叫與參考呼叫的差異？

8.47. 使用記憶器指定指標有何優點？

8.48. 指述 while (1)代表什麼意義？

8.3 C 語言與組合語言程式的連結

　　雖然單獨使用 C 語言設計的程式，可以完成任何一個 MCS-51 系統需要的控制程式，然而在希望產生一個較簡短的目的程式碼時，往往必須使用組合語言撰寫需要的程式。因此，在實際的系統設計中，有可能部分需要性能較高的程式由組合語言程式撰寫，而其餘部分則使用 C 語言程式撰寫，然後兩者再分別組譯與編譯後，連結成為一個可以執行的目的程式。本節中，以 Keil 公司的 C51 為例，說明組合語言程式與 C 語言程式之間的連繫問題。

8.3.1　行內(In-Line)組合語言

　　所謂的行內組合語言(in-line assembly)為一種可以直接在 C 語言程式中撰寫組合語言指令的方法，其主要特性為在經過 C 語言編譯程式編譯之後，可以直接產生可以執行的目的程式。

在一個 C51 的程式中，當欲使用組合語言指令時，可以使用#pragma asm 與#pragma endasm 假指令，並且啟動 C 編譯程式的 SRC(檔案名稱.a51) 命令，令 C51 編譯程式產生一個組合語言程式原始檔案(檔案名稱.a51)，然後使用組譯程式 A51 產生該檔案的目的檔案(檔案名稱.obj)。若欲產生可以執行檔(檔案名稱.hex)，則必須也組譯 /Keil/C51/lib 目錄中的 init.a51 與 startup.a51 兩個檔案後，再連結成為一個目的程式檔。

在 Keil μVision IDE 中，SRC 檔案控制可以依下列程序啟動：

1. 在專案視窗中，選擇該 C 程式檔，並按滑鼠右鍵；
2. 選擇 Options for File …以彈出 Options for File 對話框；
3. 致能 Generate Assembler SRC file 與 Assemble SRC file。

一個簡單的程式例如下。

例題 8.3-1　(行內組合語言程式例)

程式 8.3-1 說明如何在 C 語言中使用組合語言的指令。在一個 C 語言程式中，當欲使用組合語言指令時，可以使用#pragma asm 與#pragma endasm 假指令。結果的程式可以與 init.a51 與 startup.a51 兩個檔案聯合建構成為一個可以執行的目的程式檔。

程式 8.3-1　行內(in-line)組合語言程式例

```
line level     source
  1            /* ex8.3-1C */
  2            #include <reg51.h>
  3            sbit red    = P1^2;
  4            sbit green  = P1^1;
  5            sbit yellow = P1^0;
  6            /* main program */
  7            void main (void)
  8            {
  9     1          #pragma asm    /* starting in-line assembly */
 10     1          SETB  red;
 11     1          CLR   green;
 12     1          CLR   yellow;
 13     1          #pragma endasm  /* end of in-line assembly */
 14     1      }
```

前述的 SRC 檔案控制其實是令 C 編譯程式產生組合語言程式而不是目的程式輸出。雖然 C 語言程式廣受歡迎，但是在下列情況下，必須產生組合語言程式檔：

1. 在 C 程式中使用#pragma asm 與#pragma endasm 假指令，以插入組合語言指令時；
2. 需要手動最佳化編譯程式的組譯程式輸出時；
3. 當一個組合語言程式希望使用 C 語言雛型化其函式與參數時。

8.3.2　C 語言與組合語言程式的連結

在一個 C51 的程式中，當希望一個 C 語言的函式呼叫一個組合語言的函式時，或是一個組合語言的函式呼叫一個 C 語言的函式時，必須注意下列兩個基本要點：

1. 組合語言程式中的函式必須能夠與 C 語言連結使用：為了達到此項功能，在組合語言程式中，必須使用下列 SEGMENT 宣告：

   - 使用 NAME 假指令，定義模組名稱

     NAME　　　　　MODULE

   - 使用下列 SEGMENT 假指令，定義程式節區名稱

     ?PR?FUNCTION?MODULE SEGMENT CODE

     　　　　　　　　　　　　RSEG　　?PR?FUNCTION? MODULE

   - 使用下列 SEGMENT 假指令，定義資料節區名稱

     ?DT?FUNCTION?MODULE SEGMENT DATA OVERLAYABLE

     　　　　　　　　　　　　RSEG　　?DT?FUNCTION?MODULE

     var_a　　　　　　　　　DS　　2　　; intgegr variable var_a

     var_b　　　　　　　　　DS　　1　　; char variable var_b

   - 使用下列 SEGMENT 假指令，定義位元資料節區名稱

     ?BI?FUNCTION?MODULE SEGMENT BIT　OVERLAYABLE

     　　　　　　　　　　　　RSEG　　?BI?FUNCTION?MODULE

     var_c　　　　　　　　　DBIT　1　　; bit variable var_c

     var_d　　　　　　　　　DBIT　1　　; bit variable var_d

- 使用下列 PUBLIC 假指令，定義可以由 C 語言程式呼叫使用的函式

    PUBLIC　　　　UartGetChar

    PUBLIC　　　　_UartPutChar

    若該函式有引數輸入，則函式名稱必須使用'_'開始，否則，使用沒有'_'的函式名稱。

2. 在組合語言程式中，使用下列宣告存取 C 語言程式中的函式 function：

    EXTRN　　　CODE　　　(_function)

3. 在 C 語言程式中，使用下列宣告存取組合語言程式中的函式：

    extern　　　函式雛型

函式彼此之間的參數傳遞方式，如表 8.2-1 與表 8.2-2 所示。若參數多於三個，則其餘的參數使用記憶器位置傳遞。

例題 8.3-2　(C 語言程式呼叫組合語言副程式例)

程式 8.3-2c 與 8.3-2a 說明一個 C 語言程式與組合語言程式如何連結使用。在程式 8.3-2c 中的主程式 main 呼叫組合語言程式中的 UartPutChar 與 UartGetChar 兩個副程式，因此宣告為 extern。在程式 8.3-2a 中的副程式 UartPutChar 與 UartGetChar 均由 C 語言的主程式 main 呼叫，因此宣告為 PUBLIC。

程式 8.3-2C　串列通信埠的模式 1 的推動程式例

```
line level    source
  1           #include <reg51.h>
  2           /* function prototype */
  3           extern void UartPutChar(unsigned char c);
  4           extern unsigned char UartGetChar();
  5           void Uart_Init(int baudrate);
  6           /* declare variables used */
  7           unsigned char data text[] = "This is a testing string.\n\0";
  8           unsigned char data *ptr;
  9
 10           /* main program */
 11           void main(void)
 12           {
 13    1
 14    1          Uart_Init(9600); /* initialize timer 1 */
 15    1          ptr = &text;      /* point to text    */
```

```
16    1              while (*ptr != '\0') UartPutChar(*ptr++);
17    1              text[0] = UartGetChar(); /* get a character from UART */
18    1          }
19
20           void Uart_Init(int baudrate)
21           {
22    1      /* initialize UART of MCS-51 */
23    1          SCON = 0x52;    /* set up UART mode 1 and TI=REN=1 */
24    1          TMOD = 0x20;    /* set up timer mode 1 */
25    1          TR1 = 0;        /* stop timer 1 */
26    1          TH1 = 256 - (28800/baudrate);
27    1          TR1 = 1;        /* start up timer 1 */
28    1          }
```

程式 8.3-2a 串列通信埠的模式 1 的推動程式例

```
1          ;ex8.3-2a.a51
2          NAME      UART51
3          ;segment for program code in "function"
4          ?PR?FUNCTION?UART51 SEGMENT CODE
5          ;the following (if any) is segment for local
6          ; vars in "function"
7          ;for example
8          ;?DT?FUNCTION?UART51 SEGMENT DATA OVERLAYABLE
9          ;          RSEG   ?DT?FUNCTION?UART51
10         ;var_a     DS    2    ; intgegr variable var_a
11         ;var_b     DS    1    ; char variable var_b
12         ;
13         ;the following (if any) is segment for local
14         ; bit vars in "function"
15         ;for example
16         ;?BI?FUNCTION?UART51 SEGMENT BIT OVERLAYABLE
17         ;          RSEG   ?BI?FUNCTION?UART51
18         ;var_c     DBIT  1    ; bit variable var_c
19         ;var_d     DBIT  1    ; bit variable var_d
20         ;
21         ;export functions for using in C program
22         PUBLIC    UartGetChar
23         PUBLIC    _UartPutChar
24         ;
25                   RSEG   ?PR?FUNCTION?UART51
26         ;
27         ;return a character in R7 from
28         ;the sreial port
29         UartGetChar:
```
0000 (line 29)

```
0000 3098FD          30    GETCHAR:  JNB   RI,GETCHAR
0003 C298            31              CLR   RI   ;clear the RI flag
0005 AF99            32              MOV   R7,SBUF
0007 22              33              RET
                     34    ;
                     35    ;put a character in R7 to the serial port
                     36    ;
0008                 37    _UartPutChar:
0008 3099FD          38    PUTCHAR:  JNB   TI,PUTCHAR
000B C299            39              CLR   TI   ;clear the TI flag
000D 8F99            40              MOV   SBUF,R7
000F 22              41              RET
                     42              END
```

下列例題說明在使用參考呼叫方式時，主程式與副程式的參數傳遞方式。

例題 8.3-3　(C 語言程式呼叫組合語言副程式例)

程式 8.3-3c 與 8.3-3a 說明一個 C 語言程式與組合語言程式如何連結使用。在程式 8.3-3c 中的主程式 main 呼叫組合語言程式中的 swap 副程式，因此宣告為 extern。在程式 8.3-3a 中的副程式 swap 由 C 語言的主程式 main 呼叫，因此宣告為 PUBLIC。

程式 8.3-3C　記憶器指定指標的參數傳遞程式例

```
line level      source
  1             /* ex8.3-3C */
  2             /* function prototype */
  3             extern void swap(unsigned char data *x,
  4                              unsigned char data *y);
  5             unsigned char data a, b;
  6             /* main program */
  7             void main(void)
  8             {
  9   1             a = 0x25;
 10   1             b = 0x73;
 11   1             swap(&a,&b);
 12   1         }
```

程式 8.3-3a　記憶器指定指標的參數傳遞程式例

```
  1    ;ex8.3-3a.a51
  2    NAME       EX833A
```

```
                        3       ;segment for program code in "function"
                        4       ?PR?FUNCTION?EX833A SEGMENT CODE
                        5       ;export function for using in C program
                        6       PUBLIC    _swap
                        7       ;
----                    8                 RSEG    ?PR?FUNCTION?EX833A
                        9       ;
                        10      ;swap two bytes pointed by R7 and R5
                        11      ;
                        12                USING 0
0000 850700             13      _swap:    MOV    AR0,AR7
0003 850501             14                MOV    AR1,AR5
0006 E6                 15                MOV    A,@R0
0007 87F0               16                MOV    B,@R1
0009 A6F0               17                MOV    @R0,B
000B F7                 18                MOV    @R1,A
000C 22                 19                RET
                        20                END
```

下列例題說明一個組合語言程式呼叫一個 C 語言函式的方法。如前所述，主程式必須適當的使用 C 語言定義的參數傳遞方法，傳遞參數到副程式中，請參考表 8.2-1 與表 8.2-2。

例題 8.3-4　(組合語言程式呼叫 C 語言函式例)

程式 8.3-4c 與 8.3-4a 說明一個組合語言程式與 C 語言的函式如何連結使用。在程式 8.3-4a 中的主程式 main 呼叫 C 語言中的 DelayX10ms 函式，因此宣告為 EXTRN。在程式 8.3-4c 中的函式 DelayX10ms 並不需要做任何特別的宣告動作。由於在 C 語言函式中的前三個引數使用暫存器傳遞，因此在組合語言的主程式 MAIN 中，設定暫存器 R7 為 100，以傳遞到函式 DelayX10ms 中的變數 count 上。由於 C 語言只提供了函式 DelayX10ms，因此在本例題的組合語言程式中，必須適當的設定堆疊的區域，即設定堆疊指示器 SP 的初值。

程式 8.3-4C　組合語言程式呼叫 C 語言函式例

```
line level    source
  1           /* ex8.3-4C */
  2           void DelayX10ms(unsigned char count)
  3           {
  4    1          unsigned char i, j;
  5    1
```

```
6  1              while (count-- != 0) {
7  2                 for (i = 0; i < 10; i++)
8  2                    for (j = 0 ; j < 72; j++);
9  2                 }
10 1           }
```

程式 8.3-4a 組合語言程式呼叫 C 語言函式例

```
                     1       ;ex8.3-4a.a51
                     2       NAME       EX834A
                     3       ;segment for program code in "function"
                     4       ;?PR?FUNCTION?EX834A SEGMENT CODE
                     5       ;import function from a C program
                     6       EXTRN      CODE (_DelayX10ms)
                     7       ;
                     8       ;           RSEG     ?PR?FUNCTION?EX834A
                     9       ;
                     10      ;blink the LED on P1.0 every second
                     11      ;
0000 758130          12      MAIN:      MOV     SP,#30H;set up a stack
0003 C290            13                 CLR     P1.0 ;Turn on the LED
0005 7F64            14      LOOP:      MOV     R7,#100 ;delay 1 s
0007 120000     F    15                 LCALL _DelayX10ms ;delay 10 ms
000A B290            16                 CPL     P1.0 ;complement P1.0
000C 80F7            17                 SJMP  LOOP ;forever loop
000E 22              18                 RET
                     19                 END
```

📖 複習問題

8.49. 試簡述 #pragma asm 與 #pragma endasm 兩個命令的意義為何？

8.50. 行內組合語言的意義為何？

8.51. 如何由 C 語言程式產生組合語言程式？

8.4 參考資料

1. Intel, *MCS-51 Microcontroller Family User's Manual*, Santa Clara, Intel Co., 1994. (http://developer.intel.com/design/mcs51/hsf_51.htm)

2. Brian W. Kernighan and Dennis M. Ritchie, *The C Programming Language*, 2nd ed., Englewood Cliffs, N. J.: Prentice-Hall, Inc., 1988.

3. Keil, An ARM Company, *Cx51 Compiler User′s Guide*, 2004.
(http://www.keil.com)

8.5 習題

8.1 設計一個 C 語言程式，清除一段以位址 ARRAY 開始的內部 RAM 位元組區段。假設區段長度為 L 個位元組。

8.2 設計一個 C 語言程式，計算 N 個未帶號數的和。假設每一個數均佔用一個位元組，這些數分別儲存於內部 RAM 中以 NUMBER+2 位址開始的區域，而 NUMBER+0 與 NUMBER+1 則存放結果。

8.3 設計一個 C 語言程式，計算由 ARRAY 開始的 N 個帶號數(2 補數)中，共有幾個負數。假設每一個數均佔用一個位元組。

8.4 利用迴路的程式設計技巧，計算下列各式：

(1) S = 1 + 3 + 5 + 7 + …… + 99

(2) S = 2 + 4 + 6 + 8 + … + 100

(3) S = 7 + 14 + 21 + 28 + … + 98

(4) S = 5 + 10 + 15 + 20 + … + 100

8.5 設計一個 C 語言程式，由 N 個未帶號數中，找出最大值：假設每一個數均佔用一個位元組，數目由內部 RAM 位置 NUMBER 開始。

8.6 設計一個 C 語言程式，由 N 個未帶號數中，找出最小值：假設每一個數均佔用一個位元組，數目由內部 RAM 位置 NUMBER 開始。

8.7 設計一個 C 語言程式，分別計算由 ARRAY 位置開始的 N 個位元組的未帶號數中，奇數與偶數數目的和，然後分別儲存結果於 ODD 與 EVEN 內。假設 ODD 與 EVEN 分別佔用兩個位元組。

8.8 設計一個 C 語言程式，搬移程式記憶器中以 TABLE 開始的 0x20 個位元組資料到內部 RAM 中以位置 0x30 開始的區域內。

8.9 假設 16 個 BCD 數字儲存在一個 8 位元組的記憶器區段中，每一個位元組含有兩個 BCD 數字。記憶器區段的啟始位址為 BCDDIGITS。寫一個

C 語言程式轉換這 16 個 BCD 數字為 ASCII 字元，然後儲存於記憶器區段 ASCIICODES 中。假設兩個記憶器區段均位於內部 RAM 中。

8.10 假設 16 個 ASCII 字元儲存在一個 16 位元組的記憶器區段中，其啟始位址為 ASCIICODES。寫一個 C 語言程式轉換這 16 個 ASCII 字元為 BCD 數字，然後儲存於一個 8 位元組的記憶器區段 BCDDIGITS 中。假設兩個記憶器區段均位於內部 RAM 中。

8.11 設計一個 C 語言程式，檢查 BYTE 位元組中，有那些位元值為 0。當檢查到一個位元為 0 時，即儲存該位元數目在 BITNO 開始的區域內。例如當 BYTE 值為 11101101 時，BITNO 開始的八個位元組依序儲存：

0x01、0x04、0xff、0xff、0xff、0xff、0xff、0xff。

8.12 設計一個 C 語言程式，轉換一個十六進制位元組的數目為兩個 ASCII 字元。假設該位元組儲存在 HEXDEC 中；而 ASCII 碼則依序(先高序後低序)儲存在 ASCII 開始的兩個連續位元組中。

8.13 設計一個 C 語言程式，轉換兩個代表十六進制數字的 ASCII 字元為一個十六進制位元組。結果的十六進制位元組儲存在 HEXDEC 中；輸入的兩個 ASCII 字元，依序(先高序後低序)儲存在 ASCII 開始的兩個連續位元組中。

8.14 設計一個 C 語言程式，搬移以 ARRAY 位址開始的 *N* 個位元組資料到以 ARRAY+*N*/2 位址開始的區域內。假設 ARRAY 位於內部 RAM。

8.15 設計一個 C 語言程式，搬移以 ARRAY 位址開始的 *N* 個位元組資料到以 ARRAY-*N*/2 位址開始的區域內。假設 ARRAY 位於內部 RAM。

8.16 設計一個 C 語言程式，自一個資料陣列中，尋找一個位元組資料。程式的輸入參數為陣列位址、陣列長度，與欲找尋的資料。當欲找尋的資料出現在資料陣列中，程式傳回該資料在陣列中的指標；否則，傳回 0xff。

8.17 設計一個 C 語言程式，由 MSB 到 LSB 依序掃描 TDATA 位元組，找出最左邊為 1 的位元，儲存結果的位元位址(0 到 7)於 BITNO 位元組中。

8.18 設計一個 C 語言程式，由 LSB 到 MSB 依序掃描 TDATA 位元組，找出最右邊為 1 的位元，儲存結果的位元位址(0 到 7)於 BITNO 位元組中。

8.19 使用插入排序演算法，設計一個 C 語言程式，將儲存於內部 RAM 中由位置 0x30 開始的 16 個未帶號數位元組資料，排列成由小而大的順序。(參考第 7.2.1 節)

8.20 使用選擇排序演算法，設計一個 C 語言程式，將儲存於內部 RAM 中由位置 0x30 開始的 16 個未帶號數位元組資料，排列成由小而大的順序。(參考習題 7.9)

8.21 使用浮昇排序演算法使用選擇排序演算法，設計一個 C 語言程式，將儲存於內部 RAM 中由位置 0x30 開始的 16 個未帶號數位元組資料，排列成由小而大的順序。(參考習題 7.8)

8.22 設計一個 C 語言程式，執行二分搜尋演算法。假設資料陣列為位於內部 RAM 中由位置 0x30 開始的 16 個位元組的未帶號數位元組。(請參考第 7.2.2 節)

9 MCS-51硬體模式

MCS-51 系列微控制器為 Intel 公司繼 8085A 8 位元微處理器之後，於 1981 年所推出的一個 8 位元微控制器系列。由於它整合了構成一個微控制器系統中，需要的所有電路，在當時也稱為系統整合晶片(system on a chip，SoC)元件。注意：SoC 一般稱為系統整合晶片或是系統晶片。

MCS-51 系列微控制器大致上可以分成標準版與衍生版兩種。標準版的 MCS-51 包含 128 位元組的內部 RAM、32 隻 I/O 接腳(分成四個 I/O 埠)、兩個 16 位元定時器/計數器、一個全多工串列通信埠、一個五個輸入的兩層次中斷架構及晶片上的振盪器與時脈電路。至於內部程式記憶器的多寡，則依元件的不同而相異，由 0k 到 64k 位元組不等。

衍生版的 MCS-51 元件則除了標準版的所有功能外，通常增加定時器/計數器的個數、I/O 埠個數、串列通信埠數目、監視定時器或是加入 ADC 及 DAC 等電路模組。最基本的一個衍生版稱為 MCS-52 (8052)，它只擴充 MCS-51 中的內部 RAM 容量為 256 位元組及增加一個 16 位元的定時器/計數器。目前在工業界中，常以 MCS-51 代稱 MCS-51 與 MCS-52。

9.1 MCS-51 硬體模式

所謂的硬體模式(hardware model)為使用者在使用一個微處理器或是微

控制器時，所必須知道的內部功能、接腳分佈、各個接腳的意義、基本時序。本節中，將依序討論標準的 MCS-51 的內部功能、接腳分佈、各個接腳的意義、基本時序、基本模組電路。本節中的時序參數使用 Atmel 公司的 AT89S52 為基礎，其它微控制器則有類似的參數值。

9.1.1 內部功能

MCS-51 的內部結構較一般微處理器特殊，它除了微處理器的功能外，也整合了資料記憶器(RAM)、程式記憶器(ROM)、定時器/計數器、串列通信埠及並列 I/O 埠等電路於同一個晶片上，即實際上為一個完整的微算機系統。

MCS-51 的內部功能方塊圖如圖 9.1-1 所示，圖中陰影區域為一般微處理器(即 CPU)的電路，其餘部分為 MCS-51 特有的電路。在本小節中，我們只介紹 CPU 部分的動作，其它電路的動作原理將於其次各章中再詳細介紹。

如第 2.1.4 節所述，CPU 的動作為持續地自程式記憶器中讀取指令與執行指令。當時序控制電路備妥執行一個新的指令時，它即轉移程式計數器(PC)的內容於程式位址暫存器(相當於第 2.1.4 節中的 MAR)中，以自程式記憶器中讀取一個指令。讀取的指令位元組存入指令暫存器(IR)中，解碼之後由時序控制電路產生執行該指令時，需要的所有控制信號。

所有算術與邏輯運算都由算術與邏輯單元(ALU)電路完成，它的相關電路為兩個臨時暫存器(TEMP1 與 TEMP2)。算術與邏輯單元對儲存於臨時暫存器中的運算元適當地執行運算之後，存入由時序控制電路指定的標的位置中，標的位置可以是累積器 A (ACC)、暫存器 B、位於 RAM 中的通用暫存器 R0 到 R7 或是由直接定址指定的 RAM 位置。

MCS-51 直接嵌入 128 個位元組的資料記憶器於 CPU 內部的主要目的，在於提升指令的執行速度，因為當存取這些位置時，CPU 並不需要如同存取程式記憶器或是外部 RAM 一樣，產生記憶器的存取時序，相反的，它只是相當於存取內部的一個暫存器而已。

圖9.1-1　MCS-51 內部功能方塊圖

資料指示暫存器 DPTR 必須配合 MOVX 指令使用，以存取外部 RAM，因為其內容必須能夠轉移到程式位址暫存器中，提供存取外部 RAM 時的記憶器位址。在 MCS-51 中，外部程式記憶器與外部 RAM 均使用程式位址暫存器，當作記憶器位址暫存器(MAR)，並由 I/O 埠 0 與 2 當作位址與資料匯流排，及使用 $\overline{\text{PSEN}}$ 與 $\overline{\text{RD}}/\overline{\text{WR}}$ 控制線，區分目前存取的記憶器為程式記憶器($\overline{\text{PSEN}}$ 啟動)或是資料記憶器($\overline{\text{RD}}$ 或 $\overline{\text{WR}}$ 啟動)。

📖 複習問題

9.1. 資料指示暫存器(DPTR)的功能為何？

9.2. 指令暫存器(IR)的功能為何？

9.3. $\overline{\text{PSEN}}$ 控制線的功能為何？

9.4. $\overline{\text{RD}}$ 與 $\overline{\text{WR}}$ 兩條控制線的功能為何？它們使用那兩個接腳輸出？

9.1.2 CPU 時序

在 MCS-51 的 CPU 中，每一個機器週期(machine cycle)由 12 個時脈週期

(clock cycle)組成，如圖 9.1-2 所示。每一個機器週期分成 6 個狀態，稱為 S1 到 S6，每一個狀態又由兩個時脈週期組成，這兩個時脈週期分別稱為 P1 (phase 1)與 P2 (phase 2)。在正常情況下，算術與邏輯運算的動作在 P1 執行；內部暫存器的轉移動作則在 P2 執行。

圖9.1-2　MCS-51 CPU 時序圖

　　MCS-51 的 CPU 在每一個機器週期的 S1 (即 S1 P2)與 S4 (即 S4 P2)等狀態時，均產生寬度為 2 個時脈週期的 ALE 信號，並且自程式記憶器中讀取指令的運算碼(opcode)或是其它位元組。在 S1 狀態讀取的指令運算碼為該指令的第一個位元組，它被送往指令暫存器(IR)，經解碼後由時序控制電路決定其次在 S4 狀態或是第二個機器週期的 S1 狀態時，讀取的位元組是否為該指令的一部分。若是，則儲存該位元組，並將程式計數器內容加 1；否則，則放棄讀取的位元組，並且維持程式計數器內容不變。時序控制電路也產生適當的控制信號，完成該指令的其餘動作。

　　MCS-51的指令長度有 1 位元組、2 位元組、3 位元組等三種，除了 MUL 與 DIV 兩個指令的執行時間為 4 個機器週期外，其餘的指令執行時間均為 1

到 2 個機器週期不等。圖 9.1-2(a)所示為執行單一位元組 1 個機器週期的指令之時序圖，此類的指令如 INC　A；圖 9.1-2(b)所示為執行雙位元組 1 個機器週期的指令之時序圖，此類的指令如 ADD　A, #data；圖 9.1-2(c)所示為執行單一位元組 2 個機器週期的指令之時序圖，此類的指令如 INC　DPTR。

如前所述，MCS-51 CPU 通常在每一個機器週期均會讀取兩個指令碼位元組，但是在執行 MOVX (為一個單一位元組 2 個機器週期)指令時，其第二個機器週期中的程式記憶器讀取動作將不執行，因為此時 CPU 正在存取外部 RAM，而使用到與存取程式記憶器時，相同的資料與位址匯流排。執行 MOVX 指令時的時序如圖 9.1-2(d)所示。注意在第二個機器週期中的第一個 ALE 脈波也不產生。

📖 複習問題

9.5. 在 MCS-51 中，每一個機器週期有幾個時脈週期？

9.6. 在 MCS-51 中，在正常情況(即不執行 MOVX 指令時)下，每一個機器週期輸出幾個 ALE 脈波？

9.7. 在 MCS-51 中，在 12 MHz 的系統時脈頻率下，執行 MUL 指令需要多少時間？

9.8. 在 MCS-51 中，在 12 MHz 的系統時脈頻率下，執行 DIV 指令需要多少時間？

9.9. MCS-51 中，在執行 MOVX 指令期間，一共產生幾個 ALE 脈波輸出？

9.1.3 硬體界面

基本的 MCS-51 為一個 40 腳 PDIP (plastic dual-in-line package)包裝的 IC，如圖 9.1-3 所示，但是目前為了因應各種不同的 PCB 設計需求，許多不同的包裝類型，也由不同的供應商提供。圖 9.1-3(a)為標準型的 PDIP 包裝；圖 9.1-3(b)為的 PLCC (plastic-leaded chip carriers)的包裝。

MCS-51 的接腳可以分成下列五組：系統支援接腳、I/O 界面、記憶器界面、中斷控制及內部程式記憶器的規劃信號。下列分別介紹這些接腳的意義及功能。

圖9.1-3　MCS-51(8051/AT89S52)接腳分佈圖：(a) PDIP；(b) PLCC 包裝

系統支援接腳

MCS-51 的系統支援接腳包括：電源(V_{CC} 與 GND)、XTAL1 (時脈輸入)與 XTAL2、RST (reset)。現在分別說明這些接腳的功能如下：

電源(V_{CC} 與 GND，輸入)：與大多數的 8 位元微處理器或是微控制器一樣，只需要一個+5.0 V ± 10 %的電源，最大的消耗電流為 25 mA (以 AT89S52 為例)。

XTAL1 與 XTAL2 (石英晶體連接端，輸入與輸出)：XTAL1 與 XTAL2 分別為內部的一個反相放大器的輸入與輸出端，經由適當的電路連接，可以提供 CPU 需要的基本時序信號。在 MCS-51 中，CPU 需要的時脈信號有兩種方式可以提供，如圖 9.1-4 所示。圖 9.1-4(a)為使用 CPU 內部的振盪器電路，在標準的 12 MHz 的操作頻率下，兩個電容器的值為 30 pF±10 pF (使用石英晶體時)或是 40 pF±10 pF (使用陶瓷諧振器時)；圖 9.1-4(b)為直接使用外部電路產生時脈信號的情形，此時 XTAL2 輸出端必須懸空。由於 MCS-51 內部有一個除 2 電路，將外部時脈信號除以 2，並獲得 50%的工作週期，因此外部提供的時脈信號，其工作週期的大小並不重要，可以為任何值。

圖9.1-4　MCS-51 振盪器與外部時脈連接圖：(a)震盪器連接；(b)外部時脈連接

RST (reset，輸入)：RST 為系統重置信號，讓 MCS-51 回到一個已知的初始狀態，此信號為高電位啟動並且需要延續兩個機器週期(即 24 個時脈週期)以上。

I/O 界面

MCS-51 提供了四個並列 I/O 埠，如圖 9.1-1 與圖 9.1-3 所示，這些 I/O 埠可以當作位元組 I/O 埠或是各別的 I/O 接腳使用。

I/O 埠 0 (P0.7 ~ P0.0，雙向)：為一個 8 位元開路吸極雙向 I/O 埠。當作輸出埠時，每一個接腳可以吸取 8 個 TTL 的輸入電流；當作輸入埠時，每一個接腳可以當作高阻抗輸入端使用，即內部沒有提升電路連接到高電位。

I/O 埠 0 在 MCS-51 存取外部程式或是資料記憶器時，為多工的低序位元組的位址匯流排與資料匯流排。在此模式下，I/O 埠 0 具有內部提升電路，將其提升到高電位。

I/O 埠 1 (P1.7~ P1.0，雙向)：為一個具有內部提升電路的 8 位元雙向 I/O 埠。當寫入 1 於 I/O 埠 1 的門閂電路後，每一個 I/O 接腳均由內部的提升電阻器提升到高電位。在此狀態下,可以當作輸入埠使用。當作輸出埠時,每一個 I/O 接腳可以吸取或是供給 4 個 TTL 的輸入電流;當作輸入埠時,每一個 I/O 接腳在外部電路為低電位時,輸出 I_{IL} 的電流,因其內部有提升電路連接到電源。I/O 埠 1 在 MCS-51/52 的衍生微控制器中也有副功能,如表 9.1-1 所示。

表9.1-1　I/O 埠 1 的副功能

埠位元	副功能
P1.0	T2 (定時器 2 的外部計數輸入)
P1.1	T2EX(定時器 2 的捕捉、重新載入觸發及方向控制)
P1.2	ECI (PCA 的外部計數輸入)
P1.3	CEX0 (比較與捕捉模組 0 的外部 I/O)
P1.4	CEX1 (比較與捕捉模組 1 的外部 I/O)
P1.5	CEX2 (比較與捕捉模組 2 的外部 I/O)
P1.6	CEX3 (比較與捕捉模組 3 的外部 I/O)
P1.7	CEX4 (比較與捕捉模組 4 的外部 I/O)

I/O 埠 2 (P2.7 ~ P2.0,雙向):為一個具有內部提升電路的 8 位元雙向 I/O 埠。當作輸出埠時,每一個 I/O 接腳可以吸取或是供給 4 個 TTL 的輸入電流;當作輸入埠時,每一個 I/O 接腳在外部電路為低電位時,輸出 I_{IL} 的電流,因其內部有提升電路連接到電源。

I/O 埠 2 在 MCS-51 存取外部程式記憶器或是使用 16 位元的位址(MOVX @DPTR 指令)存取外部 RAM 時,為高序位元組的位址匯流排;當使用 8 位元的位址(MOVX　@Ri 指令)存取外部 RAM 時,因為不需要輸出高序位元組的位址,它可以當作正常的 I/O 埠功能。

I/O 埠 3 (P3.7 ~ P3.0,雙向):為一個具有內部提升電路的 8 位元雙向 I/O 埠。當作輸出埠時,每一個 I/O 接腳可以吸取或是供給 4 個 TTL 的輸入電流;當作輸入埠時,每一個 I/O 接腳在外部電路為低電位時,輸出 I_{IL} 的電流,因其內部有提升電路連接到電源。

I/O 埠 3 (P3.7 ~ P3.0)除了上述的 I/O 位元功能外,亦具有另外一組副功能,如表 9.1-2 所示。此外,在規劃內部程式記憶器時,I/O 埠 3 也當作某些控制信號的輸入端。注意：寫入資料於程式記憶器或是快閃記憶器的動作稱為規劃(programming)。

表9.1-2　I/O 埠 3 的副功能

埠位元	副功能
P3.0	RxD (串列輸入埠)
P3.1	TxD (串列輸出埠)
P3.2	$\overline{INT0}$ (外部中斷輸入 0)
P3.3	$\overline{INT1}$ (外部中斷輸入 1)
P3.4	T0 (定時器 0 外部輸入)
P3.5	T1 (定時器 1 外部輸入)
P3.6	$\overline{WR}$ (外部 RAM 寫入控制)
P3.7	$\overline{RD}$ (外部 RAM 讀取控制)

📖 複習問題

9.10. MCS-51 的系統時脈有那兩種方式可以提供？

9.11. MCS-51 的 RST 輸入信號接腳的功能為何？

9.12. 為何每一個微處理器或是微控制器均必須有一個硬體的系統重置信號輸入端？

9.13. 標準的 MCS-51 一共有幾個 I/O 埠？

9.14. 標準的 MCS-51 在存取外部 RAM 時，至少需要幾個 I/O 埠？

9.15. 試簡述 I/O 埠 0 當作輸入埠使用時，與其它 I/O 埠的基本差異。

記憶器界面

雖然 MCS-51 為一個完整的系統，在大部分的應用中，只需要單一元件即可，不需要任何外加的記憶器。但是 MCS-51 依然提供了外部 RAM 與程式記憶器的存取能力，以應付需要使用較多的資料記憶器或是常數資料的應用。如前及第 3.2.1 節所述，MCS-51 可以使用 $\overline{RD}$ 與 $\overline{WR}$ 等信號直接存取 64k (2^{16})位元組的外部 RAM 及使用 $\overline{PSEN}$ 信號存取到 64k 位元組的程式記憶器。

由於 MCS-51 為一個 8 位元系統，當其存取記憶器的資料時，每次均為一個位元組，因此其位址匯流排為 16 位元(A15~A0)，而資料匯流排為 8 位元(D7~D0)。為了能夠將所有位址匯流排信號接腳、資料匯流排信號接腳、控制信號包裝在標準的 40 腳 PDIP 內，低序的 8 條位址匯流排與資料匯流排以多工方式輸出，如圖 9.1-3 所示。在 MCS-51 中，位址匯流排與資料匯流排實際上與 I/O 埠 0 與 2 重疊使用相同的接腳。

CPU 在存取記憶器的資料時，除了上述的位址匯流排與資料匯流排之外，必須再配合一些控制資料流動方向的控制信號，才能正確地完成需要的動作。這些控制信號為：$\overline{EA}$、$\overline{RD}$、$\overline{WR}$、$\overline{PSEN}$、ALE。現在分別敘述如下：

$\overline{EA}$ (External access，輸入)(低電位啟動)：當希望 MCS-51 只使用外部的程式記憶器，提供整個程式記憶器空間(0000H 到 0FFFFH)時，此信號必須接於低電位；若希望 MCS-51 同時使用內部與外部程式記憶器時，此信號必須接於高電位。

$\overline{RD}$ (read，輸出)(低電位啟動)：啟動時，表示 MCS-51 欲自資料匯流排(即記憶器或 IO 裝置)中，讀取資料。

$\overline{WR}$ (write，輸出)(低電位啟動)：啟動時，表示 MCS-51 正在寫入資料於資料匯流排(即記憶器或 IO 裝置)中。當 $\overline{WR}$ 為低電位時，CPU 的資料匯流排中含有正確的資料。

$\overline{PSEN}$ (program store enable，輸出)(低電位啟動)：啟動時，指示 MCS-51 正在讀取外部程式記憶器中的資料，$\overline{PSEN}$ 在每一個機器週期中均啟動兩次；當 MCS-51 讀取內部程式記憶器中的資料時，$\overline{PSEN}$ 維持在不啟動的狀態。$\overline{PSEN}$ 通常連接於 EPROM 或是快閃記憶器的輸出致能(output enable，$\overline{OE}$)控制信號輸入端上。

ALE (address latch enable，輸出)(高電位啟動)：指示 MCS-51 的位址/資料匯流排上的資料為成立的位址資料。由於 MCS-51 使用多工的方式，並且使用相同的 I/O 埠(P0)接腳，輸出低序位元組的位址匯流排與資料匯流排使用，因此必須使用一個控制信號，告知外界電路，這些接腳目前是當作位址信號線，或是資料信號線使用。

ALE 在正常的指令執行期間(即不存取外部 RAM 時)，持續輸出一個頻率為 1/6 系統時脈的脈波，此信號可以當作外部的時序信號或是時脈使用。但是，當使用指令 MOVX，存取外部 RAM 時，在其第二個機器週期中，ALE 只輸出一個脈波，如圖 9.1-2 所示。

　　若不希望 ALE 持續輸出脈波，可以設定 SFR 中的 8EH 位置的位元 0 之值為 1。當此位元設定為 1 後，ALE 只在 MOVX 或是 MOVC 指令執行時，才啟動而輸出適當的脈波，此外 ALE 由內部的高阻抗電路提升為高電位。注意：上述的 ALE 抑制位元，在 MCS-51 被設定為外部存取模式(即 $\overline{EA}$ = 0)時，將失去效用。

📖 複習問題

9.16. MCS-51 在存取外部 RAM 時，會使用那些控制信號線？

9.17. MCS-51 在存取外部程式記憶器時，會使用那些控制信號線？

9.19. $\overline{EA}$ 控制信號線的功能為何？

9.19. ALE 控制信號線的功能為何？

9.20. $\overline{PSEN}$ 控制信號線的功能為何？

9.21. $\overline{RD}$ 與 $\overline{WR}$ 兩條控制信號線的功能為何？它們使用那兩個接腳輸出？

中斷控制

　　MCS-51 包含一個兩層次導向性優先權中斷系統，其中斷向量位於程式記憶器最底端的 48 個位元組中(第 11 章)。相關的外部中斷信號輸入端有二：$\overline{INT0}$ (external interrupt 0)與 $\overline{INT1}$ (external interrupt 1)。

　　$\overline{INT0}$ (P3.2)與 $\overline{INT1}$ (P3.3)(輸入)：(低電位啟動)為可抑制式中斷輸入線。當 $\overline{INT0}$ 或是 $\overline{INT1}$ 為低電位，而且 MCS-51 中的 IE (interrupt enable)暫存器中，對應的位元與 EA 位元值均為 1 時，MCS-51 CPU 在完成目前的指令執行後，將認知此中斷，並且產生一個中斷程序。詳細的動作將於中斷、系統重置與功率控制一章中討論。

內部程式記憶器的規劃

　　MCS-51 內部含有 0k 到 64k 位元組的快閃記憶器或是 EEPROM，因此它包括規劃內部程式記憶器的相關控制信號與電路。相關的控制信號有 ALE / $\overline{\text{PROG}}$ 與 $\overline{\text{EA}}$ /V$_{\text{PP}}$。

ALE / $\overline{\text{PROG}}$ (program，輸入)：在規劃 MCS-51 的內部程式記憶器時，由此接腳加入規劃脈波。

$\overline{\text{EA}}$ /V$_{\text{PP}}$ (program，輸入)：在規劃 MCS-51 的內部程式記憶器時，此信號必須接於 V$_{\text{PP}}$。

相關的內部程式記憶器的規劃程序與時序，將於內部程式記憶器規劃一節中，再予討論。

9.1.4 基本時序

本節中，首先介紹與時序圖相關的一些基本術語，然後考慮 MCS-51 的基本外部時脈信號、外部程式記憶器讀取週期、外部 RAM 讀取週期、外部 RAM 寫入週期。

基本時序圖相關術語

在數位電路中的匯流排為一組用以連接數位邏輯元件的導線。常用的數位邏輯元件包括 CPU、記憶器、定時器、I/O 裝置的界面電路元件。單一位元的信號線也可以視為一個特殊的匯流排。

典型的數位信號波形，可以分成單一位元信號與匯流排信號兩種，分別如圖 9.1-5(a)與(b)所示。前者由於只有單一個位元，因此可以明確地定義信號的電壓位準；後者由於有多個位元的信號匯整於相同的圖形中，因此無法明確地定義每一條信號線的電壓位準，只能使用如圖 9.1-5(b)所示的方式，表示該匯流排的信號何時改變，其信號值為穩定值、未穩定值或是浮接(即高阻抗)。

在數位信號中，由於電路中固有的電阻值與電容值，其組合的效應稱為 *RC* 效應。當一個信號的電壓位準，由低電位上升為高電位時，或是由高電位下降為低電位時，都必須經歷一段時間，分別稱為上升時間(rise time)與下降時間(fall time)，如圖 9.1-5(a)所示。上升時間(t_r)定義為信號電壓由最大值的 10%上升到最大值的 90%時所需要的時間；下降時間(t_f)定義為信號電壓由最大值的 90%下降到最大值的 10%時所需要的時間。

圖9.1-5　常用的數位信號波形：(a)單一信號線信號；(b)匯流排信號

　　組合邏輯電路的傳播延遲(propagation delay)定義為由輸入信號的最大信號擺動的 50%到輸出信號抵達其最大信號擺動的 50%時所需的時間。當輸出由低電位轉態到高電位的傳播延遲稱為 t_{pLH}，而輸出由高電位轉態到低電位的傳播延遲稱為 t_{pHL}。平均的傳播延遲為兩者的平均，即 $t_{pd}= (t_{pLH} + t_{pHL})/2$。

　　其它兩個相關的重要名詞為正緣(positive edge)與負緣(negative edge)。如圖 9.1-5(a)所示，信號的正緣(又稱上昇緣，rising edge)為信號由低電位上昇為高電位；信號的負緣(又稱下降緣，falling edge)為信號由高電位下降為低電位。

📖 複習問題

9.22. 何謂 RC 效應？

9.23. 試定義組合邏輯電路的傳播延遲。

9.24. 試定義上升時間與下降時間。

9.25. 試定義脈波信號的正緣與負緣。

基本外部時脈週期

雖然 MCS-51 對於外加的時脈信號之工作週期(duty cycle，在時脈信號中，高電位期間與週期的比值)的要求不嚴格，其對於時脈信號的電壓位準依然有一定之要求。圖 9.1-6 所示為 Atmel 公司的 AT89S52 的外加時脈信號之時序圖，其外加的時脈頻率為 0 (DC)到 33 MHz。當電壓大於 $0.7V_{CC}$ 的期間定義為高電位；當電壓小於 $0.2V_{CC}$-0.1 V 的期間定義為低電位。其重要的參數值如下：時脈週期必須大於 30 ns；高電位與低電位期間必須大於 12 ns；上升與下降時間則必須小於 5 ns。詳細的參數值請參閱表 9.1-3。

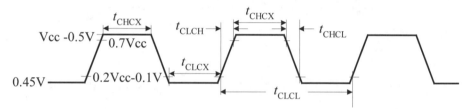

圖9.1-6　AT89S52 的外加時脈信號之時序圖

表9.1-3　AT89S52 的外加時脈信號之時序參數值

符號	參數	最小值	最大值	單位
$1/t_{CLCL}$	時脈頻率	0	33	MHz
t_{CLCL}	時脈週期	30		ns
t_{CHCX}	高電位期間	12		ns
t_{CLCX}	低電位期間	12		ns
t_{CLCH}	上升時間		5	ns
t_{CHCL}	下降時間		5	ns

外部程式記憶器讀取週期

MCS-51 在讀取外部程式記憶器時，輸出 ALE 與 $\overline{\text{PSEN}}$ 控制信號，並且使用 I/O 埠 0 (P0)當作多工的資料與位址匯流排，I/O 埠 2 (P2)當作高序位元組的位址匯流排，其詳細的時序如圖 9.1-7 所示。

圖9.1-7　MCS-51 外部程式記憶器讀取週期時序圖

　　由於 I/O 埠 0 (P0)以多工的方式，先輸出低序位元組的位址，再轉為資料匯流排，自外部的程式記憶器讀取指令碼，因此，系統設計者必須使用位址門閂電路(例如 74LS373/74F373)，鎖住低序位元組的位址，以與 I/O 埠 2 (P2)輸出的高序位元組位址，結合成一個完整的程式記憶器位址，存取需要的記憶器位置。由圖 9.1-7 可以得知：ALE 信號的負緣，可以當作位址門閂電路的閃脈控制信號，鎖住 I/O 埠 0 (P0)輸出的位址，相對於 ALE 信號負緣的低序位元組位址的設定時間(t_{AVLL})與持住時間(t_{LLAX})的最小值，分別為 43 ns 與 48 ns，這對於目前的 74LS373/74F373 元件均能滿足。詳細的參數與時序考慮請參閱第 10.5 節。

　　$\overline{PSEN}$ 信號在 ALE 脈波的負緣後 t_{LLPL} 啟動。$\overline{PSEN}$ 信號在 ALE 脈波的負緣才啟動的理由為允許位址門閂電路有足夠的時間，鎖住 CPU 先前由多工的位址/資料匯流排中送出的位址信號，然後驅動欲存取的程式記憶器。

　　外部程式記憶器與 MCS-51 界接時，下列三個時間限制必須同時滿足：(1) ALE 為低電位到成立的指令輸入時間(t_{LLIV})；(2) $\overline{PSEN}$為低電位到成立的指令輸入時間(t_{PLIV})；(3) 位址到成立的指令輸入時間(t_{AVIV})。詳細的參數值如表 9.1-4 所示。

表9.1-4　AT89S52 的外部程式記憶器讀取週期之時序參數值(12 與 24 MHz)

符號	參數	12 MHz		24 MHz		單位
		最小值	最大值	最小值	最大值	
t_{HLL}	ALE 脈波寬度	127		43		ns
t_{AVLL}	位址成立到 ALE 為低電位	43		17		ns
t_{LLAX}	ALE 為低電位後的位址持住時間	48		17		ns
t_{LLIV}	ALE 為低電位到成立的指令輸入		233		101	ns
t_{LLPL}	ALE 為低電位到 $\overline{PSEN}$ 為低電位	43		17		ns
t_{PLPH}	$\overline{PSEN}$ 脈波寬度	205		80		ns
t_{PLIV}	$\overline{PSEN}$ 為低電位到成立的指令輸入		145		80	ns
t_{PXIX}	$\overline{PSEN}$ 為低電位後的指令持住時間	0		0		ns
t_{PXIZ}	$\overline{PSEN}$ 為低電位後到指令變為浮接		59		17	ns
t_{PXAV}	$\overline{PSEN}$ 為低電位到成立的位址	75		33		ns
t_{AVIV}	位址到成立的指令輸入		312		128	ns
t_{PLAZ}	$\overline{PSEN}$ 為低電位到位址變為浮接		10		10	ns

📖 複習問題

9.26. MCS-51 對於外加的時脈信號之工作週期的要求有嚴格的限制？

9.27. MCS-51 的 I/O 埠 0 (P0)在存取外部記憶器時，扮演何種角色？

9.28. MCS-51 的 I/O 埠 2 (P2)在存取外部記憶器時，扮演何種角色？

9.29. MCS-51 與外部程式記憶器界接時，那三個時間限制必須滿足

外部 RAM 讀取週期

　　MCS-51 在使用 MOVX 指令讀取外部 RAM 時，輸出 ALE 與 $\overline{RD}$ 控制信號，並且使用 I/O 埠 0 (P0)當作多工的資料與位址匯流排，I/O 埠 2 (P2)當作高序位元組的位址匯流排，其詳細的時序如圖9.1-8所示。$\overline{PSEN}$ 信號在整個讀取週期中，維持在不啟動的狀態。

　　大致上，MCS-51 CPU 的外部 RAM 讀取週期與程式記憶器讀取週期相同。CPU 的 I/O 埠 0 (P0)在送出位址信號後，即轉換為資料匯流排，以備接收讀取的資料，並啟動 $\overline{RD}$ 信號，自外部 RAM 讀取資料。

　　外部 RAM 與 MCS-51 界接時，在資料讀取週期中，下列三個時間限制必須同時滿足：(1) ALE 為低電位到成立的資料輸入時間(t_{LLDV})；(2) $\overline{RD}$ 為低電位到成立的資料輸入時間(t_{RLDV})；(3) 位址到成立的資料輸入時間

(t_{AVDV})。詳細的參數值如表 9.1-5 所示。

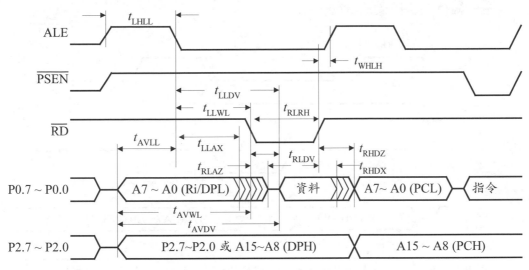

圖9.1-8　MCS-51 外部 RAM 讀取週期時序圖

表9.1-5　AT89S52 的外部 RAM 讀取週期之時序參數值(12 與 24 MHz)

符號	參數	12 MHz 最小值	12 MHz 最大值	24 MHz 最小值	24 MHz 最大值	單位
t$_{LHLL}$	ALE 脈波寬度	127		43		ns
t$_{AVLL}$	位址成立到 ALE 為低電位	43		17		ns
t$_{LLAX}$	ALE 為低電位後的位址持住時間	48		17		ns
t$_{RLRH}$	$\overline{RD}$ 脈波寬度	400		150		ns
t$_{RLDV}$	$\overline{RD}$ 為低電位到成立的資料輸入		252		118	ns
t$_{RHDX}$	$\overline{RD}$ 為高電位後的資料持住時間	0		0		ns
t$_{RHDZ}$	$\overline{RD}$ 為高電位後到資料變為浮接		97		55	ns
t$_{LLDV}$	ALE 為低電位到成立的資料輸入		517		183	ns
t$_{AVDV}$	位址到成立的資料輸入		585		210	ns
t$_{LLWL}$	ALE 為低電位到 $\overline{RD}$ 或 $\overline{WR}$ 為低電位	200	300	75	175	ns
t$_{AVWL}$	位址到 $\overline{RD}$ 或 $\overline{WR}$ 為低電位	203		91		ns
t$_{RLAZ}$	$\overline{RD}$ 為低電位後到位址變為浮接		0		0	ns
t$_{WHLH}$	$\overline{RD}$ 或 $\overline{WR}$ 為高電位到 ALE 為高電位	43	123	17	67	ns

外部 RAM 寫入週期

　　MCS-51在寫入資料到外部RAM時，輸出 ALE 與 $\overline{WR}$ 控制信號，並且使用 I/O 埠 0 (P0)當作多工的資料與位址匯流排，I/O 埠 2 (P2)當作高序位元組的位址匯流排，其詳細的時序如圖 9.1-9 所示。$\overline{\text{PSEN}}$ 信號在整個寫入週期中，維持在不啟動的狀態。

圖9.1-9　MCS-51 外部 RAM 寫入週期時序圖

　　MCS-51 CPU 的外部 RAM 寫入週期，大致上與外部 RAM 讀取週期相同。CPU 在由 I/O 埠 0 (P0)送出位址信號後，即緊接著送出資料信號，然後啟動 $\overline{\text{WR}}$ 信號，寫入資料於外部 RAM 中。

　　MCS-51 界接到外部 RAM 時，必須注意選用的記憶器元件，其資料寫入週期需求的時間限制，必須能夠滿足 MCS-51 所提供的寫入週期時序，詳細的討論將留待第 10.5.1 節。詳細的參數值如表 9.1-6 所示。

📖複習問題

9.30. MCS-51 自外部 RAM 讀取資料時，會啟動那兩個控制信號？

9.31. MCS-51 寫入資料於外部 RAM 時，會啟動那兩個控制信號？

9.32. MCS-51 自外部 RAM 讀取資料時，那三個時間限制必須滿足？

9.33. 何時必須考慮低序位元組位址的設定時間(t_{AVLL})與持住時間(t_{LLAX})？

表9.1-6　AT89S52 的外部 RAM 寫入週期之時序參數值(12 與 24 MHz)

符號	參數	12 MHz		24 MHz		單位
		最小值	最大值	最小值	最大值	
t_{LHLL}	ALE 脈波寬度	127		43		ns
t_{AVLL}	位址成立到 ALE 為低電位	43		17		ns
t_{LLAX}	ALE 為低電位後的位址持住時間	48		17		ns
t_{WLWH}	$\overline{WR}$ 脈波寬度	400		150		ns
t_{LLWL}	ALE 為低電位到 $\overline{RD}$ 或 $\overline{WR}$ 為低電位	200	300	75	175	ns
t_{AVWL}	位址到 $\overline{RD}$ 或 $\overline{WR}$ 為低電位	203		91		ns
t_{QVWX}	資料成立到 $\overline{WR}$ 轉態	23		12		ns
t_{QVWH}	資料成立到 $\overline{WR}$ 為高電位	433		161		ns
t_{WHQX}	$\overline{WR}$ 為高電位後的資料持住時間	33		12		ns
t_{WHLH}	$\overline{RD}$ 或 $\overline{WR}$ 為高電位到 ALE 為高電位	43	123	12	67	ns

9.2 內部程式記憶器規劃

MCS-51 內部含有 0k 到 64k 位元組的程式記憶器,相關的控制信號有 ALE/$\overline{PROG}$ 與 $\overline{EA}$ /V_{PP}。由於不同廠商提供的元件,其內部程式記憶器的類型(快閃記憶器)不盡相同,程式記憶器的規劃程序與時序也稍有不同。因此,本節中將以 AT89S52 元件為例,說明內部程式記憶器的規劃程序、規劃時序及驗證程序。

一般 MCS-51 元件在出廠時,其內部程式(Flash)記憶器的內容為清除狀態,即其值皆為 0FFH,並且備妥接受寫入資料。在 AT89S52 的元件中,有兩種規劃方式:並列模式與串列模式。在本節中,我們首先考慮並列規劃模式(parallel programming mode),然後介紹串列規劃模式(serial programming mode)。

9.2.1 並列規劃模式

在本小節中,我們考慮 AT89S52 元件的並列規劃模式。

電路組態與時序

AT89S52 元件在出廠時,其內部程式(Flash)記憶器的內容為清除狀態,

即其值皆為0FFH，並且備妥接受寫入資料。規劃界面需要一個高電壓(12 V)
規劃脈波(V_{PP})模式，與現有的快閃記憶體或是 EPROM 規劃器相容。
AT89S52 元件的規劃方式使用一次一個位元組方式進行。

AT89S52 元件的並列規劃與驗證之電路組態，如圖 9.2-1 所示。詳細的
控制信號及其各種模式之選擇，如表 9.2-1 所示。在寫入資料於程式記憶器
前，必須確保整個記憶器為清除狀態(0FFH)，或是使用晶片清除模式
($\overline{PROG}$脈波必須維持 10 ms)，清除整個記憶器內容。表 9.2-1 所示。

圖9.2-1　AT89S52 內部程式記憶器規劃與驗證：(a)規劃；(b)驗證

程式記憶器的規劃

內部程式記憶器的規劃為使用位元組為單位的方式，一次一個位元組，
依序寫入記憶器中。在規劃程式記憶器之前，位址、資料、控制信號必須依
據表 9.2-1 所示的方式，設定適當的值，以選取正確的模式，然後依據下列
規劃程序，完成記憶器的規劃。

AT89S52 並列規劃程序
BEGIN:

1. 輸入適當的位址信號，選定欲規劃的記憶器位置。

2. 在資料匯流排，輸入適當的資料信號。

3. 啟動適當組合的控制信號。

4. 提升 $\overline{\text{EA}}$ /V$_{\text{PP}}$ 為 12 V。

5. 啟動 ALE / $\overline{\text{PROG}}$ 脈波一次，以寫入一個位元組資料於記憶器中，或是規劃鎖住位元。

6. 重複上述步驟 1 到 5 的動作，適當的改變記憶器位址與資料信號值，直到整個記憶器或是資料檔耗盡為止。

END

詳細的規劃時序與參數值分別如圖 9.2-2 與表 9.2-2 所示。

表9.2-1　AT89S52 內部程式記憶器的規劃與驗證

模式	ALE/ $\overline{\text{PROG}}$	$\overline{\text{EA}}$/V$_{\text{PP}}$	P2.6	P2.7	P3.3	P3.6	P3.7	資料 埠 0	位址 P2.4-0	埠 1
寫入資料(規劃)	⊓	12 V	L	H	H	H	H	Din	A12-8	A7-0
讀取資料(驗證)	H	H	L	L	L	H	H	Dout	A12-8	A7-0
寫入鎖住位元										
位元 1	⊓	12 V	H	H	H	H	H	x	x	x
位元 2	⊓	12 V	H	H	H	L	L	x	x	x
位元 3	⊓	12 V	H	L	H	H	L	x	x	x
讀取鎖住位元										
位元 1	H	H	H	H	L	H	L	P0.2	x	x
位元 2	H	H	H	H	L	H	L	P0.3	x	x
位元 3	H	H	H	H	L	H	L	P0.4	x	x
晶片清除	⊓	12 V	H	L	H	L	L	x	x	x
讀取識別碼										
Atmel ID	H	H	L	L	L	L	L	1EH	x0000	00H
元件 ID	H	H	L	L	L	L	L	52H	x0001	00H
元件 ID	H	H	L	L	L	L	L	06H	X0010	00H

圖9.2-2　AT89S52 內部程式記憶器規劃與驗證時序圖

表9.2-2　AT89S52 的內部程式記憶器規劃與驗證時序參數值

符號	參數	最小值	最大值	單位
V_{PP}	規劃致能電壓(只使用在高電位模式)	11.5	12.5	V
I_{PP}	規劃致能電流(只使用在高電位模式)		10	mA
I_{CC}	V_{CC} 電源電流		30	mA
$1/t_{CLCL}$	時脈頻率	3	33	MHz
t_{AVGL}	相對於 $\overline{PROG}$ 為低電位的位址設定時間	$48t_{CLCL}$		
t_{GHAX}	相對於 $\overline{PROG}$ 為低電位的位址持住時間	$48\ t_{CLCL}$		
t_{DVGL}	相對於 $\overline{PROG}$ 為低電位的資料設定時間	$48\ t_{CLCL}$		
t_{GHDX}	相對於 $\overline{PROG}$ 為低電位的資料持住時間	$48\ t_{CLCL}$		
t_{EHSH}	P2.7 為高電位後到 V_{PP} 的時間	$48\ t_{CLCL}$		
t_{SHGL}	相對於 $\overline{PROG}$ 為低電位的 V_{PP} 設定時間	10		μs
t_{GHSL}	相對於 $\overline{PROG}$ 為高電位的 V_{PP} 持住時間	10		μs
t_{GLGH}	$\overline{PROG}$ 脈波寬度	0.2	1	μs
t_{AVAQ}	位址到資料的成立時間		$48\ t_{CLCL}$	
t_{ELQV}	P2.7 為低電位到資料成立的時間		$48\ t_{CLCL}$	
t_{EHQZ}	P2.7 為高電位到資料浮接的時間		$48\ t_{CLCL}$	
t_{GHBL}	$\overline{PROG}$ 為高電位到 $\overline{BUSY}$ 變為低電位的時間		1.0	μs
t_{WC}	位元組寫入週期		50	μs

寫入動作的完成確認

在 AT89S52 中，在寫入資料的程序中，寫入的動作為自我定時 (self-timed)方式，即一旦啟動之後，即自動執行，直到該動作完成為止，同時最多只需要 50 μs。外界電路可以使用下列兩種方式之一：資料輪呼(P0.7 接腳)及偵查 RDY / $\overline{\text{BSY}}$ 輸出信號(P3.0 接腳)，確認啟動的寫入動作是否已經完成。

資料輪呼(P0.7 接腳)：當寫入動作尚未完成時，任何資料的讀取動作，將於 P0.7 接腳中讀取一個與寫入資料互為補數的值；當寫入動作完成後，資料的讀取動作，將於資料匯流排(P0.7 ~ P0.0)中，讀到剛寫入的完整資料。因此，藉由此一資料輪呼的動作，可以得知：何時可以啟動另外一個資料寫入的動作。

RDY / $\overline{\text{BSY}}$ 輸出信號(P3.0 接腳)：RDY / $\overline{\text{BSY}}$ (P3.4)輸出信號在規劃程序中，當 ALE/ $\overline{\text{PROG}}$ 信號為高電位時，下降為低電位，指示寫入動作正在進行(BUSY)；當寫入動作完成時，它上升為高電位，指示動作已經完成(READY)。

程式記憶器的驗證

內部程式記憶器在資料規劃完成之後，為了確保資料均已經正確的寫入該記憶器中，一般均再由記憶器中讀回，並與規劃的資料比較確認。值得注意的是此驗證動作只能在鎖住位元 1 與 2 尚未規劃前完成。

9.2.2 串列規劃模式

當 RST 輸入端連接於 V_{CC} 時，AT89S52 的程式(Flash)記憶器也可以使用串列周邊界面(serial peripheral interface，SPI)來規劃。SPI 界由串列時脈(serial clock，SCK)，主裝置輸出、從裝置輸入(master-out, slave-in，MOSI)，與從裝置輸出、主裝置輸入(master-in, slave-out，MISO)等組成。串列規劃電路組態如圖 9.2-3(a)所示。在 RST 輸入端設定為高電位之後，必須先執行一個規劃致能命令，以啟動串列規劃程序。在重新規劃程序之前也必須先執行一個晶片清除動作，以清除 Flash 記憶器為 0FFH。詳細的時序如圖 9.2-3(b)所示。相關的參數值歸納於表 9.2-3。

圖9.2-3　(a)串列規劃電路組態；(b) AT89S52 的串列規劃時序

表9.2-3　AT89S52 的串列規劃時序參數值

符號	參數	最小值	典型值	最大值	單位
$1/t_{CLCL}$	時脈頻率	0		33	MHz
t_{CLCL}	時脈週期	30			ns
t_{SHSL}	SCK 脈波高電位期間	$8t_{CLCL}$			ns
t_{SLSH}	SCK 脈波低電位期間	$8\,t_{CLCL}$			ns
t_{OVSH}	MOSI 到 SCK 高電位的設定時間	t_{CLCL}		5	ns
t_{SHOX}	MOSI 在 SCK 高電位後的持住時間	$2\,t_{CLCL}$			ns
t_{SLIV}	SCK 低電位到 MISO 成立的時間	10	16	32	ns
t_{ERASE}	晶片清除指令週期			500	ms
t_{SWC}	串列位元組寫入週期			$64\,t_{CLCL}+400$	μs

在串列規劃期間，AT89S52 元件需要一個由 XTAL1 輸入端輸入的外部時脈信號或是連接一個石英晶體於 XTAL1 與 XTAL2 輸入端而由內部電路產生時脈信號。最大的串列時脈(SCK)頻率應該小於 1/16 系統時脈頻率，因

此，在 33 MHz 的石英晶體震盪頻率下，它為 2 MHz。

串列規劃演算法

　　欲使用串列規劃模式規劃與驗證 AT89S52 的 Flash 記憶器，可以依據下列規劃程序，完成需要的動作。

AT89S52 串列規劃程序

BEGIN:

1. 加入規劃致能命令於 MOSI (P1.5)輸入端，以啟動串列規劃模式。

2. Flash 記憶器可以使用位元組或是頁區模式規劃。寫入週期為自我定時，在 5 V 時，最多只需要 0.5 ms。

3. 任何記憶器位置均可以使用讀取命令驗證。由指定位置讀取的資料由 MISO (P1.6)輸出端以串列方式輸出。

4. 在規劃程序結束後，RST 輸入端可以設定為低電位，以啟動正常的元件動作。

END

　　如同並列規劃模式一樣，資料輪呼可以用來檢查規劃程式是否完成。在位元組規劃期間，任何對前一位元組的讀取動作，將於 MISO 輸出端得到該位元組資料的 MSB 之補數結果。

　　於串列規劃期間，若需要關掉元件之電源，則建議遵循下列步驟：

1. 若未使用石英晶體，則將 XTAL1 輸入端設置於低電位。

2. 設置 RST 輸入端於低電位。

3. 關掉電源。

串列規劃命令

　　串列規劃命令遵循一個 4 位元組的編碼規則，如表 9.2-4 所示。在 RST 輸入端設定為高電位後，SCK 輸入端至少需設置於低電位 64 個時脈週期，才能設置為高電位以閘入資料位元組。在頁區模式中，資料總是由位元組 0 到 255。在前面兩個位元組被閘入之後，其次每一個位元組均被當成資料位元組,直到所有 256 個位元組都被移入或是移出為止。

表9.2-4　AT89S52 串列規劃命令

命令	命令格式			
	位元組 1	位元組 2	位元組 3	位元組 4
規劃致能	1010 1100	0101 0011	XXXX XXXX	XXXX XXXX
晶片清除	1010 1100	100x xxxx	XXXX XXXX	XXXX XXXX
讀取識別碼	0010 1000	xxxA12toA8	A7xxx xxx0	識別碼
位元組模式				
讀取 Flash	0010 0000	xxxA12toA8	A7toA0	D7toD0
寫入 Flash	0100 0000	xxxA12toA8	A7toA0	D7toD0
頁區模式				
讀取 Flash	0011 0000	xxxA12toA8	位元組 0	位元組 1 到 255
寫入 Flash	0101 0000	xxxA12toA8	位元組 0	位元組 1 到 255
鎖住位元				
讀取鎖住位元	0010 0100	XXXX XXXX	XXXX XXXX	xxxLB3LB2LB1xx
寫入鎖住位元	1010 1100	1110 00B1B2	XXXX XXXX	XXXX XXXX

　　欲規劃鎖住位元時,必須使用寫入鎖住位元命令。在此命令中的第二個位元組中的 B1 與 B2 兩個位元組合以指定欲寫入的鎖住位元。

- B1 B2 = 00:模式 1,沒有鎖住保護
- B1 B2 = 00:模式 2,啟動鎖住位元 1
- B1 B2 = 00:模式 3,啟動鎖住位元 2
- B1 B2 = 00:模式 4,啟動鎖住位元 3

欲正確的規劃鎖住位元,每一個鎖住位元模式必須依序啟動。

9.2.3 程式記憶器的清除

　　如同規劃程序,程式記憶器的清除也可以使用並列或是串列模式。在並列模式時,清除動作由下列程序完成:先輸入適當的控制信號組合,然後啟動 ALE/$\overline{\text{PROG}}$ 信號為低電位約 20 到 500 ns。在串列模式時,清除動作由晶片清除命令完成。在此模式中,晶片的清除是一個自我定時的程序,約需 500 ms。在清除過程中,由記憶器中任何位置的串列讀取將在資料輸出端得到 00H 的值。

9.2.4 鎖住位元的規劃

在 MCS-51 中，有三個特殊功能的鎖住位元，當它們被設定時，可以獲取一些額外的特性，如表 9.2-5 所示。當規劃鎖住位元 1(LB1)後，任何由外部程式記憶器中執行的 MOVC 指令，將被禁止讀取內部程式記憶器中的指令碼，因此可以保護內部程式記憶器中的內容不為有心人士獲知。此外，在系統重置期間，$\overline{EA}$ 信號線的邏輯位準將被取樣與鎖住，此取樣值必須與該接腳的邏輯值一致，系統才能正常操作。若 MCS-51 元件未經由正常的重置程序，即加上電源，$\overline{EA}$ 信號線的閂閂電路將鎖住一個隨意值，直到由正常的重置程序啟動該裝置為止。

鎖住位元 2(LB2)的功能為進一步的禁止內部程式記憶器內容的驗證動作；鎖住位元 3(LB3)的功能為更進一步的禁止由外部程式記憶器執行程式。詳細的三個鎖住位元之組合及其功能如表 9.2-5 所示，其它組合則未定義。

表9.2-5　MCS-51 鎖住位元的功能

模式	LB1	LB2	LB3	保護功能
1	U	U	U	不具有程式鎖住功能。
2	P	U	U	在重置後取樣並且鎖住$\overline{EA}$信號，禁止進一步的規劃內部程式記憶器；由外部程式記憶器執行的 MOVC 指令，禁止自內部程式記憶器中讀取指令碼。
3	P	P	U	與模式 2 相同，並且禁止程式記憶器的驗證。
4	P	P	P	與模式 3 相同，並且禁止外部執行。

📖 複習問題

9.34. 在 AT89S52 的元件中，其內部程式記憶器有那兩種規劃方式？

9.35. 在規劃一個 Flash 元件時，必須先確定記憶器為何種狀態？

9.36. 在規劃一個 AT89S52 元件時，有那兩種方式，可以確定一個寫入動作是否已經完成？

9.37. 試簡述 MCS-51 的三個鎖住位元的功能。

9.3 基本的 MCS-51 模組

絕大部分的 MCS-51 之應用，均取決於其完整的系統特性，因此只需要最少的元件；少部分的應用則必須使用外部 RAM、程式記憶器或是兩者；更少部分的應用則除了使用外部 RAM、程式記憶器或是兩者外，也必須再使用外加的 I/O 裝置的界面電路(例如 82C55A)或是其它 I/O 裝置的界面電路(例如 UART、ADC 或是 DAC 電路元件)。

9.3.1 基本界面問題

與使用任何數位邏輯元件一樣，在界接兩個元件時，必須注意彼此之間的邏輯電壓位準與電流推動能力。MCS-51 的所有輸入或輸出信號線均為 TTL 位準，其(AT89S52)電壓位準與電流位準分別列於表 9.3-1。

表9.3-1 AT89S52 的輸入與輸出電氣特性

低位準輸入	高位準輸入	低位準輸出	高位準輸出
$V_{IL} = 0.9$ V(max)	$V_{IH} = 1.9$ V(min)	$V_{OL} = 0.45$ V(max)	$V_{OH} = 2.4$ V(min)
$I_{IL} = -50$ μA	$I_{IH} = $ NA	$I_{OL} = 1.6$ mA(min)	$I_{OH} = -60$ μA(min)

在設計微處理器系統時，常用的邏輯族系為 74LSxx、74Fxx、74ALSxx 等 TTL 邏輯族系及 74HC/HCTxx 的 CMOS 邏輯族系，它們的輸入與輸出電氣特性，如表 9.3-2 所示。由於 MCS-51 的所有輸入或輸出信號線均為 TTL 位準，因此上述邏輯族系的元件與 MCS-51 界接使用時，沒有電壓位準的匹配問題。

至於電流推動能力的問題，則由 MCS-51 對這些邏輯族系的元件之扇出能力(fan out)決定。一個邏輯元件推動另外一個邏輯元件時，其扇出能力(即扇出數目) N 定義為：

$$N = \text{Min}\left\{ -\frac{I_{OL}}{I_{IL}}, -\frac{I_{OH}}{I_{IH}} \right\}$$

其中 I_{OL} 與 I_{OH} 分別為推動級(此時為 MCS-51)在輸出端電壓為低電位與高電位時的最小輸出電流；I_{IL} 與 I_{IH} 分別為被推動級(此時為邏輯元件)在輸入端電壓

為低電位與高電位時的最大輸出電流。依據這項定義，MCS-51 對上述邏輯
族系的元件的扇出數目，分別列於表 9.3-2 的最後一欄。

表9.3-2　AT89S52 對各種邏輯族系的元件之扇出數目

	I_{IL}	I_{IH}	I_{OL}	I_{OH}	扇出
74ALSxx	-0.1 mA	20 µA	8.0 mA	-0.4 mA	3
74ASxx	-0.5 mA	20 µA	20 mA	-2 mA	3
74Fxx	-0.6 mA	5 µA	20 mA	-1.0 mA	2
74LSxx	-0.4 mA	20 µA	8 mA	-0.4 mA	3
74HC/HCTxx	-0.1 µA	0.1 µA	4 mA	-4 mA	600

　　另外一個在設計微處理器系統時，必須考慮的問題為使用的邏輯元件對
整個系統執行時的時序之影響。對於一個門閂電路或是暫存器而言，必須考
慮的三個與時序相關的參數為：設定時間、持住時間、傳播延遲；對於一個
組合邏輯電路而言，必須考慮的一個與時序相關的參數為：傳播延遲。在界
接外部的記憶器或是 I/O 裝置的界面電路元件到 MCS-51 中時，最常使用的
兩個邏輯元件為 74xx373 與 74xx138。74xx373 元件用以鎖住由 I/O 埠 0 送出
的低序位元組的位址信號；74xx138 元件則當作記憶器元件或是界面電路元
件的位址解碼電路。這兩個元件的各種常用族系的參數如表 9.3-3 所示。目
前在設計 MCS-51 系統時，最常用的邏輯族系為 74LSxx、74Fxx 等 TTL 邏輯
族系與 74HC/HCTxx 等 CMOS 邏輯族系。

表9.3-3　各種族系的 74xx138/373 元件特性資料

	74LS	74F	74HCT	74ALS	74AS
74xx373					
設定時間(min)(ns)	5	2	13	10	2
持住時間(min)(ns)	20	3	10	7	3
傳播延遲(max)(ns)	30	13	44	23	11.5
74xx138					
傳播延遲(max)(ns)	41	8.5	45	22	10

9.3.2 最小(單一晶片)模組

　　由於 MCS-51 本身為一個完整的微算機系統，因此最基本的 MCS-51 電
路模組為如圖 9.3-1 所示，由 MCS-51、石英晶體(12 MHz)、系統重置(RST)

等相關的電路組成。在此模組中，由於只使用內部 RAM 與程式記憶器($\overline{\text{EA}}$輸入端接往 V_{CC})，因此所有四個 I/O 埠均可以使用為正常的 I/O 埠功能。

圖9.3-1　MCS-51 基本模組

　　注意：在部分的 MCS-51 (例如 8xC51Fx)中，已經內含系統重置(RST)電路中的 9.2 kΩ電阻器於晶片中，因此只需要外加一個 10 μF 的電容器到 V_{CC}即可。

9.3.3 擴充(多重晶片)模組

　　當標的應用系統需要使用較內部 RAM 容量為大的資料記憶器，或是使用外部的程式記憶器時，MCS-51 必須設定為擴充模組，即 $\overline{EA}$ 輸入端接往地電位，如圖 9.3-2 所示。在此電路模組中，除了石英晶體(12 MHz)與系統重置(RST)相關電路之外，必須使用一個位址門閂(例如 74LS373)，以 ALE 控制信號取出由 MCS-51 I/O 埠 0 組成的多工輸出位址/資料匯流排中的位址信號 A7~A0，並且鎖入位址門閂中，以備其次存取外部 RAM 或是程式記憶器之用。在此模式中，只有 I/O 埠 1 可以使用為正常的 I/O 埠功能；I/O 埠 3 則有部分位元依然可以使用為正常的 I/O 功能。

　　對於大多數的 MCS-51 系統而言，除了必須使用位址門閂(74LS373)，自多工輸出的位址/資料匯流排中，取出位址信號，並且還原位址匯流排之外，其它信號均可以直接與外界電路界接使用，並不需要額外的緩衝電路。

📖 複習問題

9.38. 試簡述一個邏輯元件推動另外一個邏輯元件時，其扇出數目如何決定？

9.39. 在設計 MCS-51 系統時，最佳的 TTL 邏輯族系與 CMOS 邏輯族系各是什麼？

9.40. 最簡單的 MCS-51 系統，需要幾個 IC 元件？

9.41. 在 MCS-51 系統中，當使用到外部的記憶器元件時，會減少幾個 I/O 埠？

9.42. 在單一模組的 MCS-51 系統中，輸入信號 $\overline{EA}$ 必須接往高電位或是低電位？

9.4 MCS-51 衍生微控制器

　　在目前的市場上有相當多的 MCS-51 衍生微控制器。在本節中，我們只介紹幾種較常見的元件：AT89S52、8xC51Fx、8xC51GB、P89V51Rx2、MPC82G516A。

圖 9.3-2 MCS-51 大型系統基本模組

9.4.1 AT89S52

AT89S52 為一個具有 8 kB 的 ISP 快閃記憶器的 MCS-52 衍生微控制器,

其指令組與接腳與標準的 MCS-51 完全相容。此外,它使用靜態邏輯電路,因此其操作頻率可以下降至 0 Hz。AT89S52 的重要特性如下:

- 8-kB Flash 記憶器
- 256-B 內部 RAM
- 二個資料指示器暫存器
- 四個 8 位元 I/O 埠
- 一個可規劃監視定時器
- 三個 16 位元定時器/計數器
- 一個具有加強功能的全多工串列埠
- 一個七個中斷來源及四個中斷優先權層次的中斷結構
- 兩個功率管理模式:閒置與電源關閉

9.4.2　8xC51Fx

8xC51Fx (x = A、B 或 C)系列微控制器為 Intel 公司,繼 MCS-52 之後發展出來的擴充版,它們具有與標準的 MCS-51 相同的指令組與架構,並且使用相同的包裝方式,可以直接取代標準的 MCS-51。8xC51Fx (x = A、B 或 C)系列微控制器 MCS-52 的衍生微控制器,它具有程 8k/16k/32k 位元組的內部程式記憶器。8xC51Fx 主要應用在需要脈波寬度調變(pulse width modulation,PWM)、高速 I/O、上數/下數計數能力的系統中。

8xC51Fx 的重要特性如下:

- 8/16/32-kB Flash 記憶器
- 256-B 內部 RAM
- 四個 8 位元 I/O 埠
- 三個 16 位元定時器/計數器
- 一個可規劃計數器陣列(PCA)
- 一個具有加強功能的全多工串列埠
- 一個七個中斷來源及四個中斷優先權層次的中斷結構

- 兩個功率管理模式：閒置與電源關閉

9.4.3 8xC51GB

8xC51GB 為 Intel 公司，繼 8xC51FA 之後發展出來的加強版，它們具有與標準的 MCS-51 相同的指令組與架構。8xC51GB 系列微控制器的主要擴充特性為：

- 8-kB Flash 記憶器
- 256-B 內部 RAM
- 六個 8 位元 I/O 埠
- 三個 16 位元定時器/計數器
- 兩個可規劃計數器陣列(PCA)
- 一個可規劃監視定時器
- 一個 8 位元 8 通道 ADC
- 一個具有加強功能的全多工串列埠
- 一個串列擴充埠(serial expansion port，SEP)
- 一個 15 個中斷來源及四個中斷優先權層次的中斷結構
- 兩個功率管理模式：閒置與電源關閉

9.4.4 P89V51Rx2

P89V51Rx2(x = B, C, D)為一個具有 16 到 64 kB 內部 Flash 記憶器與 1024 B 資料 RAM 的 MCS-52 衍生微控制器。它可以操作在標準的 MCS-51 時脈頻率或是 x2 模式(每一個機器週期為 6 個時脈週期)，以在相同的系統時脈下達到兩倍的效能。Flash 記憶器支援並列與串列 ISP 模式。此外，P89V51Rx2 亦支援 IAP，因而允許 Flash 記憶器在應用程式執行時重新規劃程式記憶器。

P89V51Rx2 微控制器的主要特性為：

- 16/32/64-kB Flash 記憶器

- 256-B 內部 RAM 與 768-B 晶片上外部 RAM

- 四個 8 位元 I/O 埠

- 二個資料指示器暫存器

- 三個 16 位元定時器/計數器

- 一個可規劃計數器陣列(PCA)

- 一個可規劃監視定時器

- 一個 8 位元 8 通道 ADC

- 一個具有加強功能的全多工串列埠

- 一個 8 個中斷來源及四個中斷優先權層次的中斷結構

- 一個 SPI(serial peripheral interface)

- 具有電壓低落偵測(brownout detection)

- 兩個功率管理模式：閒置與電源關閉

　　P89V51Rx2 的一個重特性為其具有電壓低落偵測(brownout detection)。電壓低落意為電源電壓下降到一個不足的位準之下，而斷電(blackout)則指電源電壓完全消失一段時間。欲使一個微控制器能成功地解碼與執行一個指令，其電源電壓必須維持在一個由資料規格所規範的最小的電壓位準之上。當電源電壓低於此位準時，部分指令可能無法正確地執行，導致內部資料與控制信號產生無法預期的行為，因而可能促使微控制器內部暫存器、I/O 暫存器，與資料記憶器產生不完整的資料。為了防止此一現象，微控制器在電壓低落期間必須避免執行指令。

　　P89V51Rx2 的電壓低落偵測臨界值設定為 2.35 V。當 V_{CC} 電壓低於此值時，電壓低落偵測電路產生一個電壓低落中斷(brownout interrupt)，然而CPU 持續運行直到電源電壓下降到電壓低落偵測電壓 V_{BOD} 為止。V_{CC} 電壓必須維持在 V_{BOD} 之下至少四個系統時脈週期，電壓低落偵測電路才能產生反應。電壓低落偵測的預定動作為產生系統重置。

9.4.5 MPC82G516A

MPC82G516A 為一個可以操作在較低速度的 MCS-52 衍生微控制器，因此可以顯著地降低功率消耗。晶片上的 Flash 記憶器支援並列與串列 ISP 模式。除了標準的 MCS-52 特性外，MPC82G516A 微控制器加入了許多系統層次的功能。為了降低功率消耗，它使用一個 8 位元系統時脈除頻器，以降低系統時脈頻率。再者，晶片上除錯(on-chip debug，OCD)界面提供研發標的系統的能力，而無需藉助於線上模擬器(in-circuit emulator，ICE)的幫助。OCD界面支援許多ICE或是模擬板的動作，例如重置、執行、停止、步進、執行到游標位置，及斷點的設定。

MPC82G516A 微控制器的主要特性為：

- 64-kB Flash 記憶器
- 256-B 內部 RAM 與 1024-B 晶片上外部 RAM
- 五個 8 位元 I/O 埠
- 二個資料指示器暫存器
- 三個 16 位元定時器/計數器
- 一個六個模組的可規劃計數器陣列(PCA)
- 一個一次致能監視定時器
- 一個 10 位元 8 通道 ADC
- 一個 8 輸入的鍵盤中斷
- 一個具有加強功能的全多工串列埠
- 一個具有專用鮑速率產生器的第二個 UART
- 一個 SPI (master/slave mode)
- 一個 14 個中斷來源及四個中斷優先權層次的中斷結構
- 增加兩個外部中斷輸入：INT2 與 INT3
- 兩個功率管理模式：閒置與電源關閉
- 一個支援 ICE 的 OCD 界面

9.5　參考資料

1. Atmel, *AT89C51: 8-Bit Microcontroller with 4K Bytes Flash*, Data Sheet, 2001. (http://www.atmel.com)
2. Atmel, *AT89C52: 8-Bit Microcontroller with 8K Bytes Flash*, Data Sheet, 2001. (http://www.atmel.com)
3. Atmel Corporation, *AT89S51: 8-bit Microcontroller with 4K Bytes In-System Programmable Flash*, 2008. (http://www.atmel.com)
4. Atmel Corporation, *AT89S52: 8-bit Microcontroller with 8K Bytes In-System Programmable Flash*, 2008. (http://www.atmel.com)
5. Intel, *MCS-51 Microcontroller Family User's Manual*, Santa Clara, Intel Co., 1994. (http://developer.intel.com/design/mcs51/hsf_51.htm)
6. Intel, *8XC51GB: CHMOS Single-Chip 8-Bit Microcontroller*, Data Sheet, November, 1994.
7. Intel, *8XC51FX: CHMOS Single-Chip 8-Bit Microcontrollers*, Data Sheet, December, 1995.
8. Megawin, *MPC82G516A: 8-Bit Microcontroller*, Data Sheet, 2008.
9. NXP Semiconductors (Philip Corporation), *P89V51RB2/RC2/RD2: 8-bit 80C51 5-V low power 16/32/64 kB flash microcontroller with 1 kB RAM*, Data Sheet, 2009.

9.6　習題

9.1 MCS-51 的最大資料記憶器與程式記憶器的位址空間各為多少個位元組？

9.2 在 MCS-51 中，為何存取外部 RAM 時，必須使用指令 MOVX，而存取內部 RAM 時則不必？

9.3 在 MCS-51 中，為何外部程式記憶器與內部程式記憶器使用同一個位址空間？

9.4 在 MCS-51 中，為何外部與內部 RAM 各別使用一個位址空間？

9.5 在某些 MCS-51 衍生微控制器中，宣稱其外部 RAM 的位址空間可以高達 128k 位元組。試問在與 MCS-51 相容的前提下，有無可能？解釋其理由。

9.6 目前相當多的 MCS-51 衍生微控制器中，均設置一個監視定時器。試問監視定時器的主要功能為何？為何它這麼重要？

9.7 目前相當多的 MCS-51 衍生微控制器中，其系統操作頻率都是由 DC (0 Hz)到某一個最高頻率(例如 24 MHz、33 MHz 或是 40 MHz)。試由功率消耗與系統性能的觀點評論此一設計。

10 記憶器元件與應用

幾乎所有的微處理器均花費大量的時間與記憶器元件交換資料,因此本章討論各種常用的記憶器元件及其與微處理器的界接問題。此外,在一個數位系統中,將數個模組電路組合成一個系統時,若希望該系統能正常地工作,除了每一個模組的功能必須正確之外,這些模組之間彼此交換資訊時的時序(timing)關係也必須正確。因此,本章中除了探討各種位址解碼電路(address decoding circuit)的設計之外,也深入地考慮各種記憶器元件與 MCS-51 界接時,必須注意的時序問題。

在本章中,將依序討論記憶器類型、容量及位址擴展方法、位址解碼電路、SRAM、EPROM 及 EEPROM/快閃記憶器。

10.1 記憶器類型

在微處理器系統中,幾乎都會使用到兩種類型的記憶器:RAM (random access memory,隨意存取記憶器)與 ROM (read only memory,唯讀記憶器)。RAM 主要儲存暫時性的資料;ROM 則主要儲存永久性的資料,例如程式、常數或是表格。

10.1.1 記憶器類型

RAM 記憶器元件主要分成:SRAM (static RAM,靜態隨意存取記憶器)

與 DRAM (dynamic RAM，動態隨意存取記憶器)兩種；ROM 記憶器元件則分成：ROM、PROM (programmable ROM)、EPROM (erasable programmable ROM)、EEPROM (electrically erasable programmable ROM)、快閃記憶器 (Flash memory)等幾種。快閃記憶器其實為第二代的 EEPROM。

SRAM

SRAM 內部使用正反器電路儲存資料。由於正反器電路為一個雙穩態電路，只要加於該電路上的電源不中斷，即能持續地保持其資料的完整，因而稱為靜態 RAM。SRAM 一般使用在只需要數百 k 個位元組(例如 512 kB)以下的微處理器系統中；在需要數 M 位元組以上的微處理器系統中，則通常使用 DRAM，以降低整個系統的成本。

DRAM

DRAM內部使用電容器的電荷儲存特性保存資料。由於儲存的電荷，會由於半導體中的暗電流(dark current)之作用而隨著時間慢慢的消失，因而稱為動態 RAM。若希望能持續地保持其資料的完整，則必須在該電荷消失到某一個尚可以辨識的程度之前，再對電容器補充電荷，這一種動作稱為更新 (refresh)。藉著持續不斷地執行更新動作，DRAM 也可以如同 SRAM 一樣，使用在微處理器系統中，儲存大量的數位性資料。

目前微處理器系統中，RAM 系統的設計，通常可以採用 SRAM 或 DRAM。但是在大容量的 RAM 系統中通常以 DRAM 較為有利，因為：

1. 目前 DRAM 的密度(每一個晶片的位元數)約為 SRAM 的 4 倍。
2. 以每個位元的成本而言，DRAM 僅為 SRAM 的 4 分之 1。
3. DRAM 的消耗功率約僅為 SRAM 的 6 分之 1。

當然，DRAM 也有缺點：

1. 位址使用多工輸入的方式，因此需要較複雜的界面電路。
2. 需要更新控制電路保持內部資料的完整。

由於 DRAM 元件的大容量特性，及它必須持續地執行資料更新動作，才能確保其儲存的資料完整，DRAM 元件一般都使用在有極大記憶器容量 (數 GB 以上)需求的微處理器系統中，例如：個人電腦或是工作站。

唯讀記憶器

　　唯讀記憶器(read-only memory，ROM)也是微處理器記憶器系統中最重要的記憶器元件之一。它的結構如同一種記憶器矩陣，內容一經決定後即永久固定(記憶)，微處理器不能以任何方法加以改變。同時，ROM 也是非破壞性的記憶器，並且有隨意讀取的特性。因此，它們經常使用於字元產生、數碼翻譯、微處理器程式儲存、查表等多方面的應用。

　　市場需求決定產品的存在與否，加上半導體製造技術的快速發展，更快的、更大容量的、更有彈性的 ROM 裝置已經陸續地發展出來。目前 ROM 的類型大致上可以分成三大類型：

1. 罩網 ROM (mask ROM)：廠商依使用者需要的資料，設計其儲存單元，而於包裝後即不能改變。這種 ROM 均使用於大量生產的產品中以降低成本。

2. 可規劃 ROM (programmable ROM，PROM)：由使用者自行規劃，但是其內容一經規劃後，即永久固定，所以只能規劃一次。這一種 ROM 屬於 OTP (one time programmable)元件的一種。

3. 可清除可規劃 ROM(erasable PROM，EPROM)：此種 ROM 可以任意的規劃或清除其內容。依清除內容的方式又可以分成紫外光清除的 PROM (稱為 UV-EPROM)與電氣清除的 PROM (稱為 EEPROM, electrical erasable PROM)兩種。

　　電氣清除的 PROM (EEPROM)依其資料規劃與清除原理，又可以分成兩種：EEPROM 與快閃記憶器。與 UV-EPROM 比較之下，它們具有可以直接在系統上規劃(in-system programming)的能力，因此目前廣泛地使用在各種類型的數位系統中。EEPROM 與快閃記憶器可以在系統中隨意地寫入與讀取，但是由於寫入動作需要較長的時間，它們通常使用在不常寫入的應用中。正因為如此，EEPROM 與快閃記憶器也稱為多數讀取、偶而寫入記憶器 (read-most, write-infrequent memory) 或是主要讀取記憶器 (read-mostly memory)。

📖 複習問題

10.1. 在微處理器中，最常用的記憶器元件包括那兩種？

10.2. 試簡述兩種常用的 RAM 元件類型。

10.3. 試簡述在微處理器中最常用的 ROM 元件類型。

10.4. 簡單比較 SRAM 與 DRAM 在儲存資料方式上的基本差異。

10.5. 為何在大容量(幾 GB 以上)的應用需求時，以 DRAM 元件較適合？

10.6. 為何在使用 DRAM 元件時，必須定期的更新其資料？

10.7. 試簡述 DRAM 在實際應用上的基本缺點。

10.1.2 快閃記憶器

快閃記憶器已經廣泛地使用於各種實際的應用系統中，特別包括下列：

1. 雷射印表機中的字形卡：使用快閃記憶器時，使用者可以依據實際上的需要，下載字形到雷射印表機中，然後儲存於快閃記憶器內。

2. 故障碼(hazard code)：於汽車工業中，快閃記憶器可以儲存汽車的故障碼，方便修復時的判讀之用。

3. I/O 位址及中斷類型：在 PnP (plug and play)的 I/O 卡中，儲存該卡的 I/O 位址及中斷類型。

4. BIOS 程式：使用於 PC 系統的 BIOS 中，儲存開機程式或機器的組態設定。

5. 監督程式(monitor program)：在小型微算機系統中，儲存系統程式與資料。

6. 嵌入式系統(embedded system)：在大型、複雜的嵌入式系統中，快閃記憶器常當作固態硬碟(solid-state disk，SSD)，以儲存作業系統與系統資料。

快閃記憶器技術

基本上所有類型的 EPROM 元件都是使用浮動閘極(floating gate)的 nMOS (n-type metal-on-semiconductor)電晶體，它們最主要的區別在於絕緣材料(SiO_2)的厚度不同，因而產生相異的資料規劃與清除的電氣特性，如圖 10.1-1 所示。這裡所稱的浮動閘極係因為該閘極並未連接到外部電路而得名。絕緣材料的厚度在 FAMOS 電晶體約為 30 ~ 40 nm；EEPROM 電晶體約為 20 ~ 30 nm；快閃記憶器電晶體約為 10 nm ~ 20 nm。

圖10.1-1　基本記憶單元結構：(a) UV-EPROM (FAMOS 電晶體)；(b) EEPROM (FLOTOX 電晶體)；(c) 快閃記憶器(ETOX 電晶體)

三種 EPROM 的基本記憶單元結構都是使用浮動閘極 nMOS 電晶體的技術，每一個電晶體都由兩個閘極組成：控制閘極(control gate)與浮動閘極。控制閘極決定該記憶單元的選取與否；浮動閘極決定該記憶單元的資料儲存狀態：0 或 1。由於兩個閘極堆疊在一起，這一種記憶單元也稱為堆疊閘極記憶單元(stacked gate cell)。

浮動閘極 nMOS 電晶體的資料儲存原理如下：當浮動閘極事先儲存有電子時，nMOS 電晶體導通時的臨限電壓(threshold voltage)將因而增加，因此在正常的外加控制閘極的操作電壓值之下，該電晶體為截止狀態；當浮動閘極未儲存有電子時，nMOS 電晶體將以正常情況下的臨限電壓值導通，因此在正常的外加控制閘極的操作電壓之下，該電晶體為導通狀態。若設浮動閘極儲存有電子的狀態為資料 0，而未儲存有電子的狀態為資料 1，則浮動閘極 nMOS 電晶體即可以當作記憶單元，儲存數位資料。

圖 10.1-1 說明與比較三種不同的 EPROM 記憶單元的資料規劃與清除方式。在傳統式的 UV-EPROM 中,使用 FAMOS (floating-gate avalanche injection MOS)電晶體為基本的記憶器元件,資料的規劃是經由高電場造成的崩潰效應(avalanche effect)促使熱電子(高能量的電子)注入(hot-electron injection,HEI)發生,因而熱電子進入浮動閘極;資料的清除則是經由紫外光對浮動閘極照射,提供陷於其中的電子有足夠的能量,離開浮動閘極,穿透絕緣材料層,回到基質層(substrate)中。

在 EEPROM 中,使用 FLOTOX (floating-gate tunneling oxide)電晶體為基本的記憶器元件。由於靠近吸極端的絕緣材料層故意做的比較薄,如圖 10.1-1(b)所示,因此資料的規劃可以經由穿透效應(稱為 Fowler-Nordheim tunneling,FNT)達成;資料的清除也是由於加入高電場促使 FNT 發生而完成。

在快閃記憶器中,使用 EOX (extreme thin-oxide floating gate)電晶體為基本的記憶器元件。整個絕緣材料層均故意做的比較薄,如圖 10.1-1(c)所示,促使 HEI 發生(FNT 亦會發生),因而熱電子進入浮動閘極;資料的清除則是由 FNT 完成。總之,快閃記憶器綜合了 FAMOS 與 FLOTOX 電晶體的優點:即採取了 UV-EPROM 的資料規劃方式與記憶單元結構,但是使用較薄的絕緣材料層,因而可以使用 EEPROM 的資料清除方式。

📖 複習問題

10.8. 在 EEPROM/快閃記憶器中,控制閘極與浮動閘極各有何功能?

10.10. 試簡述三種 EPROM 製造技術的主要差異。

10.10. 試簡述浮動閘極 nMOS 電晶體的資料儲存原理。

10.11. 何謂堆疊閘極記憶單元?

10.12. 試簡述快閃記憶器相對於 EEPROM 的優點。

10.2 商用記憶器元件

雖然絕大部分的 MCS-51 應用系統並不需要外加的記憶器元件,但是為了提供一個完整的微算機系統的介紹及少數 MCS-51 應用系統的需要，本節中將介紹一些常用的記憶器元件：SRAM 元件(6264/62256)與快閃記憶器(28C256)。藉此，讀者也可以了解這些記憶器元件的特性與應用。

10.2.1 SRAM 元件

非同步 SRAM 元件(簡稱 RAM)依然廣泛地應用於低階與中階產品中。因此，在本節中，我們將介紹典型的 RAM 元件之基本特性與存取時序。

接腳功能

典型的 32-kB RAM 元件的方塊圖如圖 10.2-1 所示，其中記憶器基本元件排列成為一個 512×512 陣列。因此，列位址為 9 位元而行位址為 6 位元。除了列解碼器(row decoder)與行解碼器(column decoder)之外，另外有時序產生器(timing generator)與讀取/寫入控制(read/write control)電路。時序產生器產生該記憶器元件執行讀取與寫入動作時所需要的所有時序。讀取/寫入控制電路決定資料的流向以及啟動讀取或是寫入動作。

一般而言，在 SRAM 元件中，若只有一條讀取與寫入控制輸入線時，則標示為 $R / \overline{W}$ (read/write)。在該 SRAM 元件被選取(即其 $\overline{CE}$ 為低電位)時，當 $R / \overline{W} = 1$ 時，為讀取動作；當 $R / \overline{W} = 0$ 時，為寫入動作。若一個 SRAM 元件中，讀取與寫入控制信號各別使用一條輸入線時，則通常標示為 $\overline{OE}$ 與 $\overline{WE}$ (write enable，寫入致能)。在該 SRAM 元件被選取時，當 $\overline{OE}$ 為 0 時，為讀取動作；當 $\overline{WE} = 0$ 時，為寫入動作。當 $\overline{OE}$ 與 $\overline{WE}$ 皆為 1 時，沒有任何動作，該 SRAM 元件的資料輸出端為高阻抗狀態。

兩個典型而常用的標準 SRAM 元件為 6264 與 62256，其中 6264 為 $8k \times 8$ 的元件；62256 則為 $32k \times 8$ 的元件。這兩個元件的接腳圖如圖 10.2-2 所示。6264 具有兩條晶片選擇輸入線($\overline{CE1}$ 與 CE2)與各自的讀取與寫入控制輸入線：$\overline{OE}$ 與 $\overline{WE}$ ；62256 只具有一條晶片選擇輸入線($\overline{CE}$)與各自的讀取與寫入控制輸入線：$\overline{OE}$ 與 $\overline{WE}$ 。

圖10.2-1 典型的 32-kB RAM 元件的方塊圖

62256	6264				6264	62256
A14	NC	1		28	V_{CC}	V_{CC}
A12	A12	2		27	$\overline{WE}$	$\overline{WE}$
A7	A7	3		26	CE2	A13
A6	A6	4		25	A8	A8
A5	A5	5		24	A9	A9
A4	A4	6		23	A11	A11
A3	A3	7		22	$\overline{OE}$	$\overline{OE}$
A2	A2	8		21	A10	A10
A1	A1	9		20	$\overline{CE1}$	$\overline{CE}$
A0	A0	10		19	D7	D7
D0	D0	11		18	D6	D6
D1	D1	12		17	D5	D5
D2	D2	13		16	D4	D4
GND	GND	14		15	D3	D3

$\overline{WE}$	$\overline{CE}$	$\overline{OE}$	Mode	Dn
x	1	x	未選取	高阻抗
1	0	1	輸出抑制	高阻抗
1	0	0	讀取	資料輸出
0	0	1	寫入	資料輸入
0	0	0	寫入	資料輸入

圖10.2-2 典型的 SRAM 元件 (6264/62256)

讀取時序

　　欲自一個 RAM 元件中讀取資料時，位址、$\overline{CE}$、$\overline{OE}$、控制信號都必須依照圖 10.2-3 所示時序加於 RAM 元件中。當 $\overline{CE}$ 與 $\overline{OE}$ 均接於低電位時，成立的資料在下列三個條件均滿足之後，出現於資料輸出端：t_{AA}，t_{CE}，與 t_{OE}。換句話說，成立的資料出現在資料輸出端上的時間由 t_{AA}、t_{CE}、t_{OE} 等三個時間參數中，最慢滿足者來決定。

圖10.2-3　6264/62256 SRAM 讀取時序(6264 的 CE2 假設接於高電位或是與 $\overline{CE}$ 反相)

　　一般而言，SRAM 元件的資料存取時間有四種說法：

1. 位址存取時間(address access time，t_{AA})：由加入位址信號到 SRAM 元件的位址輸入端起算到成立(即穩定)的資料出現在資料輸出端(D)的時間；

2. $\overline{CE}$ 存取時間($\overline{CE}$ access time，t_{CE})：由 $\overline{CE}$ 脈波的負緣起算到成立(即穩定)的資料出現在資料輸出端(D)的時間；

3. $\overline{OE}$ 存取時間($\overline{OE}$ access time，t_{OE})：由 $\overline{OE}$ 脈波的負緣起算到成立(即穩定)的資料出現在資料輸出端(D)的時間。

4. 讀取週期時間(read cycle time，t_{RC})：為連續存取兩個隨意位址的資料，需要的最小時間間隔。

　　資料輸出端(D7 到 D0)在 $\overline{CE}$ 控制信號啟動後的 t_{CLZ} 及 $\overline{OE}$ 控制信號啟動後的 t_{OLZ} 時，開始啟動。在連續的讀取動作中，$\overline{CE}$ 與 $\overline{OE}$ 控制信號可以持續

地維持在啟動狀態,而只更動位址信號,在此情況下,資料輸出端的資料在位址改變時,依然會維持一段穩定的時間,稱為輸出資料持住時間(t_{OH})。在 $\overline{CE}$ 或是 $\overline{OE}$ 控制信號恢復為不啟動狀態(即為高電位)時,資料輸出端在經過 t_{CHZ} 或是 t_{OHZ} 後,恢復為高阻抗狀態。

典型的 SRAM 元件之讀取週期參數值如表 10.2-1 所示。對於大多數的 SRAM 元件而言,t_{AA} 與 t_{CE} 的數值相同,而 t_{OE} 一般均小於 t_{AA} 或是 t_{CE}。此外,讀取週期的時間通常與位址存取時間(t_{AA})或是 $\overline{CE}$ 存取時間(t_{CE})相同。因此為了能及早由記憶器中讀取資料,$\overline{CE}$ 控制信號必須儘早啟動,即必須仔細設計 $\overline{CE}$ 的解碼電路。

表10.2-1 6264/62256 SRAM 元件讀取時序的參數值

符號	參數	HM6264B-10L		MCM60L256A-C	
		最小值	最大值	最小值	最大值
t_{RC}	讀取週期時間	100 ns	-	100 ns	-
t_{AA}	位址存取時間	-	100 ns	-	100 ns
t_{CE}	$\overline{CE}$ 存取時間	-	100 ns	-	100 ns
t_{OE}	$\overline{OE}$ 存取時間	-	50 ns	-	50 ns
t_{CLZ}	由 $\overline{CE}$ 啟動到輸出不為高阻抗的時間	10 ns	-	10 ns	-
t_{OLZ}	由 $\overline{OE}$ 啟動到輸出不為高阻抗的時間	5 ns	-	5 ns	-
t_{OH}	由位址改變起算的輸出持住時間	10 ns	-	10 ns	-
t_{OHZ}	由 $\overline{OE}$ 不啟動到輸出為高阻抗的時間	0 ns	35 ns	0 ns	35 ns
t_{CHZ}	由 $\overline{CE}$ 不啟動到輸出為高阻抗的時間	0 ns	35 ns	0 ns	35 ns

寫入時序

一般而言,SRAM 元件的資料寫入動作的控制方式有兩種:$\overline{WE}$ 信號控制與 $\overline{CE}$ 信號控制等,如圖 10.2-4 所示。圖 10.2-4(a)所示時序為 6264/62256 SRAM 元件使用 $\overline{WE}$ 信號控制資料的寫入動作;圖 10.2-4(b)則為使用 $\overline{CE}$ 信號的控制方式。相關的時序參數值如表 10.2-2 所示。若仔細地觀察兩個圖中的時序,可以發現 6264/62256 SRAM 元件的寫入動作,其實是由 $\overline{CE}$ 或 $\overline{WE}$ 兩個信號中,較早結束的信號控制。

為了能夠正確地寫入資料於該 SRAM 元件中,送出的資料在時序上必須符合該 SRAM 元件時序圖上標示的數值,尤其是資料設定時間(data setup time，t_{DS})與資料持住時間(data hold time，t_{DH})。所謂的資料設定時間指在一個記憶器(閂閘或正反器)電路中，資料在被閘入(或稱鎖入)記憶器(閂閘或正反器)之前，必須保持在穩定值狀態的最小時間；資料持住時間指當一個資料在被閘入記憶器(閂閘或正反器)之後，必須持續地保持在其穩定值狀態的最小時間。由於在 SRAM 元件中，實際的資料寫入動作是發生在 $\overline{WE}$ ($\overline{CE}$) 控制信號的正緣，因此上述兩個時間限制的參考點為 $\overline{WE}$ ($\overline{CE}$)控制信號的正緣。

圖10.2-4　6264/62256 SRAM 元件寫入時序(6264 的 CE2 假設接於高電位或是與 $\overline{CE}$ 反相)：
(a) $\overline{WE}$ 控制方式；(b) $\overline{CE}$ 控制方式

在 $\overline{\text{WE}}$ ($\overline{\text{CE}}$)控制的寫入動作中，位址信號在 $\overline{\text{WE}}$ ($\overline{\text{CE}}$)控制信號啟動之前，必須已經穩定一段時間，稱為位址設定時間(t_{AS})；位址信號在 $\overline{\text{WE}}$ 控制信號恢復為不啟動之後，必須繼續穩定一段時間，稱為位址持住時間。在 SRAM 元件中的寫入恢復時間(t_{WR})，本質上即為位址持住時間。寫入資料在 $\overline{\text{WE}}$ ($\overline{\text{CE}}$)控制信號恢復為不啟動(即正緣)之前，必須已經穩定一段時間，稱為資料設定時間(t_{DS})；在 $\overline{\text{WE}}$ ($\overline{\text{CE}}$)控制信號恢復為不啟動之後，依然必須繼續穩定一段時間，稱為資料持住時間(t_{DH})。相關的時序參數值則列於表 10.2-2 中。

表10.2-2　6264/62256 SRAM 元件寫入時序的參數值

符號	參數	HM6264B-10L		MCM60L256A-C	
		最小值	最大值	最小值	最大值
t_{WC}	寫入週期時間	100 ns	-	100 ns	-
t_{AS}	位址設定時間	0 ns	-	0 ns	-
t_{AW}	位址成立到寫入週期結束的時間	80 ns	-	80 ns	-
t_{WP}	寫入脈波寬度	60 ns		60 ns	
t_{DS}	資料設定時間	40 ns	-	35 ns	-
t_{DH}	資料持住時間	0 ns	-	0 ns	-
t_{OHZ}	由 $\overline{\text{OE}}$ 不啟動到輸出為高阻抗的時間	0 ns	35 ns	0 ns	35 ns
t_{WHZ}	$\overline{\text{WE}}$ 啟動到輸出為高阻抗的時間	0 ns	35 ns	0 ns	25 ns
t_{OW}	$\overline{\text{WE}}$ 不啟動到輸出為不高阻抗的時間	5 ns	-	10 ns	-
t_{WR}	寫入恢復時間	0 ns	-	0 ns	-
t_{CW}	$\overline{\text{CE}}$ 啟動到寫入週期結束的時間	80 ns	-	80 ns	-

在 $\overline{\text{WE}}$ 控制的寫入動作中，若 $\overline{\text{OE}}$ 控制信號接於高電位，則在 $\overline{\text{OE}}$ 控制信號恢復為不啟動的 t_{OHZ} 時間後，資料輸出端進入高阻抗狀態；若 $\overline{\text{OE}}$ 控制信號接於低電位，則在 $\overline{\text{WE}}$ 控制信號啟動的 t_{WHZ} 時間後，資料輸出端進入高阻抗狀態，直到 $\overline{\text{WE}}$ 控制信號恢復為不啟動的 t_{OW} 時間後，資料輸出端才離開高阻抗狀態。在 $\overline{\text{CE}}$ 控制的寫入動作中，則資料輸出端維持在高阻抗狀態。

無論在 $\overline{\text{WE}}$ 或是 $\overline{\text{CE}}$ 控制的寫入動作中，$\overline{\text{WE}}$ 與 $\overline{\text{CE}}$ 控制信號都必須分別維持一段 t_{WP} 與 t_{CW} 的時間。此外，位址信號至少必須維持一段穩定的 t_{WC} 的時間，稱為寫入週期時間。

📖 複習問題

10.13. 定義 RAM 元件的資料設定時間與資料持住時間。

10.14. 在自 SRAM 元件讀取資料時，成立的資料在那三個條件均滿足後，才出現於資料輸出端？

10.15. 試定義位址存取時間、$\overline{CE}$ 存取時間、$\overline{OE}$ 存取時間。

10.16. SRAM 元件的資料寫入動作的控制方式有那兩種？

10.17. 在 $\overline{WE}$ 控制的寫入動作中，若 $\overline{OE}$ 控制信號接於低電位，則在什麼時候資料輸出端進入高阻抗狀態？

10.2.2　快閃記憶器(28C 系列)

隨著電子電路與 IC 製造技術的進步，目前大部分的商用快閃記憶器(或稱 EEPROM)的資料存取方式與 SRAM 元件已無差別，即它們與相同容量的 SRAM 元件有相同的接腳分佈，而且可以直接存取任何位元組的資料。或許快閃記憶器的主要缺點為其資料的規劃時間仍然相當長，遠大於 SRAM 元件的寫入週期。因此，快閃記憶器只使用於偶而需要寫入資料，但是大部分時間均當作唯讀記憶器的應用中。在本節中，我們將以 28C256 為例，介紹快閃記憶器元件之特性及其與 MCS-51 的界接使用。

資料讀取

典型的商用快閃記憶器元件的接腳分佈與 SRAM 元件相同，而且只使用單一電源。快閃記憶器 28C64 (8k × 8)、28C256 (32k × 8)、28C010 (128k × 8)與其它 28Cxxx 系列元件的接腳分佈如圖 10.2-5 所示。

快閃記憶器 28C256 的資料讀取方式，與 SRAM 元件相同。如圖 10.2-6所示，在讀取資料時，晶片選擇輸入信號($\overline{CE}$)與輸出致能($\overline{OE}$)控制信號都必須啟動(即為低電位)；當 $\overline{CE}$ 或是 $\overline{OE}$ 控制信號恢復為不啟動(即為高電位)時，讀取動作即告終止，此時資料匯流排為高阻抗狀態。

左側接腳表：

28x040	28x010	28x512	28x256	28x64
A18	NC	NC		
A16	A16	NC		
A15	A15	A15	A14	NC
A12	A12	A12	A12	A12
A7	A7	A7	A7	A7
A6	A6	A6	A6	A6
A5	A5	A5	A5	A5
A4	A4	A4	A4	A4
A3	A3	A3	A3	A3
A2	A2	A2	A2	A2
A1	A1	A1	A1	A1
A0	A0	A0	A0	A0
D0	D0	D0	D0	D0
D1	D1	D1	D1	D1
D2	D2	D2	D2	D2
GND	GND	GND	GND	GND

右側接腳表：

28x64	28x256	28x512	28x010	28x040
		V_{CC}	V_{CC}	V_{CC}
		$\overline{WE}$	$\overline{WE}$	$\overline{WE}$
V_{CC}	V_{CC}	NC	NC	A17
$\overline{WE}$	$\overline{WE}$	A14	A14	A14
NC	A13	A13	A13	A13
A8	A8	A8	A8	A8
A9	A9	A9	A9	A9
A11	A11	A11	A11	A11
$\overline{OE}$	$\overline{OE}$	$\overline{OE}$	$\overline{OE}$	$\overline{OE}$
A10	A10	A10	A10	A10
$\overline{CE1}$	$\overline{CE}$	$\overline{CE}$	$\overline{CE}$	$\overline{CE}$
D7	D7	D7	D7	D7
D6	D6	D6	D6	D6
D5	D5	D5	D5	D5
D4	D4	D4	D4	D4
D3	D3	D3	D3	D3

圖10.2-5　快閃記憶器(28 系列)元件接腳分佈圖

詳細的資料讀取時序如圖 10.2-6 所示；相關的時序參數值則列於表 10.2-3 中。成立的資料在下列三個條件均滿足之後，出現於資料輸出端：

1. 在成立的位址加到位址輸入端後的 t_{AA} 時間；
2. 在啟動 $\overline{CE}$ 脈波後的 t_{CE} 時間；
3. 在啟動 $\overline{OE}$ 脈波後的 t_{OE} 時間；

即成立的資料出現於資料輸出端上的時間由 t_{AA}、t_{CE}、t_{OE} 等三個時間參數中，最慢滿足者決定。對於大部分的記憶器元件而言，t_{AA} 的值均與 t_{CE} 相同，而 t_{OE} 的數值均小於 t_{AA} 或是 t_{CE}。因此為了能及早由記憶器中讀取資料，$\overline{CE}$ 控制信號必須儘早啟動，即必須仔細設計 $\overline{CE}$ 的解碼電路。

28C256 快閃記憶器元件的資料輸出端(D7 到 D0)在 $\overline{CE}$ 控制信號啟動後的 t_{LZ} 及 $\overline{OE}$ 控制信號啟動後的 t_{OLZ} 時，開始啟動。在連續的讀取動作中，$\overline{CE}$ 與 $\overline{OE}$ 控制信號可以持續維持在啟動狀態，而只更動位址信號，在此情況下，資料輸出端的資料在位址改變時，依然會維持一段穩定的時間，稱為輸出資料持住時間(t_{OH})。在 $\overline{CE}$ 或是 $\overline{OE}$ 控制信號恢復為不啟動狀態(即為高電位)時，資料輸出端在經過 t_{HZ} 或是 t_{OHZ} 後，恢復為高阻抗狀態。

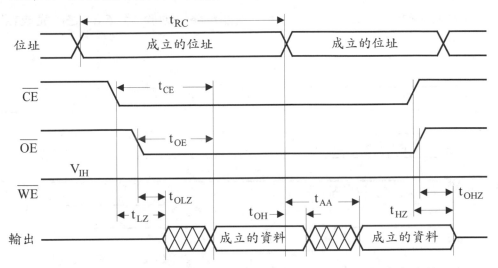

圖10.2-6　典型的快閃記憶器資料讀取時序圖(Xicor 公司，參考資料 5)

表10.2-3　28C256 的讀取時序參數值

符號	參數	X28HC256-70		X28HC256-90		X28HC256-12	
		最小值	最大值	最小值	最大值	最小值	最大值
t_{RC}	讀取週期時間	70 ns		90 ns		120 ns	
t_{AA}	位址存取時間		70 ns		90 ns		120 ns
t_{CE}	$\overline{CE}$ 存取時間		70 ns		90 ns		120 ns
t_{OE}	$\overline{OE}$ 存取時間		35 ns		40 ns		50 ns
t_{LZ}	$\overline{CE}$ 啟動到輸出啟動	0 ns		0 ns		0 ns	
t_{OLZ}	$\overline{OE}$ 啟動到輸出啟動	0 ns		0 ns		0 ns	
t_{HZ}	$\overline{CE}$ 不啟動到輸出為高阻抗		35 ns		40 ns		50 ns
t_{OHZ}	$\overline{OE}$ 不啟動到輸出為高阻抗		35 ns		40 ns		50 ns
t_{OH}	輸出資料持住時間	0 ns		0 ns		0 ns	

資料寫入

寫入資料於 28C256 元件時，$\overline{CE}$ 與 $\overline{WE}$ 都必須啟動，即接於低電位，而 $\overline{OE}$ 接於高電位。與一般的 SRAM 元件相同，28C256 元件也提供 $\overline{CE}$ 或是 $\overline{WE}$ 控制的寫入週期，即位址信號由最慢啟動的 $\overline{CE}$ 或是 $\overline{WE}$ 控制信號的負緣閘入內部位址門閂中，如圖 10.2-7(a)與(b)所示。寫入的資料則由最快恢復為不啟動狀態的 $\overline{CE}$ 或是 $\overline{WE}$ 控制信號的正緣閘入內部資料門閂中。由於寫

入動作必須歷經一個較 SRAM 元件為長的時間，在 28C256 元件中，一旦一
個位元組的寫入動作啟動之後，內部電路自動於 3 到 5 ms 之內完成相關的動
作。

(a)

(b)

圖10.2-7　28C256 快閃記憶器寫入時序：(a) $\overline{\text{WE}}$ 控制方式；(b) $\overline{\text{CE}}$ 控制方式

　　詳細的寫入動作時序如圖 10.2-7 所示；相關的時序參數值則列於表 10.2-4 中。在 $\overline{WE}$ ($\overline{CE}$)控制的寫入動作中，位址信號在 $\overline{WE}$ ($\overline{CE}$)控制信號啟動之前必須已經穩定一段時間，稱為位址設定時間(t_{AS})；位址信號在 $\overline{WE}$ ($\overline{CE}$)控制信號啟動之後，依然必須持續穩定一段時間，稱為位址持住時間(t_{AH})。寫入資料在 $\overline{WE}$ ($\overline{CE}$)控制信號恢復為不啟動之前，必須已經穩定一段時間，稱為資料設定時間(t_{DS})；寫入資料在 $\overline{WE}$ ($\overline{CE}$)控制信號恢復為不啟動之後，依然必須繼續穩定一段時間，稱為資料持住時間(t_{DH})。

表10.2-4　28C256 的寫入時序參數值

符號	參數	最小值	典型值	最大值
t_{WC}	寫入週期時間		3 ms	5 ms
t_{AS}	位址設定時間	0 ns		-
t_{AH}	位址持住時間	50 ns		-
t_{CS}	寫入設定時間	0 ns		-
t_{CH}	寫入持住時間	0 ns		-
t_{CW}	$\overline{CE}$ 脈波寬度	50 ns		-
t_{OES}	$\overline{OE}$ 不啟動設定時間	0 ns		-
t_{OEH}	$\overline{OE}$ 不啟動持住時間	0 ns		-
t_{WP}	$\overline{WE}$ 脈波寬度	50 ns		-
t_{WPH}	$\overline{WE}$ 脈波為高電位的時間	50 ns		-
t_{DV}	資料成立時間	-		1 μs
t_{DS}	資料設定時間	50 ns		-
t_{DH}	資料持住時間	0 ns		-
t_{DW}	輪呼為真值後到下一個寫入的延遲時間	10 ns		-
t_{BLC}	位元組載入時間	150 ns		100 μs

　　在 $\overline{WE}$ ($\overline{CE}$)控制的寫入動作中，在 $\overline{WE}$ ($\overline{CE}$)控制信號啟動之前，$\overline{CE}$ ($\overline{WE}$)控制信號必須已經啟動一段時間，稱為寫入設定時間(t_{CS})；在 $\overline{WE}$ ($\overline{CE}$)控制信號恢復為不啟動之後，$\overline{CE}$ ($\overline{WE}$)控制信號依然必須持續在啟動的狀態一段時間，稱為寫入持住時間(t_{CH})。

　　為了避免記憶器元件的輸出緩衝器在寫入動作中啟動，在 $\overline{WE}$ ($\overline{CE}$)控制的寫入動作中，在 $\overline{WE}$ ($\overline{CE}$)控制信號啟動的 t_{OES} 時間之前，$\overline{OE}$ 控制信號必須已經恢復為不啟動(高電位)狀態；在 $\overline{WE}$ ($\overline{CE}$)控制信號恢復為不啟動之後的 t_{OEH} 時間之內，$\overline{OE}$ 控制信號必須依然維持在不啟動(高電位)的狀態。

t_{OES} 與 t_{OEH} 分別稱為 $\overline{OE}$ 控制信號的不啟動設定與持住時間。

無論是 $\overline{WE}$ 或是 $\overline{CE}$ 控制的寫入動作中，在完成上述的寫入動作之後，快閃記憶器元件內部，以自我定時的方式，自動完成內部的資料規劃動作，這個動作需要的時間為一個 t_{WC} 的時間，在 28C256 中為 3 到 5 ms。

頁區寫入動作

由於在快閃記憶器元件中，每一個寫入動作的時間，均必須耗費一個 t_{WC} 的時間，約 3 到 5 ms。因此，所有快閃記憶器元件，均提供一個快速的資料寫入動作，稱為頁區寫入(page write)動作，以連續執行一個頁區的內部資料規劃動作。在頁區寫入動作中，外界電路可以連續寫入一個頁區(在 28C256 中為 128 位元組)的資料，然後才啟動內部資料規劃動作，因此可以節省相當多的時間。

28C256 的頁區寫入動作時序如圖 10.2-8 所示，與使用 $\overline{WE}$ 控制的單一位元組寫入動作相同，在 $\overline{WE}$ 控制信號的正緣時，鎖入資料於內部門閂之中，其次每一個連續的位元組必須在 t_{BLC} 時間(即 100 μs)內，寫入記憶器中，否則內部的資料規劃動作將啟動，完成實際的資料規劃動作。

圖10.2-8 28C256 快閃記憶器頁區寫入時序

寫入動作狀態位元

28C256 與其它快閃記憶器一樣,提供兩個寫入動作狀態位元,以指示目前內部規劃動作是否已經完成。這兩個位元分別為:D7 ($\overline{\text{DATA}}$ 輪呼)與 D6 (交互位元)。

在記憶器元件執行實際的內部規劃動作期間,任何試圖讀取最後一個寫入的資料位元組,將由位元 7 (D7)得到一個與寫入資料互為補數的位元值,例如寫入資料為 0xxxxxxx,讀取的資料為 1xxxxxxx,但是若實際的內部規劃動作已經完成,則讀取的資料為實際寫入的資料 0xxxxxxx。此種方法由於使用位元 7 (D7)的真值與其補數值,指示實際的內部規劃動作之完成與否,因此稱為 $\overline{\text{DATA}}$ 輪呼方法。

另外一種指示實際的內部規劃動作之完成與否的方法為使用位元 6 (D6)的值。當內部規劃動作尚未完成時,在連續的讀取動作中,位元 6 (D6)的值將交互改變;當內部規劃動作完成後,在連續的讀取動作中,位元 6 (D6)的值將不再交互改變。這種方法稱為交互位元(toggle bit)方法

資料保護

在快閃記憶器中,通常提供硬體與軟體兩種資料保護方法,以防止不經意的資料寫入動作。硬體資料的保護方法,通常由下列兩種方式完成:

1. 預設的 V_{CC} 電壓值偵測:當 V_{CC} 小於 3.5 V 時,所有寫入動作均禁止;
2. 寫入禁止:在電源開啟或是關閉時,若設定 $\overline{\text{OE}}$ 為低電位而 $\overline{\text{WE}}$ 為高電位,或是設定 $\overline{\text{OE}}$ 為低電位而 $\overline{\text{CE}}$ 為高電位時,則維持資料的完整。

軟體資料的保護方法為寫入一個特定的命令序列完成:

寫入資料 AAH 於位址 5555H,

寫入資料 55H 於位址 2AAAH,

寫入資料 A0H 於位址 5555H。

一旦進入軟體資料保護模式中,任何資料寫入動作均被禁止,包括電源的開啟或是關閉。欲解除軟體資料保護模式,必須寫入一個特定的命令序

列：

寫入資料 AAH 於位址 5555H，

寫入資料 55H 於位址 2AAAH，

寫入資料 80H 於位址 5555H，

寫入資料 AAH 於位址 5555H，

寫入資料 55H 於位址 2AAAH，

寫入資料 20H 於位址 5555H。

注意一旦上述命令序列一經啟動，必須持續完成，不能被中斷。

📖 複習問題

10.18. 為什麼快閃記憶器被稱為主要讀取記憶器？

10.19. 何謂頁區寫入動作？為什麼在快閃記憶器中通常使用頁區寫入而不是各別位元組的寫入？

10.20. 在快閃記憶器中，為何需要資料保護方法？

10.21. 試簡述軟體資料的保護方法。

10.22. 試簡述硬體資料的保護方法。

10.23. 快閃記憶器一般均提供那兩個寫入動作狀態位元，指示目前內部規劃動作是否已經完成？

10.3 記憶器容量與語句寬度的擴充

　　一般在設計微處理器系統中的記憶器模組時，常常會遇到的兩個問題是：

1. 使用單一個記憶器元件的容量往往不敷實際上的需要：

2. 使用單一個記憶器元件的語句寬度小於 CPU 的資料匯流排寬度。

這兩個問題可以分別使用記憶器的容量擴展(capacity expansion)方法與語句寬度擴展(word size expansion)方法解決。應該注意的是在 MCS-51 系統中，由於下列理由，上述問題並不會發生：一、MCS-51 的程式與資料記憶器位址空間各只有 64 kB；二、今日許多記憶器元件的容量均大於 64 kB。然而，瞭解這兩個一般性問題與其解決之道，對於設計一個微處理器系統，尤其是 32 或是 64 位元系統，相當有幫助。

10.3.1　容量擴展方法

基本上，記憶器元件的設計是屬於模組化的方式，每一個元件為一個基本的模組，不同的模組或是相同的模組均可以經由適當的組合，成為一個較大的模組。

實際上在設計系統時，至少基於下列兩項理由，必須將數個記憶器模組組合成為一個較大容量的模組：(1) 實際的系統通常必須使用各種不同功能的記憶器元件，例如：ROM 與 SRAM；(2) 受限於 VLSI 積集密度的因素，實際的記憶器元件之容量，通常遠小於 CPU 的位址空間。

容量擴展的主要目的是串接多個小容量的記憶器模組，成為一個具有相同語句寬度的大容量記憶器模組。例如在圖 10.3-1 中，每一個 ROM 元件都為 64 × 4，將 4 個 ROM 元件串接後成為一個 256 × 4 的 ROM 模組。串接的方法為將四個 ROM 元件的位址與資料匯流排皆並接在一起，而由 $\overline{CS}$ 控制線選取目前是讀取那一個 ROM 元件的資料，未被選取的 ROM 元件，其資料輸出端為高阻抗，所以不影響資料匯流排的動作。

圖10.3-1　記憶器容量擴充例

10.3.2　語句寬度擴展方法

　　語句寬度擴展的主要目的是並接多個窄語句寬度的記憶器模組，成為一個具有相同容量的寬語句寬度的記憶器模組。例如在圖 10.3-2 中，每一個 ROM 元件都為 64 × 4，將 2 個 ROM 元件並接後成為一個 64 × 8 的 ROM 模組。並接的方法為將兩個 ROM 元件的位址匯流排與 $\overline{\text{CS}}$ 控制線皆並接在一起，而資料匯流排分開。因此，兩個記憶器元件將同時被選取，而存取相同位址的語句，但是分別送往不同的匯流排上，即相當於一個具有 8 個位元寬度的記憶器模組。

圖10.3-2　記憶器語句寬度擴充例

10.3.3　容量與語句寬度同時擴展方法

　　在設計一個實際的系統時，常常遇到的一個問題是：為符合系統實際上的需求或是降低系統的硬體成本，往往必須同時做容量及語句寬度的擴充。此時可以結合上述兩種方法，例如在圖 10.3-3 中，每一個 ROM 元件都為 64 × 4，將 ROM 0 與 ROM 2(由 $\overline{\text{CS0}}$ 控制線選取)及 ROM 1 與 ROM 3(由 $\overline{\text{CS1}}$ 控制線選取)分別做語句寬度擴充為一個 64 × 8 的 ROM 模組後，兩個 64 × 8 的 ROM 模組再做容量擴充，成為一個 128 × 8 的 ROM 模組。

圖10.3-3 記憶器容量與語句寬度同時擴充例

📖複習問題

10.24. 定義容量擴展與語句寬度擴展兩個名詞。

10.25. 為何在實際應用上常常需要做記憶器的容量擴展？

10.26. 為何在實際應用上常常需要做記憶器的語句寬度擴展？

10.27. 在何種場合下，會同時考慮做記憶器的容量與語句寬度擴展？

10.4 記憶器位址解碼電路設計

記憶器位址解碼的目的在於定義記憶器或是 I/O 元件在微處理器(例如 MCS-51)的記憶器位址空間中的位置，使得該元件能對任何在該位址區內的存取動作回應。這裡所稱的元件為單一或是一組的記憶器、I/O 元件。在本節中，我們首先介紹位址解碼的一般原理，然後處理位址解碼器之設計。

10.4.1 記憶器位址解碼原理

系統設計的一個重要工作為對應一個記憶器或是 I/O 元件到 CPU 位址空間中的一個區域。在 MCS-51 中，程式與資料記憶器均各自擁有 64 kB 的位址空間。欲界接一個記憶器或是 I/O 元件到 MCS-51 時，必須由 CPU 位址空間分配一個區域予該記憶器或是 I/O 元件使用。

　　　記憶器位址解碼的基本設計原理有三種：部分位址解碼(partial address decoding)、完全位址解碼(total address decoding)與區段位址解碼(block address decoding)。

部分位址解碼

　　　在部分位址解碼中，只有部分位址信號參與位址解碼的動作，因而未能唯一的定義記憶器元件的實際位址。部分位址解碼電路最簡單，因此在執行上最便宜。其主要缺點為無法完全使用 CPU 的位址空間，同時造成日後記憶器系統擴充上的困難。下列例題說明如何使用部分位址解碼的方式，設計圖 10.3-1 的位址解碼電路。

例題10.4-1　(部分位址解碼)

　　　試以部分位址解碼的原理，設計一個位址解碼電路，產生圖 10.3-1 中需要的 $\overline{CS}$ 控制信號。假設可以使用的 CPU 位址空間為 1k 個 4 位元語句。

解： 由圖 10.2-1 可知，每一個 ROM 元件皆為 64 個 4 位元語句，欲指定每一個 4 位元語句，必須使用 A0～A5 等位址線，另外因為系統空間為 1k 個 4 位元語句，因此系統空間一共可以分成 16 個 64 個 4 位元語句的區域。採用部分位址解碼時，只需要由 A9～A6 的信號組合中，找出四個不相包含的位址區域即可，例如在表 10.4-1 中，共有 6 個可能的解碼位址可以使用。

　　　在使用部分位址解碼時，通常無法將四個 ROM 元件置於連續的位址區內。此外，也同時有多個位址選取相同的 ROM 元件，例如 $\overline{CS1}$ = A9 + $\overline{A7}$，只要 A9 = $\overline{A7}$ = 0 的位址皆致能 $\overline{CS1}$ 而選取 ROM 1。因此一共有 2、3、6 與 7 等四個位址區，同時映至這一個 ROM 元件。$\overline{CS0}$ = A9 + A6，所以也有 0、2、4 與 6 等四個位址區同時映至這一個 ROM 元件。比較 $\overline{CS0}$ 與 $\overline{CS1}$，可以得知：2 與 6 兩個位址區，同時啟動 $\overline{CS0}$ 與 $\overline{CS1}$。但是若如表 10.4-1 所示方式，$\overline{CS0}$ 使用位址區 0；$\overline{CS1}$ 使用位址區 3，則可以分開兩個 ROM 元件的位址區，不會有一個位址區，同時映至兩個 ROM 元件的情形。$\overline{CS2}$ 與 $\overline{CS3}$ 情形也相同。

表10.4-1　例題 10.4-1 解碼電路

A9	A8	A7	A6	十六進制	控制信號
0	0	0	0	0	$\overline{\text{CS0}}$　$= A9 + A6$
0	0	1	1	3	$\overline{\text{CS1}}$　$= A9 + \overline{A7}$
0	1	0	1	5	$\overline{\text{CS2}}$　$= A9 + \overline{A8}$
1	0	1	1	B	$\overline{\text{CS3}}$　$= \overline{A9} + A8$
1	1	0	1	D	$\overline{A9} + A7$
1	1	1	0	E	$\overline{A9} + A6$

完全位址解碼

在完全位址解碼中,每一個元件或裝置皆擁有唯一的位址區。為了能夠從整個 CPU 位址空間中,唯一的指定元件或裝置的位址(區),完全位址解碼方式需要較多的解碼電路。下列例題說明如何使用完全位址解碼的方式,設計圖 10.3-1 的位址解碼電路。

例題10.4-2　(完全位址解碼)

試以完全位址解碼的原理,設計一個位址解碼電路,產生圖 10.3-1 中,需要的 $\overline{\text{CS}}$ 控制信號。假設可以使用的 CPU 位址空間為 1k 個 4 位元語句。

解:利用完全位址解碼時,若 CPU 位址空間仍為 1k 個 4 位元語句,則直接將 A9~A6 解碼,產生 16 條 $\overline{\text{CS}}$ 控制線,然後依據實際情形,ROM 元件應置於那一個位址區內,選取對應的 $\overline{\text{CS}}$。若系統中並不需要產生 16 條 $\overline{\text{CS}}$ 控制線,例如只需要 4 條即可,則可以如圖 10.4-1 所示方式,將 CPU 位址空間中的前半段加以解碼即可。注意在完全解碼中,ROM 0 ~ ROM 3 可置於連續的位址區,或不連續的位址區,由 $\overline{\text{CS}}$ 與解碼器輸出的連接方式決定。

區段位址解碼

區段位址解碼為部分位址解碼與完全位址解碼兩種方式的折衷。在這種方式中,將 CPU 位址空間分成以區段位址為單位的集合,然後使用完全位址解碼方式解出區段位址區。若有需要,區段位址可以再細分為更小的區段位址區。

圖10.4-1 例題 10.4-2 解碼電路：(a)記憶器位址對應圖；(b)位址解碼器

在大型系統設計中，區段位址解碼幾乎是唯一可以使用的基本設計方法，因為在這類型系統中，其 CPU 位址空間必須珍惜使用，才能滿足各類型的元件或 I/O 裝置的界面電路，需要的位址區之需求。下列例題使用區段位址解碼的方式，設計圖 10.3-1 的位址解碼電路。

例題10.4-3 (區段位址解碼)

試以區段位址解碼原理，設計一個位址解碼電路，產生圖 10.3-1 中，需要的 $\overline{CS}$ 控制信號。假設可以使用的 CPU 位址空間為 4k 個 4 位元語句。

解： 由於 CPU 位址空間為 4k 個 4 位元語句，因此先使用區段位址解碼方式，劃分 CPU 位址空間為 8 個 512 個 4 位元語句的區段，然後使用完全位址解碼方式，由其中一個區段中，解出各個 ROM 元件需要的 $\overline{CS}$ 信號。圖 10.4-2 所示的第一個 74LS138 將 A11 ～ A9 解碼，產生 8 條 $\overline{CS}$ 控制線，相當於 8 個 512 個 4 位元語句的區段；第二個 74LS138 則由第一個區段(位址區為 0000O ～ 0777O)中，再由 A8 ～ A6 解碼，產生 8 條 $\overline{CS}$ 控制線，相當於 8 個 64 個 4 位元語句的區段，其中前面四條 $\overline{CS}$ 控制線，分別用以致能圖 10.3-1 中的四個 ROM 元件。

📖複習問題

10.28. 記憶器位址解碼的目的為何？

10.29. 位址解碼的三種基本原理為何？

10.30. 試簡述部分位址解碼的原理。

圖10.4-2　例題 10.4-3 解碼電路

10.31. 試簡述完全位址解碼的原理。

10.32. 試簡述區段位址解碼的原理。

10.4.2 位址解碼電路設計

位址解碼電路的設計方法一般可以分成下列數種：隨機邏輯(固定)位址解碼器、開關選擇位址解碼器、PROM 位址解碼器與 PAL 位址解碼器。常用來設計位址解碼電路的元件則有 NAND 閘(74xx30)、解碼器(74xx138/ 139)、比較器(74xx85、74xx684/685)、PROM 或 PAL(16L8)。

隨機邏輯位址解碼器

固定位址解碼電路為最簡單的一種，它直接將選定的位址使用解碼電路解碼。這種方式的缺點為解碼電路設計完成後，其位址即告確定，若希望更改解碼位址時，必須重新設計位址解碼電路；其優點則為電路簡單而價格便宜，所以在不需要更改解碼位址的電路中，通常使用此種方式。一般可以執行此種解碼電路的元件有 NAND 閘(74xx30)與解碼器(74xx138/139)等。下列分別列舉一例。

例題10.4-4 (使用 NAND 閘設計解碼電路)

假設在 MCS-51 系統中，欲使一個 8k 位元組的 SRAM 元件(例如 6264)佔用 CPU 位址空間的最前面 8k 位元組，試使用 NAND 閘設計其位址解碼器電路。

解：MCS-51 的位址信號為：A15 A14 A13 A12 ～ A0，其中 A15 ～ A13 均為 0 而 A12 ～ A0 直接接於 SRAM 元件中

所以

$$\overline{CS} = A15 + A14 + A13$$
$$= \overline{\overline{A15} \cdot \overline{A14} \cdot \overline{A13}}$$

其邏輯電路如圖 10.4-3 所示。

圖10.4-3 例題 10.4-4 位址解碼電路

例題10.4-5 (使用解碼器元件)

假設在 MCS-51 系統中，希望以 8k 位元組為單位，分割外部 RAM 的位址空間為 8 個區塊，試使用一個 3 對 8 解碼器(74LS138)，設計需要的位址解碼電路。

解：由於 74LS138 的 Yi 函數為：

$$Yi = G1 \cdot \overline{G2A} \cdot \overline{G2B} \cdot (CBA)_2$$

因此若分別連接位址線 A13 ～ A15 於 SN74LS138 的輸入端 A ～ C，$\overline{G2A}$ 與 $\overline{G2B}$ 連接於 0 V，而 G1 連接於+5 V，則 Y0 ～ Y7 對應的位址區，分別如表 10.4-2 所示。結果的電路如圖 10.4-4 所示。

表10.4-2　例題 10.4-5 的位址區分布

G1	$\overline{G2A}$	$\overline{G2B}$	C(A15)	B(A14)	A(A13)	位址區
1	0	0	0	0	0	0000H ~ 1FFFH
1	0	0	0	0	1	2000H ~ 3FFFH
1	0	0	0	1	0	4000H ~ 5FFFH
1	0	0	0	1	1	6000H ~ 7FFFH
1	0	0	1	0	0	8000H ~ 9FFFH
1	0	0	1	0	1	A000H ~ BFFFH
1	0	0	1	1	0	C000H ~ DFFFH
1	0	0	1	1	1	E000H ~ FFFFH

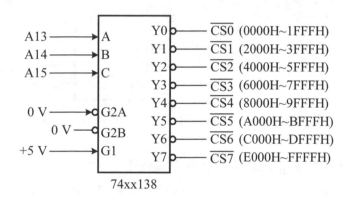

圖10.4-4　例題 10.4-5 的位址解碼電路

開關選擇位址解碼

開關選擇位址解碼方式是以一組關關(通常為 DIP 開關)設定欲解碼的位址區,在這種電路中,通常包括一個比較器,比較位址輸入值與開關設定值。若相等,則比較器產生致能的信號輸出;否則,不產生致能的信號輸出。

常用的關關選擇位址解碼例為設定系統中記憶器區的位置,如圖 10.4-5 所示。假設每一個記憶器區為 4k 位元組,則經由 DIP 開關的設定,此記憶器區可以置於 CPU 位址空間中的任何一個 4k 位元組的連續區段中(假設 CPU 位址空間為 64k 位元組)。

開關選擇位址解碼方式的優點為具有彈性,其解碼位址可以由開關的設定更改,缺點則是需要較多的硬體電路,因而成本也較高。

圖10.4-5　開關選擇 4k 位元組記憶器區段位址解碼電路

例題10.4-6　(開關選擇位址解碼電路)

假設在某一個系統中,其64k位元組的記憶器空間分割為16個區段,每一個區段為 4k 位元組,若希望每一個區段的記憶器能任意地使用任何區段的位址區,則其位址解碼電路應如何設計?

解: 如圖 10.4-5 所示,使用一個4位元大小比較器(74LS85),其中一組輸入(A0 ~ A3)接於 4 個指撥開關;另一組輸入(B0 ~ B3)則接於位址線(A12 ~ A15)。經由指撥開關值的設定,即可以對應一個 4k 位元組的記憶器到任何一個 4k 位元組的記憶器空間中。例如:當 A0 A1 A2 A3 = 1001 時,若 A12 A13 A14 A15 = 1001,則 $\overline{CE}$ = 0,選取該記憶器;否則 $\overline{CE}$ = 1,該記憶器不被選取。在這種情況下,該記憶器被對應到區段 9(1001)的位址空間中。

PROM 位址解碼

另外一種常用的位址解碼方式為利用 PROM 元件(EPROM/EEPROM 等元件也屬於此類型,但是具有較長的存取時間)。PROM 位址解碼原理主要是利用 PROM 的結構:內部是由一個 AND 陣列與一個可規劃的 OR 陣列組成。對於一個 512×8 的 PROM 元件而言，其 AND 陣列可以產生輸入位址信號的所有 512 個最小項，而 OR 陣列則由 8 個 OR 閘組成，每一個 OR 閘均具有 512 個輸入端，分別由一個可規劃元件(熔絲或是 EPROM/EEPROM 電晶體)，連接到 AND 陣列的所有最小項的輸出端。經由適當的規劃這些可規劃元件，最後的 OR 閘將只有連接到需要的最小項上，因而能夠執行需要的交換函數。

　　一般的 PROM 均有八個輸出線，因此可以產生八個解碼位址輸出，只需要適當的規劃 PROM 內容，即可以產生需要的解碼位址信號。下列例題說明如何利用 PROM 元件，設計位址解碼電路。

例題10.4-7　(PROM 位址解碼電路)

　　使用圖 10.4-6 所示的 512×8 的 PROM，設計一個位址解碼電路，產生四個記憶器選擇信號，每一個記憶器為 4k 位元組，四個記憶器所佔用的位址空間分別為：0000H ~ 0FFFH；C000H ~ CFFFH；D000H ~ DFFFH；F000H ~ FFFFH。

解：依據題意，得到表 10.4-3 所示的真值表，其對應的 PROM 元件的硬體接線如圖 10.4-6 所示。

表10.4-3　例題 10.4-7 的 PROM 真值表

PROM 輸入				PROM 輸出				位址區域
A15	A14	A13	A12	O3	O2	O1	O0	
0	0	0	0	1	1	1	0	0000H ~ 0FFFH
1	1	0	0	1	1	0	1	C000H ~ CFFFH
1	1	0	1	1	0	1	1	D000H ~ DFFFH
1	1	1	1	0	1	1	1	F000H ~ FFFFH
其它組合				1	1	1	1	未用

圖10.4-6　PROM 位址解碼電路設計例

PAL 位址解碼

PAL(programmable array logic)為另外一種常用的邏輯元件，為一個兩層的 AND-OR 或 AND-NOR 結構，因此可以執行任何交換表式，輸出端也可以經由規劃而設定為真值輸出或補數輸出。

PAL 中最常當作位址解碼電路的元件為 16L8，它最多可以有 16 個輸入端與兩個輸出端；或是最多可以有 8 個輸出端與 10 個輸入端。除了接腳為 12 與 19 的輸出端外，其它輸出端(共有 6 個)也都可以當作輸入端使用。

例題10.4-8　(PAL 位址解碼電路)

使用 PAL 16L8 重新設計例題 10.4-7 的位址解碼電路。

解：PAL 16L8 的硬體電路如圖 10.4-7 所示。其 ABEL 程式如程式 10.4-1 所示。

程式 10.4-1　例題 10.4-7 的位址解碼電路

```
module Ex1048 " example 10.4-8 address decoder.
title 'Example 10.4-8 address decoder.
M. B. Lin, ET NTUST'
Ex1048 device 'P16L8';
@ALTERNATE "Use another set of Boolean operators.
```

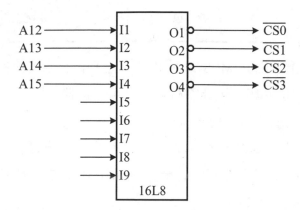

圖10.4-7　PAL 16L8 位址解碼電路例

```
declarations
" Input pins assignement
A12,A13,A14,A15                    PIN 1,2,3,4

" Output pins assignment
/CS0,/CS1,/CS2,/CS3               PIN 12,13,14,15;
equations
   /CS0 =  /A15*/A14*/A13*/A12;
   /CS1 =  A15*/A14*/A13*/A12;
   /CS2 =  A15*A14*/A13*A12;
   /CS3 =  A15*A14*A13*A12;
end Ex1048
```

有關 PAL 元件與 ABEL 語言的詳細討論，請參閱[7]與[8]。

📖 複習問題

10.34. 位址解碼電路的實現方法一般可以分成那幾種？

10.35. 常用來設計位址解碼電路的元件有那些？

10.36. 試簡述隨機邏輯位址解碼電路的優缺點。

10.37. 試簡述開關位址解碼電路的優缺點。

10.38. 試簡述 PROM 位址解碼電路的優缺點。

10.39. 試簡述 PAL 位址解碼電路的優缺點。

10.40. 試簡述 PAL 與 PROM 兩個元件的內部邏輯結構的異同。

10.5 MCS-51 與記憶器界接

　　基本上，由於 MCS-51 提供獨立的資料記憶器與程式記憶器位址空間，各為 64k 位元組，因此系統設計者可以依據實際上的需要，選取適當的組合。常用的組合有下列幾種：

1. 內部程式記憶器與內部 RAM：使用在大部分需要小容量的資料記憶器之系統中。程式記憶器的容量依選用的 MCS-51 元件不同而不同，由 8k 到 64k 位元組不等。

2. 內部程式記憶器與外部 RAM：使用在大部分需要大容量的資料記憶器之系統中。程式記憶器的容量依選用的 MCS-51 元件不同而不同，由 8k 到 64k 位元組不等；外部 RAM 的容量最多為 64k 位元組。

3. 外部程式記憶器與外部 RAM：通常使用在發展系統中，外部的程式記憶器通常使用 EEPROM 或是快閃記憶器，但是有時候也使用 SRAM 元件，以方便程式的下載與測試。外部 RAM 與程式記憶器的容量，最多各為 64k 位元組。

4. 內部程式記憶器與外部 RAM 及外部程式記憶器：通常使用在發展系統中，內部的程式記憶器儲存監督程式，而外部的程式記憶器儲存應用程式。外部 RAM 與程式記憶器可以合併成一個 SRAM 元件。

10.5.1 外部 RAM

　　典型的 MCS-51 與 SRAM 元件(6264)的界接方式如圖 10.5-1 所示，由於 MCS-51 的低序位元組位址與資料匯流排，是由 I/O 埠 0 以多工的方式依序輸出，因此必須使用一個 8 位元的門閂電路(74LS373)，藉著 ALE 控制信號鎖住低序位元組的位址，以備其次之用。74LS138 (74F138)由位址線 A15 ～ A13 等信號，產生 6264 元件需要的 $\overline{CE1}$ 信號。由於 A15 ～ A13 依序接於 C ～ A 等輸入端，因此 74LS138 依序解出 8 個 8 k 位元組的位址區段，其中的 0000H ～ 1FFFH 區段指定予 6264 元件。

圖10.5-1　MCS-51 與 6264 元件界接

　　6264 元件的另一個晶片致能控制信號(CE2)直接接往 V_{CC}；MCS-51 的 $\overline{RD}$ 信號線接於 6264 元件的 $\overline{OE}$ 控制信號輸入端，因為只當讀取資料時，才需要打開記憶器元件輸出端的三態緩衝器；$\overline{WR}$ 則接於記憶器元件的 $\overline{WE}$ 控制信號輸入端，以致能記憶器元件的資料寫入電路的動作。

讀取週期

　　在讀取週期中，由於 $\overline{WR}$ 信號均保持在高電位，記憶器元件的 $\overline{WE}$ 輸入端為高電位，但是此時 $\overline{OE}$ 輸入端由於 $\overline{RD}$ 信號的加入而為低電位，所以若其 $\overline{CE1}$ 輸入端也為低電位，則該記憶器元件被致能，而輸出由位址線定址的記憶器位元組資料於資料匯流排上。

　　欲使 SRAM 元件能夠正確地工作，除了上述信號必須正確產生之外，

SRAM 元件與 MCS-51 之間資料存取的時序關係，也必須滿足它們各自的時序需求。如第 10.4.1 節所述，在自 6264 元件讀取資料時，成立的資料在下列三個條件均滿足之後，出現於資料輸出端：(1) 在成立的位址信號加於位址輸入端的 t_{AA} 時間之後；(2) 在 $\overline{CE1}$ 信號為低電位的 t_{AC} 時間之後；(3) 在 $\overline{OE}$ 信號為低電位的 t_{OE} 時間之後。因此，若希望能正確的自 6264 元件中讀取資料，並且閘入 MCS-51 內，則下列的時序限制必須滿足：

1. 位址門閂(74LS373 元件)的時序限制：74LS373 元件相對於 G 控制信號的資料設定時間與資料持住時間分別為 5 ns 與 20 ns；信號傳播延遲最大值為 30 ns。由圖 9.1-8 及表 9.1-5 得，成立的位址信號 A7 到 A0 在 ALE 控制信號為低電位之前與之後，均各別穩定一個 t_{AVLL} 與 t_{LLAX} 的時間，其最小值分別為 43 ns 與 48 ns，因此此項時序限制可以滿足。

2. t_{AC} 的時序考慮：由圖 9.1-8 及表 9.1-5 得知：在 ALE 控制信號降為低電位之前的 t_{AVLL} 時間，送出位址信號，此位址信號 A15 到 A13 經過 74LS138 位址解碼器解碼之後，產生記憶器元件的 $\overline{CE1}$ 控制信號。因此，記憶器元件必須在 t_{AVDV} 時間內，備妥一個穩定的資料在資料匯流排上，即：

   t_{AD}(74LS138，41 ns) $+t_{CE}$ (最大值為 100 ns) $\leq t_{AVDV}$ (585 ns)

   因此此項時序限制可以滿足。

3. t_{OE} 的時序考慮：在 $\overline{RD}$ 控制信號(為 6264 元件的 $\overline{OE}$ 信號)啟動後，記憶器元件必須在 t_{RLDV} 時間內，備妥一個穩定的資料在資料匯流排上，即：

   t_{OE} (最大值為 50 ns) $\leq t_{RLDV}$ (最大值為 252 ns)

   因此此項時序限制可以滿足。

4. t_{AA} 的時序考慮：在位址信號成立後，記憶器元件必須在 t_{AVDV} 時間內，備妥一個穩定的資料在資料匯流排上，即：

   t_{AL} (74LS373，30 ns) $+t_{AA}$ (100 ns) $\leq t_{AVDV}$ (585 ns)

   因此此項時序限制可以滿足。

5. $\overline{RD}$ 為高電位(即不啟動)後的資料持住時間(t_{RHDX})限制：在 $\overline{RD}$ 信號恢復為高電位後，記憶器元件必須持續維持其穩定的資料一段 t_{RHDX} 的時間。因

為 t_{RHDX} 的最小值為 0 ns，而記憶器元件的 t_{OHZ} 的最小值也為 0 ns，因此此項時序限制可以滿足。

6. $\overline{RD}$ 為高電位(即不啟動)後到資料匯流排浮接(t_{RHDZ})限制：在 $\overline{RD}$ 信號恢復為高電位後，MCS-51 與記憶器元件的資料匯流排仍然分別維持其資料一段 t_{RHDX} 與 t_{OHZ} 的時間，再轉變為浮接狀態。因為 t_{RHDX} 的最大值為 97 ns 大於 6264 元件的 t_{OHZ} 的最大值 35 ns，因此此項時序限制可以滿足。

寫入週期

在寫入週期中，由於 $\overline{RD}$ 信號均保持在高電位，記憶器元件的 $\overline{OE}$ 輸入端為高電位，因此其輸出緩衝器處於關閉狀態，但是此時 $\overline{WE}$ 輸入端由於 $\overline{WR}$ 信號的加入而為低電位，所以若其 $\overline{CE}$ 輸入端也為低電位，則該記憶器元件的寫入電路被致能，而寫入資料匯流排上的資料於由位址線指定的記憶器元件位置中。

若希望 MCS-51 能正確的寫入資料於記憶器元件(6264)中，則下列記憶器元件的時序限制必須滿足(比較圖 9.1-9 與圖 10.2-4(a)並參考表 9.1-6 及表 10.2-2)：

1. 寫入週期時間(t_{WC})：由圖 9.1-9 得知，寫入週期時間 t_{WC} 為下列時間的總合：

$$t_{WC} = t_{LHLL} + t_{LLWL} + t_{WLWH} + t_{WHLH}$$
$$= 127 + 200 + 400 + 43 = 770 \text{ ns} > 100 \text{ ns (SRAM 元件)}$$

因此此項時序限制可以滿足。

2. $\overline{CE}$ 啟動到寫入週期結束的時間(t_{CW})：由圖 9.1-9 及 10.2-4(a)可得：

$$t_{CW} = t_{AVWL} + t_{WLWH} - t_{AD} \text{ (74LS138)}$$
$$= 203 + 400 - 41 = 562 > 80 \text{ ns (SRAM 元件)}$$

因此此項時序限制可以滿足。

3. 位址設定時間(t_{AS})：在輸入位址信號於記憶器元件後，到 $\overline{WE}$ 控制信號啟動為止的時間，即：

$$t_{AS} = t_{AVWL} (最小值) - t_{AL} (74LS373)$$
$$= 203 - 30 = 173 \ ns > 0 \ ns \ (SRAM \ 元件)$$

因此此項時序限制可以滿足。

4. 寫入脈波寬度(t_{WP})：由表 9.1-6 可以得知：寫入脈波寬度 t_{WLWH} 為 400 ns，大於記憶器元件需要的 t_{WP} (60 ns)，因此此項時序限制可以滿足。

5. 位址成立到寫入週期結束的時間(t_{AW})：在輸入位址信號於記憶器元件 (6264)後，到 $\overline{WE}$ 控制信號恢復為不啟動的時間，即：
$$t_{AW} = t_{AVWL} + t_{WLWH} - t_{AL} (74LS373)$$
$$= 203 + 400 - 30 = 573 ns > 80 \ ns \ (SRAM \ 元件)$$
因此此項時序限制可以滿足。

6. 資料設定時間(t_{DS})：由表 9.1-6 可以得知：成立的資料到 $\overline{WR}$ 為高電位的時間 t_{QVWH} 的最小值為 433 ns，大於記憶器元件需要的 t_{DS} (40 ns)，因此此項時序限制可以滿足。

7. 資料持住時間(t_{DH})：由表 9.1-6 可以得知：在 $\overline{WR}$ 為高電位後的資料持住時間 t_{WHQX} 的最小值為 33 ns，大於記憶器元件需要的 t_{DH} (0 ns)，因此此項時序限制可以滿足。

8. 寫入恢復時間(t_{WR})：由圖 9.1-9 及 10.2-4(a)可得：
$$t_{WR} = t_{WHLH} = 43 \ ns > 0 \ ns \ (SRAM \ 元件)$$
因此此項時序限制可以滿足。

10.5.2 外部程式記憶器

典型的 MCS-51 與 28C256 元件的界接方式如圖 10.5-2 所示，由於 MCS-51 的低序位元組位址與資料匯流排，是由 I/O 埠 0 以多工的方式依序輸出，因此必須使用一個 8 位元的門閂電路(74LS373)，藉著 ALE 控制信號鎖住低序位元組位址，以備其次之用。

28C256 元件的晶片致能控制信號 $\overline{CE}$ 直接接往 A15，因此使用最前面 32k 位元組的位址區段：0000H ~ 7FFFH。MCS-51 的 $\overline{PSEN}$ 控制信號直接接於 28C256 元件的 $\overline{OE}$ 輸入端，以打開記憶器元件輸出端的三態緩衝器，讀取該元件的資料；28C256 元件的 $\overline{WE}$ 輸入端，則直接接於 V_{CC} 以防止資料寫入記憶器元件中。

圖10.5-2　MCS-51 與 28C256 元件的界接

讀取週期

　　在讀取週期中，記憶器元件的 $\overline{OE}$ 輸入端，由於 $\overline{PSEN}$ 信號的加入而為低電位，所以若其 $\overline{CE}$ 輸入端也為低電位，則該記憶器元件被致能，而輸出由位址線指定的記憶器位元組資料於資料匯流排上。

　　如第 10.2.2 節所述，在自 28C256 元件讀取資料時，成立的資料在下列三個條件均滿足之後，出現於資料輸出端：(1) 在成立的位址信號加於位址

輸入端的 t_{AA} 時間之後；(2) 在 $\overline{CE}$ 信號為低電位的 t_{CE} 時間之後；(3) 在 $\overline{OE}$ 信號為低電位的 t_{OE} 時間之後。因此，若希望能正確的自 28C256 元件中讀取資料，並且閘入 MCS-51 內，則下列的時序限制必須滿足(以 28C256-12 元件為例)：

1. 位址門閂(74LS373 元件)的時序限制：74LS373 元件相對於 G 控制信號的資料設定時間與資料持住時間分別為 5 ns 與 20 ns；信號傳播延遲最大值為 30 ns。由圖 9.1-9 及表 9.1-4 得，成立的位址信號 A7 到 A0 在 ALE 控制信號為低電位之前與之後，均各別穩定一個 t_{AVLL} 與 t_{LLAX} 的時間，其最小值分別為 43 ns 與 48 ns，因此此項時序限制可以滿足。

2. t_{CE} 的時序考慮：由圖 9.1-9 及表 9.1-4 可以得知：在 ALE 控制信號降為低電位之前的 t_{AVLL} 時間，送出位址信號，由於此位址信號中的 A15 直接當作 28C256 元件的 $\overline{CE}$ 控制信號。因此：

t_{CE} (最大值為 120 ns) $\leq t_{AVIV}$ (312 ns)

因此此項時序限制可以滿足。

3. t_{OE} 的時序考慮：在 $\overline{PSEN}$ 控制信號(為 28C256 元件的 $\overline{OE}$ 信號)啟動後，記憶器元件必須在 t_{PLIV} 時間內，備妥一個穩定的資料在資料匯流排上，即：

t_{OE} (最大值為 50 ns) $\leq t_{PLIV}$ (最大值為 145 ns)

因此此項時序限制可以滿足。

4. t_{AA} 的時序考慮：在位址信號成立後，記憶器元件必須在 t_{AVIV} 時間內，備妥一個穩定的資料在資料匯流排上，即：

t_{AL} (74LS373，30 ns) + t_{AA} (100 ns) $\leq t_{AVIV}$ (312 ns)

因此此項時序限制可以滿足。

5. $\overline{PSEN}$ 為高電位(即不啟動)後的資料持住時間(t_{PXIX})限制：在 $\overline{PSEN}$ 信號恢復為高電位後，記憶器元件必須仍然維持其穩定的資料一段 t_{PXIX} 的時間。因為 t_{PXIX} 的最小值為 0 ns，而 28C256 元件的 t_{OH} 的最小值為 0 ns，因此此項時序限制可以滿足。

6. $\overline{\text{PSEN}}$ 為高電位(即不啟動)後到資料匯流排浮接(t_{PXIZ})限制：在 $\overline{\text{PSEN}}$ 信號恢復為高電位後，MCS-51 與記憶器元件的資料匯流排仍然分別維持其資料一段 t_{PXIX} 與 t_{OHZ} 的時間，分變為浮接狀態。因為 t_{PXIX} 的最大值為 59 ns 大於 28C256 的 t_{OHZ} 的最大值 50 ns，因此此項時序限制可以滿足。

10.5.3　共用程式與資料記憶器

　　MCS-51的外部 RAM 與程式記憶器，也可以共用一個位址空間。在這種系統中，由於 MCS-51 在讀取外部程式記憶器時，啟動 $\overline{\text{PSEN}}$ 控制信號；在讀取外部 RAM 時，啟動 $\overline{\text{RD}}$ 控制信號。因此，這兩個信號 AND 後，當作 SRAM (62256)元件的 $\overline{\text{OE}}$ 控制信號；$\overline{\text{WR}}$ 控制信號直接接於 62256 元件的 $\overline{\text{WE}}$ 輸入端。62256 元件的晶片致能控制信號 $\overline{\text{CE}}$ 直接接往 A15，因此使用最前面 32k 位元組的位址區段：0000H ~ 7FFFH。

　　完整的電路如圖 10.5-3 所示，由於 MCS-51 的低序位元組位址與資料匯流排是由 I/O 埠 0，以多工的方式依序輸出，因此必須使用一個 8 位元的門閂電路(74LS373)，藉著 ALE 控制信號鎖住低序位元組位址，以備其次之用。

　　讀取週期與寫入週期的時序考慮與將 6264 元件界接到 MCS-51 時類似，所以不再贅述，請參考第 10.5.1 節。

📖 複習問題

10.41. 若連接 74LS138 元件的 $\overline{\text{G2A}}$ 或是 $\overline{\text{G2B}}$ 於 ALE 信號輸出端，則對電路的時序限制有無影響？

10.42. 在圖 10.5-1 中，若連接記憶器元件 6264 的 $\overline{\text{OE}}$ 輸入端於 MCS-51 的 $\overline{\text{PSEN}}$ 信號輸出端，則會發生什麼事？

10.43. 在圖 10.5-1 中，若連接記憶器元件 6264 元件的 $\overline{\text{CE1}}$ 輸入端於 74LS138 元件的 $\overline{\text{Y7}}$ 信號輸出端，則該記憶器元件使用那一個位址區？

10.44. 在圖 10.5-2 中，若 28C256 元件的 $\overline{\text{CE}}$ 輸入端經過一個 NOT 閘後，連接於 A15 信號輸出端，則該記憶器元件使用的位址空間為何？

10.45. 為何在圖 10.5-3 中，$\overline{\text{PSEN}}$ 與 $\overline{\text{RD}}$ 兩個信號必須 AND 後，才接到記憶器元件 62256 的 $\overline{\text{OE}}$ 輸入端？

圖10.5-3　MCS-51 與 62256 元件界接(共用外部資料與程式記憶器)

10.6　參考資料

1. Han-Way Huang, *Using MCS-51 Microcontroller*, New York: Oxford University Press, 2000.

2. Intel, *MCS-51 Microcontroller Family User's Manual,* Santa Clara, Intel Co., 1994. (http://developer.intel.com/design/mcs51/hsf_51.htm)

3. Muhammad Ali Mazidi and Janice Gillispie Mazidi, *The 8051 Microcontroller and Embedded Systems*, Upper Saddle River, New Jersey: Prentice-Hall, 2000.

4. Xicor, X28HC256: 5 Volt, Byte Alterable EEPROM, Data sheet, 2001. (http://www.xicor.com)

5. Hitachi, HM6264B Series: 64 k SRAM, Data sheet, 1997. (http://www.hitachi.com)

6. Intel, Memory Products, Santa Clara, Intel Co., 1994.

7. John F. Wakerly, *Digital Design Principles and Practices*, 3rd ed., Englewood Cliffs, New Jersey: Prentice-Hall, 2000.

8. 林銘波，數位系統設計：原理、實務與應用，第四版，全華圖書公司，2010。

10.7 習題

10.1 以位元組為單位，表示下列記憶器位址區的大小為 2 的冪次方：

(1) 32k 位元組　　　　(2) 256k 位元組

(3) 4M 位元組　　　　(4) 16M 位元組

10.2 若使用下列各記憶器元件，設計一個 16M × 8 位元組的記憶器模組時，各需要多少個元件：

(1) 32k × 8 位元組　　　(2) 256k × 4 位元組

(3) 1M × 4 位元組　　　(4) 4M × 1 位元組

10.3 在某一個 MCS-51 微處理器系統中，使用三種容量的快閃記憶器：2k × 8、8k × 8 與 16k × 8，他們分別佔用位址區：0800H ~ 0FFFH、4000H ~ 5FFFH 與 8000H ~ BFFFH。設計此系統的快閃記憶器位址解碼電路。

10.4 某一個微處理器設計工程師，希望使用最簡單的部分位址解碼原理，設計一個系統的位址解碼電路。若系統中使用三個各為 8k 位元組的記憶器元件，因此，他使用條位址線：A15，A14，A13，分別致能一個記憶器元件。在這種設計方式中，系統能否正確地操作？為什麼？

10.5 請回答下列有關於快閃記憶器的問題：

(1) 為何所有快閃記憶器元件均提供頁區寫入模式，其意義何在？

(2) 快閃記憶器的元件識別碼有何作用？

(3) 試至少列出三個快閃記憶器的可能應用。

10.6 參考圖 10.5-1 與 10.5-2，回答下列問題：

(1) 若系統時脈頻率為 24 MHz，並且使用 74LSxx 系列元件，則 SRAM 元件的最大允許的存取時間(t_{AA})為多少？

(2) 若系統時脈頻率為 24 MHz，並且使用 74Fxx 系列元件，則 28C256 快閃記憶器元件的最大允許的存取時間(t_{AA})為多少？

(3) 試問記憶器讀取與寫入時序是否仍然滿足？

10.7 假設在一個 MCS-51 系統中需要一個記憶器容量為 256 kB 的大型資料庫系統，使用記憶器庫選擇技術設計一個外部 RAM 模組以符合此項要求。

(1) 一個記憶器庫的最大允許容量為多少位元組？

(2) 繪出邏輯模組。假設結果的邏輯模組將與 MCS-51 的最大系統模組界接。

(3) 如何在兩個記憶器庫之間轉移一個資料區段？

10.8 寫一個程式，將內部 RAM 中，由位址 30H 開始的 20H 位元組資料區段搬移到外部 RAM 中以 1000H 開始的記憶器位置內。

10.9 寫一個程式，將外部程式記憶器中，由位址 1300H 開始的 20H 位元組資料區段搬移到內部 RAM 中以 30H 開始的記憶器位置內。

10.10 寫一個程式，將外部 RAM 中，由位址 1000H 開始的 40 位元組資料區段搬移到外部 RAM 中以 1300H 開始的記憶器位置內。

10.11 寫一個程式，清除外部 RAM 中，由位址 2000H 開始的 50 位元組資料區段為 0。

10.12 寫一個程式，求取外部程式記憶器中，由位址 1000H 開始的 50 位元組資料區段的檢查和。檢查和為所有運算元之和但是忽略進位。

11 中斷、系統重置與功率控制

所謂的中斷(interrupt)即是利用外來的控制信號，暫時終止目前正在執行的程式，而處理一些非正常程序上的問題；系統重置(system reset)為讓系統恢復到剛開機的狀態；功率控制(power control)為控制系統的功率消耗，使其儘可能的減少不必要的功率消耗。

本章中，將依序討論中斷與處理、MCS-51 CPU 的中斷結構、多重中斷與優先權、系統重置與功率控制模式。

11.1 中斷與處理

所謂中斷即是利用外來的控制信號，暫時終止目前正在執行的程式，而執行所謂的中斷服務程式(interrupt service routine，ISR)或簡稱 ISR，以處理一些非正常程式次序上的問題。在微處理器中，通常有一條或多條中斷輸入線($\overline{INT0}$，$\overline{INT1}$)，提供 I/O 裝置，請求服務之用。本節中，將介紹一般微處理器的中斷類型與 CPU 對中斷的反應。

11.1.1 中斷的主要應用

在微處理器系統中，中斷的主要應用有：(1)協調 I/O 動作與處理一些資料速率較緩慢的 I/O 資料轉移，例如：送出資料到列表機上或自鍵盤讀取字元；(2)偵測軟體程式執行時，可能產生的意外情況，例如除以 0，或存取一個陣列資料時，所用的指標值已經超出該陣列的範圍；(3)偵測硬體電路的意外狀況，例如：匯流排錯誤(bus error)；(4)提供使用者存取系統資源的管道，例如 BIOS (basic input/output system)的系統呼叫(system call)與 MS-DOS 的系統呼叫；(5)提供危機性事件的處理，例如電源中斷與程序控制中事件的處理；(6)提醒 CPU 定時的處理某些例行性程式，例如定時的記錄時間與日期與在及時作業系統(real-time operating system)中的工作交換動作的執行。

當然不是每一個微處理器的中斷均可以提供上述所有應用，例如 MCS-51 微控制器無法提供除以 0 的偵測，而 x86/x64 微處理器則可以。

11.1.2 中斷類型

在一般的微處理器(或計算機)中，中斷發生的來源有三種：

1. 內部中斷(internal interrupt)或稱為 TRAP：由 CPU 內部的硬體電路產生的中斷；
2. 軟體中斷(software interrupt)：由 CPU 執行一個軟體中斷指令產生的中斷；
3. 外部中斷(external interrupt)：由 CPU 外部經由中斷輸入線產生的中斷。

其中內部與軟體中斷因皆源自 CPU 內部，所以這兩種中斷也常合稱為內部中斷。內部與軟體中斷通常出現在 16 位元以上的微處理器中，例如 ARM 與 x86/x64 微處理器。

外部中斷

外部中斷又分成兩種：可抑制式中斷(maskable interrupt)與不可抑制式中斷(non-maskable interrupt)兩種，其動作分別說明如下：

1. 可抑制式中斷：若一個中斷信號可以被擋住(或是抑制)而令CPU不對其採取任何行動時，該中斷稱為可抑制式中斷。例如 MCS-51 中的所有中斷與 x86/x64 系列微處理器中的 INTR 均屬於此種類型。
2. 不可抑制式中斷：若一個中斷信號一旦產生後，CPU 必然會對其採取因應措施(行動)時，該中斷稱為不可抑制式中斷。例如 x86/x64 系列微處理器中的 NMI (nonmaskable interrupt)中斷屬於此種類型。

CPU 在認知一個中斷之後，即暫時終止目前正在執行的程式，而進入中斷服務程式繼續執行指令，以處理該中斷需求的動作。中斷依其決定中斷服務程式的起始位址的方式可以分成導向性中斷(vectored interrupt)與非導向性中斷(nonvectored interrupt)兩種，其動作分別說明如下：

1. 導向性中斷：若一個中斷的中斷服務程式(ISR)的起始位址，也需要由產生該中斷的來源 I/O 裝置，提供一些(位址)資料，參與決定時，該中斷稱為導向性中斷。例如：x86/x64 系列微處理器中的 INTR 中斷屬於此種類型。

2. 非導向性中斷：若一個中斷的中斷服務程式的起始位址，只由 CPU 內部自行決定時，該中斷稱為非導向性中斷。在此種方式中，每一個中斷的中斷服務程式的起始位址，在設計 CPU 時已經事先設定為固定的位址。例如 MCS-51 中的所有中斷及 x86/x64 系列微處理器中的 NMI 均屬於此種類型。

軟體中斷

在大部分的 16 位元或 32 位元微處理器(例如 ARM 或 x86/x64 微處理器)中，通常提供一種特殊的軟體指令，作為程式的控制權轉移之用，這一類型的指令(例如 x86/x64 的 INT 指令)執行之後，CPU 即產生一個中斷程序，而執行相關的中斷服務程式。這一種由軟體指令產生的中斷稱為軟體中斷。在 MCS-51 中，並未提供相關的軟體中斷指令。

內部中斷

在大部分的 16 位元或 32 位元微處理器(例如 ARM 與 x86/x64 微處理器)中，當 CPU 內部發生異常的事件(例如：除以 0 或執行一個不合法的指令)時，都會自動產生一個硬體中斷，使 CPU 轉移控制權到一個預定的中斷服務程式，做一些應急的處理，這類型的中斷稱為例外 (exception) 或是

TRAP。在 MCS-51 中,並未設計此類型的硬體中斷。

📖 複習問題

11.1. 中斷的主要應用為何?

11.2. 在一般微處理器中,中斷發生的主要來源有那三種?

11.3. 試定義可抑制式中斷與不可抑制式中斷。

11.4. 中斷依其決定中斷服務程式的起始位址的方式,可以分成導向性中斷與非導向性中斷兩種,試定義其動作。

11.5. 試定義軟體中斷與例外(exception,或稱 TRAP)。

11.1.3 CPU 對外部中斷的反應

在可抑制式中斷中,一個中斷輸入控制線的輸入信號是否會被 CPU 認知,還需要由一個中斷致能旗號 IE (interrupt enable flag)(在 MCS-51 中稱為 EA,enable all)決定。當 IE = 0 時,不管該中斷輸入線是否有中斷信號產生,CPU 皆不會認知此中斷;當 IE = 1 時,CPU 才會認知該中斷。IE 的狀態通常可以由指令設定或清除。不可抑制式中斷(NMI)並沒有中斷致能旗號,因此只要有中斷信號發生,CPU 即認知此中斷。當然,為了簡化 CPU 內部的硬體設計與指令執行的完整性,CPU 只在目前指令執行週期結束時,才會認知一個中斷。即只當下列條件同時滿足時,才會認知一個中斷:

1. 目前指令執行週期結束;

2. IE = 1(對可抑制式中斷而言);

3. 有中斷信號發生。

圖 11.1-1 所示為一般微處理器(或計算機)對導向性可抑制式中斷的動作示意圖。CPU 一旦認知一個中斷後,即執行一段所謂的中斷程序(interrupt sequence),將 PC 儲存於堆疊,並送出一個中斷認知(interrupt acknowledge,$\overline{\text{INTA}}$)信號,告知中斷來源 I/O 裝置,該中斷已被認知。

在導向性中斷中,當 CPU 認知一個中斷及送出中斷認知信號後,即自動地由資料匯流排中,讀取一個位元組的資訊,稱為中斷向量(interrupt vector)或稱中斷類型(interrupt type),以決定中斷服務程式(ISR)的起始位址，如圖 11.1-1 所示。中斷向量的內容可以是單位元組的指令(例如 Z80 中的 RST)或是中斷向量表的指標(例如 x86/x64 系列微處理器中的中斷)，由微處理器的類型與工作模式而定。

圖 11.1-1　導向性中斷動作示意圖

在非導向性中斷中，當 CPU 認知一個中斷後，即自動地由內部硬體取得對應的中斷向量，而決定中斷服務程式(ISR)的起始位址。MCS-51 中的所有中斷均屬於此種類型。

一般而言，任何一個微處理器通常擁有多條中斷輸入線，而且在處理每一條輸入線時，皆有不同的優先順序，稱為中斷優先權(interrupt priority)，因此每一條輸入線相當於一個優先權層次(priority level)。在這種系統中，每一條輸入線皆可以被外部 I/O 裝置用來要求中斷服務，並且一個較低層次的中斷服務程式可以被另外一個較高層次的中斷所中斷，由於具有這種特性，這種微處理器稱為具有多層次(multilevel)中斷系統。例如在 x86/x64 系列微處理器中，有兩條中斷輸入線 NMI 與 INTR，其中 NMI 具有較高的優先權；在 MCS-51 中，一共有五個中斷來源，它們由中斷優先權(IP)暫存器動態地分成高、低兩種不同的優先權層次。

📖複習問題

11.6. 一般 CPU 只當那些條件同時滿足時，才會認知一個中斷？

11.7. 何謂中斷優先權？試定義之。

11.8. 何謂多層次中斷系統？試定義之。

11.9. 何謂中斷程序？試定義之。

11.10. 何謂中斷向量(或稱中斷類型)？試定義之。

11.2 多重中斷與優先權

本節中，將考慮多重中斷(multiple interrupts)與其優先權的問題。所謂的多重中斷是指同一個時間之內有多個中斷發生。然而，CPU每次只能處理一個中斷，因此必須有一個適當的準則，由這些中斷中，選取一個中斷加以處理。常用的準則為依據系統中的所有中斷來源的重要性與否加以分類，然後排定一個優先順序，稱為中斷優先權(interrupt priority)，依據此中斷優先權即可以解決多重中斷問題。

11.2.1 中斷優先權

在一個微處理器中，若同時具有可抑制式與不可抑制式兩種中斷輸入線，則由於不可抑制式中斷(NMI)處理的優先權較可抑制式中斷(INT)為高，一般在系統設計上都保留予嚴重的系統失誤(例如處理電源中斷事件或記憶器同位檢查錯誤事件等)事件的處理，而連接所有I/O裝置的中斷輸出線到可抑制式中斷輸入線上，如圖11.2-1所示。

當其中有一個或是多個I/O裝置發出中斷時，CPU在認知INT中斷之後，必須進一步的確認是那一個I/O裝置發出的中斷。確認的次序決定了這些I/O裝置的中斷優先權。一般處理多個I/O裝置同時產生中斷的方法，是依據這些I/O裝置事先排定好的優先權，選取一個具有最高優先權的I/O裝置，提供服務。一個中斷啟動後，但是未被服務時稱為懸置(pending)。懸置的中斷在其次的時間中是否會被CPU服務，則由它的優先權與它是否被致能決定。

圖 11.2-1　多個 I/O 裝置利用單一中斷輸入線

　　優先權的決定方法可以分成靜態與動態兩種。在使用靜態優先權的系統中，每一個 I/O 裝置的優先權在系統設定後，即告固定，因此又稱為固定優先權；在使用動態優先權的系統中，每一個 I/O 裝置並沒有固定的優先權，但是任何時刻裡，只有一個 I/O 裝置具有最高優先權。在各種動態優先權設定方式中，最公正、簡單而且常用的一種稱為巡更優先權(round-robin priority，即巡迴更動優先權)。在巡更優先權中，每一個 I/O 裝置預先排定好一個次序，但是尋找需要服務的 I/O 裝置，則由上次剛提供服務的 I/O 裝置之後開始，然後依序檢查，直到終點再回到第一個 I/O 裝置，依此循環，因此稱之為巡更優先權。

　　巡更優先權較靜態(或稱固定)優先權公平，因為它給予每一個 I/O 裝置較均等的機會，而不會像固定優先權一樣，速度快的 I/O 裝置總是佔優勢。此外，它也較可靠，因為這種方式防止了故障的高優先權 I/O 裝置，連續的產生中斷，鎖住了其它 I/O 裝置的中斷。

　　一般而言，若優先權問題是由硬體電路而非軟體程式解決，則固定優先權較常用，因為它需要的電路較簡單。但是若由軟體程式或是專用硬體電路解決，則上述兩種方法通常均包含於程式或電路中，而使用模式設定方式由使用者決定。

　　辨認中斷來源的 I/O 裝置(即發出中斷的 I/O 裝置)與解決多重中斷的方法

中,最常用的有下列三種:

1. 輪呼(polling):即只使用軟體程式。

2. 鍵結優先權結構(daisy chain):即完全由硬體電路決定。

3. 中斷優先權仲裁器(interrupt priority management hardware):軟體與硬體合用,例如 82C59A PIC。

📖 複習問題

11.11. CPU 如何從多個同時發生的中斷中,選取一個來服務?

11.12. 何謂懸置的中斷?試定義之。

11.13. 何謂固定優先權?試定義之。

11.14. 何謂巡更優先權?試定義之。

11.15. 三種最常用來辨認中斷來源 I/O 裝置與解決多重中斷的方法為?

11.2.2 輪呼

　　大多數的 I/O 裝置的界面電路中的控制與狀態暫存器(control and status register,CSR)均會包含一個或一群位元,指示該 I/O 裝置,是否已經發出中斷。例如在圖 11.2-1 中的 I/O 裝置的界面電路中,只當 CSR 中的 RDY 與 IE 位元皆為 1 時,才要求中斷服務。所以在中斷認知程序之後,必須以軟體程式檢查界面電路中的這兩個位元之狀態,以得知是那一個 I/O 裝置要求中斷服務。由於在中斷服務程式(ISR)中,必須依序讀取每一個 I/O 裝置的界面電路中的 CSR,然後檢查 RDY 與 IE 兩個位元的狀態,以辨別是那一個 I/O 裝置要求中斷服務,因此這種程序一般稱為輪呼。

　　輪呼的次序決定了 I/O 裝置的中斷優先權。一般而言,輪呼的次序可以使用固定方式(即採用固定優先權)或採用動態方式(最常用者為採用巡更優先權)。在設計輪呼式中斷服務程式時,通常所有 I/O 裝置對應的 CSR 位址與 ISR 位址均排列成如圖 11.2-2 所示的輪呼程序表,如此當 I/O 裝置數目更動時,只需要更動該表的長度即可,不必更改輪呼程式。

　　由於 MCS-51 並未提供專用的 I/O 位址空間,因此,所有外加的 I/O 裝置的界面電路元件,必須使用外部 RAM 的位址空間。

圖 11.2-2　程式 11.2-1 程式的輪呼程序表

　　下列兩個程式例題分別說明典型的固定優先權與巡更優先權兩種輪呼程序的詳細動作。

例題 11.2-1　(輪呼—固定優先權)

　　使用固定優先權的輪呼程序,設計圖 11.2-1 的中斷輪呼程式。假設輪呼程序表儲存於程式記憶體中,並且 CSR 與 ISR 位址均為兩個位元組。輪呼程序表的最後一個位元組為 0FFH。

解:完整的程式如程式 11.2-1 所示,由於採用固定優先權方式,程式每一次進入時,均清除暫存器 B 為 0,以由輪呼程序表中的第一個 I/O 裝置開始檢查。因為輪呼程序表中儲存的資料為 I/O 裝置的 CSR 與 ISR 的位址,因此程式中先由輪呼程序表中讀出 CSR 的位址,並且載入資料指示暫存器(DPTR)中,然後使用 MOVX　A,@DPTR 指令讀取 CSR 內容,接著檢查 RDY 與 IE 兩個位元(假設分別為 CSR 的位元 7 與 6),若皆設定為 1,則自輪呼程序表中取出 ISR 的啟始位址,並且載入 DPTR 中,與清除累積器 A 為 0,最後利用 JMP　@A+DPTR 跳到 ISR 中執行。

　　若讀取的 CSR 內容中的 RDY 與 IE 兩個位元並未全部設定為 1,則增加暫存器 B 的值,繼續檢查輪呼程序表中的下一個 I/O 裝置的 CSR 內容,直到遇到 0FFH 的結束旗號位元組為止。

程式 11.2-1　圖 11.2-1 的中斷輪呼程式

```
                          1      ;ex1121.a51
                          2      ;an interrupt polling procedure with a
                          3      ;fixed-priority scheme
                          4      ;
----                      5              CSEG    AT 0100H
                          6      ;
0100 75F000               7      FPOLL:   MOV    B,#00H      ;zero the index
0103 E5F0                 8      NEXT:    MOV    A,B         ;prepare the index
0105 313A                 9               ACALL  FETCHTAB
0107 F583                10               MOV    DPH,A       ;save the high byte
0109 B4FF02              11               CJNE   A,#0FFH,LOADDPL;end?
010C 802B                12               SJMP   RETURN      ;all done
010E 05F0                13      LOADDPL: INC    B           ;prepare the index
0110 E5F0                14               MOV    A,B
0112 313A                15               ACALL  FETCHTAB
0114 F582                16               MOV    DPL,A       ;save the low byte
0116 55E0                17               ANL    A,ACC       ;zero the ACC
0118 E0                  18               MOVX   A,@DPTR     ;get the CSR byte
0119 54C0                19               ANL    A,#0C0H     ;check bits 6 and 7
011B B4C013              20               CJNE   A,#0C0H,NEXT0;the next entry
011E 05F0                21               INC    B           ;get the ISR address
0120 E5F0                22               MOV    A,B
0122 313A                23               ACALL  FETCHTAB    ;the high byte
0124 F583                24               MOV    DPH,A
0126 05F0                25               INC    B           ;the low byte
0128 E5F0                26               MOV    A,B
012A 313A                27               ACALL  FETCHTAB
012C F582                28               MOV    DPL,A
012E 7400                29               MOV    A,#00H      ;zero the ACC
0130 73                  30               JMP    @A+DPTR     ;go to the ISR
                         31      ;prepare for the next entry
0131 05F0                32      NEXT0:   INC    B   ;bypass the ISR addres
0133 05F0                33               INC    B
0135 05F0                34               INC    B
0137 80CA                35               SJMP   NEXT
0139 22                  36      RETURN:  RET
                         37      ;return a byte from the table
013A 04                 38      FETCHTAB: INC   A           ;bypass RET
013B 83                 39               MOVC   A,@A+PC
013C 22                 40               RET
                         41      ;the polling table
013D 8000               42      POLLTAB: DW     8000H,1000H
013F 1000
0141 8020               43               DW     8020H,1200H
0143 1200
```

```
0145 8030              44              DW      8030H,1400H
0147 1400
0149 8040              45              DW      8040H,1600H
014B 1600
014D FF                46              DB      0FFH         ;the end flag
                       47              END
```

例題 11.2-2　(輪呼—巡更優先權)

使用巡更優先權的輪呼程序，設計圖 11.2-1 的中斷輪呼程式。假設輪呼程序表儲存於程式記憶體中，並且 CSR 與 ISR 位址均為兩個位元組。輪呼程序表的最後一個位元組為 0FFH。

解：完整的程式如程式 11.2-2 所示，由於採用巡更優先權方式，程式中使用一個位元組稱為 NEXTPTR 記錄目前欲檢查的 I/O 裝置在輪呼程序表中的指標。程式在每一次進入時，均載入 NEXTPTR 內容於暫存器 B 中，以由輪呼程序表中，上一次被服務過的 I/O 裝置之下一個 I/O 裝置開始檢查。

由於輪呼程序表中儲存的資料為 I/O 裝置的 CSR 與 ISR 的位址，因此程式中先由輪呼程序表中讀出 CSR 的位址，並且載入資料指示暫存器(DPTR)中，然後使用 MOVX　A,@DPTR 指令讀取 CSR 內容，接著檢查 RDY 與 IE 兩個位元(假設分別為 CSR 的位元 7 與 6)，若皆設定為 1，則由輪呼程序表中取出 ISR 的啟始位址，並且載入 DPTR 中，與清除累積器 A 為 0，並將暫存器 B 的內容加 1 後，存入 NEXTPTR 內，最後利用 JMP　@A+DPTR 跳到 ISR 中執行。

若讀取的 CSR 內容中的 RDY 與 IE 兩個位元並未全部設定為 1，則增加暫存器 B 的值，繼續檢查輪呼程序表中的下一個 I/O 裝置的 CSR 內容。若遇到 0FFH 的結束旗號位元組，則清除暫存器 B 為 0，以回到輪呼程序表的第一個 I/O 裝置繼續檢查其 CSR 內容。當暫存器 B 的值與 NEXTPTR 相同時，表示整個輪呼程序表中的所有 I/O 裝置均已檢查過，因此結束程式的執行。

程式 11.2-2　圖 11.2-1 的中斷輪呼程式

```
                       1       ;ex1122.a51
                       2       ;an interrupt polling procedure with a
                       3       ;round-robin priority scheme
                       4       ;
----                   5               DSEG  AT 30H
0030                   6       NEXTPTR: DS     1 ;the next to be served
                       7       ;
```

```
----              8                    CSEG   AT 0100H
                  9            ;
0100 8530F0      10    RBPOLL:  MOV    B,LOW NEXTPTR ;
0103 E5F0        11    NEXT:    MOV    A,B          ;prepare the index
0105 3145        12    LOADDPH: ACALL  FETCHTAB
0107 F583        13             MOV    DPH,A        ;save the high byte
0109 B4FF05      14             CJNE   A,#0FFH,LOADDPL;end of table ?
010C 75F000      15             MOV    B,#00H       ;reset the index
010F 80F2        16             SJMP   NEXT         ;and check the next
0111 05F0        17    LOADDPL: INC    B            ;prepare the index
0113 E5F0        18             MOV    A,B
0115 3145        19             ACALL  FETCHTAB
0117 F582        20             MOV    DPL,A        ;save the low byte
0119 55E0        21             ANL    A,ACC        ;zero the ACC
011B E0          22             MOVX   A,@DPTR      ;get the CSR byte
011C 54C0        23             ANL    A,#0C0H      ;check bits 6 and 7
011E B4C018      24             CJNE   A,#0C0H,NEXT0;check next
0121 05F0        25             INC    B            ;get the ISR address
0123 E5F0        26             MOV    A,B
0125 3145        27             ACALL  FETCHTAB     ;the high byte
0127 F583        28             MOV    DPH,A
0129 05F0        29             INC    B            ;the low byte
012B E5F0        30             MOV    A,B
012D 3145        31             ACALL  FETCHTAB
012F F582        32             MOV    DPL,A
0131 05F0        33             INC    B
0133 85F030      34             MOV    LOW NEXTPTR,B
0136 7400        35             MOV    A,#00H       ;zero the ACC
0138 73          36             JMP    @A+DPTR      ;go to the ISR
                 37    ;prepare for next entry
0139 05F0        38    NEXT0:   INC    B   ;bypass the ISR addres
013B 05F0        39             INC    B
013D 05F0        40             INC    B
013F E5F0        41             MOV    A,B
0141 B530BF      42             CJNE   A,LOW NEXTPTR,NEXT
0144 22          43    RETURN:  RET
                 44            ;
                 45    ;return a byte from the table
0145 04          46    FETCHTAB: INC   A            ;bypass RET
0146 83          47             MOVC   A,@A+PC
0147 22          48             RET
                 49    ;the polling table
0148 8000        50    POLLTAB: DW     8000H,1000H
014A 1000
014C 8020        51             DW     8020H,1200H
```

```
014E 1200
0150 8030          52                 DW      8030H,1400H
0152 1400
0154 8040          53                 DW      8040H,1600H
0156 1600
0158 FF            54                 DB      0FFH            ;the end flag
                   55                 END
```

📖複習問題

11.16. 何謂輪呼？試定義之。

11.17. 在輪呼中，如何決定 I/O 裝置的中斷優先權？

11.2.3 鍵結優先權結構

在鍵結優先權結構中，每一個界面電路中皆含有一個鍵結網路，如圖 11.2-3 所示。每一個網路皆有兩個輸入，一個為來自 I/O 裝置的中斷輸入；另外一個則為來自優先權較高的鍵結網路之輸出。最高優先權界面電路的第二個輸入，則直接接往 CPU 的中斷認知信號($\overline{INTA}$)。

當有一個以上的 I/O 裝置要求服務時，中斷(INT)信號即送到 CPU，CPU 在認知該中斷後，送出一個中斷認知信號 $\overline{INTA}$ ，此信號依序傳遞經過每一個優先權網路，直到它遇到一個 INT 輸入為 1 的優先權網路為止。INTA 輸入與 $\overline{INT}$ 輸入 AND 的結果，阻斷了 $\overline{INTA}$ 信號再次的往下級傳遞。由於此時 INT 與 IEI 兩者皆 1，所以 AND 後的輸出為 1，這個 1 被送往 I/O 裝置的界面電路中之中斷控制邏輯，促使該控制邏輯在資料匯流排上置放一個中斷向量。優先權較低的 I/O 裝置(即位置遠離 CPU 的 I/O 裝置)，縱然它們也產生了中斷，但是必須等待較高優先權的 I/O 裝置，完成其中斷服務之後，其中斷才會被認知。

鍵結優先權結構有兩項優點：

1. 若使用開路集極輸出的中斷信號線，則系統匯流排只需要一條中斷信號線；
2. 優先權的排定，可以由更換鍵結網路的順序得到。

圖 11.2-3　鍵結優先權結構

　　使用鍵結優先權結構的 I/O 裝置界面電路，除了具有鍵結優先權網路外，還有一個提供中斷向量的暫存器。此暫存器的內容在中斷被認知時，即自動經由匯流排送出，所以此種界面電路本身提供了完整的中斷優先權與控制邏輯。

📖複習問題

11.18. 何謂鍵結優先權結構？試定義之。

11.19. 鍵結優先權結構有那兩項優點？

11.20. 在鍵結優先權結構中，使用導向性中斷或是非導向性中斷？

11.2.4 中斷優先權仲裁器

　　在微處理器的系統設計中，常常需要擴充中斷輸入線的數目，以提供實際上的需求。前面兩小節中已經討論過兩種基本的方式：將多個中斷信號 OR 後，連接到 CPU 的 INT 輸入線上，然後使用輪呼方式辨認產生中斷的 I/O 裝置；另外一種方式為 OR 各個 I/O 裝置的界面電路的中斷輸出線後，連接到 CPU 的 INT 輸入線上，然後使用硬體結構的鍵結優先權電路，辨認產生中斷的 I/O 裝置。無論是那一種方式，在辨認產生中斷的 I/O 裝置之同時，其實也順便地解決了多重中斷的問題，因為經由辨認的動作次序，決定了各個中斷信號線的優先權。此外，無論是那一種方式，若以另外一個角度來看，可以說是擴充 CPU 的單一 INT 輸入線為具有較多條的中斷輸入線。

圖 11.2-4 為另外一種擴充單一 INT 輸入線為多條中斷輸入線的方法。在這種方式中，使用 8 個輸入線的優先權編碼器(74xx148)擴充 INT 為八條中斷輸入線。此外，該優先權編碼器只送出最高優先權的輸入線的二進碼，因此也解決了多重中斷的問題(使用固定優先權)。在中斷認知程序中，CPU 送出 $\overline{\text{INTA}}$ 脈波到三態緩衝推動器(74xx244)，致能其輸出而讀取中斷向量。在此系統中，中斷向量為 0F8H ～ 0FFH。若欲改變中斷向量值，可以調整 74xx244 右邊的接線。

圖 11.2-4　簡單的 INT 擴充方法

圖 11.2-4 所示電路的主要缺點是無法各別抑制中斷輸入信號 IR0 ～ IR7。改進的方法如圖 11.2-5 所示，加入一個罩網暫存器(mask register)，另外也增

加一個中斷門閂(interrupt latch)以持住中斷信號。罩網暫存器的內容可以經由 CPU 的指令設定或清除，因此可以抑制或致能各別的中斷輸入信號。例如在某一個程式中，不希望 IR4 與 IR7 等輸入線產生中斷時，可以規劃罩網暫存器為 01101111(6FH)。

圖 11.2-5　中斷優先仲裁器

圖 11.2-5 所示電路稱為中斷優先權仲裁器(interrupt priority resolver)，典型的商用元件如 82C59A，稱為可規劃中斷控制器(programmable interrupt controller，PIC)。

📖複習問題

11.21. 何謂中斷優先權仲裁器？試定義之。

11.22. 如何擴充 CPU 的 INT 輸入線為具有較多條的中斷輸入線？

11.23. 在中斷優先權仲裁器中，罩網暫存器的功能為何？

11.24. 在中斷優先權仲裁器中，優先權編碼器的功能為何？

11.25. 為何在中斷優先權仲裁器中的中斷向量門閂必須是三態輸出邏輯？

11.3 MCS-51 中斷

在 MCS-51 中，一共有五個中斷來源：兩個外部中斷、兩個定時器的中斷、一個串列通信埠中斷。在 MCS-52 中，則再增加一個定時器 2 的中斷，因而一共有六個中斷來源。所有中斷在硬體重置之後，均設定為不啟動狀態。

11.3.1 MCS-51 中斷結構

MCS-51 的中斷結構如圖 11.3-1 所示，它只有可抑制式中斷而沒有不可抑制式中斷。MCS-51 一共有五個中斷來源：兩個外部中斷($\overline{INT0}$ 與 $\overline{INT1}$)、兩個定時器的中斷(TF0 與 TF1)、一個串列通信埠中斷(RI OR TI)。在 MCS-52 中，則增加了另外一個中斷來源：定時器 2 的中斷(TF2 OR EXF2)。

圖 11.3-1　MCS-51 中斷結構

所有中斷來源經過中斷致能暫存器(interrupt enable register，IE)過濾之後，被致能的中斷，再由中斷優先權暫存器(interrupt priority register，IP)分成高、低兩個優先權中斷群。低優先權中斷群中的中斷可以被高優先權中斷群中的中斷所中斷；相同優先權群中的中斷不能被另外一個中斷所中斷。

MCS-51 在取樣中斷後，由 CPU 分別檢查高、低兩個優先權中斷群中的中斷，並依據事先設定好的輪呼次序，決定目前可以被服務的中斷，提供服務。注意：輪呼次序是固定的，但是優先權可以選擇為高或是低，因此中斷優先權由中斷優先權暫存器的內容與輪呼次序共同決定。

中斷來源控制

外部中斷輸入線：$\overline{INT0}$ 與 $\overline{INT1}$，可以由定時器控制暫存器(timer control register，TCON)中的位元 IT0 與 IT1 規劃成位準偵測(level sensitive)或是負緣偵測(negative edge sensitive)模式，如圖 11.3-2 所示。當 ITx ($x = 0$ 或是 1)為 0 時，$\overline{INTx}$ ($x = 0$ 或是 1)為低位準偵測；當 ITx 為 1 時，為負緣偵測，如圖 11.3-1 所示。

TCON		位址：88H		重置值：00H		位元可存取	
定時器 1		定時器 0		$\overline{INT1}$		$\overline{INT0}$	
TCON.7	TCON.6	TCON.5	TCON.4	TCON.3	TCON.2	TCON.1	TCON.0
8FH	8EH	8DH	8CH	8BH	8AH	89H	88H
TF1	TR1	TF0	TR0	IE1	IT1	IE0	IT0

圖 11.3-2　定時器控制暫存器(TCON)內容

在負緣偵測模式中，若外部中斷 $\overline{INTx}$ 的信號上升為高電位一個機器週期(即 12 時脈週期)，然後下降為低電位一個機器週期，則 TCON 暫存器中的的中斷旗號位元 IEx 被設定為 1，並產生中斷。中斷旗號位元 IEx 在 CPU 進入對應的中斷服務程式後，即自動被清除為 0。

在位準偵測模式中，外部中斷 $\overline{INTx}$ 的信號必須持續啟動(即維持在低電位)直到該中斷被認知為止，然後恢復為不啟動狀態，否則，將再度產生中斷。在此模式中，中斷旗號位元的值與外部中斷 $\overline{INTx}$ 的反相值相同，如圖 11.3-1 所示。

當定時器/計數器 0 與 1 (定時器 0 模式 3 除外)計時終了或是計數溢位時，對應的中斷旗號位元 TFx ($x = 0$ 或是 1)即設定為 1，因而產生中斷。CPU 在進入對應的中斷服務程式後，即清除該中斷旗號位元 TFx 為 0。

在串列埠中，TI (transmit interrupt)與 RI (receive interrupt)共用一個中斷。因此，在進入中斷服務程式後，必須判別是 TI 或是 RI 產生的中斷，以提供適當的服務。TI 與 RI 必須由中斷服務程式清除。

在 MCS-52 中，定時器 2 的中斷由 TF2 OR EXF2 產生。在 CPU 進入對應的中斷服務程式後，必須判別是 TF2 或是 EXF2 產生的中斷，以適當的提供需要的服務。TF2 與 EXF2 必須由中斷服務程式負責清除。

當然上述中斷旗號位元均可以由軟體設定為 1，以產生中斷，或是清除為 0，以清除任何懸置尚未服務的中斷。

中斷致能暫存器

中斷致能暫存器的內容如圖 11.3-3 所示，全體致能(enable all，EA)位元控制所有中斷的產生與否。本質上，全體致能(EA)位元為一般微處理器中的中斷致能(interrupt enable，IE)位元，如圖 11.1-1 所示。當 EA 為 0 時，所有中斷均不被接受；當 EA 為 1 時，一個中斷的接受與否，由其各別的控制位元決定。ES (enable serial port)、ET1 (Enable timer 1)、EX1 (enable external interrupt 1)、ET0 (enable timer 0)、EX0 (enable external interrupt 0)分別控制串列通信埠、定時器 1、外部中斷輸入 $\overline{INT1}$、定時器 0、外部中斷輸入 $\overline{INT0}$。當其值為 0 時，抑制對應的中斷；當其值為 1 時，則致能對應的中斷。

IE		位址：A8H		重置值：00H		位元可存取	
IE.7	IE.6	IE.5	IE.4	IE.3	IE.2	IE.1	IE.0
AFH	AEH	ADH	ACH	ABH	AAH	A9H	A8H
EA	-	ET2*	ES	ET1	EX1	ET0	EX0

圖 11.3-3　中斷致能暫存器(IE)內容

ET2 (enable timer 2)為 MCS-52 的定時器 2 的中斷控制位元。

中斷優先權暫存器

在 MCS-51 中的每一個中斷來源，均可以依據中斷優先權暫存器(IP)的內容，規劃為高優先權中斷群或是低優先權中斷群。如圖 11.3-4 所示，中斷優先權暫存器中的每一個位元對應一個中斷來源：PT2 (MCS-52 的定時器 2)、PS (串列通信埠)、PT1 (定時器 1)、PX1 (外部中斷輸入 $\overline{INT1}$)、PT0 (定時器 0)、PX0 (外部中斷輸入 $\overline{INT0}$)。當其值為 0 時，對應的中斷來源歸入低優先權中斷群；當其值為 1 時，對應的中斷來源歸入高優先權中斷群。

IP		位址：B8H		重置值：00H		位元可存取	
IP.7	IP.6	IP.5	IP.4	IP.3	IP.2	IP.1	IP.0
BFH	BEH	BDH	BCH	BBH	BAH	B9H	B8H
-	-	PT2	PS	PT1	PX1	PT0	PX0

圖 11.3-4　中斷優先權暫存器(IP)內容

低優先權中斷群中的中斷可以被高優先權中斷群中的中斷所中斷，但是不會被另外一個低優先權中斷群中的中斷所中斷；高優先權中斷群中的中斷，則不會被任何其它的中斷所中斷。

當兩個或是多個中斷來源同時產生中斷時，高優先權的中斷將被認知，而提供服務；若多個相同優先權中斷群的中斷來源同時產生中斷時，MCS-51 依據一個事先設定好的輪呼次序，決定一個中斷，提供服務。MCS-51/52 的輪呼次序為：

$\overline{INT0}$ (優先權最高)→ 定時器 0 → $\overline{INT1}$ → 定時器 1 →

串列通信埠 → 定時器 2 (優先權最低)。

因此，MCS-51/52 實際上提供兩個層次的中斷優先權控制，第一個層次由中斷優先權暫存器決定，第二個層次由輪呼次序決定。

📖 複習問題

11.26. 在 MCS-51 中一共有幾個中斷來源？這些中斷來源是什麼？

11.27. 為何在系統重置時，MCS-51 的所有中斷均被抑制？

11.28. 簡述 MCS-51 的中斷致能暫存器與中斷優先權暫存器的功能。

11.29. 外部中斷輸入線：$\overline{INT0}$ 與 $\overline{INT1}$，可以規劃成那兩種信號偵測模式？

11.30. 簡述 MCS-51 的中斷的輪呼次序。

11.31. MCS-51/52 實際上提供幾個層次的中斷優先權控制？

11.3.2　中斷處理程序

　　MCS-51 系統在每一個機器週期的 S5P2 時，取樣中斷旗號位元，然後於其次的機器週期執行輪呼動作，選取一個中斷提供服務。注意：MCS-52 的定時器 2 的 TF2 在 S2P2 設定，並且在產生定時器溢位的同一個機器週期中，執行輪呼動作。

　　MCS-51 在認知一個中斷後，若無下列任何一個狀況發生時，CPU 即執行一個硬體的 LCALL 副程式呼叫動作，跳到中斷服務程式中執行，並且抑制相同優先權層次的其它中斷產生中斷，此一動作也稱為中斷處理程序，簡稱中斷程序：

1. 已經有一個較高或是相同優先權層次的中斷服務程式正在執行；
2. 目前的輪呼動作不是在一個執行中的指令的最後一個週期；
3. 目前正在執行中的指令為 RETI 指令或是任何寫入 IE 或是 IP 暫存器的指令。

上述三個條件中的任何一個狀況發生時，MCS-51 即暫停產生硬體的 LCALL 副程式呼叫動作。狀況 2 確保在進入一個中斷服務程式之前，已經完成目前正在進行中的指令之動作；狀況 3 確保在進入一個中斷服務程式之前，若目前正在進行中的指令為 RETI 或是任何寫入 IE 或是 IP 暫存器的指令時，至少能再繼續執行一個指令。

　　輪呼動作在每一個機器週期均重複一次，而且都是以在其前一個機器週期的 S5P2 時，取樣的中斷旗號位元值基準。即一個中斷旗號啟動後，若是由於上述狀況而其中斷服務程式無法被執行，並且在狀況解除之後，該中斷旗號也不再啟動時，該中斷將不被服務。

　　MCS-51 系統的中斷向量表如表 11.3-1 所示，每一個向量皆配置 8 個位元組。在簡單的應用中上，8 個位元組已經足夠寫一個中斷服務程式了；在較複雜的應用中，若其中斷服務程式多於 8 個位元組，可以在此位置上置放一個 LJMP 指令，令其跳到實際的中斷服務程式中，執行需要的動作。位置 0000H 到 0002H 保留予系統重置(即開機)之用，通常它也是置放一個 LJMP

指令,令 CPU 跳到實際的系統重置程式中執行。

表 11.3-1 MCS-51/52 系列中斷向量表

中斷來源	中斷旗號	CPU 自動清除	中斷向量
$\overline{\text{INT0}}$	IE0	是;位準不是	0003H
定時器 0	TF0	是	000BH
$\overline{\text{INT1}}$	IE1	是;位準不是	0013H
定時器 1	TF1	是	001BH
串列通信埠	RI, TI	否	0023H
定時器 2	TF2, EXF2	否	002BH

中斷遲滯時間

從中斷的需求產生到進入中斷服務程式(ISR),開始執行指令的時間,稱為中斷遲滯時間(interrupt latency)。在許多控制應用中,中斷遲滯時間為一個非常關鍵的因素。在操作頻率為 12 MHz 的 MCS-51 中,中斷遲滯時間最短為 3.25 µs;最長為 9.25 µs。

圖 11.3-5 所示為 MCS-51 的中斷遲滯時間。圖 11.3-5(a)為最短的情況;圖 11.3-5(b)為最長的情況。依據前述中斷處理程序,當執行中斷輪呼動作時,若沒有前述三個阻擋中斷被認知的任何一個條件發生時,其次的機器週期立即執行一個 LCALL 指令,而跳到指定的中斷服務程式中,因而產生最短的中斷遲滯時間。

圖 11.3-5 MCS-51 中斷反應時間:(a)最短的中斷遲滯時間;(b)最長的中斷遲滯時間

最長的中斷遲滯時間發生在當中斷啟動時剛好超過 S5P2 的取樣點，因此它必須在下一個機器週期(即 C1)的 S5P2 時才被取樣。當執行中斷輪呼動作(即 C2)時，若該機器週期為 RETI 指令的第一個機器週期，而且其次接著執行的指令(在被中斷的程式中)又恰為 MUL 或是 DIV 指令時，如圖 11.3-5(b) 所示，則一共必須花費 9 個機器週期，加上在 S5P2 時取樣，總共需要 9.25 μs。

單步執行

如前所述，在 MCS-51 中，當一個中斷發生時，若已經有一個相同優先權層次的中斷正在執行其中斷服務程式，或是在 RETI 指令後尚未繼續執行一個指令之前，該中斷將不被認知。因此，當 MCS-51 進入一個中斷服務程式後，除非被中斷的程式至少執行一個指令，否則將不再進入該中斷服務程式。利用此一特性，MCS-51 可以單步執行指令，其作法為設定 $\overline{\text{INT0}}$ 為位準啟動方式，並設定該中斷的服務程式為：

```
JNB    P3.2,$    ;等到 INT0 上升到高電位

JB     P3.2,$    ;等到 INT0 下降到低電位

RETI             ;歸回並執行一個指令
```

若 $\overline{\text{INT0}}$(P3.2)正常為低電位，MCS-51 CPU 進入 $\overline{\text{INT0}}$ 中斷服務程式，等待 $\overline{\text{INT0}}$ 上升為高電位，然後下降為低電位，接著執行 RETI 指令，回到程式中執行一個指令，再進入 $\overline{\text{INT0}}$ 中斷服務程式，重複上述動作。因此，每一個 $\overline{\text{INT0}}$ 的高電位脈波將促使程式執行一個指令。

📖 複習問題

11.32. 何謂中斷遲滯時間？試定義之。

11.33. 解釋在 12 MHz 的 MCS-51 中，為何其中斷遲滯時間介於 3.25 μs 與 9.25 μs 之間？

11.34. 試簡述 MCS-51 的中斷程序。

11.35. 定時器 1 的中斷向量是什麼？

11.3.3 MCS-51 中斷擴展

由於大多數的 MCS-51 衍生微控制器擴展其晶片上的周邊裝置或是 I/O 界面電路,其中斷來源數目隨之增加,因此標準的 MCS-51 中斷結構必須加以修改以反應此事實。另外一個重要修改為擴充中斷結構由原來的兩個層次為四個層次。在本節中,我們將以 P89V51Rx2 微控制器為例,介紹中斷結構的典型擴展。

P89V51Rx2 中斷

P89V51Rx2 的中斷結構與 MCS-51 類似而且相容,但是它擴充中斷優先權層次為四個。此外,在 P89V51Rx2 中一共有八個中斷來源:兩個外部中斷($\overline{\text{INT0}}$ 與 $\overline{\text{INT1}}$)、三個定時器的中斷(TF0、TF1、TF2 OR EXF2)、一個串列通信埠中斷(RI OR TI)、一個可規劃計數器陣列中斷(CF OR CCFn),及一個電壓低落偵測中斷,其中斷向量如表 11.3-2 所示。

表 11.3-2　P89V51Rx2 中斷向量表

中斷來源	中斷旗號	CPU 自動清除	中斷向量
$\overline{\text{INT0}}$	IE0	是;位準不是	0003H
定時器 0	TF0	是	000BH
$\overline{\text{INT1}}$	IE1	是;位準不是	0013H
定時器 1	TF1	是	001BH
串列通信埠	RI, TI	否	0023H
定時器 2	TF2, EXF2	否	002BH
PCA	CF, CCFn($n = 0 \sim 4$)	否	0033H
電壓低落偵測	-	-	004BH

P89V51Rx2 中斷致能暫存器

P89V51Rx2 的中斷致能暫存器的內容如圖 11.3-6 所示,全體致能(enable all,EA)位元控制所有的中斷的產生與否。當 EA 為 0 時,所有中斷均不被接受;當 EA 為 1 時,一個中斷的接受與否,由其各別的控制位元決定。EC (enable counter)、ET2 (enable timer 2)、ES (enable serial port)、ET1 (Enable timer 1)、EX1 (enable external interrupt 1)、ET0 (enable timer 0)、EX0 (enable external interrupt 0)分別控制可規劃計數器陣列、定時器 2、串列通信埠、定時器 1、外部中斷輸入 $\overline{\text{INT1}}$、定時器 0、外部中斷輸入 $\overline{\text{INT0}}$。當其值為 0 時，抑制對應的中斷；當其值為 1 時，則致能對應的中斷。

IE			位址：A8H		重置值：00H		位元可存取
IE.7	IE.6	IE.5	IE.4	IE.3	IE.2	IE.1	IE.0
AFH	AEH	ADH	ACH	ABH	AAH	A9H	A8H
EA	EC	ET2	ES	ET1	EX1	ET0	EX0
IE1			位址：E8H		重置值：00H		位元可存取
IE1.7	IE1.6	IE1.5	IE1.4	IE1.3	IE1.2	IE1.1	IE1.0
EFH	EEH	EDH	ECH	EBH	EAH	E9H	E8H
-	-	-	-	EBO	-	-	-

圖 11.3-6　中斷致能暫存器(IE)內容

電壓低落中斷可以由設定 EBO (IE1.3)位元致能。若 EBO 設定為 1 而且電壓低落條件(即 V_{CC} 持續低於 V_{BOD} 一段超過四個系統時脈週期)成立時，電壓低落中斷將產生而執行位於程式記憶器位置 004BH 的程式。EBO 位元在電壓低落中斷被服務之後，必須由軟體指令清除為 0。若抑制電壓低落中斷，即清除 EBO 位元為 0，則當電壓低落條件發生時，系統將重置而由位置 0000H 處開始執行程式。

P89V51Rx2 中斷優先權暫存器

在 P89V51Rx2 中的每一個中斷來源，依據兩個中斷優先權暫存器(IP 與 IPH)的內容，均可以規劃為四個中斷優先權群中的一個。當 IPH 的內容均清除為 0 (開機時亦清除為 0)時，則與標準的 MCS-51 系統相同。IP 與 IPH 兩個暫存器的內容如圖 11.3-7 所示。

中斷優先權暫存器(IP 與 IPH 與及 IP1 與 IP1H)中的每一個位元對應一個中斷來源：PPC/PPCH (PCA)、PT2/PT2H (定時器 2)、PS/PSH (串列通信埠)、PT1/PT1H (定時器 1)、PX1/PX1H (外部中斷輸入 $\overline{\text{INT1}}$)、PT0/PT0H (定時器 0)、PX0/PX0H (外部中斷輸入 $\overline{\text{INT0}}$)、PBO/PBOH (電壓低落中斷)。IP 與 IPH 組合之後，定義了四個中斷優先權層次：IPH.x IP.x = 00 (優先權最

低)；IPH.x IP.x = 01；IPH.x IP.x = 10；IPH.x IP.x = 11 (優先權最高)。當 IPH、IP1、IP1H 均為 0 時，中斷優先權只由 IP 暫存器決定，因此與標準的 MCS-51 系統相容。

IP		位址：B8H		重置值：00H		位元可存取	
IP.7	IP.6	IP.5	IP.4	IP.3	IP.2	IP.1	IP.0
BFH	BEH	BDH	BCH	BBH	BAH	B9H	B8H
-	PPC	PT2	PS	PT1	PX1	PT0	PX0
IPH		位址：B7H		重置值：00H		非位元可存取	
7	6	5	4	3	2	1	0
-	PPCH	PT2H	PSH	PT1H	PX1H	PT0H	PX0H
IP1		位址：F8H		重置值：00H		位元可存取	
IP1.7	IP1.6	IP1.5	IP1.4	IP1.3	IP1.2	IP1.1	IP1.0
FFH	FEH	FDH	FCH	FBH	FAH	F9H	F8H
-	-	-	-	PBO	-	-	-
IP1H		位址：F7H		重置值：00H		非位元可存取	
7	6	5	4	3	2	1	0
-	-	-	-	PBOH	-	-	-

圖 11.3-7　中斷優先權暫存器(IP 與 IPH；IP1 與 IP1H)內容

當兩個或是多個中斷來源同時產生中斷時，高優先權的中斷被認知，而提供服務；若多個相同優先權群的中斷來源同時產生中斷時，P89V51Rx2 的 CPU 依據一個事先設定好的輪呼次序，決定一個中斷提供服務。P89V51Rx2 的輪呼次序為：

$\overline{\text{INT0}}$ (優先權最高)→ 電壓低落 → 定時器 0 → $\overline{\text{INT1}}$ → 定時器 1 → PCA →串列通信埠/SPI → 定時器 2 (優先權最低)。

📖複習問題

11.36. P89V51Rx2 有哪些中斷？

11.37. P89V51Rx2 有幾個中斷優先權層次？

11.38. 簡述 P89V51Rx2 的中斷的輪呼次序。

11.39. 在 P89V51Rx2 中如何定義一個中斷來源的優先權層次？

11.40. 僅由中斷優先權層次的技術層面而言，P89V51Rx2 如何與 MCS-51/52 相容？

11.4 中斷服務程式

中斷服務程式(ISR)的結構與副程式的結構類似。當一個程式欲呼叫一個副程式時，程式中使用 CALL 指令，而由副程式中欲回到主程式中時，則以 RET 指令為之；當一個中斷產生，而 CPU 在認知此一中斷後，即進入(或稱呼叫)該中斷的中斷服務程式，而由中斷服務程式中欲回到主程式中時，則以 RETI 指令為之，如表 11.4-1 所示。RET 指令與 RETI 指令的主要差別為在 RETI 指令執行後，除了由堆疊中取回歸回位址之外，也恢復中斷邏輯至與該中斷發生前，相同的優先層次，以接受其次的中斷。注意：在 MCS-51 中 PSW 在 RETI 指令執行之後，並未自動恢復為中斷之前的值。

表 11.4-1　中斷服務程式歸回指令

指令	動作	CY	AC	OV	P
RETI	自中斷服務程式中歸回主程式。	-	-	-	-

11.4.1 中斷服務程式設計

在 MCS-51/52 中除了 RST (系統重置)的中斷向量分配 3 個位元組的位置外，其它每一個中斷向量均分配 8 個位元組的位置，如表 11.3-1 所示。對於許多簡單的應用而言，8 個位元組的空間已經足夠容納一個簡單的中斷服務程式；對於較複雜的應用而言，8 個位元組的空間並無法容納需要的中斷服務程式，但是可以使用 LJMP 指令，跳到需要的中斷服務程式中執行。

設計一個中斷服務程式時，通常必須遵守下列三個步驟：

1. 撰寫中斷服務程式；
2. 在中斷向量表中的適當位置內填入中斷服務程式，或是在該位置中填入 LJMP 指令，使其跳到中斷服務程式中執行；
3. 若需要，設定中斷優先權暫存器；
4. 設定適當的中斷致能位元。

例題 11.4-1　(中斷服務程式例)

使用 MCS-51 設計一個室內人數監視器。假設入口與出口分別使用一個偵測器，當其偵測到有一個人通過時，即產生一個脈波輸出，並且分別送至 MCS-51 的外部中斷 $\overline{\text{INT1}}$(入口)與 $\overline{\text{INT0}}$(出口)輸入端。設計一個簡單的程式，計數留在室內的人數。假設同時在室內的人數不會超過 255 人。

解：完整的程式如程式 11.4-1 所示，由於只需要計數留在室內的人數，因此在程式中，使用暫存器 B，當作室內人數的計數器。主程式首先致能 $\overline{\text{INT1}}$ 與 $\overline{\text{INT0}}$ 兩個中斷，即設定暫存器 IE 為 85H，其次清除暫存器 B 為 0，接著設定 $\overline{\text{INT1}}$ 與 $\overline{\text{INT0}}$ 為位準信號觸發方式，然後進入 WAITHERE 迴圈中，等待中斷的發生。在 $\overline{\text{INT0}}$ 的中斷服務程式中，使用指令 DEC B 將計數器減 1；在 $\overline{\text{INT1}}$ 的中斷服務程式中，使用指令 INC B 將計數器加 1。由於兩個中斷服務程式都相當簡單，也都不超過 8 個位元組，因此直接置於它們的中斷向量處即可。

程式 11.4-1　例題 11.4-1 的中斷服務程式

```
                     1      ;ex1141.a51
                     2      ;an interrupt service routine example
----                 3              CSEG   AT 0000H
0000                 4              ORG    0000H
0000 020016          5              LJMP   MAIN
0003 15F0            6      INT0ISR: DEC    B
0005 32              7              RETI
0013                 8              ORG    0013H
0013 05F0            9      INT1ISR: INC    B
0015 32             10              RETI
0016 75A885         11      MAIN:    MOV    IE,#85H;enable the int0/1
0019 75F000         12               MOV    B,#00H ;clear the counter
001C D288           13               SETB   IT0 ;int0: edge sensitive
001E D28A           14               SETB   IT1 ;int1: edge sensitive
0020 80FE           15      WAITHERE: SJMP   $    ;do nothing
                    16               END
```

在 C 程式中，除了使用整數變數 cnt 取代暫存器 B 之外，其餘動作與組合語言程式相同。

```
line level     source
  1            /* ex11.4-1C.C */
  2            #include <reg51.h>
  3            void INT0_ISR (void);
  4            void INT1_ISR (void);
  5            int cnt;          /* a counter */
  6
```

```
7              void main(void)
8              {
9     1            IE = 0x85;   /* enable the int0/1  */
10    1            cnt = 0;     /* clear the counter  */
11    1            IT0 = 1;     /* int0: edge sensitive */
12    1            IT1 = 1;     /* int1: edge sensitive */
13    1            while(1);    /* do nothing */
14    1        }
15
16             void INT0_ISR (void) interrupt 0
17             {
18    1            cnt--;  /* decrement the counter */
19    1        }
20
21             void INT1_ISR (void) interrupt 2
22             {
23    1            cnt++;  /* increment the counter */
24    1        }
```

11.4.2 巢路中斷

　　與副程式一樣,中斷服務程式也可以具有巢路的結構,如圖 11.4-1 所示。若設 $\overline{INT1}$ 屬於高優先權群,而 $\overline{INT0}$ 屬於低優先權群,則當 $\overline{INT0}$ 產生中斷時,MCS-51 CPU 在接受此中斷之後,即進入中斷向量為 03H 的中斷服務程式(ISR)中執行,若此時 $\overline{INT1}$ 產生中斷,則 $\overline{INT0}$ 的中斷服務程式將被中斷(即暫停執行),而 CPU 進入 $\overline{INT1}$ 的中斷服務程式(ISR)中執行,其中斷向量為 13H。

　　CPU 在完成 $\overline{INT1}$ 的中斷服務程式的執行之後,經由 RETI 指令,恢復 CPU 內部的中斷邏輯為低優先權層次,因而回到被中斷的 $\overline{INT0}$ 的中斷服務程式中,繼續執行未完成的工作,因此產生一種巢路的中斷結構。由於在 MCS-51 中,同一個優先權群的中斷,不會為另一個相同優先權層次群的中斷所中斷,因此巢路的層次最多只為兩層。注意:在 P89V51Rx2 與 MPC82G516A 中,則為四層。

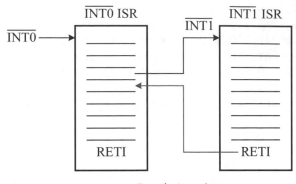

圖 11.4-1 巢路中斷示意圖

📖 複習問題

11.41. 為何在 MCS-51/52 中,巢路中斷的層次最多只有兩層?

11.42. 在 P89V51Rx2 中,巢路中斷的層次最多有幾層?

11.43. 試簡述中斷服務程式的設計步驟。

11.5 系統重置與功率控制

　　系統重置的目的在於讓 CPU 回到一個已知的初始狀態,以恢復內部的特殊功能暫存器(SFR)內容為預先設定的值,然後重新執行開機程式。功率控制的目的為適當地管理功率消耗,使得在一個特定的應用中,僅需要最小的功率消耗。在本節中,我們首先介紹系統重置,然後處理功率控制的重要議題,最後描述監視定時器(watchdog timer)的重要性與其應用。

11.5.1 MCS-51/52 系統重置

　　MCS-51 的系統重置動作由啟動 RST 信號完成,當系統的時脈信號啟動之後,設定 RST 信號為高電位,並且延續兩個機器週期(即 24 個時脈週期)以上時,MCS-51 即產生系統重置動作。

　　在 MCS-51 系統重置後,SFR 內容如下:

1. PC、ACC、暫存器 B、DPTR 與PSW 均清除為 0。因此,在 RST 後,CPU 由 0000H 的位址開始執行指令。

2. SP 設定為 07H。

3. I/O 埠設定為 0FFH。

4. IP(MCS-51)設定為 xxx00000B；IP(MCS-52)設定為 xx000000B。

5. IE(MCS-51)設定為 0xx00000B；IE(MCS-52)設定為 0x000000B。

6. 定時器暫存器與 SCON 均清除為 0；SBUF 則為未定值(xxH)。

7. PCON 設定為 0xxx0000B。

　　每一個微處理器在重置(reset)信號啟動之後，除了抑制所有可抑制式中斷之外，最重要的一件事是決定第一個指令在記憶器中的位置。一般而言，有兩種方式：直接(direct)與間接(indirect)。在直接方式中，系統在重置之後，其程式計數器(PC)直接指向第一個指令所在的記憶器位置上；在間接方式中，程式計數器則含有第一個指令所在的記憶器位置之位址。前者通常使用於 Intel 相關的微處理器中；後者則由 Motorola (現在為 Freescale)公司採用於其生產的微處理器中。

　　如前所述，MCS-51 在系統重置之後，程式計數器(PC)的值被清除為 0，因此 MCS-51 由程式記憶器中的位置 0 開始執行第一個指令。

AT89S52 微控制器

　　AT89S52 微控制器的系統重置動作由啟動 RST 信號完成。當系統的時脈信號啟動之後，設定 RST 信號為高電位，並且延續兩個機器週期(即 24 個時脈週期)以上時，AT89S52 即產生系統重置動作。在監視定時器定時終了時，RST 接腳將產生一個持續 98 個系統時脈週期的高電位信號輸出。AT89S52 系統重置後的 SFR 內容，如表 11.5-1 所示。以*標示的暫存器為標準的 MCS-51 暫存器。

P89V51Rx2 微控制器

　　P89V51Rx2 微控制器的系統重置動作由啟動 RST 信號完成。當系統的時脈信號啟動之後，設定 RST 信號為高電位，並且延續兩個機器週期(即 24 個時脈週期)以上時，P89V51Rx2 即產生系統重置動作。P89V51Rx2 系統重置後的 SFR 內容，如表 11.5-2 所示。以*標示的暫存器為標準的 MCS-51 暫存器。

表11.5-1 AT89S52 在系統重置後的 SFR 預設值

F8								FF
F0	*B 00000000							F7
E8								EF
E0	*ACC 00000000							E7
D8								DF
D0	*PSW 00000000							D7
C8	T2CON 00000000	T2MOD xxxxxx00	RCAP2L 00000000	RCAP2H 00000000	TL2 00000000	TH2 00000000		CF
C0								C7
B8	*IP xx000000							BF
B0	*P3 11111111							B7
A8	*IE 0x000000							AF
A0	*P2 11111111		AUXR1 xxxxxxx0				WDTRST xxxxxxxx	A7
98	*SCON 00000000	*SBUF xxxxxxxx						9F
90	*P1 11111111							97
88	*TCON 00000000	*TMOD 00000000	*TL0 00000000	*TL1 00000000	*TH0 00000000	*TH1 00000000	AUXR xxx00xx0	8F
80	*P0 11111111	*SP 00000111	*DPL 00000000	*DPH 00000000	DP1L 00000000	DP1H 00000000		*PCON 0xxx0000	87

📖 複習問題

11.44. 試簡述系統重置的目的。

11.45. 如何讓 MCS-51 產生系統重置動作？

表11.5-2　P89V51Rx2 在系統重置後的 SFR 預設值

位址									位址
F8	IP1 xxxx0xxx	CH 00000000	CCAP0H xxxxxxxx	CCAP1H xxxxxxxx	CCAP2H xxxxxxxx	CCAP3H xxxxxxxx	CCAP4H xxxxxxxx		FF
F0	*B 00000000					FST x0xx0xxx	IP1H xxxx0xxx		F7
E8	IE1 xxxx0xxx	CL 00000000	CCAP0L xxxxxxxx	CCAP1L xxxxxxxx	CCAP2L xxxxxxxx	CCAP3L xxxxxxxx	CCAP4L xxxxxxxx		EF
E0	*ACC 00000000								E7
D8	CCON 00x00000	CMOD 00xxx000	CCAPM0 x0000000	CCAPM1 x0000000	CCAPM2 x0000000	CCAPM3 x0000000	CCAPM4 x0000000		DF
D0	*PSW 00000000					SPCTL xxxxxxxx			D7
C8	T2CON 00000000	T2MOD xxxxxx00	RCAP2L 00000000	RCAP2H 00000000	TL2 00000000	TH2 00000000			CF
C0	WDTC 00000000								C7
B8	*IP xx000000	SADEN 00000000							BF
B0	*P3 11111111	FCF xxxxxx00						IPH x0000000	B7
A8	*IE 00000000	SADDR xxxxxxxx	SPCFG 00xxxxxx						AF
A0	*P2 11111111		AUXR1 xxxxx0x0						A7
98	*SCON 00000000	*SBUF xxxxxxxx							9F
90	*P1 11111111								97
88	*TCON 00000000	*TMOD 00000000	*TL0 00000000	*TL1 00000000	*TH0 00000000	*TH1 00000000	AUXR xxxxxx00		8F
80	*P0 11111111	*SP 00000111	*DPL 00000000	*DPH 00000000		WDTD 00000000	SPDAT xxxxxxxx	*PCON 0xxx0000	87

11.46. MCS-51 在系統重置之後，由何處開始執行指令？

11.5.2　功率控制

　　在某些應用中，功率消耗為一個極為重要的因素，為了提供此種應用需求，MCS-51 定義了兩種降低功率消耗的操作模式：閒置(idle)模式與電源關閉(power down)模式。MCS-51 在進入閒置模式或是電源關閉模式後，其功率消耗可以大幅度的降低。例如 AT89S52 在正常模式中，當操作頻率為 12 MHz 時，其 I_{CC} 的最大值為 25 mA；在閒置模式中，I_{CC} 的最大值只為 6.5 mA；在電源關閉模式中，I_{CC} 的最大值只為 50 μA (V_{CC} = 2 V)。在閒置模式中，實際上的功率消耗之多寡，由啟動的 I/O 裝置之數目決定，若所有定時器與串列埠均停止動作，則消耗功率為最小。

閒置模式與電源關閉模式可以由設定 PCON(power control register)暫存器(位址為 87H，為一個非位元可存取的暫存器)中的位元 0 (IDLE)與位元 1 (PDE)進入。若同時設定位元 0 與位元 1 的值為 1，則 MCS-51 進入電源關閉模式。

PCON 暫存器的內容如圖 11.5-1 所示，它一共定義了五個位元，其中位元 2 與 3 可以由使用者自由使用為一般用途的旗號位元，其餘三個有定義的位元之功能如下：

PCON		位址：87H		重置值：00xx0000H		非位元可存取	
7	6	5	4	3	2	1	0
SMOD	-	-	-	GF1	GF0	PDE	IDLE

圖11.5-1 MCS-51 PCON 暫存器

IDLE (閒置模式致能位元，位元 0)：當設定為 1 後，MCS-51 進入閒置模式。

PDE (power down enable，電源關閉致能，位元 1)：當設定為 1 後，MCS-51 進入電源關閉模式。

SMOD(位元 7)：串列埠鮑速率倍增(baud rate doubler enable)位元，當設定為 1 後，串列埠在模式 1、2、3 中的鮑速率將倍增。

閒置模式

在閒置模式中，振盪器(OSC)電路持續動作，產生的時脈信號持續送往中斷、串列埠、定時器電路，但是停止供應 CPU 的時脈信號，因而 CPU 停止動作，如圖 11.5-2 所示；在電源關閉模式中，內部時脈電路停止動作，因而中斷、串列埠、定時器電路、CPU 等電路均停止動作。

圖11.5-2　MCS-51 功率控制模式邏輯電路圖

由於 PCON 暫存器為一個非位元可存取的暫存器，欲令 MCS-51 進入閒置模式時，可以使用指令：

　　　ORL　PCON,#00000001B　　;設定 IDLE 位元

設定 PCON.0 為 1。

在閒置模式中，內部資料暫存器與SFR的內容依然維持不變，但是CPU停止執行指令。此外 I/O 埠的各個位元的信號，維持在啟動閒置模式前之狀態，如表 11.5-3 所示。

表11.5-3　MCS-51 在閒置與電源關閉模式時外部接腳的狀態

輸出	最後的指令由內部程式記憶體執行		最後的指令由外部程式記憶體執行	
	閒置	電源關閉	閒置	電源關閉
ALE	高電位	低電位	高電位	低電位
$\overline{PSEN}$	高電位	低電位	高電位	低電位
埠 0	資料	資料	浮接	浮接
埠 1	資料	資料	資料	資料
埠 2	資料	資料	位址	資料
埠 3	資料/其它輸出	資料/最後輸出	資料/其它輸出	資料/最後輸出

在閒置模式中，I/O 埠的特殊功能持續作用，若其功能為輸出模式，則繼續提供適當的輸出值。與正常模式相同，I/O 埠在閒置模式中可以當作輸入使用，因此定時器的捕捉及重新載入動作均可以觸發，定時器可以計數外部的事件，外部的中斷也可以被偵測到，而叫醒 CPU 執行相關的中斷服務

程式。

閒置模式為一個相當有用的特性，它可以暫時停止 CPU 的指令執行，但是維持其內部的狀態，直到外部觸發事件發生為止。因此，在 RETI 指令之後，通常緊接著執行設定 IDLE 位元的指令，令 MCS-51 再進入閒置模式，直到另一個外部觸發事件發生為止。

閒置模式可以使用硬體重置(hardware reset，RST)或是一個已被致能的中斷終止。啟動的任何致能的中斷將促使硬體清除 PCON.0 位元，因此終止閒置模式。該中斷的服務程式將被執行，而在 RETI 指令後的指令將是設定 MCS-51 進入閒置模式的下一個指令。

例題11.5-1　(閒置模式控制)

修改例題 11.4-1 的程式，使其在提供外部中斷的服務之後，立即進入閒置模式。為了顯示出 MCS-51 確實因為外部中斷的啟動而離開閒置模式，連接於 P1.0 與 P1.1 接腳的 LED 將由其對應的中斷交互地改變狀態。

解：完整的程式如程式 11.5-1 所示。在主程式中，兩個LED最初均導通。在每一個中斷的 ISR 中，對應的 LED 將交互地導通或不導通。注意在由 ISR 歸回後，MCS-51 立即進入閒置模式。

程式11.5-1 閒置模式控制

```
                    1    ;ex11.5-1.a51
                    2    ;power control --- the idle mode
0090                3    LED0      EQU   P1.0
0091                4    LED1      EQU   P1.1
----                5              CSEG  AT 0000H
0000                6              ORG   0000H
0000 020018         7              LJMP  MAIN
0003 15F0           8    INT0ISR:  DEC   B
0005 B290           9              CPL   LED0 ;toggle the LED
0007 32            10              RETI
0013               11              ORG   0013H
0013 05F0          12    INT1ISR:  INC   B
0015 B291          13              CPL   LED1 ;toggle the LED
0017 32            14              RETI
0018 75A885        15    MAIN:     MOV   IE,#85H;enable the int0/1
001B 75F000        16              MOV   B,#00H ;clear the counter
```

```
001E D288          17                    SETB  IT0 ;int0: edge sensitive
0020 D28A          18                    SETB  IT1 ;int1: edge sensitive
0022 C290          19                    CLR   LED0;turn on  theLED0
0024 C291          20                    CLR   LED1;turn on the LED1
0026 438701        21        WAITHERE:   ORL   PCON,#01H;enter the IDLE mode
0029 80FB          22                    SJMP  WAITHERE
                   23                    END
```

C 語言程式如下：

```
line level        source
  1               /* ex11.5-1C.C  */
  2               #include <reg51.h>
  3               void INT0_ISR (void);
  4               void INT1_ISR (void);
  5               int cnt;          /* a counter */
  6               sbit LED0 = P1^0;
  7               sbit LED1 = P1^1;
  8
  9               void main(void)
 10               {
 11    1              IE  = 0x85;  /* enable int0/1  */
 12    1              cnt = 0;     /* clear the counter  */
 13    1              IT0 = 1;     /* int0 edge sensitive */
 14    1              IT1 = 1;     /* int1 edge sensitive */
 15    1              LED0 = 0;    /* turn on LED 0 */
 16    1              LED1 = 0;    /* turn on LED 1 */
 17    1              do
 18    1                  PCON |= 0x01;
 19    1              while(1);    /* a forever loop */
 20    1          }
 21
 22               void INT0_ISR (void) interrupt 0
 23               {
 24    1              cnt--;          /* decrement the counter */
 25    1              LED0 = ~LED0; /* toggle the LED 0 */
 26    1          }
 27
 28               void INT1_ISR (void) interrupt 2
 29               {
 30    1              cnt++;          /* increment the counter */
 31    1              LED1 = ~LED1; /* toggle the LED 1 */
 32    1          }
```

📖複習問題

11.47. 定義閒置模式與電源關閉模式。

11.48. 在閒置模式下,有那些電路依然持續工作?

11.49. 在閒置模式下,內部資料暫存器與 SFR 內容是否會消失?

11.50. 如何終止閒置模式,回復到正常模式?

11.51. 當使用閒置模式時,為何緊接於 RETI 指令後的指令,通常為設定 IDLE 位元的指令?

電源關閉模式

若希望更進一步節省系統的功率消耗,可以設定 PCON 暫存器中的 PDE 位元,啟動 MCS-51 的電源關閉模式。在電源關閉模式下,內部時脈電路停止動作,因此除了內部資料暫存器與 SFR 的內容依然維持不變外,所有動作均停止。啟動電源關閉模式的指令為:

ORL　PCON,#00000010B　;設定 PDE 位元

CPU 在執行此指令後,即停止執行其它指令。此外 I/O 埠的各個接腳的信號,均維持在啟動電源關閉模式前之狀態,如表 11.5-3 所示。

在標準的 MCS-51 中,唯一能終止電源關閉模的方法為硬體重置(經由 RST 輸入)。在重置之後,SFR 的內容恢復到預先設定的值,但是內部 RAM 的內容依然維持不變。這在實際應用中將造成困擾,為了彌補此項困擾,目前許多 MCS-51 衍生微控制器,也提供使用外部中斷終止電源關閉模式的方法。中斷的方式允許 SFR 與內部 RAM 的內容均維持不變。

在使用外部中斷 $\overline{INT0}$(或是 $\overline{INT1}$)終止電源關閉模式的方法中,$\overline{INTx}$ 必須設定為位準觸發(level-sensitive)方式,而且致能其動作。由於在電源關閉模式中,允許的電源電壓位準可以低至 40 % (即 2 V),因此在終止電源關閉模式時,必須在確定電源電壓已經恢復到正常值時,才啟動系統重置(RST)或是外部中斷 $\overline{INTx}$,而且啟動後必須維持一段足夠的時間,(通常小於 10 ms),以令內部時脈電路重新啟動,並且輸出穩定的時脈信號。

在結束中斷服務程式的執行(即在 RETI 指令)之後,通常緊接著執行設

定 PDE 位元的指令，令 MCS-51 再進入電源關閉模式，直到另一個外部觸發
事件發生為止。

📖 複習問題

11.52. 定義電源關閉模式，如何啟動電源關閉模式。

11.53. 在電源關閉模式下，有那些電路依然持續工作？

11.54. 在電源關閉模式下，內部 RAM 與 SFR 內容是否會消失？

11.55. 如何終止電源關閉模式，回復到正常模式？

11.5.3　監視定時器

　　監視定時器(watchdog timer，WDT)為一種硬體計時器，當系統的主程
式發生某些錯誤事件時，例如軟體死結(software deadlock)，或未於預定期限
內重新設定該定時器，將產生系統重置，讓系統回到初始狀態，重新啟動該
系統。由於監視定時器並非是 MCS-51 的標準特性，每一個 MCS-51 衍生微
控制器可能有其各自的監視定時器。因此，在使用監視定時器時，必須先詳
閱相關的資料。下列將舉兩個實例說明。

AT89S52 微控制器

　　在 AT89S52 中，WDT 由一個 14 位元計數器與一個監視定時器重置
(watchdog timer reset，WDTRST)暫存器(SFR 位址為 0A6H)組成。在系統重
置後，WDT 被抑制。欲致能 WDT，必須對僅能寫入的 WDTRST 暫存器連續
寫入 1EH 與 0E1H 兩個位元組。一旦 WDT 啟動，除了系統重置或是 WDT
溢位產生的系統重置之外均無法抑制 WDT 的動作。

　　WDT 啟動後，在系統時脈運作期間，WDT 計數器在每一個機器週期將
其計數值增加 1。當 14 位元的 WDT 計數器抵達 16383 (3FFFH)時產生溢位，
並於 RST 接腳產生一個為期 98 個時脈週期的 RESET 脈波輸出，以重置系
統。欲避免系統被重置，應用程式必須至少在每 16383 個機器週期內對
WDTRST 暫存器寫入 1EH 與 0E1H 兩個位元組，以重新啟動 WDT 計數器。

　　因為在電源關閉模式中，系統時脈停止運作，因而 WDT 計數器亦停止

計數。在此模式下，應用程式不需要照顧 WDT 計數器。當電源關閉模式由硬體重置終止時，對於 WDT 的處理應該與正常的系統重置動作相同。

WDT 在外部中斷 $\overline{\text{INTx}}$ 啟動期間必須避免啟動系統的重置動作。在用來終止電源關閉模式的中斷服務程式中，建議重置 WDT。為了確保 WDT 不會在終止電源關閉模式後的幾個狀態即產生溢位，最好在進入電源關閉模式前，重新啟動 WDT。

在進入閒置模式前，AT89S52 使用 AUXR 暫存器中的 WDIDLE 位元決定 WDT 在閒置模式中是否繼續計數。若 WDIDLE 位元為 0，WDT 繼續計數。在此情況下，為防止 WDT 重置微控制器，應用程式應該設定一個定時器週期性地終止閒置模式，以重新設定 WDT，然後再進入閒置模式。若 WDIDLE 位元為 1，WDT 在閒置模式將停止計數，而於閒置模式被終止後，再繼續計數。AUXR 暫存器的內容如圖 11.5-3 所示。

AUXR			位址：8EH		重置值：xxx00xx0B		非位元可存取
7	6	5	4	3	2	1	0
-	-	-	WDIDLE	DISRTO	-	-	DISALE

圖11.5-3　AT89S52 的 AUXR 暫存器內容

AUXR 暫存器只定義三個位元：DISALE、DISRTO、WDIDLE。這些位元的意義如下：

DISALE (disable/enable ALE output，位元 0)：當它清除為 0 時，ALE 輸出接腳輸出一個 1/6 系統時脈頻率的常數速率信號。當它設定為 1 時，ALE 輸出接腳只在 MOVX 與 MOVC 指令執行時啟動。

DISRTO (disable/enable reset out，位元 3)：當它清除為 0 時，RST 輸出接腳在 WDT 溢位時輸出一個高電位信號。當它設定為 1 時，RST 輸出接腳只能當作輸入接腳。

WDIDLE (disable/enable WDT in the idle mode，位元 4)：當它清除為 0 時，WDT 在閒置模式時繼續計數。當它設定為 1 時，WDT 在閒置模式時停止計數。

P89V51Rx2 微控制器

WDT 包含一個預置計數器與一個 8 位元 WDT 計數器。WDT 使用系統時脈當作時間基準，其 8 位元 WDT 計數器每 344064 個系統時脈週期增加 1。若 WDT 重置功能致能時，每當 WDT 溢位時，將產生系統重置，並由 RST 接腳輸出重置信號，以重置外部電路。

WDT 的動作由兩個 SFR 控制：監視定時器資料與重新載入(WDTD)暫存器(位址為 85H)、監視定時器控制(WDTC)暫存器(位址為 0C0H)。8 位元的 WDTD 暫存器當作 WDT 計數器的重新載入暫存器。WDTC 暫存器的定義如圖 11.5-4 所示，其各個位元的功能如下。

WDTC		位址：C0H		重置值：00H		位元可存取	
WDTC.7	WDTC.6	WDTC.5	WDTC.4	WDTC.3	WDTC.2	WDTC.1	WDTC.0
C7H	C6H	C5H	C4H	C3H	C2H	C1H	C0H
-	-		WDOUT	WDRE	WDTS	WDT	SWDT

圖 11.5-4 P89V51Rx2 的 WDTC 暫存器內容

WDOUT (watchdog output enable，位元 4)：若此位元與 WDRE 位元均設定為 1 時，每當 WDT 溢位時，RST 輸出接腳將輸出一個 32 個時脈週期長的重置信號。

WDRE (watchdog timer reset enable，位元 3)：若此位元設定為 1 時，致能 WDT；若此位元清除為 0 時，抑制 WDT。

WDTS (watchdog timer reset flag，位元 2)：由 WDT 溢位邏輯設定，以指示 WDT 重置已經發生。此位元並不受 WDT 重置的影響，因此必須寫入 1，以清除其狀態。

WDT (watchdog timer reflesh，位元 1)：由軟體設定以強制 WDT 重置。

SWDT (start watchdog timer，位元 0)：若此位元設定為 1 時，啟動 WDT；若此位元清除為 0 時，停止 WDT。

在閒置模式期間，WDT 動作將暫時擱置，而於閒置模式由外部中斷 $\overline{\text{INTx}}$ 終止後再繼續。WDT 的定時週期可以計算如下：

週期 $= (255 - \text{WDTD}) \times 344064 \times 1/f_{\text{系統時脈}}$

其中 WDTD 為載入 WDTD 暫存器的值。

📖 複習問題

11.56. WDT 的主要功能為何？

11.57. AT89S52 的 WDT 有何特性？

11.58. P89V51Rx2 的 WDT 有何特性？

11.6 參考資料

1. Atmel Corporation, *AT89S52: 8-bit Microcontroller with 8K Bytes In-System Programmable Flash*, Data Sheet, 2008.

2. Han-Way Huang, *Using MCS-51 Microcontroller*, New York: Oxford University Press, 2000.

3. Intel, *MCS-51 Microcontroller Family User's Manual*, Santa Clara, Intel Co., 1994. (http://developer.intel.com/design/mcs51/hsf_51.htm)

4. M. Morris Mano, *Computer System Architecture*, 3rd. ed., Englewood Cliffs, NJ:Prentice-Hall, 1993.

5. NXP Semiconductors (Philip Corporation), *P89V51RB2/RC2/RD2: 8-bit 80C51 5-V low power 16/32/64 kB flash microcontroller with 1 kB RAM*, 2009.

11.7 習題

11.1 CPU 在何種情況下會接受一個外部的中斷？一旦CPU 接受一個外部(或內部)中斷之後，它通常會做那些事情？

11.2 利用 MCS-51 的 $\overline{INT0}$ 中斷輸入線，設計一個電源中斷偵測電路。當此電路偵測到外部電源中斷時，即對 CPU 產生 $\overline{INT0}$ 的中斷。CPU 在接受 $\overline{INT0}$ 中斷後，即執行一個 $\overline{INT0}$ 的中斷服務程式，儲存 CPU 內部所有暫存器內容於一個具有充電電池輔助電源的 SRAM 中。假設此 SRAM 的位址區為 0C000H 到 0C07FH，而且系統中的濾波電容在電源中斷之後，至少仍能維持 100 ms 的穩定電源。

11.3 在每一個微處理器中，假設只有一條可抑制式的外部中斷輸入線 INT，但是在實際的應用系統中，有多個 I/O 裝置都使用中斷的方式，要求 CPU 與該 I/O 裝置交換資料，試問有那些方法可以擴充 CPU 的 INT 輸入線為多條中斷輸入線，提供各個 I/O 裝置使用？

11.4 設計一個入侵警告系統，並寫一個程式在每一次連接於門口感測器的 $\overline{INT0}$ 輸入(P3.2)端偵測到一個負緣信號時，即輸出一個持續 2 秒鐘的 440 Hz 的信號於連接於 P1.2 接腳的蜂鳴器。

11.5 回答下列問題：

(1) 若 IP 暫存器的所有位元均清除為 0，則當 TF0 與 TF1 位元均設定為 1 時，將發生什麼事？

(2) 若 IP 暫存器的所有位元均清除為 0，則當 $\overline{INT0}$ 與 $\overline{INT1}$ 同時啟動時，將發生什麼事？

(3) 若 IP 暫存器的 PX0 與 PX1 位元均設定為 1，則當 $\overline{INT0}$ 與 $\overline{INT1}$ 同時啟動時，將發生什麼事？

11.6 若 IP 暫存器的所有位元均清除為 0，則當 IE 暫存器中的 EA、ES、ET0 位元均設定為 1 時，串列埠的中斷僅在定時器 0 的中斷被服務後才被服務。試問當這兩個中斷同時發生時，如何讓串列埠的中斷先被服務？

11.7 假設 $\overline{INT0}$ 中斷輸入(P3.2)連接於一個 1 kHz 的時脈信號輸入。寫一個程式每當 $\overline{INT0}$ 中斷輸入偵測到一個負緣時即輸出一個寬度為 250 μs 的正向脈波於 P1.0 接腳。

12 基本 I/O觀念與界面

在了解微處理器(CPU)的軟體模式與硬體模式之後，接著是探討如何輸入外部資料到微處理器內進行處理，及顯示處理後的結果。外部的資料可以是數位資料或是類比資料；欲顯示的結果也可以是數位資料或是類比資料。以較通俗的術語而言，產生外部資料的裝置稱為輸入裝置(input device)；顯示結果的裝置稱為輸出裝置(output device)。由於在一個微處理器系統中，通常有許多輸入裝置，或是輸出裝置，因此必須有一個適當的方法，稱為 I/O 結構(I/O structure)，以有組織性、結構性的方式安排這些裝置，使微處理器較易於存取這些裝置。

在本章中，我們將依序討論微處理器系統中常用的I/O基本結構、I/O資料轉移方式、實際的界面問題考慮及數位與類比資料的轉換電路與應用。

12.1 I/O 基本結構

所謂的I/O結構為使用適當的界面電路(interface circuit)連接一個I/O裝置到微處理器的一個可以使用指令存取的位址空間的方式。界面電路也稱為 I/O 界面(I/O interface)。本節將依序討論 I/O 裝置(input/output device)與界面電路、輸入埠(input port)、輸出埠(output port)、獨立式 I/O(isolated I/O)結構、記憶體映成 I/O (memory mapped I/O)結構等。

12.1.1 I/O 裝置與界面電路

所謂 I/O 裝置即是執行微處理器系統所賦予的一些對外(指微處理器以外)事件的電子元件或裝置,例如顯示出微處理器系統內部計算的結果,或是輸入資料於微處理器系統內部作處理等裝置。I/O 裝置也稱為周邊裝置(peripheral devices)。常用的 I/O 裝置包括開關、LED、鍵盤、CRT 顯示器、LCD 顯示器、磁碟機、光碟機、卡式磁帶機、A/D 及 D/A 轉換器等。

I/O 裝置類型

以微處理器的觀點而言,若一個裝置只能由微處理器對其做寫入動作而不能讀取時,稱為輸出裝置;若一個裝置只能由微處理器自其中讀取資料而不能寫入時,稱為輸入裝置;若一個裝置不但可以輸出資料予微處理器,而且可以接受微處理器寫入的資料,則稱為輸入/輸出裝置(input/output device),簡稱 I/O 裝置。上述三種裝置一般均統稱為 I/O 裝置或周邊裝置。

為了界接I/O裝置到微處理器,I/O裝置與微處理器之間必須有一個界面電路,以轉換來自 I/O 裝置的資料格式為微處理器所能接受的格式,及轉換微處理器輸出的資料格式為 I/O 裝置需要的格式,並且當作緩衝器,協調兩者之間的速度,完成彼此之間的資料轉移。

由微處理器的觀點,界面電路必須包含一組可以由程式指令存取的暫存器,稱為該界面電路的規劃模式,但是通常稱為 I/O 埠(I/O port),當作微處理器與界面電路之間交換資料的窗口。每一個 I/O 埠皆必須擁有一個唯一的位址,稱為埠位址(port address),使微處理器可以隨意的存取該 I/O 埠。

I/O 埠一般可以分成三種:資料埠(data port)、狀態埠(status port)、控制埠(control port)。資料埠當作微處理器與I/O裝置之間的資料緩衝器;狀態埠保留 I/O 裝置的狀態資訊,微處理器可以經由這些資訊得知目前 I/O 裝置的操作情形;控制埠由微處理器設定其值以控制 I/O 裝置的動作。在簡單的界面電路中,可能只有資料埠而無狀態埠與控制埠,或是狀態埠與控制埠合併成一個I/O埠。

I/O 結構

在微處理器系統中，I/O 埠位址的提供方式有兩種：記憶體映成 I/O 與獨立式 I/O。在記憶體映成 I/O 方式中，記憶體與 I/O 埠位址使用相同的記憶體位址空間，所有能存取記憶體的指令，皆能存取 I/O 埠；在獨立式 I/O 方式中，記憶體與 I/O 埠分別使用不同的位址空間，分別稱為記憶體位址空間與 I/O 位址空間，在這種方式中，I/O 埠必須使用特殊的 I/O 指令存取，以告知外界電路目前正在使用 I/O 位址空間，因而存取 I/O 埠。

總之，一個 I/O 裝置界面電路(簡稱界面電路或是裝置界面)除了依據微處理器所給予的命令，控制 I/O 裝置的動作之外，通常也擔任微處理器與 I/O 裝置之間的資料格式轉換工作，及交換資料時的資料緩衝器。

📖 複習問題

12.1. 界面電路的兩個主要功能為何？

12.2. 試定義輸出裝置與輸入裝置。

12.3. 試定義 I/O 埠、資料埠、控制埠、狀態埠。

12.4. 在微處理器系統中，I/O 埠位址的提供方式有那兩種？

12.5. 試簡述記憶體映成 I/O 與獨立式 I/O 的意義。

12.1.2 輸入埠與輸出埠

如前所述，一個簡單的界面電路通常只有資料埠而無狀態埠與控制埠。資料埠依其資料的流向可以分成輸入埠與輸出埠兩種。以微處理器的觀點而言，若一個資料埠中的資料是由 I/O 裝置流向微處理器時，稱為輸入埠；若一個資料埠中的資料是由微處理器流向 I/O 裝置時，稱為輸出埠。

輸入埠

圖 12.1-1(a)所示的開關電路，為一個簡單的輸入裝置與界面電路的組合，其中 DIP 開關為輸入裝置，而 74xx373 與提升電阻組成界面電路。界面電路的 I/O 規劃模式(即由程式設計的觀點而言，所能對界面電路存取的暫存

器)，包括一個 8 位元的輸入埠，稱為開關資料緩衝器(switch data buffer，SDB)，如圖 12.1-1(b)所示。SDB 的每一個位元對應於一個開關的設定值。

　　為了能讀取圖中的開關設定狀態，程式必須執行一個指令，轉移 SDB 的內容至微處理器的內部暫存器(在 MCS-51 中為累積器 A)中。一旦資料在微處理器內，它即可以如同其它資料一樣加以處理。在此例中，由微處理器的觀點而言，SDB 只能讀取而已，任何微處理器對它的寫入動作，均不發生效應，因此 SDB 為一個輸入埠。

圖 12.1-1　簡單的輸入埠例：(a)電路；(b)規劃模式

輸出埠

　　圖 12.1-2(a)所示為一個簡單的輸出裝置與界面電路的組合，其中兩個七段顯示器為輸出裝置，而 74xx373 與兩個解碼器組成界面電路。圖 12.1-2(a)的功能為解釋一個位元組資料為兩個 4 位元的十六進制數字，並顯示於兩個

七段顯示器上。界面電路的 I/O 規劃模式為一個 8 位元的顯示資料緩衝器 (display data buffer，DDB)，如圖 12.1-2(b)所示。為了能顯示兩個數字，微處理器必須寫入一個 8 位元的資料到 DDB 內。由微處理器的觀點而言，DDB 是一個只能寫入的裝置，任何微處理器對它的讀取動作，均產生不確定的結果，因此 DDB 為一個輸出埠。

圖 12.1-2　簡單的輸出埠例：(a)電路；(b)規劃模式

雙向埠

　　另外一種常用的資料埠結合了輸出埠與輸入埠為一體，稱為雙向資料埠(bidirectional data port)或稱為雙向輸入/輸出埠(雙向 I/O 埠)。在雙向資料埠中，在資料輸出的方向上通常有一個輸出埠，以持住輸出的資料；在資料輸入的方向上通常只有一個三態緩衝閘，以回送輸出埠上門住的資料到 I/O 匯流排上，如圖 12.1-3 所示。

　　在雙向資料埠中的輸入埠只使用三態緩衝閘而不用暫存器的原因，是因為其欲讀取的資料為 I/O 裝置上的資料，而該資料通常由 I/O 裝置閂住。輸出埠上的三態緩衝閘在輸入模式時，必須關閉，以防止輸出埠上的資料干擾到輸入埠上的輸入資料。輸入埠上的三態緩衝閘在不讀取輸入埠時，必須關閉，以防止 I/O 裝置上的資料干擾到 I/O 匯流排。

由於在雙向 I/O 埠中的輸出埠只能寫入而輸入埠只能讀取，一般為了提高 I/O 埠位址空間的使用效率，輸出埠與輸入埠通常使用相同的埠位址，至於實際上存取的是輸出埠或是輸入埠則由存取的動作是寫入或是讀取決定。使用雙向 I/O 埠的優點為 I/O 埠需要的接腳較少；缺點則是需要較多的硬體電路。

圖 12.1-3　輸入/輸出埠(雙向 I/O 埠)例：(a)電路結構；(b)規劃模式

📖 複習問題

12.6. 試比較 I/O 裝置與界面電路的差異。

12.7. 試定義輸出埠、輸入埠、雙向 I/O 埠。

12.8. 試定義 I/O 規劃模式。

12.1.3 獨立式 I/O 結構

如前所述，在獨立式 I/O 方式中，記憶器與 I/O 埠分別使用不同的位址空間，分別稱為記憶器位址空間與 I/O 位址空間。在實際的微處理器系統中，這兩組互相獨立的位址空間，通常由同一組位址匯流排與資料匯流排提供，而由一個特別的控制信號 $M/\overline{IO}$，區別目前是存取記憶器位址空間，或是 I/O 位址空間，以減少 I/O 接腳的數目。在執行一般的指令時，均存取記憶器位址空間($M/\overline{IO} = 1$)；當執行 I/O 指令時，則存取 I/O 位址空間($M/\overline{IO} = 0$)。

　　獨立式 I/O 的基本結構如圖 12.1-4 所示。每一個 I/O 裝置與 CPU 之間的通信，都是經由特殊的 I/O 匯流排完成。如同記憶器匯流排，此 I/O 匯流排通常亦由位址線、資料線與控制線組成，位址線允許一個程式(或 CPU)，從多個不同的 I/O 裝置中，選出一個連接到系統上；資料線則載送實際參與轉移的資料；控制線則控制上述兩項動作的完成。

(a)　　　　　　　　　　　　　　　　　(b)

圖 12.1-4　獨立式 I/O 結構(8086 或 80286↑在實址模式)：(a)系統結構；(b)位址空間

　　I/O 匯流排的寬度(位元數目)通常不需要與記憶器匯流排相符合。例如在 8086/80286 中，記憶器匯流排有 20 條位址線與 16 條資料線；而其 I/O 匯流排則有 16 條位址線與 8 條或 16 條資料線(隨系統而定)。雖然 I/O 匯流排與記憶器匯流排常常共用某些接線(諸如位址線)，但是在邏輯上它們仍然是獨立的。兩個數值相同的位址線，依然代表著不同的意義，因為有一條來自微處理器發出的控制信號($M/\overline{IO}$)，區別記憶器與 I/O 的動作。例如：位址為 0F0H 的 I/O 裝置與位址為 0F0H 的記憶器位置是截然不同的。

　　在獨立式 I/O 中，I/O 埠的存取必須使用特殊的 I/O 指令完成。例如在

x86/x64 微處理器中，轉移累積器 AL 內容與 I/O 埠資料的指令為：

IN   AL,PORT   ; AL←[PORT]

OUT   PORT,AL   ; [PORT]←AL

其中 PORT 為一個位元組的 I/O 埠位址(共有 256 個)。這兩個指令皆為二個位元組長度，且不影響狀態位元，其格式如圖 12.1-5 所示。

(a) Opcode   (b) Opcode

圖 12.1-5   x86/x64 微處理器的(a) IN 與(b) OUT 指令格式

IN 與 OUT 指令執行簡單的資料轉移，除了它們的對象是一序列的 I/O 埠，而不是一序列的記憶器位元組之外，它們的動作與資料轉移指令 MOV 類似。

📖複習問題

12.9. 試比較 I/O 匯流排與記憶器匯流排的差異。

12.10. CPU 何時會啟動 I/O 匯流排？

12.12. 試解釋 M/$\overline{\text{IO}}$ 控制信號的功用。

12.1.4 記憶器映成 I/O 結構

如前所述，I/O 匯流排與記憶器匯流排相當的類似，都由位址匯流排、資料匯流排、控制信號組成，其唯一的差別是 M/$\overline{\text{IO}}$ 控制信號的值不同；而 I/O 指令則類似於記憶器的資料轉移指令。在記憶器映成 I/O 結構中，則消除這些"類似"現象，直接移除 I/O 匯流排與 I/O 指令，而將 I/O 埠當作記憶器一樣來處理。即在記憶器映成 I/O 方式中，記憶器與 I/O 埠位址使用相同的記憶器位址空間，所有能存取記憶器的指令，也皆能存取 I/O 埠。

圖 12.1-6 說明具有記憶器映成 I/O 的微處理器系統的硬體結構。記憶器及所有的 I/O 埠與 CPU 之間的通信，皆使用相同的記憶器匯流排。每一個 I/O 埠皆佔有微處理器的記憶器位址空間中的一個位址。每一個輸入埠皆可

以對該埠位址做讀取動作的指令反應；每一個輸出埠，均會對該埠位址做寫入動作的指令反應。

圖 12.1-6　記憶器映成 I/O 結構：(a)系統結構；(b) I/O 位址空間例

　　獨立式 I/O 結構必須在具有特殊的 I/O 指令的微處理器中才可以使用；而記憶器映成 I/O 結構則為任何微處理器均可以使用的一種 I/O 結構，即使在具有獨立式 I/O 結構的微處理器中也可以使用此種結構。一般而言，當使用記憶器映成 I/O 結構設計系統時，硬體系統設計者必須保留部分的記憶器位址空間給予 I/O 埠使用，例如在保留最高位址區的 4k 位元組，因為中斷向量區通常位於記憶器位址空間的最低位址區。當然，任何沒有記憶器元件佔用的記憶器位址空間，皆可以當作為 I/O 埠的位址區。

　　在 MCS-51 中，由於未提供特殊的 I/O 指令，記憶器映成 I/O 結構成為唯一的外加 I/O 界面方式。對於輸入埠而言，可以使用程式記憶器的位址空間，而使用指令 MOVC　A,@A+DPTR 存取；對於輸出埠而言，可以使用外部 RAM 的位址空間，而使用指令 MOVX　@DPTR,A 存取。但是一個 I/O 裝置的界面電路通常均包含輸入埠、輸出埠、雙向資料埠，因此在設計 MCS-51 的外加 I/O 裝置界面電路的結構時，必須使用外部 RAM 的位址空間，而使用指令 MOVX 存取。

　　使用記憶器映成 I/O 結構的優點為：

1. 在微處理器中不必騰出運算碼或電路予 I/O 指令使用；

2. 任何記憶器運算指令，皆可以直接用來處理 I/O 埠；

3. I/O 埠位址數目幾乎是無限的(由記憶器位址空間決定)。

當然，它也有缺點：

1. 微處理器的部分記憶器空間被佔用；

2. 界面需要更複雜的位址解碼電路，以認知較長的位址；

3. 任何 I/O 裝置的錯誤 I/O 動作，均可能造成記憶器內容的破壞。

📖複習問題

12.12. 在 MCS-51 中，若希望外加 I/O 裝置的界面電路時，必須使用那一種 I/O 結構？

12.13. 試簡述記憶器映成 I/O 結構的優點與缺點。

12.14. 具有獨立式 I/O 結構的微處理器，是否可以使用記憶器映成 I/O 結構？

12.2 I/O 資料轉移方式

在使用適當的界面電路連接 I/O 裝置到微處理器時，即定義好系統的 I/O 結構後，其次的問題為考慮 I/O 裝置與微處理器之間的資料轉移。這裡所謂的資料轉移為兩個動作的統稱：由微處理器寫入資料到 I/O 裝置或是微處理器由I/O 裝置中讀取資料。一般而言，微處理器或 I/O 裝置都可以啟動I/O 資料的轉移動作。至於以何者啟動較為有利(即微處理器等待 I/O 裝置的時間較短)、適當或是簡單，將是本節的主題。

12.2.1 I/O 資料轉移基本方式

由微處理器啟動的 I/O 資料轉移可以分成：無條件 I/O 資料轉移與條件式 I/O 資料轉移兩種；由裝置啟動的 I/O 資料轉移可以分成：中斷式 I/O 與 DMA(即區段資料轉移)兩種。這些 I/O 資料轉移方式的重要特性如表 12.2-1 所示。

表 12.2-1　I/O 資料轉移方式

轉移類型	由程式設定的初值	程式動作
CPU 啟動轉移 ● 條件性又稱輪呼式 I/O 或程式 I/O)	設定裝置界面暫存器初值。	測試裝置狀態直到該裝置備妥，然後轉移資料。
裝置啟動轉移 ● 中斷 I/O	1. 設定裝置初值，備妥以中斷方式轉移資料； 2. 致能中斷。	1. 當中斷發生時，轉移資料； 2. 在資料轉移後，清除中斷旗號，以致能中斷。
● DMA(即區段資料轉移方式)	1. 設定裝置初值； 2. 設定 DMAC 暫存器： 　● 位元組計數器 　● 位址 3. 啟動 DMAC。	處理其它事情，在區段資料轉移完畢後，才接受 DMAC 的中斷。

　　無條件 I/O 資料轉移可以視為條件式 I/O 資料轉移的一個特例，即測試條件永遠成立；條件性資料轉移也稱為程式 I/O (programmed I/O)或輪呼式 I/O (polling I/O)。因此，I/O 資料轉移方式可以歸納成為下列三種：

1. 輪呼式(或程式)I/O：CPU 啟動的 I/O 資料轉移；

2. 中斷式 I/O：裝置啟動的 I/O 資料轉移；

3. DMA：裝置啟動的區段資料轉移。

📖 複習問題

12.15. 試簡述資料轉移一詞的意義。

12.16. 為何無條件 I/O 資料轉移可以視為條件式 I/O 資料轉移的一個特例？

12.17. 由裝置啟動的 I/O 資料轉移可以分成那兩種？

12.2.2 輪呼式(程式)I/O

　　在輪呼式 I/O 中，當未發生實際資料轉移之前，CPU 必須檢查周邊裝置界面的狀態，以決定那一個周邊裝置已經備妥資料轉移。這類型資料轉移方式的動作可以分成三步驟，其動作流程如下：

輪呼式 I/O 動作流程

1. 自周邊裝置讀取狀態資訊；

2. 測試該資訊以決定周邊是否已經備妥資料轉移。若是，則進行步驟 **3**；否則，回到步驟 **1**；

3. 執行實際的資料轉移。

　　CPU 的程式持續執行步驟 **1** 與 **2**，直到 I/O 裝置備妥資料轉移為止，這個迴路稱為等待迴路(waiting loop)，因為 CPU 一直停留在此迴路中，等待 I/O 裝置備妥資料轉移。一旦 I/O 裝置備妥資料轉移時，CPU 即開始執行實際的資料轉移動作(步驟 **3**)。然後，在資料轉移動作完成之後，CPU 才繼續執行程式的其餘部分。

　　輪呼式 I/O 資料轉移的最大缺點是 CPU 耗費太多的時間在等待迴路上，因為 CPU 執行一個指令時，需要的時間約為幾個μs 或幾個 ns；而 I/O 裝置一般執行一個動作，都需要數個 ms 到數十個 ms，甚至上百個 ms。因此，CPU 往往需要花費相當長的一段時間，等待 I/O 裝置備妥資料轉移。

📖複習問題

12.18. 試簡述輪呼式(程式)I/O 的資料轉移動作的三大步驟。

12.19. 試簡述輪呼式(程式)I/O 的優點與缺點。

12.20. 為何在輪呼式 I/O 資料轉移方式中的最大缺點是微處理器耗費太多的時間在等待迴路上？

12.2.3 中斷式 I/O

　　中斷式 I/O 的 I/O 資料轉移動作為最有效率的一種，因為微處理器並不需要盲目的等待 I/O 裝置備妥轉移的動作。相反地，微處理器可以自由的處理其它事情，直到 I/O 裝置發出中斷為止，然後微處理器執行該裝置的中斷服務程式，轉移需要的資料，再回到被中斷的程式中，繼續執行未完成的工作。在中斷式 I/O 的資料轉移動作中，主程式與中斷服務程式的動作流程分別如下：

主程式的動作流程：

1. 設定中斷的初值(例如致能中斷與設定中斷向量)；
2. 設定界面電路相關位元，以備妥中斷式 I/O 資料轉移；
3. 微處理器處理其正常的程式。

中斷服務程式(ISR)的動作流程：

1. 讀取 I/O 裝置的狀態；
2. 若狀態顯示有錯誤發生，則執行錯誤處理程式；否則，轉移資料；
3. 清除中斷狀態旗號，然後回到被中斷的程式中，繼續執行。

📖 複習問題

12.21. 為何中斷式 I/O 的資料轉移為最有效率的一種？
12.22. 試簡述在中斷式 I/O 的資料轉移動作中，主程式的動作流程。
12.23. 試簡述在中斷式 I/O 的資料轉移動作中，中斷服務程式的動作流程。

12.2.4 直接記憶器存取(DMA)

所謂 DMA (direct memory access，直接記憶器存取)的觀念為允許一個 I/O 裝置的界面電路快速地直接與記憶器轉移資料，而不需要經由微處理器 (CPU)的參與，如圖 12.2-1 所示。圖 12.2-1(a)為一個在 CPU 控制下的動作，所有記憶器與裝置界面之間的資料轉移，必須透過 ACC(或是 CPU 的資料暫存器)作為媒介，才能完成；圖 12.2-1(b)為在 DMA 控制下的資料轉移路徑，即記憶器可以直接與裝置界面轉移資料。

DMA 控制器

通常 CPU 為系統匯流排的控制者，即它提供每一個資料轉移動作的位址與控制信號。但是在 DMA 動作中，DMA 控制器(DMA controller，DMAC)暫時作為系統匯流排的控制者，以直接控制一個裝置與主記憶器之間的資料轉移。

圖 12.2-1　(a) CPU 與 (b) DMA 控制下的資料轉移動作

由於 DMA 方式的資料轉移，直接發生於裝置及主記憶器之間，所以它對微處理器狀態並無影響，唯一對程式的效應是指令偶而需要較長的執行時間，因為它們彷彿等待了一個"速度較慢"的記憶器存取動作。

幾乎所有微處理器皆有一條 HOLD (亦稱 bus request，BR)控制輸入線，當此控制線啟動後，微處理器於目前匯流排週期結束後，即設定其所有三態匯流排(位址匯流排、資料匯流排、$\overline{IOR}$ 、$\overline{MEMR}$ 、$\overline{IOW}$ 與 $\overline{MEMW}$)於高阻抗狀態，以有效地由系統匯流排中移開，如圖 12.2-2 所示，然後啟動一個認知信號 HLDA (亦稱 bus grant，BG)，告知 DMAC 裝置，現在已經可以啟用系統匯流排了。

圖 12.2-2　DMA 資料轉移的控制信號

只要 HOLD 維持於啟動狀態，而 HLDA 信號為真("1")，DMAC 即能控制系統匯流排，而使周邊裝置直接與記憶器轉移資料。轉移的方式可以分成：一次一個區段資料及一次一個位元組等兩種。前者為暫停 CPU 的動作，直到整個區段資料轉移完成為止，這種方式稱為持住模式(hold mode)或是稱為猝發模式(burst mode)；後者則在微處理器執行每一個指令期間，竊取一個匯流排週期，以轉移一個位元組資料，這種方式稱為週期竊取(cycle stealing)模式。注意：在週期竊取模式的 DMA 中，微處理器只需要延長指令動作一個匯流排週期，提供記憶器與 I/O 裝置之間的轉移資料，並不需要暫停其動作。

　典型的 DMA 控制器(DMAC)方塊圖，如圖 12.2-3 所示。它主要由位址暫存器、位元組計數器、控制暫存器與一些位址線及控制線組成。它與 CPU 的界面包括資料匯流排、晶片選取($\overline{\text{CS}}$)、暫存器選取(A1、A0)、$\overline{\text{IOR}}$、$\overline{\text{IOW}}$、HOLD、HLDA、RESET 與中斷(INT)；與周邊裝置的界面包括 DMA 要求(DREQ)、DMA 認知(DACK)、$\overline{\text{IOR}}$ 與 $\overline{\text{IOW}}$ 控制線；與記憶器界面包括位址匯流排、$\overline{\text{MEMR}}$、$\overline{\text{MEMW}}$ 等。

　位址暫存器(address register)指定欲存取的記憶器位置；位元組計數器記錄希望轉移的資料位元組數目。在每一個 DMA 位元組資料轉移後，位址暫存器內容即增加 1；位元組計數器則減 1。當位元組計數器內容為 0(即計數終止)時，中斷(INT)即啟動，告知 CPU，DMA 的資料轉移動作已經完成。控制暫存器設定 DMAC 的工作模式。

圖 12.2-3　典型的 DMA 控制器(DMAC)方塊圖

在 DMAC 中，所有的暫存器皆經由資料匯流排與 CPU 通信，而以 A0、A1 選取暫存器，因此微處理器可以在程式控制下，經由資料匯流排存取 DMAC 內部的暫存器。

當欲啟用 DMAC 時，必須先經由一個 DMA 初值設定程序設定一些相關的資料，其詳細動作如下：

DMA 初值設定程序

1. 設定位址暫存器的初值為欲存取的記憶器區段起始位址；
2. 設定位元組計數器的初值為欲轉移的資料位元組數目；
3. 設定工作模式為讀取或寫入；
4. 啟動 DMA。

DMAC 動作

DMAC 在微處理器系統的位置如圖 12.2-4 所示。當周邊裝置提出 DMA 要求(DREQ)後，DMAC 即啟動 HOLD，要求 CPU 騰出系統匯流排；CPU 在結束目前的匯流排週期之後，則啟動 HLDA，表示系統匯流排已經騰出，可供 DMAC 使用。DMAC 於收到 HLDA 信號後，即轉移目前的位址暫存器內容於位址匯流排，並啟動 $\overline{MEMR}$ (或 $\overline{IOR}$)與 $\overline{IOW}$ (或 $\overline{MEMW}$)信號，然後送一個 DMA 認知信號(DACK)予周邊裝置。周邊裝置接到 DMA 認知信號(DACK)後，即自資料匯流排接收一個位元組資料，或寫入一個位元組資料於資料匯流排中。因此，DMAC 控制了系統匯流排的讀取或寫入動作，並且提供了記憶器的位址。所以周邊裝置能直接在 DMAC 的控制下，與記憶器轉移資料。

在每一個位元組轉移後，DMAC 即將其位址暫存器增加 1，並將位元組計數器的內容減 1。若計數器尚未為 0，則 DMAC 檢查 DMA 要求輸入線(DREQ)，判斷是否繼續啟動 DMA 轉移。在高速的 I/O 裝置中，只要前次轉移動作一完成，DMA 要求線(DREQ)立即啟動，以繼續下一次的轉移，直到整個資料區段轉移完成為止，即工作於 HOLD 模式。在速度較慢的 I/O 裝置中，DMA 要求線(DREQ)則不是緊接於前次資料轉移完成後，立即啟動，而是在啟動前，DMAC 先移去它的匯流排要求信號，讓 CPU 能繼續執行其程式，而當周邊裝置需要轉移資料時，DMAC 才再度提出匯流排需求，即工作於週期竊取模式。

圖 12.2-4　DMAC 與 CPU 界接使用

DMAC 因經常使用於微處理器系統中，做為一個有效的資料轉移控制電路，所以一般均製成 IC 電路或是電路模組。通常一個 DMAC 晶片均包含有四個通道，每一通道也均含有一組 DMA 要求/認知信號對，以連接到各自的 I/O 裝置。此外，每一通道也有獨立的位址暫存器與位元組計數器。典型的多通道 DMAC 如 Intel 8237A。目前 8237A 已經成為大多數 PC 與筆記型電腦中的晶片組中的一個標準模組。雖然某些 MCS-51 衍生微控制器(例如 Silicon Lab 的 C8051F064)亦包括 DMAC，大多數的 MCS-51 應用系統並不需要 DMA 的資料轉移。

📖複習問題

12.24.　試簡述直接記憶器存取(DMA)的動作。

12.25. 試定義 DMA 的持住模式與週期竊取模式。

12.26. 微處理器必須提供那一個動作模式,才能使用 DMA 的資料轉移方式?

12.27. 典型的 DMAC 裝置至少必須包含那些暫存器?

12.28. 欲啟用 DMAC 裝置時,通常必須先經由程式設定那些資料?

12.3 實際的界面問題

微處理器由於價格低廉,一般除了廣泛地應用於商業資料的處理之外,也普遍地應用在工業控制上。因此,本節中首先考慮資料觸取系統(data acquisition system,DAS)的基本結構與必要元件,接著討論邏輯位準的匹配問題與 I/O 埠的推動能力問題,最後介紹數位信號及類比信號的相互轉換等問題。

12.3.1 資料觸取系統

資料觸取系統用來擷取程序控制(process control)中的壓力(pressure)、流量(flow)、溫度(temperature)、電流(current)、…、等信號之後,轉換為適合儲存與處理的信號格式,並且轉換控制信號為外界能夠接受的形式。由於微處理器日益普及,使用微處理器為主的資料觸取系統,已經廣泛地應用在工業控制上,因此這一小節將探討資料觸取系統的基本結構與元件。

基本結構

微處理器資料觸取系統的基本結構如圖 12.3-1 所示,圖中使用單一的 S/H (sample and hold,取樣與保持)電路與 ADC 元件,以降低系統成本。每一個通道都必須有各自的放大器與轉換器(transducer),以適應不同的輸入。由工廠中機器送來的信號(類比信號)經轉換器轉換成電氣信號,並且放大到一個可以接受的位準後,經由類比多工器饋入 S/H 電路加以取樣,然後由 ADC (analog-to-digital converter)轉換為數位信號,送入微處理器。微處理器在比較與分析輸入的信號後,送出控制信號,並經由 DAC (digital-to-analog

converter)電路轉換為類比信號後，由類比解多工器、放大器與促動器
(actuator)，回饋到工廠(plant)的機器上。

圖 12.3-1　典型的資料觸取系統基本結構

圖 12.3-2　並行轉換

在需要速度較快的應用中，使用多工的類比對數位信號與數位對類比信

號的轉換方式，其資料的轉換速度可能不敷使用，此時圖 12.3-1 中的類比多工器、S/H、ADC、DAC 等電路，可以改用如圖 12.3-2 所示的並行轉換的方式處理，每一個類比信號通道均各別使用一個 ADC 電路，以轉換經由放大器(A)放大後的類比信號為數位信號，然後使用數位多工器饋入微處理器處理。同樣的，每一個經由微處理器系統送出的數位信號，先經數位解多工器分解為各別的通道後，各別使用一個 DAC 電路，轉換為類比信號，再經由放大器(A)放大後，饋入促動器中。

S/H 電路

在微處理器資料觸取系統中，通常需要 S/H 電路，以維持合理的轉換速度與精確度。S/H 電路可以改善 ADC 元件在轉換過程中，由於輸入波形變化造成的誤差。

典型的 S/H 電路如圖 12.3-3 所示。A1 為一個高輸入阻抗緩衝器，以避免對類比多工器造成負載，並且能夠提供足夠的電流推動能力，以推動電容性負載 C；保持電容器 C，必須為一個低漏電流的元件。S/H 電路使用 FET 當作開關，以快速的傳送電流到電容器 C；A2 為輸出緩衝器。

圖 12.3-3　典型的 S/H 電路

S/H 電路的操作模式有二：取樣模式(sample mode)與保持模式(hold mode)。當開關閉合時為取樣模式；開關打開時為保持模式。模式控制信號一般均為 TTL 匹配的信號，即"1"為取樣命令；而"0"為保持命令。

量度 S/H 電路好壞的參數有下列四個：孔徑時間(aperture time)、觸取時間(acquisition time)、保持電壓下降率(droop)與穿透率(feed through)。孔徑時間定義為當保持命令下達後,到取樣開關真正打開時,需要的時間。觸取時間定義為在一個想要的取樣精確度下,外加信號必須加在取樣電路的時距(即時間間隔)。保持電壓下降率定義為當取樣開關打開後,輸出電壓的每單位時間變化量。輸出電壓隨時間而下降的主要原因,是由於保持電容器與取樣開關的漏電流,及 A2 緩衝器的偏壓電流造成的。穿透率是指在保持模式下,輸入信號出現在輸出電壓上的比率。在上述四種參數中,以孔徑時間與觸取時間最為重要。典型的 S/H 電路參數如表 12.3-1 所示。

表 12.3-1　典型的 S/H 電路參數

參數	經濟型	高性能型	參數	經濟型	高性能型
孔徑時間	100 ns	10 ns	觸取時間	15 μs	350 ns
下降率	1 μV/s	0.1 μV/s	(0.01%誤差)穿透率	±0.01%	±0.001%

類比多工器

　　類比多工器由一些並列電子開關(FET)組成,電子開關的數量通常為4、8 或 16。多工器本身也包括一個解碼推動器電路,以解碼一個二進制輸入語句,然後啟動適當的開關。這電路通常能與標準的 TTL 輸入信號匹配,以方便實際上地應用。

　　目前類比多工器通道數目可以多達 16 個,而且具有高速度與高可靠度等特性。比較類比多工器好壞常用的參數有:通道數目(4、8、16)、電壓範圍(±5 到±10 V)、串音率(在 FET 開關下 ≤ ±0.005%)、安定時間(典型值為 5 μs)。

📖複習問題

12.29. 試定義資料觸取系統。

12.30. 試簡述 S/H 電路的操作模式。

12.31. 試定義 S/H 電路的孔徑時間、觸取時間、保持電壓下降率、穿透率。

12.32. 試比較類比多工器與數位多工器的差異。

12.33. 試簡述轉換器(transducer)的功用。

12.3.2 邏輯位準匹配問題

在數位系統中，最常遇到的兩個邏輯位準匹配問題分別為：一、不同邏輯電壓位準的匹配；二、電流信號與電壓信號的匹配。下列分別說明相關的問題與解決方法。

邏輯電壓位準的匹配

在微算機系統中，通常以 TTL (0 V ~ +0.8 V 及+2.0 V ~ +5 V)或是 CMOS 電壓位準(+0 V 及+5 V)代表兩種不同的邏輯"0"與"1"。在 I/O 裝置中，例如 EIA-232 (RS-232)，則使用-3 V ~ -25 V 代表邏輯"1"，而使用+3 V ~ +25 V 代表邏輯"0"。一般在界接這些電路時，通常有兩種解決方式：其一為使用專用的電壓位準轉換電路，例如 TTL 與 EIA-232 信號的轉換電路 MAX232；其二為使用運算放大器(op amp)或是簡單的電晶體電路完成。

(a)   (b)

圖 12.3-4　(a)轉換 TTL 位準為±12 V 電壓位準；(b) 轉換±12 V 電壓位準為 TTL 位準

圖 12.3-4 所示電路為基本的 TTL 位準與±12 V 電壓位準的互換電路，此電路可以轉換 TTL 電壓位準為 EIA-232 相容的信號位準。圖 12.3-4(a)所示電路為轉換 TTL 位準為±12 V 電壓位準的電路。當 TTL 位準的信號加到運算放大器的反相輸入端時，與非反相輸入端的參考電壓比較之後，產生+12 V 或是-12 V 的電壓信號輸出。為了匹配 TTL 的電壓位準，參考電壓設定為+1.56 V，因此當代表邏輯"0"的電壓位準+0 V 到+0.8 V 的電壓加到運算放大器的反相輸入端時，其輸出端產生+12 V 的輸出值；當代表邏輯"1"的電壓位準

+2.0 V 到+5.0 V 的電壓加到運算放大器的反相輸入端時，其輸出端產生-12 V 的輸出值。

圖 12.3-4(b)所示電路為轉換±12 V 電壓位準為 TTL 位準的電路。±12 V 電壓位準的信號加到電晶體的基極輸入端之後，造成電晶體的飽和或是截止，因而產生+0 V 或+5 V 的電壓信號輸出。

電流信號與電壓信號的轉換

對於電流信號與電壓信號之間的轉換問題，可以使用變壓器電路或是光耦合器(opto-coupler)或稱光隔絕器(opto-isolator)。使用光耦合器的轉換電路如圖 12.3-5 所示。圖 12.3-5(a)的電路轉換電流信號為 TTL 位準的電壓信號。當電流信號輸入時，光耦合器中的紅外線 LED 導通，帶動光電晶體的導通，因而產生"1"的信號於 TTL 輸出端。反之，若無電流信號輸入時，光耦合器中的紅外線 LED 截止，光電晶體也截止，因而產生"0"的信號於 TTL 輸出端。

圖 12.3-5　TTL 位準與 20 mA 電流位準的互相轉換

圖 12.3-5(b)所示電路轉換 TTL 位準的電壓信號為電流信號。當 TTL 輸入端的信號為"1"時，光耦合器中的紅外線 LED 導通，帶動光電晶體的導通，因而輸出電流信號。反之，當 TTL 輸入端的信號為"0"時，光耦合器中的紅外線 LED 截止，光電晶體也截止，因而沒有電流信號輸出。

📖 複習問題

12.34. 簡述如何轉換 0 V 與+5 V 的電壓位準為-12 V 與+12 V。

12.35. 簡述如何轉換-12 V 與+12 V 的電壓位準為 0 V 與+5 V。

12.36. 簡述光耦合器的動作原理。

12.37. 簡述如何轉換電壓信號為電流信號。

12.38. 簡述如何轉換電流信號為電壓信號。

12.3.3 推動能力的考慮

在任何微算機或是微控制器系統中,當輸出信號到任何負載上時,必須確保輸出端有足夠的電流驅動能力,否則,無法驅動該負載,因而無法得到預期的效果。目前,大部分的微算機相關周邊界面電路均為 CMOS 邏輯電路,這些電路主要包括:各種 RAM 或是 ROM (快閃記憶器),特殊界面如 GPIO、ADC、DAC、IIC 控制器,與串列埠如 USART/UART 等。當界接不同邏輯族系的邏輯電路時,必須注意其邏輯電壓位準是否匹配及電流推動能力是否足夠。有關於各種不同邏輯族系的界接問題的詳細討論,請參考參考資料 3。下列僅就如何推動一個重負載(大電流負載)的相關轉換電路做一扼要討論。

重負載(大電流)的驅動

重負載指的是低電阻或是電感性負載,對於這類型的負載而言,驅動電路通常必須提供足夠的電流(由數十 mA 到數 A 或更大)才能夠滿足負載的需要。最常用的方法為使用具有大電流輸出能力的緩衝器,例如 7406 (開路集極反向緩衝器)與 7407 (開路集極非反向緩衝器),它們在不導通狀態時,可以承受 30 V 的電壓,在導通狀態時,則可以流入 40 mA 的電流。

圖 12.3-6 說明如何使用 7406 緩衝器推動大電流的電阻性負載及電感性負載。對於電阻性負載的推動較為簡單,只需要提供足夠大的電流即可,如圖 12.3-6(a)所示;對於電感性負載的推動,除了需要提供足夠大的電流之外,必須加上適當的保護裝置,以避免關閉負載中的電流時,引起的感應電動勢破壞驅動電路,如圖 12.3-6(b)所示。保護電路一般由一個二極體與一個

電阻器串聯構成,然後並聯於電感性負載的兩端,作為感應電流的放電路徑,以保護驅動電路。請注意二極體的極性。

(a)

(b)

圖 12.3-6　重負載(大電流)的驅動:(a)電阻性負載;(b) 電感性負載

　　若現成的緩衝器無法提供足夠的驅動電流時,可以如圖 12.3-7 所示的方式,在緩衝器的輸出端串接一個功率電晶體,再由電晶體提供負載需要的電流。一般用於此目的之功率電晶體通常為達靈頓對結構,以提供足夠的電流放大倍率。

圖 12.3-7　重負載(大電流)的驅動

AC 負載的驅動

　　當使用微處理器為數位控制系統時,它通常必須控制一個操作於 60 Hz

電源的 AC 負載，此時必須隔離邏輯電路的輸出端與受控制的負載電路，以避免高 AC 電壓破壞微處理器系統電路。一般驅動 AC 負載的方法有：電磁繼電器(electromagnetic relay)與光耦合器。在數位電路中，最常用的電磁繼電器為一種只需要數個 mA 電流，即可以驅動的 DIP 磁簧繼電器(reed relay)，這一種繼電器一般操作在+5 V 的直流電壓上，因此可以直接與數位邏輯電路界接使用。磁簧繼電器驅動 AC 負載的典型實例如圖 12.3-8 所示。

圖 12.3-8　以磁簧繼電器驅動 AC 負載

另外一種可以隔離 AC 負載的方法為使用光信號的電性絕緣特性。常用的元件為光耦合器。光耦合器的輸入端為一個光發射元件(light emitter)而輸出端則為一個光檢出元件(photo detector)。光發射元件一般均使用 LED (light emitter diode)，而光檢出元件則有光電二極體、光敏電阻器、光電電晶體、光激發 SCR (light-activated SCR，LASCR)等。

圖 12.3-9　具有隔離作用的 AC 負載驅動方法

圖 12.3-9 所示為採用光耦合器的 AC 負載驅動方法，TRIAC 元件經由光敏電阻器(CdS)與發光二極體組成的觸發電路，決定導通與否。當 I/O 接腳的

輸出端為 1 時，發光二極體導通，因而觸發 TRIAC 元件使其導通，連接 AC 電源到負載。因此，可以經由控制 I/O 埠接腳的狀態，決定是否連接 AC 電源到負載。

📖 複習問題

12.39. 為何目前大部分的數位 IC，其輸出電壓都與 TTL 位準相容？

12.40. 在界接 TTL 邏輯族系的電路到微處理器系統中的 I/O 裝置界面電路時，必須注意什麼問題？

12.41. 簡述驅動大電流的方法。

12.42. 常用的 AC 負載的驅動方法有那兩種？

12.43. 常用在光耦合器中的光檢出元件有那些？

12.4 DAC 與 ADC

類比信號由一組連續的值組成；數位信號由一組分立的值組成。在工業控制應用上，舉凡壓力、流量、溫度、水流、電壓、電流、重量、速度、濕度、高度、亮度等信號，其本質均為類比形式。欲輸入這些類比信號到微處理器時，必須先轉換為數位信號，才可以由微處理器處理；同樣地，微處理器在處理完資料後，欲輸出結果到外部的促動器，控制相關的裝置時，由於控制信號的本質為類比形式，因此也必須先轉換數位的結果為它們能夠接受的類比信號。因此，本節將討論類比與數位信號的轉換原理與其相關的電路：數位對類比轉換器(digital-to-analog converter，DAC)及類比對數位轉換器(analog-to-digital converter，ADC)。

12.4.1 數位對類比轉換器(DAC)

轉換數位信號為類比信號的電路稱為數位對類比轉換器(DAC)，目前常用的解析度有 8 位元、10 位元、12 位元。本節將依序介紹數位對類比轉換器(DAC)的基本原理、R-2R 梯形電阻網路、DAC0800 及 DAC 相關的重要參數。

基本原理

最常用而且最基本的數位對類比轉換器(DAC)為一個採用二進制加權電阻方式的電流分流電路,如圖 12.4-1 所示。當全部的開關皆接通時,輸入電流為

$$I_3 = \frac{V_{ref}}{R} \quad I_2 = \frac{V_{ref}}{2R} \quad I_1 = \frac{V_{ref}}{4R} \quad I_0 = \frac{V_{ref}}{8R}$$

此時的輸出電流為所有輸入電流的總和,即

$$I_{OUT} = \frac{V_{ref}}{R}(1 + 0.5 + 0.25 + 0.125) = 1.875\frac{V_{ref}}{R}$$

圖 12.4-1　採用二進制加權電阻的 DAC 電路原理

由於電路中一共使用四個開關,因此經由這些開關的打開與閉合一共可以組合出 16 種不同的輸出電流,即從 0 到 $1.875V_{ref}/R$。若以 0 代表開關打開,而以 1 代表閉合,則上式可以改寫為:

$$I_{OUT} = \frac{V_{ref}}{R}(D_3 + 0.5D_2 + 0.25D_1 + 0.125D_0)$$

$$= \frac{V_{ref}}{R}(D_3 + 2^{-1}D_2 + 2^{-2}D_1 + 2^{-3}D_0)$$

由上式可知,輸出電流是所有二進制加權的輸入電流的總和。換言之,此電路即為一個數位對類比轉換器。

在圖 12.4-1 的 DAC 電路中,若希望獲得準確的輸出電流,則 V_{ref} 必須使

用一個精確的參考電源，並且所有電阻必須採用高精密度的電阻器。然而，隨著位元的增加，電阻值的範圍愈來愈廣，以 8 位元而言，需要的電阻有 R、2 R、4 R、…、128R 等值，最大與最小的電阻值相差 127 倍，10 位元時更是高達 1,023 倍。由於電阻值的誤差要求與電阻值範圍兩項缺點，這種 DAC 電路並不實用。

R-2R 梯形電路

目前較常用的 DAC 電路是採用 R-2R 梯形電阻網路，如圖 12.4-2 所示，此種電路僅使用兩種電阻值：R 與 2R，因此可以免除上述的電阻值範圍的問題。此外，所有電阻器皆可以製造於同一個晶片上，特性幾乎可以完全相同，因此電阻值誤差的問題亦可避免。換言之，多位元的數位對類比轉換器若採用 R-2R 梯形電路，其準確度必較採用加權電阻方式為高。

圖 12.4-2　R-2R 梯形電路的 DAC 電路原理

在 R-2R 電路中，每一個節點對地的阻抗皆相等而為 R，因此每一個支路電阻器上的電流均是以 2 的比例分配，如圖 12.4-2 所示。每一個支路電阻的電流分佈並不受開關位置的影響。當開關位於右側位置時，分支電流係由上方的接地點引入；當開關位於左側位置時，分支電流則由下方的接地點引入。由於 I_{OUT} 係由下方的接地點迴路取出，所以當開關位於右側位置時，該位元為 0；開關位於左側位置時，該位元為 1。因此

$$I_{out} = \frac{I_{ref}}{2}(D_3 + 2^{-1}D_2 + 2^{-2}D_1 + 2^{-3}D_0)$$

由上式可知：4 位元 R-2R 梯形電路的輸出電流範圍為 0 至(15/16)I_{ref}。同樣的方法，亦可用於分析更長的 R-2R 梯形電路。對 n 位元的 R-2R 梯形電路而言，輸出電流可以表示為：

$$I_{out} = \frac{I_{ref}}{2}(D_{n\text{-}1} + 2^{-1}D_{n\text{-}2} + \cdots\cdots + 2^{1-n}D_0)$$

在 8 位元 R-2R 梯形電路中，最大輸出電流為(255/256)I_{ref}，而其 LSB 增量為(1/256)I_{ref}。

DAC0800

DAC0800 為一個可以與各種邏輯族系界接使用的數位對類比轉換器。它不但具有大的電源供應範圍：±4.3 V~±18 V，而且在±5 V 的電源電壓下，只消耗 33 mW。此外，它的安定時間只需要 100 ns。

DAC0800 內部包含一個參考電流源，一個 R-2R 梯形電路以及 8 個導引電流用的電晶體開關，它需要外加的電阻器與電壓源設定參考電流 I_{ref}，參考電流一般可以設定在 0.2 mA 到 4 mA 之間，但是通常設定為 2 mA。

圖 12.4-3 為 DAC0800 的等效電路與接腳分佈圖。DAC0800 的接腳功能為：接腳 1 (V_{LC})為邏輯臨限電壓控制(logic threshold control)輸入；接腳 2 為 $\overline{I_{OUT}}$ 的流入端；接腳 3 (V_-)連接到負電源；接腳 4 為 I_{OUT} 的流入端，此接腳通常與外部的運算放大器輸入端相連；接腳 5 至接腳 12 輸入 8 位元的數位資料，這些資料的邏輯轉態位準由 V_{LC} 電壓決定，一般為 V_{LC} + 1.4 V；接腳 13 (V_+)連接到正電源；接腳 14 為正的參考電源輸入端 $V_{REF(+)}$；接腳 15 為負的參考電源輸入端 $V_{REF(-)}$；接腳 16 (COMP)與接腳 3 (V_-)之間，必須接一個電容器做為頻率補償之用。

DAC0800 典型的應用電路如圖 12.4-4 所示，R1 調整 I_{ref}為 2 mA，R2 的電阻值必須與 R1 相同，以補償該數位對類比轉換器輸入級的漂移。運算放大器則轉換 I_{OUT}為 V_{OUT}輸出，其輸出電壓可以表式為：

圖 12.4-3　DAC0800 的等效電路

$$V_{OUT} = 10(2^{-1}B7 + 2^{-2}B6 + \cdots + 2^{-8}B0) \ (\text{V})$$

DAC 重要參數定義

解析度(resolution)：為評估數位對類比轉換器性能的一項重要數據，其定義為一個最低有效位元(LSB)增量與最大輸出的比值，即

$$解析度 = \frac{1}{2^n - 1}$$

數位對類比轉換器的位元愈多，解析度則愈佳。

準確度(accuracy)：指實際輸出與理想值的接近程度。

安定時間(settling time)：在輸入信號後，輸出達到穩定值(終值±1/2 LSB)時，需要的時間。安定時間的大小由雜散電容、飽和延遲時間及其它因素決定。在應用上，它限制了轉換的最大速度。

例題 12.4-1　(DAC 的使用)

假設圖 12.4-4 的資料輸入端接於 MCS-51 的 I/O 埠 1 (P1)，設計一個程式，產生一個正弦波於 V_{OUT} 輸出端。

圖 12.4-4　DAC0800 應用電路

解：完整的程式如程式 12.4-1 所示。主程式(MAIN)只需要設定一個迴路，依序讀出 SINE 表格中的資料之後，輸出到 I/O 埠 1 中即可。

程式 12.4-1　DAC 使用程式例

```
                    1       ;ex12.4-1.a51
                    2       ;
   0020             3       MAX      EQU    32
   ----             4                CSEG   AT   0100H
                    5       ;output a sine wave
0100 7B00           6       MAIN:    MOV    R3,#00H;clear the index
0102 EB             7       LOOP:    MOV    A,R3    ;setup the index
0103 310E           8                ACALL  SINETAB;get a point
0105 F590           9                MOV    P1,A;output it to the DAC
0107 0B            10                INC    R3
0108 BB20F7        11                CJNE   R3,#MAX,LOOP
010B 80F3          12                SJMP   MAIN      ;repeat it
010D 22            13                RET
                   14       ;return a point each time
                   15       ;
010E 04            16       SINETAB: INC    A  ;bypass RET
010F 83            17                MOVC   A,@A+PC ;return the point
0110 22            18                RET
                   19       ;a 32-point sine table
```

```
0111 7F98B0C6        20      SINE:      DB   127,152,176,198,217
0115 D9
0116 E9F5FCFE        21                 DB   233,245,252,254,252
011A FC
011B F5E9D9C6        22                 DB   245,233,217,198,176
011F B0
0120 987F664E        23                 DB   152,127,102,78,56
0124 38
0125 25150902        24                 DB   37,21,9,2,0
0129 00
012A 02091525        25                 DB   2,9,21,37,56
012E 38
012F 4E66            26                 DB   78,102
                     27                 END
```

在 C 語言程式中，SINE 表格中的資料使用 for 與 while 迴路持續傳送到 I/O 埠 1。

```
line level     source
  1            /* ex12.4-1C.C */
  2            #include <reg51.h>
  3            unsigned char SINE[32] = {127,152,176,198,217,
  4                       233,245,252,254,252,245,233,217,198,176,
  5                       152,127,102,78,56,37,21,9,2,0,
  6                       2,9,21,37,56, 78,102};
  7            /* set the maximum number of the loop */
  8            #define  MAX  32
  9
 10            void main(void)
 11            {
 12   1            int i;    /* set a loop counter */
 13   1
 14   1            do {
 15   2                for (i = 0; i < MAX; i++)
 16   2                    P1 = SINE[i];
 17   2            } while (1);
 18   1        }
```

📖複習問題

12.44. 為何採用二進制加權電阻方式的電流分流電路設計而成的 DAC 並不實用？

12.45. 為何目前較常用的 DAC 電路，是採用 R-2R 梯形電阻網路？

12.46. DAC0800 內部主要包含那些電路？

12.47. 在圖 12.4-4 的 DAC 電路中，當輸入的資料位元組為 0FFH 時，V_{OUT} 為多少？

12.48. 試定義 DAC 元件的三個重要參數：解析度、準確度、安定時間。

12.4.2 類比對數位轉換器(ADC)

轉換類比信號為數位信號的電路稱為類比對數位轉換器，目前常用的解析度由8位元到16位元不等。雖然有許多方法可以設計一個類比對數位轉換器(ADC)電路，在本節中，我們只考慮在低成本的 ADC 電路(例如 ADC0804)與大部分的 MCS-51 衍生微控制器中的 ADC 模組中廣泛使用地連續漸近法(successive-approximation)。

連續漸近法基本原理

使用連續漸近法的 ADC 電路的基本結構如圖 12.4-5 所示，它必須包括五個基本電路模組：漸近暫存器(successive approximation register，SAR)、緩衝暫存器、8 位元 DAC、電壓比較器、控制電路。

圖 12.4-5 所示電路的操作原理如下：當轉換啟動信號為低電位時，SAR(連續漸近暫存器)被清除為 0，迫使 V_{OUT} 亦為 0。緊接著當轉換啟動信號回升至高電位時，轉換即開始。一開始時，SAR 的 MSB 即被設定為 1，因此 SAR 內容為 10000000，對應的 V_{OUT} 輸出為滿刻度電壓的 128/255。若 V_{OUT} 大於 V_a，則電壓比較器輸出為 0，告知控制電路清除 MSB 為 0。上述的設定、比較、清除(若需要時)工作，有些類比對數位轉換器電路僅需要一個時脈即可以完成，有些則需要數個時脈才能完成。若 V_{OUT} 小於 V_a，則 MSB 未被清除，此時 SAR 內容仍保持為 10000000，其次的時脈設定 D6 為 1，因此 SAR 內容為 11000000，V_{OUT} 跳升至滿刻度電壓的 192/255。若 V_{OUT} 大於 V_a，則 D6 被清除為 0；否則，保留為 1。接著而來的一連串時脈，依序設定(當 $V_{OUT} \leq V_a$ 時)或清除(當 $V_{OUT} > V_a$ 時)其次較小有效位元。採用此種方式時，僅

需花費 8 個時脈週期，即可以完成類比對數位的轉換。

圖 12.4-5　連續漸近法 ADC 的基本電路結構

　　當轉換完成時，控制電路會送出一個低電位的轉換完畢信號，載入轉換後的數值(SAR 內容)到緩衝暫存器內。因此，即使在轉換過程中，輸出的資料也不會因 SAR 的改變而受到影響，即在轉換過程中，輸出的資料為上一次轉換的結果，它必須等到此次轉換結束時，才會再度改變。

ADC0804

　　採用上述方式的 ADC 積體電路如 ADC0804。ADC0804 能轉換 0 至+5 V 的類比輸入電壓為 8 位元的等效數值，它僅需單一的+5 V 電源，而且晶片內部並具有時脈產生器電路，其最快的轉換時間為 100 μs。

　　圖 12.4-6 為 ADC0804 的接腳分佈圖，接腳 11 至 18(數位資料輸出)為三態輸出，若有必要時可直接與微處理器的資料匯流排連接。當 $\overline{CS}$ (接腳 1)與 $\overline{RD}$ (接腳 2)兩個信號中，任何一個為高電位時，數位資料輸出端(接腳 11 至接腳 18)即處於高阻抗狀態。欲使數位資料出現在輸出腳上，則 $\overline{CS}$ 與 $\overline{RD}$ 兩個接腳必須接到低電位電壓。

　　$\overline{WR}$ 接腳(接腳 3)為轉換啟動控制輸入。在 $\overline{CS}= 0$ 的情況下，當 $\overline{WR}$ 為低電位時，轉換器被清除；當 $\overline{WR}$ 回至高電位時，即開始做資料的轉換，如圖 12.4-6 所示。此類比對數位轉換器的時脈頻率必須在 100 kHz 到 800 kHz

的範圍內。CLK IN(接腳 4)可以接往 CPU 的時脈脈波，但是必須注意其頻率不可以超過 800 kHz。

圖 12.4-6　ADC0804 接腳分佈圖

$\overline{INTR}$ (接腳 5)為轉換完畢信號的輸出腳。在轉換開始時，$\overline{INTR}$ 為高電位；轉換完畢後，降為低電位。當 ADC0804 與微處理器界接時，這個接腳通常用來啟動微處理器的中斷(INTR)。

$V_{IN(+)}$ 與 $V_{IN(-)}$(接腳 6 與 7)為差動的類比信號輸入端。類比信號的輸入方式可以是雙端(即差動方式)、正向單端($V_{IN(-)}$接地)或負向單端($V_{IN(+)}$接地)等三種。

A GND(接腳 8)為類比接地；D GND (接腳 10)為數位接地。接腳 20 (V_{CC})為電源輸入端，通常接到+5 V (最大為+6.3 V)。

$V_{ref/2}$ (接腳 9)為設定最大類比輸入電壓的範圍，當此腳空接時，$V_{ref/2}$ 等於電源電壓，最大的類比輸入電壓範圍為電源電壓。對正向單端輸入而言，當 V_{CC} = +5 V 時，輸入電壓必須在 0 至 5 V 範圍內。當在第 9 腳加上電壓(最大為 $1/2V_{CC}$)時，即可以控制最大的類比輸入電壓範圍(為兩倍的第 9 腳電壓值)。例如，當欲設定最大輸入電壓為 2 V 時，則必須在第 9 腳加上 1 V 的電壓。注意：最大輸入電壓值即為 V_{ref} 值，當輸入電壓等於 V_{ref} 時，數位輸出值為 0FFH。

CLK R (接腳 19)與 CLK IN 配合使用，可以利用晶片本身的振盪電路，產生類比對數位轉換器需要的時脈，如圖 12.4-7 所示。加上 *RC* 電路後產生的時脈頻率可以由下式決定：

$$f = \frac{1}{1.1RC}$$

R 的數值範圍由 10 kΩ 至 50 kΩ。注意：產生的時脈頻率必須在 100 kHz 到 800 kHz 範圍內。

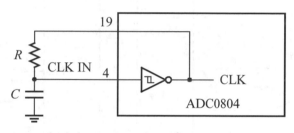

圖 12.4-7　ADC 0804 晶片上的時脈電路

應用實例---溫度控制系統

圖 12.4-8 為一個使用 ADC0804 元件的溫度控制系統，它可以使用在標準的 MCS-51 中，它的功能為控制加熱器操作在一個恆定的溫度。系統中使用半導體式溫度感測器(LM35)偵測溫度的變化，然後由 ADC0804 轉換為數位信號後，由 I/O 埠 2 讀入 MCS-51 系統中，比較其值與設定值後，若目前溫度太低，則閉合固態繼電器，使加熱器加上電源而加熱；否則，目前溫度已過高，則打開固態繼電器，切斷加熱器電源，使加熱器冷卻。如此持續動作，即可以維持加熱器在恆定的溫度。

LM35 溫度感測器在溫度為 0°C 時，輸出端電壓為 0 V (可以調整圖中 300 kΩ 電阻值)，溫度每上升 1°C 時，其輸出值即增加 10 mV。LM35 的輸出經 LM308 放大兩倍後，送入 ADC0804。

LM329 稽納二極體的端電壓，經過 LM308 放大後，產生 ADC 需要的 5.12V (Vcc)電壓。由於 ADC0804 的 $V_{ref/2}$ 空接，所以其 V_{ref} = V_{CC}，因此，ADC 每一步的電壓為 20 mV (即 5.12 V/256 = 20 mV)，此電壓恰和每一度的

溫度變化產生的電壓相同,所以整個系統的溫度解析度為 1°C。

圖 12.4-8　一個簡單的溫度控制系統

固態繼電器輸入端的推動電晶體有三個功用:提供繼電器需要的推動電流;隔離繼電器與 I/O 埠電路;使繼電器在剛加上電源時,不會動作。注意:I/O 埠在系統重置後為輸入模式。

例題 12.4-2　(溫度控制程式例)

設計圖 12.4-8 所示電路的控制程式。

解: 完整的程式如程式 12.4-2 所示。主程式(MAIN)首先設定 I/O 埠 2 為輸入模式,啟動 ADC 0804 的 $\overline{WR}$ (即 P1.2 = 0)信號,然後恢復為不啟動 (P1.2 = 1)的狀態。接著,檢查 INTR (P1.1)的信號,當它由 1 變為 0 時,表示 ADC 已經轉換輸入的類比信號為正確的數位信號了,所以讀取目前的溫度值,並與設定的溫度值(SETTMP)比較,若目前的溫度值 > SETTMP,則閉合加熱器(設定 P1.0 為 1);否則打開加熱器(清除 P1.0 為 0)。

程式 12.4-2　溫度控制程式例

```
1       ;ex12.4-2.a51
2               DSEG  AT  30H
```

```
0030                    3    SETTMP:   DS    1;the desired temperature
                        4    ;
----                    5              CSEG  AT  0100H
                        6    ;the main program for the temperature
                        7    ;controller
0100 75A0FF             8    MAIN:     MOV   P2,#0FFH;set P2 as input
0103 D291               9              SETB  P1.1    ;set P1.1 as input
0105 C292              10    LOOP:     CLR   P1.2    ;start the ADC0804
0107 D292              11              SETB  P1.2    ;by pulsing WR
                       12    ;wait for conversion completion by
                       13    ;monitoring the P1.1 input value
0109 3091FD            14    WAIT1:    JNB   P1.1,WAIT1
010C 2091FD            15    WAIT0:    JB    P1.1,WAIT0
                       16    ;compare with SETTMP. if curtmp > SETTMP
                       17    ;then turn the heater off else turn the
                       18    ;heater on
010F E5A0              19              MOV   A,P2 ;read the ADC result
0111 B53000            20              CJNE  A,SETTMP,TESTCY
0114 4004              21    TESTCY:   JC    TURNON
0116 D290              22    TURNOFF:  SETB  P1.0  ;turn off theheater
0118 80EB              23              SJMP  LOOP  ;repeat the loop
011A C290              24    TURNON:   CLR   P1.0  ;turn on the heater
011C 80E7              25              SJMP  LOOP  ;repeat the loop
011E 22                26              RET
                       27              END
```

C 語言程式如下。在程式中，使用 while(1)迴路執行組合語言程式中的 LOOP 迴路。

```
line level     source
   1           /* ex12.4-2C.C */
   2           #include <reg51.h>
   3           sbit P1_0 = P1^0;
   4           sbit P1_1 = P1^1;
   5           sbit P1_2 = P1^2;
   6           int data SETTMP;   /* the desired temperature */
   7
   8           void main(void)
   9           {
  10    1        P2 = 0xFF;  /* set P2 as input */
  11    1        P1_1 = 1;    /* set P1.1 as input */
  12    1
  13    1        while (1) {
  14    2          P1_2 = 0;  /* start the ADC by pulsing WR */
  15    2          P1_2 = 1;  /* with a low pulse */
```

```
16    2              /*wait for conversion completion by monitoring P1.1*/
17    2              while (P1_1 != 1) ;  /* wait for P1.1 to become 1 */
18    2              while (P1_1 != 0) ;  /* wait for P1.1 to become 0 */
19    2
20    2              if (P2 > SETTMP) P1_0 = 1; /* turn off the heater */
21    2              else P1_0 = 0;             /* turn on the heater  */
22    2          }
23    1      }
```

📖 複習問題

12.49. 在連續漸近法中，執行 12 位元的類比對數位的轉換，一共需要幾次迴路？

12.50. 在 ADC0804 中，那一個輸入信號啟動它的轉換動作？

12.51. 在 ADC0804 中，那一個輸出信號指示它的轉換動作已經完成？

12.52. 在 ADC0804 中，為什麼需要外加的時脈信號？

12.4.3 MCS-51 的 ADC 擴充

　　某些專為混合信號應用設計的 MCS-51 衍生微控制器包含一個或是多個 ADC 模組。這些 ADC 模組均使用連續漸進法執行類比對數位的信號轉換，且具有 8 到 12 位元解析度。大多數的 MCS-51 ADC 模組均配備一個 8 個通道類比多工器，以提供多工的類比信號輸入。此外，S/H 電路也包括在模組中以降低因為快速輸入信號的改變造成的誤差。在本節中，我們使用 MPC82G516A 為例，說明 ADC 擴充的相關議題。由於此項擴充並非是 MCS-51 的標準特性，讀者在使用其它 MCS-51 衍生微控制器的 ADC 模組於實際應用系統中時，應該詳閱相關的資料手冊。

MPC82G516A 的 ADC 基本特性

　　MPC82G516A 微控制器具有一個 8 通道的 10 位元 ADC 模組。此 ADC 模組使用連續漸進法，在 270 到 1080 個系統時脈期間內，可以轉換一個取樣的類比信號為數位信號。八個類比的信號由 I/O 埠 1 輸入。ADC 模組的動作由 ADC 控制(ADCTL)暫存器控制，其轉換後的 10 位元結果則儲存在暫存器對 ADCH 與 ADCL 中。儲存的格式有二，由 AUXR 暫存器中的 ADRJ 位元決定。

ADC 相關暫存器

ADCTL 暫存器控制轉換動作與選取欲轉換的輸入信號，其格式如圖 12.4-9 所示。下列依序介紹每一個位元的功能。

ADCTL		位址：C5H		重置值：00H		非位元可存取	
7	6	5	4	3	2	1	0
ADCON	SPEED1	SPEED0	ADCI	ADCS	CHS2	CHS1	CHS0

圖 12.4-9　MPC82G516A 的 ADCTL 暫存器

ADCON (ADC on，位元 7)：當它設定為 1 時，啟動 ADC 模組，清除為 0 時，關閉 ADC 模組。

SPEED1 與 SPEED0 (A-to-D conversion time selection，位元 6 與 5)：這兩個位元組合後，決定 ADC 模組的四種轉換速度：

SPEED1 SPEED0 = 00：1080 個系統時脈

SPEED1 SPEED0 = 01：540 個系統時脈

SPEED1 SPEED0 = 10：360 個系統時脈

SPEED1 SPEED0 = 11：270 個系統時脈

ADCI (ADC interrupt flag，位元 4)：當 ADC 模組轉換完成時，設定此位元為 1，並啟動中斷。ADCI 位元必須由軟體指令清除為 0。

ADCS (ADC start，位元 3)：當此位元設定為 1 時，ADC 模組開始轉換動作。在 ADC 模組的轉換動作完成後，自動清除此位元。ADCS 位元無法使用軟體指令清除為 0。此外，當 ADCS 或是 ADCI 位元為 1 時，不能啟動一個新的轉換動作。

CHS2 到 CHS0 (multiplexed input channel selection bits，位元 2 與 0)：這三個位元組合(CHS2 CHS1 CHS0 = x)後，選取欲轉換的類比信號輸入 P1.x。

ADC 模組轉換後的輸出有兩種輸出格式，如圖 12.4-10 所示。當 AUXR 暫存器(圖 12.4-10(a))中的 ADRJ = 0 時，結果的最高序 8 位元儲存在 ADCH

暫存器中，而剩餘的兩個位元則儲存在 ADCL 暫存器，如圖 12.4-10(b)所示。當 AUXR 暫存器(圖 12.4-10(a))中的 ADRJ = 1 時，結果的最高序 2 位元儲存在 ADCH 暫存器中，而剩餘的 8 個位元則儲存在 ADCL 暫存器，如圖 12.4-10(c)所示。

AUXR		位址：8EH		重置值：0000xx0xB		非位元可存取	
7	6	5	4	3	2	1	0
URTS	ADRJ	P41ALE	P35ALE	-	-	EXTRAM	-

(a)

ADCH		位址：C6H		重置值：xxH		非位元可存取	
7	6	5	4	3	2	1	0
B7	B6	B5	B4	B3	B2	B1	B0
ADCL		位址：BEH		重置值：xxH		非位元可存取	
-	-	-	-	-	-	B9	B8

(b)

ADCH		位址：C6H		重置值：xxH		非位元可存取	
7	6	5	4	3	2	1	0
-	-	-	-	-	-	B9	B8
ADCL		位址：BEH		重置值：xxH		非位元可存取	
B7	B6	B5	B4	B3	B2	B1	B0

(c)

圖 12.4-10　MPC82G516A ADC 模組的 10 位元結果輸出格式：(a) AUXR 暫存器；(b) 當 ADRJ = 0 時的資料格式；(c) 當 ADRJ = 1 時的資料格式

欲適當地使用 ADC 模組時，必須遵循下列初始化程序：

1. 設定 ADCON 位元，以啟動 ADC 模組
2. 設定 SPEED1 與 SPEED0 位元，以選取需要的轉換速度
3. 設定 CHS2 到 CHS0 位元，以選取欲轉換的類比輸入信號
4. 設定 P1M0 與 P1M1 暫存器(SFR 位址分別為 91H 與 92H)中的位元，以設定選取的輸入(I/O 接腳)為輸入模式
5. 使用 ADRJ 位元設定輸出資料格式
6. 設定 ADCS 位元，以啟動轉換動作

上述程序使用組合語言程式片段說明如下列例題。

例題 12.4-3　(ADC 的初始化程序)

　　寫一程式片段，設定 ADC 模組的操作模式。假設 P1.1 接腳當作類比信號輸入端，需要的轉換時間為 270 個時脈週期。

解：完整的程式如程式 12.4-3 所示。

程式 12.4-3　ADC 的初始化程序

```
;ex12.4-3.a51
begin:     ...
           ...
           MOV  ADCTL,#11100010B ;
           ORL  P1M0,#00000010B ;set P1.1 as the input-only mode
           ANL  P1M1,#11111101B  ;
           ANL  AUXR,#11111111B  ;ADRJ = 1
           ;suppose that the analog input is ready
           ORL  ADCTL,#00001000B ;ADCS = 1, start the ADC
Wait_loop:
           MOV  ACC,ADCTL
           JNB  ACC.4,wait_loop; wait until ADCI = 1
           ;10-bit result in ADCH and ADCL
```

📖 複習問題

12.53. 在 MPC82G516A 中的 ADC 模組，共有幾個類比通道輸入端？

12.54. 在 MPC82G516A 中，如何啟動 ADC 電路及如何得知轉換已經完成？

12.55. 簡述 MPC82G516A 的 ADC 模組的初始化程序。

12.5 參考資料

1. Intel, *MCS-51 Microcontroller Family User's Manual*, Santa Clara, Intel Co., 1994. (http://developer.intel.com/design/mcs51/hsf_51.htm)

2. Intel Corporation, *8xC51GB CHMOS Single-Chip 8-Bit Microcontroller* Data Sheet, 1994.

3. 林銘波，數位系統設計：原理、實務與應用，第四版，全華圖書公司，2010。

4. Megawin Technology, *MPC82G516A 8-bit microcontroller*, 2004. (http://www.megawin.com/)

5. Silicon Laboratories, *Mixed Signal ISP Flash MCU Family C8051F060/*

1/2/3/4/5/6/7, 2004. (http://www.silabs.com)

12.6 習題

12.1 定義下列名詞：

(1) I/O 埠 　　　　　　　(2) 控制埠

(3) 資料埠 　　　　　　　(4) 狀態埠

12.2 回答下列問題：

(1) 在微處理器系統中，I/O 的基本結構有那兩種，各有何特性？

(2) 在 MCS-51 中，當它必須使用外加的 I/O 裝置界面電路時，它必須採用那一種？為什麼？

12.3 在一個提供獨立式 I/O 結構的 CPU (例如 x86/x64 微處理器)中，當設計系統時，記憶器映成 I/O 結構或是獨立式 I/O 結構均可以選用，試問在這種類型的 CPU 中，若使用獨立式 I/O 結構時，會有什麼優點？

12.4 在某一個 MCS-51 系統中，有四個輸入埠其埠位址分別為 0FCH、0FDH、0FEH、0FFH，及四個輸出埠，其埠位址與輸入埠相同，試以下列指定的電路元件，設計此位址解碼電路：

(1) 使用 74xx138、74xx139(各一個)及基本邏輯閘；

(2) 使用 512×8 的 PROM；

(3) 使用 PAL 16L8 元件。

12.5 在某一個 MCS-51 系統中，共有四個輸入埠與四個輸出埠。現在希望這八個埠位址結合成一個 4 位址的區段後，能夠被設定在外部 RAM 位址空間中的 0000H 到 00FFH 中的任何一個 4 位址的區段中。試設計此一 I/O 埠位址解碼電路。

12.6 說明下列 I/O 資料轉移方式的動作：

(1) 程式(輪呼)I/O 　　　　　(2) DMA

(3) 中斷 I/O

12.7 下列為有關於 DMA 資料轉移的問題：

(1)　DMA 控制下與 CPU 控制下的資料轉移動作有何異同？

(2)　一般 DMAC 裝置至少必須包括那三個暫存器？它們各有何功用？

(3)　在啟動 DMAC 裝置時，必須先設定那些初值？

12.8　典型的 DMAC 裝置必須包括那些(控制)信號；分別就它與 CPU 界接、記憶器界接及與 I/O 裝置界面界接等方面討論。

12.9　連接圖 12.4-4 的數位資料輸入端到 MCS-51 的 I/O 埠 1。回答下列問題：

(1)　在 V_{OUT} 產生一個週期為 10 ms 而工作週期為 50%的方波。

(2)　在 V_{OUT} 產生一個頻率為 1 kHz 的三角波。

(3)　在 V_{OUT} 產生一個週期為 1 ms 的鋸齒波。

12.10　連接圖 12.4-4 的數位資料輸入端到 MCS-51 的 I/O 埠 1，以形成一個控制型電源電壓電路。回答下列問題：

(1)　共有多個電壓位準？

(2)　最大的輸出電流為多少 A？

(3)　設計一個電流提升電路，以提升最大輸出電流。

12.11　連接圖 12.4-4 的數位資料輸入端到 MCS-51 的 I/O 埠 1，寫一個程式產生一個符合下列規格的梯階波於 輸出端：

(1)　每一位階的電壓為 0.5 V

(2)　每一位階持續 1 ms

(3)　每一個週期有 5 階

12.12　ADC 的動作實際上可以由 DAC 與一個電壓比較器組合後，使用軟體控制的方式完成，如圖 P12.1 所示。試以連續漸近法，設計其軟體程式。

圖 P12.1

12.13 組合 ADC 與 DAC 等轉換器後，由適當的軟體程式控制電路的輸出，
即可以產生工業控制上需要的各種轉換函數。試以圖 P12.2 為例，設
計下列轉換函數的軟體程式。

$$V_{out} = 2V_{in} \text{ (V)} \text{，當 } 0 \leq V_{in} \leq 4 \text{ V}$$

$$V_{out} = 1.5 \, V_{in} \text{ (V)} \text{，當 } 4 \text{ V} < V_{in} \leq 6 \text{ V}$$

$$V_{out} = 4 \times (10 - V_{in}) \text{ (V)} \text{，當 } 6 \text{ V} < V_{in} \leq 10 \text{ V}$$

圖 P12.2

13 並列I/O與界面

在微處理器系統中，依據每次資料轉移的位元數目(即寬度)區分，可以分成並列資料轉移與串列資料轉移兩種，而且它們又各自分為同步與非同步兩種控制方式。並列資料轉移方式不但使用於微處理器系統內部提供一個較高速度的資料轉移，它也使用於 CPU 與 I/O 裝置之間的資料轉移；串列資料轉移方式則通常使用於外接的 I/O 裝置與微處理器系統之間的資料轉移。在本章中，我們將先討論 CPU 與 I/O 裝置之間的並列資料轉移方式的相關問題與界面電路，至於串列資料轉移方式，將於第 15 章中再予介紹。

由於 CPU 與 I/O 裝置一般均操作於不同的資料速率及信號形式，因此在其間通常必須有一個界面電路，作為兩者之間的橋樑。一個界面裝置通常由一些暫存器、選擇邏輯、一些轉移資料時需要的控制邏輯組成。大多數的界面電路元件均是可規劃的，即它能夠經由指令轉移一個控制位元組到界面元件內部的控制暫存器(即控制埠)，設定其工作模式或是控制其動作。控制位元組不同，界面電路的工作特性即隨之而異。因此，這一些界面電路元件可以界接各種特性相異的 I/O 裝置到標的微處理器系統中。

在本章中，我們將先討論並列資料轉移方式與相關的控制方法，然後介紹 MCS-51 的 I/O 埠結構及可規劃周邊界面(82C55A)元件。

13.1 並列資料轉移

若一個數位系統中的兩個單元之間的資料轉移動作是由時脈同步時,稱為同步方式(synchronous mode);否則,稱為非同步方式(asynchronous mode)。在微處理器系統中,對於高速需求的資料轉移通常使用同步的方式操作,例如 CPU 存取 SDRAM 或是 DDR SDRAM 中的資料;對於低速需求的資料轉移則通常使用非同步的方式操作,例如 CPU 與 I/O 界面之間的資料轉移。

無論是同步或是非同步的並列資料轉移,都必須有一個控制信號指示何時資料是穩定的(或成立的)?或是資料是由那一個地方開始?在同步並列資料轉移中,資料的轉移動作直接使用時脈信號同步與控制;在非同步並列資料轉移中,常用的控制方法為:閃脈(strobe)控制與交握式(handshake)控制。

在本節中,我們將依序討論同步並列資料轉移、閃脈控制資料轉移、交握式控制資料轉移、三線交握式控制資料轉移。

13.1.1 同步並列資料轉移

在同步並列資料轉移中,所有裝置的動作均由一個共同的時脈信號同步,這種資料轉移方式通常再分成兩種類型:單一時脈週期(single cycle)與多時脈週期(multicycle)。同步並列資料轉移方式通常使用於微處理機的系統匯流排中,以能夠在兩個元件或是裝置之間高速地轉移資料,例如在 PCI 匯流排或是 SDRAM 與 CPU 之間的資料傳送。在匯流排系統中,產生位址與命令等信號的裝置,稱為匯流排控制器(bus master),接收位址與命令等信號而作出反應的裝置,則稱為匯流排受控器(bus slave)。

單一時脈週期的典型資料轉移時序,如圖 13.1-1(a)所示。匯流排控制器在時脈信號的正緣時,送出位址與命令,而匯流排受控器則在時脈負緣時,送出資料。匯流排控制器在下一個時脈信號的正緣時,送出位址與命令,並且取樣前一個時脈週期中讀取的資料。在這種資料轉移方式中,每一個時脈週期構成一個匯流排週期。

圖 13.1-1 同步並列資料轉移：(a)單一時脈週期；(b)多時脈週期

多時脈週期的典型資料轉移時序，如圖 13.1-1(b)所示。匯流排控制器在時脈信號的正緣時，送出位址與命令，而匯流排受控器則在第二個時脈負緣時，送出資料。匯流排控制器在下一個時脈信號的正緣時，送出位址與命令，並且取樣前一個時脈週期中讀取的資料。在這種資料轉移方式中，每兩個時脈週期構成一個匯流排週期。一般在多時脈週期的資料轉移中，組成每一個匯流排週期的時脈週期數，由實際上的元件或是裝置的操作速度決定。

13.1.2 閃脈控制方式

在閃脈控制方式的資料轉移中，只需要一條控制信號線稱為閃脈(strobe)，每當欲轉移資料時，則啟動此控制信號線，至於是由來源裝置(source unit)或標的裝置(destination unit)啟動都可以，由實際的應用而定。來源裝置指送出資料的裝置；標的裝置則指接收資料的裝置。

來源裝置啟動系統

來源裝置啟動的閃脈控制資料轉移方式如圖 13.1-2 所示。來源裝置首先置放資料於資料匯流排上，然後經過一段延遲，讓匯流排上的資料穩定後，啟動閃脈信號。匯流排上的資料與閃脈信號持續一段時間，讓標的裝置能接收資料。通常，標的裝置利用閃脈信號的正緣，閘入資料於內部資料暫存器中，而完成一次的資料轉移。

圖 13.1-2　來源裝置啟動的閃脈控制資料轉移：(a)方塊圖；(b)時序圖

在微處理器中，最常使用這種控制方式的資料轉移為 CPU (來源裝置)寫入一個資料於記憶器(標的裝置)中，其中寫入控制信號即為閃脈信號。

標的裝置啟動系統

標的裝置啟動的閃脈控制資料轉移方式，如圖 13.1-3 所示。在這種方式中，標的裝置於需要資料時，啟動閃脈信號，要求來源裝置送出資料；來源裝置於接收到閃脈信號後，即置放資料於匯流排上，並且保持一段足夠長的時間，讓標的裝置能夠接收該資料。通常標的裝置也是使用閃脈信號的正緣，閘入資料於資料暫存器中。當然，閃脈信號最後是由標的裝置移去的。

圖 13.1-3　標的裝置啟動的閃脈控制資料轉移：(a)方塊圖；(b)時序圖

在微處理器中最常使用這種控制方式的資料轉移為 CPU (標的裝置)由一個記憶器(來源裝置)中讀取一個資料，其中讀取控制信號(READ)即為閃脈信號。

📖 複習問題

13.1. 試簡述 I/O 裝置的界面電路中的控制暫存器的功能。

13.2. 試定義同步與非同步方式的資料轉移。

13.3. 試定義在資料轉移動作中的來源裝置與標的裝置。

13.4. 在非同步方式的資料轉移中，常用的控制方法有那兩種？

13.5. 在閃脈控制方式的資料轉移中，需要幾條控制信號線？

13.1.3　交握式控制方式

在閃脈控制方式的資料轉移中，最大的缺點是來源裝置無法得知標的裝置，是否已經接收到資料(在來源裝置啟動的方式中)，或標的裝置無法得知來源裝置，確實已經置放資料於資料匯流排上(在標的裝置啟動的方式中)。其原因為控制信號只是單方向的，若使用雙方向的控制信號，則上述問題可以解決。雙方向的控制方法是再加入一條控制信號線稱為資料已接收(data accepted)或稱資料要求(data request)，這種方式稱為交握式控制(handshaking control)或稱為來復式控制，因為其控制信號一來一往於兩個裝置之間。

　　在交握式控制中，資料轉移動作可以分成來源裝置啟動與標的裝置啟動兩種方式，由實際上的應用情形決定。

來源裝置啟動系統

　　來源裝置啟動的交握式控制資料轉移方式，如圖 13.1-4 所示。兩條交握式控制信號線為 $\overline{\text{DAV}}$ (data valid，資料成立)與 $\overline{\text{DAC}}$ (data accepted，資料已接收)，其中 $\overline{\text{DAV}}$ 控制信號由來源裝置產生，而 $\overline{\text{DAC}}$ 控制信號由標的裝置產生。

圖 13.1-4　來源裝置啟動的交握式控制資料轉移：(a)方塊圖；(b)時序圖

　　來源裝置首先置放資料於資料匯流排上，等其穩定後，啟動 $\overline{\text{DAV}}$ 控制信號。標的裝置在 $\overline{\text{DAV}}$ 控制信號啟動後，接收資料並啟動 $\overline{\text{DAC}}$ 控制信號。然後來源裝置在 $\overline{\text{DAC}}$ 控制信號啟動後，抑制 $\overline{\text{DAV}}$ 控制信號，以指示資料匯流排上的資料不再是成立的。最後標的裝置在 $\overline{\text{DAV}}$ 控制信號被抑制後，也抑制 $\overline{\text{DAC}}$ 控制信號，恢復到最初的狀態。

標的裝置啟動系統

　　在標的裝置啟動的交握式控制資料轉移方式中，也使用兩條控制信號線：$\overline{\text{DAV}}$ 與 $\overline{\text{DAC}}$，如圖 13.1-5 所示，其中 $\overline{\text{DAC}}$ 有時也稱為 $\overline{\text{DAR}}$ (data request)，以切合實際的意義。

圖 13.1-5 標的裝置啟動的交握式控制資料轉移：(a)方塊圖；(b)時序圖

在此方式中，其轉移程序為：標的裝置首先啟動 $\overline{DAC}$ 控制信號，然後來源裝置在 $\overline{DAC}$ 控制信號啟動後，置放資料於資料匯流排上，等其穩定後，啟動 $\overline{DAV}$ 控制信號。標的裝置等 $\overline{DAV}$ 控制信號啟動後，由資料匯流排上接收資料，並抑制 $\overline{DAC}$ 控制信號。最後來源裝置在 $\overline{DAC}$ 控制信號被抑制後，也抑制 $\overline{DAV}$ 控制信號，表示資料匯流排上的資料不再是成立的，而恢復到最初的狀態。

在交握式控制方式的資料轉移中，來源裝置或標的裝置都可以工作在各自的資料轉移速率上，而整個系統的資料轉移速率，則由速度最慢的裝置決定。這項特性為非同步資料轉移方式的一項固有而且有用的特性。

在可靠度(reliability)上的考慮為：由於在交握式控制方式的資料轉移中，成功的資料轉移動作必須兩個裝置共同參與，若其中任何一個裝置故障，則資料轉移的動作必定不能完成。為了防止這種故障的發生，因而造成兩個參與資料轉移的裝置互相等待而無法進行其後續的動作，在實際的應用上一般均使用一個監視定時器(watchdog timer)偵測對方裝置可能的故障發生，即在一個控制信號啟動後的一段預定時間內，若未收到回應的控制信號時，即假設有錯誤發生。這一個計時終止(timeout)的信號，可以對 CPU 產生中斷(INT)，執行一個中斷服務程式，處理適當的錯誤更正動作。

為使交握式控制的資料轉移動作更加清楚，現在舉數個應用例，詳細說明如何應用上述的控制程序於實際的系統中。

圖 13.1-6　輸入裝置的交握式控制

例題 13.1-1　(交握式控制---輸入資料)

圖 13.1-6 所示為輸入裝置在使用來源裝置啟動的交握式控制方式。在系統初值設定程序中，CPU 首先設定 I/O 裝置的界面電路的 CR (control register)中的 IE (中斷致能)位元，以備妥接受 I/O 裝置輸入的資料，此時 $\overline{DAC}$ 控制信號維持於高電位。然後，當 I/O 裝置欲輸入資料予 CPU 時，它即置放資料於界面電路的 I/O 埠(I/O port)上，並設定 $\overline{DAV}$ 控制信號為低電位。該 I/O 裝置的界面電路一旦接收到此低電位的信號後，即檢查IE位元。若IE為1，則設定狀態暫存器 (status register，SR)的中斷旗號 I 為 1，並對 CPU 產生中斷(設定 $\overline{INT}$ 為低電位)，告知 CPU 目前 I/O 裝置已經備妥輸入資料。CPU 接收到中斷信號後，即對 I/O 裝置的界面電路執行一個讀取動作，讀取該資料，並且清除中斷旗號 I 為 0。一旦中斷旗號 I 被清除，該界面電路即設定 $\overline{DAC}$ 控制信號為低電位，告知 I/O 裝置該資料已被讀取。I/O 裝置收到低電位的 $\overline{DAC}$ 控制信號，即設定 $\overline{DAV}$ 控制信號為高電位，表示目前出現在 I/O 埠上的資料已經是無效的。I/O

裝置的界面電路收到高電位的 $\overline{\text{DAV}}$ 控制信號後，也緊接著設定 $\overline{\text{DAC}}$ 控制信號為高電位，表示對事實的認知而完成整個控制程序。上述整個動作的先後次序如圖 13.1-6 中的數字所示。

上述的轉移方式是當 I/O 裝置欲輸入資料予 CPU 時，該 I/O 裝置的界面電路即對 CPU 產生中斷，告知 CPU，這種方式為裝置啟動的轉移：中斷方式。當然，資料轉移的啟動方式也可以由 CPU 操縱，即執行 CPU 啟動的條件式 I/O 轉移：輪呼 I/O。

例題 13.1-2　(輪呼 I/O 控制資料轉移)

試寫一個程式片段，檢查狀態暫存器 SR 中的 I 位元狀態，以決定 I/O 裝置是否備妥通信(即使用輪呼 I/O 方式)

解：(a) 當多個 I/O 裝置，使用同一個中斷信號線，而且使用輪呼方式決定優先權時，在中斷發生之後，檢查一個裝置是否備妥通信的程式片段為：

```
SR       EQU    4000H
PORT     EQU    4001H
KDWT:    MOV    DPTR,#SR    ;set up the pointer
         MOVX   A,@DPTR     ;read the status byte
         JNB    A.7,NEXT    ;examine the I bit
         INC    DPTR        ;if it is set then
         MOVX   A,@DPTR     ;read the data
NEXT:         .
```

(b) 若資料轉移是 CPU 啟動的條件式 I/O 轉移方式，則執行資料轉移動作的程式片段為：

```
KDWT:    MOV    DPTR,#SR    ;set up the pointer
         MOVX   A,@DPTR     ;read the status byte
         JNB    A.7,KDWT    ;examine the I bit
         INC    DPTR        ;if it is set then
         MOV    A,@DPTR     ;read the data
         RET
```

例題 13.1-3　(交握式控制---輸出資料)

圖 13.1-7 所示為輸出裝置在使用來源裝置啟動的交握式控制方式。首先，微處理器經由資料匯流排輸出一個位元組資料予界面電路，並發出寫入控制信

號，然後，界面電路儲存該資料於內部暫存器中，並出現於 I/O 埠上。界面電路藉著 $\overline{WR}$ 啟動信號，啟動 $\overline{DAV}$ 控制信號(設定為低電位)，告知 I/O 裝置，目前界面I/O埠上有一個有效的資料備妥輸出。一旦I/O裝置接受此資料，即設定(即啟動) $\overline{DAC}$ 控制信號為低電位，告知界面電路已接受該資料。此啟動的 $\overline{DAC}$ 控制信號也啟動 $\overline{INT}$ (設定為低電位)信號，通知 CPU 該資料已被接受，可以再輸出資料於 I/O 裝置的界面電路上。隨著啟動的 $\overline{DAC}$ 控制信號，I/O 裝置的界面電路即設定 $\overline{DAV}$ 控制信號為高電位，告知 I/O 裝置目前 I/O 埠上的資料已經無效。若 I/O 裝置欲繼續接受資料，而且動作已備妥，則設定 $\overline{DAC}$ 控制信號為高電位，告知界面電路目前正等待接收資料；否則，$\overline{DAC}$ 控制信號可以維持於低電位電位。完整的動作時序圖如圖 13.1-7 所示。

圖 13.1-7　輸出裝置的交握式控制

📖 複習問題

13.6. 在閃脈控制方式的資料轉移中，最大的缺點是什麼？

13.7. 在交握式控制方式的資料轉移中，需要幾條控制信號線？

13.8. 為何在交握式控制方式的資料轉移中，兩個參與的裝置均可以工作在它們各自的資料速率上？

13.9. 在交握式控制方式的資料轉移中，若其中任何一個裝置故障時，將發生什麼事？如何防止？

13.10. 在來源裝置啟動的交握式控制方式的資料轉移中，$\overline{DAV}$ 與 $\overline{DAC}$ 控制信號分別由那一個裝置產生？

13.1.4　三線交握式控制方式

前面所討論的來復式資料轉移的控制程序，適合於單一的來源裝置與標的裝置之間的資料轉移。在某些場合中，單一的來源裝置可能需要同時轉移資料於多個標的裝置中(這種動作稱為廣播，broadcasting)。這時候來源裝置在置放資料於資料匯流排上時，必須確定所有標的裝置，都已經備妥接收資料。另一方面，當來源裝置由資料匯流排上移去資料(即抑制 DAV)前，必須確定所有標的裝置皆已經接收到該資料。這兩項要求對於兩線交握式控制程序而言，無論是由來源裝置啟動或標的裝置啟動，都有一項未能滿足，因此需要使用三線交握式控制程序。

三線交握式控制程序如圖 13.1-8 所示，圖中有一個來源裝置與三個標的裝置。所有標的裝置的 RFD(request for data)與 DAC 控制信號線都各別使用 WIRED-AND 邏輯電路連接在一起，因此這兩條控制線的信號，只有當所有標的裝置都啟動時，才啟動。

圖 13.1-8　三線交握式控制結構說明圖

在圖 13.1-9 的時序圖中，當 RFD 控制信號啟動時，來源裝置即置放資料於資料匯流排上，等其穩定後才啟動 DAV 控制信號，標的裝置則於收到

DAV 控制信號後，即接收資料，然後抑制 RFD 控制信號，同時啟動 DAC 控制信號。由於 DAC 控制信號線為 WIRED-AND 邏輯，所以必須等待所有標的裝置皆啟動此控制信號後，DAC 控制信號才成立。接著來源裝置依據啟動的 DAC 控制信號，抑制 DAV 控制信號，表示資料匯流排上的資料不再是成立的了。在 DAV 控制信號被抑制後，標的裝置則分別抑制其 DAC 控制信號，完成一次資料轉移，而恢復到最初的狀態。

圖 13.1-9　三線交握式控制時序

📖複習問題

13.11. 為何交握式控制方式的資料轉移無法應用在多個標的裝置的系統中？

13.13. 在三線交握式控制方式中，使用那三條控制信號線？

13.13. 在三線交握式控制方式中，那兩條控制信號線必須為 WIRED-AND 方式？

13.2 MCS-51 I/O 埠結構與動作

MCS-51 的所有 I/O 埠都為雙向 I/O 埠，每一個 I/O 埠位元均由一個閂門、一個輸出推動器及一個輸入緩衝器組成。部分 I/O 埠除了執行標準的 I/O 位元的功能之外，也有其它副功能。

無論是標準的 MCS-51 或是何種擴充版本，I/O 埠 0 與 2 除了可以當作一般的 I/O 埠使用外，也當作位址與資料匯流排，存取外部 RAM 或是程式記憶器。標準的 MCS-51 有四個 I/O 埠，其 I/O 埠 3 具有副功能，但是 I/O 埠 1 沒有副功能。在本節中，我們將依序介紹 MCS-51 的 I/O 埠結構及其相關的運算指令。

13.2.1 I/O 埠結構與動作

I/O 埠 0 與 2 的輸出推動器及 I/O 埠 0 的輸入緩衝器，用以存取外部 RAM 或是程式記憶器。I/O 埠 0 為一個資料與位址匯流排，它以多工的方式，先輸出位址的低序位元組，然後轉換為資料匯流排。當位址為 16 位元時，I/O 埠 2 提供位址的高序位元組；當位址只為 8 位元時，I/O 埠 2 不必輸出位址的高序位元組，它依然可以當作一般的 I/O 接腳使用。

I/O 埠 1 的兩個接腳(MCS-52)與 I/O 埠 3 的所有接腳均為多功能的接腳，如表 9.1-1 與表 9.1-2 所示。在啟動副功能時，對應的 I/O 接腳之門閂電路的值必須設定為 1；否則，該 I/O 埠的接腳值將為 0。

MCS-51 的 I/O 埠接腳的電路結構如圖 13.2-1 所示。每一個 I/O 埠的接腳結構中，均有一個門閂電路，相當於 I/O 埠 SFR 中的一個位元。門閂電路在寫入門閂的動作中，儲存置於內部匯流排的值於門閂中；門閂電路在讀取門閂的動作中，其輸出 Q 的值將置放於內部匯流排中。在讀取接腳的動作中，I/O 埠接腳的電壓值由致能的三態緩衝閘輸出端轉移到內部匯流排中。MCS-51 中的所有 I/O 埠門閂電路，在系統重置之後，均被寫入 1，因而設定為輸入模式。

如圖 13.2-1(a)與(c)所示，I/O 埠 0 與 2 的輸出推動器在使用外部記憶器(外部 RAM 與程式記憶器)時，由控制信號分別轉換到內部的位址/資料與位址匯流排上。在存取外部記憶器時，I/O 埠 2 的 SFR 依然維持不變，但是 I/O 埠 0 的 SFR 之全部 I/O 門閂則寫入 1。

如圖 13.2-1(d)所示，若 I/O 埠 3 的門閂電路寫入 1，則輸出電壓位準將由該 I/O 接腳所屬的副功能輸出決定，同時該副功能輸出的電壓位準也出現在副功能輸入端。

圖 13.2-1 MCS-51 I/O 埠結構：(a) I/O 埠 0；(b) I/O 埠 1；(c) I/O 埠 2；(d) I/O 埠 3

I/O 埠 1、2、3 均有內部提升電路；I/O 埠 0 則為開路吸極(open drain)電路。每一個 I/O 接腳均可以獨自使用為輸入或是輸出，欲當作輸入線使用時，該 I/O 接腳對應的門閂電路必須寫入 1，以關掉輸出推動器的 nMOS 電晶體，此時該 I/O 接腳由內部提升電路提升為高電位，但是可以由外部電路拉至低電位。注意：I/O 埠 0 與 2 在存取外部記憶器時，不能當作一般的 I/O 埠使用。

I/O 埠 0 的輸出推動器中的提升 nMOS 電晶體，只在該輸出推動器輸出 1 的信號時啟動，其它時間均關閉。因此，當 I/O 埠 0 當作一般的 I/O 埠使用時，為開路吸極電路。若寫入 1 於門閂電路中，則輸出推動器中的兩個 nMOS 電晶體均被關掉，此時該 I/O 埠的接腳為一個高阻抗的輸入線。若欲使用 I/O 埠 0 為一般用途的輸入與輸出埠，在實際應用上必須外接一個 10 kΩ 的提升電阻器於每一條 I/O 接腳上，提升該 I/O 接腳到高電位狀態。

📖 **複習問題**

13.14. 在 MCS-51 的四個 I/O 埠中，那些 I/O 埠內部有提升電路？

13.15. 在 MCS-51 的四個 I/O 埠中，那一個 I/O 埠為開路吸極電路？

13.16. 若寫入 1 於 I/O 埠 0 的門閂電路中，則該 I/O 埠的接腳為何種狀態？

13.17. 在 MCS-51 存取外部記憶器時，I/O 埠 0 與 2 是否可以當作一般的 I/O 埠使用？

13.18. 為何所有 MCS-51 中的 I/O 埠門閂電路，在系統重置後均設定為輸入模式？

13.2.2 RMW 指令組

在 MCS-51 中，有些指令當它讀取 I/O 埠時，實際上讀取的值是儲存於門閂電路中的值，而不是 I/O 接腳的值，這一些指令稱為 RMW (read-modify-write)指令組，如表 13.2-1 所示。每一個 RMW 指令均執行三個動作：讀取(read)、修改(modify)、寫入(write)。表中的最後三個指令執行時，首先讀取指定 I/O 埠的位元組，改變指定的位元值，然後寫回整個新的位元組於指定 I/O 埠的門閂電路中。

表 13.2-1　MCS-51 的 RMW 指令組

指令		功能	使用例	
ANL		邏輯 AND 運算	ANL	P2,A
ORL		邏輯 OR 運算	ORL	P2,A
XRL		邏輯 XOR 運算	XRL	P3,A
JBC		若位元值為 1，則分岐並清除該位元	JBC	P2.2,bitclear
CPL		將位元取補數	CPL	P3.0
INC		將指定位元組加 1	INC	P1
DEC		將指定位元組減 1	DEC	P2
DJNZ		減 1 後，若不為 0，則分岐	DJNZ	P3,again
MOV	Px.y,C	複製進位旗號位元到 I/O 埠 x 位元 y	MOV	P3.2,C
CLR	Px.y	清除 I/O 埠 x 位元 y 為 0	CLR	P1.4
SETB	Px.y	設定 I/O 埠 x 位元 y 為 1	SETB	P1.2

RMW 指令組運算的對象為門閂電路，而不是 I/O 接腳的主要理由為避免可能發生的電壓位準錯亂。例如當一個 I/O 接腳推動一個電晶體的基極

時，寫入 1 到該接腳的門閂電路時，該電晶體啟動。若此時 CPU 自該 I/O 埠位元的 I/O 接腳直接讀取資料，而不是由門閂電路讀取資料時，將讀到電晶體的基極電壓，而解釋為邏輯 0；若由門閂電路讀取資料時，則讀到正確的邏輯 1 的值。

📖 複習問題

13.19. 為何 RMW 指令組運算的對象為門閂電路，而不是 I/O 接腳？

13.20. 每一個 RMW 指令均執行那三個動作？

13.3 可規劃並列周邊界面(82C55A)

82C55A 可規劃周邊界面(programmable peripheral interface，PPI)是一個通用的並列 I/O 元件，可以當作系統匯流排與 I/O 裝置之間的界面裝置。82C55A 具有 24 個 I/O 接腳，每一個接腳均具有 2.5 mA 的電流推動能力，它可以直接與 12 MHz 的 MCS-51 界接使用。

13.3.1 內部功能

82C55A 內部功能方塊圖，如圖 13.3-1 所示，這個裝置有三個 8 位元 I/O 埠：I/O 埠 A、I/O 埠 B、I/O 埠 C；它們分成兩個 12 位元群：A 群(包括 I/O 埠 A 與 PC4 ~ PC7)及 B 群(包括 I/O 埠 B 與 PC0 ~ PC3)，分別接受 A 群與 B 群控制電路的控制。A 群可以規劃為：模式 0(基本 I/O)、模式 1(閃脈控制式 (strobed I/O)、模式 2(閃脈控制式雙向匯流排 I/O)；但是 B 群只能規劃為模式 0 與模式 1。注意：閃脈控制為 Intel 的用語，其實其動作為交握式控制。

資料匯流排緩衝器(data bus buffer)：為一個三態雙向 8 位元緩衝器，傳送或接收 CPU 的 I/O 指令、控制語句(control word)、狀態資料、資料等。

A 群與 B 群控制：控制 I/O 埠 A、I/O 埠 B、I/O 埠 C 的動作。A 群與 B 群的動作模式由控制語句設定。

圖 13.3-1　82C55A 內部功能方塊圖

I/O 埠 A：含有一個 8 位元資料輸出門閂/緩衝器及一個 8 位元資料輸入門閂緩衝器。

I/O 埠 B：含有一個 8 位元資料輸入/輸出(即雙向)的門閂/緩衝器。

I/O 埠 C：含有一個 8 位元資料輸出門閂/緩衝器，及一個 8 位元資料輸入緩衝器(沒有門閂)，這個 I/O 埠可以在模式控制下，分成兩個 4 位元埠(即 PC3 ~ PC0 與 PC7 ~ PC4)。每一個 4 位元埠包含一個 4 位元門閂，它可以當作 I/O 埠 A 及 I/O 埠 B 在模式 1 與 2 時的控制信號輸出及狀態信號輸入。

📖複習問題

13.21. 82C55A 有幾個 8 位元 I/O 埠？

13.22. 82C55A 的 A 群包括那些 I/O 接腳，它可以規劃為那些操作模式？

13.23. 82C55A 的 B 群包括那些 I/O 接腳，它可以規劃為那些操作模式？

13.3.2 硬體界面

82C55A 使用 40 腳的 DIP 或是 44 腳的 PLCC 包裝。其 40 腳的 DIP 包裝的接腳，如圖 13.3-1 所示。此元件的各個接腳之功能如下：

D7 ~ D0(資料匯流排，雙向三態)：與 CPU 界接，用以存取 82C55A 的資料。

PA7 ~ PA0(I/O 埠 A，雙向)：通用的 8 位元資料輸出門閂/緩衝器與資料輸入門閂。

PB7 ~ PB0(I/O 埠 B，雙向)：通用的 8 位元資料輸出門閂/緩衝器與資料輸入門閂。

PC7 ~ PC0(I/O 埠 B，雙向)：通用的 8 位元資料輸出門閂/緩衝器與資料輸入緩衝器(沒有門閂)。如前所述，它可以在模式控制下，分成兩個 4 位元埠(即 PC3~PC0 與 PC7~PC4)。每一個 4 位元埠包含一個 4 位元門閂，可以當作 I/O 埠 A 及 I/O 埠 B 在模式 1 與 2 時的控制信號輸出及狀態信號輸入。

$\overline{\text{CS}}$ (chip select，輸入)：(低電位啟動)當其啟動時，致能 82C55A 的資料存取動作(即對 $\overline{\text{WR}}$ 與 $\overline{\text{RD}}$ 等信號響應)

$\overline{\text{RD}}$ (read，輸入)：(低電位啟動)由 CPU 啟動時，以自 82C55A 讀取資料或是狀態資訊。

$\overline{\text{WR}}$ (write，輸入)：(低電位啟動)由 CPU 啟動時，以寫入資料或是控制資訊於 82C55A。

A0 與 A1(address，輸入)：A0、A1 與 $\overline{\text{RD}}$ 、 $\overline{\text{WR}}$ 結合後，選擇三個 I/O 埠或控制語句暫存器，如表 13.3-1 所示。

表 13.3-1　82C55A 內部暫存器之選取

選擇信號					動作	選擇信號					動作
A1	A0	$\overline{RD}$	$\overline{WR}$	$\overline{CS}$		A1	A0	$\overline{RD}$	$\overline{WR}$	$\overline{CS}$	
0	0	0	1	0	I/O 埠 A →D7~D0	1	0	1	0	0	D7~D0→I/O 埠 C
0	1	0	1	0	I/O 埠 B → D7~D0	1	1	1	0	0	D7~D0→ 控制語句
1	0	0	1	0	I/O 埠 C → D7~D0	φ	φ	φ	φ	1	D7~D0→ (高阻抗)
0	0	1	0	0	D7~D0→I/O 埠 A	1	1	0	1	0	不成立
0	1	1	0	0	D7~D0→I/O 埠 B	φ	φ	1	1	0	D7~D0→ (高阻抗)

RESET(重置，輸入)：(高電位啟動)啟動時，清除控制暫存器為 0，並設定所有 I/O 埠 A、I/O 埠 B、I/O 埠 C 為輸入模式。在 RESET 後，設定所有 I/O 埠為輸入模式的主要原因，為可以確保系統處在一個安全的狀態。

13.3.3　模式規劃與動作

82C55A 的 I/O 埠 A 與 I/O 埠 B 的工作模式可以各自定義，I/O 埠 C 則分成兩部分：PC3 ~ PC0 與 PC7 ~ PC4。依據工作模式的不同，I/O 埠 C 可以當作 I/O 資料埠使用，或是當作 I/O 埠 A 與 I/O 埠 B 的控制或狀態信號線。

工作模式設定

82C55A 的三個 I/O 埠分成 A 群與 B 群。A 群包括 I/O 埠 A 與 PC7 ~ PC4 等四個 I/O 埠 C 位元；B 群包括 I/O 埠 B 與 PC3 ~ PC0 等四個 I/O 埠 C 位元。A 群有三種工作模式而 B 群只有兩種。A 群與 B 群的工作模式由控制語句設定，如圖 13.3-2 所示。注意在設定工作模式時，控制語句中的位元 7(D7)必須設定為 1。

D7	D6	D5	D4	D3	D2	D1	D0
1	A 群控制				B 群控制		
	模式選擇 00 = 模式 0 01 = 模式 1 1φ= 模式 2		I/O 埠 A 0 = 輸出 1 = 輸入	I/O 埠 C (上半部) 0 = 輸出 1 = 輸入	模式選擇 0=模式 0 1=模式 1	I/O 埠 B 0 = 輸出 1 = 輸入	I/O 埠 C (下半部) 0 = 輸出 1 = 輸入

圖 13.3-2　控制語句格式

當 I/O 埠 C 當作 I/O 埠 A 與 I/O 埠 B 的控制信號時，每一個位元均可以獨立的清除或設定。在此情況下，I/O 埠 C 的位元設定與清除控制語句如圖 13.3-3 所示。注意：此時控制語句的位元 7(D7) 必須清除為 0。

D7	D6	D5	D4	D3	D2	D1	D0
0		未用			指定 I/O 埠 C 位元		設定/清除
				D3 D2 D1=000:位元 0 ~ D3 D2 D1=111:位元 7			1=設定 0=清除

圖 13.3-3　I/O 埠 C 位元設定/旗號清除控制語句

在 I/O 埠 C 的位元設定/清除格式中，控制語句的位元 D3 ~ D1 指定欲設定或清除的位元，至於該位元是設定或清除則由位元 D0 的值決定，當 D0 = 1 時為設定，當 D0 = 0 時為清除。換言之，即是設定由位元 D3 ~ D1 指定的 I/O 埠 C 位元為 D0 的值。

模式 0

模式 0 為最基本也是使用最頻繁的一種的 I/O 工作模式。在這種工作模式下，82C55A 的 A 群與 B 群均由一個 8 位元 I/O 埠與一個 4 位元的 I/O 埠組成。A 群與 B 群中的 8 位元 I/O 埠與 4 位元 I/O 埠均可以獨立的設定為輸入埠或輸出埠，因此一共有 16 種不同的組合，如圖 13.3-2 所示。注意在這種工作模式下，輸入埠沒有門閂功能而輸出埠則有。

模式 1

82C55A 的模式 1 為一種閃脈控制式(strobed) I/O。在這種模式下，A 群與 B 群都各自有一個 8 位元 I/O 埠(在 A 群中為 I/O 埠 A；在 B 群中為 I/O 埠 B)及各別使用 I/O 埠 C 的 3 個 I/O 接腳(在 A 群中為 I/O 埠 C 中的 PC3 ~ PC5 接腳；在 B 群中為 I/O 埠 C 中的 PC0 ~ PC2 接腳)，當作交握式控制信號。注意：每一個 I/O 埠均可以獨立的規劃為輸入埠或輸出埠。

A.　輸入

若 8 位元的 I/O 埠規劃為輸入模式時，每一個 I/O 埠分別使用 I/O 埠 C 中的三個 I/O 接腳做為控制信號，這些控制信號為：

$\overline{STB}$(strobe input，閃脈控制輸入)：閘資料入於 82C55A 之 I/O 埠 A(B) 門閂內，該資料將鎖住在門閂內，直到被 CPU 讀取為止。$\overline{STB}$ 信號在 I/O 埠 A 中為 I/O 埠 C 中的 PC4 接腳；在 I/O 埠 B 中為 I/O 埠 C 中的 PC2 接腳。

IBF (input buffer full，輸入緩衝器已滿)：為一個輸出信號，指示輸入埠門閂中，已經含有成立的資料，正在等待被讀取。IBF 信號在 I/O 埠 A 中為 I/O 埠 C 中的 PC5 接腳；在 I/O 埠 B 中為 I/O 埠 C 中的 PC1 接腳。

INTR (interrupt request，中斷)：為一個輸出線，以對 CPU 產生中斷。當 $\overline{STB}$ 輸入信號、IBF 信號、$\overline{RD}$ 輸入等均為 1 時，上升為 1(即高電位)，因此，可以對 CPU 產生中斷；在 $\overline{RD}$ 信號負緣時，清除為 0(即低電位)。INTR 信號在 I/O 埠 A 中為 I/O 埠 C 中的 PC3 接腳；I/O 埠 B 中為 I/O 埠 C 中的 PC0 接腳。

INTE (interrupt enable flag，中斷致能旗號)：為一個中斷致能旗號。在 I/O 埠 A 中為 INTE A；I/O 埠 B 中則為 INTE B。INTE A 與 INTE B 分別由 I/O 埠 C 的 PC4 與 PC2 的位元設定/清除控制。

82C55A 在模式 1 的輸入埠的內部結構，如圖 13.3-4(a)所示。當 I/O 裝置備妥資料時，即啟動 $\overline{STB}$ 信號，閘入資料於 82C55A 輸入埠門閂。此外，$\overline{STB}$ 也啟動 IBF 及 INTR 等信號。CPU 在得知(經由 INTR 或輪呼方式)輸入埠門閂備妥資料後，即讀取該資料，因而啟動 $\overline{RD}$ 信號，令 INTR 及 IBF 等信號，恢復為不啟動狀態，直到 I/O 裝置備妥另一份資料為止。$\overline{STB}$、IBF、INTR、$\overline{RD}$ 等信號的時序關係，如圖 13.3-4(b)所示。

注意：I/O 埠 C 中的 PC6 與 PC7 接腳，可以由控制語句中的位元 3，同時規劃為輸入或輸出。

(a)

(b)

圖 13.3-4 82C55A 模式 1 (輸入)：(a)內部結構；(b)時序圖

例題 13.3-1 (82C55A 模式 1—輸入)

假設 82C55A 的 I/O 埠 A 操作於模式 1 的輸入模式。使用輪呼方式，設計一個副程式，自 I/O 埠 A 中讀取資料。假設 82C55A 的 I/O 基底位址為 8000H。

解： 完整的程式如程式 13.3-1 所示。程式首先測試與等待 I/O 埠 C 的 IBF_A 位元變為 1，然後讀取 I/O 埠 A 與回到主程式。

程式 13.3-1　例題 13.3-1 的程式

```
                          1          ;ex13.3-1.a51
8000                      2    PPIBASE   EQU    8000H ;82C55A base address
8000                      3    PORTA     EQU    PPIBASE
8002                      4    PORTC     EQU    PPIBASE+2
                          5    ;
----                      6              CSEG   AT 0100H
                          7    ;read 82C55A PORT A and return in ACC
0100 908002               8    READ_PA:  MOV    DPTR,#PORTC
0103 E0                   9    WAIT1:    MOVX   A,@DPTR      ;wait until
0104 30E5FC              10              JNB    ACC.5,WAIT1  ;IBFA = 1
0107 908000              11              MOV    DPTR,#PORTA  ;read PORT A
010A E0                  12              MOVX   A,@DPTR      ;and return
010B 22                  13    RETURN:   RET
                         14              END
```

在 C 語言程式中的 READ_PA 函式持續測試與等待 I/O 埠 C 的 IBF_A 位元變為 1，

然後讀取 I/O 埠 A 而歸回主程式 main。

```
line level     source
  1            /* ex13.3-1C.C */
  2            #include <reg51.h>
  3            unsigned char READ_PA (void);
  4            #define PPIBASE  0x8000       /* 82C55A base address */
  5            unsigned char xdata PORTA _at_ PPIBASE;  /* Port A  */
  6            unsigned char xdata PORTC _at_ PPIBASE+2;/* Port C  */
  7
  8            void main(void)
  9            {
 10    1           unsigned char c;
 11    1
 12    1           c = READ_PA();
 13    1       }
 14
 15
 16            unsigned char READ_PA (void)
 17            {
 18    1
 19    1           while ((PORTC & 0x20) != 0x20); /*wait until IFBA == 1*/
 20    1           return PORTA;
 21    1       }
```

B. 輸出

82C55A 在工作模式 1 時，若 I/O 埠規劃為輸出時，每一個 I/O 埠分別使用 I/O 埠 C 的三個 I/O 接腳做為控制信號使用，這些控制信號為：

$\overline{\text{OBF}}$ (output buffer full，輸出緩衝器已滿)：為一個輸出信號，指示輸出埠上已經備妥資料，正等待被讀取。此信號在接收到 I/O 裝置的 $\overline{\text{ACK}}$ 信號後，恢復為不啟動狀態。$\overline{\text{OBF}}$ 信號在 I/O 埠 A 中為 I/O 埠 C 中的 PC7 接腳；I/O 埠 B 中為 I/O 埠 C 中的 PC1 接腳。

$\overline{\text{ACK}}$ (acknowledge，認知)：為一個輸入信號，由 I/O 裝置啟動，指示該 I/O 裝置已經自 82C55A 中，接收到資料。$\overline{\text{ACK}}$ 信號在 I/O 埠 A 中為 I/O 埠 C 中的 PC6 接腳；I/O 埠 B 中為 I/O 埠 C 中的 PC2 接腳。

INTR 與 INTE 的功能與在模式 1 中的 I/O 埠規劃為輸入模式時相同，所以不再贅述。

82C55A 在模式 1 的輸出埠之內部結構，如圖 13.3-5(a)所示。當 CPU 寫入資料於輸出埠時，$\overline{\text{OBF}}$ 信號即啟動以告知 I/O 裝置，該輸出埠已經備妥資料，正等待被讀取。I/O 裝置在讀取資料後，即啟動 $\overline{\text{ACK}}$ 信號，表示已讀取資料。啟動的 $\overline{\text{ACK}}$ 信號恢復 $\overline{\text{OBF}}$ 為不啟動，並且啟動 INTR 信號，以告知 CPU，I/O 裝置正等待讀取另一個資料，如圖 13.3-5(b)所示。

注意：I/O 埠 C 中的 PC4 與 PC5 接腳，可以由控制語句中的位元 3，同時規劃為輸入或輸出。

例題 13.3-2 (82C55A 模式 1—輸出)

假設 82C55A 的 I/O 埠 A 操作於模式 1 的輸出模式。使用輪呼方式，設計一個副程式，寫入資料於 I/O 埠 A 中。假設 82C55A 的 I/O 基底位址為 8000H。

解： 完整的程式如程式 13.3-2 所示。程式首先測試與等待 $\overline{\text{OBF}}_A$ 變為 1，然後寫入資料於 I/O 埠 A，並回到主程式。

程式 13.3-2　例題 13.3-2 的程式

```
              1        ;ex13.3-2.a51
8000          2     PPIBASE  EQU   8000H ;82C55A base address
```

圖 13.3-5　82C55A 模式 1 (輸出)：(a)內部結構；(b)時序圖

```
8000                  3        PORTA   EQU    PPIBASE
8002                  4        PORTC   EQU    PPIBASE+2
                      5        ;
----                  6                CSEG   AT 0100H
                      7        ;write the data in B to 82C55A PORT A
0100 908002           8        WRITE_PA: MOV  DPTR,#PORTC
0103 E0               9        WAIT1:    MOVX A,@DPTR        ;wait until
0104 30E7FC          10                  JNB  ACC.7,WAIT1    ;OBFA = 1
0107 908000          11                  MOV  DPTR,#PORTA    ;write data
010A E5F0            12                  MOV  A,B            ;to Port A
```

```
010C F0              13                    MOVX  @DPTR,A        ;and return
010D 22              14        RETURN:     RET
                     15                    END
```

在 C 語言程式中的 WRITE_PA 函式首先測試與等待 I/O 埠 C 的 $\overline{OBF_A}$ 變為 1，然後寫入資料於 I/O 埠 A，並回到主程式 main。

```
line level      source
  1             /* ex13.3-2C.C */
  2             #include <reg51.h>
  3             void WRITE_PA (unsigned char);
  4             #define PPIBASE  0x8000        /* 82C55A base address */
  5             unsigned char xdata PORTA _at_ PPIBASE;  /* Port A  */
  6             unsigned char xdata PORTC _at_ PPIBASE+2;/* Port C  */
  7
  8             void main(void)
  9             {
 10    1            unsigned char c;
 11    1
 12    1            c = 0x20;    /* test data */
 13    1            WRITE_PA(c);
 14    1        }
 15
 16
 17             void WRITE_PA (unsigned char c)
 18             {
 19    1
 20    1            while ((PORTC & 0x80) != 0x80); /* test until OFBA == 1*/
 21    1            PORTA = c;
 22    1        }
```

圖 13.3-6 為 82C55A 在模式 1 時，輸入埠與輸出埠的組合情形。

📖 複習問題

13.24. 82C55A I/O 埠 C 的功能為何？

13.25. 82C55A 的控制語句與 I/O 埠 C 位元設定/旗號清除控制語句使用相同的位址，試問 82C55A 如何區別這兩個語句？

13.26. 82C55A 若規劃為模式 1 的輸入模式時，I/O 埠 A 與 B 分別使用 I/O 埠 C 中的三個 I/O 接腳做為控制信號，這些控制信號為何？

13.27. 82C55A 若規劃為模式 1 的輸出模式時，I/O 埠 A 與 B 分別使用 I/O 埠 C 中的三個 I/O 接腳做為控制信號，這些控制信號為何？

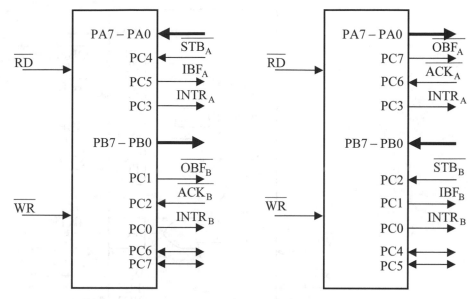

圖 13.3-6　82C55A 模式 1(輸入埠與輸出埠組合)

模式 2

模式 2 為閃脈控制的雙向 I/O。在這種模式下，I/O 埠 A 為一個雙向 I/O 埠，I/O 埠 C 中的五個 I/O 接腳(PC3 ~ PC7)則當作 I/O 埠 A 的控制信號，如圖 13.3-7 所示。I/O 埠 C 的其餘三個 I/O 接腳(PC2 ~ PC0)，則仍然可以當作基本的 I/O 接腳。I/O 埠 B 只能規劃為模式 0 或模式 1。當 I/O 埠 B 規劃為模式 1 時，則以 I/O 埠 C 的 PC2、PC1、PC0 接腳為控制信號。

在模式 2 時，I/O 埠 A 為雙向 I/O 埠，其相關的控制信號為：

$\overline{\text{OBF}}$ (output buffer full，輸出緩衝器已滿)：指示輸出緩衝器含有成立的資料，等待 I/O 裝置讀取。$\overline{\text{OBF}}$ 為 I/O 埠 C 的 PC7 接腳。

$\overline{\text{ACK}}$ (acknowledge，認知)：為一個輸入信號，致能三態緩衝器使資料能出現於 I/O 埠 A。在 $\overline{\text{ACK}}$ = 1 時，I/O 埠 A 的輸出緩衝器為高阻抗狀態。$\overline{\text{ACK}}$ 為 I/O 埠 C 的 PC6 接腳。

$\overline{\text{STB}}$ (strobe input，閃脈控制信號輸入)：為一個輸入線，載入外部資料到 I/O 埠 A 的輸入門閂中。$\overline{\text{STB}}$ 為 I/O 埠 C 的 PC4 接腳。

(a)

(b)

圖 13.3-7 82C55A 模式 2：(a)內部結構；(b)時序圖

IBF(Input buffer full，輸入緩衝器已滿)：為一個輸出線，告知 I/O 裝置，輸出緩衝器已經含有成立的資料，正等待被讀取。IBF 為 I/O 埠 C 的 PC5 接腳。

INTR(interrupt request，中斷輸出線)：INTR 為 I/O 埠 C 的 PC3 接腳。

INTE(interrupt enable flag，中斷致能旗號)：中斷致能旗號，一共有兩個旗號：INTE 1 與 INTE 2，分別由 I/O 埠 C 的位元 6：PC6 (INTE 1)與位元 4：PC4 (INTE 2)設定或清除。

例題 13.3-3　(82C55A 模式 2—雙向 I/O)

假設 82C55A 操作於模式 2。使用輪呼方式，分別設計一個副程式，寫入資料於 I/O 埠 A 與自 I/O 埠 A 中讀取資料。假設 82C55A 的 I/O 基底位址為 8000H。

解：完整的程式如程式 13.3-3 所示。讀取副程式測試與等待 $\overline{\text{IBF}}_A$ 變為 1，然後讀取 I/O 埠 A 的資料，而回到主程式。寫入副程式測試與等待 $\overline{\text{OBF}}_A$ 變為 1，然後寫入資料於 I/O 埠 A，並回到主程式。

程式 13.3-3　例題 13.3-3 的程式

```
                        1        ;ex13.3-3.a51
8000                    2        PPIBASE   EQU   8000H ;82C55A base address
8000                    3        PORTA     EQU   PPIBASE
8002                    4        PORTC     EQU   PPIBASE+2
                        5        ;
----                    6                  CSEG  AT 0100H
                        7        ;read 82C55A PORT A and return in ACC
0100 908002             8        READ_PA:  MOV   DPTR,#PORTC
0103 E0                 9        WAIT10:   MOVX  A,@DPTR        ;wait until
0104 30E5FC            10                  JNB   ACC.5,WAIT10;IBFA = 1
0107 908000            11                  MOV   DPTR,#PORTA ;read PORT A
010A E0               12                  MOVX  A,@DPTR       ;and return
010B 22               13        RETURN0:  RET
                       14        ;
                       15        ;write the data in B to 82C55A PORT A
010C 908002            16        WRITE_PA: MOV   DPTR,#PORTC
010F E0               17        WAIT11:   MOVX  A,@DPTR        ;wait until
0110 30E7FC            18                  JNB   ACC.7,WAIT11;OBFA = 1
0113 908000            19                  MOV   DPTR,#PORTA ;write data
0116 E5F0              20                  MOV   A,B           ;to Port A
```

```
0118 F0              21                      MOVX    @DPTR,A      ;and return
0119 22              22          RETURN1:    RET
                     23                      END
```

C 語言程式如下：

```
line level      source
  1             /* ex13.3-3C.C */
  2             #include <reg51.h>
  3             unsigned char READ_PA (void);
  4             void WRITE_PA (unsigned char);
  5             #define PPIBASE   0x8000        /* 82C55A base address */
  6             unsigned char xdata PORTA _at_ PPIBASE;   /* Port A  */
  7             unsigned char xdata PORTC _at_ PPIBASE+2;/* Port C  */
  8
  9             void main(void)
 10             {
 11   1             unsigned char c;
 12   1
 13   1             c = READ_PA();
 14   1
 15   1             c = 0x20;         /* test data */
 16   1             WRITE_PA(c);
 17   1         }
 18
 19
 20             unsigned char READ_PA (void)
 21             {
 22   1
 23   1             while ((PORTC & 0x20) != 0x20); /* wait until IFBA = 1 */
 24   1             return PORTA;
 25   1         }
 26
 27
 28             void WRITE_PA (unsigned char c)
 29             {
 30   1
 31   1             while ((PORTC & 0x80) != 0x80); /* test until OFBA = 1 */
 32   1             PORTA = c;
 33   1         }
```

I/O 埠 C 狀態的讀取

I/O 埠 C 狀態的讀取：在模式 0 時，I/O 埠 C 可以當作輸出埠或輸入埠使用，但是當 82C55A 規劃在模式 1 或 2 時，I/O 埠 C 則當作 I/O 埠 A 與 I/O 埠 B 的控制信號，產生或接受與 I/O 裝置之間的連繫信號。經由 I/O 埠 C 的內容，可以測試或確認每一個 I/O 裝置的狀態，因而可以當作改變程式流程的依據。I/O 埠 C 的狀態語句格式，如圖 13.3-8 所示。

A 群					B 群		
位元 7	位元 6	位元 5	位元 4	位元 3	位元 2	位元 1	位元 0
模式 1 輸入組態							
I/O	I/O	IBF_A	INTE A	$INTR_A$	INTE B	IBF_B	$INTR_B$
模式 1 輸出組態							
$\overline{OBF_A}$	INTE A	I/O	I/O	$INTR_A$	INTE B	$\overline{OBF_B}$	$INTR_B$
模式 2							
$\overline{OBF_A}$	INTE 1	IBF_A	INTE 2	$INTR_A$	-	-	-

圖 13.3-8 82C55A 狀態語句格式

總之，82C55A 的模式定義可以歸納如圖 13.3-9 所示。

	模式 0			模式 1		模式 2
	輸入	輸出		輸入	輸出	A 群
I/O 埠 A	輸入	輸出		輸入	輸出	雙向
I/O 埠 B	輸入	輸出		輸入	輸出	模式 0/1
PC0	輸入	輸出		$INTR_B$	$INTR_B$	I/O
PC1	輸入	輸出		IBF_B	$\overline{OBF_B}$	I/O
PC2	輸入	輸出		$\overline{STB_B}$	$\overline{ACK_B}$	I/O
PC3	輸入	輸出		$INTR_A$	$INTR_A$	$INTR_A$
PC4	輸入	輸出		$\overline{STB_A}$	I/O	$\overline{STB_A}$
PC5	輸入	輸出		IBF_A	I/O	IBF_A
PC6	輸入	輸出		I/O	$\overline{ACK_A}$	$\overline{ACK_A}$
PC7	輸入	輸出		I/O	$\overline{OBF_A}$	$\overline{OBF_A}$

圖 13.3-9 82C55A 模式定義總覽

📖 複習問題

13.28. 試簡述 82C55A 模式 2 的主要結構。

13.29. 試簡述 82C55A 在模式 2 時，I/O 埠 A 的相關控制信號有那些？

13.30. 當 82C55A 操作在模式 2 時，I/O 埠 B 可以操作在什麼模式？

13.3.4 82C55A 與 MCS-51 模組界接

在界接一個外部的 I/O 裝置的界面電路(例如 82C55A)到 MCS-51 時，必須如同界接一個外部 RAM 或是程式記憶器一樣，使用記憶器的位址空間，即使用記憶器映成 I/O 結構。本節中，將依序介紹 82C55A 元件的資料讀取時序、資料寫入時序、界面電路的設計。

資料讀取

由 82C55A 元件讀取資料時，晶片選擇輸入信號($\overline{CS}$)控制信號必須啟動(即為低電位)，並由位址信號 A1 與 A0 選取欲存取的 I/O 埠或是控制語句；當 $\overline{CS}$ 控制信號恢復為不啟動(即為高電位)時，讀取動作即告終止，此時資料匯流排為高阻抗狀態。

詳細的資料讀取時序如圖 13.3-10(a)所示，相關的時序參數值則列於圖 13.3-10(c)中。成立的資料在 $\overline{RD}$ 啟動的 t_{RD} 之後，出現於資料輸出端；在 $\overline{RD}$ 恢復為不啟動的 t_{DF} 後，資料輸出端恢復為高阻抗狀態。欲正確的讀取資料，$\overline{RD}$ 控制信號至少必須啟動一個 t_{RR} 的時間。另外兩個參數為：t_{AR} 與 t_{RA}。t_{AR} 為在 $\overline{RD}$ 控制信號啟動之前，$\overline{CS}$ 控制信號與位址信號 A1 與 A0 必須已經穩定的最小時間；t_{RA} 為在 $\overline{RD}$ 控制信號恢復為不啟動之後，$\overline{CS}$ 控制信號與位址信號 A1 與 A0 必須持續保持穩定的最小時間。

資料寫入

在寫入資料到 82C55A 元件時，晶片選擇輸入($\overline{CS}$)控制信號必須啟動，即為低電位，並由位址信號 A1 與 A0 選取欲存取的 I/O 埠或是控制語句，資料在 $\overline{WR}$ 控制信號的正緣時閂入 82C55A 元件中。

詳細的寫入動作時序如圖 13.3-10(b)所示，相關的時序參數值則列於圖 13.3-10(c)中。欲正確的寫入資料到 82C55A 元件時，$\overline{CS}$ 控制信號與位址信號 A1 與 A0，在 $\overline{WR}$ 控制信號啟動之前，至少必須已經穩定一個 t_{AW} 的時間，而在 $\overline{WR}$ 控制信號恢復為不啟動之後，則依然必須持續保持一個 t_{WA} 的時間。$\overline{WR}$ 控制信號至少必須啟動一個 t_{WW} 的時間。寫入資料在 $\overline{WR}$ 控制信號恢復為不啟動之前，至少必須穩定一個 t_{DW} 的時間，在 $\overline{WR}$ 控制信號恢復為不啟動之後，則依然必須穩定一段 t_{WD} 的時間。此外，82C55A 元件在連續的 $\overline{RD}$ 與 $\overline{WR}$ 控制信號啟動之間，至少必須間隔一個 t_{RV} 的時間。

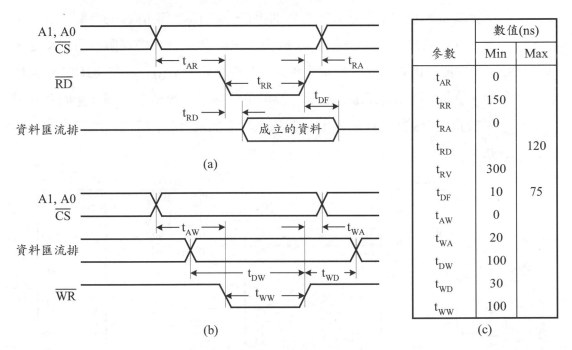

參數	數值(ns)	
	Min	Max
t_{AR}	0	
t_{RR}	150	
t_{RA}	0	
t_{RD}		120
t_{RV}	300	
t_{DF}	10	75
t_{AW}	0	
t_{WA}	20	
t_{DW}	100	
t_{WD}	30	
t_{WW}	100	

圖 13.3-10　82C55A 時序：(a) 讀取；(b) 寫入；(c) 參數值

與 MCS-51 模組的界接

82C55A 與 MCS-51 模組的連接方式如圖 13.3-11 所示。I/O 埠位址解碼電路由 MCS-51 的記憶器位址空間解出 $\overline{CS}$ 信號後，加於 82C55A 的 $\overline{CS}$ 控制信號輸入端。由圖 13.3-11 可以得知：82C55A 的位址區為 4xx0H 到 4xx3H。

讀取週期時序考慮

欲使 82C55A 能正確地工作，除了上述信號必須正確產生之外，82C55A 元件與 MCS-51 之間資料存取的時序關係，也必須滿足它們各自的時序需求。若希望能正確的自 82C55A 中讀取資料，並且閘入 MCS-51 內，則下列的時序限制必須滿足：

1. 位址閂閂(74LS373)的時序限制：74LS373 元件相對於 G 控制信號的資料設定時間與資料持住時間分別為 5 ns 與 20 ns；信號傳播延遲最大值為 30 ns。由圖 9.1-9 及表 9.1-5 得知：成立的位址信號 A7 到 A0，在 ALE 控制信號為低電位之前與之後，均各別穩定一個 t_{AVLL} 與 t_{LLAX} 的時間，其最小值在 AT89S52 元件中分別為 43 ns 與 48 ns，因此此項時序限制可以滿足。

2. 在 $\overline{RD}$ 控制信號為低電位之前的位址信號穩定時間(t_{AR})：在 82C55A 元件中，在 $\overline{RD}$ 控制信號啟動之前，位址信號必須已經穩定一個 t_{AR} 的時間。由於位址信號在 ALE 控制信號的負緣之前的 t_{AVLL} 時已經是穩定的，因此：

圖 13.3-11　82C55A 與 MCS-51 模組的界接

$$t_{AR} \text{ (最小值為 0 ns)} = t_{LLWL} \text{ (200 ns)} + t_{AVLL} \text{ (43 ns)} - t_Q \text{ (74LS373) (30 ns)}$$
$$= 213 \text{ ns} > 0 \text{ ns}$$

因此此項時序限制可以滿足。

3. 在 $\overline{RD}$ 控制信號為高電位之後的位址信號穩定時間(t_{RA})：由於新的位址信號在下一個 ALE 控制信號的高電位時，經由 74LS373 元件輸出，因此：

$$t_{RA} \text{ (最小值為 0 ns)} = t_{WHLH} + t_Q \text{ (74LS373)}$$
$$= 43 \text{ ns} + 30 \text{ ns} = 73 \text{ ns} > 0 \text{ ns}$$

因此此項時序限制可以滿足。

4. 在 $\overline{RD}$ 控制信號啟動的時間(t_{RR})：在標準的 12 MHz 的 AT89S52 元件中，$\overline{RD}$ 控制信號啟動的時間為 t_{RLRH} (400 ns)，因此：

$$t_{RR} \text{ (最小值為 150 ns)} < t_{RLRH} \text{ (400 ns)}$$

因此此項時序限制可以滿足。

5. $\overline{RD}$ 為低電位(即啟動)到資料成立時間(t_{RLDV})：在 $\overline{RD}$ 控制信號啟動後，82C55A 元件必須在 t_{RLDV} 時間內，備妥一個穩定的資料在資料匯流排上：

$$t_{RD} \text{ (最大值為 120 ns)} < t_{RLDV} \text{ (最大值為 252 ns)}$$

因此此項時序限制可以滿足。

6. MCS-51 在 $\overline{RD}$ 為高電位(即不啟動)後的資料持住時間(t_{RHDX})：在 $\overline{RD}$ 信號恢復為高電位後，82C55A 元件必須仍然維持其穩定的資料一段 t_{RHDX} 的時間。因為 t_{RHDX} 的最小值為 0 ns，而 82C55A 元件的 t_{DF} 的最小值為 10 ns，因此此項時序限制可以滿足。

7. $\overline{RD}$ 與 $\overline{WR}$ 之間的恢復時間(t_{RV})：82C55A 元件在連續的 $\overline{RD}$ 與 $\overline{WR}$ 兩個控制信號啟動之間，至少必須維持一段 t_{RV} 的時間間隔。實際的 t_{RV} 為：

$$t_{RV} = t_{WHLH} + t_{LHLL} + t_{LLWL}$$
$$= 43 \text{ ns} + 127 \text{ ns} + 200 \text{ ns} = 370 \text{ ns} > 300 \text{ ns}$$

因此此項時序限制可以滿足。

寫入週期時序考慮

在寫入週期中，82C55A 元件的 $\overline{WR}$ 輸入端，由於 $\overline{WR}$ 控制信號的加入而為低電位，所以若其 $\overline{CS}$ 輸入端也為低電位，則 82C55A 元件的寫入電路被致能，而在 $\overline{WR}$ 控制信號的正緣鎖入資料匯流排上的資料到由位址線定址的 I/O 埠或是控制語句中。

若希望 MCS-51 (AT89S52 元件)能正確的寫入資料於 82C55A 元件中，則下列的時序限制必須滿足：

1. 在 $\overline{WR}$ 控制信號為低電位之前的位址信號穩定時間(t_{AW})：在 82C55A 元件中，在 $\overline{WR}$ 控制信號啟動之前，位址信號必須已經穩定一個 t_{AW} 的時間。由於位址信號在 ALE 控制信號的負緣之前的 t_{AVLL} 時已經是穩定的，因此：

$$t_{AW} (最小值為 0 ns) = t_{LLWL} (200 ns) + t_{AVLL} (43 ns) - t_Q (74LS373) (30 ns)$$
$$= 213 ns > 0 ns$$

因此此項時序限制可以滿足。

2. 在 $\overline{WR}$ 控制信號為高電位之後的位址信號穩定時間(t_{WA})：由於新的位址信號在下一個 ALE 控制信號的高電位時，經由 74LS373 輸出，因此：

$$t_{WA} (最小值為 20 ns) = t_{WHLH} + t_Q (74LS373)$$
$$= 43 ns + 30 ns = 73 ns > 20 ns$$

因此此項時序限制可以滿足。

3. 在 $\overline{WR}$ 控制信號啟動的時間(t_{WW})：在標準的 12 MHz 的 AT89S52 元件中，$\overline{WR}$ 控制信號啟動的時間為 t_{WLWH} (400 ns)，因此：

$$t_{WW} (最小值為 100 ns) < t_{WLWH} (400 ns)$$

因此此項時序限制可以滿足。

4. 在 $\overline{WR}$ 控制信號恢復為不啟動之前的資料設定時間(t_{DW})：由圖 9.1-9 得知，實際的 t_{DW} 值為：

$$t_{DW} (最小值為 30 ns) = t_{QVWX} + t_{WLWH}$$
$$= 23 ns + 400 ns = 423 ns > 30 ns$$

因此此項時序限制可以滿足。

5. 在 $\overline{WR}$ 控制信號恢復為不啟動之後的資料持住時間(t_{WD})：由圖 9.1-9 得知，實際的 t_{WD} 值為：

$$t_{WD} \text{ (最小值為 30 ns)} = t_{WHQX} = 33 \text{ ns} > 30 \text{ ns}$$

因此此項時序限制可以滿足。

📖 複習問題

13.31. 82C55A 界接到 MCS-51 時，在讀取週期中有幾個時序限制必須滿足？

13.32. 82C55A 界接到 MCS-51 時，在寫入週期中有幾個時序限制必須滿足？

13.33. 在圖 13.3-11 中，若連接 82C55A 的 $\overline{CS}$ 輸入端於 74LS138 元件的 Y6 輸出端，則 82C55A 元件的位址區為什麼？

13.4　參考資料

1. Intel, *MCS-51 Microcontroller Family User's Manual,* Santa Clara, Intel Co., 1994. (http://developer.intel.com/design/mcs51/hsf_51.htm)

2. Intersil, *82C55A CMOS Programmable Peripheral Interface*, data sheet, 2002. (http://developer.intersil.com/data/fn/fn2969.pdf)

3. M. Mano, *Computer System Architecture*, 3rd. ed., Englewood Cliffs: N.J. Prentice-Hall Inc., 1993.

13.5　習題

13.1 解釋下列各名詞：

(1) 串列資料轉移　　　　(2) 並列資料轉移

(3) 閃脈控制資料轉移　　(4) 交握式控制資料轉移

13.2 下列為有關於並列資料轉移的問題：

(1) 在並列資料轉移方式中有同步與非同步兩種，這兩種資料轉移各有何優缺點？

(2) 在非同步並列資料轉移中，常用的控制方法有那些？

13.3 在交握式控制的資料轉移中，若其中一個裝置故障時，可能會發生什麼結果？如何防止這種結果發生？

13.4 參考圖 P13.1，回答下列問題：

(1) LM317 的輸出電壓 V_{OUT} 可以計算如下：

$V_{OUT} = 1.25(1+ R_2/R_1)$

試計算當每一隻 I/O 接腳，P1.3、P1.2、P1.1、P1.0，各自設定為 0 時的輸出電壓。

(2) 當 P1.3 與 P1.2 接腳均設定為 0 時的輸出電壓為何？

(3) 寫一個程式使用欲輸出的電壓輸出為輸入參數，設定相關的 I/O 接腳的值。

圖 P13.1　使用 LM317 的控制型電壓源

13.5 連接圖 12.1-1 到圖 9.3-2 的最大模式系統，寫一個程式讀取輸入開關的狀態。假設 I/O 埠位址為外部 RAM 的記憶器位址 8000H。

13.6 連接圖 12.1-2 到圖 9.3-2 的最大模式系統，寫一個程式將兩個十六進制數字寫入兩個七段 LED 顯示器。假設兩個十六進制數字儲存於 BUFFER，其中每一個位元組的最高序 4 位元為 0。I/O 埠位址為外部 RAM 的記憶器位址 8000H。

13.7 連接圖 12.1-1 與圖 12.1-2 到圖 9.3-2 的最大模式系統。假設八個開關分成兩組，每一組四個開關。寫一個程式將兩組開關的狀態以十六進制的數字顯示於兩個七段 LED 顯示器。假設 I/O 埠位址為外部 RAM 的記憶器位址 8000H。

13.8 寫一個程式在 P1.0 接腳上一個產生頻率為 1 kHz 而工作週期為 50% 的方波信號。

13.9 假設在 P1.2 接腳上連接一個蜂鳴器而 P1.0 接腳上連接一個具有反彈抑制的開關。寫一個程式在每一次 P1.0 輸入端偵測到一個負緣信號時，即在 P1.2 接腳上輸出一個 2 秒鐘的 440 Hz 聲音。

13.10 寫一個程式產生一個 0.5 秒的兩個音調海妖信號。兩個音調的頻率分別為 400 Hz 與 800 Hz。在 P1.1 接腳上連接一個蜂鳴器測試結果。

13.11 寫一個程式偵測 P1.2 接腳的狀態。當它由低電位變為高電位時，輸出 34H 到 I/O 埠 0，並在 P1.0 接腳輸出一個高到低的脈波。

13.12 寫一個程式偵測 P1.1 接腳的狀態。當它由低電位變為高電位時，輸出 23H 到 I/O 埠 0，並在 P1.0 接腳輸出一個低到高的脈波。

13.13 寫一個程式偵測 P1.7 接腳的狀態。當它由低電位變為高電位時，連續輸出 45H 與 56H 到 I/O 埠 0。

13.14 寫一個程式偵測 P1.6 接腳的狀態。當它由低電位變為高電位時，在 P1.0 接腳上輸出一個波寬為 1 ms 的高電位脈波。

13.15 在 MCS-51 的 I/O 埠 1 連接 8 個 LED，每一個 LED 連接到一個 I/O 接腳。LED 的陽極經由一個 470 Ω的電阻器連接到電源 V_{cc} 而陰極則連接到 I/O 接腳。

(1) 寫一個程式依序由 LSB 到 MSB 點亮每一個 LED 一秒鐘。

(2) 寫一個程式依序由 MSB 到 LSB 點亮每一個 LED 一秒鐘。

13.16 參考圖 13.3-11，進行下列步驟：

(1) 參考 12.1-1，在 I/O 埠 A 連接 8 個開關(DIP 開關)與相關的 2.2 kΩ 電阻器。

(2) 參考 12.1-2，在 I/O 埠 B 連接兩個七段 LED 顯示器與相關的十六進制對七段解碼器。

(3) 假設八個開關分成兩組，每一組四個開關。寫一個程式將兩組開關的狀態以十六進制的數字顯示於兩個七段 LED 顯示器。

13.17 寫一個程式由 I/O 埠 1 讀取一個範圍為 00H 到 0FFH 的十六進制位元組，並將其轉換為等效的十進制數目。結果的十進制以大頭順序格式儲存於內部 RAM 中由 BCDNUM 位置開始的兩個位置。

13.18 寫一個程式轉換一個十六進制數目為等效的十進制數目，並輸出到 I/O 埠 1。欲轉換的十六進制數目儲存於內部 RAM 中的 HEXNUM 位置，且最大值不超過 99。

14 定時器與應用

定時器與計數器為一個相同的同步序向邏輯電路,它主要由一些正反器元件組成。當它的計數動作是由 CPU 的系統時脈(φ)驅動(或同步)時,稱為定時器(timer);否則,當它的計數動作是由外界事件的變化驅動時,則稱為計數器(counter)。當一個定時器/計數器可以由 CPU 的指令規劃其動作時,稱為可規劃的(programmable)。

在微控制器系統中,實際的時間係由定時器/計數器的計數值決定,若適當的解釋定時器的計數值,則可以實現相當多的定時器應用系統,例如:延遲的產生、經過時間的測量、脈波寬度的測量、脈波週期的測量、脈波頻率的測量、事件變化次數的計數、時間與日期的追蹤與計數、週期性中斷信號的產生、波形信號的產生、時序參考信號的產生等。

因此,在微處理器或是微控制器系統中,通常設計有專用的定時器/計數器電路,以因應實際上的需要。在 MCS-51 中,內部含有兩個 16 位元定時器,分別稱為定時器 0 與 1;MCS-52 又加入一個 16 位元定時器,稱為定時器 2。在某些 MCS-51 衍生微控制器中,則又加入一個或是兩個可規劃計數器陣列(PCA)。本章中將依序討論這一些定時器/計數器的功能、模式設定及其相關的應用。

14.1 定時器 0 與 1

在 MCS-51 中，定時器 0 與 1 均可以當作定時器或是計數器使用。如前所述，定時器可以產生延遲；計數器則可以計數外部事件的發生次數。兩個定時器均可以對 CPU 產生中斷信號。

14.1.1 基本動作

在 MCS-51 中的定時器 0 與定時器 1 均為 16 位元定時器，每一個定時器都是由兩個 8 位元的暫存器 THx 與 TLx ($x = 0$ 或是 1)組成。當使用為定時器時，暫存器 TLx 在每一個機器週期均增加 1，因此其計數值為機器週期的數目。由於一個機器週等於 12 時脈信號週期，定時器的計數速率為 1/12 時脈信號頻率。

當使用為計數器時，暫存器 TLx 在每一次外部輸入信號 Tx ($x = 0$ 或是 1) 的負緣(即 1 到 0 的轉態)時增加 1，因此其計數值為外部事件的發生次數。MCS-51 在每一個機器週期的 S5P2 時，取樣 Tx ($x = 0$ 或是 1)輸入端的輸入信號。當取樣的值在一個機器週期中為高電位，另一個機器週期中為低電位時，相當於偵測到一個 1 到 0 的轉態，計數器在其次機器週期的 S3P1 時增加 1。由於認知一個 1 到 0 的轉態必須耗時兩個機器週期，計數器的計數速率為 1/24 時脈信號頻率。Tx ($x = 0$ 或是 1)輸入端的輸入信號工作週期並無嚴格的限制，但是該輸入信號在高電位或是低電位的期間，至少必須保持一個機器週期以上，以確保能正確為輸入電路取樣。

📖 複習問題

14.1. 定時器與計數器有何不同？試定義之。

14.2. 定時器 0 與 1 均為幾個位元的定時器？

14.3. 定時器 0 與 1 當作定時器與計數器時，其操作速率與系統時脈頻率的關係各為何？

14.1.2 模式設定

定時器 0 與定時器 1 無論操作為定時器或是計數器，它們均有四種操作模式可以選擇。定時器 0 與定時器 1 的操作模式，由 TMOD 暫存器設定；定時器 0 與定時器 1 的動作，由 TCON 暫存器控制。下列分別介紹這兩個暫存器的功能。

TMOD 暫存器的內容如圖 14.1-1 所示，它分成兩組，各為四個位元，分別設定定時器 0 與 1 的操作模式。各個位元的功能如下：

TMOD			位址：89H		重置值：00H		非位元可存取
定時器 1				定時器 0			
7	6	5	4	3	2	1	0
GATE	C/$\overline{\text{T}}$	M1	M0	GATE	C/$\overline{\text{T}}$	M1	M0

圖 14.1-1　定時器模式暫存器(TMOD)內容

GATE (位元 7/3)：當 GATE 位元設定為 1 時，定時器 x (x = 0 或是 1)只在當 $\overline{\text{INT}x}$ 輸入端信號為高電位，而且控制位元 TRx 為 1 時致能；當 GATE 位元清除為 0 時，定時器 x 在控制位元 TRx 為 1 時即致能。

C/$\overline{\text{T}}$ (位元 6/2)：選取定時器或是計數器功能。當 C/$\overline{\text{T}}$ 位元設定為 1 時，定時器 x 操作在計數器(計數信號由 Tx 輸入端輸入)模式；當 C/$\overline{\text{T}}$ 位元清除為 0 時，定時器 x 操作在定時器模式。

M1 M0 (位元 5 與 4/1 與 0)：選取定時器 x 的操作模式。

1. M1 M0 = 00 (模式 0)：設定定時器 x 為 8 位元定時器/計數器模式，暫存器 THx 為定時器/計數器，而暫存器 TLx 為 5 位元前置除頻器。

2. M1 M0 = 01 (模式 1)：設定定時器 x 為 16 位元定時器/計數器模式，暫存器 THx 與 TLx 串接使用。

3. M1 M0 = 10 (模式 2)：設定定時器 x 為 8 位元自動重新載入定時器/計數器模式，暫存器 TLx 為定時器/計數器，而暫存器 THx 儲存每次當暫存器 TLx 溢位後，欲重新載入暫存器 TLx 的值。

4. M1 M0 = 11 (模式 3)：定時器 1 停止動作。定時器 0 分成兩個 8 位元定時器/計數器,其中暫存器 TL0 的動作,由定時器/計數器 0 控制位元控制,而暫存器 TH0 的動作,由定時器/計數器 1 控制位元控制。

TCON 暫存器的內容如圖 14.1-2 所示,高序四個位元控制定時器/計數器 0 與 1 的動作,而低序四個位元則控制中斷輸入端 $\overline{INTx}$ 的動作。低序四個位元的說明請參閱第 11.3.1 節;高序四個位元的功能如下:

TCON		位址:88H		重置值:00H		位元可存取	
定時器 1		定時器 0		$\overline{INT1}$		$\overline{INT0}$	
TCON.7	TCON.6	TCON.5	TCON.4	TCON.3	TCON.2	TCON.1	TCON.0
8FH	8EH	8DH	8CH	8BH	8AH	89H	88H
TF1	TR1	TF0	TR0	IE1	IT1	IE0	IT0

圖 14.1-2　定時器控制暫存器(TCON)內容

TF1 (位元 7):(定時器 1 溢位旗號)當定時器 1 產生溢位時,設定為 1;當 CPU 進入此定時器的中斷服務程式後,自動清除為 0。

TR1 (位元 6):(定時器 1 啟動控制)當設定為 1 時,定時器 1 啟動;當清除為 0 時,定時器 1 停止動作。

TF0 (位元 5):(定時器 0 溢位旗號)當定時器 0 產生溢位時,設定為 1;當 CPU 進入此定時器的中斷服務程式後,自動清除為 0。

TR0 (位元 4):(定時器 0 啟動控制)當設定為 1 時,定時器 0 啟動;當清除為 0 時,定時器 0 停止動作。

📖複習問題

14.4. 定時器 0 與 1 無論操作為定時器或是計數器,它們均有那四種操作模式?

14.5. 定時器 0 與 1 的操作模式與動作,分別由那一個暫存器設定及控制?

14.6. 試簡述定時器 0 與 1 的 TF0 與 TF1 溢位旗號的動作。

14.7. 試簡述定時器 0 與 1 的 TR0 與 TR1 啟動控制位元的動作。

14.8. 試簡述定時器 0 與 1 在模式 3 時,它們的動作有何不同?

14.1.3 操作模式與應用

如前所述,定時器 0 與 1 除了可以當作定時器或是計數器使用之外,它們各自有四種操作模式可以選擇。本小節中將詳細介紹這四種操作模式與相關的應用。

模式 0

定時器 0 與定時器 1 當操作在模式 0 時,為一個具有預先除以 32 的 8 位元定時器/計數器,如圖 14.1-3 所示。在此模式下,定時器為 13 位元的暫存器,其中暫存器 TH_x 使用 8 位元,而暫存器 TL_x 只使用低序 5 位元,高序 3 位元則未確定,應予忽略。

當計數值由全部為 1 變為全部為 0 時,設定定時器中斷旗號 TF_x 為 1。當 TR_x 為 1 時,而 GATE 為 0 或是 $\overline{INT_x}$ 為 1 時,欲計數的信號輸入(除以 12 的時脈信號或是 T_x 輸入端的信號)可以抵達定時器,當作輸入信號。

模式 0 主要是為了與早期的 8048 微控制器相容,目前此模式在實際應用上大多不使用。

圖 14.1-3 定時器 0/1 在模式 0 的等效邏輯電路

模式 1

定時器 0 與定時器 1 當操作在模式 1 時,為一個 16 位元的定時器/計數器,如圖 14.1-4 所示。在此模式下,暫存器 TH_x 與暫存器 TL_x 串接成 16 位元。除此之外,其它動作與在模式 0 時相同。

定時器的一個簡單而且常用的應用是產生需要的延遲時間。由於定時器 0 與 1 均為 16 位元,且其計數速率為機器週期速率,即 1/12 系統時脈頻率,因此在 12 MHz 的系統時脈頻率下，最大的延遲為 65.5 ms。若欲產生更長的延遲，則必須使用迴路方式，在每一次定時器的溢位產生(即計數終了)時，重新裝載定時器的初值，重新啟動定時器，直到需要的次數為止。

圖 14.1-4　定時器 0/1 在模式 1 的等效邏輯電路

下列兩個例題使用輪呼式(程式)I/O 的資料轉移控制，分別說明產生短時間與長時間的延遲方法。

例題 14.1-1　(產生 1 ms 的延遲)

使用定時器 1 的模式 1，設計一個程式產生 1 ms 的延遲。

解：完整的程式如程式 14.1-1 所示。由於定時器為上數計數器，而且操作於 1/12 系統時脈頻率，即相當於機器週期速率上，若假設 MCS-51 操作於 12 MHz 的系統頻率，則每一個機器週期相當於 1 μs。欲產生 1 ms 的延遲，定時器 1 必須計數 1,000 個機器週期，定時器 1 的暫存器 TH1 與 TL1 必須載入(65,536 - 1,000 = 64,536 = 0FC18H)，因此分別載入 0FCH 與 18H 於暫存器 TH1 與 TL1 內。程式中，首先設定定時器 1 為模式 1，並且使用 1/12 系統頻率的時脈信號為計數脈波，其次清除中斷旗號 TF1 為 0，分別載入初值於暫存器 TH1 與 TL1 內，設定 TR1 位元為 1，啟動定時器 1 的動作，然後在 WAIT 處等待，直到定時器 1 產生計數終了，設定中斷旗號 TF1 為 1 時為止。

程式 14.1-1　產生 1 ms 的延遲的程式

```
                    1       ;ex14.1-1.a51
                    2       ;
----                3               CSEG  AT  0000H
                    4       ;a test program
0000 120004         5       MAIN:   LCALL DELAY1MS ;call delay
```

```
0003 22              6              RET
                     7       ;
                     8       ;a subroutine for delay one ms using
                     9       ;Timer 1
0004 758910         10       DELAY1MS: MOV    TMOD,#10H;mode 1
0007 C28F           11                CLR     TF1
0009 758DFC         12                MOV     TH1,#0FCH
000C 758B18         13                MOV     TL1,#18H
000F D28E           14                SETB    TR1
0011 308FFD         15       WAIT:    JNB     TF1,WAIT
0014 22             16                RET
                    17                END
```

C 語言程式如下。

```
line level      source
  1             /* ex14.1-1C.C */
  2             #include <reg51.h>
  3             /* Using Timer 1 to generate a 1-ms delay */
  4             /* function prototype */
  5             void Delay1ms(void);
  6
  7             void main(void)
  8             {
  9    1            Delay1ms();  /* delay 1 ms */
 10    1        }
 11             /* Using the polling I/O method */
 12             void Delay1ms(void)
 13             {
 14    1
 15    1            TMOD = 0x10;        /* configure as mode 1 */
 16    1            TR1  = 0;
 17    1            TH1 = 0xFC;         /* generate a 1-ms delay*/
 18    1            TL1 = 0x18;
 19    1            TR1 = 1;            /* start up Timer 1 */
 20    1            while (TF1 != 1); /* wait for Timer 1 timeout */
 21    1            TF1 = 0;            /* clear Timer 1 overflow flag */
 22    1            TR1 = 0;            /* stop Timer 1 */
 23    1        }
```

　　在下列例題中，定時器 1 設定為 50 ms 的延遲，並且使用迴路的方式，重複執行 20 次，因而產生 1 s 的延遲。

例題 14.1-2 （較長延遲的產生）

使用定時器 1 的模式 1，設計一個程式產生 1 s 的延遲。

解： 完整的程式如程式 14.1-2 所示。定時器 1 使用初值 3CB0H 設定為 50 ms 的延遲，然後使用迴路的方式，重複執行 20 次產生 1 s 的延遲。

程式 14.1-2　產生 1 s 的延遲的程式

```
                          1        ;ex14.1-2.a51
                          2        ;
----                      3                CSEG  AT  0000H
                          4        ;a test program
0000 120004               5        MAIN:    LCALL DELAY1s ;call delay
0003 22                   6                RET
                          7        ;
                          8        ;a subroutine for delay one second
                          9        ;using Timer 1
0004 758910               10       DELAY1S: MOV   TMOD,#10H;mode 1
0007 7A14                 11               MOV   R2,#20     ;loop 20 times
0009 C28F                 12       D50MS:  CLR   TF1        ;delay 50 ms
000B 758D3C               13               MOV   TH1,#3CH
000E 758BB0               14               MOV   TL1,#0B0H
0011 D28E                 15               SETB  TR1
0013 308FFD               16       WAIT:   JNB   TF1,WAIT
0016 DAF1                 17               DJNZ  R2,D50MS
0018 22                   18               RET
                          19               END
```

C 語言程式如下。定時器 1 每次溢位時均產生 50 ms 的時間延遲。利用一個外圍迴路控制定時器 1 產生 20 次的溢位，因而產生 1 秒的時間延遲。

```
line level    source
  1           /* ex14.1-2C.C */
  2           #include <reg51.h>
  3           /* Using Timer 1 to generate a 1-s delay */
  4           void Delay1s(void);
  5
  6           void main(void)
  7           {
  8     1          Delay1s();  /* delay 1s*/
  9     1      }
 10
 11           void Delay1s(void)        /* Using the polling I/O method */
 12           {
 13     1          int count = 20;
```

```
14   1         TMOD = 0x10;           /* configure as mode 1 */
15   1         TR1  = 0;
16   1         while (count-- != 0) {
17   2             TH1 = 0x3C;        /* generate a 50-ms delay*/
18   2             TL1 = 0xB0;
19   2             TR1 = 1;           /* start up Timer 1 */
20   2             while (TF1 != 1);  /* wait for Timer 1 timeout */
21   2             TF1 = 0;           /* clear the TF1 flag */
22   2         }
23   1         TR1 = 0;               /* stop Timer 1 */
24   1     }
```

定時器的另外一個常用的應用是產生需要頻率的方波信號。方波信號產生的方法相當簡單：首先設定需要的信號週期，取其一半的值當作定時器的計數值，然後每當定時器產生計數溢位時，將輸出方波信號的 I/O 接腳取補數，並且重新裝載定時器的計數值，重複執行此一動作即可。在 12 MHz 的系統時脈頻率下，若使用定時器 0 與 1，產生的方波信號頻率約為數十 Hz 到 100 kHz 左右。

例題 14.1-3　(方波信號的產生)

使用定時器 1 的模式 1，設計一個程式產生 5 kHz 的方波信號輸出於 I/O 埠 1 的接腳 P1.0 上。

解：完整的程式如程式 14.1-3 所示。由於頻率為 5 kHz 時，週期為 200 μs，所以設定(65,536 - 100) = 0FF 9CH 為定時器的初值，然後啟動定時器 1。當定時器 1 產生計數溢位時，暫停定時器 1 的動作，清除溢位旗號 TF1，並將 I/O 埠 1 的接腳 P1.0 的值取補數，使其產生交互變化的信號位準輸出，然後回到 FOREVER 重新設定定時器 1 的初值，繼續執行下一個半周的計數。

程式 14.1-3　產生 5 kHz 的方波輸出的程式

```
                       1         ;ex14.1-3.a51
                       2         ;generate a 5-kHz square wave on the
                       3         ;bit-line P1.0 using Timer 1
----                   4                 CSEG  AT  0000H
                       5         ;
0000 758910            6   SQUARE:  MOV  TMOD,#10H ;mode 1
0003 758DFF            7   FOREVER: MOV  TH1,#0FFH ;initialize
0006 758B9C            8            MOV  TL1,#9CH  ;Timer 1
0009 D28E              9            SETB TR1       ;start Timer 1
```

```
000B 308FFD      10     WAIT:    JNB    TF1,WAIT
000E C28E        11              CLR    TR1        ;stop Timer 1
0010 C28F        12              CLR    TF1  ;clear the TF1 flag
0012 B290        13              CPL    P1.0 ;toggle P1.0
0014 80ED        14              SJMP   FOREVER
0016 22          15              RET
                 16              END
```

C 語言程式如下。使用 while(1)形成一個無窮迴路，以持續產生需要的方波信號。

```
line level    source
 1            /* ex14.1-3C.C */
 2            #include <reg51.h>
 3            /* Using Timer 1 to generate a 5-kHz square wave on P1.0*/
 4            void SQUARE(void);
 5            sbit P1_0 = P1^0;
 6
 7            void main(void)
 8            {
 9    1           SQUARE();   /* delay 1s*/
10    1       }
11
12            void SQUARE(void)   /* generate a 5-kHz square wave */
13            {
14    1
15    1           TMOD = 0x10;          /* configure as mode 1 */
16    1           while (1) {           /* a forever loop */
17    2              TH1 = 0xFF;        /* initialize Timer 1 */
18    2              TL1 = 0x9C;
19    2              TR1 = 1;           /* start up Timer 1 */
20    2              while (TF1 != 1); /* wait for Timer 1 timeout */
21    2              TR1 = 0;           /* stop Timer 1 */
22    2              TF1 = 0;           /* clear the TF1 flag */
23    2              P1_0 = ~P1_0;      /* complement P1.0  */
24    2           }
25    1       }
```

模式 2

當定時器 0 與定時器 1 操作在模式 2 時，為一個具有重新載入功能的 8 位元的定時器/計數器，如圖 14.1-5 所示。在此模式下，每當暫存器 TLx 產生溢位(即由全部為 1 變為全部為 0)時，除了設定定時器中斷旗號 TFx 為 1 之外，也重新載入暫存器 THx 的內容於暫存器 TLx 內，暫存器 THx 的內容則維持不變。

圖 14.1-5　定時器 0/1 在模式 2 的等效邏輯電路

由於在模式 2 時具有自動重新載入的功能，因此例題 14.1-3 的程式可以使用此操作模式，重新設計如下列例題(注意：例題中使用中斷式 I/O)所示。

例題 14.1-4　(方波信號的產生)

使用定時器 1 的模式 2，設計一個程式產生 5 kHz 的方波信號輸出於 I/O 埠 1 的 P1.0 接腳上。

解：完整的程式如程式 14.1-4 所示。由於頻率為 5 kHz 時，週期為 200 μs，所以設定(256 - 100) = 9CH 為定時器的初值，然後啟動定時器 1。每次當定時器 1 產生計數溢位時，即進入其中斷服務程式，將 I/O 埠 1 的 P1.0 接腳的值取補數，使其產生交互變化的信號位準輸出，然後回到主程式中。注意在進入中斷服務程式後，MCS-51 會自動清除溢位旗號 TF1，所以不必再使用指令清除。

程式 14.1-4　產生 5 kHz 的方波輸出的程式

```
              1       ;ex14.1-4.a51
              2       ;generate a 5-kHz square wave on P1.0
              3       ;using Timer 1
----          4               CSEG   AT   0000H
0000 02001E   5               LJMP   MAIN
001B          6               ORG    1BH
```

```
001B B290        7      T1ISR:   CPL    P1.0 ;toggle P1.0
001D 32          8               RETI
                 9      ;
                 10     ;initialize Timer 1
001E 758920      11     MAIN:    MOV    TMOD,#20H;mode 2
0021 758D9C      12              MOV    TH1,#9CH;initialize Timer 1
0024 D28E        13              SETB   TR1      ;start Timer 1
0026 75A888      14              MOV    IE,#88H;enable Timer 1 INT
0029 80FE        15              SJMP   $      ;wait for an interrupt
002B 22          16              RET
                 17              END
```

C 語言程式如下。在主程式中，使用 while(1)形成一個無窮迴路，以在定時器 1 初值設定之後等待定時器 1 的中斷。

```
line level      source
  1             /* ex14.1-4C.C */
  2             #include <reg51.h>
  3             /* Using Timer 1 to generate a 5-kHz square wave on P1.0*/
  4             void T1ISR(void);
  5             sbit P1_0 = P1^0;
  6
  7             void main(void)
  8             {
  9    1           TMOD = 0x20;    /* configure as mode 2 */
 10    1           TH1  = 0x9C;    /* initialize Timer 1*/
 11    1           TR1  = 1;       /* start up Timer 1 */
 12    1           IE   = 0x88;    /* Enable the Timer 1 interrupt */
 13    1           while (1);      /* wait for an interrupt */
 14    1        }
 15
 16             /* Timer 1 ISR --- using interrupt I/O */
 17             void T1ISR(void) interrupt 3
 18             {
 19    1           P1_0 = ~P1_0;   /* complement P1.0  */
 20    1        }
```

由於在模式 2 時，定時器只有 8 位元，因此其計數值為 0 到 255。在 12 MHz 的系統時脈頻率下，產生的方波信號頻率約為 4 kHz 到 250 kHz 左右。

模式 3

如前所述，當設定定時器 1 的操作模式為模式 3 時，定時器 1 停止其計數動作，其效應與清除 TR1 為 0 相同。

　　當定時器 0 操作在模式 3 時，暫存器 TL0 為一個 8 位元的定時器/計數器，而暫存器 TH0 為一個 8 位元的定時器，即計數機器週期的數目，如圖 14.1-6 所示。在此模式下，暫存器 TL0 的動作，由定時器/計數器 0 控制位元：GATE、C/$\overline{\text{T}}$、TR0、$\overline{\text{INT0}}$ 與 TF0 控制；暫存器 TH0 則使用定時器/計數器 1 的控制位元 TR1 與 TF1 控制其動作。

圖 14.1-6　定時器 0 在模式 3 的等效邏輯電路

📖 複習問題

14.9.　試簡述定時器 0 與 1 在模式 2 的動作。

14.10.　試簡述定時器 0 與 1 在模式 3 的動作。

14.11.　為何當定時器 0 與 1 操作在模式 1 時，最大的延遲只約為 65.5 ms？

14.12.　為何當定時器 0 與 1 操作在模式 1 時，產生的方波信號頻率範圍只為數十 Hz 到 100 kHz 左右？

14.13.　為何當定時器 0 與 1 操作在模式 2 時，產生的方波信號頻率範圍只能由 4 kHz 到 250 kHz 左右？

14.2　定時器 2

　　在 MCS-52 中，除了定時器 0 與 1 外，又加入定時器 2。定時器 2 除了定時器與計數器的功能外,也可以設定為捕捉模式,以捕捉外部事件發生的時間。此外,大多數 MCS-52 衍生微控制器的定時器 2 更具彈性,當其操作在自動重新載入模式時,可以操作為上數或是下數的計數動作。如同定時器 1,定時器 2 的溢位脈波,也可以當作串列通信埠的傳送與接收時脈信號使用。

與定時器 2 相關的 SFR 暫存器有 T2MOD (定時器 2 模式暫存器)、T2CON (定時器 2 控制暫存器)、RCAP2L (定時器 2 低序位元組捕捉暫存器)、RCAP2H (定時器 2 高序位元組捕捉暫存器)、TL2 (定時器 2 低序位元組計數暫存器)、TH2 (定時器 2 高序位元組計數暫存器)等六個。

14.2.1 模式設定

定時器 2 無論操作為定時器或是計數器,它們均有上數與下數兩種操作模式可以選擇。MCS-52 衍生微控制器中的定時器 2 之上數或是下數的計數動作,由 T2MOD 暫存器設定;定時器 2 的動作,由 T2CON 暫存器控制。下列分別介紹這兩個暫存器的功能。

定時器 2 模式暫存器

T2MOD 暫存器的內容如圖 14.2-1 所示,它只有兩個位元:T2OE 與 DCEN,分別為定時器 2 的輸出致能位元與下數致能位元。

T2MOD		位址:C9H		重置值:00H		非位元可存取	
7	6	5	4	3	2	1	0
						T2OE	DCEN

圖 14.2-1　定時器 2 模式暫存器(T2MOD)內容(*標準的定時器 2 無此暫存器)

T2OE (位元 1):(標準的定時器 2 無此位元) T2OE 為 MCS-52 衍生微控制器中的定時器 2,在時脈輸出模式時的輸出致能位元。欲設定定時器 2 為時脈輸出模式時,T2OE 位元必須設定為 1,而 C / $\overline{T2}$ 位元必須清除為 0。

DCEN (位元 0):(標準的定時器 2 無此位元) DCEN 為定時器 2 的下數功能致能位元,使它成為一個具有上數與下數功能的定時器/計數器。至於實際上為上數或是下數的動作，則由 T2EX 輸入端的值決定，如圖 14.2-5 所示，當值為 1 時，為上數動作，值為 0 時，為下數動作。

定時器 2 控制暫存器

T2CON 暫存器的內容如圖 14.2-2 所示，各個位元的功能如下：

TF2 (位元 7)：(定時器 2 溢位旗號)當定時器 2 產生溢位時，而且 RCLK 或是 TCLK 不為 1 時，TF2 設定為 1。當定時器 2 的中斷被致能(IE 暫存器的 ET2 = 1)時，若 TF2 旗號位元的值為 1，則產生中斷，它必須由軟體程式清除為 0。

T2CON		位址：C8H		重置值：00H		位元可存取	
T2CON.7	T2CON.6	T2CON.5	T2CON.4	T2CON.3	T2CON.2	T2CON.1	T2CON.0
CFH	CEH	CDH	CCH	CBH	CAH	C9H	C8H
TF2	EXF2	RCLK	TCLK	EXEN2	TR2	C/$\overline{\text{T2}}$	CP/$\overline{\text{RL2}}$

圖 14.2-2　定時器 2 控制暫存器(T2CON)內容

EXF2 (位元 6)：(定時器 2 外部旗號)當在 EXEN2 位元為 1，而且 T2EX 輸入端信號的負緣，發生捕捉或是重新載入動作時，EXF2 設定為 1。當定時器 2 的中斷被致能時，若 EXF2 旗號位元的值為 1，則產生中斷，它必須由軟體程式清除為 0。當 DCEN 位元為 1 (即定時器 2 操作在上數/下數模式)時，值為 1 的 EXF2 旗號位元，並不會產生中斷。

RCLK (位元 5)：(接收時脈旗號)當 RCLK 設定為 1 時，串列通信埠的模式 1 與 3，使用定時器 2 的溢位脈波為接收時脈信號；當 RCLK 清除為 0 時，串列通信埠的模式 1 與 3，使用定時器 1 的溢位脈波為接收時脈信號。

TCLK (位元 4)：(傳送時脈旗號)當 TCLK 設定為 1 時，串列通信埠的模式 1 與 3，使用定時器 2 的溢位脈波為傳送時脈信號；當 TCLK 清除為 0 時，串列通信埠的模式 1 與 3，使用定時器 1 的溢位脈波為傳送時脈信號。

EXEN2 (位元 3)：(定時器 2 外部致能旗號)當 EXEN2 設定為 1 時，允許定時器 2 若目前並未當作串列通信埠的時脈信號來源時，其捕捉或是重新載入動作可以由 T2EX 輸入端信號的負緣觸發；當 EXEN2 清除為 0 時，定時器

2 忽略 T2EX 輸入端的信號。

　　TR2 (位元 2)：(定時器 2 啟動控制)當 TR2 設定為 1 時，定時器 2 啟動；當 TR2 清除為 0 時，定時器 2 停止動作。

　　C / $\overline{\text{T2}}$ (位元 1)：(選取定時器 2 為計數器或是定時器)當 C / $\overline{\text{T2}}$ 設定為 1 時，定時器 2 操作在計數器(計數信號由 T2 輸入端輸入)模式；當 C / $\overline{\text{T2}}$ 清除為 0 時，定時器 2 操作在定時器模式。

　　CP / $\overline{\text{RL2}}$ (位元 0)：(定時器 2 捕捉/重新載入)在 EXEN2 設定為 1 時，若 CP / $\overline{\text{RL2}}$ 設定為 1，則定時器 2 的捕捉動作，發生在 T2EX 輸入端信號的負緣時；若 CP / $\overline{\text{RL2}}$ 清除為 0 時，則定時器 2 的重新載入動作，在 T2EX 輸入端信號的負緣時發生。在 EXEN2 清除為 0 時，定時器 2 的重新載入動作，只當定時器 2 產生溢位時發生。當 RCLK 為 1 或是 TCLK 為 1 時，此位元的作用被忽略，此時定時器 2 每當產生溢位時，即執行重新載入的動作。

📖 複習問題

14.14. 定時器 2 無論操作為定時器或是計數器，它們均有那兩種操作模式？

14.15. 定時器 2 的操作模式與動作分別由那一個暫存器設定及控制？

14.16. 定時器 2 的上數或是下數動作由那一個控制位元決定？

14.17. 試簡述定時器 2 的 TF2 溢位旗號位元的動作。

14.18. 試簡述定時器 2 的 EXEN2 外部致能的動作。

14.2.2 操作模式與應用

　　由前面的模式設定可以得知：定時器 2 實際上的操作模式係由 RCLK + TCLK、CP / $\overline{\text{RL2}}$、T2OE 與 TR2 等位元決定，如表 14.2-1 所示。其中 I/O P1.0 接腳的時脈輸出模式，不是標準的定時器 2 的操作模式，它為 MCS-52 衍生微控制器的擴充功能。下列詳細說明定時器 2 的捕捉模式、自動重新載入模式及時脈輸出模式的動作原理、功能及應用。至於鮑速率產生器模式，則留待第 16.3.3 節中再予詳述。

表 14.2-1　定時器 2 操作模式

RCLK + TCLK	CP / $\overline{\text{RL2}}$	T2OE	TR2	操作模式
0	0	0	1	16 位元自動重新載入
0	1	0	1	16 位元捕捉
1	x	x	1	鮑速率產生器
x	0	1	1	P1.0 接腳時脈輸出*
x	x	x	0	停止動作

註：不是標準的 MCS-52 定時器 2 的模式。

捕捉模式

定時器 2 在捕捉模式中有兩種不同的動作，由 T2CON 暫存器中的 EXEN2 位元決定。當 EXEN2 位元清除為 0 時，定時器 2 為一個 16 位元定時器/計數器，當其產生計數溢位時，設定 TF2 旗號位元為 1，產生中斷，如圖 14.2-3 所示；當 EXEN2 位元設定為 1 時，定時器 2 依然為一個 16 位元定時器/計數器，執行與上述相同的動作，但是當外部 T2EX 輸入端信號的負緣時，定時器 2 的暫存器 TH2 與 TL2 的值，分別存入暫存器 RCAP2H 與 RCAP2L 中，如圖 14.2-3 所示。此外，T2EX 輸入端信號也設定 T2CON 暫存器中的 EXF2 位元為 1，與 TF2 旗號位元相同，當此位元的值為 1 時，也會產生中斷。

圖 14.2-3　定時器 2 在捕捉模式的等效邏輯電路

捕捉模式常用於計算一個脈波信號的週期，其方法為依序捕捉兩個連續脈波信號的負緣，然後由捕捉到的計數值，計算其差值，即得到該輸入脈波信號的週期。下列例題說明此種方法。

例題 14.2-1　(脈波信號週期的測量)

　　使用定時器 2 的捕捉模式，設計一個程式，計算一個出現在 T2EX 輸入端的脈波信號的週期。假設該脈波信號週期小於 255×2^{16} 個機器週期。

解：完整的程式如程式 14.2-1 所示。由於輸入脈波信號的週期小於 255×2^{16} 個機器週期，因此使用三個暫存器 R0、R1 與 R2 連結成為一個 24 位元的暫存器組，儲存輸入脈波信號的週期。程式中首先使用輪呼的方式偵測脈波信號，當其偵測到脈波信號的第一個負緣後，儲存捕捉到的計數值，並致能中斷，然後主程式持續判斷是否捕捉到第二個負緣，若是，則計算兩次捕捉的計數值之差，即為該輸入脈波信號的週期。

　　在定時器 2 的中斷服務程式中，首先判斷該中斷是由計數溢位或是 T2EX 的信號引起的，若是由計數溢位引起的，則將 T2OV_CNT 加 1；若是由 T2EX 信號引起的，則抑制其次的中斷、清除 EXF2 旗號，並且設定 EDGE_CNT 為 1，告知主程式目前已經偵測到第二個脈波的負緣了。實際上 T2OV_CNT 可以當作是 T2 定時器的擴充位元組。

程式 14.2-1　脈波信號週期的測量程式

```
                          1        ;ex14.2-1.a51
REG                     152        T2OV_CNT  EQU   R0 ;timer 2 overflow count
REG                     153        PERIODH   EQU   R1 ;period higher byte
REG                     154        PERIODL   EQU   R2 ;period lower byte
00D5                    155        EDGE_CNT  EQU   F0 ;edge flag
----                    156                  CSEG  AT  0000H
                        157        ;
0000 020100             158                  LJMP  MAIN ;
002B                    159                  ORG   2BH
002B 02012B             160        T2ISR0:   LJMP  T2ISR
                        161        ;
                        162        ;the subroutine for measuring an unknown
                        163        ;signal period
0100                    164                  ORG   0100H
0100 C2D5               165        MAIN:     CLR   EDGE_CNT ;clear edge count
                        166        ;enable the T2EX alternate function
0102 D291               167                  SETB  P1.1
0104 7800               168                  MOV   T2OV_CNT,#00H
                        169        ;configure timer 2 as the capture mode
0106 75C80D             170                  MOV   T2CON,#0DH ;
```

```
0109 75A800     171            MOV    IE,#00H ;disable interrupt
                172        ;waiting for the first falling edge
010C 30CEFD     173    EDGE1ST:  JNB    EXF2,EDGE1ST
010F A9CB       174            MOV    PERIODH,RCAP2H;save the
0111 AACA       175            MOV    PERIODL,RCAP2L;first edge
0113 C2CE       176            CLR    EXF2
0115 C2CF       177            CLR    TF2
0117 75A8A0     178            MOV    IE,#0A0H;enable T2 INT
                179        ;waiting for the second falling edge
011A 30D5FD     180    EDGE2ND:  JNB    EDGE_CNT,EDGE2ND;
                181        ;compute the period of the incoming signal
                182        ;the period is in T2OV_CNT:PERIODH:PERIODL
011D E5CA       183            MOV    A,RCAP2L ;the 1st byte
011F C3         184            CLR    C
0120 9A         185            SUBB   A,PERIODL
0121 FA         186            MOV    PERIODL,A
0122 E5CB       187            MOV    A,RCAP2H ;the second byte
0124 99         188            SUBB   A,PERIODH
0125 F9         189            MOV    PERIODH,A
0126 E8         190            MOV    A,T2OV_CNT;the 3rd byte
0127 9400       191            SUBB   A,#00H
0129 F8         192            MOV    T2OV_CNT,A
012A 22         193            RET
                194        ;the Timer 2 interrupt service routine
012B 30CF04     195    T2ISR:    JNB    TF2,CHK_EDGE
                196        ;interrupt is caused by timer overflow
                197        ;increment the T2OV_CNT by 1
012E 08         198            INC    T2OV_CNT
012F C2CF       199            CLR    TF2
0131 32         200            RETI
0132 30CE07     201    CHK_EDGE: JNB    EXF2,RETURN
0135 B2D5       202            CPL    EDGE_CNT
0137 C2CE       203            CLR    EXF2
0139 75A800     204            MOV    IE,#00H;disable T2 INT
013C 32         205    RETURN:   RETI
                206            END
```

C 語言程式如下。

```
line level     source
  1            /* ex14.2-1C.C  */
  2            #include <reg51f.h>
  3            /* Using Timer 2 to measure the period of a signal */
  4            void T2ISR(void);
  5            unsigned char data T2OV_CNT; /* Timer 2 overflow count */
```

```
 6            unsigned char data PERIODH;   /* period higher byte  */
 7            unsigned char data PERIODL;   /* period lower byte */
 8            bit EDGE_CNT;                 /* edge flag */
 9            sbit P1_1 = P1^1;             /* T2Ex input */
10
11            void main(void)
12            {
13     1          unsigned long data first,second;
14     1          EDGE_CNT = 0;
15     1          P1_1 = 1;              /* enable the T2EX input */
16     1          T2OV_CNT = 0x00;      /* clear T2OV_CNT  */
17     1          /* configure Timer 2 as the capature mode */
18     1
19     1          TF2       = 0;
20     1          T2CON     = 0x0D;
21     1          IE        = 0x00;     /* disable the Timer 2 INT */
22     1          /* wait for the first falling edge  */
23     1          while (EXF2 != 1);
24     1          PERIODH  = RCAP2H;    /* capture the first edge */
25     1          PERIODL  = RCAP2L;
26     1          first = (PERIODH << 8) + PERIODL;
27     1
28     1          /* search for the second edge */
29     1          EXF2      = 0;        /* clear the EXF2 flag */
30     1          TF2       = 0;        /* clear the Timer 2 overflow flag*/
31     1          IE        = 0xA0;     /* enable Timer 2 INT */
32     1          while (EDGE_CNT != 1); /*wait until the falling edge*/
33     1          /* the period is left in T2OV_CNT:PERIODH:PERIODL  */
34     1          /* calculate the capture time of the second edge */
35     1          second += (T2OV_CNT * 65536) + (RCAP2H << 8) + RCAP2L;
36     1          second   = second - first;
37     1          PERIODL  = (unsigned char) (second & 0x000000ff);
38     1          PERIODH  = (unsigned char) (second >> 8) & 0x000000ff;
39     1          T2OV_CNT = (unsigned char) (second >> 16)& 0x000000ff;
40     1       }
41
42            /* the Timer 2 ISR */
43            void T2ISR(void) interrupt 5
44            {
45     1          if (TF2 == 1) {
46     2              T2OV_CNT++;
47     2              TF2 = 0;   }
48     1          else if (EXF2 == 1) {
49     2              EDGE_CNT = 1;
50     2              EXF2 = 0;
```

```
51   2                    IE   = 0x00; /* disable the Timer 2 INT */
52   2             }
53   1      }
```

自動重新載入模式

　　定時器 2 在 16 位元的自動重新載入模式時，可以規劃為單純的上數計數器/定時器或是具有上數與下數功能的計數器/定時器。當 T2MOD 中的 DCEN 位元清除為 0 時，定時器 2 為上數計數器/定時器；當 DCEN 位元設定為 1 時，定時器 2 可以當作上數或是下數計數器/定時器使用，至於實際上的動作則由 T2EX 輸入端的值決定。當 T2EX 輸入端的值為 1 時，為上數動作；當 T2EX 輸入端的值為 0 時，為下數動作。

　　在 16 位元的自動重新載入模式時，當 DCEN 位元為 0 時的定時器 2 為上數動作，如圖 14.2-4 所示，它具有兩種不同的功能，由 T2CON 暫存器中的 EXEN2 位元決定。在 EXEN2 位元清除為 0 時，定時器 2 為一個 16 位元定時器/計數器，當其產生計數溢位(由 0FFFFH 變為 0000H)時，設定 TF2 旗號位元為 1，產生中斷，並且分別自暫存器 RCAP2H 與 RCAP2L 中，重新載入暫存器 TH2 與 TL2 的值，如圖 14.2-4 所示。

圖 14.2-4　定時器 2 在自動重新載入模式(DCEN = 0)的等效邏輯電路

　　在 EXEN2 位元設定為 1 時，定時器 2 依然為一個 16 位元定時器/計數器，執行與上述相同的動作，但是定時器 2 的自動重新載入動作，可以由計數溢位或是外部 T2EX 輸入端信號的負緣觸發。此外，T2EX 輸入端信號也設定 T2CON 暫存器中的 EXF2 位元為 1，與 TF2 旗號位元相同，當此位元的值為 1 時，也會產生中斷。

例題 14.2-2 （較長延遲的產生）

使用定時器 2 的自動重新載入模式，設計一個程式，產生 1 s 的延遲。

解： 完整的程式如程式 14.2-2 所示。程式首先設定定時器 2 為 50 ms 的延遲，並且設定計數溢位計數器(T2OV_CNT)的初值為 20，然後每當它產生計數溢位時，即進入中斷服務程式，將計數溢位計數器(T2OV_CNT)減 1，主程式中則持續判斷計數溢位計數器的值，當其值為 0 時，表示已經產生 1 s 的延遲。

程式 14.2-2　產生 1 s 的延遲的程式

```
                          1        ;ex14.2-2.a51
                          2        ;$include (reg51f.inc)
   REG                  152        T2OV_CNT SET    R0
   ----                 153                 CSEG   AT  0000H
                        154        ;a test program
0000 02002F             155                 LJMP DELAY1s ;call DELAY1s
002B                    156                 ORG  2BH
002B 18                 157        T2ISR:   DEC    T2OV_CNT
002C C2CF               158                 CLR    TF2
002E 32                 159                 RETI
                        160        ;
                        161        ;a subroutine for delay one second
                        162        ;
002F C2CF               163        DELAY1S: CLR    TF2
                        164        ;configure timer 2 as the auto-reload mode
0031 75C900             165                 MOV    T2MOD,#00H
0034 75C804             166                 MOV    T2CON,#04H
                        167        ;initialize the counter value and
                        168        ;auto-reload value
0037 75CD3C             169                 MOV    TH2,#3CH ;delay 50 ms
003A 75CCB0             170                 MOV    TL2,#0B0H
003D 75CB3C             171                 MOV    RCAP2H,#3CH ;set up reload
0040 75CAB0             172                 MOV    RCAP2L,#0B0H;value
                        173        ;set up waiting times for T2 overflow
0043 7814               174                 MOV    T2OV_CNT,#20 ;20 times
0045 75A8A0             175                 MOV    IE,#0A0H;enable the T2 INT
0048 E8                 176        WAIT1S:  MOV    A,T2OV_CNT
0049 70FD               177                 JNZ    WAIT1S
```

004B 22		178		RET
		179		END

C 語言程式如下。基本上，它與組合語言程式相同。

```
line level    source
  1           /* ex14.2-2C.C  */
  2           #include <reg51f.h>
  3           /* Using Timer 2 to generate a 1-s delay */
  4           void T2ISR(void);
  5           unsigned int data T2OV_CNT;
  6
  7           void main(void)
  8           {
  9    1         TF2      = 0;
 10    1         T2MOD    = 0x00;          /* the auto-reloaed mode */
 11    1         T2CON    = 0x04;
 12    1         TH2      = 0x3C;          /* delay 50 ms*/
 13    1         TL2      = 0xB0;
 14    1         RCAP2H   = 0x3C;          /* the reload value */
 15    1         RCAP2L   = 0xB0;
 16    1         T2OV_CNT = 1220;
 17    1         IE       = 0xA0;          /* enable the Timer 2 INT */
 18    1         while (T2OV_CNT != 0);    /* generate a 1-s delay */
 19    1      }
 20
 21           /* Timer 2 ISR */
 22           void T2ISR(void) interrupt 5
 23           {
 24    1         T2OV_CNT--;
 25    1         TF2 = 0;
 26    1      }
```

　　設定 T2MOD 暫存器中的 DCEN 位元為 1 時，定時器 2 的動作可以是上數或是下數，由 T2EX 輸入端的值決定，如圖 14.2-5 所示。當 T2EX 輸入端的值為 1 時，定時器 2 為上數動作，在產生上數溢位(由 0FFFFH 變為 0000H)時，設定 TF2 旗號位元為 1，產生中斷，並且分別自暫存器 RCAP2H 與 RCAP2L 中，重新載入暫存器 TH2 與 TL2 的值；當 T2EX 輸入端的值為 0 時，定時器 2 為下數動作，在產生下數溢位，即當暫存器 TH2 與 TL2 的值分別等於暫存器 RCAP2H 與 RCAP2L 的值時，設定 TF2 旗號位元為 1，產生中斷，並且重新載入 0FFFFH 於暫存器 TH2 與 TL2 內。

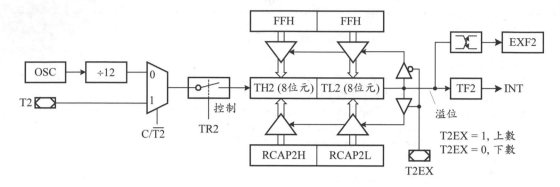

圖 14.2-5　定時器 2 在自動重新載入模式(DCEN = 1)的等效邏輯電路

暫存器 T2CON 中的 EXF2 位元在定時器 2 產生上數溢位或是下數溢位時，其值將交替變化，因此可以當作是定時器 2 的第 17 個位元。EXF2 位元值為 1 時，不會產生中斷。

時脈輸出模式

使用定時器 2 的時脈輸出模式，可以在 I/O 埠 1 的 P1.0 接腳輸出端，產生一個工作週期為 50% 的時脈信號，如圖 14.2-6 所示。除了當作正常的 I/O 埠位元使用外，I/O 埠 1 的 P1.0 接腳可以規劃成為：(1) 定時器 2 的外部時脈信號輸入端(T2)，或是(2) 輸出一個頻率由 61 Hz 到 4 MHz (在 16 MHz 的系統頻率下)的 50% 工作週期的時脈信號。

欲設定定時器 2 為時脈輸出模式時，暫存器 T2CON 中的 C / $\overline{\text{T2}}$ 位元必須清除為 0，而暫存器 T2MOD 中的 T2OE 位元必須設定為 1，如表 14.2-1 所示。暫存器 T2CON 中的 TR2 位元也必須設定為 1，以啟動定時器 2 的動作。產生的時脈信號的頻率與系統時脈頻率及定時器 2 的重新載入值(RCAP2H 與 RCAP2L)有關，其計算方式如下：

$$時脈頻率 \;=\; 系統頻率 \big/ [4 \times (65536 - RCAP2H \,\|\, RCAP2L)]$$

與當作鮑速率產生器時一樣，定時器 2 在時脈輸出模式下，當產生上數溢位時，並不會產生中斷。此外，定時器 2 可以同時當作鮑速率產生器與時

脈輸出電路使用，但是它們的頻率必須一樣，因為使用相同的暫存器對
RCAP2H 與 RCAP2L。

圖 14.2-6　定時器 2 在時脈輸出模式的等效邏輯電路

例題 14.2-3　(時脈輸出模式)

使用定時器 2 的時脈輸出模式，設計一個程式，產生一個 5 kHz 的方波於
I/O 埠 1 的 P1.0 接腳上。

解：完整的程式如程式 14.2-3 所示。依據文中的計算公式，得到 RCAP2H ‖
RCAP2L 的值為 0FDA8H。載入此值於暫存器對 RCAP2H 與 RCAP2L 中，並分
別設定 T2MOD 與 T2CON 暫存器為 02H 與 04H 即可。

程式 14.2-3　時脈輸出模式設定

```
                    151      ;ex14.2-3.a51
                    152      ;generate a 5-kHz square wave on P1.0
                    153      ;
----                154              CSEG   AT   0000H
                    155      ;
                    156      ;configure Timer 2 as the clock output mode
0000 75C902         157      MAIN:   MOV    T2MOD,#02H;set T2OE
0003 75C804         158              MOV    T2CON,#04H;
0006 75CBFD         159              MOV    RCAP2H,#0FDH;
0009 75CA12         160              MOV    RCAP2L,#12H
000C D290           161              SETB   P1.0 ;enable the clock-out
```

```
000E 22               162            RET            ;function
                      163            END
```

C 語言程式如下。基本上，它與組合語言程式相同。

```
line level    source
  1           /* ex14.2-3C.C  */
  2           #include <reg51f.h>
  3           sbit P1_0 = P1^0;
  4
  5           /* Using Timer 2 to generate 5-kHz clock output */
  6           void main(void)
  7           {
  8    1         T2MOD    = 0x02;      /* the clock-out mode */
  9    1         T2CON    = 0x04;
 10    1         RCAP2H   = 0xFD;      /* a 5-kHz clock output */
 11    1         RCAP2L   = 0x12;
 12    1         P1_0     = 1;         /* enable the clock-out function */
 13    1      }
```

📖 複習問題

14.19. 為何定時器 2 的捕捉模式，可以測量脈波信號的週期？

14.20. 為何定時器 2 的捕捉模式，無法測量脈波信號的工作週期？

14.21. 當定時器 2 操作在自動重新載入模式時，在 12 MHz 的系統時脈頻率下，產生的方波信號頻率範圍約為多少？

14.22. 試簡述定時器 2 的時脈輸出模式的主要功能。

14.23. 定時器 2 如何當作一個上數/下數計數器使用？

14.3* 可規劃計數器陣列

在某些 MCS-51 的衍生微控制器中，除了定時器 0、1 與 2 外，又加入可規劃計數器陣列(PCA)。本節中將介紹可規劃計數器陣列的基本結構及其各個操作模式的動作。

14.3.1 基本結構

可規劃計數器陣列(PCA)由一個 16 位元的定時器/計數器與五個 16 位元

的比較/捕捉模組組成，如圖 14.3-1 所示。與可規劃計數器陣列相關的 SFR 暫存器一共有下列幾個：PCA 定時器/計數器暫存器對 CH 與 CL、計數器模式暫存器(CMOD)、計數器控制暫存器(CCON)、比較/捕捉模組 *n* 模式暫存器(CCAPM*n*)與模組 *n* 捕捉暫存器對(CCAP*n*H 與 CCAP*n*L)，其中 *n* 由 0 到 4。

圖 14.3-1　PCA 基本結構

可規劃計數器陣列(PCA)中的 16 位元定時器/計數器，由暫存器 CH (高序位元組)與 CL (低序位元組)組成，任何時間均可以存取這兩個暫存器。定時器/計數器的時脈來源有四個：

1. 系統時脈頻率÷12：在每一個機器週期的 S5P2 時，CL 暫存器內容增加 1。

2. 系統時脈頻率÷4：在每一個機器週期的 S1P1、S3P2 與 S5P2 時，CL 暫存器內容均各增加 1。

3. 定時器 0 的計數溢位信號：當定時器 0 發生計數溢位時，CL 暫存器在該機器週期的 S5P2 時，內容增加 1，這個模式允許使用一個可以規劃的輸入信號頻率。

4. 外部 ECI (P1.2)輸入端的輸入信號：當 ECI (P1.2)輸入端信號負緣發生後，在每一個機器週期的 S1P1、S3P2 與 S5P2 等時間點中第一個發生時，CL 暫存器內容均增加 1。在每一個機器週期的 S1P1、S3P2 與 S5P2 均對 ECI

(P1.2)輸入端信號取樣,因此最大的輸入信號頻率為系統時脈頻率的 1/8。

每一個比較/捕捉模組均可以操作於下列四種模式之一:16 位元正緣/負緣捕捉、16 位元軟體定時器、16 位元高速輸出與 8 位元脈波寬度調變 (PWM)。此外,比較/捕捉模組 4 也可以操作於監視定時器模式。

當比較/捕捉模組操作於捕捉、軟體定時器,或是高速輸出模式下,在指定的功能發生時,可以產生中斷。五個比較/捕捉模組與 PCA 定時器計數溢位皆使用相同的中斷向量,即 0033H (詳見表 11.3-2)。

📖 複習問題

14.24. 可規劃計數器陣列(PCA)由那些重要模組電路組成?

14.25. 可規劃計數器陣列中的定時器的時脈來源有那四個?

14.26. 可規劃計數器陣列中的比較/捕捉模組都可以操作於那四種模式?

14.27. 可規劃計數器陣列中的比較/捕捉模組與 PCA 定時器計數溢位,皆使用那一個中斷向量?

14.28. 與可規劃計數器陣列相關的 SFR 暫存器有那些?

14.3.2 模式設定

可規劃計數器陣列(PCA)的定時器/計數器操作模式,由 PCA 計數器模式暫存器 CMOD (counter mode)設定;可規劃計數器陣列(PCA)的定時器/計數器的動作,則由 PCA 計數器控制暫存器 CCON (counter control)控制。

PCA 計數器模式暫存器 CMOD 控制在閒置模式中 PCA 的動作,啟動或是不啟動比較/捕捉模組4的監視定時器功能,選取計數器的時脈輸入來源,及控制 PCA 計數器在發生計數溢位時,是否產生中斷。暫存器 CMOD 的內容如圖 14.3-2 所示,下列分別說明每一個位元的功能。

CIDL (counter idle control,位元 7):(計數器閒置控制)當 CIDL 位元清除為 0 時,可規劃計數器陣列在閒置模式中,將持續動作;當 CIDL 位元設定為 1 時,可規劃計數器陣列在閒置模式中,則停止動作。

CMOD		位址：D9H		重置值：00H		非位元可存取	
7	6	5	4	3	2	1	0
CIDL	WDTE	-	-	-	CPS1	CPS0	ECF

圖 14.3-2　PCA 計數器模式暫存器(CMOD)內容

WDTE (watchdog timer enable，位元 6)：(監視定時器致能)當 WDTE 位元清除為 0 時，抑制比較/捕捉模組 4 的監視定時器功能；當 WDTE 位元設定為 1 時，啟動比較/捕捉模組 4 的監視定時器功能。

CPS1 CPS0 (PCA counter enable select，位元 2 與 1)：(PCA 時脈來源選擇) CPS1 與 CPS0 位元組合後選取 PCA 的時脈來源。

- CPS1 CPS0 = 0 0：系統時脈頻率 ÷12。
- CPS1 CPS0 = 0 1：系統時脈頻率 ÷4。
- CPS1 CPS0 = 1 0：定時器 0 的計數溢位信號。
- CPS1 CPS0 = 1 1：外部 ECI (P1.2)輸入端的輸入信號。

ECF (PCA enable counter overflow interrupt，位元 0)：(PCA 致能計數器溢位中斷)當 ECF 設定為 1 時，致能暫存器 CCON 中的 CF 位元，產生一個中斷；當 ECF 清除為 0 時，抑制暫存器 CCON 中的 CF 位元的作用。

PCA 計數器控制暫存器 CCON 指示 PCA 計數器的計數溢位，啟動或是不啟動 PCA 計數器的動作，及指示各比較/捕捉模組的比較與捕捉動作的結果。暫存器 CCON 的內容如圖 14.3-3 所示，下列分別說明每一個位元的功能。

CF (PCA counter overflow flag，位元 7)：(PCA 計數器溢位旗號)當 PCA 定時器/計數器產生計數溢位時，設定為 1，若 CMOD 暫存器中的 ECF 位元值為 1，則產生中斷。CF 位元值可以由硬體或是軟體指令設定為 1，但是只能使用軟體指令清除為 0。

CCON		位址：D8H		重置值：00H		位元可存取	
CCON.7	CCON.6	CCON.5	CCON.4	CCON.3	CCON.2	CCON.1	CCON.0
DFH	DEH	DDH	DCH	DBH	DAH	A9H	D8H
CF	CR	-	CCF4	CCF3	CCF2	CCF1	CCF0

圖 14.3-3　PCA 計數器控制暫存器(CCON)內容

CR (PCA counter run control，位元 6)：(PCA 啟動控制)當 CR 位元清除為 0 時，關閉 PCA 定時器/計數器的動作；當 CR 位元設定為 1 時，啟動 PCA 定時器/計數器的動作。

CCFn (PCA compare/capture module n interrupt flag，位元 n，$n = 4$ 到 0)：(PCA 比較/捕捉模組 n 中斷旗號)當在比較/捕捉模組 n 中的比較動作產生一致的結果或是捕捉動作發生時，設定為 1，它必須由軟體指令清除為 0。

在每一個比較/捕捉模組 n 中，各有一個模式暫存器 CCAPMn ($n = 4$ 到 0)，以設定該模組的動作。PCA 比較/捕捉模組 n 模式暫存器 CCAPMn 的內容如圖 14.3-4 所示，下列分別說明每一個位元的功能。

CCAPMn (n = 4 到 0) 位址：DEH 到 DAH　重置值：00H						非位元可存取	
7	6	5	4	3	2	1	0
-	ECOMn	CAPPn	CAPNn	MATn	TOGn	PWMn	ECCFn

圖 14.3-4　PCA 比較/捕捉模組 n 模式暫存器 CCAPMn 內容

ECOMn (enable comparator，位元 6)：(比較器致能)當 ECOMn 位元清除為 0 時，抑制比較/捕捉模組 n 的比較器動作；當 ECOMn 位元設定為 1 時，啟動比較/捕捉模組 n 的比較器動作。

CAPPn (capture positive，位元 5)：(正緣捕捉)當 CAPPn 位元清除為 0 時，抑制比較/捕捉模組 n 的正緣捕捉動作；當 CAPPn 位元設定為 1 時，啟動比較/捕捉模組 n 的正緣捕捉動作。

CAPNn (capture negative，位元 4)：(負緣捕捉)當 CAPNn 位元清除為 0 時，抑制比較/捕捉模組 n 的負緣捕捉動作；當 CAPNn 位元設定為 1 時，啟動比較/捕捉模組 n 的負緣捕捉動作。

MATn (match，位元 3)：(一致)當 MATn 位元設定為 1 時，若 PCA 定時器/計數器的值與比較/捕捉模組 n 的暫存器內容相同，則設定暫存器 CCON 中的 CCFn 位元為 1，因而產生中斷；當 MATn 位元清除為 0 時，則抑制上述動作。

TOGn (toggle，位元 2)：(交替變化)當 TOGn 位元設定為 1 時，若 PCA

定時器/計數器的值與比較/捕捉模組 *n* 的暫存器內容相同,則輸出端 CEX*n* 的值產生 0 與 1 的交替變化;當 TOG*n* 位元清除為 0 時,則抑制上述動作。

PWM*n* (pulse width modulation,位元 1):(脈波寬度調變)當 PWM*n* 位元設定為 1 時,輸出端 CEX*n* 為比較/捕捉模組 *n* 的脈波寬度調變信號的輸出端;當 PWM*n* 位元清除為 0 時,則抑制上述動作。

ECCF*n* (enable CCF*n* interrupt,位元 0):(CCF*n* 中斷致能)當 ECCF*n* 位元設定為 1 時,當暫存器 CCON 中的 CCF*n* 位元為 1 時,將產生中斷;當 ECCF*n* 位元清除為 0 時,則抑制上述動作。

比較/捕捉模組 *n* 的各種操作模式可以歸納如表 14.3-1 所示。

表 14.3-1 比較/捕捉模組 *n* 的各種操作模式(CCAPM*n* 暫存器)

-	ECOM*n*	CAPP*n*	CAPN*n*	MAT*n*	TOG*n*	PWM*n*	ECCF*n*	操作模式
x	0	0	0	0	0	0	0	沒有動作
x	x	1	0	0	0	0	x	16 位元正緣捕捉
x	x	0	1	0	0	0	x	16 位元負緣捕捉
x	x	1	1	0	0	0	x	16 位元正、負緣捕捉
x	1	0	0	1	0	0	x	16 位元軟體定時器
x	1	0	0	1	1	0	x	16 位元高速輸出
x	1	0	0	0	0	1	0	8 位元 PWM
x	1	0	0	1	x	0	x	監視定時器

📖 複習問題

14.29. 那些暫存器設定與控制 PCA 的定時器/計數器操作模式與動作?

14.30. PCA 計數器模式暫存器 CMOD 的主要功能為何?

14.31. PCA 計數器控制暫存器 CCON 的主要功能為何?

14.32. 比較/捕捉模組 *n* 模式暫存器 CCAPM*n* 的主要功能為何?

14.33. PCA 的比較/捕捉模組,是否可以同時捕捉一個信號的正緣與負緣?

14.3.3 操作模式與應用

可規劃計數器陣列(PCA)具有下列四種操作模式:16 位元(正緣、負緣或是兩者)捕捉、16 位元軟體定時、16 位元高速輸出與 8 位元 PWM。為了執行這些功能,每一個比較/捕捉模組均各自有一對 8 位元暫存器 CCAP*n*H 與

CCAP*n*L，以儲存當捕捉事件發生時的時間或是欲比較的值。在 PWM 模式中，暫存器 CCAP*n*H 則控制 PWM 輸出波形的工作週期。

16 位元捕捉模式

可規劃計數器陣列(PCA)操作在 16 位元捕捉模式的等效邏輯電路如圖 14.3-5 所示。經由模式暫存器 CCAPM*n* 的 CAPP*n* 與 CAPN*n* 位元的設定，可規劃計數器陣列的比較/捕捉模組 *n*，可以在 CEX*n* 輸入端信號的正緣、負緣、正緣與負緣時，捕捉定時器/計數器中的計數值。因此，可以量測外部輸入信號的週期、脈波寬度、工作週期、信號彼此之間的相位差。

圖 14.3-5　PCA 16 位元捕捉模式

當 CEX*n* 輸入端信號的轉態(正緣、負緣、正緣與負緣)被偵測到時，硬體電路即自動儲存此時的 PCA 定時器/計數器(CH 與 CL)的 16 位元值於捕捉暫存器(CCAP*n*H 與 CCAP*n*L)內，並且設定 PCA 計數器控制暫存器 CCON 中的 CCF*n* 位元為 1，若此時比較/捕捉模組 *n* 的模式暫存器 CCAPM*n* 中的 ECCF*n* 位元也為 1，則產生中斷。由於硬體電路在進入相關的中斷服務程式後，不會自動清除 CCF*n* 旗號位元，因此它必須由軟體指令清除。

在中斷服務程式中，必須儲存捕捉到的 16 位元計數器值於 RAM 中，以備其次之用，因為其次在相同的 CEX*n* 輸入端的捕捉動作，會再度寫入新捕捉到的 16 位元計數器值於捕捉暫存器對 CCAP*n*H 與 CCAP*n*L 中。

例題14.3-1 (信號週期的測量)

使用 PCA 比較/捕捉模組 1 的捕捉模式,設計一個程式,計算一個出現在 CEX1 輸入端的脈波信號的週期。假設該脈波信號週期小於 255×2^{16} 個機器週期。

解:完整的程式如程式 14.3-1 所示。由於輸入脈波信號的週期小於 255×2^{16} 個機器週期,因此使用三個暫存器 R0、R1 與 R2 連結成為一個 24 位元的暫存器組,儲存輸入脈波信號的週期。程式中,首先使用輪呼的方式,偵測脈波信號的第一個負緣後,儲存捕捉到的計數值,並致能中斷,然後主程式持續判斷是否捕捉到第二個負緣,若是,則計算兩次捕捉的計數值之差,即為該輸入脈波信號的週期。

在 PCA 的中斷服務程式中,首先判斷該中斷是由計數溢位或是 CEX1 的信號引起的,若由計數溢位引起的,則將 M1OV_CNT 加 1;若由 CEX1 信號引起的,則抑制其次的中斷、清除 CCF1 旗號,並且設定 EDGE_CNT 為 1,告知主程式目前已經偵測到脈波的第二個負緣了。實際上 M1OV_CNT 可以當作是 PCA 定時器的擴充位元組。

程式14.3-1 脈波信號週期的測量程式

```
                    1        ;ex14.3-1.a51
                    2        $INCLUDE (reg51f.inc)
REG               152        M1OV_CNT  EQU   R0 ;module 1 overflow count
REG               153        PERIODH   EQU   R1 ;high period byte
REG               154        PERIODL   EQU   R2 ;low period byte
00D5              155        EDGE_CNT  EQU   F0 ;edge flag
----              156                  CSEG  AT  0000H
                  157        ;
0000 020100       158                  LJMP  MAIN ;
0033              159                  ORG   33H
0033 020135       160        PCAISR0:  LJMP  PCAISR
                  161        ;
                  162        ;a subroutine for measuring the period of an
                  163        ;unknown signal
                  164        ;
0100              165                  ORG   0100H
0100 C2D5         166        MAIN:     CLR   EDGE_CNT ;clear the edge count
                  167        ;enable the CEX1 alternate function
0102 D294         168                  SETB  P1.4
0104 7800         169                  MOV   M1OV_CNT,#00H;clear M1OV_CNT
                  170        ;configure PCA module 1 as the capture mode
```

```
0106 75D840      171              MOV    CCON,#40H ;
0109 75D981      172              MOV    CMOD,#81H
                 173          ;negative edge and enable the interrupt
010C 75DB11      174              MOV    CCAPM1,#11H
010F 75A800      175              MOV    IE,#00H ;disable the interrupt
0112 D2DE        176              SETB   CR ;start the PCA timer
0114 C2DF        177              CLR    CF ;clear the PCA timer flag
                 178          ;waiting for the first falling edge
0116 30D9FD      179      EDGE1ST: JNB    CCF1,EDGE1ST
0119 A9FB        180              MOV    PERIODH,CCAP1H;save the
011B AAEB        181              MOV    PERIODL,CCAP1L;first edge
011D C2DF        182              CLR    CF;clear the PCA timer overflow
011F C2D9        183              CLR    CCF1;clear module 1 capture
0121 75A8C0      184              MOV    IE,#0C0H;enable the PCA INT
                 185          ;waiting for the second falling edge
0124 30D5FD      186      EDGE2ND: JNB    EDGE_CNT,EDGE2ND;
                 187          ;compute the period of the incoming signal
                 188          ;the period is in M1OV_CNT:PERIODH:PERIODL
0127 E5EB        189              MOV    A,CCAP1L ;the 1st byte
0129 C3          190              CLR    C
012A 9A          191              SUBB   A,PERIODL
012B FA          192              MOV    PERIODL,A
012C E5FB        193              MOV    A,CCAP1H ;the second byte
012E 99          194              SUBB   A,PERIODH
012F F9          195              MOV    PERIODH,A
0130 E8          196              MOV    A,M1OV_CNT;the 3rd byte
0131 9400        197              SUBB   A,#00H
0133 F8          198              MOV    M1OV_CNT,A
0134 22          199              RET
                 200          ;the PCA interrupt service routine
0135 30DF05      201      PCAISR:  JNB    CF,CHK_EDGE
                 202          ;the interrupt is caused by PCA timer overflow
                 203          ;increment the M1OV_CNT by 1.
0138 08          204              INC    M1OV_CNT
0139 C2DF        205              CLR    CF     ;clear the CF flag
013B 800A        206              SJMP   RETURN
013D 30D907      207      CHK_EDGE: JNB   CCF1,RETURN
0140 B2D5        208              CPL    EDGE_CNT
0142 C2D9        209              CLR    CCF1 ;clear the CCF1 flag
0144 75A800      210              MOV    IE,#00H ;disable the PCA INT
0147 32          211      RETURN:  RETI
                 212              END
```

C 語言程式如下。

```
line level    source
  1             /* ex14.3-1C.C  */
  2             #include <reg51f.h>
  3             /* Using PCA module 1 to measure the period of a signal */
  4             void T2ISR(void);
  5             unsigned char data M1OV_CNT; /* module 1 overflow count */
  6             unsigned char data PERIODH;  /* period higher byte  */
  7             unsigned char data PERIODL;  /* period lower byte */
  8             bit EDGE_CNT;                /* edge flag */
  9
 10             void main(void)
 11             {
 12    1           unsigned long data first,second;
 13    1           EDGE_CNT = 0;
 14    1           CEX1 = 1;           /* enable the CEX1 input */
 15    1           M1OV_CNT = 0x00;    /* clear the M1OV_CNT  */
 16    1           /* configure PCA module 1 as the capture mode */
 17    1           CCON     = 0x40;
 18    1           CMOD     = 0x81;
 19    1           CCAPM1   = 0x11;    /* the negative edge */
 20    1           IE       = 0x00;    /* disable the PCA INT */
 21    1           CR       = 1;       /* start the PCA timer */
 22    1           CF       = 0;       /* clear the PCA timer flag */
 23    1
 24    1           /* wait for the first falling edge  */
 25    1           while (CCF1 != 1);
 26    1           PERIODH  = CCAP1H;  /* capture the first edge */
 27    1           PERIODL  = CCAP1L;
 28    1           first = (PERIODH << 8) + PERIODL;
 29    1
 30    1           /* search for the second edge */
 31    1           CF       = 0;       /* clear the PCA timer overflow */
 32    1           CCF1     = 0;       /* clear the module 1 capture */
 33    1           IE       = 0xC0;    /* enable the PCA INT */
 34    1           while (EDGE_CNT != 1); /* wait until the falling edge */
 35    1           /* the period is left in M1OV_CNT:PERIODH:PERIODL  */
 36    1           /* calculate the capture time of second edge */
 37    1           second += (M1OV_CNT * 65536) + (CCAP1H << 8) + CCAP1L;
 38    1           second   = second - first;
 39    1           PERIODL  = (unsigned char) (second & 0x000000ff);
 40    1           PERIODH  = (unsigned char) (second >> 8) & 0x000000ff;
 41    1           M1OV_CNT = (unsigned char) (second >> 16)& 0x000000ff;
 42    1       }
 43
 44             /* PCA ISR */
```

```
45            void PCAISR(void) interrupt 6
46            {
47   1            if (CF == 1) {
48   2                M1OV_CNT++;
49   2                CF = 0;   }
50   1            else if (CCF1 == 1) {
51   2                EDGE_CNT = 1;
52   2                CCF1 = 0;
53   2                IE   = 0x00; /* disable the PCA INT */
54   2            }
55   1        }
```

由於 PCA 的比較/捕捉模組電路可以捕捉外加信號的正緣、負緣或是兩者，因此它可以測量一個未知信號的脈波寬度與工作週期。其方法為首先使用輪呼的方式，偵測輸入信號的正緣後，儲存捕捉到的計數值，並致能中斷，然後再捕捉該輸入信號的負緣，計算兩次捕捉的計數值之差，即為該輸入信號的脈波寬度。將得到的脈波寬度除以輸入信號的週期後，即為工作週期。下列例題說明如何使用上述方法，量測一個輸入信號的脈波寬度。

例題14.3-2　(輸入信號的脈波寬度測量)

使用 PCA 比較/捕捉模組 1 的捕捉模式，設計一個程式，計算一個出現在 CEX1 輸入端的信號的脈波寬度。假設該輸入信號的脈波寬度小於 255×2^{16} 個機器週期。

解： 完整的程式如程式 14.3-2 所示。由於輸入信號的脈波寬度小於 255×2^{16} 個機器週期，因此使用三個暫存器 R0、R1 與 R2 連結成為一個 24 位元的暫存器組，儲存輸入信號的脈波寬度。程式中，首先使用輪呼的方式，偵測脈波信號的正緣後，儲存捕捉到的計數值，並致能中斷，然後主程式持續判斷是否捕捉到脈波信號的負緣，若是，則計算兩次捕捉的計數值之差，即為該輸入信號的脈波寬度。

在 PCA 的中斷服務程式中，首先判斷該中斷是由計數溢位或是 CEX1 的信號引起的，若由計數溢位引起的，則將 M1OV_CNT 加 1；若由 CEX1 信號引起的，則抑制其次的中斷、清除 CCF1 旗號，並且設定 EDGE_CNT 為 1，告知主程式目前已經偵測到脈波信號的負緣了。實際上 M1OV_CNT 可以當作是 PCA 定時器的擴充位元組。

程式14.3-2　脈波信號寬度的測量程式

```
                        1        ;ex14.3-2.a51
                        2        ;$include (reg51f.inc)
REG                     152      M1OV_CNT  EQU  R0 ;module 1 overflow count
REG                     153      PERIODH   EQU  R1 ;period higher byte
REG                     154      PERIODL   EQU  R2 ;period lower byte
00D5                    155      EDGE_CNT  EQU  F0 ;edge flag
----                    156                CSEG AT  0000H
                        157      ;
0000 020100             158                LJMP  MAIN ;
0033                    159                ORG   33H
0033 020138             160      PCAISR0:  LJMP  PCAISR
                        161      ;
                        162      ;a subroutine for measuring the pulse width
                        163      ;of an unknown signal
                        164      ;
0100                    165                ORG   0100H
0100 C2D5               166      MAIN:     CLR   EDGE_CNT;clear the edge count
                        167      ;enable the CEX1 alternate function
0102 D294               168                SETB  P1.4
0104 7800               169                MOV   M1OV_CNT,#00H
                        170      ;configure PCA module 1 as the capture mode
0106 75D840             171                MOV   CCON,#40H ;
0109 75D981             172                MOV   CMOD,#81H
                        173      ;the positive edge and disable the PCA INT
010C 75DB20             174                MOV   CCAPM1,#20H
010F 75A800             175                MOV   IE,#00H  ;disable the INT
0112 D2DE               176                SETB  CR ;start the PCA timer
0114 C2DF               177                CLR   CF ;clear the timer flag
                        178      ;waiting for the first rising edge
0116 30D9FD             179      EDGE1ST:  JNB   CCF1,EDGE1ST
0119 A9FB               180                MOV   PERIODH,CCAP1H;save the
011B AAEB               181                MOV   PERIODL,CCAP1L;first edge
011D C2DF               182                CLR   CF;clear the timer overflow
011F C2D9               183                CLR   CCF1;clear module 1 capture
                        184      ;the negative edge and enable the PCA INT
0121 75DB11             185                MOV   CCAPM1,#11H
0124 75A8C0             186                MOV   IE,#0C0H;enable the PCA INT
                        187      ;waiting for the falling edge
0127 30D5FD             188      EDGE2ND:  JNB   EDGE_CNT,EDGE2ND;
                        189      ;compute the period of the incoming signal
                        190      ;the period is in M1OV_CNT:PERIODH:PERIODL
012A E5EB               191                MOV   A,CCAP1L ;the 1st byte
012C C3                 192                CLR   C
```

```
012D 9A          193                    SUBB   A,PERIODL
012E FA          194                    MOV    PERIODL,A
012F E5FB        195                    MOV    A,CCAP1H ;the second byte
0131 99          196                    SUBB   A,PERIODH
0132 F9          197                    MOV    PERIODH,A
0133 E8          198                    MOV    A,M1OV_CNT ;the 3rd byte
0134 9400        199                    SUBB   A,#00H
0136 F8          200                    MOV    M1OV_CNT,A
0137 22          201                    RET
                 202          ;the PCA interrupt service routine
0138 30DF04      203          PCAISR:   JNB    CF,CHK_EDGE
                 204          ;the INT is caused by the PCA timer overflow
                 205          ;increment the M1OV_CNT by 1
013B 08          206                    INC    M1OV_CNT
013C C2DF        207                    CLR    CF;clear the CF flag
013E 32          208                    RETI
013F 30D907      209          CHK_EDGE: JNB    CCF1,RETURN
0142 B2D5        210                    CPL    EDGE_CNT
0144 C2D9        211                    CLR    CCF1 ;clear the CCF1 flag
0146 75A800      212                    MOV    IE,#00H ;disable the PCA INT
0149 32          213          RETURN:   RETI
                 214                    END
```

C 語言程式如下。

```
line  level     source
   1            /* ex14.3-2C.C  */
   2            #include <reg51f.h>
   3            /* Using PCA module 1 to measure the pulse width of */
   4            /* a signal */
   5            void T2ISR(void);
   6            unsigned char data M1OV_CNT; /* module 1 overflow count */
   7            unsigned char data PERIODH;  /* high period byte  */
   8            unsigned char data PERIODL;  /* low period byte */
   9            bit EDGE_CNT;                    /* edge flag */
  10
  11            void main(void)
  12            {
  13    1          unsigned long data first,second;
  14    1          EDGE_CNT = 0;
  15    1          CEX1 = 1;          /* enable the CEX1 input */
  16    1          M1OV_CNT = 0x00;   /* clear the M1OV_CNT  */
  17    1          /* configure PCA module 1 as the capature mode */
  18    1          CCON     = 0x40;
  19    1          CMOD     = 0x81;
```

```
20   1           CCAPM1   = 0x20;    /* the positive edge */
21   1           IE       = 0x00;    /* disable the PCA INT */
22   1           CR       = 1;       /* start the PCA timer */
23   1           CF       = 0;       /* clear the timer flag */
24   1
25   1           /* wait for the first falling edge */
26   1           while (CCF1 != 1);
27   1           PERIODH  = CCAP1H;  /* capture the first edge */
28   1           PERIODL  = CCAP1L;
29   1           first = (PERIODH << 8) + PERIODL;
30   1
31   1           /* search for the second edge */
32   1           CF       = 0;       /* clear the PCA timer overflow */
33   1           CCF1     = 0;       /* clear the PCA module 1 capture */
34   1           CCAPM1   = 0x11;    /* the negative edge */
35   1           IE       = 0xC0;    /* enable the PCA INT */
36   1           while (EDGE_CNT != 1);/*wait until the falling edge*/
37   1           /* the period is left in M1OV_CNT:PERIODH:PERIODL */
38   1           /* calculate the capture time of second edge */
39   1           second += (M1OV_CNT * 65536) + (CCAP1H << 8) + CCAP1L;
40   1           second   = second - first;
41   1           PERIODL  = (unsigned char) (second & 0x000000ff);
42   1           PERIODH  = (unsigned char) (second >> 8) & 0x000000ff;
43   1           M1OV_CNT = (unsigned char) (second >> 16)& 0x000000ff;
44   1       }
45
46           /* PCA ISR */
47           void PCAISR(void) interrupt 6
48           {
49   1           if (CF == 1) {
50   2               M1OV_CNT++;
51   2               CF = 0;   }
52   1           else if (CCF1 == 1) {
53   2               EDGE_CNT = 1;
54   2               CCF1 = 0;
55   2               IE   = 0x00; /* disable the PCA INT */
56   2           }
57   1       }
```

16 位元軟體定時器模式

在比較模式中，PCA 定時器/計數器的 16 位元值與比較/捕捉模組 *n* 中的比較暫存器(CCAP*n*H 與 CCAP*n*L)的預先設定值比較，比較的動作在每一個機器週期中發生三次,以認知最快的時脈信號輸入(1/4 系統時脈)。當兩個值相等時,則設定 PCA 計數器控制暫存器 CCON 中的 CCFn 位元為 1。若該比較/捕捉模組 n 中的模式暫存器 CCAPMn 的 ECCFn 位元也為 1,則產生中斷。由於硬體電路在進入相關的中斷服務程式後,不會自動清除 CCFn 旗號位元,因此它必須由軟體指令清除。

當比較/捕捉模組 n 欲操作在 16 位元軟體定時器模式時,該比較/捕捉模組 n 中的模式暫存器 CCAPMn 中的 ECOMn、MATn 與 ECCFn 等位元均必須設定為 1,如圖 14.3.6 所示。

圖 14.3-6　PCA 16 位元軟體定時器模式

在中斷服務程式中,新的 16 位元比較值可以寫入比較/捕捉模組 n 的比較暫存器(CCAPnH 與 CCAPnL)中,但是當寫入比較暫存器 CCAPnL 時,會暫時清除模式暫存器 CCAPMn 中的 ECOMn(比較器致能)位元,因而停止比較器的動作,以防止不成立的比較結果發生,在寫入比較暫存器 CCAPnH後,ECOMn 位元才再度設定為 1,重新啟動比較器的動作。所以,使用者在更改比較暫存器的內容時,必須先寫入比較暫存器 CCAPnL,再寫入比較暫存器 CCAPnH。

欲使用軟體定時器模式,則必須依序執行下列三個步驟:

1. 儲存 PCA 定時器/計數器(CH 與 CL)的值;
2. 將需要的延遲值加到上述儲存的值中;

3. 儲存結果於欲使用的比較/捕捉模組 *n* 的比較暫存器(CCAP*n*H 與 CCAP*n*L)
內。

使用此種模式時，可以使用任何一個 I/O 埠的接腳，當作產生交替變化的信
號輸出端。

例題14.3-3　(軟體定時器模式)

使用 16 位元軟體定時器模式，寫一個程式產生 10 ms 的延遲。假設 PCA
操作於 12 MHz 而且使用 PCA 模組 1。

解：完整的程式如程式 14.3-3 所示。由於操作於 12 MHz，每一個機器週期為 1
μs。欲獲得 10 ms 的延遲，由暫存器對 CCAP1H：CCAP1L 設定的比較值需要
相對於目前的 PCA 定時器/計數器值往前移動 10,000 μs，因此暫存器對
CCAP1H：CCAP1L 必須設定為目前的 PCA 定時器/計數器值加上 10,000。

程式14.3-3　軟體定時器模式

```
                    1        ;ex14.3-3.a51
                    2        ;$include (reg51f.inc)
                  152        ;subroutine for delay 10 ms
----                153               CSEG   AT 0000H
0000                154               ORG    0000H
                    155        ;configure PCA module 1 as a software timer
                    156        ;and use the 1/12 system clock rate
0000 75D980         157   DELAY10ms:MOV   CMOD,#80H ;suspend in idle
                    158        ;the 16-bit software timer mode
0003 75DB48         159            MOV    CCAPM1,#48H
0006 75D800         160            MOV    CCON,#00H;disable the timer
0009 E5E9           161   LOOP:    MOV    A, CL
000B 2410           162            ADD    A,#LOW 10000;
000D F5EB           163            MOV    CCAP1L,A
000F E5F9           164            MOV    A,CH
0011 3427           165            ADDC   A,#HIGH 10000
0013 F5FB           166            MOV    CCAP1H,A
0015 C2D9           167            CLR    CCF1
0017 D2DE           168            SETB   CR    ;start the PCA timer
0019 30D9FD         169   WAITHERE: JNB   CCF1,$ ;wait until CCF1=1
001C C2DE           170            CLR    CR    ;disable the PCA timer
001E 22             171            RET
                    172            END
```

C 語言程式如下。

```
line level   source
  1            /* ex14.3-3C.C  */
  2            #include <reg51f.h>
  3            /* Using PCA module 1 to generate a 10-ms dalay*/
  4            void DELAY10ms(void);
  5
  6            void main(void)
  7            {
  8    1          DELAY10ms();
  9    1        }
 10
 11            void DELAY10ms(void)
 12            {
 13    1          /* configure PCA module 1 as a software timer
 14    1             and use the 1/12 system clock rate */
 15    1          CMOD    = 0x80;     /* suspend in the idle mode */
 16    1          CCAPM1  = 0x48;     /* 16-bit software timer */
 17    1          CCON    = 0x00;     /* disable the PCA timer */
 18    1
 19    1          /* set up the delay value */
 20    1          CCAP1L  = CL + 0x10;
 21    1          if (CY)
 22    1              CCAP1H = CH + 0x28;
 23    1          else
 24    1              CCAP1H = CH + 0x27;
 25    1          CCF1    = 0;
 26    1          CR      = 1;        /* start the PCA timer */
 27    1          while (CCF1 != 1);  /* wait until CCF1==1 */
 28    1          CR      = 0;        /* disable the PCA timer */
 29    1        }
```

高速時脈輸出

在高速輸出模式中，CEXn 輸出端的信號每當 PCA 定時器/計數器的值與比較/捕捉模組 n 中的比較暫存器(CCAPnH 與 CCAPnL)的預先設定值相等時，即產生 0 與 1 的交替變化，如圖 14.3-7 所示。在此模式下，比較/捕捉模組 n 的模式暫存器 CCAPMn 中的 ECOMn(比較器致能)、MATn(一致)與 TOGn (交替變化)等位元均必須設定為 1。若欲產生中斷，則必須再設定 ECCFn 位元為 1；否則，則清除 ECCFn 位元為 0。

高速輸出模式較使用軟體程式的方式，來交替改變一個輸出端的信號精確性為高，因為信號的改變是在認知中斷之前，中斷的延遲並不會影響輸出端的信號的精確性。若使用者未在中斷服務程式中，改變比較暫存器中的設定值，則下次的輸出信號的改變將於 PCA 定時器/計數器的計數溢位後，與上次比較值相等的地方發生。

圖 14.3-7　PCA 16 位元高速輸出模式

例題14.3-4　(高速輸出模式)

使用 16 位元高速輸出模式，寫一個程式產生 10 kHz 的時脈輸出。假設 PCA 操作於 12 MHz 而且使用 PCA 模組 1。

解：完整的程式如程式 14.3-4 所示。由於 CEX1 輸出每次當 PCA 定時器/計數器的值與比較/捕捉模組 1 的暫存器對 CCAP1H：CCAP1L 相同時交互變化一次，而且 10 kHz 時脈輸出的週期為 100 μs。因此在每一個半週，暫存器對 CCAP1H：CCAP1L 必須設定為目前的 PCA 定時器/計數器值加上 50。

程式 14.3-4　高速輸出模式

```
                    1      ;ex14.3-4.a51
                    2      ;$include (reg51f.inc)
                  152      ;generate a 10-kHz clock output signal
----              153              CSEG  AT 0000H
0000              154              ORG   0000H
                  155      ;configure PCA module 1 as the high-speed output
                  156      ;mode and use the 1/12 system clock rate
0000 75D980       157      Clock10k: MOV  CMOD,#80H ;suspend in idle
                  158      ;the 16-bit high-speed output mode
0003 75DB4C       159              MOV   CCAPM1,#4CH
```

```
0006 75D800           160              MOV    CCON,#00H;disable the timer
                      161         ;set CEX1 to low
0009 E5E9             162    LOOP:      MOV    A, CL
000B 2432             163              ADD    A,#LOW 50;
000D F5EB             164              MOV    CCAP1L,A
000F E5F9             165              MOV    A,CH
0011 3400             166              ADDC   A,#HIGH 50
0013 F5FB             167              MOV    CCAP1H,A
0015 C2D9             168              CLR    CCF1
0017 D2DE             169              SETB   CR     ;start the PCA timer
0019 30D9FD           170    WAITHERE: JNB    CCF1,$  ;wait until CCF1=1
                      171         ;set CEX1 to high
001C C2DE             172              CLR    CR     ;disable the PCA timer
001E E5E9             173              MOV    A, CL
0020 2432             174              ADD    A,#LOW 50;
0022 F5EB             175              MOV    CCAP1L,A
0024 E5F9             176              MOV    A,CH
0026 3400             177              ADDC   A,#HIGH 50
0028 F5FB             178              MOV    CCAP1H,A
002A C2D9             179              CLR    CCF1
002C D2DE             180              SETB   CR     ;start the PCA timer
002E 30D9FD           181    WAITHERE1:JNB    CCF1,$  ;wait until CCF1=1
0031 C2DE             182              CLR    CR     ;disable the PCA timer
0033 80D4             183              SJMP   LOOP
0035 22               184              RET
                      185              END
```

C語言程式如下。

```
line level     source
  1            /* ex14.3-4C.C   */
  2            #include <reg51f.h>
  3            /* Using PCA module 1 to generate a 10-kHz clock*/
  4            void Clock10kHz(void);
  5
  6            void main(void)
  7            {
  8      1          Clock10kHz();
  9      1      }
 10
 11            void Clock10kHz(void)
 12            {
 13      1          /* configure PCA module 1 as the high-speed output
 14      1              and use the 1/12 system clock rate */
 15      1          CMOD     = 0x80;  /* suspend in the idle mode */
```

```
16  1              CCAPM1   = 0x4C;  /* the 16-bit high-speed output mode */
17  1              CCON     = 0x00;  /* disable the PCA timer */
18  1
19  1              /* set up the compare value */
20  1              while (1) {
21  2                  CCAP1L   = CL + 50;
22  2                  if (CY)
23  2                      CCAP1H = CH + 1;
24  2                  else
25  2                      CCAP1H = CH + 0;
26  2                  CCF1     = 0;
27  2                  CR       = 1;        /* start the PCA timer */
28  2                  while (CCF1 != 1);   /* wait until CCF1==1 */
29  2                  CR       = 0;        /* disable the PCA timer */
30  2                  CCAP1L   = CL + 50;
31  2                  if (CY)
32  2                      CCAP1H = CH + 1;
33  2                  else
34  2                      CCAP1H = CH + 0;
35  2                  CCF1     = 0;
36  2                  CR       = 1;        /* start the PCA timer */
37  2                  while (CCF1 != 1);   /* wait until CCF1==1 */
38  2                  CR       = 0;        /* disable the PCA timer */
39  2              }
40  1          }
```

PWM 模式

可規劃計數器陣列(PCA)操作在 8 位元 PWM 模式的等效邏輯電路如圖 14.3-8 所示。欲操作於此模式時，比較/捕捉模組 n 的模式暫存器 CCAPMn 中的 ECOMn(比較器致能)與 PWMn(脈波寬度調變)等位元均必須設定為 1。在 PWM 模式時，不會產生中斷。

PWM 信號的產生是由比較 PCA 定時器/計數器的低序位元組(CL)的值，與比較/捕捉模組 n 中的比較暫存器的低序位元組(CCAPnL)的值而得。若 CL < CCAPnL，則輸出為低電位；若 CL ≥ CCAPnL，則輸出為高電位。比較暫存器的低序位元組 CCAPnL 的值決定輸出 PWM 信號的工作週期。若希望在不會產生突波(glitch)的情況下，改變比較暫存器 CCAPnL 的值，因而輸出 PWM 信號的工作週期，可以先寫入新的值於暫存器 CCAPnH 內，此值將於

PCA 定時器/計數器 CL 產生計數溢位(即由 0FFH 轉變為 00H)時，自動載入暫存器 CCAP*n*L 內。

圖 14.3-8　PCA 8 位元 PWM 模式

暫存器 CCAP*n*H 的值可以由 00H 到 0FFH，相當於工作週期由 100% 到 0.4%。若工作週期以小數表示，則工作週期與暫存器 CCAP*n*H 值的關係可以表示如下：

$$CCAPnH\ 的值\ = 256\,(1 - 工作週期)$$

輸出 PWM 信號的頻率與 PCA 定時器/計數器的時脈輸入來源有關，在系統時脈頻率為 16 MHz 時，最高頻率為 15.6 kHz。其它不同的 PWM 輸出信號頻率如表 14.3-2 所示。

表 14.3-2　PWM 輸出信號頻率

PCA 定時器/計數器 時脈輸入來源	PWM 輸出信號頻率	
	12 MHz	16 MHz
1/12 系統時脈	3.9 kHz	5.2 kHz
1/4 系統時脈	11.8 kHz	15.6 kHz
定時器 0 計數溢位		
8 位元	15.5 kHz	20.3 kHz
16 位元	0.06 kHz	0.08 kHz
8 位元自動重新載入	3.9 kHz 到 15.3 kHz	5.2 kHz 到 20.3 kHz
外部 ECI (P1.2)端輸入	5.9 kHz	7.8 kHz

例題14.3-5　(8 位元模式應用例)

使用 8 位元 PWM 模式，寫一個程式產生 3.9 kHz 而工作週期為 40% 的時脈輸出。假設 PCA 操作於 12 MHz 而且使用 PCA 模組 1。

解：完整的程式如程式 14.3-5 所示。暫存器 CCAP1H 需設定為 156。

程式14.3-5　8 位元模式應用例

```
                        1        ;ex14.3-5.a51
                        2        ;$include (reg51f.inc)
                      152        ;generate a 3.9-kHz clock output
----                  153                CSEG  AT 0000H
0000                  154                ORG    0000H
                      155        ;configure PCA module 1 as the 8-bit PWM output
                      156        ;mode and use the 1/12 system clock rate
0000 75D980           157        PWMOUTPUT:MOV   CMOD,#80H ;suspend in idle
                      158        ;the 8-bit PWM output mode
0003 75DB42           159                MOV    CCAPM1,#42H
0006 75D800           160                MOV    CCON,#00H;disable the timer
                      161        ;
0009 749C             162        LOOP:   MOV    A,#156    ;the duty cycle
000B F5FB             163                MOV    CCAP1H,A ;is 40%
000D D2DE             164                SETB   CR        ;start the PCA timer
000F 22               165                RET
                      166                END
```

C 語言程式如下。

```
line level    source
  1           /* ex14.3-5C.C  */
  2           #include <reg51f.h>
  3           /* Using PCA module 1 to generate a 3.9-kHz clock with
  4               a duty cycle of 40% */
  5           void PWMOutput(void);
  6
  7           void main(void)
  8           {
  9    1          PWMOutput();
 10    1      }
 11
 12           void PWMOutput(void)
 13           {
 14    1          /* configure PCA module 1 as the 8-bit PWM output
 15    1              mode and use the 1/12 system clock rate */
 16    1      CMOD    = 0x80;    /* suspend in the idle mode */
```

```
17    1       CCAPM1   = 0x42;      /* the 8-bit PWM mode */
18    1       CCON     = 0x00;      /* disable the PCA timer */
19    1
20    1       /* set up the duty cycle of 40%*/
21    1       CCAP1H   = 156;
22    1       CR       = 1;         /* start the PCA timer */
23    1       }
```

監視定時器模式

監視定時器為一個能自動啟動系統硬體重置動作的定時器電路。可規劃計數器陣列(PCA)中的比較/捕捉模組 4 有一個額外的操作模式,稱為監視定時器。在此模式下,每當 PCA 定時器/計數器的值與比較/捕捉模組 4 的比較暫存器內容相等時,即產生內部的硬體系統重置信號,重新啟動微控制器。

監視定時器操作模式的等效邏輯示意圖如圖 14.3-9 所示,欲令比較/捕捉模組 4 操作於此模式時,PCA 計數器模式暫存器 CMOD 中的 WDTE 位元必須設定為 1,而且比較/捕捉模組 4 的模式暫存器 CCAPM4 的 ECOM4 位元也必須設定為 1,以啟動比較的動作。

若不希望產生系統重置,則有下列三種選擇:

1. 定時改變比較/捕捉模組 4 的比較暫存器的值,使其不會等於 PCA 定時器/計數器的值。

圖 14.3-9 PCA 模組 4 的監視定時器模式

2. 定時改變 PCA 定時器/計數器的值，使其不會等於比較/捕捉模組 4 的比較
暫存器的值。

3. 在產生比較相等之前，清除 PCA 計數器模式暫存器 CMOD 中的 WDTE 位
元，等 PCA 定時器/計數器的值超越比較/捕捉模組 4 的比較暫存器的值
後，再設定為 1。

前面兩種方法較可靠，因為並未抑制監視定時器的動作，一般均使用第一個
方法，因為在第二個方法中改變了 PCA 定時器/計數器的值，可能會影響其
它比較/捕捉模組的動作。若不使用監視定時器的功能時，比較/捕捉模組 4
可以操作在其它模式。

例題14.3-6　(監視定時器模式應用例)

　　設定監視定時器的程式片段如程式 14.3-6 所示。欲使用為監視定時器，比
較/捕捉模組 4 必須可以設定為任何比較模式，而在 CMOD 暫存器中的 WDTE
位元必須設定為 1。應用程式必須週期性地呼叫 WATCHDOG 副程式改變比較
暫存器 CCAP4H 與 CCAP4L 的值，以避免與 PCA 定時器/計數器的值相同。

　　值得注意的是主程式必須在 2^{16} 個 PCA 定時器計數之內呼叫 WATCHDOG
副程式。WATCHDOG 副程式不能是中斷服務程式的一部份，因為若程式計數
器不小心陷入一個無窮迴圈時，將促使系統產生重置動作。

程式14.3-6　監視定時器模式應用例

```
;ex14.3-6.a51
;a sample initial code for the watchdog timer
;in compare/capture module 4
INIT_WATCHDOG:              ;initialize the watchdog timer
        MOV CCAPM4,#4CH  ;compare mode
        MOV CCAP4L,#0FFH ;write to the low byte first
        MOV CCAP4H,#0FFH ;initial value = 0FFFFH
        ORL CMOD,#40H    ;enable the WDTE bit
;
;main program starts here, but CALL WATCHDOG periodically
;
WATCHDOG: CLR EA          ;disable interrupts
        MOV CCAP4L,#00H ;the next compare value is within
        MOV CCAP4H,0CH  ;255 counts of the current PCA
        SETB EA         ;timer value
```

```
                    RET
                    END
```

在沒有獨立監視定時器的 MCS-51 衍生微控制器中，監視定時器模式為一個有用的方式。在具有獨立監視定時器的 MCS-51 衍生微控制器中，則監視定時器模式甚少使用。

📖 複習問題

14.34. 比較/捕捉模組 *n* 在捕捉到定時器中的計數值後，儲存於那些暫存器中？

14.35. 在 PWM 模式中，輸出信號的工作週期由那一個暫存器控制？

14.36. 比較/捕捉模組 *n* 的 16 位元捕捉模式的主要應用為何？

14.37. 為何高速輸出模式較使用軟體程式的方式，交替改變一個輸出端的信號精確性為高？

14.38. PCA 的那一個比較/捕捉模組可以規劃為監視定時器？

14.4 應用實例---步進馬達控制

步進馬達(stepping motor，又稱為 stepper motor 或是 step motor)為一個簡單、低成本、高可靠度，而可以操作在幾乎所有環境下的馬達。在本節中，我們將依序介紹步進馬達的工作原理、驅動脈波的順序、驅動電路與相關的程式設計方法。

14.4.1 步進馬達原理

步進馬達為一個轉換電子脈波信號為機械移動的轉換器(transducer)裝置，這些電子脈波信號控制步進馬達轉動軸以一個非常小的轉動角度的轉動，因此稱為步進馬達。步進馬達的轉動角度涵蓋的範圍相當大，由 90°到 0.72°不等。轉動速度與轉矩由加到線圈的電流量決定。

基本上一個步進馬達的內部主要由靜子(stator)與轉子(rotor)組成，如圖 14.4-1 所示為一個具有四極(pole)靜子與六極轉子的步進馬達。靜子一般由固定線圈(stationary windings)環繞在鐵磁性材料上而成，以提供一個動態的磁場加於轉子，使其依據一個預定的方向轉動；轉子則由永久磁鐵組成，圖中的轉子剛好由三個永久磁鐵組成。由於轉子為六極而靜子為四極，因此每一個輸入脈波使步進馬達的轉子轉動 30°。換句話說，步進馬達的轉子轉動一圈需要 12 個輸入脈波。

步進馬達原理

欲使步進馬達的轉子能依據一個預定的方向旋轉，加於靜子線圈上的電流方向必須有一個特定的順序。圖 14.4-1 說明轉子由靜子(W3)轉動到靜子(W2)時，四個靜子線圈上的磁場變化情形。

圖 14.4-1　步進馬達在全步模式時每一步的轉子位置

在第一步時，W1 與 W3 為 N 極(north pole)而 W2 與 W4 為 S 極(south pole)，如圖 14.4-1(a)所示，此時轉子的 S 極剛好位於靜子 W3 的右邊；在第二步時，W1 與 W4 為 N 極而 W2 與 W3 為 S 極，如圖 14.4-1(b)所示，此時轉子的 S 極剛好位於兩個靜子之間；在第三步時，W2 與 W4 為 N 極而 W1 與 W3 為 S 極，如圖 14.4-1(c)所示，此時轉子的 S 極剛好位於靜子 W2 的上方；在第四步時，W2 與 W3 為 N 極而 W1 與 W4 為 S 極，如圖 14.4-1(d)所示，此時轉子的 S 極剛好位於靜子 W2 的下方。因此在執行上述四個步驟之後，轉子剛好前進一個靜子的距離。這種驅動順序稱為全步順序(full-step sequence)或稱為 4 步順序(four-step sequence)。全步順序的詳細順序如表 14.4-1 所示，表中的"1"相當於圖 14.4-1 中的 N 極，"0"相當於圖 14.4-1 中的 S 極。

如圖 14.4-1 所示，在全步順序的驅動中，當由圖 14.4-1(a)的位置開始(相當於(W1 W2 W3 W4) = (1 0 1 0)或是表 14.4-1 的步驟 1 的信號)，執行第四個步驟之後，步進馬達的轉子剛好前進 90°，因此每加入一個脈波信號，轉子轉動 30°，即轉動一圈需要加入 12 個脈波信號。

表 14.4-1　步進馬達全步順序轉動的脈波順序

	W1	W2	W3	W4	轉動方向	
					順時針	反時針
1	1	0	1	0		
2	1	0	0	1		
3	0	1	0	1	↓	↑
4	0	1	1	0		
1	1	0	1	0		

若欲增加解析度，可以使用另外一種驅動順序稱為 8 步順序(eight-step sequence)或是半步順序(half-step sequence)。在半步順序中，每加入一個脈波信號，轉子只轉動 15°，即轉子轉動一圈需要 24 個輸入脈波。半步順序的詳細順序如表 14.4-2 所示，表中的"1"相當於圖 14.4-1 中的 N 極，"0"相當於圖 14.4-1 中的 S 極。比較表 14.4-1 與表 14.4-2 可知：半步順序的驅動信號的形成，是在兩個全步順序的驅動信號中的增加一個脈波而得，即表 14.4-2 中的奇數步驟(1、3、5、7)實際上即為全步順序的驅動信號。

實際上的步進馬達的靜子與轉子的極數遠較前述為多。因此，實際上步進馬達在每一個輸入脈波的轉動角度也遠較 30°為小，一般在 0.72°到 90°之間，隨馬達類型而定，但是最常見的角度為 1.8°、7.5°及 15°。轉動的方向由加入脈波的順序決定。

表 14.4-2　步進馬達半步順序轉動的脈波順序

	W1	W2	W3	W4	轉動方向
1	1	0	1	0	順時針　　反時針
2	1	0	0	0	
3	1	0	0	1	
4	0	0	0	1	
5	0	1	0	1	↓　　　　↑
6	0	1	0	0	
7	0	1	1	0	
8	0	0	1	0	
1	1	0	1	0	

步進模式

　　步進馬達可以操作在三種步進模式：全步順序、半步順序、微步順序，如圖 14.4-2 所示。在全步順序中，每一步產生 100％的角位移；在半步順序中，每一步產生 50％ 的角位移。因此，在半步順序中，欲產生與全步順序相同的角位移，必須加入兩倍的脈波數目(步數)。

　　全步順序與半部順序的共同缺點如下。一、步進馬達轉動時會產生抖動現象。二、步數(解析度)受限於步進馬達的極數。這兩項缺點可以由使用微步順序避免。如圖 14.4-2(c)所示，在微步順序中，加於步進馬達線圈的電流波形刻意整形成弦波而非數位信號的矩形波。經由使用微步順序，步進馬達解析度亦可以增加。

📖 複習問題

14.39. 試定義下列名詞：步進馬達、轉子、靜子。

14.40. 何謂全步順序、半步順序、微步順序？

14.41. 為何在步進馬達中的靜子通常使用電磁鐵組成？

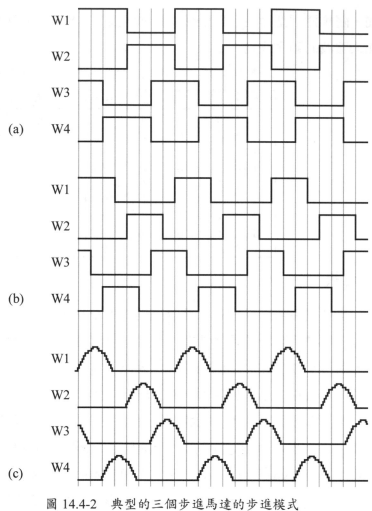

圖 14.4-2　典型的三個步進馬達的步進模式

14.4.2 步進馬達驅動電路與程式

　　如前所述，步進馬達為一個轉換電氣脈波為機械性移動的裝置，而脈波的頻率決定移動的速度。由於馬達線圈需要大電流推動，因此必須加上推動電晶體，才可以界接到 MCS-51 或是其它微處理器系統的 I/O 埠中，如圖 14.4-3 所示。由於步進馬達中的線圈當其中的電流產生變化時，會產生極大的反向電壓於電晶體的集極端，因此在每一個電晶體的集極端與電源之間均加上一個保護二極體，以箝位集極端的電壓在 $V_{CC} + 0.7$ V。

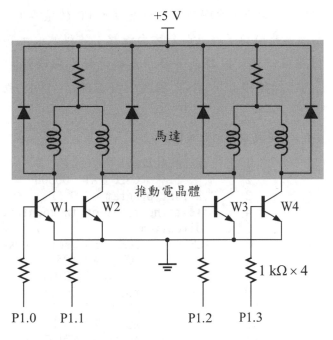

圖 14.4-3　典型的步進馬達推動電路

　　全步順序與半部順序的共同缺點如下：一、步進馬達轉動時會產生抖動現象。二、步數(解析度)受限於步進馬達的極數。這兩項缺點可以由使用微步順序避免。如圖 14.4-2(c)所示，在微步順序中，加於步進馬達線圈的電流波形刻意整形成弦波而非數位信號的矩形波。經由使用微步順序，步進馬達解析度亦可以增加。

　　下列例題使用圖 14.4-3 的電路為例，介紹如何使用微處理器控制步進馬達的動作。

例題 14.4-1　(步進馬達控制例)

　　設計一個程式，控制圖 14.4-3 的步進馬達，使其依據指定的次序，轉動需要的步數。

解： 完整的程式如程式 14.4-1 所示。程式中假設步進馬達的轉動方向由旗號位元 F0 決定。當其值為 0 時，為反時針方向；當其值為 1 時，為順時針方向。程式中，使用半步順序以增加解析度。在 STPMOTOR 程式中，首先判斷旗號位元 F0 的值，以決定步進馬達中的轉子的轉動方向，並據以決定送到 I/O 埠的

P1.0 到 P1.3 接腳的脈波順序。若旗號位元 F0 的值為 0，則以反向順序送出脈波信號，因為此時轉子為反時針方向旋轉；若旗號位元 F0 的值為 1，則以順向順序送出脈波信號，因為此時轉子為順時針方向旋轉。上述動作執行暫存器 R2 指定的次數後停止。TEST 程式呼叫 STPMOTOR 程式以測試該程式的動作。

程式 14.4-1　步進馬達控制程式例

```
                        1    ;ex14.4-1.a51
----                    2            CSEG  AT   0000H
                        3    ;a test program
                        4    ;test the rotation in counterclockwise
                        5    ;direction
0000 C2D5               6    TEST:     CLR  F0 ;set clockwise
0002 7A05               7              MOV  R2,#05H
0004 110D               8              ACALL STPMOTOR
                        9    ;test the rotation in clockwise direction
0006 D2D5              10              SETB F0
0008 7A05             11               MOV  R2,#05H
000A 110D             12               ACALL STPMOTOR
000C 22               13               RET
                      14    ;
                      15    ;rotate the step motor counterclockwise
                      16    ;if F0 = 0 and rotate clockwise otherwise
                      17    ;the number of revolutions is passed via
                      18    ;the register R2
000D 20D511           19    STPMOTOR: JB  F0,CROTATE
                      20    ;rotate counterclockwise
0010 7808             21    CCROTATE: MOV  R0,#08
0012 E8               22    NXTSTEP0: MOV  A,R0  ;get sequence value
0013 1131             23              ACALL HALFSTEP
0015 F590             24              MOV  P1,A    ;out to the motor
0017 113D             25              ACALL DELAY1MS ;delay 1 ms
0019 18               26              DEC  R0      ;the next step
001A B800F5           27              CJNE R0,#00,NXTSTEP0
001D DAF1             28              DJNZ R2,CCROTATE
001F 800F             29              SJMP RETURN    ;return
                      30    ;rotate clockwise
0021 7800             31    CROTATE:  MOV  R0,#00
0023 E8               32    NXTSTEP1: MOV  A,R0  ;get sequence value
0024 1131             33              ACALL HALFSTEP
0026 F590             34              MOV  P1,A    ;out to the motor
0028 113D             35              ACALL DELAY1MS ;delay 1 ms
002A 08               36              INC  R0      ;the next step
```

```
002B B808F5        37              CJNE    R0,#08H,NXTSTEP1
002E DAF1          38              DJNZ    R2,CROTATE
0030 22            39     RETURN:  RET
                   40          ;
                   41          ;the half-step sequence for the step motor
                   42          ;
0031 04            43     HALFSTEP: INC   A ;bypass RET
0032 83            44              MOVC    A,@A+PC
0033 22            45              RET
0034 FAF8F9F1      46     HSEQUENC: DB    0FAH,0F8H,0F9H,0F1H
0038 F5F4F6F2      47              DB      0F5H,0F4H,0F6H,0F2H
003C FA            48              DB      0FAH
                   49          ;
                   50          ;delay 1 ms, see Example 14.1-1.
003D               51     DELAY1MS:
003D 22            52              RET
                   53              END
```

C 語言程式如下。

```
line level        source
   1              /* ex14.4-1C.C  */
   2              #include <reg51.h>
   3              void STPMOTOR (int cnt);
   4              void DELAY1mS(void);
   5              unsigned char code HSEQUENC[9]={0xFA,0xF8,0xF9,0xF1,
   6                      0xF5,0xF4,0xF6,0xF2,0xFA};
   7
   8              void main(void)
   9              {
  10    1            /* test the rotation in counterclockwise direction */
  11    1            F0  = 0;   /* set counterclockwise */
  12    1            STPMOTOR(05);
  13    1
  14    1            /* test the rotation in clockwise direction */
  15    1            F0  = 1;   /* set clockwise */
  16    1            STPMOTOR(05);
  17    1         }
  18
  19              /* rotate the step motor counterclockwise
  20                  if F0 = 0 and  rotate clockwise otherwise
  21                  the number of revolutions is passed via
  22                  cnt */
  23              void STPMOTOR (int cnt)
  24              {
```

```
25  1          int i;
26  1          if (F0 == 0) /* rotate counterclockwise */
27  1              for ( ; cnt >= 0; cnt --) {
28  2                  for (i = 8; i >= 0; i--) {
29  3                      P1 = HSEQUENC[i];
30  3                      DELAY1mS();
31  3                  }
32  2              }
33  1          else        /* rotate clockwise */
34  1              for ( ; cnt >= 0; cnt --) {
35  2                  for (i = 0; i < 9; i++) {
36  3                      P1 = HSEQUENC[i];
37  3                      DELAY1mS();
38  3                  }
39  2              }
40  1          }
41
42          void DELAY1mS()
43          {
44  1          ; /* see Example 14.1-1 */
45  1          }
```

📖 複習問題

14.42. 在圖 14.4-3 中的二極體有何功用？

14.43. 當加入脈波信號於一個步進馬達時，必須注意那兩件事情？

14.5 參考資料

1. Atmel Corporation, *AT89S51: 8-bit Microcontroller with 4K Bytes In-System Programmable Flash*, 2008.

2. Atmel Corporation, *AT89S52: 8-bit Microcontroller with 8K Bytes In-System Programmable Flash*, 2008.

3. Han-Way Huang, *Using MCS-51 Microcontroller*, New York: Oxford University Press, 2000.

4. Intel, *MCS-51 Microcontroller Family User's Manual*, Santa Clara, Intel Co., 1994. (http://developer.intel.com/design/mcs51/hsf_51.htm)

5. Thomas E. Kissell, *Industrial Electronics*, Upper Saddle River, NJ.: Pren-

tice-Hall, Inc., 1997.

6. NXP Semiconductors (Philip Corporation), *P89V51RB2/RC2/RD2: 8-bit 80C51 5-V low power 16/32/64 kB flash microcontroller with 1 kB RAM*, 2009.

14.6 習題

14.1 解釋下列各名詞：

　(1) 定時器　　　　　　　　　(2) 計數器

　(3) 自動重新載入

14.2 下列為有關於定時器與計數器的問題：

　(1)定時器與計數器的動作有何不同？其基本差異為何？

　(2)在數位系統中，定時器與計數器的各有何功能？

14.3 下列為有關於 MCS-51 的定時器 0 與 1 的問題：

　(1) 當操作在模式 0 時，在產生計數溢位之前，可以計數多少個機器週期？

　(2) 當操作在模式 1 時，在產生計數溢位之前，可以計數多少個機器週期？

14.4 使用 MCS-51 的定時器 1 (或是 0)當作時間基準，設計一個程式，當其 $\overline{INT1}$ (或是 $\overline{INT0}$)輸入端每次收到一個觸發信號時，即在 I/O 埠 1 的 P1.0 接腳產生一個寬約 1.5 ms 的脈波。

14.5 使用 MCS-51 的定時器 1 (或是 0)當作時間基準，設計一個程式產生一個週期性的脈波於 I/O 埠 1 的 P1.0 接腳上，此脈波在高電位的時間為 100 μs，而在低電位的時間為 12 μs。

14.6 下列為有關於 MCS-52 的定時器 2 的問題：

　(1) 當操作在自動重新載入模式時，在產生計數溢位之前，可以計數多少個機器週期？

　(2) 為何定時器 2 無法量測一個輸入信號的脈波寬度？

14.7 使用 MCS-52 的定時器 2，設計一個程式在 I/O 埠 1 的 P1.0 接腳上，產生 5 個脈波輸出。每一個脈波的週期為 100 μs，其高電位期間為 40 μs，而低電位期間為 60 μs。

14.8 使用 MCS-51 的定時器 1，設計一個程式，產生一個 40 kHz 的方波信號於 I/O 埠 1 的 P1.0 接腳上。

14.9 使用任何 MCS-51 的定時器，設計一個程式，產生一個 166 kHz 的方波信號於 I/O 埠 1 的 P1.0 接腳上。

14.10 使用兩個計時器與輪呼 I/O 方法，設計一個程式在 I/O 埠 1 的 P1.0 接腳上產生一個 2 kHz 的方波信號，而於 I/O 埠 1 的 P1.1 接腳上產生一個 5 kHz 的方波信號。

14.11 使用兩個計時器與中斷 I/O 方法，設計一個程式在 I/O 埠 1 的 P1.0 接腳上產生一個 2 kHz 的方波信號，而於 I/O 埠 1 的 P1.1 接腳上產生一個 10 kHz 的方波信號。

14.12 使用 PCA，設計一個程式，測量一個出現於 CEX1 輸入端信號的工作週期。假設輸入信號的週期不會超過 10 s。

14.13 下列為有關於 PCA 的問題：

(1) 當比較/捕捉模組 n 操作在 PWM 模式時，暫存器 CCAPnH 必須設定為多少，方能產生 30% 的工作週期？

(2) 當比較/捕捉模組 n 操作在 PWM 模式時，暫存器 CCAPnH 必須設定為多少，方能產生 70% 的工作週期？

14.14 (簡單的交通號誌控制器)設計一個街道 A 與 B 十字路口的交通號誌控制器。假設紅燈為 40 秒，綠燈 32 秒，黃燈閃爍 5 秒。街道 A 與 B 的紅燈重疊 3 秒。使用任何 MCS-51 微控制器設計此系統。

14.15 (自動的交通號誌控制器)設計一個街道 A 與 B 十字路口的交通號誌控制器。在十字路口有兩個感測器，S_A 與 S_B。當一部汽車沿著街道 A 接近十字路口時，感測器 S_A 被觸發而輸出一個脈波到控制器。感測器 S_B 的情形相同。街道 A 為主幹線，其綠燈持續點亮直到有汽車由街道

B 接近十字路口,然後交通號誌燈改變。街道 A 在 12 秒後變為紅燈,包括 5 秒的黃燈閃爍。現在街道 B 為綠燈,在持續 30 秒後,改變為 5 秒的閃爍黃燈,然後變為紅燈。當街道 B 有汽車接近十字路口而街道 A 沒有,則街道 B 持續為綠燈,直到有汽車由街道 A 接近十字路口。在街道 B 變為紅燈時,街道 A 再度回到綠燈。街道 A 的綠燈至少持續 50 秒,而且只在有汽車由街道 B 接近十字路口才改變。使用任何 MCS-51 微控制器設計此系統。

15

鍵盤與
顯示器電路

在任何微處理器系統中，輸入與輸出裝置為必要的電路模組之一，前者輸入資料於微處理器中，以供微處理器處理或是控制微處理器的動作；後者則顯示微處理器處理資料後的結果或是接收微處理器的控制信號，執行對應的動作。最常用的輸入裝置為開關(switch)與鍵盤(keyboard)；最常用的輸出裝置為單一的 LED (light emit display)、七段 LED 顯示器與 LCD (liquid crystal display)。

本章中，將先討論最常用的開關類型、開關防彈技術(switch debouncing technique)、鍵盤電路設計原理與推動程式設計，然後討論 LED 與 LCD 顯示器設計原理及推動程式設計方法。

15.1 鍵盤電路設計

開關與鍵盤電路模組為大部分微處理器系統(或微控制器)中，最重要的輸入裝置。鍵盤通常由許多開關排列成一維或是二維陣列，並且輔助以相關的電路組成。本節中，將依序討論各種常用的開關類型與鍵盤電路設計原理。

15.1.1 開關類型

目前最常用的開關類型可以分成下列四種：機械式(mechanical)、薄膜

式(membrane)、電容式(capacitive)、與霍爾效應式(Hall effect)，如圖 15.1-1
所示。

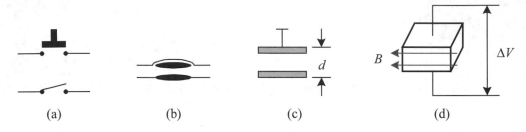

圖 15.1-1　常用的開關類型：(a)機械開關；(b)薄膜式開關；(c)電容開關；(d)霍爾效應開關

　　在機械式開關中，電路的導通係由兩片金屬片互相接觸而成，如圖
15.1-1(a)所示，其主要缺點為其體積較大。在薄膜式開關中，電路的導通係
由一片塑膠或是橡皮薄膜帶動一片導體與另外一片導體互相接觸而成，如圖
15.1-1(b)所示，其主要特性為它可以製造成非常薄而且隱藏在某些裝飾物之
中。

　　電容式開關主要是利用平行板電容器的電容量，會隨著兩個極板的距離
而改變的特性，如圖 15.1-1(c)所示。此類型的開關必須伴隨著一個特殊的電
容值偵測電路，藉著檢測電容值的改變，以檢出開關的閉合與否，其主要優
點為它不是機械式開關。霍爾效應式開關利用垂直於晶體(crystal)的永久磁
鐵之磁力線會在晶體的兩面感應出一個電壓的現象，指示開關的閉合與否。

開關跳彈現象

　　機械式開關由於機械的慣性作用，在開關由開路狀態轉變到閉合狀態之
後，通常必須歷經一段約 5 到 20 ms 的時間，持續產生跳動現象，即開關會
持續產生閉合、打開、閉合、打開…等動作，然後才終止在閉合位置上，如
圖 15.1-2(a)所示。相同地，在開關由閉合狀態轉變到開路狀態之後，通常也
必須歷經一段約 5 到 20 ms 的時間，持續產生跳動現象，即開關會持續產生
打開、閉合、打開、閉合…等動作，然後才終止在開路位置上，如圖
15.1-2(b)所示。

圖 15.1-2　接觸跳彈現象：(a)由高電位到低電位；(b)由低電位到高電位

開關防彈技術

在實際應用上，由於電子電路的操作速度(幾個 ns 或是μs)遠勝於機械式開關的動作速度(幾個 ms)，因此若機械式開關的跳彈現象不加以消除或是檢測，每一次的機械式開關的動作，將被電子電路當作多次開關的動作，因而產生錯誤的結果。

為了避免因為機械式開關的跳彈現象產生的錯誤結果，在使用機械式開關，當作輸入信號的產生元件時，必須伴隨著一個開關防彈技術，以消除因為開關跳彈現象產生的〝錯誤〞信號。當然使用速度較快、品質較高的開關，例如水銀開關(mercury switch)，也可以降低跳彈現象。

機械式開關的跳彈現象產生的信號週期約為 5 ms 左右，而人們壓下及釋放一個機械式開關的最快時間不會超過 20 ms。因此，在圖 15.1-2(a)中只要輸出電壓持續 10 ms 的時間為低電位，即可以認定開關已經閉合；在圖 15.1-2(b)中，只需要輸出電壓持續 10 ms 的時間為高電位，即可以認定開關已經打開。

消除機械式開關因為跳彈現象產生的錯誤信號的方法稱為開關防彈技術，它可以使用軟體方式或是硬體方式為之。軟體方式將於其次小節中介紹；硬體方式有下列兩種常用的方法：

1. *RC* 積分電路：利用電容器 *C* 經由電阻器 *R* 的充電時，必須歷經一個 *RC* 時間常數的特性。若適當的設定 *RC* 時間常數的值，則開關跳彈現象造成的效應將由電容器 *C* 吸收，如圖 15.1-3(a)所示。當開關置於接地端時，電容器經由接地端放電，只要開關跳彈現象造成的短暫充電電壓值維持在一個預定的臨界電壓值之下，輸出電位即可以被認知為低電位。

(a)

(b)

圖 15.1-3　硬體方式開關防彈技術：(a) *RC* 積分電路；(b) *SR* 門閂

2. *SR* 門閂電路：利用 *SR* 門閂電路的特性，當 *S* (set)輸入端一旦設定為低電位之後，輸出端 *Q* 即維持在高電位，直到 *R* (reset)輸入端設定為低電位為止；當 *R* 輸入端一旦設定為低電位之後，輸出端 *Q* 即維持在低電位，直到

S 輸入端設定為低電位為止,如圖 15.1-3(b)所示。因此,每次開關由 *S* 輸入端移到 *R* 輸入端,然後回到 *S* 輸入端時,輸出端 *Q* 可以產生一個負向脈波輸出。

📖 複習問題

15.1. 目前最常用的開關類型可以分成那四種?

15.2. 為何機械式開關會產生跳彈現象?

15.3. 電容式開關與霍爾效應式開關相對於機械式開關有何優點?

15.4. 硬體方式的開關防彈技術有那幾種方法?

15.5. 鍵盤與開關有何不同?

15.1.2 鍵盤電路設計原理

鍵盤的型式與功能,依實際上的需要而有不同,由最簡單的十六進制鍵盤到 ASCII 鍵盤不等。如前所述,鍵盤係由多個開關依據實際上的需要,排列成一維或是二維陣列而成,每一個按鍵對應於一個開關。

設計一個鍵盤電路時,通常必須依據實際上的應用系統之需求,訂立鍵盤電路的特性,然後執行。但是不管鍵盤的型式為何,在設計鍵盤電路時,一般均必須考慮下列問題:

1. 辨認閉合的按鍵:如何辨認那一個按鍵已經閉合;

2. 多重閉合按鍵認知問題:當有數個按鍵同時按下時,要如何處理?即應該認知那一個按鍵,或是全部認知;

3. 按鍵跳彈問題:按鍵的跳彈問題與如何防止;

4. 按鍵編碼:使用查表法,轉換閉合的按鍵為適當的 ASCII 碼或是其它文字數碼。

辨認閉合的按鍵的方法通常使用掃描的方式,依序檢查每一個按鍵的開關閉合狀態,加以確認那一個按鍵已經閉合。鍵盤掃描的方法可以使用硬體電路或是軟體程式配合 I/O 埠完成。掃描順序定義一個按鍵的掃描碼 (scanning code);為表示每一個按鍵的實際意義,每一個按鍵均定義一個按鍵碼(key code)。掃碼碼與按鍵碼通常為不同的值。在實際系統中，在認知一個閉合的按鍵之後，必須轉換掃描碼為按鍵碼。

對於多重按鍵閉合問題的解決方法有下列三種：N 鍵鎖住(N-key lock-out)、兩鍵滑越(two-key rollover)、N鍵滑越(N-key rollover)。若在一個按鍵釋放之前，不能繼續對另外一個按鍵，進行檢查與編碼工作時，稱為 N 鍵鎖住；能夠繼續對在按鍵掃描順序上連續的第二個閉合按鍵的認知，進行檢查與編碼工作時，稱為兩鍵滑越；能夠對其次各鍵進行檢查與編碼工作時，稱為 N 鍵滑越。在實際應用上，以 N 鍵鎖住與 N 鍵滑越最常用。

開關的跳彈現象通常會影響鍵盤輸入值的正確性，因此在使用機械式開關的鍵盤電路中，必須加入開關防彈技術，以消除由於開關的跳彈現象產生的錯誤按鍵信號。如前所述，最常用的開關防彈技術如下：若連續兩次以相隔約 10 ms 的時間對同一個按鍵值取樣，均得到相同的值，則可以確認該按鍵已經閉合，否則，該按鍵的狀態仍是不穩定的。開關防彈技術可以由軟體或硬體執行。軟體方式如例題 15.1-1 所示；硬體方式請參考[3]。

在設計完成需要的鍵盤電路之後，必須使用界面電路界接到微控制器系統中，即將它當作一個 I/O 裝置。如同其它 I/O 裝置一樣，鍵盤電路可以使用輪呼(即程式控制 I/O)方式或中斷(即中斷式 I/O)方式，與 MCS-51 系統轉移資料。這兩種方式分別於下列兩小節中詳細討論。

📖複習問題

15.6. 在設計鍵盤電路時，一般均須考慮那些問題？
15.7. 辨認閉合的按鍵的方法通常使用什麼方式？
15.8. 多重閉合按鍵問題的解決方法有那三種？
15.9. 試定義 N 鍵鎖住、兩鍵滑越、N 鍵滑越。
15.10. 自鍵盤讀取資料時，有那兩種 I/O 資料轉移方式可以使用？

15.1.3 輪呼式鍵盤電路設計

對於一個需要多個按鍵的鍵盤電路而言，通常將開關排列成二維陣列的方式，然後使用兩個解碼(或稱為選取)裝置，藉著行與列同時產生一致性信號與否的方式，認知一個位於交叉點的按鍵是否閉合。

典型的輪呼式鍵盤電路如圖 15.1-4 所示。在這個電路中，使用了 MCS-51 的兩個 I/O 埠：I/O 埠 1 的 P1.0 到 P1.3 接腳與 I/O 埠 2 的 P2.0 到 P2.3 接腳。其中 I/O 埠 1 規劃為輸出埠而 I/O 埠 2 為輸入埠，而且 I/O 埠 2 中的每一個接腳都經由一個 10 kΩ的電阻器提昇到+5 V。

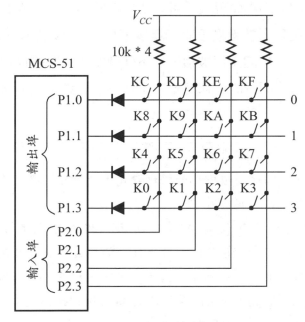

圖 15.1-4　輪呼式鍵盤電路

在檢查是否有按鍵閉合時，可以依據下列程序完成：設定 P1.0 到 P1.3 = 1110，即 P1.3 為 0 而其餘三個列(P1.0、P1.1、P1.2)都為 1，因此若 K0、K1、K2 與 K3 中，任何一個按鍵被壓下時，都可以由讀取的 P2.0 到 P2.3 接腳的值辨認。例如當 K2 鍵按下時，讀取的 P2.0 到 P2.3 接腳的值為 1101；當 K0、K1、K2 與 K3 四個鍵都被按下時，讀取的 P2.0 到 P2.3 接腳的值為 0000。檢查 P1.2 時，P1.0 到 P1.3 接腳的值應設定為 1101，然後讀取 P2.0 到 P2.3 接腳的值辨認，接著再分別設定 P1.0 到 P1.3 接腳為 1011 與 0111，以分別檢查 P1.1 列與 P1.0 列上的按鍵是否閉合。

在上述檢查過程中，每次只能一個列的輸入值為 0，否則，無法唯一的確認一個按鍵，如圖 11.1-4 所示。圖中的二極體防止當一次按下多個按鍵時，輸出為 0 的 I/O 接腳與不為 0 的 I/O 接腳短路，因而造成邏輯位準的錯誤。欲瞭解二極體的作用，假設圖中並未接二極體。現在若設 P1.0 到 P1.3 接腳的值設定為 1101 而按鍵 K0、K4 與 K2 均按下時，P2.2 接腳亦被偵測為低電位，這可能導致按鍵 K6 也被認為按下。

按鍵開關的跳彈現象，可以使用軟體的方式解決，即在檢查按鍵的過程中，每當發現有按鍵壓下時，繼續等待 10 ms 之後，再度檢查該按鍵的狀態，以確認該按鍵確實被壓下。下列例題的鍵盤掃描程式說明如何使用軟體的方式，解決開關的跳彈現象，並且使用 *N* 鍵鎖住方法，解決多重按鍵閉合的問題。

例題 15.1-1　(*N* 鍵鎖住)

設計圖 15.1-4 鍵盤電路的掃描程式。按鍵掃描碼由累積器 A 傳回；當沒有任何按鍵壓下時，傳回 0FFH。

解：完整的程式如程式 15.1-1 所示。程式分成兩部分：NKEYLOCK 與 SCANKEY。SCANKEY 依序檢查每一個按鍵，直到發現一個按鍵壓下或整個鍵盤皆檢查過時，才回到主程式。在歸回主程式時，若有按鍵壓下，則清除進位旗號位元 CY 為 0，並由累積器 A 傳回按鍵掃描碼；若沒有按鍵壓下，則設定進位旗號位元 CY 旗號為 1。

主程式 NKEYLOCK 在呼叫 SCANKEY 後，緊接著判別進位旗號位元 CY，若為 0，則呼叫 DELAY10MS 副程式延遲 10 ms (防止開關彈跳現象)後，再度呼叫 SCANKEY 副程式。若兩次均得到相同的掃描碼，則確定該按鍵已壓下，而傳回掃描碼；否則，傳回 0FFH。

程式 15.1-1　圖 15.1-4 的鍵盤電路讀取程式(*N* 鍵鎖住)

```
1       ;ex15.1-1.a51
2       ;it scans the keypad two times 10 ms
3       ;apart, and returns the scanning code
4       ;if it gets the same result,
5       ;otherwise returns 0FFH
6               CSEG   AT 0000H
```

```
                           7          ;configure PORT 2 (P2.0 to P2.3) as input
0000 75A00F                8          NKEYLOCK: MOV   P2,#0FH
0003 1117                  9                    CALL  SCANKEY;scan the keypad
0005 400D                  10                   JC    NOKEYP ;no key pressed
0007 F5F0                  11                   MOV   B,A ;save the scanning code
0009 1133                  12                   CALL  DELAY10MS   ;delay 10 ms
000B 1117                  13                   CALL  SCANKEY;scan the keypad
000D 4005                  14                   JC    NOKEYP ;no key pressed!
000F B5F002                15                   CJNE  A,B,NOKEYP;comapre A, B
0012 8002                  16                   SJMP  DONE1
0014 E5FF                  17         NOKEYP:   MOV   A,0FFH;no key pressed!
0016 22                    18         DONE1:    RET   ;return the scanning code
                           19         ;SCANKEY -- it scans keypad until it
                           20         ;finds one key has been pressed or the
                           21         ;entire keypad has been scanned
0017 7800                  22         SCANKEY:  MOV   R0,#00H ;
0019 79F7                  23                   MOV   R1,#0F7H;scan from P1.3
001B E9                    24         KEYCOL:   MOV   A,R1      ;active one row
001C F590                  25                   MOV   P1,A
001E 7A04                  26                   MOV   R2,#04H;4 keys, each row
0020 E5A0                  27                   MOV   A,P2    ;read the keypad
0022 13                    28         KEYROW:   RRC   A       ;if no key pressed
0023 4003                  29                   JC    NOKEY  ;branch to NOKEY
0025 E8                    30                   MOV   A,R0    ;load the scanning
0026 800A                  31                   SJMP  DONE;code in A and return
0028 08                    32         NOKEY:    INC   R0 ;loop until 4 keys are
0029 DAF7                  33                   DJNZ  R2,KEYROW;all checked
                           34         ;check the next column
002B E9                    35                   MOV   A,R1
002C 03                    36                   RR    A      ;check the next row
002D F9                    37                   MOV   R1,A ;save for later use
002E B47FEA                38                   CJNE  A,#07FH,KEYCOL;next column
0031 D3                    39                   SETB  C       ;no key pressed
0032 22                    40         DONE:     RET
                           41         ;a subroutine for delaying 10 ms. Please
                           42         ;refer to Example 14.1-2 for detail.
0033                       43         DELAY10MS:         ;
0033 22                    44                   RET
                           45                   END
```

　　　　C 語言程式如下。

```
     line level    source
        1          /* ex15.1-1C.C */
        2          #include <reg51.h>
        3          /* It scans the keypad two times 10 ms apart,
```

```
 4                    and returns the scanning code
 5                    if it gets the same result; otherwise,
 6                    returns 0FFH */
 7            unsigned char NKEYLOCK(void);
 8            unsigned char SCANKEY(void);
 9            void Delay10ms(void);
10            unsigned char data A, c, R0, R1;
11
12            void main(void)
13            {
14    1            c = NKEYLOCK();   /* test the NKEYLOCK subroutine */
15    1        }
16
17            unsigned char NKEYLOCK(void)
18            {
19    1            unsigned char data c;
20    1            P2 = 0x0F; /* configure P2.0 to P2.3 as input */
21    1            c = SCANKEY();    /* scan the keypad */
22    1            if (CY == 1) return(0xFF);
23    1            else B  = c;       /* save the scanning code */
24    1            Delay10ms();       /* delay 10 ms */
25    1            c = SCANKEY();     /* scan the keypad again */
26    1            if (CY == 1) return(0xFF);
27    1            else if (c != B) return(0xFF);
28    1            return (c);
29    1        }
30
31            /* SCANKEY -- it scans keypad until it
32                finds one key has been pressed or the
33                entire keypad has been scanned */
34            unsigned char SCANKEY(void)
35            {
36    1            unsigned char data i, j;
37    1            R0  = 0x00; /* initilize the scanning code */
38    1            R1  = 0xF7; /* scan from P1.3 */
39    1            for (j = 0; j < 4; j++) {
40    2                P1  = R1;      /* active one row */
41    2                A   = P2;      /* read Port 2 */
42    2                for (i = 0; i < 4; i++)
43    2                    if (A & 0x01 == 0x01) {
44    3                        R0++;
45    3                        A = A >> 1;
46    3                    } else {
47    3                        CY = 0;
48    3                        return (R0);
```

```
49  3                    }
50  2                    R1 = R1 >> 1;    /* check the next column */
51  2                }
52  1            CY = 1; return(0xFF);
53  1        }
54
55          /* a subroutine for delaying 10 ms. Please
56              refer to Example 14.1-2 for details */
57          void Delay10ms(void)
58          { ;
59  1
60  1        }
```

　　當然也可以讀取整個鍵盤的狀態，然後等待 10 ms 後再讀一次，最後由比較兩次讀取的值，確認那些按鍵被壓下。例題 15.1-2 說明這種做法。在例題 15.1-2 中，按鍵的辨認方式也由 N 鍵鎖住改為 N 鍵滑越方式。

　　圖 15.1-4 所示的鍵盤電路，並不適宜 N 鍵滑越的方式中，因其有潛行路徑(sneaky path)存在。例如在圖 15.1-4 中，當 P1.0 接腳為 0，而 P1.1 到 P1.3 接腳都為 1 時，若按鍵 KC、K8 與 K9 等三鍵同時按下，則正常的讀入值(P2.0 到 P2.3 接腳)應為 0111，但是實際上讀入的 P2.0 到 P2.3 接腳的值為 0011，彷彿按鍵 KD 也被壓下一樣，其原因為當 KC 與 K8 被壓下時，列 1 因為 K8 ON 的關係，雖然 P1.1 接腳為 1，但是實際上卻為 0，所以當 K9 壓下時，P2.1 接腳將讀到 0 的值，這種路徑稱為潛行路徑。

　　消除潛行路徑的方法如圖 15.1-5 所示，每一個按鍵開關均串接一個二極體。讀者可由分析圖 15.1-5 所示的電路，確認該電路確實可以消除潛行路徑。

例題 15.1-2 　(N 鍵滑越)

　　以間隔 10 ms 的方式，連續兩次讀取鍵盤的狀態後，再辨認那些按鍵被壓下。按鍵掃描碼由緩衝器 SCANCODE 傳回，當沒有任何按鍵被壓下時，傳回 0FFH。

解：完整的程式如程式 15.1-2 所示。NKEYROLL 程式首先以 10 ms 的間隔分別讀取鍵盤開關狀態，並分別儲存在 KEYDATA0 與 KEYDATA1 等緩衝器內。接著 NKEYROLL 程式，則依序檢查 KEYDATA0 OR KEYDATA1 後的資料位元。當一個位元值為 0，表示該按鍵被壓下，儲存該按鍵的掃描碼於 SCANCODE 緩衝器；否則，當一個位元值為 1 時，表示該按鍵並未被壓下。由於程式可以認知所有被壓下的按鍵，並且傳回它們的掃描碼，因此為 N 鍵滑越方式。程式在存入最後一個掃描碼到 SCANCODE 後，緊接著存入一個 0FFH 位元組，做為旗號，表示在 SCANCODE 緩衝器內的按鍵掃描碼到此結束。

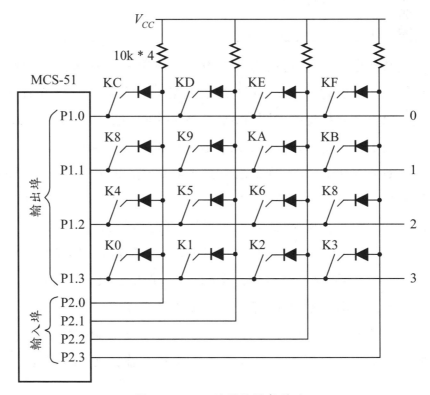

圖 15.1-5　N 鍵滑越鍵盤電路

程式 15.1-2　圖 15.1-5 鍵盤讀取程式(N 鍵滑越)

```
       1       ;ex15.1-2.a51
       2       ;it scans the keypad two times 10 ms
       3       ;apart, and returns the scanning codes
       4       ;if it gets the same result,
       5       ;otherwise returns 0FFH.
----   6               DSEG   AT 30H
0030   7       KEYDATA0: DS    4 ;key buffer 0
0034   8       KEYDATA1: DS    4 ;key buffer 1
```

```
0038                        9    SCANCODE: DS    17 ;scan codes buffer
                           10    ;
                           11    ;Main program -- the N-keys rollover
                           12    ;it returns the scanning codes of all
                           13    ;keys being pressed
                           14    ;configure PORT 2 (P2.0 to P2.3) as input
----                       15              CSEG   AT 0000H
                           16              USING  0   ;use register bank 0
0000 75A00F                17    NKEYROLL: MOV    P2,#0FH
0003 7830                  18              MOV    R0,#LOW KEYDATA0
0005 1132                  19              CALL   KBREAD  ;read the keypad
0007 1143                  20              CALL   DELAY10MS;delay 10 ms
0009 7834                  21              MOV    R0,#LOW KEYDATA1
000B 1132                  22              CALL   KBREAD  ;read the keypad
                           23    ;check any keys are pressed
000D 7830                  24    CHKKEY:   MOV    R0,#LOW KEYDATA0
000F 7934                  25              MOV    R1,#LOW KEYDATA1
0011 7A00                  26              MOV    R2,#00H ;the scanning code
0013 7B00                  27              MOV    R3,#00H ;# of pressed keys
0015 7C04                  28    NEXTROW:  MOV    R4,#04H ;4 keys each row
0017 E6                    29              MOV    A,@R0
0018 47                    30              ORL    A,@R1
0019 13                    31    NEXTKEY:  RRC    A       ;rotate right one bit
001A 4003                  32              JC     NOKEY
001C C002                  33              PUSH   AR2     ;save the scanning code
001E 0B                    34              INC    R3      ;increase # of keys
001F 0A                    35    NOKEY:    INC    R2      ;check the next key
0020 DCF7                  36              DJNZ   R4,NEXTKEY
0022 08                    37              INC    R0
0023 09                    38              INC    R1
0024 BA10EE                39              CJNE   R2,#10H,NEXTROW
                           40    ;save the scanning codes of pressed keys
                           41    ;in the SCANCODE buffer
0027 7838                  42              MOV    R0,#LOW SCANCODE
0029 D0E0                  43    SAVEKEY:  POP    ACC
002B F6                    44              MOV    @R0,A
002C 08                    45              INC    R0      ;the next entry
002D DBFA                  46              DJNZ   R3,SAVEKEY
                           47    ;save an end flag in the SCANCODE buffer
002F 76FF                  48              MOV    @R0,#0FFH ;the end flag
0031 22                    49              RET
                           50    ;KBREAD -- it scans the entire keypad
                           51    ;and then returns the key status
0032 7A04                  52    KBREAD:   MOV    R2,#04H ;the loop count
0034 7CF7                  53              MOV    R4,#0F7H ;scan from PA3
```

```
0036 EC          54    KEYROW:  MOV   A,R4      ;active one row
0037 F590        55             MOV   P1,A      ;in Port 1
0039 E5A0        56             MOV   A,P2      ;read Port 2
003B F6          57             MOV   @R0,A
003C EC          58             MOV   A,R4
003D 03          59             RR    A         ;the next row
003E FC          60             MOV   R4,A
003F 08          61             INC   R0        ;the next byte
0040 DAF4        62             DJNZ  R2,KEYROW ;finish all rows?
0042 22          63    DONE:    RET             ;yes, return.
                 64    ;a subroutine for delaying 10 ms. Please
                 65    ;refer to Example 14.1-2 for detail.
0043             66    DELAY10MS:       ;
0043 22          67             RET
                 68             END
```

C 語言程式如下。

```
line level    source
 1            /* ex15.1-2C.C */
 2            #include <reg51.h>
 3            /* it scans the keypad two times 10 ms
 4                apart, and returns the scanning codes
 5                if it gets the same result; otherwise,
 6                returns 0FFH */
 7            void NkeyLRoll();
 8            void KeyRead(unsigned char *cp);
 9            void Delay10ms(void);
10            unsigned char data KeyData0[4]_at_ 0x30;
11            unsigned char data KeyData1[4]_at_ 0x34;
12            unsigned char data ScanCode[17]_at_ 0x38;
13
14            void main(void)
15            {
16   1            NkeyLRoll();   /* test the NkeyLRoll fucntion */
17   1        }
18
19            void NkeyLRoll(void)
20            {
21   1            unsigned char data c;
22   1            int i, j, k;
23   1
24   1            P2 = 0x0F; /* configure P2.0 to P2.3 as input */
25   1            KeyRead(&KeyData0);    /* read the keypad */
26   1            Delay10ms();           /* delay 10 ms */
27   1            KeyRead(&KeyData1);    /* read the keypad again */
```

```
28   1
29   1               /* check to see whether any keys were pressed
30   1                  if yes, find their scanning codes */
31   1               k = 0;   /* initialize the index of ScanCode[] */
32   1               for (i = 0; i < 4; i++) {
33   2                   c = KeyData0[i] | KeyData1[i];
34   2                   for (j = 0; j < 4; j++) {
35   3                       if ((c & 0x01) == 0x00) ScanCode[k++] = 4*i+ j;
36   3                       c = (c >> 1);
37   3                   }
38   2               }
39   1               ScanCode[k] = 0xFF;   /* the end flag */
40   1           }
41
42               /* KeyRead -- it reads entire keypad and returns
43                  the status of keys */
44               void KeyRead(unsigned char *cp)
45               {
46   1               unsigned char data i, R4;
47   1
48   1               R4  = 0xF7;   /* scan from P1.3 */
49   1               for (i = 0; i < 4; i++) {
50   2                   P1  = R4;        /* active one row */
51   2                   *cp++ = P2;      /* read Port 2 */
52   2                   R4 = R4 >> 1;   /* check the next column */
53   2               }
54   1           }
55
56               /* a subroutine for delaying 10 ms. Please
57                  refer to Example 14.1-2 for details */
58               void Delay10ms(void)
59               { ;
60   1
61   1           }
```

📖 複習問題

15.11. 為何在設計鍵盤電路時，開關通常排列成二維陣列的方式？

15.12. 圖 15.1-4 中的二極體的功用為何？

15.13. 試定義潛行路徑。

15.15. 為何圖 15.1-4 中輪呼式鍵盤電路會有潛行路徑？

15.15. 為何圖 15.1-5 中輪呼式鍵盤電路沒有潛行路徑？

15.1.4 中斷式鍵盤電路設計

輪呼式鍵盤電路的主要缺點是按鍵的辨認工作必須由軟體程式完成，因此 CPU 必須定時的掃描鍵盤，以獲得新的按鍵值。此外 CPU 也必須花費 10 ms 的時間於每次掃描鍵盤時的開關防彈工作上，結果 CPU 的大部分時間都耗在鍵盤電路上，這對於許多系統(例如即時控制系統)而言是不允許的。

中斷式鍵盤電路原理

事實上，鍵盤的掃描和開關防彈工作都可以由硬體電路完成。為了減輕 CPU 的負擔，這種硬體電路通常結合中斷 I/O 而成為一個中斷式鍵盤，如圖 15.1-6 所示。在這種電路中，每當有一個按鍵壓下時，單擊電路即產生一個寬約 10 ms 的脈波輸出，鎖入掃描碼於門閂中，同時對 CPU 產生一個中斷。在 CPU 讀取該按鍵掃描碼之前，任何再按下的按鍵，其掃描碼都不會再鎖入門閂中。由於其推動程式的設計相當直覺而且簡單，所以留作習題。

圖 15.1-6　中斷式鍵盤電路

商用 IC 元件介紹

典型的商用中斷式鍵盤電路元件為國際半導體公司的 MM74C922 (16 鍵)
與 MM74C923 (20 鍵)，這兩個元件提供鍵盤電路需要的鍵盤掃描與開關防
彈電路。鍵盤掃描時，需要的時脈信號可以直接使用外部的時脈信號，或是
藉著一個外加的電容器(值為 0.01 μF)，由內部的振盪器自行產生。開關的防
彈電路位於晶片上，但是必須外加一個值為 10 μF 的電容器。由於內部有提
升電路，界接的開關電阻器的電阻值可以高達 50 kΩ。

MM74C922 與 MM74C923 在偵測到一個成立的按鍵閉合後，DAV (data
available)輸出信號上升為高電位，在該按鍵釋放之後，DAV 輸出信號恢復
為低電位。若在此時有一個新的按鍵閉合，DAV 輸出信號也先恢復為低電
位，然後在經過開關的防彈時間之後，才再度上升為高電位，以指示對新按
鍵的認知，因此提供兩鍵滑越的多重按鍵認知方式。

圖 15.1-7　中斷式鍵盤電路

典型的 MM74C922 元件與 MCS-51 的界接方式如圖 15.1-7 所示，位址信

號 A15 到 A12 經由 74xx138 解碼後,再與 MCS-51 的 $\overline{RD}$ OR 後,加於 MM74C922 元件的 $\overline{OE}$ 控制信號輸入端,因此 MM74C922 元件的位址區段為 4xxxH。每當 MM74C922 偵測到一個成立的按鍵閉合後,其 DAV 輸出信號上升為高電位,因此啟動 MCS-51 的外部中斷信號 $\overline{INT1}$,告知 MCS-51 目前已經有成立的按鍵值輸入。MCS-51 的 $\overline{INT1}$ 中斷服務程式即可以讀取按鍵值。相關的中斷服務程式相當簡單,因此留予讀者當作練習。

📖 複習問題

15.16. 輪呼式鍵盤電路的主要缺點是什麼?

15.17. 中斷式鍵盤電路的主要特性是什麼?

15.18. 試簡述商用中斷式鍵盤電路元件 MM74C922 的主要特性。

15.19. 若圖 15.1-7 的 74LS138 元件的 $\overline{Y2}$ 輸出端改為 $\overline{Y6}$ 輸出端,則 MM74C922 元件的位址區段為多少?

15.20. 設計圖 15.1-7 的中斷服務程式,自鍵盤電路讀取資料。

15.2 LED 顯示器電路

在工業控制用的數位系統中,最常用的顯示器為 LED 與 LCD 顯示器。LED 顯示器中最常用的有單一 LED 顯示器與七段 LED 顯示器等兩種;LCD 顯示器則有簡單型的單行文字顯示器模組、多行文字顯示器模組及大型的多功能顯示器模組等類型。本節中,將詳細討論這兩種顯示器的原理與界面電路設計。

15.2.1 簡單的 LED 顯示器

最簡單的 LED 顯示器如圖 15.2-1(a)所示,只使用一個 LED 元件。LED 元件在導通時的順向電壓約為 1.6 V 到 2.0 V,流經其中的電流由 0 到 25 mA 不等,由需要的亮度決定,電流越大則亮度越高。在實際應用上,一般均如圖 15.2-1(a)所示使用一個 220～330 Ω 電阻器,限制其電流在 10 到 20 mA 左右。

　　任何界面電路只需要在其輸出電壓為 2 V 以上時，能夠提供 10 mA 的電流輸出，或是在輸出電壓為 0 V 時，能夠吸取 10 mA 的電流，都可以直接與 LED 元件界接使用。若無法提供足夠的電流時，可以如圖 15.2-1(a)所示方式加上一個緩衝器，例如 74AS04 元件，當作電流放大器。74AS04 元件在輸出端為低電位時，可以吸取 20 mA 的電流。事實上，界接 LED 元件到 MCS-51 的 I/O 埠接腳時，通常使用圖 15.2-1(b)所示的方式。注意：使用此種方式時，MCS-51 的四個 I/O 埠的任何接腳均可以界接 LED 元件。

圖 15.2-1　MCS-51 與 LED 顯示器界接：(a)單一 LED 電路；(b)多個 LED 電路

例題 15.2-1　(LED 元件推動程式例)

　　以間隔 1 s 的方式，依序而且重複的點亮圖 15.2-1(b)中的 LED 元件。假設 LED 元件的顯示順序為綠色 LED、黃色 LED、紅色 LED。

解：完整的程式如程式 15.2-1 所示。程式首先設定 P1.0 接腳為高電位、P1.1 與 P1.2 接腳為低電位，因此綠色 LED 導通而黃色與紅色 LED 均不導通；接著呼叫 1 s 的延遲程式，延遲 1 s 後，設定 P1.0 與 P1.2 接腳為低電位而 P1.1 接腳為高電位，因此黃色 LED 導通而綠色與紅色 LED 均不導通；接著呼叫 1 s 的延遲程式，延遲 1 s 後，設定 P1.0 與 P1.1 接腳為低電位而 P1.2 接腳為高電位，因此紅色 LED 導通而綠色與黃色 LED 均不導通，最後回到 LEDON 位址，再重複執行上述步驟。

程式 15.2-1　圖 15.2-1 LED 元件顯示程式

```
                    1        ;ex15.2-1.a51
                    2        ;repeatedly turn on green, yellow, and
                    3        ;red LED devices in sequence
                    4        ;P1.0 --- green LED, P1.1 --- yellow LED
                    5        ;P1.2 --- red LED.
----                6               CSEG   AT 0000H
0000 4390FF         7        LEDON:  ORL    P1,#11111111B
0003 5390F9         8                ANL    P1,#11111001B
0006 111B           9                CALL   DELAY1S
0008 4390FF        10                ORL    P1,#11111111B
000B 5390FA        11                ANL    P1,#11111010B
000E 111B          12                CALL   DELAY1S
0010 4390FF        13                ORL    P1,#11111111B
0013 5390FC        14                ANL    P1,#11111100B
0016 111B          15                CALL   DELAY1S
0018 0100          16                AJMP   LEDON
001A 22            17                RET
                   18        ;a subroutine for delaying 1 s. Please
                   19        ;refer to Example 14.1-2 for detail.
001B               20        DELAY1S:        ;
001B 22            21                RET
                   22                END
```

C 語言程式如下。

```
line  level    source
  1            /* ex15.2-1C.C */
  2            #include <reg51.h>
  3            /* repeatedly turn on green, yellow, and
  4               red LED devices in sequence
  5               P1.0 --- green LED, P1.1 --- yellow LED
  6               P1.2 --- red LED */
  7            void DELAY1S();
  8
  9            void main(void)
 10            {
 11     1         while (1){
 12     2             P1    |= 0xFF;
 13     2             P1    &= 0xF9;
 14     2             DELAY1S();
 15     2             P1    |= 0xFF;
 16     2             P1    &= 0xFA;
 17     2             DELAY1S();
 18     2             P1    |= 0xFF;
```

```
19   2              P1    &= 0xFC;
20   2              DELAY1S( );
21   2           }
22   1        }
23
24           /* a subroutine for delaying 1 s. Please
25              refer to Example 14.1-2 for detail */
26           void DELAY1S( )
27           {
28   1           ;
29   1        }
```

📖複習問題

15.21. 一個 LED 二極體導通時需要多少 mA 的電流流經其間？

15.22. 一個 LED 二極體在導通時，它兩端的端電壓為多少伏特？

15.2.2 直接推動方式七段 LED 顯示器

七段 LED 顯示器為一個由七個 LED 元件排列成一個可以顯示數字圖案的電路裝置，如圖 15.2-2(a)所示，其中每一個 LED 元件構成一個段，適當的控制每一個 LED 元件的導通與否，即可以顯示出需要的數字。例如欲顯示 "1"時，b 與 c 兩個 LED 必須導通，其餘的 LED 則不導通。

圖 15.2-2　七段 LED 顯示器：(a)字型；(b)共陽極結構；(c)共陰極結構

商用的七段 LED 顯示器可以分成共陰極(common cathode)與共陽極(common anode)兩種類型，如圖 15.2-2 所示。在共陰極七段 LED 顯示器中，所有 LED 元件的陰極均連接在一起，如圖 15.2-2(b)所示；在共陽極七段

LED 顯示器中,所有 LED 元件的陽極均連接在一起,如圖 15.2-2(c)所示。

由於在七段 LED 顯示器中,每一段都由一個 LED 元件(或稱二極體)構成,每一個 LED 元件耗費的電流可以高達 25 mA (100%亮度時),因此一個七段顯示器最大可以消耗 $7 \times 25 = 175$ mA 的電流(相當驚人!)。一般都加上限流電阻(約 300 Ω),使每一個 LED 工作於 $10 \sim 20$ mA 的範圍內。

推動七段 LED 顯示器的方法,一般可以分成兩種:直接推動與多工推動(也稱掃描推動)。直接推動方式較簡單,但是電路成本較高,而且消耗電流較高;多工推動方式在電路設計上較為困難,但是電路成本較節省,而且較節省電流。因此,在需要較多數量的七段 LED 顯示器時,大多採用這種方式。

典型的直接推動方式的七段 LED 顯示器電路,如圖 15.2-3 所示。每一個七段 LED 顯示器,都獨立使用一個 BCD 對七段解碼推動器,與 1/2 個輸出埠。因此,在圖中的電路中,總共需要使用 8 個推動器與 4 個輸出埠。

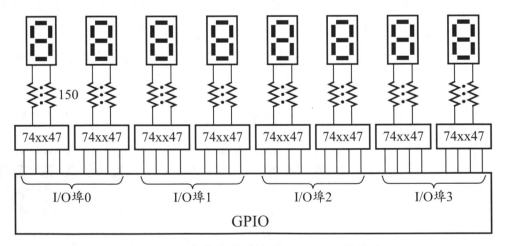

圖 15.2-3　直接推動的七段 LED 顯示器電路

例題 15.2-2　(七段 LED 顯示器)

計算圖 15.2-3 電路中,七段 LED 顯示器的總消耗電流(平均值)。

解: 當一個 LED 導通時,消耗的電流為$(5 - 2)/150 = 20$ mA,其中 2 V 為 LED 導通時的順向電壓。另外假設 LED 顯示的數字:0、1、2、3、4、5、6、7、8

與 9，每一個出現的機會都相等，因此總消耗電流為：

$$8 \times 20(6 + 2 + 5 + 5 + 4 + 5 + 6 + 3 + 7 + 6)/10 = 784 \text{ (mA)}$$

其中括符內的數目分別代表顯示"0" 到 "9"等數字時，導通的 LED 數目。

📖 複習問題

15.23. 一個七段顯示器總共需要幾個 LED 元件？
15.24. 試定義共陰極與共陽極七段 LED 顯示器。

15.2.3　多工推動方式七段 LED 顯示器

在直接推動方式的七段 LED 顯示器電路中，所有七段 LED 顯示器均同時導通，因此持續不斷的吸取電流，但是它有一個好處：維持一個相當高的亮度。在不需要如此高亮度的顯示效果以及功率消耗為主要考慮因素的應用中，可以使用多工推動方式的七段 LED 顯示器電路。在此方式中，每一個七段 LED 顯示器都輪流導通、吸取電流，以顯示各自的數字。典型的電路如圖 15.2-4 所示，圖中只使用了一個輸出埠、一個 BCD 對七段解碼推動器與一個 3 對 8 解碼器。此外因為解碼器輸出電流不夠大，所以加上 8 個電流緩衝器(可以使用電晶體)。

多工推動方式的工作原理如下：MCS-51 送出欲顯示的數字到 BCD 對七段解碼推動器，並選取一個適當的七段 LED 顯示器(由 3 對 8 解碼器控制)顯示資料，被選取的七段 LED 顯示器，持續顯示 1 ms 之後，換另外一個數字也顯示 1 ms，等到 8 個顯示器都顯示過後，重複上述步驟。如此，每個七段 LED 顯示器在每 8 ms 中，顯示 1 ms 的時間。只需要在顯示的時間內能夠供給足夠大的電流，則 LED 的亮度即可以達到滿意的程度。

例題 15.2-3　(多工七段 LED 顯示器)

計算圖 15.2-4 中，全部七段 LED 顯示器消耗的電流。
解：由於每一個七段 LED 顯示器都輪流顯示，八個顯示器消耗的總電流約和一個顯示器持續的顯示時，需要的電流相等，所以為：

$$784/8 = 98 \text{ (mA)}$$

圖 15.2-4 多工七段 LED 顯示器模組

在多工推動方式中,每一個顯示器顯示的時間必須大於 1 ms,才能夠提供滿意的亮度,也就是 MCS-51 在送出第一個數字後,必須等 1 ms 後,才可以再送出另外一個數字。這 1 ms 的延遲可以使用軟體或硬體的方式提供。若由軟體方式提供,則必須設計一個 1 ms 的延遲副程式(例題 14.1-1),在程式中需要時,才呼叫此副程式,這種方式和輪呼式鍵盤電路一樣相當浪費 MCS-51 的時間,所以一般不用。

較常用的方法是使用硬體電路,提供需要的 1 ms 的延遲,然後在時間終了時,由 $\overline{\text{INT}x}$ 輸入端通知 MCS-51,如圖 15.2-4 所示。圖中的電路採用一個單擊電路,提供 1 ms 的延遲,每當 MCS-51 送出新的數字資料時,即啟動該電路,然後等待 1 ms 後,該電路定時終了,而對 MCS-51 產生一個中斷($\overline{\text{INT}x}$),在這一個 1 ms 之間,MCS-51 並不需要對顯示器電路做任何事,它可以處理其它事情。

例題 15.2-4　(軟體延遲方式)

　　設計圖 15.2-4 多工推動顯示器電路的推動程式。

解：完整的程式如程式 15.2-2 所示。OUTBUF 一共有 8 個位元組，每一個位元組的低序 4 位元，皆儲存一個欲顯示的數字。程式在每次讀取一個數字位元組後，與數字位址(存於暫存器 B)組合成一個位元組，送往顯示器電路，然後等待 1 ms (LCALL　DELAY1MS)，再繼續顯示下一個數字。顯示完 8 個數字後，歸回呼叫的程式。

程式 15.2-2　多工推動方式顯示器電路推動程式(軟體延遲方式)

```
                    1       ;ex15.2-4.a51
                    2       ;a program to display 8 digits on the
                    3       ;seven-segment LED display shown in
                    4       ;Figure 15.2-4
----                5               DSEG    AT 30H
0030                6       OUTBUF:  DS     8 ;the display buffer
                    7       ;
----                8               CSEG    AT 0000H
0000 7A08           9               MOV     R2,#08H ;no. of digits
0002 7837          10               MOV     R0,#LOW OUTBUF+7
0004 EA            11       NDIGIT:  MOV    A,R2   ;
0005 14            12               DEC     A       ;
0006 C4            13               SWAP    A   ;the address in the
0007 F5F0          14               MOV     B,A ;high nibble
0009 E6            15               MOV     A,@R0 ;load the data
000A 540F          16               ANL     A,#0FH;to be displayed
000C 45F0          17               ORL     A,B ;combine with addr.
000E F590          18               MOV     P1,A ;output it
0010 120017        19               LCALL   DELAY1MS  ;delay 1 ms
0013 18            20               DEC     R0    ;the next digit
0014 DAEE          21               DJNZ    R2,NDIGIT;loop 8 times
0016 22            22               RET
                   23       ;a subroutine for delaying 1 ms.
                   24       ;please see Example 14.1-1 for detail.
                   25       ;
0017               26       DELAY1MS:
0017 22            27               RET
                   28               END
```

　　C 語言程式如下。

```
line level    source
   1          /* ex15.2-4C.C */
```

```
 2            #include <reg51.h>
 3            /* a program to display 8 digits on the
 4               seven-segment LED display shown in Figure 15.2-4 */
 5            void Delay1ms(void);
 6            void DISP8D(void);
 7            unsigned char data OUTBUF[8] _at_ 0x30;/*display buffer*/
 8
 9            void main(void)
10            {
11   1            DISP8D();      /* a test driver */
12   1        }
13
14            void DISP8D(void)
15            {
16   1            int data i;
17   1            unsigned char data c;
18   1
19   1            for (i = 7; i >= 0; i--) {
20   2                c = OUTBUF[i];
21   2                P1 = (i << 4) | (c & 0x0f);
22   2                Delay1ms();   /* delay 1 ms */
23   2            }
24   1        }
25
26            /* a subroutine for delaying 1 m s. Please
27               refer to Example 14.1-1 for detail */
28            void Delay1ms()
29            {
30   1            ;
31   1        }
```

例題 15.2-5　(硬體延遲方式)

　　設計圖 15.2-4 多工推動顯示器電路的推動程式。

解：完整的程式如程式 15.2-3 所示。此程式在每次發生中斷時，即送出一個數字於正確的顯示器上。OUTPTR 與 OUTCNT 分別儲存目前欲顯示數字的位址與上一次顯示器位址。程式除了組合數字值與數字位址，並送給顯示器電路外，也清除與設定單擊電路的觸發輸入，產生一個 1 ms 的間隔。在程式一開始時，首先清除單擊電路的觸發輸入(I/O 埠 1 的 P1.7 接腳)，然後在送出資料到顯示器時，也啟動單擊電路的觸發輸入，以開始 1 ms 的計時。

程式 15.2-3　多工推動方式顯示器電路推動程式(硬體延遲方式)

```
                       1    ;ex15.2-5.a51
                       2    ;a program to display 8 digits on the
                       3    ;seven-segment LED display shown in
                       4    ;Figure 15.2-4.
----                   5               DSEG   AT 30H
0030                   6    OUTBUF:    DS     8 ;display buffer
0038                   7    OUTPTR:    DS     1 ;display buffer pointer
0039                   8    OUTCNT:    DS     1 ;display counter
                       9    ;
----                  10               CSEG   AT 0000H
0000 020016           11               LJMP   MAIN
0013                  12               ORG    0013H
0013 020025           13    INT1ISR0: LJMP    INT1ISR
                      14    ;initialize some global values
0016 7437             15    MAIN:      MOV  A,#LOW OUTBUF+7
0018 F538             16               MOV  LOW OUTPTR,A
001A 753908           17               MOV  OUTCNT,#08H
001D 75A884           18               MOV  IE,#84H;enable INT 1
0020 D297             19               SETB P1.7 ;start the monostable
0022 80FE             20               SJMP $    ;wait for INT 1
0024 22               21               RET
                      22    ;
                      23    ;this program displays one digit each
                      24    ;time when the interrupt occurs
0025 C297             25    INT1ISR:   CLR  P1.7
0027 A838             26               MOV  R0,LOW OUTPTR;dspbuf+7
0029 E539             27               MOV  A,OUTCNT;load data count
002B 14               28               DEC  A        ;decrement one
002C 5407             29               ANL  A,#07H
002E F539             30               MOV  OUTCNT,A
0030 C4               31               SWAP A     ;transfer the addr
0031 F5F0             32               MOV  B,A   ;to the high nibble
0033 E6               33               MOV  A,@R0 ;load the data
0034 540F             34               ANL  A,#0FH;to be displayed
0036 45F0             35               ORL  A,B   ;combine with addr.
0038 F590             36               MOV  P1,A  ;output it
003A D297             37               SETB P1.7  ;trigger the
003C 18               38               DEC  R0    ;monostable
003D B82F02           39               CJNE R0,#LOW OUTBUF-1,RETURN
0040 7837             40               MOV  R0,#LOW OUTBUF+7;
0042 8838             41    RETURN:    MOV  LOW OUTPTR,R0   ;
0044 32               42               RETI
                      43               END
```

C 語言程式如下。

```
line level    source
 1            /* ex15.2-5C.C */
 2            #include <reg51.h>
 3            /* a program to display 8 digits on the
 4                seven-segment LED display shown in Figure 15.2-4 */
 5            void INT1ISR(void);
 6            unsigned char data OUTBUF[8] _at_ 0x30; /*display buffer*/
 7            unsigned char data *OUTPTR;    /* display buffer pointer */
 8            unsigned char data OUTCNT;     /* display counter */
 9            sbit P1_7 = P1^7;
10
11            void main(void)
12            {
13    1           OUTPTR = &OUTBUF[7];
14    1           OUTCNT = 7;
15    1           IE     = 0x84; /* enable INT 1 */
16    1           P1_7   = 1;
17    1           while (1);
18    1        }
19
20            /* display one digit each time as interrupt occurs */
21            void INT1ISR(void) interrupt 2
22            {
23    1           unsigned char data c;
24    1           P1_7   = 0;
25    1
26    1           c = *OUTPTR--;
27    1           P1 = (OUTCNT << 4) | (c & 0x0f);
28    1           OUTCNT--;
29    1           P1_7   = 1; /* trigger the monostable */
30    1           if (OUTPTR == &OUTBUF[0]-1) OUTPTR = &OUTBUF[7];
31    1        }
```

📖 複習問題

15.25. 直接推動方式的七段 LED 顯示器電路有何特性？

15.26. 多工推動方式的七段 LED 顯示器電路有何特性？

15.27. 為何在圖 15.2-4 中，每一個七段顯示器的消耗電流約只為圖 15.2-3 中的七段顯示器的 1/8？

15.3　液晶顯示器

　　液晶顯示器(LCD)為另外一種在微處理器系統中常用的顯示器。這種顯示器通常也使用在電子儀表的面板、手錶、石英晶體鬧鐘、計算器、VCR、電子遊樂器等等。此外，目前極為流行的膝上型電腦(laptop computer)(平版電腦(tablet PC 或 tablet computer)與筆記型電腦(notebook computer))也使用此種顯示器。LCD 的主要優點為功率消耗小與可以做成各式各樣的顯示格式而顯示各種需要的圖案。此外，低成本與重量輕也是 LCD 的主要優點。

15.3.1　液晶顯示器原理

　　LCD 內部結構如圖 15.3-1 所示，它一共由六層平面：垂直極化板(vertical polarizer)、前板電極(front-plane electrodes，FP)、液晶(liquid crystal)、背板電極(backplane electrodes，BP)、水平極化板(horizontal polarizer)與反射板(reflector)組成。

　　液晶材料由一種狹長的透明結晶分子組成。在正常情況(未加上電場時)下，每一個分子均以螺旋方式排列，而使得經過其間的極化光(polarized light)，沿著極化方向旋轉 90°。因此，經過垂直極化板的垂直極化光，在經過液晶之後，再旋轉 90°而成為水平極化光，此水平極化光穿透水平極化板之後，由反射板反射後，再度穿透水平極化板、液晶與垂直極化板，而回到觀測者的眼睛。

圖 15.3-1　LCD 內部結構

　　當在前板電極與後板電極加上電壓，使液晶處於電場之中時，所有液晶分子排列成相同的方向，而沒有極化現象，即處於電場中的液晶不會改變入射光的極化方向，入射光依然為垂直極化光，因此不會穿透水平極化板，抵達反射板。這種現象相當於入射的光被吸收了，因此在顯示器上看到一個黑點(dark spot)。

利用上述原理，依據實際上的需要設計前板電極與後板電極成為希望顯示的圖案，即成為一個液晶顯示器。目前在微處理器系統中，最常用的 LCD 有七段數字型與點矩陣兩種。在商用元件中，依據反射板的設計方式分成：反射式 LCD (reflective LCD)與主動式 LCD (active LCD，或稱背光式 LCD，back-light LCD)兩種。前面所討論的類型為反射式 LCD。若更改反射板為一個光源(light source)，則為主動式 LCD。由於主動式 LCD 一般均使用 TFT (thin-film transistor)控制每一個像素(pixel)的存取與反襯度(contrast)，因此常稱為 TFT 型 LCD。TFT 型 LCD 為目前膝上型(包括筆記型與平版)電腦中，LCD 顯示器的主流。

📖 複習問題

15.28. 一般而言，LCD 的內部結構一共由那六層平面組成？

15.29. 在 LCD 中的水平極化板的功用為何？

15.30. 在 LCD 中的垂直極化板的功用為何？

15.31. 依據反射板的設計方式 LCD 可以分成那兩種類型？

15.3.2 商用液晶顯示器

由前面的討論可以得知：欲使 LCD 能顯示出資料，必須在前板電極與背板電極之間加上適當的電場，即兩個電極之間的電位差必須適當。對於簡單的七段數字型 LCD 而言，兩個電極上的電壓波形或許還不致於太複雜，但是對於在膝上型(包括筆記型與平版)電腦上常用的 640 × 480、1,024 × 748、1,280 × 1,024 或是更高解析度的點矩陣 LCD 而言，加到兩個電極平面上的電壓波形就太過於複雜，以致於不是微處理器系統設計者所樂意見到的，因此 LCD 製造廠商通常連同 LCD 的硬體推動電路一同設計，並製造成一個 LCD 模組，以方便使用。

圖 15.3-2　商用 LCD 模組電路：(a)方塊圖；(b)接腳分佈圖；(c)初始化程序

商用液晶顯示器

目前商用的 LCD 字元顯示器模組，均使用 Hitachi 公司的 HD44780 或是相同功能的控制器，該控制器內部具有一個字元產生器(character generator，CG) ROM，內含 192 個字形。CG ROM 可以由 8 位元的輸入碼產生 5 × 7 或是 5 × 10 的字形輸出，其中 5 × 7 的字形有 160 個而 5 × 10 的字形有 32 個。控制器內部的 CG RAM 可以提供八個使用者規劃的字元；顯示資料 RAM (即顯示器資料緩衝器)可以儲存到 80 個位元組(80 個字元)。

目前商用的 LCD 字元顯示器模組的使用者界面已經有一個工業標準，如圖 15.3-2 所示。圖 15.3-2(a)為此模組的系統方塊圖與加到此模組的電源輸入方法；圖 15.3-2(b)為此模組與微處理器系統界接時，各個接腳的分佈與意義。其中 DB7 到 DB0 為資料匯流排；E (enable)為 LCD 模組的致能輸入控制；R/W (read/write)控制匯流排上的資料流向，值為 1 時為讀取，值為 0 時為寫入；RS (register select)選取欲存取的暫存器，值為 0 時為命令暫存器，值為 1 時為資料緩衝器。

在實際應用上，LCD 模組可以當作一個 I/O 裝置或是記憶器元件使用。當作 I/O 裝置使用時，可以連接到並列 I/O 埠(例如 82C55A 或是 MCS-51 的 I/O埠)上；當作記憶器元件時，則直接連接於 CPU 模組的系統匯流排上。但是不管是那一種方式，都必須仔細地設計 LCD 模組與 CPU 模組或 LCD 模組與並列 I/O 埠之間的資料轉移時序，以確保它們能正確地操作。

LCD 模組的存取時序

LCD 模組的讀取時序如圖 15.3-3(a)所示。在讀取資料時，RS 與 R/W 信號輸入端的信號必須在 E 控制信號上升為高電位之前，已經穩定一段 t_{AS} 的時間；在 E 控制信號下降為低電位之後，依然必須持續穩定一段 t_{AH} 的時間。讀取的資料在 E 控制信號上升為高電位之後的 t_{DDR} 時間內，出現於資料輸出端(DB7 到 DB0)，並且在 E 控制信號下降為低電位之後，依然維持在穩定的值一段 t_{DHR} 的時間。E 控制信號的脈波寬度至少必須為 t_{WEP} 的時間；E 控制信號的週期至少必須為 t_{CYC} 的時間。詳細的參數值如圖 15.3-3(c)所示。

LCD 模組的寫入時序如圖 15.3-3(b)所示。在寫入資料時，RS 與 R/W 信號輸入端的信號必須在 E 控制信號上升為高電位之前，已經穩定一段 t_{AS} 的時間；在 E 控制信號下降為低電位之後，依然必須持續穩定一段 t_{AH} 的時間。欲寫入的資料在 E 控制信號下降為低電位之前，必須已經穩定一段 t_{DS} 的時間，並且在 E 控制信號下降為低電位之後，依然維持在穩定的值一段 t_{DH} 的時間。欲寫入的資料(DB7 到 DB0)在 E 控制信號的負緣時閘入 LCD 模組中。詳細的參數值如圖 15.3-3(c)所示。

LCD 模組的存取命令

為方便討論，LCD 模組的輸入信號：RS、R/W、DB7~DB0 等 10 條信號線的狀態當作一個命令。在寫入一個命令到 LCD 模組時，致能信號(E)必須啟動(即設定為 1)，如圖 15.3-3(b)的時序所示。在自 LCD 模組讀取資料時，資料的轉移動作發生在 E 為 1 時；在寫入資料到 LCD 模組時，資料則由 E 信號的負緣閘入 LCD 模組。

(a)

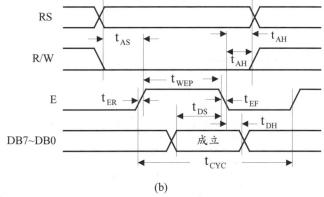

(b)

參數	數值	
	最小值	最大值
t_{CYC}	450 ns	
t_{WEP}	220 ns	
t_{ER}		25 ns
t_{EF}		25 ns
t_{AS}	40 ns	
t_{AH}	10 ns	
t_{DDR}		120 ns
t_{DS}	60 ns	
t_{DH}	10 ns	
t_{DHR}	20 ns	

(c)

圖 15.3-3　典型的 LCD 模組時序圖：(a) 讀取；(b) 寫入；(c) 參數值

　　LCD 模組內部的推動電路一般均提供數個命令予外部使用此模組的裝置使用，以提供訊息指揮此模組的動作。控制 LCD 模組的推動電路為 HD 44780(LCD-II)，它總共有十一個命令。這些命令為：清除顯示器、回到 0 位址、輸入模式設定、顯示器 ON/OFF 控制、游標與顯示移位、功能設定、設定 CG RAM 位址、設定 DD RAM 位址、忙碌(Busy)旗號(BF)與位址讀取、寫入資料於 CG/DD RAM、自 CG/DD RAM 讀取資料等。詳細的命令格式、功能與執行時間如表 15.3-1 所示。

表 15.3-1　HD 44780 命令表(f_{OSC} = 250 kHz)

RS R/W DB7 DB6 DB5 DB4 DB3 DB2 DB1 DB0	動作
清除顯示器	執行時間：82 μs ~ 1.64 ms
0　0　0　0　0　0　0　0　0　1	清除所有顯示器並移動游標回到 0 位址。
回到 0 位址	執行時間：40 μs ~ 1.6 ms
0　0　0　0　0　0　0　0　1　*	移動游標回到 0 位址，並設定顯示器到未移位前的顯示狀態。
輸入模式設定	執行時間：40 μs
0　0　0　0　0　0　0　1　I/D　S	設定資料存取時，游標移動的方向及顯示器是否移位。 I/D = 1:增加：　I/D = 0:減少。 S = 1:移位：S = 0:不移位。
顯示器控制	執行時間：40 μs
0　0　0　0　0　0　1　D　C　B	D = 1:顯示器 ON：D = 0:顯示器 OFF C = 1:顯示游標：C = 0:不顯示游標 B = 1:閃爍游標位置的字元
游標與顯示器移位控制	執行時間：40 μs
0　0　0　0　0　1　S/C R/L　*　*	S/C R/L = 00:左移游標一個位置 S/C R/L = 01:右移游標一個位置 S/C R/L = 10:左移顯示字元一個位置 S/C R/L = 11:右移顯示字元一個位置
功能設定	執行時間：40 μs
0　0　0　0　1　DL　N　F　*　*	DL = 1:使用 DB7 ~ DB0； DL = 0:使用 DB7 ~ DB4。N = 0:一列；N = 1:兩列 F = 0:5 × 7 字型；F = 1:5 × 10 字型。 在 N = 1 時只能使用 5 × 7 字型。
設定 CG RAM 位址	執行時間：40 μs
0　0　0　1　　　ACG	設定 CG RAM 的位址為 ACG
設定 DD RAM 位址	執行時間：40 μs
0　0　1　　　ADD	設定 DD RAM 的位址為 ADD
讀取忙碌旗號與 AC 位址	執行時間：40 μs
0　1　BF　　　AC	讀取忙碌旗號(BF)與 AC 位址
寫入資料於 CG/DD RAM	執行時間：40 μs
1　0　欲寫入的資料	寫入 8 位元資料於 CG/DD RAM
自 CG/DD RAM 讀取資料	執行時間：40 μs
1　1　讀取的資料	自 CG/DD RAM 讀取 8 位元資料

　　在存取(使用 10xxxxxxx 或 11xxxxxxx 命令)CG RAM 或 DD RAM 時必須先使用設定 CG RAM 位址或設定 DD RAM 位址命令，指定欲存取的 RAM 是 CG (character generator)或是 DD (display data)，因為它們使用相同的存取命令。

初值設定程序

　　雖然，LCD 模組在加入電源時，均會自動執行初值設定程序，但是在實際使用上，為確保 LCD 模組能正常地工作，一般皆重新依照下列所示程序，再執行一次初值設定程序。

初值設定程序(使用 8 位元：DB7~DB0 的界面時)：

BEGIN

1. 在 V_{DD} 上升到 4.5 V 之後，再等待 15 ms 以上；
2. 寫入命令 000011xxxx 並等待 4.1 ms 以上；
3. 寫入命令 000011xxxx 並等待 100 μs 以上；
4. 寫入命令 000011xxxx，然後接著寫入下列命令設定 LCD 模組的功能：

    功能設定：000011NFxx；

    顯示器 OFF：0000001000；

    清除顯示器：0000000001；

    輸入模式設定：00000001I/DS。

END {初值設定程序}

　　在使用 LCD 模組時，為了能夠正確的輸入命令到該模組，在輸入一個命令到 LCD 模組時，必須先使用忙碌旗號與位址讀取命令(01xxxxxxx)檢查忙碌旗號(BF)。若 LCD 模組內部正在執行一個命令時，忙碌旗號 BF 設定為 1；否則，忙碌旗號 BF 清除為 0，表示可以接受新的命令。

游標位址

　　由設定 DD RAM 位址命令可以得知：

RS R/W DB7 DB6 DB5 DB4 DB3 DB2 DB1 DB0

```
0  0  1  A  A  A  A  A  A  A
```

其中第一行的 AAAAAAA = 0000000 到 0100111，而第二行的 AAAAAAA = 1000000 到 1100111。位址上限在一個 40 個字元寬度的 LCD 為 0100111 (39) 而在一個 20 個字元寬度的 LCD 為 0010011 (19)。據此，一些常用的商用 LCD 模組的位址為可以歸納如表 15.3-2 所示。

表 15.3-2　常用 LCD 模組的位址範圍

類型	位址範圍								
16 × 2 LCD	0x80	0x81	0x82	0x83	0x84	0x85	0x86	…	0x8F
	0xC0	0xC1	0xC2	0xC3	0xC4	0xC5	0xC6	…	0xCF
20 × 1 LCD	0x80	0x81	0x82	0x83	0x84	0x85	0x86	…	0x93
20 × 2 LCD	0x80	0x81	0x82	0x83	0x84	0x85	0x86	…	0x93
	0xC0	0xC1	0xC2	0xC3	0xC4	0xC5	0xC6	…	0xD3
20 × 4 LCD	0x80	0x81	0x82	0x83	0x84	0x85	0x86	…	0x93
	0xC0	0xC1	0xC2	0xC3	0xC4	0xC5	0xC6	…	0xD3
	0x94	0x95	0x96	0x97	0x98	0x99	0x9A	…	0xA7
	0xD4	0xD5	0xD6	0xD7	0xD8	0xD9	0xDA	…	0xE7
40 × 2 LCD	0x80	0x81	0x82	0x83	0x84	0x85	0x86	…	0xA7
	0xC0	0xC1	0xC2	0xC3	0xC4	0xC5	0xC6	…	0xE7

📖複習問題

15.32. 一般 LCD 顯示器模組，通常使用那一個控制信號控制資料的存取？

15.33. 在 LCD 顯示器模組中，如何區別存取的是資料或是命令？

15.34. 在 LCD 顯示器模組中，如何區別存取的是 CG RAM 或是 DD RAM？

15.35. 在 LCD 顯示器模組中，忙碌旗號(BF)有何功能？

15.3.3 與 MCS-51 界接

　　界接一個 LCD 模組到 MCS-51 系統時，有兩種方式可以使用：當作一個記憶器元件或是一個 I/O 裝置元件，如圖 15.3-4 所示。

LCD 模組當作記憶器元件

　　圖 15.3-4 所示為 LCD 模組當作一個記憶器元件使用的情形。界接一個 LCD 模組到 MCS-51 系統時，與界接 82C55A 或是 6264 SRAM 元件一樣，必須適當的選定一個 I/O 位址區，並且使用位址解碼器解出相關的控制信號

後，加於 LCD 模組的致能(E)控制信號輸入端，在此例中 LCD 模組電路的位址區為 0Cxx0H(命令)與 0Cxx1H(資料)。位址信號 A0 直接連接於 RS 信號輸入端，因此當 A0 為 0 時，選取 LCD 模組中的命令暫存器；當 A0 為 1 時，選取 LCD 模組中的資料緩衝器。$\overline{WR}$ 控制信號直接連接於 R/W 信號輸入端，控制 LCD 模組的讀取或是寫入動作。

圖 15.3-4　LCD 模組與 MCS-51 的界接

LCD 模組當作 I/O 裝置元件

圖 15.3-5 所示方式為 LCD 模組當作一個 I/O 裝置元件使用，並且界接到 MCS-51 系統中的情形。這種方式通常使用在小系統中。LCD 模組中，需要的致能信號(E)、讀取與寫入(R/W)控制信號、暫存器選取控制信(RS)等信號分別連接於 I/O 埠 2 的 P2.2、P2.1、P2.0 等接腳上。在存取 LCD 模組的資料時，必須依據圖 15.3-3 所示時序，適當的組合出 LCD 模組需要的存取時序，

才能正確的自 LCD 模組中存取需要的資料。

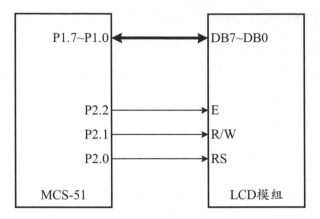

圖 15.3-5　LCD 模組當作 I/O 元件與 MCS-51 的界接

下列例題以圖15.3-5的界接方式為例，說明如何設計LCD模組的推動程式。

例題 15.3-1　(LCD 模組推動程式例)

假設某一個系統中的 LCD 模組與 CPU 模組的界接方式，如圖 15.3-5 所示。設計一個 LCD 模組推動程式，由左而右分別顯示存在 OUTBUF 中的 8 個 ASCII 字元於 LCD 上。

解：完整的程式如程式 15.3-1 所示。推動程式主要由下列副程式組成：

主程式 MAIN：顯示存於 OUTBUF 中的 8 個 ASCII 字元於 LCD。此程式使用 COMMAND 與 DATA_OUT 兩個副程式，分別送出需要的命令與資料。

副程式 COMMAND：送出一個命令到 LCD 模組。在寫入一個命令於 LCD 模組時，首先使用READY副程式，讀取忙碌旗號BF位元，並判別其值，直到忙碌旗號 BF 位元為 0 時，才寫入儲存於累積器 A 中的命令於 LCD 模組。

副程式 DATA_OUT：送出一個位元組的資料到 LCD 模組。在寫入一個位元組的資料於 LCD 模組時，首先使用 READY 副程式，讀取忙碌旗號 BF 位元，並判別其值，直到忙碌旗號 BF 位元為 0 時，才寫入儲存於累積器 A 中的資料到 LCD 模組。

副程式 READY：提供副程式 COMMAND 與 DATA_OUT 使用，以讀取及判斷忙碌旗號BF，直到忙碌旗號BF為0時，才回到呼叫的副程式 COMMAND

或是 DATA_OUT 中。

程式 15.3-1　LCD 模組推動程式例

```
                      1        ;ex15.3-1.a51
                      2        ;this program displays 8 character on the
                      3        ;LCD module shown in Figure 15.3-5.
----                  4                  DSEG   AT 30H
0030                  5        OUTBUF:   DS     8    ;the display buffer
                      6        ;
----                  7                  CSEG   AT 0000H
0000 7438             8        MAIN:     MOV    A,#38H ;set LCD as 2 lines,
0002 111F             9                  ACALL  COMMAND;5*7 font
0004 740E            10                  MOV    A,#0EH ;LCD on, cursor on
0006 111F            11                  ACALL  COMMAND
0008 7401            12                  MOV    A,#01H ;clear the LCD
000A 111F            13                  ACALL  COMMAND
000C 7406            14                  MOV    A,#06H ;shift the cursor
000E 111F            15                  ACALL  COMMAND;right
0010 7488            16                  MOV    A,#88H ;cursor: line 1,
0012 111F            17                  ACALL  COMMAND;position 8
                     18        ;display characters in the buffer
0014 7830            19                  MOV    R0,#LOW OUTBUF
0016 7A08            20                  MOV    R2,#08H;set a loop count
0018 E6              21        NEXTCH:   MOV    A,@R0
0019 112C            22                  ACALL  DATA_OUT
001B 08              23                  INC    R0
001C DAFA            24                  DJNZ   R2,NEXTCH
001E 22              25                  RET
                     26        ;
                     27        ;send a command code to the LCD module
001F 1139            28        COMMAND:  ACALL  READY
0021 F590            29                  MOV    P1,A ;issue a command code
0023 C2A0            30                  CLR    P2.0 ;R/S = 0 for command
0025 C2A1            31                  CLR    P2.1 ;R/W = 0 for write
0027 D2A2            32                  SETB   P2.2 ;E = 1
0029 C2A2            33                  CLR    P2.2 ;E = 0
002B 22              34                  RET
                     35        ;
                     36        ;display a character on the LCD module
002C 1139            37        DATA_OUT: ACALL  READY
002E F590            38                  MOV    P1,A ;issue data
0030 D2A0            39                  SETB   P2.0 ;R/S = 1 for command
0032 C2A1            40                  CLR    P2.1 ;R/W = 0 for write
0034 D2A2            41                  SETB   P2.2 ;E = 1
0036 C2A2            42                  CLR    P2.2 ;E = 0
```

```
0038 22            43                    RET
                   44        ;check the busy flag (BF) and return when
                   45        ;it is clear.
0039 D297          46   READY:    SETB   P1.7 ;set P1.7 as input
003B C2A0          47             CLR    P2.0 ;read the command reg
003D D2A1          48             SETB   P2.1 ;R/W = 1 for read
003F C2A2          49   BUSY:     CLR    P2.2 ;E = 0
0041 D2A2          50             SETB   P2.2 ;E = 1
0043 2097F9        51             JB     P1.7,BUSY;stay until BF=0
0046 22            52             RET
                   53             END
```

C 語言程式如下。

```
line level    source
  1           /* ex15.3-1C.C */
  2           #include <reg51.h>
  3           /* this program displays 8 character on the
  4              LCD module shown in Figure 15.3-5 */
  5           void Command(unsigned char c);
  6           void Data_out (unsigned char c);
  7           void Ready (void);
  8           unsigned char data OUTBUF[8] _at_ 0x30;/*display buffer*/
  9           sbit P1_7 = P1^7;
 10           sbit P2_0 = P2^0;
 11           sbit P2_1 = P2^1;
 12           sbit P2_2 = P2^2;
 13
 14           void main(void)
 15           {
 16    1          int data i;
 17    1          /* initialize the LCD module */
 18    1          Command(0x38); /* set the LCD as 2 lines, 5*7 font */
 19    1          Command(0x0E); /* LCD on, cursor on */
 20    1          Command(0x01); /* clear the LCD */
 21    1          Command(0x06); /* shift the cursor right */
 22    1          Command(0x88); /* cursor: line 1, position 8 */
 23    1
 24    1          /* display characters in the buffer */
 25    1          for (i = 0; i < 8; i++)
 26    1              Data_out(OUTBUF[i]);
 27    1      }
 28
 29           /* send a command code to the LCD module */
 30           void Command(unsigned char c)
 31           {
```

```
32   1            Ready ();   /* wait until the LCD module is ready */
33   1            P1   = c;   /* issue a command code */
34   1            P2_0 = 0;   /* R/S = 0 for command  */
35   1            P2_1 = 0;   /* R/W = 0 for write */
36   1            P2_2 = 1;   /* E = 1 */
37   1            P2_2 = 0;   /* E = 0 */
38   1
39   1        }
40
41            /* display a character on the LCD module */
42            void Data_out (unsigned char c)
43            {
44   1            Ready ();   /* wait until the LCD module is ready */
45   1
46   1            P1   = c;   /* write a data to the LCD module */
47   1            P2_0 = 1;   /* R/S = 1 for data */
48   1            P2_1 = 0;   /* R/W = 0 for write */
49   1            P2_2 = 1;   /* E = 1  */
50   1            P2_2 = 0;   /* E = 0  */
51   1        }
52
53            /* check the busy flag (BF) and return when
54                it is clear */
55            void Ready (void)
56            {
57   1            P1_7 = 1;      /* set P1.7 as input */
58   1            P2_0 = 0;      /* read the command register */
59   1            P2_1 = 1;      /* R/W = 1 for read */
60   1            while (P1_7 == 1) { /* wait until BF (P1_7) = 0 */
61   2                P2_2 = 0;         /* E = 0 */
62   2                P2_2 = 1;         /* E = 1  */
63   2            }
64   1        }
```

注意：在寫入一個新的命令到 LCD 模組時，必須先由忙碌旗號 BF 的狀態，確認 LCD 模組，已經完成前面一個命令的動作，以避免兩個命令相互衝突，而影響 LCD 模組的正常操作。LCD 模組在執行一個命令期間，其忙碌旗號 BF 為 1；否則忙碌旗號 BF 為 0。

📖 複習問題

15.36. 界接一個 LCD 模組到 MCS-51 系統時，有那兩種方式可以使用？

15.37. 為何在圖 15.3-4(a) 中，必須連接位址信號 A0 到 RS 輸入端？

15.4 參考資料

1. Hitachi, *Hitachi Dot Matrix Liquid Crystal Display Module*, (http://www. hi-tachi.com), 1993.

2. Intel, *MCS-51 Microcontroller Family User's Manual*, Santa Clara, Intel Co., 1994. (http://developer.intel.com/design/mcs51/hsf_51.htm)

3. Ming-Bo Lin, *Digital System Designs and Practices: Using Verilog HDL and FPGAs*, John Wiley & Sons, 2008.

4. Ocular, *Ocular Alphanumeric LCD Module,* (http://www.ocularusa.com) 1998.

15.5 習題

15.1 定義下列各名詞：

(1) *N* 鍵鎖住 　　　　　　(2) 兩鍵滑越

(3) *N* 鍵滑越 　　　　　　(4) 開關防彈技術

15.2 假設 MCS-51 工作於 40 MHz，設計一個軟體延遲副程式(DELAY1MS) 產生 1 ms 的延遲。然後設計一個能夠產生 10 ms 延遲的副程式 (DELAY10MS)。

15.3 設計一個推動程式，將記憶器 BUFFER (4 個位元組)中的 8 個 BCD 數字顯示於圖 15.2-4 的七段 LED 顯示器電路中。

15.4 下列為有關於七段 LED 顯示器的問題：

(1) 試簡述直接推動與多工推動的優缺點。

(2) 為何在需要數量多的 LED 顯示器中，均使用多工推動的方式?

15.5 解釋 LCD 的動作原理。為何一般 LCD 均連同其推動電路製造成一個電路模組？

15.6 參考第 13.3.4 節，驗證圖 15.3-4 的 LCD 模組與 MCS-51 界接的讀取時序，是否滿足 LCD 模組與 MCS-51 等雙方面需要的參數限制。

15.7 參考第 13.3.4 節，驗證圖 15.3-4 的 LCD 模組與 MCS-51 界接的寫入時序，是否滿足 LCD 模組與 MCS-51 等雙方面需要的參數限制。

15.8　圖 P15.1 所示為一個 MCS-51 的多工方式的顯示器電路：

(1)　解釋電路的操作原理。

(2)　設計一個推動程式，顯示記憶器 BUFFER (2 個位元組)中的 4 個 BCD 數字於圖 P15.1 的七段 LED 顯示器電路中。

四個共陰極七段LED顯示器

圖 P15.1　MCS-51 的多工顯示器電路

15.9　(設計專題)在第 12.4.2 節中的溫度控制系統(圖 12.4-8)中，加入一個十六進制鍵盤電路(圖 15.1-7)與七段 LED 顯示器電路(圖 P15.1 或是圖 15.2-4)後，設計成一個獨立的系統。此系統中的溫度值之設定由鍵盤輸入，目前的溫度值顯示在七段 LED 顯示器上。

15.10　(設計專題)在第 12.4.2 節中的溫度控制系統(圖 12.4-8)中，加入一個十六進制鍵盤電路(圖 15.1-7)與 LCD 模組電路(圖 15.3-4)後，設計成一個獨立的系統。此系統中的溫度值之設定由鍵盤輸入，目前的溫度值顯示在 LCD 模組電路上。

15.11 (密碼鎖)假設希望設計一個密碼鎖。密碼的長度為 6 個數字而最初的密碼值為 0。密碼的更改可以依據下列程序為之：首先，按下更改密碼按鍵，然後輸入舊密碼一次，新密碼兩次。每次輸入密碼後必須按下結束按鍵以告知系統密碼已經完全輸入。欲打開密碼鎖，只需要輸入密碼即可，若輸入的密碼正確，密碼鎖即打開；否則，則維持不動。使用 MCS-51 系統設計此系統。

15.12 (兩位數計分板)假設希望設計一個可以顯示00到99的簡單記分板。系統的輸入為一個重置與兩個控制信號：增加與減少。每當重置信號啟動時，記分板即歸零。每當增加控制信號啟動時，記分板的分數即增加 1；每當減少控制信號啟動時，記分板的分數即減少 1。使用兩個七段 LED 顯示器與直接推動方式及一個 MCS-51 系統設計此系統。

15.13 (簡單的計算器)在此問題中，我們希望設計一個簡單但完整的計算器。此計算器可以依據輸入的順序執行加(+)、減(-)、乘(*)、除(/)，但是不具備括號之功能。試結合 16 鍵的鍵盤與一個 LCD 顯示器模組，使用 MCS-51 系統設計此系統。

15.14 (馬表)設計一個具有開始(start)與清除(clear)兩個按鍵的馬表(start/stop timer)。開始的按鍵控制馬表的交互動作：開始或是停止，即每當開始的按鍵按下時，馬表即由動作變為停止或是由停止變為動作。清除按鍵在馬表停止時，清除馬表上的時間為 0。假設時間的解析度為 10 ms 而且最大的計數值為 99.99，使用 MCS-51 系統設計此系統。

15.15 (12小時時鐘)設計一個由三個計數器，時、分、秒，組成的12小時時鐘系統。此系統有兩個操作模式：時鐘模式(clock mode)與時鐘設定模式(clock_set mode)。在時鐘模式時，此12小時時鐘系統由一個外部時脈源驅動，每一秒增加一次計數。時鐘設定模式具有較高優先權，當其經由按住時鐘設定(clock_set)按鍵啟動時，時鐘的時間可以經由三個對應的按鍵：時(hr)、分(min)、秒(sec)設定。使用 MCS-51 系統設計此系統。

15.16 (12 小時時鐘/定時器)本問題經由增加一個定時器模組擴充習題 15.15

的 12 小時時鐘系統為一個完整的時鐘/定時器系統。定時器模組的解析度為 1 分鐘而使用 12 小時格式儲存時間。時鐘/定時器系統有三個操作模式：定時器設定模式(timer_set mode)、時鐘設定模式 clock_set mode)、時鐘模式(clock mode)。定時器設定模式優先權最高，當其經由按住定時器設定 timser_set)按鍵時，定時器顯示其時間於時鐘系統的 LED 顯示器模組，同時定時器模組的時間可以由時(hr)與分(min)兩個按鍵設定。此時時鐘系統持續在背景中動作。其餘兩個操作模式與 12 小時時鐘系統相同。定時器模組的動作如下：定時器在接收由時(hr)與分(min)兩個按鍵設定的時間後，儲存其值，然後持續與 12 小時時鐘系統比較。當兩者時間相同時，輸出一個 30 秒的警報信號。使用 MCS-51 系統設計此系統。

16 串列I/O、界面與應用

所謂的數據通信(data communications)是指計算機與計算機或是周邊裝置的交換資訊之能力。這類型的資訊交換其信號傳遞距離通常較遠,因此為了節省硬體成本,一般都以位元串列(bit serial)(即一次一個位元)的方式傳送。例如:各式各樣的微算機系統硬體模擬板與主機(host)之間的通信,或是一部個人電腦經由公共電話系統連接到另外一部計算機。此外,高速 I/O 裝置與主機之間或是微處理器系統與區域網路之間的資料轉移也是使用串列方式。

因此,本章中將依序討論串列資料轉移類型(同步與非同步方式)、資料的錯誤偵測與更正、串列界面標準(EIA-232、EIA-422、EIA-423、EIA-485)、MCS-51 UART (通用非同步傳送與接收端)、串列周邊界面(serial peripheral interface,SPI)結構與應用及 IIC (inter-integrated circuit,或稱 I2C)界面與應用。

16.1 串列資料轉移

在微處理器系統中,許多 I/O 裝置與微處理器系統之間的資料傳輸通常使用串列的方式為之。所謂的串列方式即是一次一個位元而非一個位元組或語句。串列資料轉移的兩種基本類型為非同步(asynchronous)串列轉移與同步(synchronous)串列轉移,前者使用一個特殊的字元資料框格式分開兩個相鄰的字元;後者則允許連續傳送字元(位元組),而字元與字元之間不必再以特殊的字元格式分開,但是在傳送資訊之前,必須先傳送一到兩個或是以上的同步(SYNC)字元,而且當沒有資訊可以傳送時,必須連續傳送"IDLE"字元或是其它位元組資料,例如 01111110,以隨時維持接收端與傳送端在同步的狀況。

16.1.1 基本概念

在本小節中,先介紹一些在數據通信中,常常遇到的名詞之基本定義。

資料轉移模式

不管是同步或非同步的傳輸方式,在數據通信中的資料轉移模式,可以分成下列三種:單工(或單向傳送,simplex)、半多工方式(half-duplex)、全多工方式(full-duplex)。若兩個裝置之間的資料轉移無論何時均只能單方向進行時稱為單工,例如:計算機與七段 LED 顯示器的資料傳送方式,七段 LED顯示器只能接收資料而不能傳送資料,因此計算機只能單方向傳送資料到七段 LED 顯示器中。若兩個裝置之間僅有一條可以雙向傳送資料的信號路徑(或是通道)可以使用,但是每次只允許單方向的信號傳送時,稱為半多工方式。若兩個裝置之間的資料轉移信號路徑(或是通道)為雙方向,而且任何時候都可以同時進行資料的傳送與接收時,稱為全多工方式。這三種基本資料轉移模式的說明如圖 16.1-1 所示。

鮑速率與資料速率

在數據通信中,與描述資料傳送速率相關的名詞有三個:鮑速率(baud rate)、資料速率(data rate)與有效資料速率(effective data rate)。鮑速率定義為每秒傳送的信號變化次數(signaling rate)。這裡的信號變化包括相位、振幅、頻率或其組合,它也常稱為符號(symbol)。由於傳送一個信號需要的時距稱為一個信號時間(T_S),所以鮑速率可以定義為信號時間的倒數,即

$$鮑速率 = 1/T_S$$

例如當 T_S 為 9.09 ms 時,其鮑速率為 110 鮑(baud)。

圖 16.1-1　三種基本資料轉移模式：(a)單工；(b)半多工；(c)全多工

若一個信號具有 L 個位準(level)，則在鮑速率為 B 的系統中，其相當的資料速率(b/s)為：

$$資料速率 = B \times \log_2 L$$

鮑速率通常用來測量一個傳輸通道需要的頻寬，因為它限定了一個數碼的最大調變速率(signals/sec)。有效資料速率為實際上傳送有用的資訊的速率，它為資料速率中，剔除傳送時，必須加入的額外位元，例如 START、STOP、同位等位元。讀者必須注意：鮑速率、資料速率及有效資料速率等三者之間的差異，相關的數值例說明請參考例題 16.1-3。

目前常用的資料速率(b/s)有下列數種：9,600、14,400、19,200、28,800、33,600 與 56,000 等。

串列資料轉移類型

與並列資料轉移方式相同，串列資料轉移方式也可以分成兩種類型：同步串列資料轉移與非同步串列資料轉移。前者傳送端以隱含的(implicit)或是外加的(explicit)的方式，傳送時脈信號與資料到接收端；後者傳送端則只傳送資料到接收端。

無論是何種串列資料轉移方式，微處理器與串列 I/O 裝置的界接方式均可以表示為圖 16.1-2 的方塊圖，其界面電路必須執行下列兩個功能：

1. 自微處理器的並列資料匯流排取出並列資料,並且轉換為適當格式的串列資料位元串後,送到串列 I/O 裝置;

2. 自串列裝置中接收串列資料位元串,並且轉換為並列資料格式後,經由並列資料匯流排送至微處理器。

圖 16.1-2　微處理器與串列 I/O 裝置的界接

　　一般而言,在傳送一個二進制的串列資料時,每一個位元均佔用一個固定的時距,稱為位元時間(bit time,T_B)。在每一個位元時間(T_B 期間)的信號可以為 0 或 1,並且這個信號位準的變化,只在每一個 T_B 的起始點發生。

　　在串列資料轉移中,無論是同步或非同步方式,欲傳送的資料通常均使用一個稱為資料框(data frame)的方式包裝。在此資料框中除了欲傳送的資料之外,也包括一些予接收端同步用、識別資料的起始點與結束,或是錯誤偵測用的資訊。

　　在串列資料轉移中,若希望傳送端與接收端能夠正確地轉移資料,則接收端必須能夠由接收的信號中,取出每一個位元時間的起始點,因而可以正確地取樣位元的值。至於位元時間則可以由雙方的資料速率得知。一旦可以正確地取得位元值,即取得為位元同步(bit synchronization),其次即可以依序取得字元同步(character synchronization)與資料框同步(frame synchronization)。當取得資料框同步之後,即可以取出由傳送端轉移的資料,並且判斷在傳輸過程中,是否有錯誤發生。

📖 複習問題

16.1. 試定義數據通信一詞。

16.2. 試區別串列與並列兩種資料傳輸方式的不同?

16.3. 試定義單工、半多工方式、全多工方式。

16.4. 試定義位元時間一詞。

16.5. 同步與非同步資料轉移的差異為何？

16.6. 試區別鮑速率、資料速率、有效資料速率。

16.7. 試定義位元同步、字元同步、資料框同步。

16.1.2 非同步串列資料轉移

　　由於在非同步串列資料轉移中，傳送端與接收端並沒有共同的時脈信號可以同步。因此，為了提供接收端一個可以取得位元同步的方式，即得知位元的起始點，每一個字元的傳送都有一個標準格式，如圖 16.1-3 所示。這個格式可以分成四部分：

圖 16.1-3　非同步串列資訊標準格式(TTL 信號)

1. 一個 START 位元，定義為"0"；

2. 5 到 8 個(目前均為 8 個)資料位元，代表實際要傳送的資料；

3. 一個偶(或奇)同位位元，以提供錯誤偵測之用，此位元可以省略；在某些系統中，此位元則當作第 9 個資料位元使用。

4. 1、1.5 或 2 個 STOP 位元，通常為 1。在某些應用中，使用兩個 STOP 位元。其中 START 與 STOP 位元包裝整個資料框，相當於資料框的首、尾旗號，同位位元偵測有無錯誤發生。

　　定義 START 位元為 0 而 STOP 位元為 1 的目的，可以保證在一個字元的資料框中至少有一個信號變化。接收端使用 START 位元由 1 變為 0(負緣)的轉態，當作位元同步信號，啟動其內部電路，在每一個位元時間取樣一個位元的值，詳細的動作稍後介紹。

　　在 IDLE(即未傳送資料)時，信號線通常維持在"1"狀態，稱為 MARK；當傳送端欲傳送資料時，它首先設置信號線於"0"狀態(稱為 SPACE)一個位元時間,此"0"狀態位元即為 START 位元,然後開始傳送資料位元,其次則傳送同位位元(若有)與 STOP 位元,最後則恢復信號線為 MARK 狀態。

例題16.1-1 (資料字元(01001101)的波形)

在某一個系統中,若使用 8 個資料位元、2 個 STOP 位元與偶同位,則在傳送 ASCII 碼的 M(01001101)時,完整的資料字元格式為何?

解:如圖 16.1-4 所示,在 START 位元後緊接著 LSB 位元。

圖 16.1-4 例題 16.1-1 的資料字元

在實際的資料轉移中,通常由一個裝置連續地傳送一群字元到另一個裝置中,在這種情形下,其次語句的 START 位元,則緊接於前一個語句的 STOP 位元之後,以提供最高的資料傳送速率。若串列資料不是連續傳送時,傳送端則在一個語句的 STOP 位元與下一個語句的 START 位元之間,傳送一個位準為"1"的位元信號(即 MARK)。

例題16.1-2 (連續傳送兩個資料字元)

在例題 16.1-1 的系統中,當連續傳送下列兩個字元資料:01001101 與 01100010 時,其完整的資料格式為何?

解:如圖 16.1-5 所示,緊接於 START 位元後的為 LSB 位元。

圖 16.1-5 兩個連續語句的串列資料傳送

例題16.1-3　(有效資料速率)

　　在某一個數據通信系統中，其鮑速率為 2,400 鮑，若每一個信號具有 256 個位準，則以例題 16.1-1 的資料格式，傳送需要的資料時，其資料速率與有效資料速率各為多少？

解： 資料速率　$= 2,400 \times \log_2 256 = 19,200$ b/s

　　　 有效資料速率　$= 19,200 \times 8/(1+8+1+2) = 12,800$ b/s

時序考慮

　　在非同步串列資料的接收中，接收端的取樣頻率(RxC)與資料輸入端(RxD)各自操作在自己的時序上，兩者的相對位置可能發生在一個時脈週期中的任何一個地方。為了使接收端能夠在接近位元時間的中間取樣輸入信號，一般接收端的取樣頻率均假設為 N (1、4、16 或 64)倍的傳送端時脈頻率。接收端在偵測到啟動的 START 信號(即 START 的負緣)時，即設定其內部的除頻電路，當其計數到 $N/2$ 時即取樣輸入信號(即 START 位元)，然後每隔 N 個時脈再對輸入信號取樣。

　　在圖 16.1-6(a)與(b)所示分別為採用 RxC × 1 及 RxC × 4 的情形。在圖16.1-6(a)中因為使用 RxC × 1，每一個位元時間只有一個 RxC 時脈，因此在最壞的情況下，取樣脈波可能發生在靠近位元時間的邊緣，極易造成取樣到錯誤的資料。改善的方法為增加 RxC 的頻率，例如在圖 16.1-6(b)中使用四倍的 RxC 時脈，此時每一個位元時間有四個 RxC 時脈，取樣脈波對位元中心點的偏移量最多只為 25% 的位元時間，因此大大改善了錯誤的情形。RxC的頻率越高，發生錯誤的情形越少。

📖 複習問題

16.8. 試簡述非同步串列資訊的標準格式(TTL 信號)。

16.9. 為何在非同步串列資訊的標準格式(TTL 信號)中，定義 START 位元為 0 而 STOP 位元為 1？

16.10. 為何在非同步串列資訊轉移中，一般接收端的取樣頻率均假設為 N (1、4、16 或 64)倍的傳送端時脈頻率？

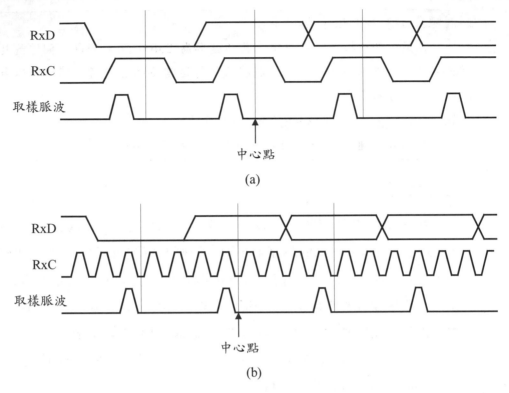

(a)

(b)

圖 16.1-6　在不同取樣頻率下的非同步串列資料的接收：(a) RxC × 1；(b) RxC × 4

16.1.3 同步串列資料轉移

在非同步串列資料轉移的方式中，由於傳送端並未傳送時脈信號予接收端，因此接收端只能使用 START 位元的負緣當作位元的同步信號，同步其內部電路。為了提供一個可靠的資料轉移，在此種方式中每一個位元均各自形成一個獨立的資料框，因此其有效資料速率最多為 80%的資料速率(為何？)。

為了提高資料速率與有效資料速率，可以採用同步串列資料轉移的方式。在此方式中，一般在傳送資料時也連同其時脈信號的資訊傳送到接收端，因此傳送端與接收端可以使用相同的時脈信號轉移資料。時脈信號資訊的傳送方式有二：

一、外加時脈信號(explicit clock)：時脈信號直接使用單獨信號線隨同資料

線傳送到接收端，例如 IIC 匯流排，這種方式使用於數 MHz 以下的串列
資料轉移系統中；

二、隱含時脈信號(implicit clock)：以特殊的信號編碼方法(例如 Manchester
碼、NRZI)嵌入時脈信號於資料之中，例如 HDLC、USB、IEEE 1394
等，這種方式使用於高速的串列資料轉移系統中。

外加時脈信號

在外加時脈信號方式中，時脈信號直接使用單獨信號線隨同資料線傳送
到接收端，並且使用特殊的信號組合表示資料的開始與結束，接收端在確認
資料的開始之後，使用時脈信號鎖入欲接收的資料。例如在 IIC 匯流排中，
使用兩條信號線分別稱為 SCL (serial clock)與 SDA (serial data)。在 IIC 匯流
排中，所有的資料傳送都是以一個位元組的命令開始，然後接著資料。所有
的命令位元組之前，都必須先起啟動一個 START 信號，即先設定 SCL 為高
電位，然後啟動一個負緣的 SDA 信號。資料位元在 SCL 為高電位期間必須
為穩定的值，任何值的改變必須在 SCL 信號為低電位時進行。資料傳送動作
完成之後，必須由傳送端啟動一個 STOP 信號，告知資料接收端資料傳送的
動作已經結束。STOP 信號由先設定 SCL 信號為高電位，然後啟動一個正緣
的 SDA 信號。詳細的介紹，請參考第 16.5.1 節。

隱含時脈信號：串列 I/O 資料匯流排/計算機網路

使用隱含時脈信號的同步串列資料轉移方式中，接收端通常使用一個
CDR (clock data recovery)電路自接收的信號中取出時脈信號，然後使用此時
脈信號取樣接收信號中的資料。為了讓 CDR 電路儘快及維持與傳送端同步
的狀態，傳送端在開始傳送資料之前，通常會先送出一串稱為冠碼(preamble)
(有些系統使用一個或多個同步字元，SYN)的同步信號予接收端，讓接收端
的內部時脈信號可以與傳送端取得位元同步，接著開始傳送資料框(data
frame)。接收端在與傳送端取得位元(位元組)同步後，它即可以自資料框中
取出隨後而來的資料字元串，送往計算機中或是儲存。這種資料轉移方式的

資料速率可以高達數個 Gb/s。

在隱含時脈信號的同步串列資料轉移方式中，常用的資料框格式如圖 16.1-7所示，一共有兩種型式：一、使用首、尾旗號方式；二、使字元(位元組)長度方式(請回憶程式迴路的兩種結構)。

7E	位 址	控 制	資 訊	CRC	7E	HDLC

7E	FF	03	協 定	資訊(<= 1500B)	CRC	7E	PPP

(a)

冠 碼	DA	SA	長 度	資訊(<= 1500B)	PAD	CRC	Ethernet

(b)

圖 16.1-7 同步串列資料轉移的資料框格式：(a) 首、尾旗號資料框；(b) 字元長度資料框

使用首、尾旗號方式的資料框如圖 16.1-7(a)所示，它們均使用一個特殊的字元或是位元組稱為旗號(flag 或是 sentinel)，當作資料框的起始與結束的識別符號。這個旗號在 HDLC (high-level data link control)與 PPP (point to point protocol)中的首、尾旗號均使用 7EH 位元組。

在使用首、尾旗號的資料格式中，當資訊區段中出現與旗號相同的字元(位元組)時，接收端將造成困擾，因為接收端無法分辨該字元(位元組)是旗號或是資訊。解決的方法為使用 0 位元插入(zero insertion)或是位元組插入(byte insertion)。前者使用於 HDLC 而後者則使用於 PPP。在 0 位元插入的方式中，每當有連續 5 個 1 發生時，傳送端即自動插入一個 0，而於接收端中再予去除。例如，以位元序列 01111111110 而言，實際上傳送出去的位元序列 011111011110。在位元組插入的方式中，即每當資訊中出現旗號 7E 位元組時，即連續傳送兩個 7E 位元組。

使用字元長度方式的資料框格式如圖 16.1-7(b)所示，它使用於 Ethernet 區域網路中。在此格式中，由於資料框的長度係由字元長度決定，因此沒有上述的字元填充或是位元插入的問題。此外，一個冠碼通常加於資料框之

前，以同步接收端的 CDR (clock data recovery)電路。

在隱含時脈信號的同步串列資料轉移方式中，一般為了增加資料傳送的可靠性，在每一個資料框中，均附屬一個資料框檢查和(frame check sum，FCS，或使用 cyclic redundancy check，CRC)，以提供接收端驗證接收的資訊是否有錯誤。其方法為在傳送端中，先行計算欲傳送資料框中的檢查和(check sum)，並隨同資料傳送至接收端。接收端每當收到一個資訊後，使用相同的方法，重新計算資料框中的檢查和。若結果與接收到的檢查和相同，則認定該資訊在傳送過程中並未發生錯誤；否則，已經發生錯誤。

隱含時脈信號與外加時脈方式的比較

在使用外加時脈信號的同步串列資料轉移方式中，由於時脈信號與資料分別使用獨立的信號線傳送，因此它們之間的相對時序相當重要，尤其當時脈信號頻率或是傳送端與接收端的距離增加時，更是如此。例如在 IIC 匯流排中，每一個資料框的開始與結束均由 SCL 與 SDA 兩條信號線的相對時序值定義，因此環境中的雜音與 SCL、SDA 信號線的不相等延遲，均有可能造成資料框的無法辨認，導致無法傳送資料。這種方式的資料速率通常只能在數 Mb/s 以下。

在使用隱含時脈信號的同步串列資料轉移方式中，由於時脈信號直接嵌入資料中，它與資料使用相同的信號線傳送，因此相對時序的問題較不重要。在接收端只需要使用一個性能良好的 CDR 電路，自接收的資料信號中取出時脈信號，然後使用此時脈信號由收到的資料信號中取出資料值。因此，通信距離的限制較寬鬆。這種方式的資料速率一般可以高達數個 Gb/s 以上，由相關的電子電路能夠允許的操作頻寬決定。

下列例題比較同步與非同步串列資料轉移之間的傳輸效率。

例題16.1-4　(各種傳輸模式比較)

計算在下列各種資料傳輸方式中，傳送 200 個 8 位元的字元時，需要的額外位元數目：

(1) 非同步串列資料傳輸方式：一個 START 位元、2 個 STOP 位元、一個偶同位位元。

(2) 使用 PPP 協定：假設協定欄為一個位元組，而採用 CRC-16 為錯誤偵測碼，其格式如圖 16.1-7(a)所示。

解：(1) 每一個字元需要的額外位元數目＝ 1 ＋ 2 ＋ 1 ＝ 4

所以總共需要 4 × 200 ＝ 800 個額外位元。

(2) 圖 16.1-7(a)所示格式得 7 × 8 ＝ 56 個額外位元。

📖 複習問題

16.11. 試定義資料框。在 PPP 中，每一個資料框包括那些欄位？

16.12. 在同步串列資訊轉移中，如何傳送時脈訊號到接收端？

16.13. 在 Ethernet 中，每一個資料框包括那些欄位？

16.14. 何謂 0 位元插入？其目的為何？

16.15. 何謂資料框檢查和？其目的為何？

16.1.4　資訊錯誤的偵測與更正

　　數據通信的主要目的為正確地由來源裝置傳送訊息到標的裝置。然而，在傳送過程中，常常遭遇到雜訊的干擾，因而造成部分或是整個訊息的錯誤。克服的方法可以採用下列任意一種方法：

　　順向錯誤控制(forward error control)：在傳送的訊息中加入足夠的額外的資訊，因此接收端不但可以偵測到有無錯誤發生，而且若有錯誤時，也可以自行找出錯誤的位元，加以更正。

　　回授錯誤控制(feedback error control)：在傳送的訊息中只加入足夠的額外的資訊，讓接收端可以偵測到有無錯誤發生。若有錯誤時，則告知傳送端重新傳送該訊息。

　　順向錯誤控制方法需要的額外資訊遠較回授錯誤控制方法為多，因此大多只使用在需要立即做錯誤更正的場合中，例如 CD-ROM；回授錯誤控制方法一般使用於數據通信中，例如區域網路的通信及磁碟機的資料儲存與讀

取。順向錯誤控制方法,一般都必須在原始訊息中加入額外的錯誤更正碼
(error-correcting code),其理論已經超出本書範圍,所以不予討論。本節
中,將討論兩種常用的錯誤偵測方法:同位檢查(parity check)與 CRC 檢查
(cyclic redundancy check)。

同位檢查

在錯誤偵測中最簡單的方式為同位檢查,同位檢查又分成奇同位(odd
parity)與偶同位(even parity)兩種。在奇同位中,整個資訊區段(包括同位位
元)中的 1 位元個數為奇數;在偶同位中,整個資訊區段(包括同位位元)中的
1 位元個數為偶數。

例題16.1-5　(同位檢查)

若設欲傳送的資料位元組為 01110101B,試計算在下列各個條件下的同位
位元:(1) 奇同位 (2) 偶同位。

解:(1)由於資料位元組中的 1 的數目為奇數,所以(1)奇同位位元為 0,(2)偶同
位位元為 1。

在資訊傳輸中,同位檢查的執行有單一位元(即一維)與二維兩種方式,
如圖 16.1-8 所示。在單一位元同位檢查中,每一個欲傳送的文字字元之後,
皆附上一個同位位元。使用的同位可以是奇同位或是偶同位,圖 16.1-8(a)所
示為使用偶同位的檢查方式。單一位元同位檢查只能偵測奇數個位元的錯
誤,無法偵測偶數個位元的錯誤,因為偶數個位元值的改變依然產生相同的
同位狀態。

在二維的同位檢查方式中,首先將文字區段排列成一個二維的陣列,然
後計算每一個行與列的同位位元,如圖 16.1-8(b)所示。二維的同位檢查方式
不但可以偵測多個位元的錯誤,也可以更正單一位元的錯誤。更正錯誤位元
的方法為利用錯誤的同位檢查位元當作指標,找出錯誤的資訊位元位置,然
後將其取補數。

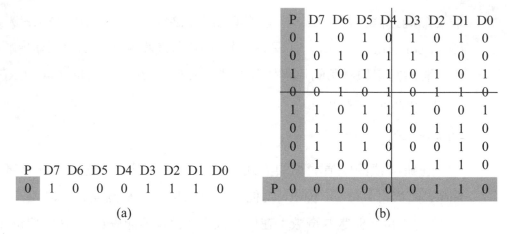

P	D7	D6	D5	D4	D3	D2	D1	D0
0	1	0	1	0	1	0	1	0

(a)

圖 16.1-8　偶同位檢查(a) 單一位元(即一維)方式；(b) 二維方式

下列舉一個實例說明二維偶同位檢查的操作原理。

例題16.1-6　(二維偶同位檢查)

某一個系統中使用偶同位方式，試以資料位元組 0AAH、5CH、0B5H、56H、0B9H、0C6H、0E2H 與 8EH 為例，產生二維的同位檢查位元值。

解：如圖 16.1-8(b)所示。

CRC 檢查

對於猝發性的位元串錯誤、單一位元錯誤或奇數個位元錯誤的情況，CRC 皆可以檢查出來。CRC 的主要原理是將欲傳送的資訊位元串 $D(x)$除以 $G(x)$(階次為 r 的多項式)後，得到餘式 $R(x)$，然後傳送 $D(x) - R(x) = T(x)$到接收端，於接收端再將 $T(x)$同樣除以 $G(x)$。若得到的餘式為 0，表示傳輸過程中沒有錯誤發生；否則，有錯誤發生。

計算餘式的方法如下：

餘式計算的方法

1. 設 $G(x)$為 r 階多項式，在欲傳送資訊 $D(x)$的尾端加 r 個 0；

2. 將步驟 1 得到的資訊位元串除以 $G(x)$位元串(使用 modulo 2 除法)；

3. 將步驟 1 得到的資訊位元串減去餘式(使用 modulo 2 減法)，結果即為真正傳

送的資訊位元串 $T(x)$。

注意：modulo 2 減法和加法在二進制數目系統中是相同的，其運算和 XOR 閘($\oplus$)相同，即：$0 \oplus 0 = 0$；$0 \oplus 1 = 1$；$1 \oplus 0 = 1$；$1 \oplus 1 = 0$。下列例題說明餘式的計算方法與檢查方法。

例題16.1-7　(CRC 檢查)

假設 $D(x) = 1110011001$，$G(x) = 10011(x^4 + x + 1)$，則實際上傳送出去的位元串 $T(x)$ 可以由下列方式求得：首先在 $D(x)$ 尾端加上四個 0，得到 $D'(x) = 11100110010000$，因為 $G(x) = x^4 + x + 1$ 為一個四階多項式，接著將 $D'(x)$ 除以 $G(x)$ 後，得到餘式為 0001，所以 $T(x) = 11100110010001$。其計算過程如圖 16.1-9(a)所示。

圖 16.1-9(b)所示為在接收端的餘式檢查計算方法：將接收到的位元串 $T(x) = 11100110010001$ 直接除以 $G(x)$ 後，得到餘式為 0000，表示傳輸過程沒有發生錯誤。若有錯誤發生，則將得到一個不為 0 的餘式(留作習題)。

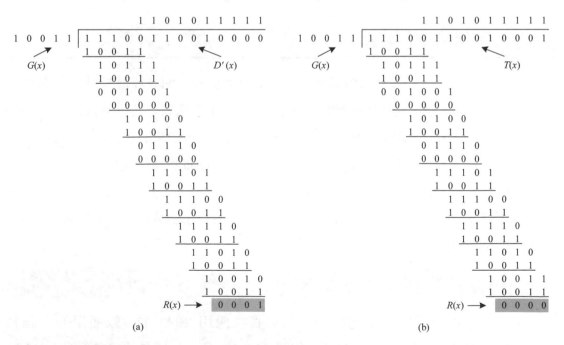

圖 16.1-9　例題 16.1-7 的計算過程：(a)產生餘式；(b)檢查餘式

典型的 $G(x)$ 多項式為：

$$CRC\text{-}16 = x^{16} + x^{15} + x^2 + 1$$

依據統計的結果，若 CRC 的 $G(x)$ 多項式有 $m (= k + 1)$ 個位元，則該 CRC 可以偵測所有單一位元、兩個位元的錯誤、所有奇數個位元的錯誤、所有長度小於 m 的猝發性位元串錯誤及大部分長度大於 m 的猝發性位元串錯誤。詳細的 CRC 多項式執行電路請參閱[15]。

📖 複習問題

16.16. 常用來克服在傳送資料過程中，遭受的雜訊干擾的方法有那兩種？

16.17. 試定義順向錯誤控制與回授錯誤控制。

16.18. 試定義同位檢查、奇同位、偶同位。

16.19. 試定義單一位元(即一維)與二維兩種同位檢查方式。

16.20. 試定義猝發性位元串。

16.21. 試說明在二維同位檢查方式中如何更正單一位元的錯誤。

16.22. 試簡述在 CRC 中計算餘式的方法。

16.2 串列界面標準

如前所述，數據通信是指一個計算機與另外一個計算機或是 I/O 裝置交換資訊的能力。在目前的個人電腦系統中，由於電腦網路(computer network)的發達，利用 ADSL(asynchronous digital subscribe line)數據機(modem)與公共電話系統，連接個人電腦到網際網路(Internet)的情形，已經相當普遍。因此，本節中將先討論數據通信與數據機的基本原理，然後介紹常用的串列界面標準：EIA-232 (RS-232)、EIA-423 (RS-423)、EIA-422 (RS-422)與 EIA-485 (RS-485)。

16.2.1 數據通信基本原理

在近距離的數據通信中，可以直接使用 EIA-232 (較通用的名詞為 RS-232)界面連接兩部計算機，如圖 16.2-1(a)所示，或是連接 PC 與 MCS-51

模擬板。圖 16.2-1(b)所示為 EIA-232 的信號連接情形，這裡只需要使用到三條信號線：傳送資料(TxD，接腳 2)、接收資料(RxD，接腳 3)、信號接地(接腳 7)。注意：PC1 的傳送資料信號線(TxD)必須接到 PC2 的接收資料信號線(RxD)上，反之亦然。

圖16.2-1　(a)近距離的數據通信；(b) EIA-232 信號

目前公共電話系統中的長途資料傳輸方式幾乎均為數據傳輸，而用戶端至端局之間的用戶迴路(subscriber loop)為類比路徑，因此每一個電話用戶的語音信號送到端局(end office)之後，均由一個轉換電路稱為 codec (coder-decoder)轉換為數位信號後，經由數位傳輸幹線傳送到目的地，如圖 16.2-2 所示。在目的地的端局則經由另一個 codec 電路，還原數位信號為類比的語音信號，然後傳送到接收者。

對於長距離的數據通信中，為了避免使用長距離的連接線，增加系統的成本，一般都透過公共電話系統，交換資料，如圖 16.2-2 所示。然而由於用戶端至端局之間為類比路徑，若欲使用現有的電話系統網路傳輸計算機中的數位資料，這些數位資料必須先轉換為類比信號，然後傳送到接收端。在接收端再轉換為數位信號。目前有兩種常用的方式可以透過類比路徑連接 PC 到端局：方式 1 為使用一般的數據機，方式 2 則使用 ADSL 數據機，如圖 16.2-2 所示。

無論是數據機或是 ADSL 數據機均必須利用適當的調變技術，將來自計算機或終端機的"0"與"1"等數位信號，調變為適宜在類比網路上傳輸的類比信號，或是將來自電話線的調變信號解調為"0"與"1"的數位信號，然後傳遞給計算機或終端機。圖 16.2-2 中的 PC1 與 PC2 稱為終端設備(data terminal equipment，DTE)；數據機(包括 ADSL 數據機)則稱為數據通信設備 (data communication equipment，DCE)。

圖16.2-2 典型的數據通信系統(利用電話網路)

由圖 16.2-2 可知，有兩個界面必須訂立標準：一為連接 PC 與數據機之間的數位界面；二為連接數據機與公共電話系統之間的類比界面。前者稱為 EIA-232 (或 RS-232)，它是由 EIA (Electronic Industry Association，電子工業協會)與 CCITT (The International Telephone and Telegraph Consultative Committee，國際電話電報資詢委員會)於 1969 年訂立的，目前的版本為 E，因此也稱為 EIA-232E (1992)。這個界面目前已經成為世界大多數國家採用的標準界面。後者決定電話線上的最大阻抗與能在電話線上產生的最大電壓位準，這一個界面由載波公司(電信局)提供。

圖 16.2-2 亦說明使用數據機連接電腦到網際網路的情形。一般而言，欲上網查詢資料或是下載資料均必須先透過 ISP (Internet service provider，網際網路服務公司)提供的網路帳號。ISP 機房中的伺服主機與用戶端的計算機連接的方式有兩種：一為使用高速數據機陣列；二為直接使用專用的數據傳輸線連接至端局的數據交換機，如圖 16.2-2 所示。

📖 複習問題

16.23. 在數據通信中，數據機的功能為何？

16.24. 網際網路服務公司(ISP)的角色為何？

16.25. 連接兩部 PC (個人電腦)時，至少需要連接那三條線？

16.2.2　EIA-232 (RS-232)界面標準

EIA-232 (較通用名稱為 RS-232)標準為連接 DTE 與 DCE 的串列二進制單端資料與控制信號的一組標準。目前的版本為 1997 年制訂的 EIA-232F。EIA-232 一般使用於計算機系統的串列埠，然而今日的大多數 PC 已經不再支援 EIA-232 串列埠。相反地，它們均提供數個 USB 埠。欲使用 EIA-232 串列埠必須使用外接的 USB 對 EIA-232 轉接器。

EIA-232 標準定義信號的電氣特性與時序，及連接器的實體大小與接腳。它包括下列四項規定：

1. 電氣信號規格：定義交換信號與其相關電路的電氣特性，例如電壓位準、信號速率、信號的時序與轉移率(slew rate)、電壓容忍位準、短路行為、最大負載電容。

2. 機械規格：定義兩個交互連接的裝置之間的連接器之幾何形狀與接腳。

3. 功能規格：定義連接器中每一個信號的功能與時序。

4. 交換程序規格：依據功能規格定義傳送資料時的信號交換程序。

電氣信號規格

EIA-232 的電氣信號規格中，下列為較重要者：電壓位準、推動器輸出阻抗、接收端輸入阻抗、資料速率、最大距離。如圖 16.2-3 所示，EIA-232 的電壓位準如下：最大範圍不能超過 ± 25 V；其中-3 V 至-25 V 定義為"1"，+3 V 至+25 V 定義"0"，即採負邏輯系統(negative logic system)。位於 ± 3 V 之間的範圍定義為轉態區(transition region)。連接 EIA-232 的接收端輸入阻抗必須在 3 kΩ 至 7 kΩ 之間，輸入電容量則不能超過 2,500 pF；接收端開路時，端點電壓不能高於 2 V，並且發送端的輸出阻抗必須大於 300 Ω。最大的資料速率在 15 m 時為 20 k 鮑。目前最常用的資料速率為 9,600 與 19,200 鮑。

圖16.2-3　EIA-232 電氣規格

機械規格

　　EIA-232 標準定義的連接器為 25 個接腳的 D 型連接器(DB25)，如圖 16.2-4(a)所示。然而，目前大多數的筆記型電腦與桌上型電腦均不再使用 25 腳的標準 D 型連接器而代之以 9 腳的 D 型連接器，以縮小系統的體積。這個 9 腳的 D 型連接器稱為 DB9S (或稱 DB9)連接器，如圖 16.2-4(b)所示。如同 DB25 連接器，在 DTE 端的 DB9S 連接器為母型外殼與公型接頭，而在 DCE 端的 DB9S 連接器為公型外殼與母型接頭。DTE 與 DCE 端的 DB9S 連接器的接腳定義如圖 16.2-5 所示。雖然界面只剩下 9 個接腳，因而減少交握式控制線，但是依然足夠應付大多數的應用。

圖16.2-4　EIA-232 界面的連接器：(a) DB25 (25 腳)；(b) DB9S (9 腳)公頭

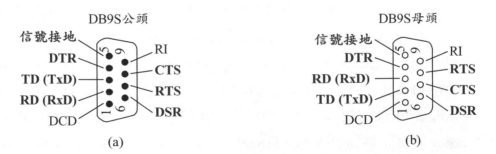

圖16.2-5　連接器接腳定義：(a) DB9S 公頭(DTE 端)；(b) DB9S 母頭(DCE 端)

功能規格

DB9S 連接器只定義 EIA-232 標準中的 9 條信號線。這些信號線可以分成三類：資料交換信號、接地、控制信號。

資料交換信號線：資料交換信號包括接收資料與傳送資料。

RD (RxD) (received data，接腳 2/3)：在 RD 信號線上的資料以串列方式由 DCE 傳送到 DTE。當 DCD 信號線未啟動時，RD 信號線必須維持在 Mark 狀態。

TD (TxD) (transmitted data，接腳 3/2)：在 TD 信號線上的資料以串列方式由 DTE 傳送到 DCE。當沒有資料傳送時，TD 信號線必須維持在 Mark 狀態。欲傳送資料時，所有 DSR、DTR、RTS、CTS 等信號線必須在 Mark 狀態。

接地：第 5 腳與外殼屬於此類。外殼(保護)接地通常直接連接於外部接地點，因此所有靜電放電直接接引到接地點而不影響信號線。

信號接地(接腳 5)：此接腳提供所有交換信號線的一個共同接地點，即提供一個共同的電壓參考位準。它有別於外殼(保護)接地。

控制信號線：在 DB9S 連接器中使用的六條與數據機相關的控制信號線為 CTS、DCD、DSR、DTR、RTS、RI 等。它們建立了 DTE 與 DCE 之間資料交換的動作程序。下列分別說明它們的功能。

CTS (clear to send，CB，接腳 8/7)：由 DCE 啟動告知 DTE，它已經備妥接收資料。此信號為 RTS、DSR、DTR 等信號同時啟動的回應信號。

DCD (data carrier detect，CF，接腳 1)：由 DCE 啟動告知 DTE，它已經接收到一個遠端 DCE 傳來的成立載波信號。

DSR (data set ready，CC，接腳 6)：由 DCE 啟動告知 DTE，它已經連接到通信通道上。此信號為 DTR 信號的回應信號。

DTR (data terminal ready，CD，接腳 4)：由 DTE 啟動告知 DCE，它已經連接到通信通道上。DTE 必須在 DCE 可以啟動 DSR 信號之前開機。當 DTE 移除 DTR 信號時，DCE 在傳輸完成後，才由通信通道上移除。此信號與

DSR 結合後,指示 DTE 與 DCE 設備已經備妥通信。

RTS (request to send,CA,接腳 7/8):由 DTE 啟動告知 DCE,它已經準備傳送資料。DCE 然後必須備妥接收資料。

RI (ring,CE,接腳 9):由 DCE 啟動告知 DTE,它已經啟動並且與電話的振鈴信號取得同步。此信號主要使用在自動回應系統中。

交換程序規格

利用 EIA-232 的數據機控制信號完成的資料交換協定動作,可以分成兩個:傳送資料到遠端的裝置及接收遠端的資料。

如圖 16.2-2 所示,欲傳送資料到遠端的裝置時,可以依據下列程序為之。當 PC 啟動一個通信軟體(例如 Hyper Terminal)時,它即啟動 DTR 信號,若此時數據機(DCE)也已經啟動,則它回應一個啟動的 DSR 信號。如此,PC 與數據機之間的連線已經建立。接著 PC 使用 AT (attention)命令指引數據機產生"拿起話筒"(off hook)的信號,並且進行撥號的動作。數據機(DCE)則持續監視電話線上的信號,直到收到一個成立的載波信號為止,然後啟動 DCD 告知 PC。PC 接著送出 RTS 信號,若此時數據機已經備妥接收資料,則送回 CTS 信號予 PC,進入資料傳送階段。

相同地,接收遠端資料的動作程序如下。當數據機(DCE)偵測到一個遠端的連接信號時,它即啟動 RI 信號告知 PC。若 PC 準備接收資料,則送出 DTR 信號予數據機,然後等待數據機的回應信號 DSR,此時 PC 與數據機之間的連線已經建立。接著 PC1 使用 AT 命令指引數據機產生"拿起話筒"(off hook)的信號,並且等待數據機啟動 DCD 信號。然後,PC 送出 RTS 信號,若此時數據機已經備妥接收資料,則送回 CTS 信號予 PC,進入資料接收階段。

📖 複習問題

16.26. EIA-232 界面標準包括那四項規定?

16.27. 在 EIA-232 中,使用什麼電壓值代表邏輯 1 與邏輯 0?

16.28. 在 EIA-232 中，與數據機相關的控制信號有那六條？

16.2.3 其它串列界面標準

除了 EIA-232 之外，EIA-423、EIA-422、EIA-485 等也是常用的串列界面標準。下列將簡略介紹這些標準並比較它們的電氣特性。

EIA-423 (RS-423)

如前所述，EIA-232 定義一個連接兩個裝置的雙向界面，即點對點協定 (point-to-point protocol)，其最大的問題為在 15 m 的距離時的資料速率只有 20 k 鮑。當距離加長，鮑速率必須降低，主要原因為 EIA-232 使用開路信號線與單一共同接地端。

EIA-423 亦是一個串列界面標準。它定義一個具有單一、單向推動器並且最多允許有 10 接收器的不平衡、單端界面。換言之，它為一個一對多協定 (one-to-many protocol)。與 EIA-232 不同的是，EIA-423 並未定義共同的接腳。EIA-423 的最大資料速率為 100 kbps 而其最大電纜長度由資料速率與電纜的電容決定。在電纜長度為 1,200 m 時資料速率為 1 kbps 而電纜長度為 12 m 時資料速率為 100 kbps。

EIA-423 為一個不平衡電路，如圖 16.2-6 所示，界面上的所有信號均經過共同的信號接地線。推動器輸出一個低阻抗的單端信號，這個低阻抗信號可以在 50 Ω 的同軸電纜(coaxial cable)上傳輸，並終止在接收端，以防止反射。推動器的輸出電壓通常為+5 V 或-5 V。當接收端的輸入電壓至少為+0.2 V 或是-0.2 V 時，則視為一個成立的信號。如圖 16.2-6 所示，在邏輯 1 時，節點 a 對地的電壓為-3.6 到-6 V；在邏輯 0 時，節點 a 對地的電壓為+3.6 到+6 V。

EIA-423 的主要缺點為使用共同的信號接地。若裝置之間的距離相當遠或是位於不同的電源供應系統，共同接地將造成兩者間信號位準的衰減，甚至可能造成通信失誤，因而導致一種很難追蹤的情況。

圖16.2-6 EIA-423 信號與 TTL 位準轉換器

EIA-422 (RS-422)

另外一種解決 EIA-232 的資料速率與距離限制的方法為 EIA-422 標準。EIA-422 使用平衡或稱差分信號方式克服這兩項缺點，如圖 16.2-7 所示。傳輸線可以是同軸電纜或雙絞線(twisted-pair line)。資料速率在 12 m 時，為 10 Mbps，在 1,200 m 時，為 100 kbps。由於差分信號線是以電阻器為終端，因此實際上的傳輸線並非是開路線。此外，由於接收端為差動放大器，它可以排斥兩條線上感應的任何共模雜訊。典型的推動器與接收器分別如 MC3487 與 MC3486，DS16F95QML、MC75172B、MC75174B 等。這些元件可以直接轉換 TTL 位準信號為 EIA-422 位準或轉換 EIA-422 位準為 TTL 位準。

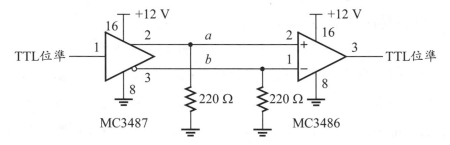

圖16.2-7 EIA-422 信號與 TTL 轉換器

如圖 16.2-7 所示，在標誌("1"位準)狀態下，a 信號線電壓小於 b 信號線；在空白("0"位準)狀態下，a 信號線電壓大於 b 信號線。兩條信號線之間的電壓差範圍必須位於 0.4 V 與 12 V 之間，而信號線上的共模電壓必須在-7 V 與+7 V 之間。

EIA-485 (RS-485)

　　EIA-485 也是一個以差分信號傳送數位資料的串列界面標準。如同 EIA-423 與 EIA-422，EIA-485 標準只定義推動器與接收器的電氣特性，並未定義連接器接腳與控制信號。由於 EIA-485 與 EIA-422 一樣使用差分信號，它可以在一個相當大的距離下依然提供相當高的資料速率。在 10 m 時為 35 Mbps 而在 1,200 m 時為 100 kbps。

　　EIA-422 與 EIA-485 的主要差別在於 EIA-422 使用單一推動器而且不能關閉，而 EIA-485 使用多個推動器，但是必須使用外部控制信號設定為傳輸模式，因此允許只使用兩條信號線實現一個線性網路，即連接成一個點對點傳輸的多點匯流排。為達到此項功能，推動器的輸出必須是三態邏輯電路：0 (Space)、1 (Mark)、高阻抗。

圖16.2-8　EIA-485 多點的主從式應用系統例：(a) 兩線結構；(b) 四線結構

　　為說明如何使用 EIA-485 實現多點匯流排，考慮圖 16.2-8 所示的多點匯流排結構。圖 16.2-8(a)為兩線的結構；圖 16.2-8(b)為四線的結構。在兩線的結構中，所有裝置(包括主站)的傳送端必須是具有三態輸出的裝置，在任何時候只能有一個傳送端傳送資料；在四線的結構中，主站的傳送端可以不具有三態輸出，但是所有副站裝置的傳送端依然必須是具有三態輸出的裝置，因為在任何時候只能有一個傳送端傳送資料到主站中。每一個 EIA-485 的多點匯流排,最多可以有 32 個節點,因此在 4 線的結構中,整個系統最多可以連接 64 個裝置。

典型的 EIA-485 匯流排結構如圖 16.2-9 所示,其中每一個節點包括一個推動器與接收器。為避免信號反射,在匯流排兩端必須各接上一個 120 Ω的終端電阻。推動器轉換輸入的 TTL 信號為符合 EIA-485 標準的差動信號;接收器轉換輸入的 EIA-485 標準的差動信號為 TTL 信號。

圖16.2-9　EIA-485 基本匯流排結構

類似於 EIA-422,EIA-485 的數位資料亦以兩條線之間的差分電壓表示,兩條線分別稱為 a (正電壓)與 b (負電壓)。當 $V_a < V_b$ 時,輸出為邏輯 1;當 $V_a > V_b$ 時,輸出為邏輯 0。一般而言,邏輯 1 相當於 a 的電壓為+1 V 而 b 的電壓為+4 V;邏輯 0 相當於 a 的電壓為+4 V 而 b 的電壓為+1 V。在傳送端的電壓差必須介於 +1.5 V 與 +6 V 之間;在接收端的電壓差必須大於 0.2 V。

EIA-232、EIA-423、EIA-422 與 EIA-485 的電氣界面特性如表 16.2-2 所示。

📖複習問題

16.29. EIA-232 的最大問題是什麼?

16.30. EIA-422 是否定義連接器的接腳意義?

16.31. 在 EIA-485 中,使用什麼電壓值代表邏輯 1 與邏輯 0?

表 16.2-2　EIA-232、EIA-423、EIA-422 與 EIA-485 的電氣界面特性

特性	EIA-232	EIA-423	EIA-422	EIA-485
信號模式	單端	單端	差分	差分
線上傳送端數目	1	1	1	1
線上接收端數目	1	10	10	32
操作模式	半/全多工	半多工	半多工	半多工
網路拓樸	點對點	多點匯流排	多點匯流排	多點匯流排
最大距離	15 m	1,200 m	1,200 m	1,200 m
最大資料速率(12 m)	20 kbps	100 kbps	10 Mbps	35 Mbps
最大資料速率(1200 m)	(1 kbps)	1 kbps	100 kbps	100 kbps
推動器邏輯值				
邏輯 0	> +5 V ~ +15V	> +3.6 V ~ +6 V	> +2 V ~ +6 V	+1.5 V ~ +6 V
邏輯 1	< -5 V ~ -15 V	< -3.6 V ~ -6 V	< -2 V ~ -6 V	-1.5 V ~ -6 V
雜訊免疫力	2.0 V	3.4 V	1.8 V	-
接收器輸入阻抗	3~7 kΩ	≥ 4 kΩ	≥ 4 kΩ	≥ 12 kΩ
推動器輸出阻抗	3~7 kΩ	≥ 450 Ω	100 Ω	54 Ω
推動器最大輸出電流	500 mA	150 mA	150 mA	150 mA
最大輸出電壓轉移率	30 V/μs(最大)	可調整	-	-
接收器最小輸入臨限電壓				
邏輯 0	+3 V	+0.2 V	+0.2 V	+0.2 V
邏輯 1	-3 V	-0.2 V	-0.2 V	-0.2 V
接收器輸入電壓範圍	±15 V	±12 V	±10 V	-7 V ~ +12 V
加於推動器的最大電壓範圍	±25 V	±6 V	-0.25 V ~ +6 V	-7 V ~ +12 V
推動器最小輸出電壓	±5 V	±3.6 V	±2.0 V	±1.5 V

16.32. 在 EIA-485 中，為何傳送端的輸出必須是三態輸出電路？

16.33. 在 EIA-485 的主從式應用系統中，有那兩種基本的系統架構？

16.3 MCS-51 串列通信埠

　　MCS-51 的串列通信埠為一個全多工的串列通信通道，即它可以同時傳送與接收資料。串列通信埠的主要功能為執行並列對串列的資料格式與串列對並列的資料格式轉換。外部電路可以透過 TxD (P3.1)與 RxD (P3.0)兩個 I/O 埠的接腳，存取串列通信埠的資料。串列埠的另外一個功能為執行移位暫存器的功能，因而可以結合外加的移位暫存器擴充 I/O 埠的數目。

16.3.1 基本結構

MCS-51 的串列通信埠的基本結構如圖 16.3-1 所示,輸出端主要由一個只能寫入的並行輸入串列輸出的移位暫存器稱為 SBUF (serial port buffer,串列埠緩衝器)組成;輸入端主要由一個串列輸入並行輸出的移位暫存器與一個只能讀取的門閂電路組成,門閂電路也稱為 SBUF 組成。SBUF 的位址為 99H。欲傳送資料時,寫入資料於 SBUF 中;讀取 SBUF 時,相當於讀取接收端的資料。

圖16.3-1 串列通信埠邏輯方塊圖

串列通信埠的控制暫存器 SCON (位址為 98H)為一個位元可存取的暫存器,內含串列通信埠的控制與狀態位元。控制位元設定串列通信埠的操作模式;狀態位元指示資料的傳送與接收狀況,狀態位元可以由軟體測試或是由軟體設定以產生中斷。

串列通信埠的傳送或是接收鮑速率可以是固定值或是可變值。固定的鮑速率直接由系統時脈導出;可變的鮑速率則由定時器 1 提供,在 MCS-52 中,定時器 2 亦可以提供。

資料輸出與輸入信號線 TxD (P3.1)與 RxD (P3.0)為 TTL 相容的信號線,因此在與 EIA-232 界接時,必須使用一個 TTL 對 EIA-232 的信號轉換電路,轉換 TTL 信號為 EIA-232 信號,及轉換 EIA-232 信號為 TTL 信號。常用的信號轉換元件為 MAX 232 或是 MAX 233。

📖 複習問題

16.34. MCS-51 的串列通信主要由那兩個暫存器組成？

16.35. MCS-51 的串列通信埠的操作模式由那一個暫存器設定？

16.36. 串列通信埠的鮑速率可以由那一個定時器提供？

16.37. 串列通信埠的資料輸出與輸入信號線使用那一個 I/O 埠的接腳？

16.38. 在 MCS-52 中，除了定時器 1 外，那一個定時器也可以提供串列通信
埠的鮑速率？

16.3.2　規劃模式

MCS-51 的串列通信埠有兩個相關的暫存器：資料暫存器 SBUF 與控制
暫存器(SCON)，前者傳送與接收資料，後者則儲存串列通信埠的狀態與控
制位元。注意：如前所述，SBUF 實際上為兩個暫存器的總稱。

控制(SCON)暫存器

控制暫存器 SCON 的內容如圖 16.3-2 所示，下列分別說明每一個位元的
功能。注意：當 PCON 暫存器的 SMOD0 位元的值為 0 時，存取 SM0 位元；
SMOD0 位元的值為 1 時，存取 FE (framing error)位元。

SCON		位址：98H		重置值：00H		位元可存取	
SCON.7	SCON.6	SCON.5	SCON.4	SCON.3	SCON.2	SCON.1	SCON.0
9FH	9EH	9DH	9CH	9BH	9AH	99H	98H
SM0/FE*	SM1	SM2	REN	TB8	RB8	TI	RI

圖16.3-2　串列通信埠控制暫存器 SCON 內容(*SMOD0 = 0/1)

SM0 SM1 (serial mode，位元 7 與 6)(模式選擇)設定串列通信埠的操作模
式。SM0 SM1 = 00：(模式 0)固定速率(1/12 系統頻率)的移位暫存器；SM0
SM1 = 01：(模式 1)可變鮑速率的 8 位元 UART；SM0 SM1 = 10：(模式 2)固
定鮑速率(1/64 或是 1/32 系統頻率)的 9 位元 UART；SM0 SM1 = 11：(模式
3)可變鮑速率的 9 位元 UART。

SM2 (位元 5)(自動位址識別偵測致能)在操作模式 2 與 3 中,設定串列通信埠的自動位址識別偵測動作。若 SM2 設定為 1,則 RI 位元只在接收資料的第 9 個位元(RB8)為 1 時,才設定為 1。在操作模式 1 中,若 SM2 設定為 1,則 RI 位元只在接收資料中的 STOP 位元成立時,才設定為 1。在操作模式 0 中,SM2 位元必須清除為 0。

REN (reception enable,位元 4)(串列通信埠接收致能)欲啟動串列通信埠的接收動作時,設定 REN 位元為 1;欲抑制串列通信埠的接收動作時,清除 REN 位元為 0。

TB8 (位元 3)(第 9 個欲傳送的資料位元)在操作模式 2 與 3 中,第 9 個欲傳送的資料位元。

RB8 (位元 2)(第 9 個欲接收的資料位元)在操作模式 2 與 3 中,第 9 個接收的資料位元。在操作模式 1 中,若 SM2 = 0,則 RB8 為接收的 STOP 位元;在操作模式 0 中,RB8 未使用。

TI (位元 1)(傳送中斷旗號)在操作模式 0 中,在傳送完第 8 個資料位元後,設定為 1;在其它操作模式中,在欲開始傳送 STOP 位元時,設定為 1。TI 位元必須由軟體指令清除。

RI (位元 0)(接收中斷旗號)在操作模式 0 中,在接收完第 8 個資料位元後,設定為 1;在其它操作模式中,在接收到 STOP 位元時,設定為 1。RI 位元必須由軟體指令清除。

PCON 暫存器

PCON 暫存器(位址為 87H)的格式如圖 16.3-3 所示。在標準的 MCS-51 中的 PCON 暫存器,只含有一個 SMOD (PCON.7)位元;在大多數的 MCS-51 衍生微控制器中,SMOD 位元擴充為兩個位元 SMOD1 (位元 7)與 SMOD0 (位元 6)。這兩個位元的功能分別說明如下。

SMOD (SMOD1) (位元 7)(鮑速率倍增位元)當 SMOD (SMOD1)位元設定為 1 時,在操作模式 1、2、3 中的鮑速率將倍增。

PCON		位址：87H		重置值：00xx0000		非位元可存取	
7	6	5	4	3	2	1	0
SMOD1	SMOD0	-	-	GF1	GF0	PDE	IDLE

圖16.3-3 MCS-51 衍生微控制器的 PCON 暫存器

SMOD0 (位元 6)(SM0 與 FE 位元選擇)串列通信埠的控制暫存器 SCON 的位元 7，在 SMOD0 位元值為 0 時，為 SM0 位元；在 SMOD0 位元值為 1 時，為FE位元。FE位元在接收資料發生不正確的STOP位元時，設定為 1，它必須使用軟體指令清除為 0，因為正確的 STOP 位元並不會清除 FE 位元。注意：由於SCON.7同時當作SM0與FE兩個位元的位址。因此，使用PCON 的位元 6 (SMOD0)的值區別該位元位址是 SM0 位元或是 FE 位元。

📖複習問題

16.39. 在串列通信埠控制暫存器 SCON 中的 TB8 位元的功用為何？

16.40. 在串列通信埠控制暫存器 SCON 中的 RB8 位元的功用為何？

16.41. 串列通信埠的傳送與接收動作如何控制？

16.42. 在串列通信埠控制暫存器 SCON 中的 TI 與 RI 位元的功用為何？

16.43. 在 PCON 暫存器中的 SMOD0 位元的功用為何？

16.3.3 鮑速率

當 MCS-51 的串列通信埠操作在模式 0 時，其鮑速率固定為 1/12 系統時脈的頻率。當操作在模式2時，其鮑速率則由PCON暫存器的位元7 (SMOD/SMOD1)決定。當 SMOD/SMOD1 位元為 0 時，其鮑速率固定為 1/64 系統時脈的頻率；當 SMOD/SMOD1 位元為 1 時，其鮑速率固定為 1/32 系統時脈的頻率。

當 MCS-51 的串列通信埠操作在模式 1 與 3 時，其鮑速率由定時器 1 的計數溢位或是定時器 2 (MCS-52)的計數溢位，或是兩者(傳送與接收分別使用一個定時器)共同決定。

使用定時器 1 當作鮑速率產生器

使用定時器 1 為鮑速率產生器時，模式 1 與 3 的鮑速率由定時器 1 的計數溢位與 PCON 暫存器的位元 7 (SMOD/SMOD1)共同決定，其關係式如下：

$$鮑速率 = 2^{SMOD} \times 定時器 1 的計數溢位次數 \div 32$$

在此模式下，必須抑制定時器 1 的中斷。定時器 1 可以設定為計數器或是定時器的動作，並且操作於它的三個可能的模式。最常用的方式為操作於自動重新載入模式的定時器模式，此時鮑速率與暫存器TH1預設值的關係如下：

$$鮑速率 = 2^{SMOD} \times 系統時脈頻率 \div [32 \times 12 \times (256 - TH1)]$$

常用的鮑速率與暫存器 TH1 的載入值的關係如表 16.3-1 所示。

表 16.3-1　使用定時器 1 產生的常用鮑速率

鮑速率	系統時脈	SMOD/SMOD1	定時器 1		
			$C/\overline{T}$	模式	重新載入值
模式 0：最大為 1 MHz	12 MHz	x	x	x	x
模式 2：最大為 375 kHz	12 MHz	1	x	x	x
模式 1 與 3：62.5 kHz	12 MHz	1	0	2	FFH
19.2 kHz	11.059 MHz	1	0	2	FDH
9.6 kHz	11.059 MHz	0	0	2	FDH
4.8 kHz	11.059 MHz	0	0	2	FAH
2.4 kHz	11.059 MHz	0	0	2	F4H
1.2 kHz	11.059 MHz	0	0	2	E8H
137.5 Hz	11.059 MHz	0	0	2	1DH
110 Hz	6 MHz	0	0	2	72H
110 Hz	12 MHz	0	0	1	FEEBH

使用定時器 2 當作鮑速率產生器

在 MCS-52 中，若設定定時器 2 的控制暫存器(T2CON)中的 TCLK 位元、RCLK 位元或是兩者時，定時器 2 即操作於鮑速率產生器模式，如圖 16.3-4 所示。在鮑速率產生器模式中，當定時器產生計數溢位時，暫存器對 RCAP2H 與 RCAP2L 中的預設值，即自動重新載入定時器 2 的暫存器(TH2 與 TL2)中。

由圖 16.3-4 可以得知：在 MCS-52 中的傳送與接收時脈 TxC 與 RxC，可以不同，即其中一個使用定時器 1 而另外一個使用定時器 2。但是在一般的應用中，傳送與接收時脈 TxC 與 RxC 通常相同，因此只需要一個定時器即可。

圖16.3-4　定時器 2 操作於鮑速率產生器模式

當串列通信埠操作於模式 1 與 3 時，使用定時器 2 的計數溢位產生的鮑速率可以表示如下：

$$鮑速率 = 定時器 2 的計數溢位次數 \div 16$$

在鮑速率產生器模式中，定時器 2 可以設定為計數器或是定時器的動作，但是通常設定為定時器。此時它與一般用途的定時器在動作上的不同點為在鮑速率產生器中，系統時脈除以 2 後，當作定時器的輸入脈波，而在一般用途的定時器中，系統時脈除以 12 後，才當作定時器的輸入脈波。鮑速率與暫存器對 RCAP2H 與 RCAP2L 預設值的關係如下：

$$鮑速率 = 系統時脈頻率 \div [32 \times (65536 - (RCAP2H \parallel RCAP2L))]$$

其中(RCAP2H ∥ RCAP2L)表示暫存器對 RCAP2H 與 RCAP2L 連結成 16 位元的未帶號整數值。常用的鮑速率與暫存器 TH1 的載入值的關係，如表 16.3-2 所示。

表 16.3-2　使用定時器 2 產生的常用鮑速率

鮑速率	系統時脈	定時器 2	
		RCAP2H	RCAP2L
375 kHz	12 MHz	0FFH	FFH
9.6 kHz	12 MHz	0FFH	D9H
4.8 kHz	12 MHz	0FFH	B2H
2.4 kHz	12 MHz	0FFH	64H
1.2 kHz	12 MHz	0FEH	C8H
300 Hz	12 MHz	0FBH	1EH
110 Hz	12 MHz	0F2H	AFH
300 Hz	6 MHz	0FDH	8FH
110 Hz	6 MHz	0F9H	57H

　　定時器 2 當作鮑速率產生器使用時，在產生計數溢位時，並不設定 TF2 旗號位元，因而不會產生中斷，這表示當定時器 2 操作於鮑速率產生器模式時，並不需要抑制定時器 2 的中斷。當定時器 2 操作於鮑速率產生器時，輸入端 T2EX 並不當作定時器 2 的重新載入控制信號，此時可以當作一個額外的外部中斷輸入線使用，如圖 16.3-4 所示。

　　當定時器 2 操作於鮑速率產生器時，任何針對定時器 2 的暫存器 TH2 與 TL2 的存取動作，均得到不精確的結果，因為定時器 2 在每一個機器週期中，增加一個數量為 6 的計數；暫存器對 RCAP2H 與 RCAP2L，可以讀取但是不能寫入，否則，將造成寫入或是重新載入值的錯誤。欲正確的存取定時器 2 的暫存器 TH2 及 TL2 與暫存器對 RCAP2H 及 RCAP2L 的值，必須先清除定時器 2 控制暫存器(T2CON)中的 TR2 位元，以關閉定時器 2 的動作。

📖 複習問題

16.44. 當 MCS-51 的串列通信埠操作在模式 0 時，其鮑速率為多少？

16.45. 當 MCS-51 的串列通信埠操作在模式 2 時，那一個暫存器決定其鮑速率？

16.46. 當 MCS-51 的串列通信埠操作在模式 1 或是 3 時，其鮑速率如何決定？

16.47. 為何定時器 2 在當作鮑速率產生器使用時，其計數溢位發生時，不會設定 TF2 旗號位元？

16.3.4　操作模式與應用

如前所述，MCS-51 的串列通信埠有四種操作模式：

模式 0：固定頻率的移位暫存器；

模式 1：可變鮑速率的 8 位元 UART；

模式 2：固定鮑速率的 9 位元 UART；

模式 3：可變鮑速率的 9 位元 UART。

下列分別說明各個操作模式的詳細動作。

模式 0

在此模式時，串列埠為一個固定頻率的 8 位元移位暫存器。串列資料由 RxD (P3.0)接腳輸入與輸出，LSB 最先而 MSB 最後；固定為 1/12 系統時脈頻率的移位時脈信號，則由 TxD 輸出接腳(P3.1)輸出。在某些 MCS-51 衍生微控制器中，1/6 系統時脈頻率也是一個可能的選項。

當接收致能 (reception enable，REN)位元設定為 1 而接收中斷(RI)旗號清除為 0 時，接收動作即開始。控制接收模式的方法為在程式開始時，設定 REN 位元以初始化串列埠，然後使用 RI 旗號啟動實際的資料輸入動作。當 RI 旗號清除時，TxD (P3.1)接腳輸出時脈脈波而資料則由 RxD (P3.0)接腳輸入。詳細的時序如圖 16.3-5(a)所示。MCS-51 在 TxD 時脈信號的正緣取樣輸入資料。值得注意的是 MCS-51 與外部電路的資料轉移係以同步方式進行。

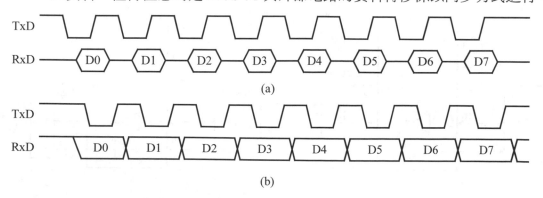

圖16.3-5　MCS-51 串列埠模式 0：(a) 接收時序；(b) 傳送時序

資料傳送動作在寫入資料於 SBUF 暫存器時開始。資料在由 TxD (P3.1) 接腳輸出的移位時脈信號控制下,由 RxD (P3.0)接腳轉移到外部電路。每一個資料位元佔用一個機器週期時間。時脈信號在 S3P1 狀態時下降為低電位而在 S6P1 狀態時恢復為高電位。詳細的資料輸出的時序如圖 16.3-5(b)所示。

模式 1

在模式 1 時,串列埠為一個可變鮑速率的 8 位元 UART,其資料格式由一個啟始(start)位元(0)、8 個位元的資料(LSB 最先輸出)及一個停止(stop)位元(1)組成。10 位元的資料由 TxD 輸出端傳送;10 位元的資料由 RxD 輸入端接收。10 位元的資料一旦接收之後,儲存停止位元於控制暫存器 SCON 的 RB8 位元。鮑速率可以使用定時器 1 或是定時器 2 產生。

由於 TxD 輸出端與 RxD 輸入端的信號均為 TTL 相容,因此一般均須加上 EIA-232 信號位準轉換電路,轉換 TxD 的輸出信號為 EIA-232 相容的信號,及轉換 EIA-232 相容的輸入信號為 TTL 相容的 RxD 輸入信號。目前最常用的轉換電路元件為 MAX232/MAX233 或是其替換元件。MCS-51 與 MAX232 及 MAX233 的界接方式分別如圖 16.3-6(a)與(b)所示。基本上這兩個元件的主要差異在於當使用 MAX232 元件時,必須附帶使用四個 1 到 22 μF (大多使用 22 μF)的電容,而使用 MAX233 元件時,則不需要任何電容。

圖16.3-6 MAX232/MAX233 與 MCS-51 的界接:(a) 使用 MAX232 元件;(b) 使用 MAX233

元件

　　下列例題說明如何使用串列通信埠的模式 1，傳送與接收字元資料。

例題16.3-1　(串列通信埠模式 1 的推動程式例---輪呼 I/O 方法)

　　假設鮑速率為9,600而且使用輪呼I/O方法，設計下列三個副程式：串列通信埠的初值設定程式 INITSP、傳送一個字元副程式 PUTCHAR、接收一個字元副程式 GETCHAR。

解： 三個副程式如程式 16.3-1 所示。在初值設定程式 INITSP 中，我們首先設定下列暫存器的值：TMOD、TL1、TH1 與 SCON，然後設定 TR1 旗號位元為 1，以啟動定時器 1 的動作。暫存器 TL1 與 TH1 的初值由表 16.3-1 查得在鮑速率為 9,600 時為 0FDH。暫存器 SCON 中的 TI 位元必須先設定為 1，否則副程式 PUTCHAR 無法執行。

　　副程式 PUTCHAR 與 GETCHAR 相當簡單，它們分別測試 TI 與 RI 旗號位元，若為 1 則表示前面一個動作已經完成，因此清除各別的旗號位元 TI 與 RI 後，即可以進行寫入與讀取的動作。

程式16.3-1　串列通信埠的模式 1 的推動程式例

```
                    1       ;ex16.3-1.a51
----                2               CSEG   AT   0000H
                    3       ;a test program
                    4       ;initialize the serial port
0000 1112           5       TEST:   ACALL INITSP
                    6       ;output a string to the serial port
0002 7A00           7               MOV    R2,#00H
0004 EA             8       OUTSTR: MOV    A,R2
0005 1133           9               ACALL  STRING
0007 B5FF02        10               CJNE   A,0FFH,OUTIT
000A 8005          11               SJMP   RETURN
000C 112B          12       OUTIT:  ACALL  PUTCHAR
000E 0A            13               INC    R2
000F 80F3          14               SJMP   OUTSTR
0011 22            15       RETURN: RET
                   16       ;
                   17       ;configure the serial port as:
                   18       ;baud rate = 9,600, mode 1, disable
                   19       ;interrupt for receiving and transmission
                   20       ;enable receiving and transmission
0012 C2AC          21       INITSP: CLR    IE.4;disable the UART INT
```

```
0014 758920        22              MOV     TMOD,#20H;Timer 1 mode 2
0017 758BFD        23              MOV     TL1,#0FDH ;initial and
001A 758DFD        24              MOV     TH1,#0FDH ;reload values
001D D28E          25              SETB    TR1         ;start Timer 1
                   26      ;the following statement is required for
                   27      ;the 8xC51Fx or 8xC51GB only
                   28      ;       ANL     PCON,#7FH;clear SMOD
001F 759852        29              MOV     SCON,#52H;set the UART
0022 22            30              RET
                   31      ;
                   32      ;get a character from the serial port
                   33      ;
0023 3098FD        34      GETCHAR: JNB    RI,GETCHAR
0026 C298          35              CLR     RI
0028 E599          36              MOV     A,SBUF
002A 22            37              RET
                   38      ;
                   39      ;put a character to the serial port
                   40      ;
002B 3099FD        41      PUTCHAR: JNB    TI,PUTCHAR
002E C299          42              CLR     TI
0030 F599          43              MOV     SBUF,A
0032 22            44              RET
                   45      ;
                   46      ;return a character in the accumulator
0033 04            47      STRING: INC     A    ;bypass RET
0034 83            48              MOVC    A,@A+PC
0035 22            49              RET
0036 54686973      50      STRING0: DB     "This is a testing string."
003A 20697320
003E 61207465
0042 7374696E
0046 67207374
004A 72696E67
004E 2E
004F FF            51              DB      0FFH ;the end flag
                   52              END
```

C 語言程式如下。

```
line level     source
   1           /* ex16.3-1C.C */
   2           #include <reg51.h>
   3           /* function prototype */
   4           void UartPutChar(unsigned char c);
```

```
 5              unsigned char UartGetChar();
 6              void Uart_Init(int baudrate);
 7
 8              /* main program */
 9              void main(void)
10              {
11    1             unsigned char text[] = "This is a testing string.\n\0";
12    1             unsigned char *ptr;
13    1
14    1             Uart_Init(9600); /* initialize UART */
15    1             ptr = &text;       /* point to the text string */
16    1             while (*ptr != '\0') UartPutChar(*ptr++);
17    1             text[0] = UartGetChar(); /* get a character */
18    1         }
19
20              void Uart_Init(int baudrate)
21              {
22    1         /* initialize UART of MCS-51 */
23    1             SCON = 0x52;    /* set up UART mode 1 and TI=REN=1 */
24    1             TMOD = 0x20;    /* configure Timer 1 as mode 1 */
25    1             TR1  = 0;        /* stop Timer 1 */
26    1             TL1  = 256 - (28800/baudrate);
27    1             TH1  = 256 - (28800/baudrate);
28    1             TR1  = 1;        /* start Timer 1 */
29    1         }
30
31              /* put a character to the UART */
32              void UartPutChar(unsigned char c)
33              {
34    1             while (!TI);    /* waiting for TI == 1 */
35    1             TI= 0;          /* clear the transmit flag */
36    1             SBUF = c;        /* transmit a character c */
37    1         }
38
39              /* get a character from the UART */
40              unsigned char UartGetChar()
41              {
42    1             while (!RI);    /* waiting for RI == 1 */
43    1             RI= 0;          /* clear the receive flag */
44    1             return(SBUF);  /* return a character c */
45    1         }
```

例題16.3-2 (串列通信埠模式 1 的推動程式例---中斷 I/O 方法)

假設鮑速率為 9,600 而且使用中斷 I/O 方法,設計下列三個副程式:串列通信埠的初值設定程式 INITSP、傳送一個字元副程式 PUTCHAR、接收一個字元副程式 GETCHAR。

解:三個副程式如程式 16.3-2 所示。初值設定程式 INITSP 中,首先設定下列暫存器的值:TMOD、TL1、TH1 與 SCON,然後設定 TR1 旗號位元為 1,以啟動定時器 1 的動作。暫存器 TL1 與 TH1 的初值由表 16.3-1 查得在鮑速率為 9,600 時為 0FDH。暫存器 SCON 中的 TI 位元必須先設定為 1,否則副程式 UARTISR 無法執行。

在 UARTISR 中,每次 TI 旗號設定時,即呼叫 PUTCHAR 副程式以傳送測試字元串中的一個字元。在完成整個測試字元串的輸出之後,UARTISR 等待一個按鍵輸入,然後抑制 UART 中斷,並結束 UART 中斷的測試。

副程式 PUTCHAR 與 GETCHAR 相當簡單,它們分別測試 TI 與 RI 旗號位元,若為 1,則表示前面一個動作已經完成,因此清除各別的旗號位元 TI 與 RI 後,即可以進行寫入與讀取的動作。

程式16.3-2 串列通信埠的模式 1 的推動程式例

```
                        1       ;ex16.3-2.a51
----                    2               CSEG   AT   0000H
0000 020026             3               LJMP   MAIN
0023                    4               ORG    23H
0023 020043             5               LJMP   UARTISR
                        6       ;a test program
                        7       ;initialize the serial port
0026 1132               8       MAIN:    ACALL INITSP
0028 8590A8             9               MOV    IE,90H;enable the UART INT
002B D299              10               SETB   TI ;enable the transmitter
                       11       ;initial the string pointer
002D 7A00              12               MOV    R2,#00H
                       13       ;a forever loop
002F 80FE              14       WAITHERE: SJMP  $
0031 22                15               RET
                       16       ;configure the serial port as:
                       17       ;baud rate = 9,600, mode 1, disable
                       18       ;interrupt for receiving and transmission
                       19       ;enable receiving and transmission
0032 C2AC              20       INITSP:  CLR    IE.4;disable the UART INT
0034 758920            21               MOV    TMOD,#20H ;Timer 1 mode 2
```

```
0037 758BFD    22          MOV    TL1,#0FDH ;initial and
003A 758DFD    23          MOV    TH1,#0FDH ;reload values
003D D28E      24          SETB   TR1        ;start Timer 1
               25      ;the following statement is required for
               26      ;the 8xC51Fx or 8xC51GB only
               27      ;       ANL    PCON,#7FH;clear SMOD
003F 759852    28          MOV    SCON,#52H;set the UART
0042 22        29          RET
               30      ;UART ISR --- transmit the test string and
               31      ;then wait for an input character
0043 30990D    32      UARTISR:  JNB    TI,READCHAR
0046 EA        33          MOV A,R2
0047 1168      34          ACALL STRING
0049 B5FF02    35          CJNE   A,0FFH,OUTIT
004C 8005      36          SJMP   READCHAR
004E 1160      37      OUTIT:    ACALL PUTCHAR
0050 0A        38          INC    R2
0051 8004      39          SJMP   RETURN
0053 1158      40      READCHAR: ACALL GETCHAR
0055 C2AC      41          CLR    ES;disable UART interrupt
0057 32        42      RETURN:   RETI
               43      ;get a character from the serial port
               44      ;
0058 3098FD    45      GETCHAR:  JNB    RI,GETCHAR
005B C298      46          CLR    RI
005D E599      47          MOV    A,SBUF
005F 22        48          RET
               49      ;
               50      ;put a character to the serial port
               51      ;
0060 3099FD    52      PUTCHAR:  JNB    TI,PUTCHAR
0063 C299      53          CLR    TI
0065 F599      54          MOV    SBUF,A
0067 22        55          RET
               56      ;
               57      ;return a character in the accumulator
0068 04        58      STRING:   INC    A       ;bypass RET
0069 83        59          MOVC   A,@A+PC
006A 22        60          RET
006B 54686973  61      STRING0:  DB     "This is a testing string."
006F 20697320
0073 61207465
0077 7374696E
007B 67207374
007F 72696E67
```

```
0083 2E
0084 FF                          62              DB      0FFH ;the end flag
                                 63              END
```

C 語言程式如下。

```
line level      source
  1             /* ex16.3-2.C */
  2             #include <reg51.h>
  3             /* function prototype */
  4             void Uart_Init(int baudrate);
  5             void UartISR();
  6             void UartPutChar(unsigned char c);
  7             unsigned char UartGetChar();
  8
  9             /* testing data */
 10             unsigned char text[] = "This is a testing string.\n\0";
 11             unsigned char *ptr;
 12
 13             /* main program */
 14             main(void)
 15             {
 16    1            Uart_Init(9600); /* initialize UART */
 17    1            ptr = &text;        /* point to the text string  */
 18    1            IE  = 0x90;        /* enable the UART interrupt */
 19    1            TI  = 1;
 20    1            while (1);          /* waiting for the UART interrupt */
 21    1        }
 22
 23             void Uart_Init(int baudrate)
 24             {
 25    1        /* initialize UART of MCS-51 */
 26    1            SCON = 0x52;    /* set up UART mode 1 and TI=REN=1 */
 27    1            TMOD = 0x20;    /* configure Timer 1 as mode 1 */
 28    1            TR1  = 0;        /* stop Timer 1 */
 29    1            TH1  = 256 - (28800/baudrate);
 30    1            TR1  = 1;         /* start Timer 1 */
 31    1        }
 32
 33             /* put a character to UART as an interrupt occurs */
 34             void UartISR() interrupt 4
 35             {
 36    1            if (TI && (*ptr != '\0')) {
 37    2                UartPutChar(*ptr++);
 38    2            } else {
```

```
39  2              UartGetChar(); /* wait for a key stroke */
40  2              ES = 0;        /* disable the UART interrupt */
41  2          }
42  1      }
43
44      /* put a character to the UART */
45      void UartPutChar(unsigned char c)
46      {
47  1      while (!TI);   /* waiting for TI == 1 */
48  1      TI= 0;         /* clear the transmit flag */
49  1      SBUF = c;      /* transmit a character c */
50  1      }
51
52      /* get a character from the UART */
53      unsigned char UartGetChar()
54      {
55  1      while (!RI);   /* waiting for RI == 1 */
56  1      RI= 0;         /* clear the receive flag */
57  1      return(SBUF);  /* return a character c */
58  1      }
```

模式 2

在模式 2 時，串列埠為一個固定鮑速率的 9 位元 UART，其資料格式由一個啟始(start)位元(0)、8 個位元的資料(LSB 最先輸出)、一個可以規劃的第 9 個資料位元及一個停止(stop)位元(1)組成。11 位元的資料由 TxD 輸出端傳送；11 位元的資料由 RxD 輸入端接收。在傳送時，第 9 個資料位元(SCON 暫存器的 TB8 位元)，可以設定為 1 或是清除為 0，例如它可以當作同位位元使用；在接收時，第 9 個資料位元存入 SCON 暫存器的 RB8 位元中，而停止位元則忽略。鮑速率可以是 1/32 或是 1/64 系統時脈頻率。

模式 3

模式 3 除了鮑速率為可變之外，其動作與模式 2 相同。鮑速率可以使用定時器 1 或是定時器 2 產生。此種模式通常使用在多重微處理器的系統中，如圖 16.3-7 所示。

串列通信埠的模式 2 與 3，提供一個 9 位元的資料通信模式，其第 9 個位元允許控制器區別正常資料與位址資訊。例如當第 9 個位元設定為 1 時，表示該資料位元組為位址資訊；當第 9 個位元清除為 0 時，表示該資料位元組為正常的資料位元組。在傳送時，第 9 個資料位元(即 TB8 位元)，可以由軟體指令設定為 1 或是清除為 0；在接收時，第 9 個資料位元存入 SCON 暫存器的 RB8 位元中。

圖16.3-7　MCS-51 的多重微處理器例

串列通信埠可以規劃成在接收到正確的停止位元後，若 RB8 位元為 1 時，才產生中斷。這項特性可以由設定控制暫存器 SCON 的 SM2 位元為 1 達到。上述功能可以使用在多重處理器的系統中，其執行方式如下：當主控制器希望傳送一個資料區塊於一個指定的從屬(slave)控制器時，它首先傳送一個位址位元組，即其第 9 個位元設定為 1，以指認標的從屬控制器。若所有從屬控制器的 SM2 位元均設定為 1，則它們只在接收到位址位元組時，才產生中斷。被指定的從屬控制器，則清除 SM2 位元，以備妥接收其次的資料位元組；其它從屬控制器的 SM2 位元依然設定為 1，執行其各自的程式。

📖複習問題

16.48. MCS-51 的串列通信埠有那四種操作模式？

16.49. 試簡述一個 9 位元的 UART 的簡單應用。

16.50. 試簡述 MCS-51 的 8 位元 UART 的資料格式。

16.51. 試簡述 MCS-51 的 9 位元 UART 的資料格式。

16.3.5　自動位址偵測

當 MCS-51 的串列通信埠操作於模式 2 與 3 時，若 SM2 設定為 1，則 RI 位元只當接收資料的第 9 個位元(RB8)為 1 時，才設定為 1。因此，控制器可以據此區別正常資料與位址資訊。

在某些 MCS-51 衍生微控制器中，使用從屬位址暫存器(SADDR)與從屬位址致能暫存器(SADEN)完成上述位址的自動偵測動作。從屬位址暫存器 SADDR 與從屬位址致能暫存器 SADEN，分別佔用 A9H 與 B9H 兩個位址，如圖 16.3-8 與 16.3-9 所示。在系統重置之後，暫存器 SADDR 與 SADEN，均清除為 0，因而定義廣播位址為$\phi\phi\phi\phi\ \phi\phi\phi\phi$B，以與標準的 MCS-51 相容。

SADDR		位址：A9H		重置值：00H		非位元可存取	
7	6	5	4	3	2	1	0
SADDR7	SADDR6	SADDR5	SADDR4	SADDR3	SADDR2	SADDR1	SADDR0

圖16.3-8　MCS-51 衍生微控制器的 SADDR 暫存器

SADEN		位址：B9H		重置值：00H		非位元可存取	
7	6	5	4	3	2	1	0
SADEN7	SADEN6	SADEN5	SADEN4	SADEN3	SADEN2	SADEN1	SADEN0

圖16.3-9　MCS-51 衍生微控制器的 SADEN 暫存器

從屬處理器的真正位址由從屬位址暫存器的內容與從屬位址致能暫存器的內容 AND 後得到。從屬位址致能暫存器的內容中，值為 1 的位元，其對應的從屬位址暫存器中的位元即為真正位址的位元；值為 0 的位元，其對應的真正位址的位元為ϕ(即可以為 1 或是 0)。在同一個系統中，所有從屬處理器必須各自有一個不同的位址；主控制器可以使用廣播位址 0FFH，同時與所有從屬處理器通信。

例題16.3-3　(從屬處理器位址計算)

假設從屬處理器 1 與 2 的 SADDR 與 SADEN 暫存器內容分別如下：
- 從屬處理器 1：SADDR 暫存器 ＝11010010 而 SADEN 暫存器 ＝11111011
- 從屬處理器 2：SADDR 暫存器 ＝11010010 而 SADEN 暫存器 ＝11111110

試決定從屬處理器 1 與 2 的位址。

解：從屬處理器 1 與 2 的 SADDR 暫存器內容相同，但是使用 SADEN 暫存器的位元 0 與 2 區別它們。從屬處理器 1 忽略位元 2 但是需要一個為 0 的位元 0；從屬處理器 2 忽略位元 0 但是需要一個為 0 的位元 2。因此，從屬處理器 1 的唯一位址為 1101 0110，因其位元 0 需要為 0；從屬處理器 2 的唯一位址為 1101

0011，因位元 0 為 1 時可以排除從屬處理器 1。兩者可以使用位址 1101 0010 同時選取。詳細的位址計算如圖 16.3-10 所示。

從屬處理器 1

SADDR	1	1	0	1	0	0	1	0
SADEN	1	1	1	1	1	0	1	1
	1	1	0	1	0	ϕ	1	0

從屬處理器 2

SADDR	1	1	0	1	0	0	1	0
SADEN	1	1	1	1	1	1	1	0
	1	1	0	1	0	0	1	ϕ

圖16.3-10　例題 16.3-3 的位址計算

📖 複習問題

16.52. 那兩個暫存器幫助完成自動位址偵測的動作？

16.53. 簡述自動位址偵測的動作在系統重置後，如何與標準的 MCS-51 相容？

16.54. 試簡述如何使用 SADDR 與 SADEN 暫存器決定從屬處理器的位址？

16.4 串列界面基本應用

　　雖然 MCS-51 已經提供四個 I/O 埠，許多 MCS-51 應用系統可能需要更多的 I/O 埠。此外，它也常需要推動一個只提供串列資料轉移界面的元件。前者至少有兩種解決方法：一為使用具有較多 I/O 埠的 MCS-51 衍生微控制器；二為使用兩隻 I/O 接腳推動一個或是多個串列輸入、並列輸出的移位暫存器。後者也至少有兩種解決方法：正常的 I/O 接腳與專用的串列界面。在本節中，我們首先說明如何使用移位暫存器擴充 I/O 埠數目，然後介紹一個廣泛使用的 MCS-51 串列埠擴充，稱為 SPI (serial peripheral interface)。

16.4.1 MCS-51 I/O 埠擴充

　　如前所述，當 MCS-51 的串列埠操作在模式 0 時，其功能為一個移位暫存器，如圖 16.3-5 所示。藉著這個功能，任何需要數目的 I/O 埠均可以擴充得到。然而，串列埠通常保留為 UART 用，以與 PC 轉移資料。

　　基於上述理由，下列我們將介紹如何使用兩隻 I/O 埠接腳推動一個或是多個串列輸入、並列輸出的移位暫存器，以擴充需要的 I/O 埠數目。如圖 16.4-1 所示，串列輸入、並列輸出的 74xx164 移位暫存器由兩隻 I/O 埠接腳推動：P1.0 接腳為串列資料輸入端，而 P1.1 接腳為移位時脈信號。欲輸入資料於移位暫存器時，我們必須伴隨著串列輸入資料產生與在 P1.1 接腳輸出 8 個時脈信號。下列例題說明如何輸入資料於移位暫存器 74xx164 中。

圖16.4-1　MCS-51 與 74xx164 元件界接

例題16.4-1　(74xx164 元件推動程式)

寫一個程式由 LSB 到 MSB 持續點亮圖 16.4-1 中的每一個 LED 一秒鐘。

解： 如圖 16.4-1 所示，欲點亮一個 LED，其對應的移位暫存器輸出端必須輸出一個低電位，因此欲點亮連接於 QA 輸出端的 LED，資料位元組 0FEH 必須寫入移位暫存器內。據此，得到如下所示的推動副程式 WRBYTE。欲持續不斷地依序點亮 LED，需要一個無窮迴圈，如 TEST 程式所示。

程式16.4-1　74xx164 元件推動程式

```
                        1       ;ex16.4-1.a51
                        2       ;
      0090              3       DATAIN   BIT  P1.0 ;serial data
      0091              4       CLOCK    BIT  P1.1 ;serial clock
      ----              5                CSEG AT 0000H
                        6       ;turn on the LEDs one by one from the LSB
      0000 74FE         7       TEST:    MOV  A,#0FEH
      0002 F5F0         8       LOOP:    MOV  B,A    ;save A
      0004 110E         9                ACALL WRBYTE ;write a byte
```

```
0006 111A       10                          ACALL DELAY1S;delay one second
0008 E5F0       11                          MOV   A,B   ;restore A
000A 23         12                          RL    A     ;the next LED
000B 80F5       13                          SJMP  LOOP  ;repeat forever
000D 22         14                          RET
                15            ;P1.0 --- the serial input data bit
                16            ;P1.1 --- the shift clock
                17            ;write a byte to the 74xx164 shift register
000E 7A08       18    WRBYTE: MOV   R2,#08 ;repeat 8 times
0010 C291       19    AGAIN:  CLR   CLOCK  ;clear the clock
0012 33         20            RLC   A      ;shift the bit 0 to CY
0013 9290       21            MOV   DATAIN,C;insert serial data
0015 D291       22            SETB  CLOCK   ;rising the clock
0017 DAF7       23            DJNZ  R2,AGAIN
0019 22         24            RET
                25    ;
                26    ;a subroutine for delaying one second
                27    ;using Timer 1
001A 758910     28    DELAY1S: MOV  TMOD,#10H;set up in mode 1
001D 7A14       29            MOV   R2,#20     ;loop 20 times
001F C28F       30    D50MS:  CLR   TF1        ;delay 50 ms
0021 758D3C     31            MOV   TH1,#3CH
0024 758BB0     32            MOV   TL1,#0B0H
0027 D28E       33            SETB  TR1
0029 308FFD     34    WAIT:   JNB   TF1,WAIT
002C DAF1       35            DJNZ  R2,D50MS
002E 22         36            RET
                37            END
```

　　　　C語言程式如下。

```
line level     source
  1             /* ex16.4-1C.C */
  2             #include <reg51.h>
  3             /* write a data byte to the 74xx164 shift register */
  4             void WriteByte(unsigned char A);
  5             void Delay1s(void);
  6             sbit CLOCK  = P1^1;  /* shift clock */
  7             sbit DATAIN = P1^0;  /* serial-in data */
  8
  9             void main(void)
 10             {
 11    1
 12    1            unsigned char A,B;
 13    1            unsigned char i;
```

```
14   1
15   1              while (1) {
16   2                 /*turn on the LEDs one by one from the LSB */
17   2                 B = 0x01;
18   2                 for (i=0; i < 8; i++){
19   3                    A = 0xFF & ~B;
20   3                    WriteByte(A);   /* write a byte */
21   3                    Delay1s();      /* delay one second */
22   3                    B = B << 1;
23   3                 }
24   2              }
25   1           }
26
27           /* write a byte to the 74xx164 shift register */
28           void WriteByte(unsigned char A)
29           {
30   1           unsigned char i;
31   1
32   1                for (i=0; i <8; i++){
33   2                   CLOCK  = 0;  /* clear the clock */
34   2                   DATAIN = A & 0x01;
35   2                   A      = A >> 1;
36   2                   CLOCK  = 1;  /* rising the clock */
37   2                }
38   1           }
39
40           /* delay 1 second */
41           void Delay1s(void)        /* using the polling I/O method */
42           {
43   1           int count = 20;
44   1           TMOD = 0x10;             /* configure Timer as mode 1 */
45   1           TR1  = 0;
46   1           while (count-- != 0) {
47   2              TH1 = 0x3C;          /* generate a 50-ms delay*/
48   2              TL1 = 0xB0;
49   2              TR1 = 1;             /* start up Timer 1 */
50   2              while (TF1 != 1); /* wait for Timer 1 timeout */
51   2              TF1 = 0;             /* clear the TF1 flag */
52   2           }
53   1           TR1 = 0;                 /* stop Timer 1 */
54   1        }
```

📖複習問題

16.55. 參考資料手冊，描述 74xx164 元件的動作。

16.56. 能否將 74xx164 元件的 A 與 B 輸入端連接在一起？

16.57. 如何改變圖 16.4-1 中的 LED 點亮順序為由 MSB 到 LSB？

16.4.2 MCS-51 SPI 擴充

SPI (serial peripheral interface)最先由 Motorola (現在為 Freescale)所提出，以簡化微控制器與周邊裝置之間的界面連接。SPI 界面與 MCS-51 串列埠模式 0 相似，事實上可以視為 MCS-51 串列埠模式 0 的一種衍生功能。由於低軟體負擔、硬體界面簡單、性能優越，SPI 已經廣泛地應用於 8 位元、16 位元、32 位元微控制器系統中。今日，相當多的周邊裝置與記憶器元件亦支援 SPI 界面，以直接與這些微控制器界接使用。

基本結構

SPI 允許在微控制器與周邊裝置或是多個微控制器以全多工方式做同步串列資料轉移。每一個 SPI 模組在三線與四線模式中可以當作主元件(master device)或是從屬元件(slave device)。當操作為主元件時，它必須負責產生時脈信號(SPICLK)；當操作為從屬元件時，它只能對主元件的資料轉移要求反應。大多數的 SPI 模組的資料轉移均以 MSB 開始，部分 MCS-51 衍生微控制器亦允許以 LSB 開始。

圖 16.4-2 所示為一個典型的 SPI 主從式結構。在每一個主/從屬 SPI 裝置中的四條信號線之定義如下：

- 主輸出、從屬輸入(master out, slave in，MOSI，P1.5)：此信號為主元件的輸出與從屬元件的輸入。它用來串列式地由主元件轉移資料到從屬元件。

- 主輸入、從屬輸入(master in, slave out，MISO，P1.6)：此信號為主元件的輸入與從屬元件的輸出。它用來串列式地由從屬元件轉移資料到主元件。當從屬元件未致能或是未選取時，此信號線為高阻抗。

- SPI 時脈(SPI clock，P1.7)：此信號為主元件的時脈輸出與從屬元件的時脈輸入。它由主元件產生；未被選取的從屬元件則忽略此信號。
SPICLK 信號同步主元件與從屬元件之間使用 MOSI 與 MISO 信號線的
資料轉移。

- 從屬元件選取($\overline{SS}$，P1.4)：此信號使用在四線模式但不使用在三線模式
  中，以選取 SPI 從屬元件。未被選取的 SPI 從屬元件忽略 SPICLK 信
  號，並且設定其 MISO 輸出為高阻抗，因此不影響其它從屬元件。

圖16.4-2　MCS-51 衍生微控制器的 SPI 基本結構

　　在完成一個資料位元組的傳輸之後，SPI 時脈產生器停止並且設定 SPIF
旗號為 1。若此時 SPIE 與 ES 旗號均設定為 1，則產生一個中斷。

規劃模式

　　SPI 模組的動作由三個 SFR 控制：SPI 控制(SPCR)暫存器、SPI 狀態
(SPSR)暫存器、SPI 資料暫存器。這些暫存器均為非位元可存取的暫存器。
下列將詳細介紹 SPI 控制(SPCR)暫存器與 SPI 狀態(SPSR)暫存器。

　　SPI控制(SPCR)暫存器[1]：SPI控制(SPCR)暫存器控制SPI模組的動作。如
圖 16.4-3 所示，它致能或抑制中斷與SPI模組本身，決定資料轉移順序，設
定SPI模組為主元件或是從屬元件，控制時脈信號極性與相位，選取時脈信
號速率。SPI控制(SPCR)暫存器為一個非位元可存取的暫存器。

---

[1] 這裡的 SFR 的位址為 P89V51RD2 微控制器所指定的，其它微控制器可能有
不同的位址指定。

SPIE (SPI interrupt enable，位元 7)：設定為 1 時，致能 SPI 模組的中斷。若 SPIE 與 ES 位元均為 1，則產生 SPI 中斷。

SPE (SPI enable，位元 6)：設定為 1 時，啟動 SPI 模組的動作。當此位元清除為 0 時，停止 SPI 模組的動作。此時 I/O 埠可以當作正常的 I/O 接腳使用。在系統重置後，SPE 位元清除為 0，因此 SPI 模組不動作。

SPCR		位址：D5H		重置值：00H		非位元可存取	
7	6	5	4	3	2	1	0
SPIE	SPE	DORD	MSTR	CPOL	CPHA	SPR1	SPR0

圖16.4-3　SPI 控制(SPCR)暫存器的內容

DORD (data transmission order，位元 5)：此位元決定串列資料轉移順序。當其設定為 1 時，MSB 先傳；清除為 0 時，LSB 先傳。

MSTR (master/slave select，位元 4)：此位元設定 SPI 模組為主元件或是從屬元件。當其設定為 1 時，SPI 模組為主元件；清除為 0 時，SPI 模組為從屬元件。

CPOL (clock polarity，位元 3)：此位元設定 SPICLK 信號的極性，為低電位啟動或是高電位啟動。當其設定為 1 時，SPICLK 在閒置時為高電位(低電位啟動)；清除為 0 時，SPICLK 在閒置時為低電位(高電位啟動)。

CPHA (clock phase control，位元 2)：CPHA 位元控制移位暫存器為正緣觸發或是負緣觸發。當 CPHA = 1 時，為負緣觸發；當 CPHA = 0 時，為正緣觸發。

SPR1 與 SPR0 (SEP clock rate select，位元 1 與 0)：當 SPI 模組操作在主元件時，這兩個位元用以選取時脈信號 SPICLK 的速率。

- 當 SPR1 SPR0 = 00 時，SPICLK 的速率為 1/4 系統時脈頻率；
- 當 SPR1 SPR0 = 01 時，SPICLK 的速率為 1/16 系統時脈頻率；
- 當 SPR1 SPR0 = 10 時，SPICLK 的速率為 1/64 系統時脈頻率；
- 當 SPR1 SPR0 = 11 時，SPICLK 的速率為 1/128 系統時脈頻率。

SPI 狀態(SPSR)暫存器：SPI 狀態(SPSR)暫存器指示 SPI 模組的狀態。如

圖 16.4-4 所示，它僅包括一個中斷旗號與一個寫入衝突旗號。這兩個位元的功能如下：

SPIF (SPI interrupt flag，位元 7)：每當完成一筆資料轉移時，此位元即被設定為 1。當 SPIF 位元被設定時，若 SPIE 與 ES 位元均為 1，則產生中斷。此位元必須由軟體指令清除。

SPSR		位址：AAH		重置值：00H		非位元可存取	
7	6	5	4	3	2	1	0
SPIF	WCOL	-	-	-	-	-	-

圖16.4-4　SPI 狀態(SPSR)暫存器的內容

WCOL (write collision flag，位元 6)：在接收資料期間，對 SPI 資料暫存器寫入資料時，此位元將被設定為 1。此位元必須使用軟體指令清除為 0。

SPI 資料(SPDAT)暫存器：SPI 資料(SPDAT)暫存器用以緩衝欲被轉移的資料，其格式如圖 16.4-5 所示。

SPDAT		位址：86H		重置值：00H		非位元可存取	
7	6	5	4	3	2	1	0
SPDAT7	SPDAT6	SPDAT5	SPDAT4	SPDAT3	SPDAT2	SPDAT1	SPDAT0

圖16.4-5　SPI 資料(SPDAT)暫存器的內容

操作模式與應用

如前所述，只有主 SPI 元件可以啟動資料轉移，而資料轉移開始於對 SPI 資料(SPDAT)暫存器寫入一個資料位元組。參考圖 16.4-2，由於主元件與從屬元件的移位暫存器串接在一起，資料傳送與接收同時以與 SPICLK 時脈信號同步的方式進行。$\overline{SS}$ 輸入端選取欲啟動的從屬 SPI 元件。當 $\overline{SS}$ 輸入端為低電位時，SPI 模組操作為從屬元件；當 $\overline{SS}$ 輸入端為高電位時，SPI 模組不被致能，它忽略 SPICLK 信號並將其 MISO 接腳置於高阻抗狀態。

SPICLK 的相位與極性分別由 CPHA 與 CPOL 位元控制。這兩個位元組合成四種可能的操作模式，如圖 16.4-6 所示。CPHA 位元控制移位暫存器的觸發點。當 CPHA = 1 時，為負緣觸發；當 CPHA = 0 時，為正緣觸發。

CPOL 位元決定 SPICLK 信號在閒置時為高電位或是低電位。當其設定為 1 時，SPICLK 在閒置時為高電位(低電位啟動)；清除為 0 時，SPICLK 在閒置時為低電位(高電位啟動)。

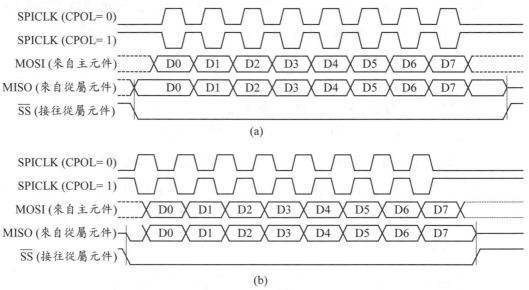

圖16.4-6　MCS-51 衍生微控制器的 SPI 資料轉移格式：(a) CPHA = 0；(b) CPHA = 1

例題16.4-2　(SPI 基本推動程式)

設計一個程式，寫入一個資料位元組於 SPI 模組。假設該 SPI 模組操作於下列特性：

- 四線單一模組模式
- 1/4 系統時脈頻率
- 抑制 SPI 中斷
- SPICLK 在閒置時為高電位
- 正緣觸發
- 以 MSB 開始的資料轉移

解：依據上述描述，SPI 控制(SPCR)暫存器必須設定為 01011000B。完整的程式如程式 16.4-2 所示。

程式16.4-2　SPI 基本推動程式

```
1        ;ex16.4-2.a51
```

```
                     2    ;use the P89V51RD2 as an eample
00D5                 3    SPCR      EQU    0D5H   ;SPI control register
00AA                 4    SPSR      EQU    0AAH   ;SPI status register
0086                 5    SPDAT     EQU    086H   ;SPI data register
                     6    ;MOSI (P1.5) --- serial data
                     7    ;SPICLK (P1.7) --- serial clock
----                 8              CSEG   AT 0000H
                     9    ;turn on the LEDs one by one from the LSB
0000 75D558         10    TEST:     MOV    SPCR,#58H;initialize the SPI
0003 74FE           11              MOV    A,#0FEH
0005 F5F0           12    LOOP:     MOV    B,A     ;save A
0007 1111           13              ACALL  WRBYTE ;write a byte
0009 1120           14              ACALL  DELAY1S;delay one second
000B E5F0           15              MOV    A,B    ;restore A
000D 23             16              RL     A      ;the next LED
000E 80F5           17              SJMP   LOOP   ;repeat forever
0010 22             18              RET
                    19    ;P1.5 --- serial input data (MOSI)
                    20    ;P1.7 --- the shift clock (SPICLK)
                    21    ;write a byte to the 74xx164 shift register
0011 F586           22    WRBYTE:   MOV    SPDAT,A ;write data in A
0013 E5AA           23    WAITSPIF: MOV    A,SPSR
0015 5480           24              ANL    A,#080H ;check the SPIF
0017 60FA           25              JZ     WAITSPIF;wait until SPIF=1
0019 E5AA           26              MOV    A,SPSR   ;clear SPIF
001B 547F           27              ANL    A,#7FH
001D F5AA           28              MOV    SPSR,A
001F 22             29              RET
                    30    ;
                    31    ;a subroutine for delaying one second
                    32    ;using Timer 1
0020 758910         33    DELAY1S:  MOV    TMOD,#10H ;mode 1
0023 7A14           34              MOV    R2,#20     ;loop 20 times
0025 C28F           35    D50MS:    CLR    TF1        ;delay 50 ms
0027 758D3C         36              MOV    TH1,#3CH
002A 758BB0         37              MOV    TL1,#0B0H
002D D28E           38              SETB   TR1
002F 308FFD         39    WAIT:     JNB    TF1,WAIT
0032 DAF1           40              DJNZ   R2,D50MS
0034 22             41              RET
                    42              END
```

C 語言程式如下。

line level　　source

```
1              /* ex16.4-2C.C */
2              #include <reg51.h>
3              /* use the P89V51RD2 as an example */
4              /* write a data byte to the 74xx164 shift register */
5              void WriteByte(unsigned char A);
6              void Delay1s(void);
7              sfr SPCR  = 0xD5;  /* SPI control register */
8              sfr SPSR  = 0xAA;  /* SPI status register */
9              sfr SPDAT = 0x86;  /* SPI data register */
10
11             void main(void)
12             {
13    1
14    1            unsigned char A,B;
15    1            unsigned char i;
16    1
17    1            SPCR = 0x58; /* initialize the SPI module */
18    1            while (1) {
19    2                /*turn on the LEDs one by one from the LSB */
20    2                B = 0x01;
21    2                for (i=0; i < 8; i++){
22    3                    A = 0xFF & ~B;
23    3                    WriteByte(A);  /* write a byte */
24    3                    Delay1s();      /* delay one second */
25    3                    B = B << 1;
26    3                }
27    2            }
28    1        }
29
30             /* write a byte to the 74xx164 shift register */
31             void WriteByte(unsigned char A)
32             {
33    1            SPDAT = A;
34    1            while ((SPSR & 0x80) == 0);
35    1            SPSR = SPSR & 0x7F; /* clear SPIF bit */
36    1        }
37
38             /* delay 1 second */
39             void Delay1s(void)        /* using the polling I/O method */
40             {
41    1            int count = 20;
42    1            TMOD = 0x10;           /* configure Timer 1 as mode 1 */
43    1            TR1  = 0;
44    1            while (count-- != 0) {
45    2                TH1 = 0x3C;        /* generate a 50-ms delay*/
```

```
46  2              TL1 = 0xB0;
47  2              TR1 = 1;              /* start up Timer 1 */
48  2              while (TF1 != 1);    /* wait for Timer 1 timeout */
49  2              TF1 = 0;             /* clear the TF1 flag */
50  2          }
51  1          TR1 = 0;                 /* stop Timer 1 */
52  1      }
```

📖 複習問題

16.58 在 SPI 模組中需要哪些 SFR？

16.59. 從屬 SPI 元件能否產生時脈信號(SPICLK)？

16.60. 主 SPI 元件扮演的角色為何？

16.61. 從屬 SPI 元件的意義為何？

16.62. 在例題 16.4-2C 中的 main 函式的動作為何？

16.5 I2C 匯流排標準

　　I2C (inter-integrated circuit，IIC 或稱 I2C)匯流排為一個廣泛使用於消費性積體電路、電信通信積體電路與工業積體電路的串列式資料傳輸界面。由於它只使用兩條信號線，對於積體電路包裝時需要的 I/O 接腳數目的負擔相當輕，因此可以減小積體電路的包裝體積。

　　許多 MCS-51 的衍生微控制器，例如 CYGNAL 公司的 C8051Fxxx 系列與 Philips 公司的 87C652/87C654 及 8xC750/8xC751/8xC752 等均提供此種界面。此外，相當多的商用積體電路亦提供此種界面，以直接與上述微控制器界接使用。相關的的商用積體電路至少包含下列：LCD 推動器、遙控 I/O 埠、RAM、EEPROM、資料轉換器(ADC 與 DAC)等，專用積體電路：數位調協器、射頻信號處理器、映像信號處理器、電話機專用的 IC 元件等。

16.5.1 I2C 匯流排界面標準

　　I2C 匯流排為一個只使用兩條信號線的串列式雙向匯流排，這兩條信號線分別稱為 SCL (serial clock)與 SDA (serial data)。它提供了三種資料速率：

在標準模式中為 100 kbps；在快速模式中為 400 kbps；在高速模式中為 3.4 Mbps。然而，任意低的時脈頻率亦可以使用。這些資料速率在嵌入式系統中比在 PC 系統常用。

在 I2C 匯流排上的元件可以分成主元件(master device)與從屬元件(slave device)。主元件提供時脈信號與選取從屬元件，而從屬元件接收時脈信號與位址。雖然在 I2C 匯流排上的資料轉移都以主從式(master/slave)的方式完成，I2C 匯流排允許多個主元件同時出現在匯流排上。此外，一個元件在匯流排上的角色可以在兩個資料轉移中的 STOP 信號之後改變。對於匯流排上的一個元件而言，其四種可能的操作模式如下：

- 主元件傳送：主元件正在傳送資料到一個從屬元件；
- 主元件接收：主元件正在由一個從屬元件接收資料；。
- 從屬元件傳送：從屬元件正在傳送資料到主元件；
- 從屬元件接收：從屬元件正在由主元件接收資料。

主元件最初在主元件傳送模式，並傳送一個 START 信號與一個 7 位元或是 10 位元的從屬元件位址。目前，10 位元的從屬元件位址鮮少使用，因此在其次的討論中，將只考慮 7 位元的從屬元件位址。應該記得的是任何時候資料轉移都是以主從式的方式進行的。

圖16.5-1　使用 I2C 匯流排的典型系統架構

系統架構

圖 16.5-1 所示為使用 I2C 匯流排的典型系統架構，每一個使用 I2C 匯流排的電路元件，其 SCL 與 SDA 信號線必須為開路吸極(open drain)或是開路集極(open collector)的輸出。因此，這兩條信號線必須使用一個提升電阻器

連接到電源端。提升電阻器的最小值為：$R_{MIN} = V_{CC(max)} / I_{OL(min)} = 1.8 \text{ k}\Omega$，其最大值由匯流排上的電容值 C_{BUS} 與規定的上升時間($t_R = 300$ ns)決定，即 $R_{MAX} = t_R/C_{BUS}$。

資料轉移

所有的資料傳送都是以一個位元組的命令開始，然後接著資料。所有的命令位元組之前都必須先啟動一個 START 信號，即先設定 SCL 為高電位，然後設定 SDA 信號由高電位變為低電位，即啟動一個負緣的信號變化，如圖 16.5-2 所示。

圖16.5-2　I2C 匯流排的 START 與 STOP 信號定義

在 START 信號之後，即可以送出命令位元組，它由 7 個位元的從屬元件位址與 1 個位元的讀取/寫入($R / \overline{W}$)控制組成。從屬元件位址唯一指定欲做資料轉移的從屬元件；讀取/寫入($R / \overline{W}$)控制位元指定資料的流向。當 $R / \overline{W}$ 控制位元的值為 1 時，主元件自從屬元件中讀取資料；當 $R / \overline{W}$ 控制位元的值為 0 時，主元件寫入資料到從屬元件中。資料位元在 SCL 為高電位期間必須為穩定的值，任何資料位元值的改變必須在 SCL 信號為低電位時進行。在傳送完一個位元組的命令或是資料之後，資料接收端必須在第 9 個位元的期間，送出一個認知信號(acknowledge，ACK)，即清除 SDA 信號為 0，告知傳送端該位元組已經接收完成，如圖 16.5-3 所示。若接收端未清除 SDA 信號為 0，則視為未認知信號(Not acknowledge，NACK)。

資料傳送動作完成之後，必須由傳送端啟動一個 STOP 信號，告知資料接收端資料傳送的動作已經結束。STOP 信號由先設定 SCL 信號為高電位，然後設定 SDA 信號由低電位變為高電位，即啟動一個正緣的信號變化，如圖 16.5-3 所示。

圖16.5-3 I2C 匯流排的資料傳送例

圖16.5-4 I2C 匯流排資料轉移格式:(a) START 信號後第一個位元組;(b) 主元件寫入一個從屬元件;(c) 主元件讀取一個從屬元件;(d) 一個組合的資料轉移格式

資料轉移格式

在I2C 匯流排的資料轉移中,主元件在START 信號後傳送到從屬元件的第一個位元組包含 7 個位元的位址與一個 R/$\overline{\text{W}}$ 位元,如圖 16.5-4(a)所示。圖 16.5-4(b)說明主元件使用 7 位元的定址方式選取從屬元件並轉移資料到從屬元件的資料格式,其資料方向未改變。圖 16.5-4(c)說明主元件在第一個位元組後，立即讀取從屬元件的資料。在此情況下，從屬元件在產生第一個認知(ACK)信號後，主元件立即轉變成主元件接收器而從屬元件轉變成從屬元件傳送器。STOP 信號依然由主元件產生，但先冠以一個未認知信號(NACK)信號。圖 16.5-4(d)顯示組合資料轉移格式的情況，其資料方向在資料轉移過程中改變。欲改變資料方向，START 信號與從屬元件位址位元組必須重複，但是 R/$\overline{\text{W}}$ 位元設定為相反的值。

時序限制

　　欲使資料轉移能夠順利完成，I2C 匯流排的 SDA 與 SCL 信號線的轉態關係，必須符合一些特定的時序限制。在 START 信號中，SDA 信號與 SCL 信號之間的關係有兩個時序限制必須滿足，如圖 16.5-5 所示。其一為 $t_{SU:STA}$ 稱為 START 的設定時間，即 SDA 信號必須在 SCL 信號為高電位的 $t_{SU:STA}$ 時間後，才能設定為低電位；其二為 $t_{HD:STA}$ 為 START 的持住時間，即 SCL 信號在 SDA 信號設定為低電位後，必須持續維持在高電位一段 $t_{HD:STA}$ 時間，才能設定為低電位。詳細的參數值列於表 16.5-1 中。

圖16.5-5　I2C 匯流排的時序

　　在進入資料傳輸動作中，SDA 信號與 SCL 信號之間的關係也有兩個時序限制必須滿足，如圖 16.5-5 所示。其一為 $t_{SU:DAT}$ 稱為資料的設定時間，即 SDA 信號必須在 SCL 信號的正緣之 $t_{SU:DAT}$ 時間之前，已經是一個穩定的值；其二為 $t_{HD:DAT}$ 稱為資料的持住時間，即 SDA 信號在 SCL 信號的負緣之後，必須持續維持在穩定的值一段 $t_{HD:DAT}$ 時間。

　　SCL 信號的高電位期間與低電位期間的時序限制分別由 t_{HIGH} 與 t_{LOW} 指

定；SCL 信號與 SDA 信號的上升時間與下降時間則分別由 t_R 與 t_F 指定，如圖 16.5-5 所示。

表 16.5-1 I2C 匯流排的時序參數值

符號	參數	標準模式		快速模式		高速模式		單位
		最小值	最大值	最小值	最大值	最小值	最大值	
f_{OSC}	SCL 時脈信號頻率	0	100	0	400	0	3400	kHz
t_{BUF}	兩個資料傳輸的最小時距	4.7	-	1.3	-	-	-	μs
$t_{HD:STA}$	START 信號的持住時間	4.0	-	0.6	-	0.16	-	μs
$t_{SU:STA}$	START 信號的設定時間	4.7	-	0.6	-	0.16	-	μs
t_{HIGH}	SCL 信號的高電位期間	4.0	-	0.6	-	0.06	-	μs
t_{LOW}	SCL 信號的低電位期間	4.7	-	1.3	-	0.16	-	μs
$t_{HD:DAT}$	DATA 的持住時間	5.0	-	-	-	0	0.07	μs
$t_{SU:DAT}$	DATA 的設定時間	250	-	100	-	1n0	-	ns
t_R	SCL 與 SDA 的上升時間	-	1000	20+	300	10	40	ns
t_F	SCL 與 SDA 的下降時間	-	300	20+	300	10	80	ns
$t_{SU:STO}$	STOP 信號的設定時間	4.0	-	0.6	-	0.16	-	μs
$t_{VD:DAT}$	資料成立時間		3.45		0.9			μs
$t_{VD:ACK}$	資料成立認知		3.45		0.9			μs
C_{BUS}	匯流排負載電容值		400		400		100	pF

在 STOP 信號中，SDA 信號與 SCL 信號之間的關係只有一個時序限制必須滿足，如圖 16.5-5 所示。在 STOP 信號中，SDA 信號必須在 SCL 信號上升為高電位的 $t_{SU:STO}$ 時間後，才能上升為高電位。參數 $t_{SU:STO}$ 稱為 STOP 信號的設定時間。詳細的參數值列於表 16.5-1 中。最後一個重要的參數為 t_{BUF}，它定義了兩個資料傳輸動作之間的最小時間間隔。

📖 複習問題

16.63. I2C 匯流排只使用那兩條信號線？

16.64. 目前 I2C 匯流排定義了那三種資料傳輸速率？

16.65. 在 I2C 匯流排中，如何決定可以並接在一起的電路元件數目？

16.66. 為何在 I2C 匯流排中，SDA 與 SCL 信號線必須使用提升電阻器連接到 +5 V 的電源？

16.67. 試簡述在 I2C 匯流排中，如何決定一個資料傳送動作的開始與結束。

16.68. 在 I2C 匯流排中，兩個資料轉移動作之間至少必須間隔多少時間？

16.69. 為何在 I2C 匯流排的 STOP 信號中，只定義設定時間而沒有定義持住時間？

16.5.2　與 24Cxx 序列元件界接

　　24Cxx 序列元件為一個使用 I2C 界面的 EEPROM，在 I2C 匯流排中當作從屬元件，它們為一個 8 腳的 IC，其接腳分佈如圖 16.5-6(a)所示。如圖 16.5-6(a)所示，SCL 與 SDA 為標準的 I2C 匯流排信號，WP (write protection) 輸入端在正常操作模式中必須接地。當 WP 輸入端接往 V_{CC} 時，整個元件的記憶器將無法寫入，但是讀取動作不受影響。

圖16.5-6　MCS-51 與 24Cxx 序列元件界接：(a)電路；(b) 24C02/04/08/16 元件的從屬元件位址位元組

　　下列我們只考慮容量介於 256B 與 2 kB 之間的 24Cxx 序列元件。這些元件如下：

- 24C02：24C02 為一個 256B 的 EEPROM。在此元件中，從屬元件位址由 A2 到 A0 三個接腳的組合值決定。因此，在同一個 I2C 匯流排中，最多可以容納 8 個這種元件。

- 24C04：24C04 為一個 512B 的 EEPROM。在此元件中，從屬元件位址由 A2 到 A1 兩個接腳的組合值決定。因此,在同一個 I2C 匯流排中,最多可以容納 4 個這種元件。在從屬元件位址位元組中的 B0 位元用以選擇欲存取的頁區,每一個頁區為 256 位元組。

- 24C08:24C08 為一個 1 kB 的 EEPROM。在此元件中,位址輸入接腳未使用,可以空接、接地或是接到 Vcc。在從屬元件位址位元組中的 B1 與 B0 兩個位元用以選擇欲存取的頁區,每一個頁區為 256 位元組。

- 24C16:24C16 為一個 2 kB 的 EEPROM。在此元件中,位址輸入接腳未使用,可以空接、接地或是接到 Vcc。在從屬元件位址位元組中的 B2 到 B0 三個位元用以選擇欲存取的頁區,每一個頁區為 256 位元組。

資料寫入動作

在 24Cxx 序列元件中,資料寫入動作可以分成位元組寫入(byte write)與頁區寫入(page write)兩種模式。由於此序列元件為一組容量介於 256B 到 2k 位元組的 EEPROM,其位址線最多有 11 條,這 11 位元的位址信號分成 3 個位元的區段位址與 8 個位元的語句位址位元組兩個部分。在任何記憶器資料的存取動作中,3 個位元的區段位址 A10 到 A8 包裝於從屬元件位址位元組中的位元 3 到 1,如圖 16.5-6(b)所示;語句位址位元組則緊接於從屬元件位址位元組送出,如圖 16.5-7 所示。

圖16.5-7　24Cxx 元件的資料寫入模式:(a) 位元組寫入;(b) 頁區寫入(頁區寫入緩衝器在 24C02/04 為 8 位元組,在 24C08/16 為 16 位元組)

位元組寫入模式的動作如圖 16.5-7(a)所示。在位元組寫入模式中,當主元件(MCS-51)在寫入從屬元件位址位元組與記憶器的語句位址位元組後,只寫入一個位元組的資料,然後在接收到 24Cxx 元件送回的 ACK 信號後,立即啟動 STOP 信號終止寫入的動作。其次 24Cxx 元件執行內部的位元組規劃動作(其 t_{WC} 為 5 ms 到 10 ms),在此期間所有輸入信號均被抑制住,主元件的任何要求動作均不予反應。

在頁區寫入模式中,主元件(MCS-51)在寫入一個位元組的資料後,當接收到 24Cxx 元件送回的 ACK 信號後,並不立即啟動 STOP 信號終止寫入的動作,而是繼續寫入另一個資料位元組,然後每當 24Cxx 元件送回一個 ACK 信號時,則繼續寫入另外一個資料位元組,直到連續寫入 8 (24C02/04) 個或是 16 (24C08/16)個位元組的資料後,才啟動 STOP 信號,結束頁區模式的資料寫入動作,如圖 16.5-7(b)所示。在 STOP 信號之後,24Cxx 元件執行內部的位元組規劃動作。注意:在頁區寫入模式中,由於內部的位址計數器只改變其低序 3/4 個位元,因此當寫入的資料超過 8/16 個位元組時,先前寫入的資料將被覆蓋,即只保留最後寫入的 8/16 個位元組。

資料讀取動作

24Cxx 元件的資料讀取動作可以分成目前位址讀取(current address read)、任意位址讀取(random read)、循序位址讀取(sequential read)等三種模式,如圖 16.5-8 所示。24Cxx 元件內部有一個 n 位元的位址計數器,n 的值在 24C02 為 8,在 24C04 為 9,在 24C08 為 10,在 24C16 為 11。每當讀取內部資料的動作發生時,該計數器即增加 1,指到下一個資料位元組中。位址計數器為模 2^n 的計數器,即當其值增加到 2^n-1 後,將回到 0。目前位址讀取模式只讀取位址計數器指定的位元組;任意位址讀取模式可以存取任何位址的位元組;循序位址讀取模式允許由位址計數器開始的資料位元組依序讀取任意數目的位元組資料。注意:欲終止一個讀取動作時,主元件可以在第 9 個位元時,立即啟動一個 STOP 信號,或是設定 SDA 信號為高電位,然後啟動一個 STOP 信號。

在目前位址讀取的動作中，當 24Cxx 元件接收到一個 R / $\overline{W}$ 控制位元為 1 的從屬元件位址位元組後，即送出一個 ACK 位元信號，然後傳送一個位元組的資料，主元件在接收到該位元組的資料後，並不送出一個 ACK 信號位元，而是設定 SDA 信號為高電位並送出一個 STOP 信號，終止資料讀取的動作，如圖 16.5-8(a)所示。

在任意位址讀取的動作中，主元件首先送出一個從屬元件位址位元組，其中 R / $\overline{W}$ 控制位元清除為 0，以寫入其次的低序位元組位址(即語句位址)到 24Cxx 元件的位址計數器。接著執行一個目前位址讀取動作，讀取需要的位元組資料，如圖 16.5-8(b)所示。

圖16.5-8 24Cxx 元件的資料讀取模式：(a) 目前位址讀取；(b) 任意位址讀取；(b) 循序位址讀取

在循序位址讀取的動作中，主元件首先啟動一個目前位址讀取動作或是任意位址讀取動作，然後主元件每當接收到一個位元組的資料後，即送出一個 ACK 位元信號，如圖 16.5-8(c)所示。主元件可以在接收到一個位元組的資料後，送出一個 STOP 信號，終止其次的資料讀取動作。24Cxx 元件的循序位址讀取動作模式允許整個記憶器的資料依序讀出。

存取時序

24Cxx 元件的 I2C 匯流排時序與標準的 I2C 匯流排時序相同，如圖 16.5-9 所示。與圖 16.5-5 比較下，24Cxx 元件的 I2C 匯流排時序中多了 t_{AA} 與 t_{DH} 兩個時序限制。t_{AA} 為 SCL 信號下降為低電位後到 SDA 信號輸出穩定的資料的時間；t_{DH} 為 SDA 信號輸出的持住時間，即當 SCL 信號下降為低電位後，SDA 信號輸出依然維持在穩定狀態的最小時間。

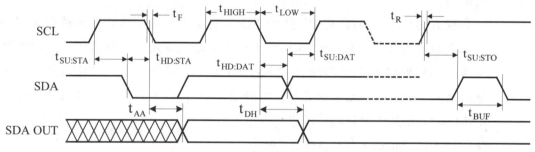

圖16.5-9　24Cxx 元件的 I2C 匯流排時序

24Cxx 元件的時序參數值如表 16.5-2 所示，未列出者與表 16.5-1 的標準模式相同。

表 16.5-2　24Cxx 元件的時序參數值(未列出者與表 16.5-1 的標準模式相同)

符號	參數	最小值	最大值	
t_{AA}	SCL 低電位到 SDA 輸出穩定的資料	0.3	0.5	μs
t_{HD}	DATA OUT 的持住時間	300	-	ns

下列例題說明 I2C 匯流排信號的產生與 24Cxx 序列元件的推動程式設計方法。

例題16.5-1　(24Cxx 序列元件的推動程式例)

參考圖 16.5-6(a)，設計兩個副程式，其中一個為使用位元組寫入模式，寫入儲存於暫存器 R7 的資料到由 DPTR 暫存器指定的位置中；另外一個為使用任意位址讀取模式，自 24Cxx 序列元件中由 DPTR 暫存器指定的位置之資料，並儲存於累積器(A)內。

解：完整的程式如程式 16.5-1 所示。依據內文的介紹得知：每一個資料傳輸動作均必須啟動 START 與 STOP 信號，因此依據 I2C 匯流排規格，它們分別定義為 START 與 STOP 副程式。此外，每一個位元組資料傳送完畢後，必須接收一個 ACK 信號，或是送出一個高電位的 ACK 信號，因此這兩個動作也分別定義成為 GETACK 與 SENDACK 副程式。依據 I2C 匯流排的時序(表 16.5-1)得知：START 信號的設定與持住時間、STOP 信號的設定時間、SCL 信號的高電位與低電位期間等的最小值為 4.0 或是 4.7 μs。因此設計一個副程式 I2CWAIT，提供上述所需的延遲 5 μs。再者，I2CINIT 副程式亦提供，以設定 SDA 與 SCL 信號線為高電位。

程式 BYTEWRITE 與 BYTEREAD 分別使用上述副程式，依據圖 16.5-7(a) 的位元組寫入模式與圖 16.5-8(b)的任意位址讀取模式的資料格式，設計與組合而成。兩個副程式 TESTWR 與 TESTRD 分別用來測試寫入與讀取動作，它們分別寫入一個 64 位元組的資料區段於 24Cxx 元件，然後再讀回並儲存於內部 RAM 由位址 30H 開始的區域中。

程式 16.5-1　24Cxx 元件的推動程式例

```
                              1      ;ex16.5-1.a51
                              2      ;define the 24Cxx slave address byte
00A1                          3      READ      EQU    0A1H ;read
00A0                          4      WRITE     EQU    0A0H ;write
                              5      ;24Cxx interface lines
0090                          6      SDA       BIT    P1.0 ;serial data
0091                          7      SCL       BIT    P1.1 ;serial clock
                              8      ;
----                          9                DSEG   AT   30H
0030                          10     TDATA:    DS     40H   ;reserve 32 bytes
                              11     ;
----                          12               CSEG   AT   0000H
0000 118C                     13               ACALL  I2CINIT
                              14     ;a test driver for the 24Cxx device
0002 1107                     15               ACALL  TESTWR
0004 1119                     16               ACALL  TESTRD
0006 22                       17               RET
                              18
0007 758300                   19     TESTWR:   MOV    DPH,#00H ;
                              20     ;test the write operation
                              21     ;write 40H bytes consecutively
000A 7A40                     22               MOV    R2,#40H  ;
```

```
000C 758200      23              MOV    DPL,#00H ;
000F 7F13        24              MOV    R7,#13H  ;data
0011 112C        25   WRBNEXT:   ACALL  BYTEWRITE;
0013 0582        26              INC    DPL
0015 0F          27              INC    R7
0016 DAF9        28              DJNZ   R2,WRBNEXT
0018 22          29              RET
                 30   ;
                 31   ;test the read operation
                 32   ;read 40H bytes consecutively
0019 758300      33   TESTRD:    MOV    DPH,#00H ;
001C 7A40        34              MOV    R2,#40H  ;
001E 758200      35              MOV    DPL,#00H ;
0021 7930        36              MOV    R1,#LOW TDATA
0023 1148        37   RDBNEXT:   ACALL  BYTEREAD ;
0025 F7          38              MOV    @R1,A    ;
0026 0582        39              INC    DPL      ;
0028 09          40              INC    R1       ;
0029 DAF8        41              DJNZ   R2,RDBNEXT;
002B 22          42              RET
                 43   ;write a byte to the 24Cxx device using
                 44   ;the byte-write mode
                 45   ;the word address is in the DPTR
                 46   ;the data to be written is passed via R7
002C 116D        47   BYTEWRITE:ACALL START ;issue a START signal
                 48   ;write the slave address byte
002E E583        49              MOV    A,DPH ;high address bits
0030 C3          50              CLR    C
0031 33          51              RLC    A
0032 44A0        52              ORL    A,#WRITE;the slave addr
0034 11BB        53              ACALL  WR_BYTE;send it
0036 119C        54              ACALL  GETACK ;get acknowledge
                 55   ;write the word address byte
0038 E582        56              MOV    A,DPL  ;low byte address
003A 11BB        57              ACALL  WR_BYTE;send it
003C 119C        58              ACALL  GETACK ;get an acknowledge
                 59   ;write a data byte to the 24Cxx device
003E EF          60              MOV    A,R7     ;get data
003F 11BB        61              ACALL  WR_BYTE;send it
0041 119C        62              ACALL  GETACK ;get an acknowledge
                 63   ;terminate the transaction
0043 117C        64              ACALL  STOP ;issue a STOP signal
                 65   ;delay 10 ms for 24Cxx internal
                 66   ;programming
0045 11CD        67              ACALL  DELAY10ms
```

```
0047 22        68              RET
               69         ;
               70         ;read a byte from the 24Cxx device using
               71         ;the random read mode
               72         ;the byte address is in the DPTR
               73         ;the read data is returned by A
0048 116D      74    BYTEREAD: ACALL START ;issue a START signal
               75         ;write the slave address byte
004A E583      76              MOV    A,DPH ;high ddress bits
004C C3        77              CLR    C
004D 33        78              RLC    A
004E 44A0      79              ORL    A,#WRITE;the slave addr.
0050 11BB      80              ACALL WR_BYTE ;send it
0052 119C      81              ACALL GETACK   ;get an acknowledge
               82         ;write the word address byte
0054 E582      83              MOV    A,DPL ;low byte address
0056 11BB      84              ACALL WR_BYTE;send it
0058 119C      85              ACALL GETACK ;get an acknowledge
               86         ;issue a START condition again
005A 116D      87              ACALL START ;issue a START signal
               88         ;write the slave address byte
005C E583      89              MOV    A,DPH   ;high address bits
005E C3        90              CLR    C
005F 33        91              RLC    A
0060 44A1      92              ORL    A,#READ;the slave address
0062 11BB      93              ACALL WR_BYTE;send it
0064 119C      94              ACALL GETACK ;get an acknowledge
               95         ;read actual data
0066 11A9      96              ACALL RD_BYTE;read data
0068 1191      97              ACALL SENDACK;send an acknowledge
               98         ;terminate the transaction
006A 117C      99              ACALL STOP     ;issue a STOP signal
006C 22        100             RET
               101        ;
               102        ;subroutine to issue a START condition
006D D290      103   START:    SETB   SDA ;set SDA high
006F D291      104             SETB   SCL ;set SCL high
               105        ;waiting for the required setup time
0071 1189      106             ACALL  I2CWAIT
0073 C290      107             CLR    SDA ;clear SDA
               108        ;waiting for the required hold time
0075 1189      109             ACALL  I2CWAIT
0077 C291      110             CLR    SCL ;clear SCL
0079 1189      111             ACALL  I2CWAIT
007B 22        112             RET
```

```
                        113             ;
                        114             ;a subroutine to issue a START condition
007C  C290             115    STOP:    CLR    SDA   ;clear SDA
007E  C291             116             CLR    SCL   ;clear SCL
0080  1189             117             ACALL  I2CWAIT
0082  D291             118             SETB   SCL   ;set SCL high
                        119             ;waiting for the required setup time
0084  1189             120             ACALL  I2CWAIT
0086  D290             121             SETB   SDA   ;set SDA high
0088  22               122             RET
                        123             ;
                        124             ;delay 5 us for the 12-MHz system frequency
                        125             ;ACALL = 2 us, NOP = 1 us, RET = 2 us
0089  00               126    I2CWAIT: NOP
008A  00               127             NOP
008B  22               128             RET
                        129             ;
                        130             ;I2C bus initialization
008C  D290             131    I2CINIT: SETB   SDA   ;set SDA high
008E  D291             132             SETB   SCL   ;set SCL high
0090  22               133             RET
                        134             ;
                        135             ;send an acknowledge: 0 (ACK), 1(NACK)
0091  D290             136    SENDACK: SETB   SDA ;
0093  D291             137             SETB   SCL
0095  1189             138             ACALL  I2CWAIT ;wait for 5 us
0097  C291             139             CLR    SCL
0099  1189             140             ACALL  I2CWAIT ;wait for 5 us
009B  22               141             RET
                        142             ;
                        143             ;get an acknowledge (ACK) in CY
009C  D290             144    GETACK:  SETB   SDA      ;set SDA as input
009E  D291             145             SETB   SCL
00A0  1189             146             ACALL  I2CWAIT;wait for 5 us
00A2  A290             147             MOV    C,SDA
00A4  C291             148             CLR    SCL
00A6  1189             149             ACALL  I2CWAIT;wait for 5 us
00A8  22               150             RET
                        151             ;
                        152             ;read a byte from the 24Cxx device
00A9  7B08             153    RD_BYTE: MOV    R3,#8 ;set the bit counter
00AB  D290             154             SETB   SDA   ;set SDA as input
00AD  D291             155    RDNEXT:  SETB   SCL   ;toggle SCL line
00AF  1189             156             ACALL  I2CWAIT;wait 5 us
00B1  A290             157             MOV    C,SDA ;the data bit in CY
```

```
00B3 33           158              RLC    A
00B4 C291         159              CLR    SCL
00B6 1189         160              ACALL  I2CWAIT;wait 5 us
00B8 DBF3         161              DJNZ   R3,RDNEXT;repeat 8 times
00BA 22           162              RET
                  163      ;
                  164      ;write a byte in A into the 24Cxx device
00BB 7B08         165      WR_BYTE: MOV   R3,#8;set the bit counter
00BD 33           166      WRNEXT:  RLC   A      ;the data bit in CY
00BE 9290         167              MOV    SDA,C ;write data bit
00C0 1189         168              ACALL  I2CWAIT;wait 5 us
00C2 D291         169              SETB   SCL    ;toggle SCL
00C4 1189         170              ACALL  I2CWAIT;wait 5 us
00C6 C291         171              CLR    SCL
00C8 1189         172              ACALL  I2CWAIT;wait 5 us
00CA DBF1         173              DJNZ   R3,WRNEXT;repeat 8 times
00CC 22           174              RET
                  175      ;
                  176      ;delay 10 ms with Timer 1
                  177      ;the polling I/O method
00CD 758910       178      DELAY10ms:MOV  TMOD,#10H ;mode 1
00D0 C28F         179              CLR    TF1
00D2 758DB1       180              MOV    TH1,#0B1H ;= 65536-10000
00D5 758BE0       181              MOV    TL1,#0E0H
00D8 D28E         182              SETB   TR1
00DA 308FFD       183      WAIT:    JNB   TF1,WAIT
00DD 22           184              RET
                  185              END
```

C 語言程式如下。

```
line level    source
  1            /* ex16.5-1C.C */
  2            #include <reg51.h>
  3            #include <intrins.h>
  4            /* define the 24Cxx slave address byte  */
  5            #define READ  0xA1 /* read */
  6            #define WRITE 0xA0 /* write */
  7
  8            /* function prototype */
  9            void TestWrite(void);
 10            void TestRead(void);
 11            void ByteWrite(unsigned int addr, unsigned char c);
 12            void WriteByte(unsigned char c);
 13            unsigned char ByteRead(unsigned int addr);
 14            unsigned char ReadByte(void);
```

```
15              void I2CInit(void);
16              void I2CStart (void);
17              void I2CStop(void);
18              void I2CWait(void);
19              void SendAck(void);
20              void GetAck(void);
21              void Delay10ms (void);
22
23              sbit SDA = P1^0; /* the 24Cxx interface lines */
24              sbit SCL = P1^1;
25              unsigned char data TDATA[0x40] _at_ 0x30;
26
27              /* main program */
28              void main(void)
29              {
30      1           I2CInit();
31      1           TestWrite();
32      1           TestRead();
33      1           while (1);   /* wait here */
34      1       }
35
36              /* test the write function ---
37                  write 40H bytes consecutively */
38              void TestWrite(void)
39              {
40      1           unsigned char c, i;
41      1           unsigned int  addr;
42      1
43      1           c = 0x18;
44      1           addr = 0x0000;
45      1           for (i = 0; i < 0x40; i++)
46      1               ByteWrite(addr++, c++);
47      1       }
48
49              /* test the read function
50                  read 40H bytes consecutively */
51              void TestRead(void)
52              {
53      1           unsigned char i;
54      1           unsigned int  addr;
55      1
56      1           addr = 0x0000;
57      1           for (i = 0; i < 0x40; i++)
58      1               TDATA[i] = ByteRead(addr++);
59      1       }
```

```
60
61              /* use the byte-write mode to write a data byte
62                  to the 24Cxx device   */
63              void ByteWrite(unsigned int addr, unsigned char c)
64              {
65       1          unsigned char a;
66       1
67       1          I2CStart();    /* issue a START signal */
68       1          /* prepare and write the slave address byte */
69       1          a = (unsigned char) addr >> 8; /* the high byte */
70       1          a = WRITE | (a << 1);
71       1          WriteByte(a);
72       1          GetAck();
73       1          /* write the word address byte */
74       1          a = (unsigned char) addr;        /* the low byte */
75       1          WriteByte(a);
76       1          GetAck();
77       1          /* write a byte data to the 24Cxx device */
78       1          WriteByte(c);
79       1          GetAck();
80       1          I2CStop();    /* terminate the write operation */
81       1          Delay10ms(); /* wait for internal programming */
82       1      }
83
84              /*  write a data byte to the 24Cxx device */
85              void WriteByte(unsigned char c)
86              {
87       1          unsigned char i;
88       1
89       1          for (i = 0; i < 8; i++) {
90       2              if (c & 0x80) SDA = 1;
91       2              else SDA = 0;
92       2              c = c << 1;
93       2              I2CWait(); /* wait for 5 us */
94       2              SCL = 1;
95       2              I2CWait(); /* wait for 5 us */
96       2              SCL = 0;
97       2              I2CWait(); /* wait for 5 us */
98       2          }
99       1      }
100
101             /* read a data byte from the 24Cxx device using the
102                 random read mode */
103             unsigned char ByteRead(unsigned int addr)
104             {
```

```
105  1          unsigned char a, c;
106  1
107  1          I2CStart();    /* issue a START signal */
108  1          /* write the slave address byte */
109  1          a = (unsigned char) addr >> 8; /* the high byte */
110  1          a = WRITE | (a << 1);
111  1          WriteByte(a);
112  1          GetAck();
113  1
114  1          /* write the word address byte */
115  1          a = (unsigned char) addr;        /* the low byte */
116  1          WriteByte(a);
117  1          GetAck();
118  1
119  1          I2CStart();    /* issue a START signal again */
120  1          /* write the slave address byte with the read mode */
121  1          a = (unsigned char) addr >> 8; /* the high byte */
122  1          a = READ | (a << 1);
123  1          WriteByte(a);
124  1          GetAck();
125  1
126  1          /* read actual data */
127  1          c = ReadByte();
128  1          SendAck();    /* send an acknowledge */
129  1          I2CStop();    /* terminate the read operation */
130  1          return (c);
131  1      }
132
133          /* read a data byte from the 24Cxx device */
134          unsigned char ReadByte(void)
135          {
136  1          unsigned char i, c;
137  1
138  1          SDA = 1;    /* set SDA as input */
139  1          c   = 0;
140  1
141  1          for (i = 0; i < 8; i++) {
142  2              SCL = 1;
143  2              I2CWait(); /* wait for 5 us */
144  2              c = c << 1;
145  2              if (SDA) c |= 0x01;
146  2              SCL = 0;
147  2              I2CWait(); /* wait for 5 us */
148  2          }
149  1          return(c);
```

```
150   1            }
151
152                /* I2C bus initialization */
153                void I2CInit(void)
154                {
155   1                SDA = 1; /* set SDA high */
156   1                SCL = 1; /* set SCL high */
157   1            }
158
159                /*  function to issue a START condition */
160                void I2CStart (void)
161                {
162   1                SDA = 1;    /* set SDA high */
163   1                SCL = 1;    /* set SCL high */
164   1                I2CWait(); /* wait for 5 us */
165   1                SDA = 0;    /* set SDA low */
166   1                I2CWait(); /* wait for 5 us */
167   1                SCL = 0;    /* set SCL low */
168   1                I2CWait(); /* wait for 5 us */
169   1            }
170
171                /* function to issue a START condition */
172                void I2CStop(void)
173                {
174   1                SDA = 0;    /* clear SDA */
175   1                SCL = 0;
176   1                I2CWait();
177   1                SCL = 1;
178   1                I2CWait();
179   1                SDA = 1;
180   1            }
181
182                /* delay 5 us for the 12-MHz system frequency */
183                void I2CWait(void)
184                {
185   1                _nop_();    /* no operation */
186   1                _nop_();
187   1            }
188
189                /* send an acknowledge: 0 (ACK), 1(NACK) */
190                void SendAck(void)
191                {
192   1                SDA = 1;    /* send a NACK */
193   1                SCL = 1;    /* issue an SCL clock */
194   1                I2CWait(); /* wait for 5 us */
```

```
195  1           SCL = 0;
196  1           I2CWait(); /* wait for 5 us */
197  1       }
198
199          /* receive an acknowledge (ACK) */
200          void GetAck(void)
201          {
202  1           bit b;
203  1           SDA = 1;     /* set SDA as input */
204  1           SCL = 1;     /* issue an SCL clock */
205  1           I2CWait(); /* wait for 5 us */
206  1           b = SDA;
207  1           SCL = 0;
208  1           I2CWait(); /* wait for 5 us */
209  1       }
210
211          /* delay 10 ms using Timer 1 */
212          void Delay10ms (void)
213          {
214  1           TMOD = 0x10; /* set up mode 1 */
215  1           TF1  = 0;
216  1           TH1  = 0xB1; /* 0xB1E0 = 65535-10000 */
217  1           TL1  = 0xE0;
218  1           TR1  = 1;     /* start Timer 1 */
219  1
220  1           while (TF1 == 0);/* wait here until TF1=1*/
221  1       }
```

　　應該注意的是在上述例題中，我們並未考慮錯誤恢復方法，例如認知信號之遺失。在實際應用中，在推動程式中必須審慎地考慮錯誤恢復方法，以確保資料能夠正確地寫入 24Cxx 元件與自 24Cxx 元件讀取。

📖 複習問題

16.70. 24Cxx 元件有那兩種資料寫入模式？

16.71. 24Cxx 元件有那三種資料讀取模式？

16.72. 描述 I2CWAIT 副程式的功能。

16.6 參考資料

1. Atmel Corporation, *AT89S51: 8-bit Microcontroller with 4K Bytes In-System*

Programmable Flash, 2008.

2. Atmel Corporation, *AT89S52: 8-bit Microcontroller with 8K Bytes In-System Programmable Flash*, 2008.

3. Intel, *MCS-51 Microcontroller Family User′s Manual*, Santa Clara, Intel Co., 1994. (http://developer.intel.com/design/mcs51/hsf_51.htm)

4. Microchip, *24C01SC/02SC: 1K/2K 5.0 V I2C Serial EEPROMs for Smart Cards*, 1996.

5. Microchip, *24C04A: 4K 5.0 V I2C Serial EEPROM*, 1998.

6. Microchip, *24AA08/24LC08B: 8K Serial EEPROM*, 1996.

7. Microchip, *24AA16/24LC16B: 16K Serial EEPROM*, 2009.

8. M. Morris Mano, *Computer System Architecture*, 3rd ed., Englewood Cliffs, NJ.: Prentice-Hall, Inc., 1993.

9. NXP Semiconductors (Philip Corporation), *P89V51RB2/RC2/RD2: 8-bit 80C51 5-V low power 16/32/64 kB flash microcontroller with 1 kB RAM*, 2009.

10. NXP, *The UM10204 I2C-bus specification and user manual*, Rev. 03, June, 2007.

11. William Stallings, *Data and Computer Communications*, 5th ed., Englewood Cliffs, NJ.: Prentice-Hall, Inc., 1997.

12. Andrew S. Tanenbaum, *Computer Networks*, 4th ed., Englewood Cliffs, N. J.: Prentice-Hall, Inc., 2003.

13. Texas Instruments, *Interface Circuits for TIA/EIA-232 (RS-232) Design Notes*, March, 2002. (http://www.ti.com)

14. Texas Instruments, *Interface Circuits for TIA/EIA-485 (RS-485) Design Notes*, March, 2007. (http://www.ti.com)

15. 林銘波，數位系統設計：原理、實務與應用，第四版，全華圖書公司，2010。

16.7 習題

16.1 非同步串列資料傳送的標準格式為何？若一個系統中，使用偶同位、8個資料位元與1個STOP位元的格式傳送資料，則下列資料的傳輸位元

　　　組信號波形為何？

(1) 01000011　　　　　　　(2) 11101011

(3) 11010101 與 01001011 兩個連續位元組

16.2 何謂鮑速率、資料速率與有效資料速率？若一個系統中使用偶同位、7 個資料位元與 2 個 STOP 位元，則在下列的字元速率下，鮑速率、資料速率與有效資料速率各為多少？假設每一個信號具有兩個位準。

(1) 10 字元/秒　　　　　　(2) 120 字元/秒

(3) 480 字元/秒　　　　　(4) 1,200 字元/秒

16.3 假設在非同步串列資料轉移系統中，使用奇同位、8 個資料位元、1 個 STOP 位元，則在下列資料速率下，其有效資料速率各為多少？

(1) 9,600 bps　　　　　　(2) 14,400 bps

(3) 28,800 bps　　　　　(4) 115,200 bps

16.4 本題為有關於 EIA-232、EIA-422、EIA-423 與 EIA-485 的電氣特性問題：

(1) EIA-232 標準所使用的邏輯 1 與邏輯 0 的電壓範圍各為多少？

(2) 為何 EIA-232、EIA-422、EIA-423 的雜音邊界分別為 2.0 V、1.8 V 與 3.4 V？

16.5 下列為有關於 MCS-51 的串列通信埠的問題：

(1) 當控制暫存器(SCON)的內容為 0001xx00B 時，傳送的資料格式為何？

(2) 當控制暫存器(SCON)的內容為 01110000B 時，傳送的資料格式為何？

(3) 有哪兩個旗號當其中之一設定為 1 時，即可能產生中斷？

16.6 寫一個中斷服務程式，輸出 MESSAGE 開始的 30 個位元組資料，到 MCS-51 的串列通信埠上，而每次進入該中斷服務程式時，只輸出一個位元組。在所有資料都傳送完畢後，設定 FLAG 為 1；假設使用 COUNT 記錄已傳送的位元組數目。

16.7 在 MCS-51 的串列通信埠中，傳送與接收的資料格式中並未有同位位元。若在某一個應用系統中，希望使用偶同位的資料錯誤偵測方式，以達到較高可靠性的資料傳輸。試問有無可能達到此種要求？若有請敘明方法。

16.8 參考圖 16.4-1，假設 74xx164 元件由兩隻串列埠接腳 P3.1 (TxD，移位時脈)與 P3.0 (RxD，串列資料輸入)所推動。使用串列埠模式 0，寫一個程式依下列指定順序點亮每一個 LED 一秒鐘。

(1) 由 LSB 到 MSB

(2) 由 MSB 到 LSB

16.9 參考圖 16.4-1，假設兩個 74xx164 元件與其所屬的 LED 串接在一起，然後由兩隻串列埠接腳 P3.1 (TxD，移位時脈)與 P3.0 (RxD，串列資料輸入)所推動。使用串列埠模式 0，寫一個程式依下列指定順序點亮每一個 LED 一秒鐘。

(1) 由 LSB 到 MSB

(2) 由 MSB 到 LSB

16.10 參考圖 16.4-1，假設兩個 74xx164 元件與其所屬的 LED 串接在一起，然後由兩隻 I/O 接腳 P1.1 (移位時脈)與 P1.0 (串列資料輸入)所推動。寫一個程式依下列指定順序點亮每一個 LED 一秒鐘。

(1) 由 LSB 到 MSB

(2) 由 MSB 到 LSB

16.11 參考圖 16.4-1，假設兩個 74xx164 元件與其所屬的 LED 串接在一起，然後由兩條 SPI 信號線：SPICLK (P1.7)與 MOSI (P1.5)所推動。寫一個程式依下列指定順序點亮每一個 LED 一秒鐘。

(1) 由 LSB 到 MSB

(2) 由 MSB 到 LSB

16.12 參考圖 P16.1，74xx165 元件為一個 8 位元並列輸入/串列輸出移位暫存器。$\overline{\text{CE}}$ 輸入端為時脈致能控制而 $\overline{\text{PL}}$ 輸入端為非同步並行載入控制。使用 P1.2 接腳(並行載入控制)與串列埠接腳 P3.1 (TxD，移位時脈)與 P3.0 (RxD，串列資料輸入)，寫一個程式讀取開關 S7 到 S0 的狀態。假設串列埠操作於模式 0。

16.13　參考圖 P16.1，74xx165 元件為一個 8 位元並列輸入/串列輸出移位暫存器。$\overline{CE}$ 輸入端為時脈致能控制而 $\overline{PL}$ 輸入端為非同步並行載入控制。使用三隻 I/O 接腳 P1.2 (並行載入控制)、P1.1 (移位時脈)與 P1.0 (串列資料輸入)，寫一個程式讀取開關 S7 到 S0 的狀態。

16.14　參考圖 P16.1，74xx165 元件為一個 8 位元並列輸入/串列輸出移位暫存器。$\overline{CE}$ 輸入端為時脈致能控制而 $\overline{PL}$ 輸入端為非同步並行載入控制。使用 P1.2 接腳(並行載入控制)與 SPI 信號線：SPICLK (P1.7，移位時脈)與 MISO (P1.6，串列資料輸入)，寫一個程式讀取開關 S7 到 S0 的狀態。

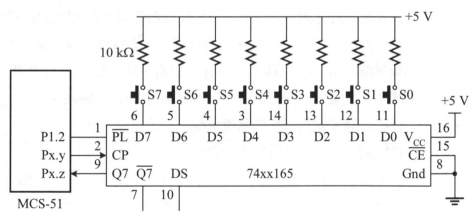

圖 P16.1　8 位元並列輸入/串列輸出移位暫存器 74xx165 的應用

16.15　參考圖 P16.1，假設兩個 74xx165 元件與其附屬的開關串接在一起。使用 P1.2 接腳(並行載入控制)與串列埠接腳 P3.1 (TxD，移位時脈)與 P3.0 (RxD，串列資料輸入)，寫一個程式讀取開關 S15 到 S0 的狀態。假設串列埠操作於模式 0。

16.16　參考圖 P16.1，假設兩個 74xx165 元件與其附屬的開關串接在一起。使用三隻 I/O 接腳 P1.2 (並行載入控制)、P1.1 (移位時脈)與 P1.0 (串列資料輸入)，寫一個程式讀取開關 S15 到 S0 的狀態。

16.17　參考圖 P16.1，假設兩個 74xx165 元件與其附屬的開關串接在一起。使用 P1.2 接腳(並行載入控制)與 SPI 信號線：SPICLK (P1.7，移位時脈)與 MISO (P1.6，串列資料輸入)，寫一個程式讀取開關 S15 到 S0 的狀態。

16.18　使用輪呼 I/O 方式，寫一個程式持續傳送位於 TEXT_OUT 緩衝器的字元於串列埠，若該串列埠亦有輸入字元，則接收該字元並置於 TEXT_IN 緩衝器中。假設 TEXT_OUT 與 TEXT_IN 緩衝器均為 32 個位元組，且分別位於內部 RAM 中的 40H 與 20H 開始的位置中。

16.19　使用中斷 I/O 方式，寫一個程式持續傳送位於 TEXT_OUT 緩衝器的字元於串列埠，若該串列埠亦有輸入字元，則接收該字元並置於 TEXT_IN 緩衝器中。假設 TEXT_OUT 與 TEXT_IN 緩衝器均為 32 個位元組，且分別位於內部 RAM 中的 40H 與 20H 開始的位置中。

16.20　參考圖 P16.1 與圖 16.4-1，假設使用串列埠操作於模式 0，設計一個邏輯電路，組合輸入開關與 LED 指示器，使得每一個 LED 相當於一個開關，且當一個開關閉合時，其對應的 LED 即點亮。

(1)　設計與繪出結果的邏輯電路

(2)　寫一個程式執行需要的動作

16.21　參考圖 P16.1 與圖 16.4-1，假設只使用 I/O 接腳，設計一個邏輯電路，組合輸入開關與 LED 指示器，使得每一個 LED 相當於一個開關，且當一個開關閉合時，其對應的 LED 即點亮。

(1)　設計與繪出結果的邏輯電路

(2)　寫一個程式執行需要的動作

16.22　參考圖 P16.1 與圖 16.4-1，假設使用 SPI 模組，設計一個邏輯電路，組合輸入開關與 LED 指示器，使得每一個 LED 相當於一個開關，且當一個開關閉合時，其對應的 LED 即點亮。

(1)　設計與繪出結果的邏輯電路

(2)　寫一個程式執行需要的動作

16.23　參考圖 P16.2 的多工推動七段 LED 顯示器模組，回答下列問題：

(1)　描述此邏輯電路的動作

(2)　寫一個程式顯示 8 個儲存於內部 RAM 中位置為 DISPBUF 的十六進制數字

圖 P16.2　使用移位暫存器 74xx164 的多工推動七段 LED 顯示器模組

16.24　參考圖 P16.1 與 P16.2，組合兩個電路，設計一個具有 16 個輸入開關與四個七段 LED 顯示器的邏輯電路。

(1)　繪出並在麵包板上連接結果的邏輯電路

(2)　寫一個推動程式，識別輸入開關的狀態並將其識別碼顯示在最右邊的七段 LED 顯示器。假設開關依序由最右邊到最左邊開始標示為 0 到 15。

16.25　參考圖 16.5-7(b)與 16.5-8(c)，回答下列問題：

(1)　使用頁區寫入模式，寫一個副程式將一個 40H 位元組的資料區段寫入 24Cxx 元件。

(2)　使用循序位址讀取模式，寫一個副程式自 24Cxx 元件中讀取一個

40H 位元組的資料區段。

附錄

MCS-51相關資料

在 本附錄中，包括 MCS-51/52 特殊功能暫存器(SFR)的詳細功能與規劃方法，
MCS-51 指令組詳細資料：指令分類表、指令碼、執行週期、長度，MCS-51
每一個指令的詳細動作。

A MCS-51/52 特殊功能暫存器(SFR)

A.1 特殊功能暫存器(SFR)位址圖(未加註＊者為MCS-52的暫存器)

F8								FF
F0	*B 00000000							F7
E8								EF
E0	*ACC 00000000							E7
D8								DF
D0	*PSW 00000000							D7
C8	T2CON 00000000		RCAP2L 00000000	RCAP2H 00000000	TL2 00000000	TH2 00000000		CF
C0								C7
B8	*IP xx000000							BF
B0	*P3 11111111							B7
A8	*IE 0x000000							AF
A0	*P2 11111111							A7
98	*SCON 00000000	*SBUF xxxxxxxx						9F
90	*P1 11111111							97
88	*TCON 00000000	*TMOD 00000000	*TL0 00000000	*TL1 00000000	*TH0 00000000	*TH1 00000000		8F
80	*P0 11111111	*SP 00000111	*DPL 00000000	*DPH 00000000			*PCON 0xxx0000	87

A.2 中斷向量表(MCS-51/52)

中斷來源	中斷旗號	CPU 自動清除	中斷向量
INT0	IE0	是；位準不是	0003H
定時器 0	TF0	是	000BH
INT1	IE1	是；位準不是	0013H
定時器 1	TF1	是	001BH
串列通信埠	RI, TI	否	0023H
定時器 2(8052)	TF2, EXF2	否	002BH

A.3　狀態語句(PSW)

PSW			位址：D0H		重置值：00H		位元可存取
PSW.7	PSW.6	PSW.5	PSW.4	PSW.3	PSW.2	PSW.1	PSW.0
D7H	D6H	D5H	D4H	D3H	D2H	D1H	D0H
CY	AC	F0	RS1	RS0	OV	-	P

- CY(進位旗號)：在執行一個指令時，若結果的 MSB (最大有效位元)有進位輸出或借位輸入，則設定 CY 為 1；否則，清除 CY 為 0。
- AC(輔助進位旗號)：當位元 3 有進位輸出或借位輸入時，設定 AC 為 1；否則，清除 AC 為 0。
- F0(旗號 0)：由使用者自行定義與使用。
- RS1~RS0(暫存器庫選取位元)：選取欲使用的暫存器庫：

    00：暫存器庫 0；01：暫存器庫 1；

    10：暫存器庫 2；11：暫存器庫 3。

    在 CPU 重置(reset)之後，RS1 與 RS0 均清除為 0，因此設定暫存器庫 0 為啟動的暫存器庫。

- OV(溢位旗號)：當一個指令執行之後的結果中，MSB 的進位輸入與進位輸出數目不相等時，設定 OV 為 1；否則，清除 OV 為 0。
- P(同位旗號)：當一個指令執行之後的結果(累積器 A)中，1 位元的個數為奇數時，設定 P 為 1；否則，清除 P 為 0。因此，累積器與同位旗號形成偶同位(even parity)。

A.4　電源控制暫存器(PCON)

PCON			位址：87H		重置值：00xx0000H		非位元可存取
7	6	5	4	3	2	1	0
SMOD	-	-	-	GF1	GF0	PDE	IDLE

- IDLE (位元 0)：閒置模式致能位元，當設定為 1 後，MCS-51 進入閒置模式。
- PDE(位元 1)：電源關閉致能位元，當設定為 1 後，MCS-51 進入電源關閉

模式。

- SMOD(位元 7)：串列埠鮑速率倍增位元，當設定為 1 後，串列埠在模式 1、2、3 中的鮑速率將倍增(若使用定時器 1 時)。
- GF1 與 GF0 (通用旗號位元)：由使用者自行定義與使用。

A.5 中斷致能暫存器(IE)

IE			位址：A8H		重置值：00H		位元可存取
IE.7	IE.6	IE.5	IE.4	IE.3	IE.2	IE.1	IE.0
AFH	AEH	ADH	ACH	ABH	AAH	A9H	A8H
EA	-	ET2*	ES	ET1	EX1	ET0	EX0

- EA(enable all)：控制所有的中斷的產生與否，當 EA 為 0 時，所有中斷均不被接受，當 EA 為 1 時，一個中斷的接受與否，由其個別的控制位元決定。值為 1 時，致能中斷；值為 0 時，抑制中斷。
- ET2*(enable timer 2)為 MCS-52 的定時器 2 的中斷控制位元。
- ES (enable serial port)：串列通信埠。
- ET1 (Enable timer 1)：定時器 1。
- EX1 (enable external interrupt 1)：外部中斷輸入 $\overline{INT1}$。
- ET0 (enable timer 0)：定時器 0。
- EX0 (enable external interrupt 0)：外部中斷輸入 $\overline{INT0}$。

A.6 中斷優先權暫存器(IP)

IP			位址：B8H		重置值：00H		位元可存取
IP.7	IP.6	IP.5	IP.4	IP.3	IP.2	IP.1	IP.0
BFH	BEH	BDH	BCH	BBH	BAH	B9H	B8H
-	-	PT2*	PS	PT1	PX1	PT0	PX0

中斷優先權暫存器中的每一個位元對應於一個中斷來源：值為 0 時，歸入低優先權中斷群；值為 1 時，歸入高優先權中斷群。

- PT2*(priority timer 2)：MCS-52 的定時器 2。
- PS(priority serial port)：串列通信埠。

- PT1(priority timer 1)：定時器 1。
- PX1(priority external interrupt 1)：外部中斷輸入 $\overline{INT1}$。
- PT0(priority timer 0)：定時器 0。
- PX0(priority external interrupt 0)：與外部中斷輸入 $\overline{INT0}$。

A.7 定時器 0/1 控制暫存器(TCON)

TCON		位址：88H		重置值：00H		位元可存取	
定時器 1		定時器 0		$\overline{INT1}$		$\overline{INT0}$	
TCON.7	TCON.6	TCON.5	TCON.4	TCON.3	TCON.2	TCON.1	TCON.0
8FH	8EH	8DH	8CH	8BH	8AH	89H	88H
TF1	TR1	TF0	TR0	IE1	IT1	IE0	IT0

- TF1 (timer 1overflow flag)：(定時器 1 溢位旗號)當定時器 1 產生溢位時，設定為 1；當 CPU 進入此定時器的中斷服務程式後，自動清除為 0。

- TR1 (timer 1 run control bit)：(定時器 1 啟動控制)當設定為 1 時，定時器 1 啟動；當清除為 0 時，定時器 1 停止動作。

- TF0 (timer 0 overflow flag)：(定時器 0 溢位旗號)當定時器 0 產生溢位時，設定為 1；當 CPU 進入此定時器的中斷服務程式後，自動清除為 0。

- TR0 (timer run control bit)：(定時器 0 啟動控制)當設定為 1 時，定時器 0 啟動；當清除為 0 時，定時器 0 停止動作。

- IE1 (external interrupt 1 edge flag)：(外部中斷 1 負緣旗號)當硬體偵測到 $\overline{INT1}$ 的信號為負緣時，設定為 1；當 CPU 進入中斷服務程式後，自動清除為 0。

- IT1 (interrupt 1 type control)：(外部中斷 1 信號類型控制)當設定為 1 時，$\overline{INT1}$ 為負緣觸發；當清除為 0 時，$\overline{INT1}$ 為低電位觸發。

- IE0 (external interrupt 0 edge flag)：(外部中斷 0 負緣旗號)當硬體偵測到 $\overline{INT0}$ 的信號為負緣時，設定為 1；當 CPU 進入中斷服務程式後，自動清除為 0。

- IT0 (interrupt 0 type control)：(外部中斷 0 信號類型控制)當設定為 1 時，

$\overline{INT0}$為負緣觸發；當清除為 0 時，$\overline{INT0}$為低電位觸發。

A.8 定時器 0/1 的模式暫存器(TMOD)

TMOD				位址：89H		重置值：00H	非位元可存取
定時器 1				定時器 0			
7	6	5	4	3	2	1	0
GATE	C/$\overline{T}$	M1	M0	GATE	C/$\overline{T}$	M1	M0

- GATE (gate bit)：當 GATE 位元設定為 1 時，定時器 x ($x = 0$ 或是 1)只在當 $\overline{INTx}$ 輸入端信號為高電位，而且控制位元 TRx 為 1 時動作；當 GATE 位元清除為 0 時，定時器 x 在控制位元 TRx 為 1 時即致能。

- C/$\overline{T}$ (counter/timer selector)：選取定時器或是計數器功能。當 C/$\overline{T}$ 位元設定為 1 時，定時器 x 操作在計數器(計數信號由 Tx 輸入端輸入)模式；當 C/$\overline{T}$ 位元清除為 0 時，定時器 x 操作在定時器模式。

- M1 M0 (mode selector)：選取定時器 x 的操作模式。

  M1 M0 = 00 (模式 0)13 位元定時器/計數器。

  M1 M0 = 01 (模式 1)16 位元定時器/計數器。

  M1 M0 = 10 (模式 2)8 位元自動重新載入定時器/計數器。

  M1 M0 = 11 (模式 3)定時器 1 停止動作。

  　　定時器 0：TL0 為 8 位元定時器/計數器，其動作由定時器/計數器 0 控制位元控制；

  　　TH0 為 8 位元定時器，其動作由定時器/計數器 1 控制位元控制。

A.9 定時器 2 控制暫存器(T2CON)

T2CON			位址：C8H		重置值：00H	位元可存取	
T2CON.7	T2CON.6	T2CON.5	T2CON.4	T2CON.3	T2CON.2	T2CON.1	T2CON.0
CFH	CEH	CDH	CCH	CBH	CAH	C9H	C8H
TF2	EXF2	RCLK	TCLK	EXEN2	TR2	C/$\overline{T2}$	CP/RL2

- TF2 (timer 2 overflow flag)：(定時器 2 溢位旗號)當產生溢位時，而且

RCLK 或是 TCLK 不為 1 時，設定為 1。它必須由軟體程式清除為 0。

- EXF2 (timer external flag)：(定時器 2 外部旗號)當在 EXEN2 位元為 1，而且 T2EX 輸入端信號的負緣，發生捕捉或是重新載入動作時，設定為 1。當定時器 2 的中斷被致能時，若 EXF2 旗號位元的值為 1，則產生中斷，它必須由軟體程式清除為 0。

- RCLK (receive clock)：(接收時脈旗號)當設定為 1 時，串列通信埠的模式 1 與 3，使用定時器 2 的溢位脈波為接收時脈信號；當清除為 0 時，串列通信埠的模式 1 與 3，使用定時器 1 的溢位脈波為接收時脈信號。

- TCLK(transmit clock)：(傳送時脈旗號)當設定為 1 時，串列通信埠的模式 1 與 3，使用定時器 2 的溢位脈波為傳送時脈信號；當清除為 0 時，串列通信埠的模式 1 與 3，使用定時器 1 的溢位脈波為傳送時脈信號。

- EXEN2 (timer 2 external enable flag)：(定時器 2 外部致能旗號)當設定為 1 時，允許定時器 2 若目前並未當作串列通信埠的時脈信號來源時，其捕捉或是重新載入動作可以由 T2EX 輸入端信號的負緣觸發；當清除為 0 時，定時器 2 忽略 T2EX 輸入端的信號。

- TR2 (timer 2 run bit)：(定時器 2 啟動控制)當設定為 1 時，定時器 2 啟動；當清除為 0 時，定時器 2 停止動作。

- $C/\overline{T2}$ (counter/timer selector for timer 2)：(選取定時器 2 為計數器或是定時器)當設定為 1 時，定時器 2 操作在計數器(計數信號由 T2 輸入端輸入)模式；當清除為 0 時，定時器 2 操作在定時器模式。

- $CP/\overline{RL2}$ (capture/relaod flag)：(定時器 2 捕捉/重新載入旗號)當設定為 1 而且 EXEN2 也設定為 1 時，定時器 2 的捕捉動作於 T2EX 輸入端信號的負緣時發生；當清除為 0 時，若 EXEN2 為 1，則定時器 2 的重新載入動作於 T2EX 輸入端信號的負緣時發生，否則，定時器 2 的重新載入動作於定時器 2 產生溢位時發生。當 RCLK 為 1 或是 TCLK 為 1 時，此位元的作用被忽略，此時定時器 2 每當產生溢位時，即執行重新載入的動作。

A.10 串列通信埠控制暫存器(SCON)

SCON		位址：98H		重置值：00H		位元可存取	
SCON.7	SCON.6	SCON.5	SCON.4	SCON.3	SCON.2	SCON.1	SCON.0
9FH	9EH	9DH	9CH	9BH	9AH	99H	98H
SM0	SM1	SM2	REN	TB8	RB8	TI	RI

- SM0 SM1 (serial mode)設定串列通信埠的操作模式。

    SM0 SM1 = 0 0：(模式 0)移位暫存器，固定速率(1/12 系統頻率)。

    SM0 SM1 = 0 1：(模式 1) 8 位元 UART，可變鮑速率。

    SM0 SM1 = 1 0：(模式 2) 9 位元 UART，固定鮑速率(1/64 或是 1/32 系統頻率)。

    SM0 SM1 = 1 1：(模式 3) 9 位元 UART，可變鮑速率。

- SM2 (自動位址識別偵測致能)在模式 2 與 3 中，若設定為 1，則 RI 位元只在接收資料的第 9 個位元(RB8)為 1 時，才設定為 1；在模式 1 中，若設定為 1，則 RI 位元只在接收資料中的 STOP 位元成立時，才設定為 1；在操作模式 0 中，此位元必須清除為 0。

- REN (reception enable)串列通信埠接收致能：設定為 1 時，啟動；清除為 0 時，抑制。

- TB8 (transmit bit 8)在模式 2 與 3 中，為第 9 個欲傳送的資料位元。

- RB8 (receive bit 8)在模式 2 與 3 中，為第 9 個接收的資料位元；在模式 1 中，若 SM2 = 0，則為接收的 STOP 位元；在模式 0 中，RB8 未使用。

- TI (transmit interrupt)在模式 0 中，當傳送完第 8 個資料位元後，設定為 1；在其它模式中，在欲開始傳送 STOP 位元時，設定為 1。TI 位元必須由軟體指令清除。

- RI (receive interrupt)在模式 0 中，在接收完第 8 個資料位元後，設定為 1；在其它模式中，在接收到 STOP 位元時，設定為 1。RI 位元必須由軟體指令清除。

B. MCS-51 指令組詳細資料

B.1 MCS-51 指令分類表

定址模式

定址方式	格式	有效位址
立即資料定址	#data8	
暫存器定址	Rn (R0 ~ R7)	
直接定址	addr8	addr8
絕對定址	addr11	addr11
長程(絕對)定址	addr16	addr16
(暫存器)間接定址	@Ri (@R0、　@R1)或@DPTR	R0、R1 或 DPTR
(暫存器)相對定址	disp8	PC+符號擴展之 disp8
(基底)指標定址	@A+PC 或@A+DPTR	A+PC 或 A+DPTR

資料轉移指令

指令	動作	CY	AC	OV	P
內部資料記憶器及暫存器					
MOV A,src-byte	A ← src-byte src-byte = Rn, direct, @Ri, #data8	-	-	-	*
MOV Rn, src-byte	Rn ← src-byte src-byte = A, direct, #data8	-	-	-	-
MOV direct, src-byte	(direct) ← src-byte src-byte = A, Rn, direct, @Ri, #data8	-	-	-	-
MOV @Ri, src-byte	(Ri) ← src-byte src-byte = A, direct, #data8	-	-	-	-
CLR A	A ← 0	-	-	-	*
XCH A,src-byte	A ↔ src-byte src-byte = Rn, direct, @Ri	-	-	-	*
XCHD A,@Ri	A[3:0] ↔ (Ri)[3:0]	-	-	-	*
SWAP A	A[3:0] ↔ A[7:4]	-	-	-	-
外部資料記憶器					
MOV DPTR,#data16	DPTR ← #data16	-	-	-	-
MOVX A,src-byte	A ← src-byte src-byte = @Ri, @DPTR	-	-	-	*
MOVX dst-byte,A	dst-byte ← A dst-byte = @Ri, @DPTR	-	-	-	-
程式記憶器(中之表格)					
MOVC A,@A+PC	A ← (A+PC)	-	-	-	*
MOVC A,@A+DPTR	A ← (A+DPTR)	-	-	-	*

二進制加法與減法指令

指令	動作	CY	AC	OV	P
ADD A,src-byte	A ← A + src-byte src-byte = Rn, direct, @Ri, #data8	*	*	*	*
ADDC A,src-byte	A ← A + src-byte + C src-byte = Rn, direct, @Ri, #data8	*	*	*	*
SUBB A,src-byte	A ← A - src-byte - C src-byte = Rn, direct, @Ri, #data8	*	*	*	*

單運算元指令

指令	動作	CY	AC	OV	P
INC　A	$A \leftarrow A + 1$	-	-	-	*
INC　dst-byte	$(\text{dst-byte}) \leftarrow (\text{dst-byte}) + 1$ dst-byte = Rn, direct, @Ri	-	-	-	-
DEC　A	$A \leftarrow A - 1$	-	-	-	*
DEC　dst-byte	$(\text{dst-byte}) \leftarrow (\text{dst-byte}) - 1$ dst-byte = Rn, direct, @Ri	-	-	-	-
INC　DPTR	$DPTR \leftarrow DPTR + 1$	-	-	-	-
CPL　A	$A \leftarrow \overline{A}$	-	-	-	*

乘法與除法運算指令

指令	動作	CY	AC	OV	P
MUL　AB	$B{:}A \leftarrow A \times B$ B ← 乘積高序位元組；　A ← 乘積低序位元組	0	-	*	*
DIV　AB	A ← A/B 的商數 B ← A/B 的餘數	0	-	0	*

BCD 調整指令

指令	動作	CY	AC	OV	P
DA　A	A ← 調整累積器 A 的內容為成立的 BCD 數字	*	-	-	*

條件性分歧指令

指令	動作	CY	AC	OV	P
JZ disp8	PC ← PC + 2; If A = 0 then PC ← PC + disp8	-	-	-	-
JNZ disp8	PC ← PC + 2; If A != 0 then PC ← PC + disp8	-	-	-	-
JC disp8	PC ← PC + 2; If C = 1 then PC ← PC + disp8	-	-	-	-
JNC disp8	PC ← PC + 2; If C = 0 then PC ← PC + disp8	-	-	-	-
CJNE A,direct,disp8	PC ← PC + 3; If A != (direct) then PC ← PC + disp8 If A < (direct) then C ← 1 else C ← 0	*	-	-	-
CJNE dst-byte, #data8, disp8 dst-byte = A, Rn, @Ri	PC ← PC + 3; If dst-byte != #data8 then PC ← PC + disp8 If dst-byte < #data8 then C ← 1 else C ← 0	*	-	-	-

無條件分歧與跳躍指令

指令	動作	CY	AC	OV	P
SJMP disp8	PC ← PC + 2; PC ← PC + disp8	-	-	-	-
AJMP addr11	PC[10:0] ← addr11	-	-	-	-
LJMP addr16	PC ← addr16	-	-	-	-
JMP @A+DPTR	PC ← A + DPTR	-	-	-	-

迴路指令

指令	動作	CY	AC	OV	P
DJNZ Rn,disp8	PC ← PC + 2; Rn ← Rn -1; If Rn != 0 then PC ← PC + disp8	-	-	-	-
DJNZ direct,disp8	PC ← PC + 2; (direct) ← (direct) -1; If (direct) != 0 then PC ← PC + disp8	-	-	-	-

邏輯運算指令

指令	動作	CY	AC	OV	P
ANL A,src-byte	A ← A ∧ src-byte src-byte = Rn, direct, @Ri, #data8	-	-	-	*
ANL direct,A	(direct) ← (direct) ∧ A	-	-	-	-
ANL direct,#data8	(direct) ← (direct) ∧ #data8	-	-	-	-
ORL A,src-byte	A ← A ∨ src-byte src-byte = Rn, direct, @Ri, #data8	-	-	-	*
ORL direct,A	(direct) ← (direct) ∨ A	-	-	-	-
ORL direct,#data8	(direct) ← (direct) ∨ #data8	-	-	-	-
XRL A,src-byte	A ← A ⊕ src-byte src-byte = Rn, direct, @Ri, #data8	-	-	-	*
XRL direct,A	(direct) ← (direct) ⊕ A	-	-	-	-
XRL direct,#data8	(direct) ← (direct) ⊕ #data8	-	-	-	-

位元運算指令

指令	動作	CY	AC	OV	P
MOV C,bit	C ← (bit)	*	-	-	-
MOV bit,C	(bit) ← C	-	-	-	-
ANL C,bit	C ← (bit) ∧ C	*	-	-	-
ANL C,/bit	C ← $\overline{\text{(bit)}}$ ∧ C	*	-	-	-
ORL C,bit	C ← (bit) ∨ C	*	-	-	-
ORL C,/bit	C ← $\overline{\text{(bit)}}$ ∨ C	*	-	-	-
CLR C	C ← 0	*	-	-	-
CLR bit	(bit) ← 0	-	-	-	-
SETB C	C ← 1	*	-	-	-
SETB bit	(bit) ← 1	-	-	-	-
CPL C	C ← $\overline{\text{C}}$	*	-	-	-
CPL bit	(bit) ← $\overline{\text{(bit)}}$	-	-	-	-

位元測試指令

指令	動作	CY	AC	OV	P
JC disp8	PC ← PC + 2; If C = 1 then PC ← PC + disp8	-	-	-	-
JNC disp8	PC ← PC + 2; If C = 0 then PC ← PC + disp8	-	-	-	-
JB bit,disp8	PC ← PC + 3; If (bit) = 1 then PC ← PC + disp8	-	-	-	-
JBC bit,disp8	PC ← PC + 3; If (bit) = 1 then (bit) ← 0 and PC ← PC + disp8	-	-	-	-
JNB bit,disp8	PC ← PC + 3; If (bit) = 0 then PC ← PC + disp8	-	-	-	-

移位與循環移位指令

指令	動作	CY	AC	OV	P
RL A	左循環移位累積器 A 的內容一個位元位置	-	-	-	-
RLC A	連結進位左循環移位累積器 A 的內容一個位元位置	*	-	-	*
RR A	右循環移位累積器 A 的內容一個位元位置	-	-	-	-
RRC A	連結進位右循環移位累積器 A 的內容一個位元位置	*	-	-	*

CPU 控制指令

指令	動作	CY	AC	OV	P
NOP	沒有動作	-	-	-	-

堆疊運算指令

指令	動作	CY	AC	OV	P
PUSH direct	儲存(direct)於堆疊：SP ← SP + 1; (SP) ← (direct)	-	-	-	-
POP direct	自堆疊取回(direct)：(direct) ← (SP); SP ← SP -1	-	-	-	-

副程式呼叫與歸回指令

指令	動作	CY	AC	OV	P
ACALL addr11	使用絕對位址的副程式呼叫指令。	-	-	-	-
LCALL addr16	使用長程位址的副程式呼叫指令。	-	-	-	-
RET	自副程式中歸回主程式。	-	-	-	-

表格轉換指令

指令	動作	CY	AC	OV	P
MOVC　A,@A+PC	A ← (A+PC)	--	-	-	*
MOVC　A,@A+DPTR	A ← (A+DPTR)	-	-	-	*

中斷服務程式歸回指令

指令	動作	CY	AC	OV	P
RETI	自中斷服務程式中歸回主程式。	-	-	-	-

B.2 MCS-51 指令碼、執行週期與長度

指令碼	指令	長度	週期	指令碼	指令	長度	週期
00	NOP	1	1	20	JB bit,disp8	3	2
01	AJMP page 0	2	2	21	AJMP page 1	2	2
02	LJMP addr16	3	2	22	RET	1	2
03	RR A	1	1	23	RL A	1	1
04	INC A	1	1	24	ADD A,#data8	2	1
05	INC direct	2	1	25	ADD A,direct	2	1
06	INC @R0	1	1	26	ADD A,@R0	1	1
07	INC @R1	1	1	27	ADD A,@R1	1	1
08	INC R0	1	1	28	ADD A,R0	1	1
09	INC R1	1	1	29	ADD A,R1	1	1
0A	INC R2	1	1	2A	ADD A,R2	1	1
0B	INC R3	1	1	2B	ADD A,R3	1	1
0C	INC R4	1	1	2C	ADD A,R4	1	1
0D	INC R5	1	1	2D	ADD A,R5	1	1
0E	INC R6	1	1	2E	ADD A,R6	1	1
0F	INC R7	1	1	2F	ADD A,R7	1	1
10	JBC bit,disp8	3	2	30	JNB bit,disp8	3	2
11	ACALL page0	2	2	31	ACALL page1	2	2
12	LCALL addr16	3	2	32	RETI	1	2
13	RRC A	1	1	33	RLC A	1	1
14	DEC A	1	1	34	ADDC A,#data8	2	1
15	DEC direct	2	1	35	ADDC A,direct	2	1
16	DEC @R0	1	1	36	ADDC A,@R0	1	1
17	DEC @R1	1	1	37	ADDC A,@R1	1	1
18	DEC R0	1	1	38	ADDC A,R0	1	1
19	DEC R1	1	1	39	ADDC A,R1	1	1
1A	DEC R2	1	1	3A	ADDC A,R2	1	1
1B	DEC R3	1	1	3B	ADDC A,R3	1	1
1C	DEC R4	1	1	3C	ADDC A,R4	1	1
1D	DEC R5	1	1	3D	ADDC A,R5	1	1
1E	DEC R6	1	1	3E	ADDC A,R6	1	1
1F	DEC R7	1	1	3F	ADDC A,R7	1	1

說明： addr16 = 16 位元絕對位址　　　　addr11 = 11 位元絕對位址
　　　 direct = 8 位元的位元組直接位址　bit = 8 位元的位元直接位址
　　　 disp8 = 8 位元 2 補數位移位址　　#data8 = 8 位元立即資料
　　　 #data16 = 16 位元立即資料　　　 page n = 每一個 page 為 256 位元組

指令碼	指令	長度	週期	指令碼	指令	長度	週期
40	JC　disp8	2	2	60	JZ　disp8	2	2
41	AJMP　page 2	2	2	61	AJMP　page 3	2	2
42	ORL　direct,A	2	1	62	XRL　direct,A	2	1
43	ORL　direct,#data8	3	2	63	XRL　direct,#data8	3	2
44	ORL　A,#data8	2	1	64	XRL　A,#data8	2	1
45	ORL　A,direct	2	1	65	XRL　A,direct	2	1
46	ORL　A,@R0	1	1	66	XRL　A,@R0	1	1
47	ORL　A,@R1	1	1	67	XRL　A,@R1	1	1
48	ORL　A,R0	1	1	68	XRL　A,R0	1	1
49	ORL　A,R1	1	1	69	XRL　A,R1	1	1
4A	ORL　A,R2	1	1	6A	XRL　A,R2	1	1
4B	ORL　A,R3	1	1	6B	XRL　A,R3	1	1
4C	ORL　A,R4	1	1	6C	XRL　A,R4	1	1
4D	ORL　A,R5	1	1	6D	XRL　A,R5	1	1
4E	ORL　A,R6	1	1	6E	XRL　A,R6	1	1
4F	ORL　A,R7	1	1	6F	XRL　A,R7	1	1
50	JNC　disp8	2	2	70	JNZ　disp8	2	2
51	ACALL　page2	2	2	71	ACALL　page3	2	2
52	ANL　direct,A	2	1	72	ORL　C,bit	2	2
53	ANL　direct,#data8	3	2	73	JMP　@A+DPTR	1	2
54	ANL　A,#data8	2	1	74	MOV　A,#data8	2	1
55	ANL　A,direct	2	1	75	MOV　direct,#data8	3	2
56	ANL　A,@R0	1	1	76	MOV　@R0,#data8	2	1
57	ANL　A,@R1	1	1	77	MOV　@R1,#data8	2	1
58	ANL　A,R0	1	1	78	MOV　R0,#data8	2	1
59	ANL　A,R1	1	1	79	MOV　R1,#data8	2	1
5A	ANL　A,R2	1	1	7A	MOV　R2,#data8	2	1
5B	ANL　A,R3	1	1	7B	MOV　R3,#data8	2	1
5C	ANL　A,R4	1	1	7C	MOV　R4,#data8	2	1
5D	ANL　A,R5	1	1	7D	MOV　R5,#data8	2	1
5E	ANL　A,R6	1	1	7E	MOV　R6,#data8	2	1
5F	ANL　A,R7	1	1	7F	MOV　R7,#data8	2	1

指令碼	指令		長度	週期	指令碼	指令		長度	週期
80	SJMP	disp8	2	2	A0	ORL	C,/bit	2	2
81	AJMP	page 4	2	2	A1	AJMP	page 5	2	2
82	ANL	C,bit	2	2	A2	MOV	C,bit	2	1
83	MOVC	A,@A+PC	1	2	A3	INC	DPTR	1	2
84	DIV	AB	1	4	A4	MUL	AB	1	4
85	MOV	direct,direct	3	2	A5	-		-	-
86	MOV	direct,@R0	2	2	A6	MOV	@R0,direct	2	2
87	MOV	direct,@R1	2	2	A7	MOV	@R1,direct	2	2
88	MOV	direct,R0	2	2	A8	MOV	R0,direct	2	2
89	MOV	direct,R1	2	2	A9	MOV	R1,direct	2	2
8A	MOV	direct,R2	2	2	AA	MOV	R2,direct	2	2
8B	MOV	direct,R3	2	2	AB	MOV	R3,direct	2	2
8C	MOV	direct,R4	2	2	AC	MOV	R4,direct	2	2
8D	MOV	direct,R5	2	2	AD	MOV	R5,direct	2	2
8E	MOV	direct,R6	2	2	AE	MOV	R6,direct	2	2
8F	MOV	direct,R7	2	2	AF	MOV	R7,direct	2	2
90	MOV	DPTR,#data16	3	2	B0	ANL	C,/bit	2	2
91	ACALL	page4	2	2	B1	ACALL	page5	2	2
92	MOV	bit,C	2	2	B2	CPL	bit	2	1
93	MOV	A,@A+DPTR	1	2	B3	CPL	C	1	1
94	SUBB	A,#data8	2	1	B4	CJNE	A,#data8,disp8	3	2
95	SUBB	A,direct	2	1	B5	CJNE	A,direct, disp8	3	2
96	SUBB	A,@R0	1	1	B6	CJNE	@R0,#data8,disp8	3	2
97	SUBB	A,@R1	1	1	B7	CJNE	@R1,#data8,disp8	3	2
98	SUBB	A,R0	1	1	B8	CJNE	R0,#data8,disp8	3	2
99	SUBB	A,R1	1	1	B9	CJNE	R1,#data8,disp8	3	2
9A	SUBB	A,R2	1	1	BA	CJNE	R2,#data8,disp8	3	2
9B	SUBB	A,R3	1	1	BB	CJNE	R3,#data8,disp8	3	2
9C	SUBB	A,R4	1	1	BC	CJNE	R4,#data8,disp8	3	2
9D	SUBB	A,R5	1	1	BD	CJNE	R5,#data8,disp8	3	2
9E	SUBB	A,R6	1	1	BE	CJNE	R6,#data8,disp8	3	2
9F	SUBB	A,R7	1	1	BF	CJNE	R7,#data8,disp8	3	2

指令碼	指令	長度	週期	指令碼	指令	長度	週期
C0	PUSH direct	2	2	E0	MOVX A,@DPTR	1	2
C1	AJMP page 6	2	2	E1	AJMP page 7	2	2
C2	CLR bit	2	1	E2	MOVX A,@R0	1	2
C3	CLR C	1	1	E3	MOVX A,@R1	1	2
C4	SWAP A	1	1	E4	CLR A	1	1
C5	XCH A,direct	2	1	E5	MOV A,direct	2	1
C6	XCH A,@R0	1	1	E6	MOV A,@R0	1	1
C7	XCH A,@R1	1	1	E7	MOV A,@R1	1	1
C8	XCH A,R0	1	1	E8	MOV A,R0	1	1
C9	XCH A,R1	1	1	E9	MOV A,R1	1	1
CA	XCH A,R2	1	1	EA	MOV A,R2	1	1
CB	XCH A,R3	1	1	EB	MOV A,R3	1	1
CC	XCH A,R4	1	1	EC	MOV A,R4	1	1
CD	XCH A,R5	1	1	ED	MOV A,R5	1	1
CE	XCH A,R6	1	1	EE	MOV A,R6	1	1
CF	XCH A,R7	1	1	EF	MOV A,R7	1	1
D0	POP direct	2	2	F0	MOVX @DPTR,A	1	2
D1	ACALL page6	2	2	F1	ACALL page7	2	2
D2	SETB bit	2	1	F2	MOVX @R0,A	1	2
D3	SETB C	1	1	F3	MOVX @R1,A	1	2
D4	DA A	1	1	F4	CPL A	1	1
D5	DJNZ direct,disp8	3	2	F5	MOV direct,A	2	1
D6	XCHD A,@R0	1	1	F6	MOV @R0,A	1	1
D7	XCHD A,@R1	1	1	F7	MOV @R1,A	1	1
D8	DJNZ R0,disp8	2	2	F8	MOV R0,A	1	1
D9	DJNZ R1,disp8	2	2	F9	MOV R1,A	1	1
DA	DJNZ R2,disp8	2	2	FA	MOV R2,A	1	1
DB	DJNZ R3,disp8	2	2	FB	MOV R3,A	1	1
DC	DJNZ R4,disp8	2	2	FC	MOV R4,A	1	1
DD	DJNZ R5,disp8	2	2	FD	MOV R5,A	1	1
DE	DJNZ R6,disp8	2	2	FE	MOV R6,A	1	1
DF	DJNZ R7,disp8	2	2	FF	MOV R7,A	1	1

B.3 MCS-51 指令詳細動作

ACALL　addr11　絕對副程式呼叫 (Absolute call)

動作： PC ← PC + 2; SP ← SP + 1;(SP) ← PC[7:0];

　　　　SP ← SP + 1; (SP) ← PC[15:8];

　　　　PC[10:0] ← addr11

說明： 使用 11 位元的絕對位址(addr11)無條件式副程式呼叫，其呼叫的範圍為 2k 位元組區間。

影響的旗號位元： 無。

使用例： 　　ACALL　MYSUB　　;呼叫副程式 MYSUB

詳細指令格式與指令碼：

　　　ACALL 指令使用絕對位址(即 11 位元絕對位址 addr11)，在 MCS-51 組合語言程式中，可以使用 CALL 助憶碼，而由組譯程式自行選擇應使用 ACALL 或是 LCALL 指令。注意：若為前向參考時，組譯程式使用 LCALL 指令。

指令	動作	指令碼	位元組數	週期數
ACALL　addr11	詳見上述動作說明	aaa10001 aaaaaaaa	2	2

(註：aaa = A10 ~ A8 而 aaaaaaaa = A7 ~ A0)。

ADD　A,src-byte　加 (Add)

動作： A ← A + src-byte

說明： 將指定的位元組與累積器 A 相加之後，其結果存回累積器 A 中。

影響的旗號位元： AC、CY、OV、P。

使用例： 　　ADD　A,R2　　;將 R2 與 A 相加後，結果再存回 A 中

詳細指令格式與指令碼：

　　　標的運算元必須為累積器 A；來源運算元(src-byte)的定址方式可以是：暫存器定址、直接定址、暫存器間接定址或是立即資料定址。

指令		動作	指令碼	位元組數	週期數
ADD	A,Rn	A ← A + Rn	00101rrr	1	1
ADD	A,direct	A ← A + (direct)	00100101 aaaaaaaa	2	1
ADD	A,@Ri	A ← A + (Ri)	0010011i	1	1
ADD	A,#data8	A ← A + #data8	00100100 dddddddd	2	1

ADDC　A,src-byte　連結進位相加 (Add with carry)

動作： A ← A + src-byte + C

說明： 將指定的位元組與累積器 A 及進位旗號位元(C)相加之後，其結果存
回累積器 A 中。

影響的旗號位元： AC、CY、OV、P

使用例：　　　ADDC　A,R2　;將 R2 與 A 及 C 相加後，結果再存回 A 中

詳細指令格式與指令碼：

　　　標的運算元必須為累積器 A；來源運算元(src-byte)的定址方式可以
　　　是：暫存器定址、直接定址、暫存器間接定址或立即資料定址。

指令		動作	指令碼	位元組數	週期數
ADDC	A,Rn	A ← A + Rn + C	00110rrr	1	1
ADDC	A,direct	A ← A + (direct) + C	00110101 aaaaaaaa	2	1
ADDC	A,@Ri	A ← A + (Ri) + C	0011011i	1	1
ADDC	A,#data8	A ← A + #data8 + C	00110100 dddddddd	2	1

AJMP　addr11　絕對跳躍 (Absolute jump)

動作： PC ← PC + 2;

　　　PC[10:0] ← addr11

說明： 使用 11 位元的絕對位址(addr11)無條件式跳躍至該位址執行，其跳躍
的範圍為 2k 位元組區間。

影響的旗號位元： 無。

使用例：　　　AJMP　HOTLINE　　;跳躍至 HOTLINE 處執行

詳細指令格式與指令碼：

　　　AJMP 指令使用絕對位址(即 11 位元絕對位址 addr11)，在 MCS-51 組
　　　合語言程式中，可以使用 JMP 助憶碼，而由組譯程式自行選擇應使
　　　用 AJMP、LJMP 或是 SJMP 指令。注意：若為前向參考時，組譯程

式,使用 LJMP 指令。

指令	動作	指令碼	位元組數	週期數
AJMP addr11	詳見上述動作說明	aaa00001 aaaaaaaa	2	2

(註:aaa = A10 ~- A8 而 aaaaaaaa = A7 ~ A0)。

ANL   dst-byte,src-byte   邏輯 AND 運算 (Logical AND operation)

動作:dst-byte ← dst-byte ∧ src-byte

說明:指定的位元組與 dst-byte AND 之後,其結果存回 dst-byte 中。

> 注意:當使用此指令修改一個輸出埠的資料值時,讀取的值為該輸出埠的輸出資料門閂的資料值,而非輸入接腳的值。

影響的旗號位元:P(當標的運算元為累積器 A 時)。

使用例: ANL   A,R1   ;累積器 A 與暫存器 R1 內容 AND 後存回 A 中

詳細指令格式與指令碼:

標的運算元可以使用累積器 A 或是直接定址。當標的運算元為累積器 A 時,來源運算元定址方式為:暫存器定址、直接定址、暫存器間接定址、立即資料定址;當標的運算元為直接定址時,來源運算元定址可以為累積器 A 或是立即資料定址。

指令	動作	指令碼	位元組數	週期數
ANL A,Rn	A ← A ∧ Rn	01011rrr	1	1
ANL A,direct	A ← A ∧ (direct)	01010101 aaaaaaaa	2	1
ANL A,@Ri	A ← A ∧ (Ri)	0101011i	1	1
ANL A,#data8	A ← A ∧ #data8	01010100 dddddddd	2	1
ANL direct,A	(direct) ← (direct) ∧ A	01010010 aaaaaaaa	2	1
ANL direct,#data8	(direct) ← (direct) ∧ #data8	01010011 aaaaaaaa dddddddd	3	2

ANL   C,src-bit   單位元邏輯 AND 運算 (Logical AND operation)

動作: C ← C ∧ (src-bit)

說明:指定的位元與位元累積器 C AND 之後,其結果存回位元累積器 C 中。

影響的旗號位元:CY。

使用例：　　　ANL　C,ACC.6 ;ACC.6 與位元累積器 C AND 後存回 C 中

詳細指令格式與指令碼：

標的運算元只能為位元累積器 C，來源運算元只能使用直接定址。此指令有兩個不同的格式，其一為來源運算元與 C 做 AND 運算後，結果存入 C 中；另一則是來源運算元先取 NOT 後，與 C 做 AND 運算，然後結果存入 C 中。位元位址前的/，告知組譯程式，使用邏輯補數 (NOT)值的來源運算元。

指令	動作	指令碼	位元組數	週期數
ANL　C,bit	C ← C ∧ (bit)	10000010 bbbbbbbb	2	2
ANL　C,/bit	C ← C ∧ NOT(bit)	10110000 bbbbbbbb	2	2

CJNE　dst-byte,src-bit,disp8　　比較與跳躍若不相等

　　　　(Compare and jump if not equal)

動作：　PC ← PC + 3;

if dst-byte ≠ src-byte **then** PC ← PC + disp8;

if dst-byte < src-byte **then** C ← 1 **else** C ← 0

說明：　比較 dst-byte 與 src-byte 兩個位元組，若不相等，則分歧至標的位址繼續執行指令，否則，繼續執行下一個指令。標的位址的計算方式為將 disp8 的 2 補數位移位址與 PC 相加而得。dst-byte 與 src-byte 兩個運算元均為未帶號數。當 dst-byte 小於 src-byte 時，C 位元設定為 1，否則清除為 0。

影響的旗號位元：CY。

使用例：　　　CJNE　R2,#20,AGAIN;若 R2!= 20 則，分歧至 AGAIN 處執行

詳細指令格式與指令碼：

第一個運算元可以使用累積器 A、暫存器定址或是暫存器間接定址。當第一個運算元為累積器 A 時，第二個運算元可以使用直接定址或是立即資料定址；當第一個運算元為暫存器定址或是暫存器間接定址時，第二個運算元只能使用立即資料定址。第三個運算元為 8 位元的 2 補數位移位址。

指令		動作	指令碼	位元組數	週期數
CJNE	A,direct,disp8		10110101 aaaaaaaa eeeeeeee	3	2
CJNE	A,#data8,disp8	詳見上述	10110100 dddddddd eeeeeeee	3	2
CJNE	Rn,#data8,disp8	動作說明	10111rrr dddddddd eeeeeeee	3	2
CJNE	@Ri,#data8,disp8		1011011i eeeeeeee	2	2

CLR　A　清除累積器 A (Clear accumulator)

動作：A ← 0

說明：清除累積器 A 為 0。

影響的旗號位元：P。

使用例：　　CLR　A　;清除累積器 A 為 0

詳細指令格式與指令碼：

指令	動作	指令碼	位元組數	週期數
CLR　A	A ← 0	11100100	1	1

CLR　bit　清除指定的位元 bit (Clear bit)

動作：(bit) ← 0

說明：清除指定的位元(bit)為 0。

影響的旗號位元：CY(當標的運算元為 C 時)，其它旗號則不受影響。

使用例：　　CLR　C

詳細指令格式與指令碼：

為單一運算元指令，其標的運算元可以是位元累積器 C 或是直接定址方式指定的位元。

指令	動作	指令碼	位元組數	週期數
CLR　C	C ← 0	11000011	1	1
CLR　bit	(bit) ← 0	11000010 bbbbbbbb	2	1

CPL　A　將累積器 A 之值取 1 補數(Complement accumulator)

動作：A ← NOT A

說明：將累積器 A 之值取 1 補數。

影響的旗號位元：P。

使用例：　　　CPL　A

詳細指令格式與指令碼：

指令	動作	指令碼	位元組數	週期數
CPL　A	A ← NOT A	11110100	1	1

CPL　bit　將指定的位元之值取補數　(Complement bit)

動作：(bit) ← NOT (bit)

說明：將指定的位元(bit)取 1 補數。

> 注意：當使用此指令修改一個輸出埠接腳的資料值時，讀取的值為該輸出埠接腳的輸出資料門閂的資料值，而非輸入接腳的值。

影響的旗號位元：CY(當標的運算元為 C 時)，其它旗號則不受影響。。

使用例：　　　CPL　ACC.5

詳細指令格式與指令碼：

為單一運算元指令，其標的運算元可以是位元累積器 C 或是直接定址方式指定的位元。

指令	動作	指令碼	位元組數	週期數
CPL　C	C ← NOT C	10110011	1	1
CPL　bit	(bit) ← NOT (bit)	10110010 bbbbbbbb	2	1

DA　A　在加法之後調整累積器 A 的內容為十進制
　　　　　　(Decimal-adjust accumulator for addition)

動作：**if** $A[3:0] > 9$ **or** $AC = 1$ **then** $A[3:0] ← A[3:0] + 6$;

　　　　if $A[7:4] > 9$ **or** $C = 1$ **then** $A[7:4] ← A[7:4] + 6$;

說明：調整累積器 A 的內容為十進制。

影響的旗號位元：CY、P。

使用例：　　　DA　A

詳細指令格式與指令碼：

為單一運算元指令，其標的運算元只能是累積器 A，它可以使用於 ADD 與 ADDC 兩個指令之後。注意：DA 指令無法調整 SUBB 指令運算後的結果為十進制。

指令	動作	指令碼	位元組數	週期數
DA A	詳見上述動作	11010100	1	1

DEC dst-byte 減一(Decrement)

動作：dst-byte ← dst-byte - 1

說明：將指定的位元組減 1 後，其結果再存回該位元組中。

影響的旗號位元：P(當標的運算元為累積器 A 時)。

使用例：　　　DEC　A　;將 A 減 1 後，結果再存回 A 中

> 注意：當使用此指令修改一個輸出埠的資料值時，讀取的值為該輸出埠的輸出資料門閂的資料值，而非輸入接腳的值。

詳細指令格式與指令碼：

標的運算元(dst-byte)可以是累積器 A、暫存器定址、直接定址或是暫存器間接定址。注意 DEC 指令除了當標的運算元為累積器 A 時會影響旗號位元 P 外，並不會影響任何旗號位元。只有當標的運算元為累積器 A 時，才可以使用 JNZ 或是 JZ 指令，判斷其結果是否為 0。

指令	動作	指令碼	位元組數	週期數
DEC A	A ← A - 1	00010100	1	1
DEC Rn	Rn ← Rn - 1	00011rrr	1	1
DEC direct	(direct) ← (direct) - 1	00010101 aaaaaaaa	2	1
DEC @Ri	(Ri) ← (Ri) - 1	0001011i	1	1

DIV AB 除法(Divide)

動作：A ← A/B 之商數;

　　　B ← A/B 之餘數;

說明：將累積器 A 中的 8 位元未帶號數除以暫存器 B 中的 8 位元未帶號數後，商數存入累積器 A 中，而餘數存入暫存器 B 中。

影響的旗號位元：CY、OV、P。CY 位元清除為 0；當發生除以 0 時，設定 OV 位元為 1，否則，清除 OV 位元為 0。

使用例：

詳細指令格式與指令碼：

指令	動作	指令碼	位元組數	週期數
DIV　AB	詳見上述動作	10000100	1	4

DJNZ　dst-byte,disp8　減 1 後若不為 0 則分歧
(Decrement and jump if not equal)

動作：PC ← PC + 2;

　　　dst-byte ← dst-byte - 1;

　　　if (dst-byte) ≠ 0 **then** PC ← PC + disp8

說明：將 dst-byte 值減 1 後，若不等於 0，則分歧至標的位址繼續執行指令，否則，繼續執行下一個指令。標的位址的計算方式為將 disp8 的 2 補數位移位址與 PC 相加而得。

注意：當使用此指令修改一個輸出埠的資料值時，讀取的值為該輸出埠的輸出資料門閂的資料值，而非輸入接腳的值。

影響的旗號位元：無。

使用例：　　　DJNZ　R1,LOOP

詳細指令格式與指令碼：

　　　迴路計數器(dst-byte，即第一個運算元)可以是暫存器定址或是直接定址指定的位元組。注意當迴路計數器的初值為 0 時，執行 DJNZ 指令後，迴路計數器的值變為為 0FFH。

指令	動作	指令碼	位元組數	週期數
DJNZ　Rn,disp8	詳見上述動作	11011rrr eeeeeeee	2	2
DJNZ　direct,disp8	說明	11010101 aaaaaaaa eeeeeeee	3	2

INC　dst-byte　加一(Increment)

動作：dst-byte ← dst-byte + 1

說明：將指定的位元組加 1 後，其結果再存回該位元組中。

影響的旗號位元：P(當標的運算元為累積器 A 時)。

使用例：　　　INC　A　　　;將 A 加 1 後，結果再存回 A 中

詳細指令格式與指令碼：

　　　標的運算元(dst-byte)可以使用累積器 A、暫存器定址、直接定址或是

暫存器間接定址。注意 INC 指令除了當標的運算元為累積器 A 時會影響旗號位元 P 外，並不會影響任何旗號位元。只有當標的運算元為累積器 A 時，才可以使用 JNZ 或是 JZ 指令，判斷其結果是否為 0。

指令	動作	指令碼	位元組數	週期數
INC　A	A ← A + 1	00000100	1	1
INC　Rn	Rn ← Rn + 1	00001rrr	1	1
INC　direct	(direct) ← (direct) + 1	00000101 aaaaaaaa	2	1
INC　@Ri	(Ri) ← (Ri) + 1	0000011i	1	1

INC　DPTR　將 DPTR 加一(Increment data pointer)

動作：DPTR ← DPTR + 1

說明：將 16 位元的 DPTR 加 1 後，其結果再存回 DPTR 中。

影響的旗號位元：無。

使用例：　　INC　DPTR　　;將 DPTR 加 1 後，結果再存回 DPTR 中

詳細指令格式與指令碼：

　　雖然資料指示暫存器 DPTR 可以分成高、低序兩個位元組 DPH 與 DPL，但是此指令為 16 位元的運算，直接將 DPTR 內容加 1。

指令	動作	指令碼	位元組數	週期數
INC　DPTR	DPTR ← DPTR + 1	10100011	1	2

JB　bit,disp8　若 bit 為 1，則分歧(Jump if bit set)

動作：PC ← PC + 3;

　　　if (bit) = 1 **then** PC ← PC + disp8

說明：若 bit 為 1，則分歧至標的位址繼續執行指令，否則，繼續執行下一個指令。標的位址的計算方式為將 disp8 的 2 補數位移位址與 PC 相加而得。。

影響的旗號位元：無。

使用例：　　JB　ACC.1,LABEL3 ;若 ACC.1=1，則分歧至 LABEL3 處

詳細指令格式與指令碼：

指令	動作	指令碼	位元組數	週期數
JB　bit,disp8	詳見上述動作說明	00100000 bbbbbbbb eeeeeeee	3	2

JBC　bit,disp8　若 bit 為 1 則，清除該位元為 0 並分歧
　　　　　　　(Jump if bit set and clear bit)

動作：PC ← PC + 3;

　　　　if (bit) = 1 **then** (bit) ← 0 **and** PC ← PC + disp8

說明：若 bit 為 1，則清除該位元為 0，並且分歧至標的位址繼續執行指令，
　　　否則，繼續執行下一個指令。標的位址的計算方式為將 disp8 的 2 補
　　　數位移位址與 PC 相加而得。

　　　注意：當使用此指令測試一個輸出埠的資料值時，讀取的值為該輸
　　　出埠的輸出資料閂閂的資料值，而非輸入接腳的值。

影響的旗號位元：無。

使用例：　　JBC　ACC.1,LABEL3 ;若 ACC.1=1，則分歧至 LABEL3 處

詳細指令格式與指令碼：

指令	動作	指令碼	位元組數	週期數
JBC　bit,disp8	詳見上述動作說明	00010000 bbbbbbbb eeeeeeee	3	2

JC　disp8　若 C 位元為 1，則分歧(Jump if carry is set)

動作：PC ← PC + 2;

　　　　if C = 1 **then** PC ← PC + disp8

說明：若進位 C 為 1，則分歧至標的位址繼續執行指令，否則，繼續執行下
　　　一個指令。標的位址的計算方式為將 disp8 的 2 補數位移位址與 PC
　　　相加而得。

影響的旗號位元：無。

使用例：　　　　JC　LABEL3;　若 C=1，則分歧至 LABEL3 處

詳細指令格式與指令碼：

指令	動作	指令碼	位元組數	週期數
JC　disp8	詳見上述動作說明	01000000 eeeeeeee	2	2

JMP　@A+DPTR　間接跳躍(Jump indirect)

動作：PC ← A + DPTR;

說明： 將累積器 A 的 8 位元未帶號數與 DPTR 中的 16 位元未帶號數相加後，直接存入程式計數器 PC 內，即由 A+DPTR 所指定的位址繼續執行指令。

影響的旗號位元：無。

使用例：

```
                    MOV    DPTR,#JMPTABEL;
                    JMP    @A+DPTR
          JMPTABLE: AJMP   LABEL0
                    AJMP   LABEL1
                    AJMP   LABEL2
```

詳細指令格式與指令碼：

指令	動作	指令碼	位元組數	週期數
JMP　@A+DPTR	詳見上述動作說明	01110011	1	2

JNB　bit,disp8　　若 bit 為 0，則分歧(Jump if bit not set)

動作：PC ← PC + 3;

　　　if (bit) = 0 then PC ← PC + disp8

說明： 若(bit)為 0，則分歧至標的位址繼續執行指令，否則，繼續執行下一個指令。標的位址的計算方式為將 disp8 的 2 補數位移位址與 PC 相加而得。

影響的旗號位元：無。

使用例：　　JNB　ACC.1,LABEL3 ;若 ACC.1=0，則分歧至 LABEL3 處

詳細指令格式與指令碼：

指令	動作	指令碼	位元組數	週期數
JNB　bit,disp8	詳見上述動作說明	00110000 bbbbbbbb eeeeeeee	3	2

JNC　disp8　　若 C 位元為 0，則分歧(Jump if carry is not set)

動作：PC ← PC + 2;

　　　if C = 0 then PC ← PC + disp8

說明： 若進位 C 為 0，則分歧至標的位址繼續執行指令，否則，繼續執行下一個指令。標的位址的計算方式為將 disp8 的 2 補數位移位址與 PC 相加而得。

影響的旗號位元：無。

使用例：　　　　JNC　LABEL3;　若 C=0，則分歧至 LABEL3 處

詳細指令格式與指令碼：

指令	動作	指令碼	位元組數	週期數
JNC　disp8	詳見上述動作說明	01010000 eeeeeeee	2	2

JNZ　disp8　若累積器 A 不為 0，則分歧(Jump if accumulator not zero)

動作：PC ← PC + 2;

　　　　if A ≠ 0 **then** PC ← PC + disp8

說明：若累積器 A 不為 0，則分歧至標的位址繼續執行指令，否則，繼續執行下一個指令。標的位址的計算方式為將 disp8 的 2 補數位移位址與 PC 相加而得。

影響的旗號位元：無。

使用例：　　　　JNZ　LABEL3;　若 A ≠ 0，則分歧至 LABEL3 處

詳細指令格式與指令碼：

指令	動作	指令碼	位元組數	週期數
JNZ　disp8	詳見上述動作說明	01110000 eeeeeeee	2	2

JZ　disp8　若累積器 A 為 0，則分歧(Jump if accumulator zero)

動作：PC ← PC + 2;

　　　　if A = 0 **then** PC ← PC + disp8

說明：若累積器 A 為 0，則分歧至標的位址繼續執行指令，否則，繼續執行下一個指令。標的位址的計算方式為將 disp8 的 2 補數位移位址與 PC 相加而得。

影響的旗號位元：無。

使用例：　　　　JZ　LABEL3;　若 A = 0，則分歧至 LABEL3 處

詳細指令格式與指令碼：

指令	動作	指令碼	位元組數	週期數
JZ　disp8	詳見上述動作說明	01100000 eeeeeeee	2	2

LCALL addr16　長程副程式呼叫 (Long call)

動作：PC ← PC + 3; SP ← SP + 1;(SP) ← PC[7:0];

　　　　SP ← SP + 1; (SP) ← PC[15:8];

　　　　PC ← addr16

說明：使用 16 位元的長程位址(addr16)無條件式副程式呼叫，其呼叫的範圍
　　　　為 64k 位元組區間。

影響的旗號位元：無。

使用例：　　　LCALL　MYSUB　　;呼叫副程式 MYSUB

詳細指令格式與指令碼：

　　　　LCALL 指令使用長程絕對位址(即 16 位元絕對位址 addr16)，在
　　　　MCS-51 組合語言程式中，可以使用 CALL 助憶碼，而由組譯程式自
　　　　行選擇應使用 ACALL 或是 LCALL 指令。注意：若為前向參考時，
　　　　組譯程式使用 LCALL 指令。

指令	動作	指令碼	位元組數	週期數
LCALL　addr16	詳見上述動作說明	00010010 aaaaaaaa aaaaaa	3	2

(註：第二個位元組為 PC[15:8]而第三個位元組為 PC[7:0])。

LJMP addr16　長程跳躍 (Long jump)

動作：PC ← addr16

說明：使用 16 位元的長程位址(addr16)無條件式跳躍，其跳躍的範圍為 64k
　　　　位元組區間。

影響的旗號位元：無。

使用例：　　　LJMP　LLOOP　　;跳躍至 LLOOP 處執行

詳細指令格式與指令碼：

　　　　LJMP 指令使用長程絕對位址(即 16 位元絕對位址 addr161)，在
　　　　MCS-51 組合語言程式中，可以使用 JMP 助憶碼，而由組譯程式自行
　　　　選擇應使用 AJMP、LJMP 或是 SJMP 指令。注意：若為前向參考時，
　　　　組譯程式使用 LJMP 指令。

指令	動作	指令碼	位元組數	週期數
LJMP addr16	詳見上述動作說明	00000010 aaaaaaaa aaaaaa	3	2

(註：第二個位元組為 PC[15:8]而第三個位元組為 PC[7:0])。

MOV　A,src-byte　資料轉移 (Move byte variable)

動作：A ← src-byte

說明：複製指定的位元組資料到累積器 A 中。

影響的旗號位元：P。

使用例：　　　MOV　A,R2　　;複製 R2 到 A 中

詳細指令格式與指令碼：

標的運算元必須為累積器 A；來源運算元(src-byte)定址方式可以是：
暫存器定址、直接定址、暫存器間接定址或立即資料定址。

指令	動作	指令碼	位元組數	週期數
MOV　A,Rn	A ← Rn	11101rrr	1	1
MOV　A,direct	A ← (direct)	11100101 aaaaaaaa	2	1
MOV　A,@Ri	A ← (Ri)	1110011i	1	1
MOV　A,#data8	A ← #data8	01110100 dddddddd	2	1

MOV　Rn,src-byte　資料轉移 (Move byte variable)

動作：Rn ← src-byte

說明：複製指定的位元組資料到指定的暫存器 Rn 中。

影響的旗號位元：無。

使用例：　　　MOV　R3,A　　;複製 A 到 R3 中

詳細指令格式與指令碼：

標的運算元必須為累積器 Rn；來源運算元(src-byte)定址方式可以
是：累積器 A、直接定址或立即資料定址。

指令	動作	指令碼	位元組數	週期數
MOV　Rn,A	Rn ← A	11111rrr	1	1
MOV　Rn,direct	Rn ← (direct)	10101rrr aaaaaaaa	2	2
MOV　Rn,#data8	Rn ← #data8	01111rrr dddddddd	2	1

MOV　direct,src-byte　資料轉移　(Move byte variable)

動作：(direct) ← src-byte

說明：複製指定的位元組資料到指定的記憶器位置(direct)中。

影響的旗號位元：無。

使用例：　　MOV　P1,R2　　　；複製 R2 到 P1 中

詳細指令格式與指令碼：

> 標的運算元必須為直接定址(direct)；來源運算元(src-byte)定址方式可以是：累積器 A、暫存器定址、直接定址、暫存器間接定址或立即資料定址。

指令		動作	指令碼	位元組數	週期數
MOV	direct,A	(direct) ← A	11110101 aaaaaaaa	2	1
MOV	direct,Rn	(direct) ← Rn	10001rrr aaaaaaaa	2	2
MOV	direct,direct	(direct) ← (direct)	10000101 aaaaaaaa aaaaaaaa	3	2
MOV	direct,@Ri	(direct) ← (Ri)	1000011i aaaaaaaa	2	2
MOV	direct,#data8	(direct) ← #data8	01110101 aaaaaaaa dddddddd	3	2

MOV　@Ri,src-byte　資料轉移　(Move byte variable)

動作：(Ri) ← src-byte

說明：複製指定的位元組資料到由暫存器間接定址方式指定的記憶器位元組中。

影響的旗號位元：無。

使用例：　　MOV　@R1,R2　　　；複製 R2 到(R1)中

詳細指令格式與指令碼：

> 標的運算元必須為暫存器間接直接定址(@Ri)；來源運算元(src-byte)定址方式可以是：累積器 A、直接定址或立即資料定址。

指令		動作	指令碼	位元組數	週期數
MOV	@Ri,A	@Ri ← A	1111011i	1	1
MOV	@Ri,direct	@Ri ← (direct)	1010011i aaaaaaaa	2	2
MOV	@Ri,#data8	@Ri ← #data8	0111011i dddddddd	2	1

MOV　dest-bit,src-bit　位元資料轉移 (Move bit variable)

動作：dest-bit ← src-bit

說明：複製指定的位元資料(src-bit)到指定的位元資料(dest-bit)中。

影響的旗號位元：CY (若標的運算元為 C)。

使用例：　　　MOV　C,P2.2　　；複製位元 P2.2 到 C 中

詳細指令格式與指令碼：

以位元累積器 C 為媒介，自一個直接定址方式指定的位元位置複製
該位元值到 C，或是儲存位元累積器 C 之值到由直接定址方式指定的
位元位置內。

指令	動作	指令碼	位元組數	週期數
MOV　C,bit	C ← (bit)	10100010 bbbbbbbb	2	1
MOV　bit,C	(bit) ← C	10010010 bbbbbbbb	2	2

MOV　DPTR,#data16　設定 DPTR 的初值
　　　　　　(Load data pointer with a 16-bit constant)

動作：DPTR ← #data16

說明：載入 16 位元的常數資料#data16 於 DPTR 中。

影響的旗號位元：無。

使用例：　　　MOV　DPTR,#4315H　　；載入#4315H 於 DPTR 中

詳細指令格式與指令碼：

指令	動作	指令碼	位元組數	週期數
MOV　DPTR,#data16	DPTR ← #data16	10010000 dddddddd dddddddd	3	2

(註：第二個位元組為 DPTR[15:8]而第三個位元組為 DPTR[7:0])。

MOVC　A,@A+base-seg　程式或是常數位元組資料轉移
　　　　　　(Move code byte or constant byte)

動作：A ← (A+ DPTR/PC)

說明：首先將累積器 A 中的 8 位元未帶號數與 DPTR 或是 PC 相加之後，當
作程式記憶器的存取位址，其次複製指定的程式位元組或是常數位

　　　　　　　元組資料到累積器 A 中。

影響的旗號位元：P。

使用例：　　　MOVC　A,@A+PC　　　;複製位元組(A+PC)到 A 中

詳細指令格式與指令碼：

指令	動作	指令碼	位元組數	週期數
MOVC　A,@A+DPTR	A ← (A+DPTR)	10010011	1	2
MOVC　A,@A+PC	PC ← PC + 1; A ← (A+PC)	10000011	1	2

MOVX　dst-byte,src-byte　外部記憶器位元組資料轉移 (Move external)

動作：dst-byte ← src-byte

說明：複製指定的外部記憶器位元組 src-byte 到指定的位置 dst-byte 中。

影響的旗號位元：P(當標的運算元為累積器 A 時)。

使用例：　　　MOVX　A,@R0　　　; 複製位元組(R0)到 A 中

詳細指令格式與指令碼：

　　　　　　　以累積器 A 為媒介,使用暫存器間接定址(@Ri 或是@DPTR)方式,
　　　　　　　自外部資料記憶器中複製一個位元組資料到累積器 A 中或是儲存累
　　　　　　　積器 A 中的資料到外部資料記憶器。使用的暫存器可以是位址暫存
　　　　　　　器(R0 與 R1)或是資料指示暫存器(DPTR)。使用位址暫存器時,只能
　　　　　　　存取記憶器位址為 0 至 255 的資料;使用 DPTR 則可以存取整個記憶
　　　　　　　器中的任何位址(64k 位元組)。

指令	動作	指令碼	位元組數	週期數
MOVX　A,@Ri	A ← (Ri)	1110001i	1	2
MOVX　A,@DPTR	A ← (DPTR)	11100000	1	2
MOVX　@Ri,A	(Ri) ← A	1111001i	1	2
MOVX　@DPTR,A	(DPTR) ← A	11110000	1	2

MUL　AB　乘法(Multiply)

動作：A ← A×B 的低序位元組;

　　　　　B ← A×B 的高序位元組;

說明：將累積器 A 中的 8 位元未帶號數乘以暫存器 B 中的 8 位元未帶號數
　　　　　後,乘積的低序位元組存入累積器 A 中,而高序位元組存入暫存器 B

中。

影響的旗號位元：CY、OV、P。CY = 0。當乘積大於 255H 時，設定 OV 位
元為 1，否則，清除 OV 位元為 0。

使用例：　　MUL　AB ;將累積器 A 與暫存器 B 內容相乘

詳細指令格式與指令碼：

指令	動作	指令碼	位元組數	週期數
MUL　AB	詳見上述動作	10100100	1	4

NOP　沒有動作　(No operation)

動作：PC ← PC + 1

說明：沒有其它動作，只將 PC 值加 1。

影響的旗號位元：無。

使用例：　　NOP

詳細指令格式與指令碼：

指令	動作	指令碼	位元組數	週期數
NOP	PC ← PC + 1	00000000	1	1

ORL　dst-byte,src-byte　邏輯 OR 運算　(Logical OR operation)

動作：dst-byte ← dst-byte ∨ src-byte

說明：將指定的位元組與累積器 A OR 之後，其結果再存回累積器 A 中。

> 注意：當使用此指令修改一個輸出埠的資料值時，讀取的值為該輸
> 出埠的輸出資料門閂的資料值，而非輸入接腳的值。

影響的旗號位元：P(當標的運算元為累積器 A 時)。

使用例：　　ORL　A,#56H ;將立即資料 56H OR 到累積器 A 中

詳細指令格式與指令碼：

標的運算元(dst-byte)可以使用累積器 A 或是直接定址。當標的運算
元為累積器 A 時，來源運算元(src-byte)定址方式為：暫存器定址、
直接定址、暫存器間接定址、立即資料定址；當標的運算元為直接
定址時，來源運算元定址可以為累積器 A 或是立即資料定址。

指令	動作	指令碼	位元組數	週期數
ORL A,Rn	A ← A ∨ Rn	01001rrr	1	1
ORL A,direct	A ← A ∨ (direct)	01000101 aaaaaaaa	2	1
ORL A,@Ri	A ← A ∨ (Ri)	0100011i	1	1
ORL A,#data8	A ← A ∨ #data8	01000100 dddddddd	2	1
ORL direct,A	(direct) ← (direct) ∨ A	01000010 aaaaaaaa	2	1
ORL direct,#data8	(direct) ← (direct) ∨ #data8	01000011 aaaaaaaa dddddddd	3	2

ORL　C,src-bit　單位元邏輯 OR 運算 (Logical OR operation)

動作： C ← C ∨ (src-bit)

說明： 將指定的位元與位元累積器 C OR 之後，其結果再存回位元累積器 C 中。

影響的旗號位元： CY。

使用例： ORL　C,56H　;OR 位元位址為 56H 的位元值到位元累積器 C 中

詳細指令格式與指令碼：

標的運算元只能為位元累積器 C，來源運算元只能使用直接定址。此指令共有兩個不同的運算，其一為來源運算元與 C 做 OR 運算後，結果存入 C 中；另一則是來源運算元取 NOT 後，與 C 做 OR 運算，然後儲存結果於 C 中。位元位址前的/，告知組譯程式，使用邏輯補數 (NOT)值的來源運算元。

指令	動作	指令碼	位元組數	週期數
ORL C,bit	C ← C ∨ (bit)	01110010 bbbbbbbb	2	2
ORL C,/bit	C ← C ∨ NOT(bit)	10100000 bbbbbbbb	2	2

POP　direct　自堆疊取出位元組資料 (Pop from stack)

動作： (direct) ← (SP)；SP ← SP -1

說明： 自堆疊取出位元組資料後，儲存在指定的位元組中。

影響的旗號位元： 無。

使用例： 　　POP　　DPH　;自堆疊取回暫存器 DPH 的內容

詳細指令格式與指令碼：

標的運算元只能使用直接定址。

指令	動作	指令碼	位元組數	週期數
POP　direct	(direct) ← (SP)；SP ← SP -1	11010000 aaaaaaaa	2	2

PUSH　direct　儲存位元組資料到堆疊中　(Push into stack)

動作：SP ← SP +1; (SP) ← (direct)

說明：儲存指定的位元組在堆疊中。

影響的旗號位元：無。

使用例：　　PUSH　　ACC ;儲存累積器 A 的內容在堆疊中

詳細指令格式與指令碼：

　　　　標的運算元只能使用直接定址。

指令	動作	指令碼	位元組數	週期數
PUSH　direct	SP ← SP +1; (SP) ← (direct)	11000000 aaaaaaaa	2	2

RET　副程式歸回　(Return from subroutine)

動作：PC[15:8] ← (SP); SP ← SP - 1;

　　　　PC[7:0] ← (SP); SP ← SP - 1;

說明：依序自堆疊中取出歸回位址的高序與低序位元組兩個位元組後存入
　　　　PC 中，回到主程式中緊接於 ACALL 或是 LCALL 指令後的指令繼續
　　　　執行。

影響的旗號位元：無。

使用例：　　RET　　;回到主程式

詳細指令格式與指令碼：

指令	動作	指令碼	位元組數	週期數
RET	詳見上述動作說明	00100010	1	2

RETI　中斷服務程式歸回　(Return from interrupt)

動作：PC[15:8] ← (SP); SP ← SP - 1;

　　　　PC[7:0] ← (SP); SP ← SP - 1;

說明：依序自堆疊中取出歸回位址的高序與低序位元組兩個位元組後存入
　　　　PC 中，回到被中斷的程式繼續執行指令。此指令執行後，也恢復中

斷邏輯至相同的優先層次，以接受其次的中斷。注意：PSW 在 RETI 指令執行之後，並未自動恢復為中斷之前的值。此外若在 RETI 指令執行時，有一個或多個具有相同層次或是較低層次的中斷懸置，則 MCS-51 先執行一個指令之後，再處理中斷的動作。

影響的旗號位元：無。

使用例： RETI ;回到主程式

詳細指令格式與指令碼：

指令	動作	指令碼	位元組數	週期數
RETI	詳見上述動作說明	00110010	1	2

RL A 左循環移位累積器 A 的內容一個位元 (Rotate accumulator left)

動作：$A[n+1] \leftarrow A[n]$, $n = 0$ 到 6;

$A[0] \leftarrow A[7]$;

說明：左循環移位累積器 A 的內容一個位元，即左移位元 6 到 0 到位元 7 到 1，並轉移位元 7 到位元 0。

影響的旗號位元：無。

使用例： RL A ;左循環移位累積器 A 的內容一個位元

詳細指令格式與指令碼：

標的運算元只能為累積器 A，而且不會影響任何旗號位元。

指令	動作	指令碼	位元組數	週期數
RL A	詳見上述動作說明	00100011	1	1

RLC A 連結進位左循環移位累積器 A 的內容一個位元 (Rotate accumulator left with carry)

動作：$A[n+1] \leftarrow A[n]$ $n = 0$ 到 6;

$A[0] \leftarrow C$; $C \leftarrow A[7]$

說明：左循環移位累積器 A 的內容一個位元，即左移位元 6 到 0 到位元 7 到 1，並轉移位元 7 到進位旗號位元 C 中，而進位旗號位元 C 則移入位元 0 內。

影響的旗號位元：CY。

使用例： RLC A ；連結進位左循環移位累積器 A 的內容一個位元
詳細指令格式與指令碼：

標的運算元只能為累積器 A，並且會影響進位旗號 CY。

指令	動作	指令碼	位元組數	週期數
RLC A	詳見上述動作說明	00110011	1	1

RR A 右循環移位累積器 A 的內容一個位元 (Rotate accumulator right)

動作：A[n] ← A[n+1], n = 0 到 6;

A[7] ← A[0];

說明：右循環移位累積器 A 的內容一個位元，即右移位元 7 到 1 到位元 6 到 0，並轉移位元 0 到位元 7。

影響的旗號位元：無。

使用例： RR A ；右循環移位累積器 A 的內容一個位元
詳細指令格式與指令碼：

標的運算元只能為累積器 A，而且不會影響任何旗號位元。

指令	動作	指令碼	位元組數	週期數
RR A	詳見上述動作說明	00000011	1	1

RRC A 連結進位右循環移位累積器 A 的內容一個位元
(Rotate accumulator left with carry)

動作：A[n] ← A[n+1], n = 0 到 6;

A[7] ← C; C ← A[0]

說明：右循環移位累積器 A 的內容一個位元，即右移位元 7 到 1 到位元 6 到 0，並轉移位元 0 到進位旗號位元 C 中，而進位旗號位元 C 則移入位元 7 內。

影響的旗號位元：CY。

使用例： RRC A ;連結進位右循環移位累積器 A 的內容一個位元
詳細指令格式與指令碼：

標的運算元只能為累積器 A，並且會影響進位旗號 CY。

指令	動作	指令碼	位元組數	週期數
RRC　A	詳見上述動作說明	00010011	1	1

SETB　bit　設定指定的位元 bit 值為 1 (Set bit)

動作：(bit) ← 1

說明：設定指定的位元(bit)為 1。

影響的旗號位元：CY (若標的運算元為 C)。

使用例：　　　SETB　C　;設定進位旗號位元 C 為 1

詳細指令格式與指令碼：

　　　設定位元累積器 C 或是一個直接定址方式指定的位元為 1。

指令	動作	指令碼	位元組數	週期數
SETB　C	C ← 1	11010011	1	1
SETB　bit	(bit) ← 1	11010010 bbbbbbbb	2	1

SJMP　disp8　短程分歧 (Short jump)

動作：PC ← PC + 2;

　　　　PC ← PC + disp8

說明：符號擴展 8 位元的位移位址為 16 位元後，加到 PC 內，即無條件式分歧至該位址執行，其跳躍的範圍為 256 位元組區間(即往回 128 位元組而往前 127 位元組)。

影響的旗號位元：無。

使用例：　　　SJMP　HOTLINE　　　;分歧至 HOTLINE 處執行

詳細指令格式與指令碼：

　　　SJMP 指令使用 PC 相對位址(即 8 位元位移位址 disp8)，在 MCS-51 組合語言程式中，可以使用 JMP 助憶碼，而由組譯程式自行選擇應使用 AJMP、LJMP 或是 SJMP 指令。

指令	動作	指令碼	位元組數	週期數
SJMP　disp8	詳見上述動作說明	10000000 eeeeeeee	2	2

SUBB　A,src-byte　連結借位減法　(Subtract with borrow)

動作： A ← A - src-byte - C

說明： 將累積器 A 減去指定的位元組及進位旗號位元 C 後，其結果再存回累積器中。當位元 7 需要借位時，SUBB 指令設定進位旗號位元 C 為 1，因此在單一精確制的減法運算中，在執行 SUBB 指令之前必須先清除進位旗號位元 C 為 0。

影響的旗號位元： AC、CY、OV、P

使用例：　　　SUBB　A,R2　;將 A 減去 R2 及 C 後，結果再存回 A 中

詳細指令格式與指令碼：

標的運算元必須為累積器 A；來源運算元(src-byte)定址方式可以是：暫存器定址、直接定址、暫存器間接定址或立即資料定址。

指令	動作	指令碼	位元組數	週期數
SUBB　A,Rn	A ← A - Rn - C	10011rrr	1	1
SUBB　A,direct	A ← A - (direct) - C	10010101 aaaaaaaa	2	1
SUBB　A,@Ri	A ← A - (Ri) - C	1001011i	1	1
SUBB　A,#data8	A ← A - #data8 - C	10010100 dddddddd	2	1

SWAP　A　交換累積器 A 中的高序與低序 4 個位元
(Swap nibbles within the accumulator)

動作： A[7:4] ↔ A[3:0]

說明： 交換累積器 A 中的高序與低序 4 個位元。

影響的旗號位元： 無。

使用例：　　　SWAP　A　;交換累積器 A 中的高序與低序 4 個位元

詳細指令格式與指令碼：

標的運算元只能為累積器 A，而且不會影響任何旗號位元。

指令	動作	指令碼	位元組數	週期數
SWAP　A	A[7:4] ↔ A[3:0]	11000100	1	1

XCH　A,src-byte　資料交換　(Exchange accumulator with byte variable)

動作： A ↔ src-byte

說明：交換指定的位元組資料與累積器中的資料。

影響的旗號位元：P。

使用例：　　XCH　A,R2　　；交換 R2 與累積器(A)中的資料

詳細指令格式與指令碼：

第一個運算元只能為累積器 A；第二個運算元可以使用的三個定址方式為：暫存器定址、直接定址、暫存器間接定址。

指令	動作	指令碼	位元組數	週期數
XCH　A,Rn	A ↔ Rn	11001rrr	1	1
XCH　A,direct	A ↔ (direct)	11000101 aaaaaaaa	2	1
XCH　A,@Ri	A ↔ (Ri)	1100011i	1	1

XCHD　A,@Ri　數字資料交換 (Exchange digit)

動作：A[3:0] ↔ (Ri)[3:0]

說明：交換指定的位元組資料中的低序 4 位元與累積器中的低序 4 位元資料。

影響的旗號位元：P。

使用例：　　XCHD　A,@R1　;交換(R1)與累積器 A 中的低序 4 位元

詳細指令格式與指令碼：

第一個運算元只能為累積器 A；第二個運算元只能使用暫存器間接定址。

指令	動作	指令碼	位元組數	週期數
XCHD　A,@Ri	A[3:0] ↔ (Ri)[3:0]	1101011i	1	1

XRL　dst-byte,src-byte　邏輯 XOR 運算 (Logical XOR operation)

動作：A ← dst-byte ⊕ src-byte

說明：指定的位元組與累積器 A XOR 後，其結果存回累積器 A 中。

注意：當使用此指令修改一個輸出埠的資料值時，讀取的值為該輸出埠的輸出資料門閂的資料值，而非輸入接腳的值。

影響的旗號位元：P(當標的運算元為累積器 A 時)。

使用例：　　XRL　A,R1 ;R1 與累積器 A 的內容 OR 後，結果存回 A 中

詳細指令格式與指令碼：

標的運算元可以使用累積器 A 或是直接定址。當標的運算元為累積器 A 時，來源運算元定址方式為：暫存器定址、直接定址、暫存器間接定址、立即資料定址；當標的運算元為直接定址時，來源運算元定址可以為累積器 A 或是立即資料定址。

指令		動作	指令碼	位元組數	週期數
XRL	A,Rn	A ← A ⊕ Rn	01101rrr	1	1
XRL	A,direct	A ← A ⊕ (direct)	01100101 aaaaaaaa	2	1
XRL	A,@Ri	A ← A ⊕ (Ri)	0110011i	1	1
XRL	A,#data8	A ← A ⊕ #data8	01100100 dddddddd	2	1
XRL	direct,A	(direct) ← (direct) ⊕ A	01100010 aaaaaaaa	2	1
XRL	direct,#data8	(direct) ← (direct) ⊕ #data8	01100011 aaaaaaaa dddddddd	3	2

國家圖書館出版品預行編目資料

微算機基本原理與應用：MCS-51 嵌入式微算機系統
　軟體與硬體 / 林銘波, 林姝廷編著. -- 三版. --
　　新北市：全華圖書, 2013.10
　面 ； 　公分
　ISBN 978-957-21-9175-0(精裝)
　1.微處理機

312.116　　　　　　　　　　　　　　102019568

微算機基本原理與應用

－MCS-51 嵌入式微算機系統軟體與硬體

作者 / 林銘波、林姝廷

發行人 / 陳本源

執行編輯 / 曾霈宗

出版者 / 全華圖書股份有限公司

郵政帳號 / 0100836-1 號

印刷者 / 宏懋打字印刷股份有限公司

圖書編號 / 0546872

三版二刷 / 2014 年 12 月

定價 / 新台幣 790 元

ISBN / 978-957-21-9175-0

全華圖書 / www.chwa.com.tw

全華網路書店 Open Tech / www.opentech.com.tw

若您對書籍內容、排版印刷有任何問題，歡迎來信指導 book@chwa.com.tw

臺北總公司(北區營業處)
地址：23671 新北市土城區忠義路 21 號
電話：(02) 2262-5666
傳真：(02) 6637-3695、6637-3696

中區營業處
地址：40256 臺中市南區樹義一巷 26 號
電話：(04) 2261-8485
傳真：(04) 3600-9806

南區營業處
地址：80769 高雄市三民區應安街 12 號
電話：(07) 381-1377
傳真：(07) 862-5562

讀者回函卡

填寫日期： ／ ／

姓名： 生日：西元 年 月 日 性別：□男 □女
電話：（ ） 傳真：（ ） 手機：
通訊處：□□□□□
e-mail：(必填)

學歷：□博士 □碩士 □大學 □專科 □高中‧職
職業：□工程師 □教師 □學生 □軍‧公 □其他
學校/公司： 科系/部門：

‧需求書類：
□A.電子 □B.電機 □C.計算機工程 □D.資訊 □E.機械 □F.汽車 □I.工管 □J.土木
□K.化工 □L.設計 □M.商管 □N.日文 □O.美容 □P.休閒 □Q.餐飲 □B.其他

‧本次購買圖書為： 書號：

‧您對本書的評價：
封面設計 □非常滿意 □滿意 □尚可 □需改善,請說明
內容表達 □非常滿意 □滿意 □尚可 □需改善,請說明
版面編排 □非常滿意 □滿意 □尚可 □需改善,請說明
印刷品質 □非常滿意 □滿意 □尚可 □需改善,請說明
書籍定價 □非常滿意 □滿意 □尚可 □需改善,請說明
整體評價 請說明

‧您在何處購買本書？
□書局 □網路書店 □書展 □團購 □其他

‧您購買本書的原因？ (可複選)
□個人需要 □幫公司採購 □親友推薦 □老師指定之課本 □其他

‧您希望全華以何種方式提供出版訊息及特惠活動？
□電子報 □DM □廣告 (媒體名稱)

‧您是否上過全華網路書店？ (www.opentech.com.tw)
□是 □否 您的建議

‧您希望全華出版那方面書籍？

‧您希望全華加強那些服務？

~感謝您提供寶貴意見,全華將秉持服務的熱忱,出版更多好書,以饗讀者。

全華網路書店 http://www.opentech.com.tw 客服信箱 service@chwa.com.tw

2011.03 修訂

親愛的讀者：

感謝您對全華圖書的支持與愛護,雖然我們很慎重的處理每一本書,但恐仍有疏漏之處,若您發現本書有任何錯誤,請填寫於勘誤表內寄回,我們將於再版時修正,您的批評與指教是我們進步的原動力,謝謝!

全華圖書 敬上

勘誤表

書 號	書 名	作 者
頁 數 行 數	錯誤或不當之詞句	建議修改之詞句

我有話要說： (其它之批評與建議,如封面、編排、內容、印刷品質等‧‧‧)